21世纪高等学校计算机规划教材
21st Century University Planned Textbooks of Computer Science

图像处理和分析教程

微课版 | 第3版

A Course of Image Processing and Analysis (3rd Edition)

章毓晋 编著

名家系列

人民邮电出版社
北京

图书在版编目（CIP）数据

图像处理和分析教程 : 微课版 / 章毓晋编著. -- 3版. -- 北京 : 人民邮电出版社, 2020.9
21世纪高等学校计算机规划教材. 名家系列
ISBN 978-7-115-53698-3

Ⅰ. ①图… Ⅱ. ①章… Ⅲ. ①图像处理－高等学校－教材②图像分析－高等学校－教材 Ⅳ. ①TP391.413

中国版本图书馆CIP数据核字(2020)第135335号

内 容 提 要

本书系统地介绍图像处理和分析的基本原理、典型方法和实用技术，主要内容包括绪论、图像采集、空域图像增强、频域图像增强、图像恢复、图像投影重建、图像编码基础、图像编码技术和标准、图像信息安全、图像分割、目标表达和描述、特征提取和测量误差、彩色图像处理和分析、视频图像处理和分析、数学形态学方法。读者可从中了解图像处理和分析的基本思路和常用技术，并能据此解决实际图像应用中的具体问题。本书例题丰富多样，每章均有总结和复习要点、思考题和练习题（部分练习题提供了解答）。

本书可作为信号与信息处理、通信与信息系统、电子与通信工程、模式识别与智能系统、计算机科学和计算机视觉等学科大学本科专业的基础课教材，也适合用作远程教育或继续教育中电子技术、计算机应用等专业大学本科和研究生课程的教材，还可供涉及图像技术应用行业（如生物医学、电视广播、工业自动化、文档识别、机器人、电子医疗设备、遥感测绘、智能交通和军事侦察等）的科技工作者自学和科研参考。

◆ 编　　著　章毓晋
　责任编辑　武恩玉
　责任印制　王　郁　陈　犇
◆ 人民邮电出版社出版发行　　北京市丰台区成寿寺路 11 号
　邮编　100164　　电子邮件　315@ptpress.com.cn
　网址　https://www.ptpress.com.cn
　固安县铭成印刷有限公司印刷
◆ 开本：787×1092　1/16
　印张：23.5　　　　2020 年 9 月第 3 版
　字数：657 千字　　2025 年 2 月河北第 7 次印刷

定价：69.80 元

读者服务热线：(010)81055256　印装质量热线：(010)81055316
反盗版热线：(010)81055315

前言

本书是一本介绍图像处理和分析的基本原理、典型方法和实用技术的专门教材，适合作为普通高等工科院校相关专业（包括并非专门研究图像技术的专业）开设第一门图像课程的教材。

本书仍保持了第1版和第2版的基本特点和风格，选材比较全面，覆盖了相关领域的基本内容，注重兼顾不同专业背景学习者和自学读者学习的需要；使用了较多的例题，并通过直观的解释和大量的图片来帮助读者理解抽象的概念。

本次再版根据图像技术的发展对内容进行了充实调整。考虑到近年来对图像信息安全的重视，增加了新的一章——图像信息安全。同时，从适合教学使用的角度，将此书与作者的另一本书《计算机视觉教程》结合考虑，在图像分析方面删减了“典型图像分割算法”这一章。这样，在图像处理方面新增了一章，更加强了图像工程的基础和底层内容。除此之外，本书主要增加了一些扩展内容的例题，对诸如用图像除法消除照明梯度、傅里叶变换剪切性质、非线性退化模型、代数重建技术迭代的几何解释、联合代数重建技术、位平面的常数块编码、JPEG编码技巧和4种压缩模式、借助导数检测2-D边缘、几种图形面积的计算方法、形状因子计算、采样密度选择、低采样密度时的测量误差、可靠RGB彩色、MPEG-2的档次和等级、静止背景中有运动前景时的背景建模统计结果、运动背景中有运动前景时的背景建模统计结果、膨胀结合逻辑运算等进行了介绍。另外，还更新了参考资料，并对习题进行了一些调整。

本书从方便课堂教学的角度出发，仍设计了内容比较平衡（如同一个主题内容较多，则分为两章），且长度基本相同的15章，可每章一次课，用于一个学期的教学。对专业基础较好或较高年级的学生，可考虑每章用2学时，对其他一些相近专业或较低年级的学生，可考虑每章用3学时。编写本书时，作者从读者学习的角度出发，对新概念尽可能先给出比较精炼的定义，然后具体介绍，对涉及的技术方法，除给出原理外，还提供了比较详细的描述。本书各部分相对独立，对每个概念或方法尽量一次完整描述，基本上不再需要参引其他内容，正文中也没有引述参考文献。

本书每章后都有一节为总结和复习，一方面总结了该章各节的要点，帮助复习；另一方面，有针对性地介绍相关的参考文献，帮助学有余力的读者进一步深入学习。本书最后给出了术语索引（文中标为黑体），对每个术语均在索引中给出了对应的英文，方便读者查阅本书，也方便读者联网搜索相关资料。

本书从结构上看，共有15章正文，以及部分习题解答、参考文献和索引。在这18个一级标题下共有91个二级标题（节），再之下还有181个三级标题（小节）。全书共有60多万字（也包括图片、绘图、表格、公式等），共有编了号的图402个、表格35个、公式670个。为便于教学和理解，本书给出各类例题150余个，思考题和练习题180余个，对其中的30个练习题提供了参考答案。另外，书末列出了所介绍的200余篇参考文献的目录和用于索引的739个术语。

在此，感谢出版社编辑的精心组稿、认真审阅和细心修改。

最后，感谢妻子何芸、女儿章荷铭以及家人在各方面的理解和支持。

章毓晋
2019年国庆节于书房
通信：北京清华大学电子工程系，100084
电话：（010）62798540
传真：（010）62770317
邮箱：zhang-yj@tsinghua.edu.cn
主页：oa.ee.tsinghua.edu.cn/～zhangyujin/

微课视频列表说明

下表为《图像处理和分析教程（微课版 第 3 版）（ISBN 978-7-115-53698-3）》的配套微课视频，详细说明如下。

章序	时长	内容简介
第 1 章　绪论	27 分 05 秒	1.1 节先列出有关图像的一些基本概念和术语，并展示出各种类型的图像范例，还罗列了一些图像及图像技术应用的领域。 1.2 节概括介绍代表图像技术总体的图像工程学科的情况，以及与一些相关学科的联系和区别，还简单介绍了图像处理分析系统的主要功能模块。 1.3 节讨论如何表示整幅图像及图像的基本单元——像素，并介绍图像显示设备和显示原理以及广泛使用的半调输出和抖动技术。 1.4 节介绍一些存储图像数据的基本器件以及几种常用的图像数据存储格式。 1.5 节对图像技术进行了初步分类，对图像处理技术和图像分析技术进行了对比，在此基础上讨论了各章内容的选取和使用本书的一些建议
第 2 章　图像采集	23 分 34 秒	2.1 节介绍成像时的几何模型，先讨论了投影成像几何，再从几何成像的基本模型到一般模型给予详细的说明。 2.2 节介绍一个成像时的基本亮度模型，它既考虑光源照射物体的入射光量，也考虑场景中物体对入射光反射的比率。 2.3 节介绍两个图像采集中的重要操作：采样和量化。讨论了图像的空间分辨率和幅度分辨率，并对图像质量与采样和量化的联系举例进行说明。 2.4 节介绍图像像素之间的两种联系情况：一种是像素间互相邻接、连接、连通等邻域关系；另一种是不同像素之间距离的关系。 2.5 节介绍图像坐标变换，在讨论了平移变换，旋转变换和尺度变换等基本的坐标变换后，对更一般的仿射变换进行了介绍，还对坐标变换在图像几何失真校正中的应用进行了说明

续表

章序	时长	内容简介
第3章　空域图像增强	49分20秒	3.1 节介绍点操作中的灰度映射方法，除对灰度映射的原理进行分析，还给出一些典型的灰度映射函数及其图像增强效果示例。 3.2 节介绍点操作中的图像运算方法，包括算术运算和逻辑运算，还给出了它们在图像增强中的一些应用示例。 3.3 节介绍点操作中的直方图修正技术，包括两种利用直方图变换的增强方法：直方图均衡化和直方图规定化。 3.4 节介绍模板操作，除介绍模板运算的原理外，还介绍基于模板操作的典型线性滤波器和非线性滤波器，包括具有平滑功能和锐化功能的滤波器
第4章　频域图像增强	30分45秒	4.1 节介绍2-D傅里叶变换和傅里叶变换的5个定理，并讨论两个变换特性。 4.2 节介绍低通滤波器，包括理想低通滤波器和实用低通滤波器。 4.3 节介绍高通滤波器，包括基本高通滤波器和特殊高通滤波器。 4.4 节介绍带阻带通滤波器，包括带阻滤波器，带通滤波器和陷波带阻、带通滤波器。 4.5 节介绍有一定特殊性的同态滤波器，包括原理和示例。 4.6 节讨论空域滤波技术和频域滤波技术的联系并比较它们的特点
第5章　图像恢复	48分27秒	5.1 节介绍图像退化的一些典型情况，特别对常见的造成退化的噪声给出了定量的描述，还讨论了一个简单通用的基本图像退化模型。 5.2 节介绍了两大类空域噪声滤波器，即均值滤波器和排序统计滤波器，并比较了它们的效果。它们可用于消除仅由空域噪声造成退化的图像中的一些噪声。 5.3 节介绍了将不同类型滤波器组合起来的两种思路：一种是将均值滤波器和排序统计滤波器混合串联起来以提高速度；另一种是根据噪声选择对应的滤波器以提高滤波效果。 5.4 节介绍无约束恢复，包括无约束恢复模型，典型的无约束恢复技术——逆滤波，以及利用逆滤波恢复由于匀速直线运动造成的运动模糊的方法。 5.5 节介绍有约束恢复，包括有约束恢复模型，典型的有约束恢复技术——维纳滤波，并与逆滤波进行了对比。 5.6 节介绍近年来得到广泛关注的图像修补（一类有特色的图像恢复技术），先介绍原理，再给出一些实例。 5.7 节介绍图像超分辨率技术，在建立了基本模型的基础上，分别讨论了基于单幅图像的超分辨率复原和基于多幅图像的超分辨率重建

续表

章序	时长	内容简介
第 6 章　图像投影重建	39 分 59 秒	6.1 节介绍投影重建方式，以透射断层成像、发射断层成像、反射断层成像、电阻抗断层成像和磁共振成像为例给出了投影重建方法的一些特点。 6.2 节介绍投影重建的原理，主要侧重投影重建的基本模型和作为投影重建基础的拉东变换。 6.3 节介绍傅里叶反变换重建的原理和步骤，包括基本步骤和定义、傅里叶反变换重建公式、典型头部模型及对其的重建。 6.4 节介绍卷积逆投影重建方法，先对连续公式进行推导，再讨论离散计算，另外还对扇束投影的重建进行了分析。 6.5 节介绍级数展开重建方法，除介绍重建模型和典型的代数重建方法外，还对级数重建的特点进行了归纳。 6.6 节介绍一种结合变换法和级数展开法特点的综合重建法——迭代变换法
第 7 章　图像编码基础	53 分 12 秒	7.1 节先介绍一些有关图像编解码的基本概念和通用图像编码系统模型，并分析讨论 3 种数据冗余形式。 7.2 节介绍评判图像编解码质量的客观保真度准则和主观保真度准则。 7.3 节对信息论的几个概念给予介绍，包括信息测量和单位以及信源的描述方法，并借此推出一个基本的编码定理。 7.4 节介绍 4 种常用的属于变长编码的信息保持型的编码方法：哥伦布编码、香农-法诺编码、哈夫曼编码（包括基于哈夫曼方法的亚最优变长码）和算术编码。 7.5 节介绍位面编码的方法。首先讨论将图像按位进行分解的方法，包括二值分解和格雷码分解；然后介绍对二值图像的两种基本编码方法，1-D 游程编码和 2-D 游程编码
第 8 章　图像编码技术和标准	40 分 13 秒	8.1 节介绍预测编码方法，包括无损预测编码和有损预测编码。对有损预测编码，分别讨论最优预测和最优量化的问题。 8.2 节讨论余弦变换编码，先介绍离散余弦变换，然后给出对基于其编码中的各个步骤，包括子图像尺寸选择，变换选择（根据各种常见变换在编码中的特点）和比特分配进行了讨论。 8.3 节讨论小波变换编码，先介绍小波变换基础和小波图像分解，然后对基于其编码中的各个步骤进行讨论，最后概括了基于提升小波编码的过程和特点。 8.4 节介绍由国际标准化组织制订的静止图像压缩国际标准，包括针对二值图像的标准以及针对灰度和彩色图像的标准

续表

章序	时长	内容简介
第9章　图像信息安全	47分36秒	9.1节先对有关水印原理和特性的内容，包括水印的嵌入和检测以及主要水印特性进行介绍。另外，还对各种水印分类方法进行介绍。 9.2节介绍变换域的图像水印技术，这包括DCT域和DWT域。在每种域中，都可以实现无意义的水印和有意义的水印，它们各有其不同的原理和特点。 9.3节讨论图像认证和取证方法，先介绍了常见的图像篡改类型和认证系统所关心的特性，然后依次列举了多种图像被动取证、图像可逆认证、图像反取证技术。 9.4节从更高的层次来讨论图像信息隐藏技术及其分类，对水印与信息隐藏的关系进行了辨析，还描述了一种基于迭代混合的图像信息隐藏方法
第10章　图像分割	49分16秒	10.1节给出一个比较正式的图像分割定义，并提出两个准则将图像分割技术分成4类。 10.2节介绍第一类图像分割技术，该类技术采用并行计算的策略，基于区域之间的区别进行。 10.3节介绍第二类图像分割技术，该类技术采用串行计算的策略，也基于区域之间的区别进行。 10.4节介绍第三类图像分割技术，该类技术采用并行计算的策略，但基于区域本身的特性进行。 10.5节介绍第四类图像分割技术，该类技术采用串行计算的策略，也基于区域本身的特性进行
第11章　目标表达和描述	44分59秒	11.1节介绍对分割后的目标进行标记的两种方法。 11.2节介绍基于边界对目标进行外部表达的一些方法。 11.3节介绍基于区域对目标进行内部表达的一些方法。 11.4节介绍对目标边界的一些描述方法。 11.5节介绍对目标区域的一些描述方法
第12章　特征提取和测量误差	43分13秒	12.1节讨论对区域纹理特征的提取和测量问题，分别介绍了三类基本方法，即统计法，结构法和频谱法中的典型技术。 12.2节介绍对区域形状特征描述符的计算，这些描述符主要涉及两种形状特性：紧凑性和复杂性（也常分别称为伸长性和不规则性）。 12.3节介绍两个描述目标结构特征的拓扑参数——反映区域结构信息的交叉数和连接数。 12.4节分析了几个图像特征测量中的误差问题，包括如何区分测量的准确度和精确度，概述了导致误差的主要因素，并结合对直线长度的计算讨论了不同计算公式对测量结果的影响

续表

章序	时长	内容简介
第 13 章　彩色图像处理和分析	39 分 39 秒	13.1 节介绍基于物理的面向硬设备的彩色模型。最重要的就是解释三基色模型，还讨论了包括各种基于三基色不同组合的模型。 13.2 节介绍基于感知的面向处理和分析的彩色模型。主要详细讨论了色调、饱和度、亮度模型及其与面向硬设备彩色模型的联系，还概括介绍了另外两种比较典型的模型。 13.3 节讨论利用彩色表达对灰度图像进行增强的伪彩色增强技术。 13.4 节讨论对彩色图像进行增强的真彩色增强技术，包括对彩色分量的分别增强和联合增强。 13.5 节讨论对彩色图像滤波消噪的方法，重点介绍中值滤波里用到的矢量排序计算。 13.6 节讨论对彩色图像进行分割的技术，先讨论了彩色空间或模型的选取，然后介绍了一种对彩色分量分别分割来实现彩色图像分割的方法
第 14 章　视频图像处理和分析	45 分 19 秒	14.1 节先介绍对视频的表达、模型、显示和格式等基本内容，还对一类典型的视频——彩色电视的制式给予了介绍。 14.2 节先讨论视频中相比静止图像所多出的运动变化信息的检测问题。分别介绍了基于摄像机模型的运动信息检测和利用图像差运算的运动信息检测。 14.3 节以滤波手段为例，介绍对视频的一些处理方法。视频滤波要考虑运动信息，所以分别讨论了运动检测滤波和运动补偿滤波，并以消除匀速直线运动模糊作为一个实例。 14.4 节介绍了一系列与视频图像压缩相关的国际标准，包括 Motion JPEG、H.261、MPEG-1、MPEG-2、MPEG-4、H.264/AVC 和 H.265/HEVC。 14.5 节讨论对视频中运动目标检测的背景建模方法，给出了基于单高斯模型、基于视频初始化、基于高斯混合模型和基于码本方法的原理和效果示例
第 15 章　数学形态学方法	43 分 03 秒	15.1 节介绍二值形态学的 4 个基本运算，即二值膨胀、二值腐蚀、二值开启和二值闭合。后面几节的内容都以此为基础。 15.2 节介绍击中-击不中变换以及基于击中-击不中变换而得到的一些具有通用功能的二值形态学组合运算。 15.3 节介绍一些典型的二值形态学实用算法，包括噪声滤除、目标检测、边界提取、区域填充和连通组元提取，可以解决一些图像分析中的具体问题。 15.4 节将二值形态学推广到灰度形态学，先讨论了灰度图像的排序，然后介绍了灰度形态学的 4 个基本运算，即灰度膨胀、灰度腐蚀、灰度开启和灰度闭合。 15.5 节在灰度数学形态学基本运算的基础上，介绍了形态梯度、形态平滑、高帽变换和低帽变换等组合运算

目录

第 1 章　绪论 …… 1

1.1　图像概述 …… 1
1.1.1　基本概念和术语 …… 1
1.1.2　不同波段的图像示例 …… 2
1.1.3　不同类型的图像示例 …… 5
1.1.4　图像应用的领域 …… 9
1.2　图像工程概述 …… 10
1.2.1　图像工程的 3 个层次 …… 10
1.2.2　相关学科 …… 11
1.2.3　图像处理分析系统的组成 …… 12
1.3　图像表示和显示 …… 12
1.3.1　图像和像素的表示 …… 12
1.3.2　图像显示 …… 14
1.4　图像存储与格式 …… 16
1.4.1　图像存储器件 …… 16
1.4.2　图像文件格式 …… 17
1.5　本书内容提要 …… 18
1.5.1　图像技术分类和选取 …… 18
1.5.2　图像处理和图像分析 …… 19
1.5.3　如何学习使用本书 …… 20
总结和复习 …… 22

第 2 章　图像采集 …… 24

2.1　几何成像模型 …… 24
2.1.1　投影成像几何 …… 25
2.1.2　基本成像模型 …… 26
2.1.3　一般成像模型 …… 28
2.2　亮度成像模型 …… 30
2.3　采样和量化 …… 31
2.3.1　空间分辨率和幅度分辨率 …… 31
2.3.2　图像质量与采样和量化 …… 33
2.4　像素间联系 …… 35
2.4.1　像素邻域 …… 35
2.4.2　像素间距离 …… 36
2.5　图像坐标变换和应用 …… 38
2.5.1　基本坐标变换 …… 38
2.5.2　仿射变换 …… 40
2.5.3　几何失真校正 …… 41
总结和复习 …… 44

第 3 章　空域图像增强 …… 46

3.1　灰度映射 …… 46
3.1.1　灰度映射原理 …… 47
3.1.2　灰度映射示例 …… 48
3.2　图像运算 …… 49
3.2.1　算术运算 …… 49
3.2.2　逻辑运算 …… 52
3.3　直方图修正 …… 53
3.3.1　直方图均衡化 …… 53
3.3.2　直方图规定化 …… 57
3.4　空域滤波 …… 60
3.4.1　原理和分类 …… 60
3.4.2　线性平滑滤波器 …… 61
3.4.3　线性锐化滤波器 …… 63
3.4.4　非线性平滑滤波器 …… 63
3.4.5　非线性锐化滤波器 …… 66
总结和复习 …… 67

第 4 章 频域图像增强 69

4.1 傅里叶变换 69
4.1.1 2-D 傅里叶变换 70
4.1.2 傅里叶变换定理 71
4.1.3 傅里叶变换特性 73
4.2 低通滤波器 74
4.2.1 理想低通滤波器 74
4.2.2 实用低通滤波器 76
4.3 高通滤波器 78
4.3.1 基本高通滤波器 78
4.3.2 特殊高通滤波器 79
4.4 带阻带通滤波器 81
4.4.1 带阻滤波器 81
4.4.2 带通滤波器 82
4.4.3 陷波滤波器 83
4.4.4 交互消除周期噪声 84
4.5 同态滤波器 85
4.6 空域技术与频域技术 87
4.6.1 空域技术的频域分析 87
4.6.2 空域或频域技术的选择 88
总结和复习 89

第 5 章 图像恢复 91

5.1 图像退化和噪声 92
5.1.1 图像退化示例 92
5.1.2 基本退化模型 93
5.1.3 典型噪声 94
5.1.4 噪声概率密度函数 95
5.2 空域噪声滤波器 97
5.2.1 均值滤波器 97
5.2.2 排序统计滤波器 99
5.3 组合滤波器 100
5.3.1 混合滤波器 100
5.3.2 选择性滤波器 101
5.4 无约束恢复 103
5.4.1 无约束恢复模型 103
5.4.2 逆滤波 103
5.5 有约束恢复 105
5.5.1 有约束恢复模型 105
5.5.2 维纳滤波器 105
5.6 图像修补 106
5.6.1 图像修补原理 107
5.6.2 图像修补示例 107
5.7 图像超分辨率 109
5.7.1 基本模型 109
5.7.2 基于单幅图像的超分辨率复原 110
5.7.3 基于多幅图像的超分辨率重建 111
总结和复习 111

第 6 章 图像投影重建 114

6.1 投影重建方式 114
6.1.1 透射断层成像 114
6.1.2 发射断层成像 116
6.1.3 反射断层成像 116
6.1.4 电阻抗断层成像 117
6.1.5 磁共振成像 118
6.2 投影重建原理 119
6.2.1 基本模型 119
6.2.2 拉东变换 119
6.2.3 逆投影 121
6.3 傅里叶反变换重建 122
6.3.1 基本步骤和定义 122
6.3.2 傅里叶反变换重建公式 123
6.3.3 头部模型重建 125
6.4 卷积逆投影重建 126
6.4.1 连续公式推导 126
6.4.2 离散计算 127
6.4.3 扇束投影重建 128
6.5 级数展开重建 130
6.5.1 重建模型 130
6.5.2 代数重建技术 131
6.5.3 级数法的一些特点 132
6.6 迭代变换重建 133
总结和复习 134

第 7 章 图像编码基础 136

7.1 图像压缩和数据冗余 136
7.1.1 图像压缩原理 137
7.1.2 数据冗余类型 137
7.2 图像保真度 140
7.2.1 客观保真度准则 140

7.2.2 主观保真度准则 …… 141
7.3 编码定理 …… 142
7.3.1 信息和信源描述 …… 142
7.3.2 无失真编码定理 …… 142
7.4 变长编码 …… 144
7.4.1 哥伦布编码 …… 144
7.4.2 香农-法诺编码 …… 145
7.4.3 哈夫曼编码 …… 146
7.4.4 算术编码 …… 149
7.5 位平面编码 …… 151
7.5.1 位面分解 …… 151
7.5.2 位面编码 …… 153
总结和复习 …… 156

第 8 章 图像编码技术和标准 …… 158

8.1 预测编码 …… 158
8.1.1 无损预测编码 …… 158
8.1.2 有损预测编码 …… 160
8.2 余弦变换编码 …… 163
8.2.1 离散余弦变换 …… 164
8.2.2 基于 DCT 的编码 …… 166
8.3 小波变换编码 …… 168
8.3.1 小波变换基础 …… 168
8.3.2 离散小波变换 …… 170
8.3.3 基于 DWT 的编码 …… 171
8.3.4 基于提升小波的编码 …… 172
8.4 图像压缩国际标准 …… 173
8.4.1 二值图像压缩国际标准 …… 173
8.4.2 灰度图像压缩国际标准 …… 174
总结和复习 …… 178

第 9 章 图像信息安全 …… 180

9.1 水印原理和特性 …… 180
9.1.1 水印的嵌入和检测 …… 181
9.1.2 水印的两个重要特性 …… 182
9.1.3 水印的分类方法 …… 182
9.2 变换域图像水印 …… 184
9.2.1 DCT 域图像水印 …… 184
9.2.2 DWT 域图像水印 …… 187
9.3 图像认证和取证 …… 190
9.3.1 基本概念 …… 190
9.3.2 图像可逆认证 …… 192
9.3.3 图像被动取证 …… 192
9.3.4 图像取证示例 …… 193
9.3.5 图像反取证 …… 194
9.4 图像信息隐藏 …… 196
9.4.1 信息隐藏技术分类 …… 196
9.4.2 基于迭代混合的图像隐藏 …… 197
总结和复习 …… 200

第 10 章 图像分割 …… 202

10.1 定义和技术分类 …… 202
10.1.1 图像分割定义 …… 202
10.1.2 图像分割技术分类 …… 203
10.2 并行边界技术 …… 203
10.2.1 边缘及检测原理 …… 203
10.2.2 一阶导数算子 …… 204
10.2.3 二阶导数算子 …… 205
10.2.4 边界闭合 …… 209
10.3 串行边界技术 …… 210
10.3.1 图搜索 …… 210
10.3.2 动态规划 …… 211
10.4 并行区域技术 …… 213
10.4.1 原理和分类 …… 213
10.4.2 全局阈值的选取 …… 214
10.4.3 局部阈值的选取 …… 216
10.4.4 动态阈值的选取 …… 218
10.5 串行区域技术 …… 219
10.5.1 区域生长 …… 220
10.5.2 分裂合并 …… 221
总结和复习 …… 222

第 11 章 目标表达和描述 …… 225

11.1 目标标记 …… 225
11.2 基于边界的表达 …… 227
11.2.1 技术分类 …… 227
11.2.2 链码 …… 227
11.2.3 边界段和凸包 …… 229
11.2.4 边界标记 …… 229
11.2.5 多边形 …… 231
11.2.6 地标点 …… 232
11.3 基于区域的表达 …… 233
11.3.1 技术分类 …… 233
11.3.2 空间占有数组 …… 233

11.3.3 四叉树 …… 233
11.3.4 金字塔 …… 234
11.3.5 围绕区域 …… 235
11.3.6 骨架 …… 235
11.4 基于边界的描述 …… 238
11.4.1 简单边界描述符 …… 238
11.4.2 形状数 …… 239
11.4.3 边界矩 …… 240
11.5 基于区域的描述 …… 241
11.5.1 简单区域描述符 …… 241
11.5.2 拓扑描述符 …… 243
11.5.3 不变矩 …… 243
总结和复习 …… 245

第12章 特征提取和测量误差 …… 247

12.1 区域纹理特征及测量 …… 247
12.1.1 统计法 …… 247
12.1.2 结构法 …… 251
12.1.3 频谱法 …… 254
12.2 区域形状特征及测量 …… 256
12.2.1 形状紧凑性 …… 256
12.2.2 形状复杂性 …… 260
12.3 拓扑结构描述参数 …… 262
12.4 特征测量的准确度 …… 263
12.4.1 准确度和精确度 …… 263
12.4.2 影响测量准确度的因素 …… 265
12.4.3 采样密度选取 …… 265
12.4.4 直线长度测量 …… 266
总结和复习 …… 267

第13章 彩色图像处理和分析 …… 270

13.1 基于物理的彩色模型 …… 270
13.1.1 三基色模型 …… 271
13.1.2 三基色相关模型 …… 272
13.2 基于感知的彩色模型 …… 273
13.2.1 HSI模型 …… 273
13.2.2 其他彩色感知模型 …… 276
13.3 伪彩色增强 …… 277
13.4 真彩色增强 …… 279
13.4.1 处理策略 …… 280
13.4.2 彩色单分量增强 …… 280
13.4.3 全彩色增强 …… 282
13.5 彩色图像消噪 …… 284
13.6 彩色图像分割 …… 288
13.6.1 彩色空间的选择 …… 288
13.6.2 彩色图像分割策略 …… 288
总结和复习 …… 289

第14章 视频图像处理和分析 …… 292

14.1 视频表达和格式 …… 292
14.2 运动信息检测 …… 295
14.2.1 基于摄像机模型的检测 …… 296
14.2.2 基于差图像的检测 …… 297
14.3 视频滤波 …… 300
14.3.1 基于运动检测的滤波 …… 300
14.3.2 基于运动补偿的滤波 …… 301
14.3.3 消除匀速直线运动模糊 …… 303
14.4 视频压缩国际标准 …… 304
14.5 背景建模 …… 309
14.5.1 基本原理 …… 309
14.5.2 典型实用方法 …… 310
14.5.3 效果示例 …… 311
总结和复习 …… 312

第15章 数学形态学方法 …… 314

15.1 二值形态学基本运算 …… 314
15.1.1 膨胀和腐蚀 …… 315
15.1.2 开启和闭合 …… 317
15.2 二值形态学组合运算 …… 319
15.2.1 击中-击不中变换 …… 319
15.2.2 组合运算 …… 321
15.3 二值形态学实用算法 …… 324
15.4 灰度形态学基本运算 …… 326
15.4.1 灰度图像排序 …… 326
15.4.2 灰度膨胀和腐蚀 …… 328
15.4.3 灰度开启和闭合 …… 331
15.5 灰度形态学组合运算 …… 332
总结和复习 …… 334

部分思考题和练习题的参考解答 …… 337

参考文献 …… 342

索引 …… 350

第 1 章 绪论

图像是一种常见的、携带丰富信息、表达和描述客观景物的媒体形式，也是人类与自然交流的重要纽带。在信息社会，电子技术和计算机技术的发展对图像的广泛应用起到了极大的推动作用。有关各类图像的采集和加工技术近年来取得了长足的进展，也出现了许多与图像有关的新理论、新技术、新算法、新手段和新设备，各种图像技术在科学研究、工业生产、医疗卫生、教育、娱乐、管理和通信等方面也得到了广泛应用，这些对推动社会发展、改善人们生活水平都起到了重要的作用。

本书是一本介绍基本的和典型的图像（处理和分析）技术的教材。第 1 章先介绍图像相关的概念，概述图像技术的整体情况，为后续各章的学习打下基础。

本章各节内容安排如下。

1.1 节先列出图像的基本概念和术语，给出不同波段、不同类型的图像示例，以及图像应用的领域。

1.2 节概括介绍代表图像技术总体的图像工程学科的情况，以及与相关学科的联系和区别，还简单介绍了图像处理分析系统的主要功能模块。

1.3 节讨论如何表示整幅图像及图像的基本单元——像素，并介绍图像显示设备、显示原理以及广泛使用的半调输出和抖动技术。

1.4 节介绍存储图像数据的基本器件以及几种常用的图像数据存储格式。

1.5 节对图像技术进行了初步分类，对图像处理技术和图像分析技术进行了对比，在此基础上讨论了各章内容的选取和使用本书的建议。

1.1 图像概述

这里先给出图像的基本概念和术语的简短定义（详细解释见后），然后给出各种类型的图像示例，最后罗列图像的应用领域。

1.1.1 基本概念和术语

1. 图像

图像是用各种观测系统以不同形式和手段观测客观世界获得的，可以直接或间接作用于人眼，进而产生视知觉的实体。图像带有大量的信息，百闻不如一见，一图值千字都说明了这个事实。在实际应用中，图像这个概念是比较广义的，例如，照片、绘画、草图、动画、视像等都是图像的形式。可见，所有人的视觉对象都是图像，更准确地说是连续图像。

2．连续图像

连续图像源自对客观世界中景物所获得的影像，是人眼直接感受到的图像（视觉对象），也称模拟图像。连续在这里是指图像在空间上和亮度上都是密集地取值的。

3．视觉

视觉是人用眼睛观测世界，并用人脑感知世界的一种能力，也是人类观察世界、认知世界的重要功能手段。视觉是人类从外界获得信息的主要源泉。据统计，人类从外界获得的信息约有 75%来自视觉系统，这既说明视觉信息量巨大，也表明人类对视觉信息有较高的利用率。

4．视觉系统

视觉系统是通过观测世界获得图像，并进而实现视觉功能的系统。人的视觉系统包括眼睛、神经、脑皮层等器官。随着科技的进步，由计算机和电子设备构成的人造视觉系统也越来越多，它们试图实现并改善人的视觉系统。人造视觉系统主要使用数字图像作为系统的输入。

5．数字图像

数字图像是对连续图像数字化或离散化的结果，也称离散图像。早期英文书籍里一般用 picture 代表图像，随着数字技术的发展，现都用 image 代表离散化了的数字图像（所以中文用“图象”这个词应更合理）。本书讨论的基本都是用电子设备获得的且借助计算机技术加工的数字图像，在不引起歧义的时候，均只写图像。

6．图像技术

图像技术是指利用计算机和电子设备对图像进行各种加工的技术。这里被加工的都是数字图像，所以也有人称图像技术为数字图像技术（本书均用图像技术来代表）。比较基本和应用广泛的两大图像技术是图像处理技术和图像分析技术，是本书的重点，将在后面各章节展开讲述。

7．图像处理技术

图像处理技术主要关注的是通过对图像的加工获得更好的视觉观察效果或在保证一定的视觉观察效果的基础上，减少图像存储所需的空间或图像传输所需的时间。

8．图像分析技术

图像分析技术主要关注的是对图像中感兴趣的目标进行检测和测量，以获得各种描述目标特点和性质的客观数据和信息。

1.1.2 不同波段的图像示例

图像反映了客观世界中景物的映像，呈现出亮度模式的空间分布形式。**图像成像**可借助各种电磁波辐射（包括可见光）来实现。电磁波谱很宽，各种电磁波的波长从短到长依次为宇宙γ射线（伽玛射线及宇宙射线）、X 射线（伦琴射线）、紫外线、可见光、红外线、无线电波（包括微波）、交流电波。由不同波长的电磁波获得的图像有不同的特点，下面依次介绍。

1．宇宙γ射线图像

γ射线是原子核受激后产生的电磁波，其波长非常短（常达约等于 0.001nm，更短的常称宇宙射线，也有人把γ射线看作宇宙射线的一部分），但能量非常高（甚至高于 10^{11}eV）。图 1.1.1 所示为几幅天文方面获得的 **宇宙γ射线图像**示例。

    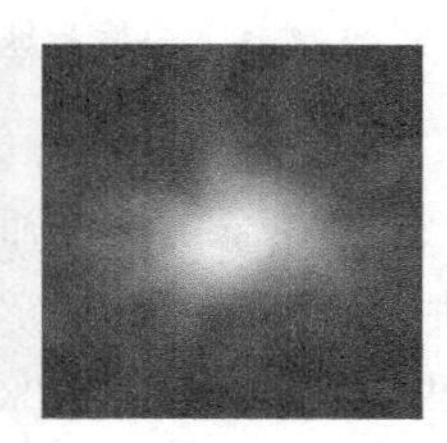

图 1.1.1 宇宙γ射线图像示例

2．X 射线图像

X 射线是原子受激后产生的电磁波，其波长为 0.001nm～10nm。因为它具有很高的穿透本领，能透过许多对可见光不透明的物质，如墨纸、木料等，所以常用于医学诊断和治疗，也常用于晶体结构分析等。图 1.1.2 所示为几幅对人体不同部位获取的 **X 射线图像**，展示了肉眼不能直接观察到的人体内部的结构信息。

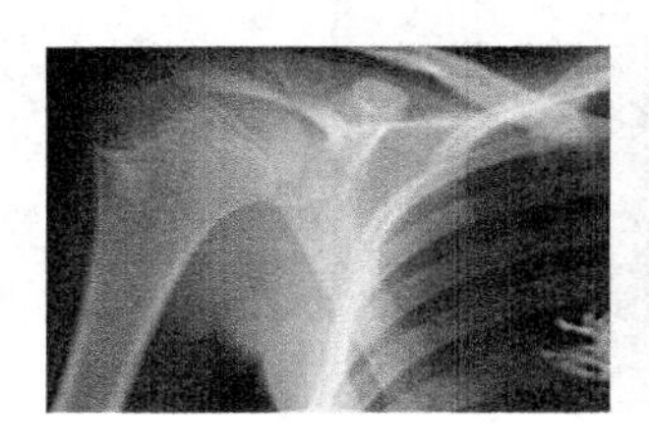
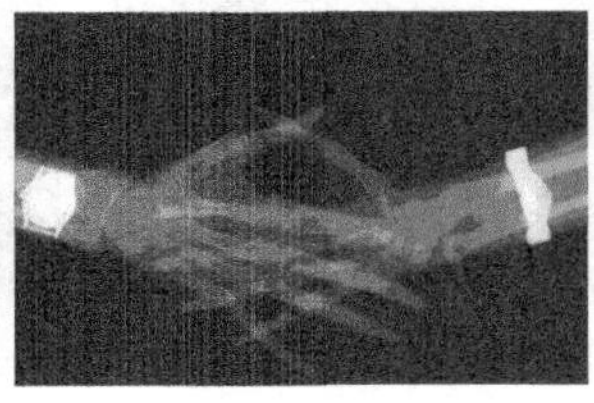
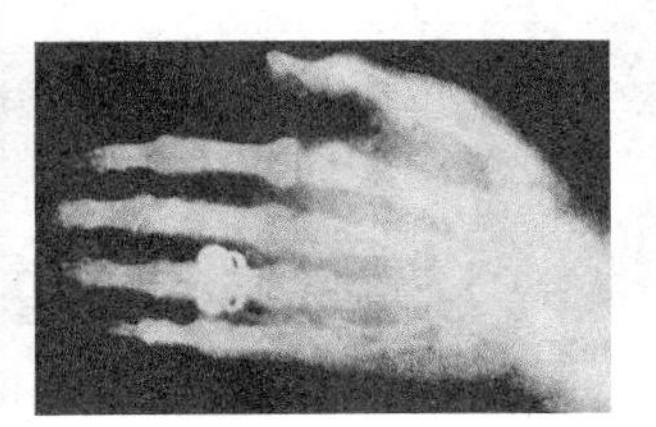

图 1.1.2　X 射线图像示例

图 1.1.3 所示为一幅利用反向散射 X 射线成像获得的人体轮廓图像，从中可检测出被隐藏枪支的轮廓和位置。这在安全监测等领域很有用。

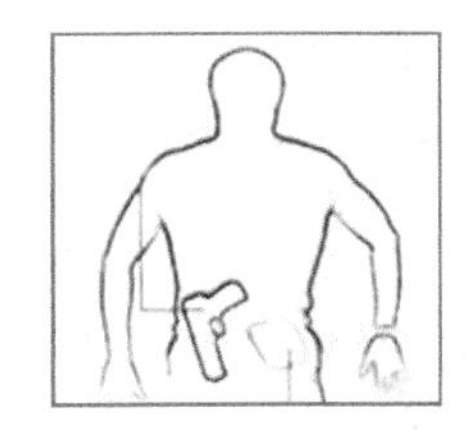

图 1.1.3　利用反向散射 X 射线成像获得的人体轮廓图像示例

3．紫外线图像

紫外线是物质外层电子受激发后产生的电磁波，其波长约为 10nm～400nm，比可见的紫色光还短。紫外线还可进一步分为真空紫外线（10nm～200nm）、短波紫外线（200nm～290nm）、中波紫外线（290nm～320nm）、长波紫外线（320nm～400nm）。图 1.1.4 所示为两幅天文方面的**紫外线图像**。由于宇宙正在膨胀，所以远处星系辐射来的紫外线的波长变长而成为可见光。图 1.1.4（a）对应旋涡状星系的星暴区，图 1.1.4（b）展示了两个星系之间的冲撞。

4．可见光图像

可见光是人眼能直接感受到的电磁波，其波长约为 400nm～780nm。其中不同的波长对应不同的颜色：紫光（400nm～430nm）、蓝光（430nm～460nm）、青光（460nm～490nm）、绿光（490nm～570nm）、黄光（570nm～600nm）、橙光（600nm～630nm）、红光（630nm～750nm）。这些从红色到紫色的不同颜色的光可从日常的白光中借助三棱镜分离出来，如图 1.1.5 所示。本书讨论的图像处理和分析技术主要以（由可见光图像转化来的）灰度图像进行介绍，有关彩色图像的更多介绍见第 13 章。

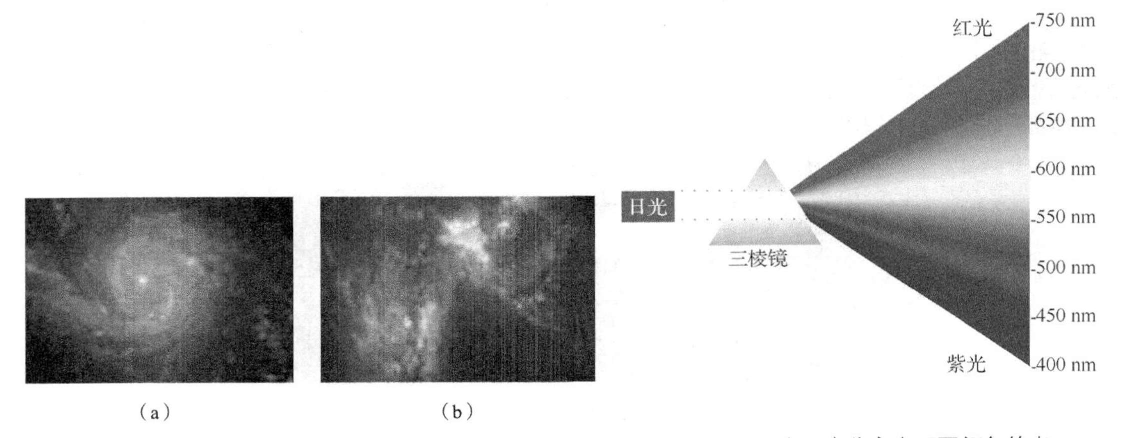

（a）　　（b）

图 1.1.4　紫外线图像示例

图 1.1.5　由日光分离出不同颜色的光

人们日常观察到的图像主要是借助可见光获得的，**可见光图像**的使用也最广泛。需要指出，虽然利用同一光源的光谱（一定的波长范围，如日光）来成像，但由于照射条件（光源的照度、角度或光源与成像物之间的方位等）的不同，所获得的图像及反映的细节也会不同。例如，图 1.1.6 所示为一组不同光照角度下的人脸样本图像，对人脸的感受很不一样。

图 1.1.6　不同光照角度图像示例

5. 红外线图像

所有高于绝对零度（−273°C）的物质都可以产生红外线。红外线的波长比可见红光还长，约为 0.78μm～1 000μm，有比较强的穿透浓雾的能力。红外线还可进一步分为近红外（0.78μm～1.5μm）、中红外（1.5μm～6μm）、远红外（6μm～1 000μm）。

图 1.1.7 所示为几幅**红外线图像**（常称红外图像）。图 1.1.7（a）是对一个读报人拍摄的图像，反映了人体不同部位热度的分布。图 1.1.7（b）是有大火和浓烟时拍摄的图片，红外线穿透浓烟指示了人的位置。图 1.1.7（c）是飞机航拍得到的图像，不同的亮度指示了地面不同植被的分布情况。

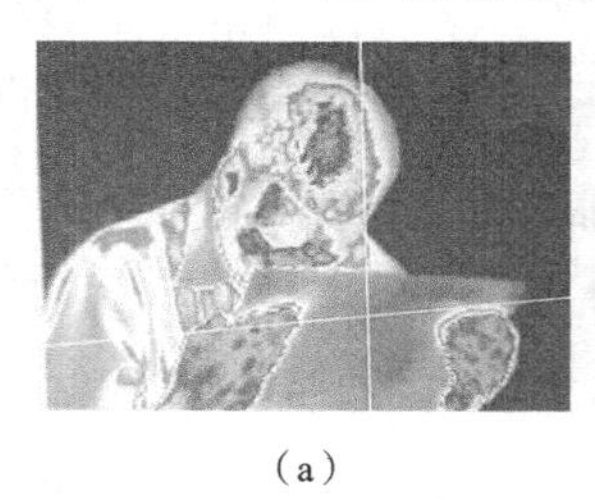

（a）

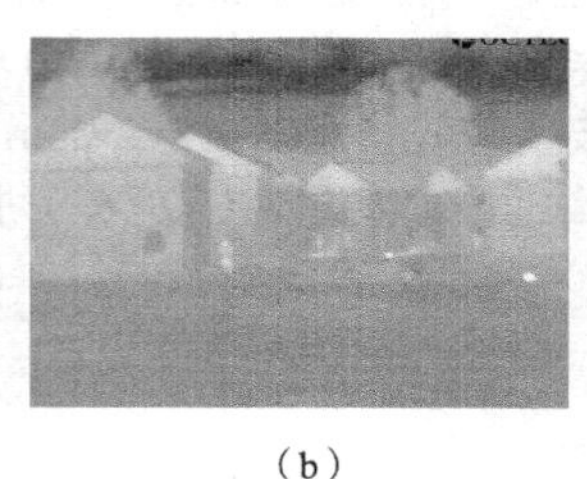

（b）

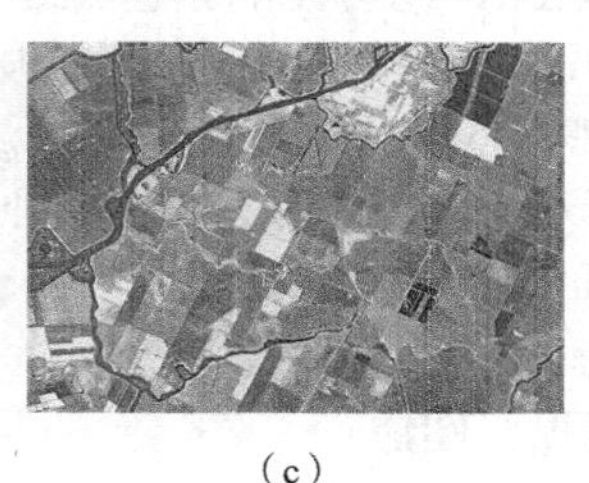

（c）

图 1.1.7　红外线图像示例

6. 无线电波图像

无线电波广泛使用在无线电广播、电视、雷达、手机、通信等领域，其波长范围比较大，包括微波（1mm～10 000mm）、短波（10m～50m）、中波（50m～3 000m）、长波（3km～50km）。其中，微波又可细分为毫米波（它对金属比较敏感），厘米波和分米波。**无线电波图像**是借助各种无线电波得到的。图 1.1.8 所示为毫米波全身扫描成像系统采集的图像，图 1.1.8（a）反映了乘客通过安全门接受检查的情况（可见光图），图 1.1.8（b）上下分别对应系统的两幅显示屏幕，其中左列两幅图是借助毫米波获得的成像。

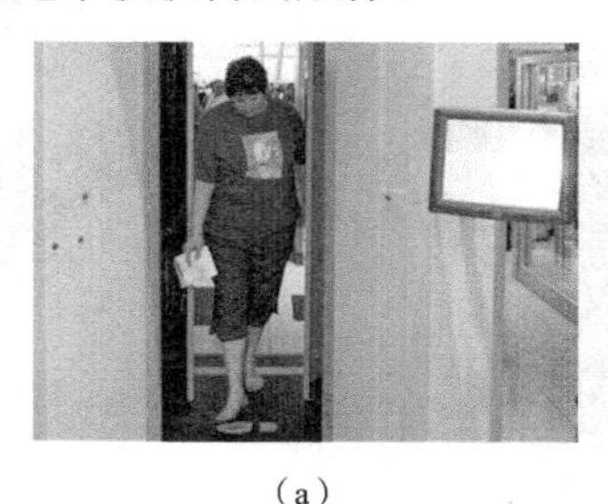

（a）

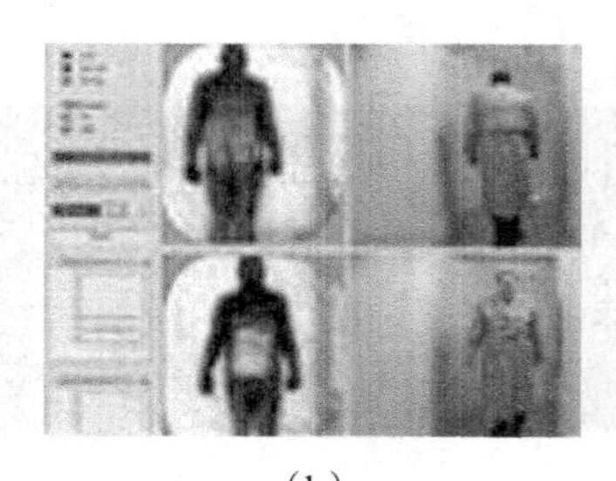

（b）

图 1.1.8　毫米波全身扫描成像系统

7. 交流电波图像

交流电波的波长可达上千千米，如频率为 50Hz 的家用交流电的波长达 6 000 千米。**交流电波图像**与交流电场有密切联系。电阻抗断层成像就是一种利用交流电场和第 6 章介绍的从投影重建图像技术原理的一种成像方式。图 1.1.9 所示为利用电阻抗断层成像得到的两幅图像。

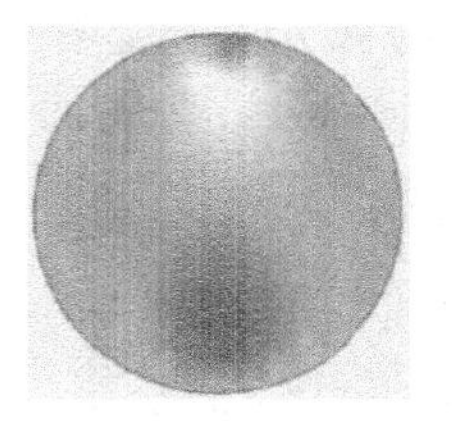

图 1.1.9　电阻抗断层成像的图像示例

1.1.3　不同类型的图像示例

图像的概念近年有许多扩展。虽然上面列举的各种图像都是 **2-D 图像**，但 **3-D 图像**、**彩色图像**、**多光谱图像**、**立体图像**和**多视图像**等高维图像也越来越常见。虽然一般谈到图像时，常指静止的单幅图像（照片），但运动的**图像序列**（如电视和视频）等也是广泛应用的图像源。虽然图像常用对应反映辐射量强度的灰度点阵（彩色图像可结合使用 3 个灰度点阵）的形式显示，但图像灰度代表的也可能是景物的深度值（如**深度图像**）、景物表面的纹理变化（如**纹理图像**）、景物的物质吸收值（如**投影重建图像**）等。下面对这些类型的图像各举几个例子。

1. 彩色图像

彩色图像是用 3 个性质空间（如 R，G，B）的数值来表示的，能给人以彩色感觉的图像。彩色图像在空间上（类似于灰度图像）可以是 2-D 的，但在 2-D 空间，每个点同时有 3 个值（表示 3 种性质）。图 1.1.10 所示为几幅典型的彩色图像，色彩都比较鲜艳。

图 1.1.10　彩色图像示例

每幅彩色图像都可看作由 3 幅代表 R，G，B 强度的无彩色图像结合而成。图 1.1.11（a）所示的一幅彩色图像是由图 1.1.11（b）所示的 R 分量、图 1.1.11（c）所示的 G 分量和图 1.1.11（d）所示的 B 分量结合而成的。由于绿色较多，所以图 1.1.11（c）比较亮；而由于没有什么蓝色，所以图 1.1.11（d）比较暗。更多关于彩色图像的介绍见第 13 章。

（a）

（b）

（c）

（d）

图 1.1.11　彩色图像及其 3 个分量图

2. 多光谱图像

多光谱图像也称**多波段图像**，是包含多个（几个到几十个）频谱段的一组图像。每幅图像对应一个频谱段。遥感图像一般均为多光谱图像。它是对同一个场景以不同波段的辐射成像而得到的。图 1.1.12（a）所示的两幅图像分别为用不同波长的辐射对同一个场景获得的，很明显，它们反映了场景的不同特性。图 1.1.12（b）所示的两幅图像分别为 Landsat 地球资源卫星获得的 TM（Thematic Mapper）多光谱图像和 SPOT 遥感卫星获得的 SPOT 全色图像，它们在光谱特性方面也有不同。

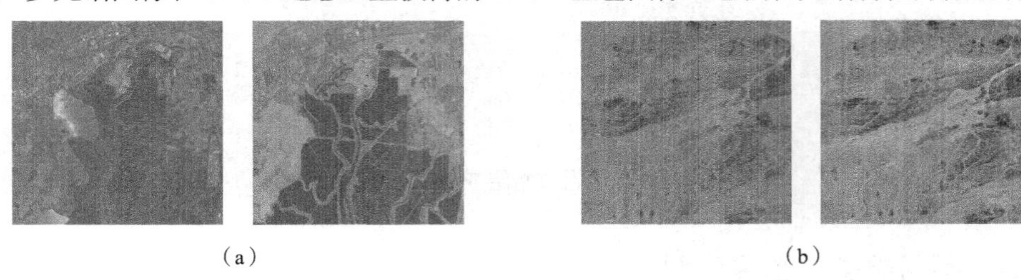

（a）　　　（b）

图 1.1.12　遥感图像示例

3. 纹理图像

纹理图像侧重反映物体表面的特性，因为纹理是物体表面的固有特征之一。例如，图 1.1.13 所示为三幅不同的纹理图像，其中图 1.1.13（a）是砖墙的图像，含有全局有序（常由一些类似的单元按一定规律排列而成）的纹理；图 1.1.13（b）是一块木疤的图像，含有局部有序（在图中局部区域的每个点存在某种相对一致的方向性）的纹理；图 1.1.13（c）是软木的图像，纹理是无序的（既无单元的重复性，也无明显的方向性）。纹理的不同表达和分类方法，详见第 12 章。

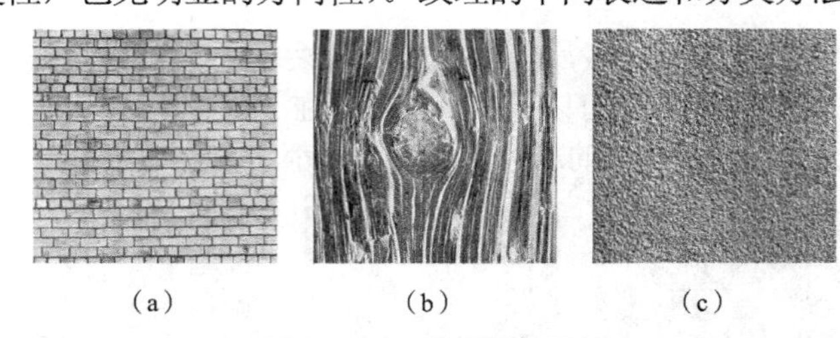

（a）　　　（b）　　　（c）

图 1.1.13　纹理图像示例

4. 立体图像

为了获得场景中的深度信息，可以仿照人类视觉系统，利用双目立体视觉技术，即借助（多图像）成像技术获取场景中物体的距离（深度）信息。

立体图像最常用的是双目图像（也称立体图像对），近年也有多种采集以及利用多目图像（有时也称多视图像）的方法。一般双目图像是将相机左右并排放置获得的，两幅图像根据相机位置分别称为左图和右图。有时双目图像也可通过将相机上下并列放置获得，此时两幅图像根据相机位置分别称为上图和下图。图 1.1.14 所示为相关的两对立体图像对，其中图 1.1.14（a）和图 1.1.14（b）构成一对水平立体图像对的左图和右图，图 1.1.14（b）和图 1.1.14（c）构成一对垂直立体图像对的下图和上图。

5. 深度图像

深度图像是指其灰度反映场景中景物与摄像机之间距离信息的图像。从深度图像可获得的信息并不是景物的亮度，而是景物的 3-D 结构信息。例如，由图 1.1.14（a）和图 1.1.14（b）所示的一对立体图像计算得到的深度图像如图 1.1.15（a）所示，由图 1.1.14 所示的 3 幅立体图像计算得到的深度图像如图 1.1.15（b）所示（效果更好一些）。图 1.1.15 中的浅色表示较近的距离值，深色对应较远的距离值。

（a）　（b）　（c）

图 1.1.14　相关的两对立体图像对

（a）　（b）

图 1.1.15　深度图像示例

6．3-D 图像

3-D 图像一般是指其坐标空间为三维，需要用三元函数 $f(x, y, z)$表示的图像。3-D 图像可看作由一系列 2-D 图像叠加而成。例如，图 1.1.16 所示为一组 2-D 细胞切片图像。这些 2-D 图像依次对应 3-D 图像的不同层，将它们结合起来就可以获得 3-D 图像，完整地表示整个细胞的全貌。另一方面，**视频图像**也可看作 3-D 图像，用 $f(x, y, t)$表示，这将在第 14 章专门介绍。

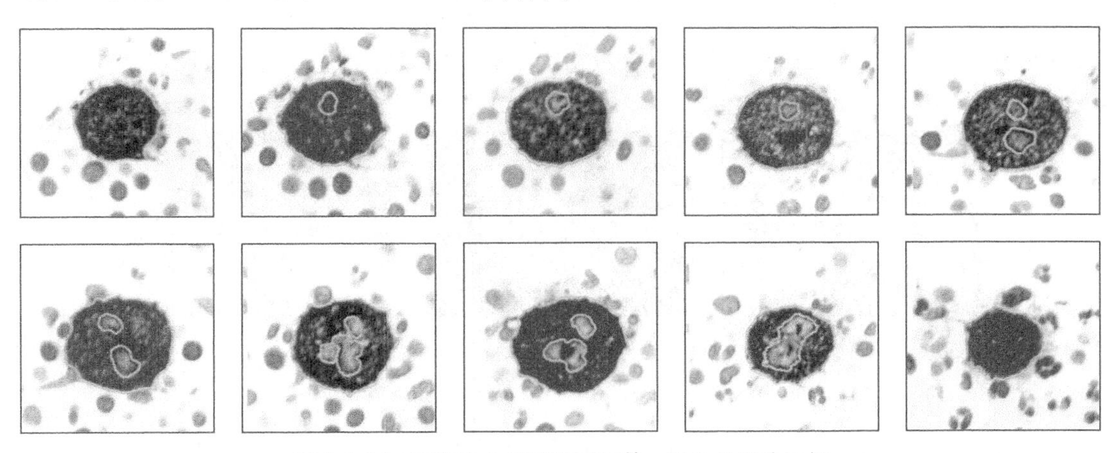

图 1.1.16　对应 3-D 图像不同层的一组 2-D 图像示例

7．序列图像

序列图像是指时间上有一定顺序和间隔，内容上相关的一组图像，也称**图像序列**或**运动图像**，可用 $f(x, y, t)$表示。**视频图像**是一种特殊的序列图像，其中的每幅图像称为**帧图像**，帧图像之间的时间间隔通常是固定的。图 1.1.17 所示为一个由 8 幅帧图像构成的图像序列，描述了一段乒乓球比赛中的场景。更多关于视频图像的介绍见第 14 章。

另外，也有一些图像序列中各图像采集的时间间隔并不一致，这些图像只是反映了事件进程中不同的几个状态或时刻，图 1.1.18 所示为反映眨眼过程的几幅图像。

图 1.1.17　图像序列示例

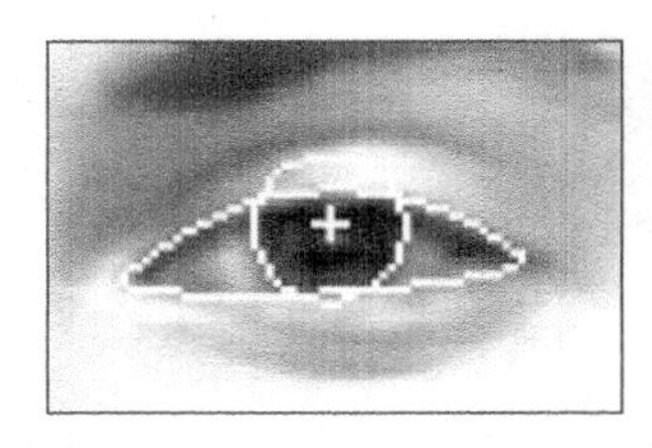
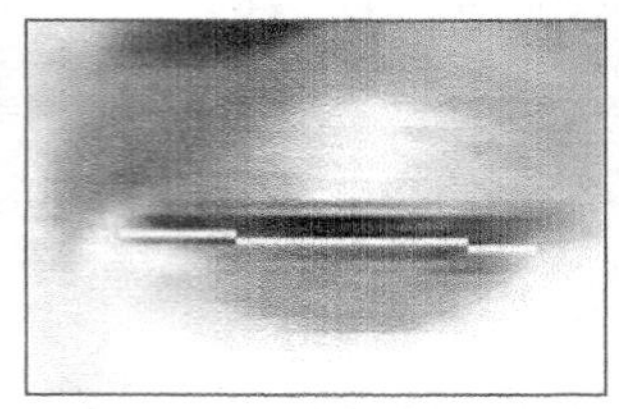
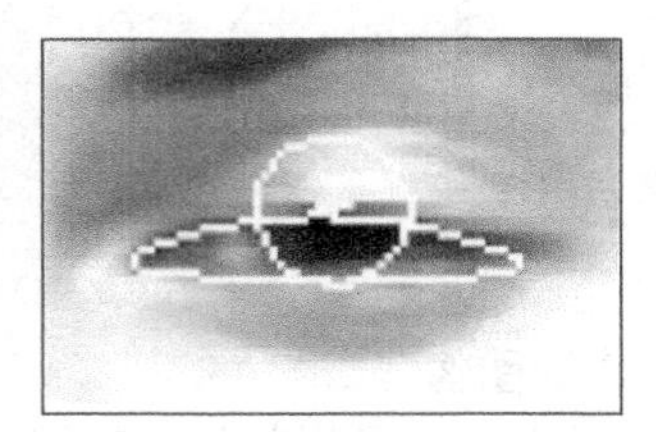

图 1.1.18　间隔不固定的图像序列示例

8．投影重建图像

投影重建图像是指利用计算机从景物的投影出发重构复原出来的图像（详见第 6 章）。投影重建的方法很多，最常见的是利用计算机断层扫描，所得到的图像又可分为发射断层（ECT）图像，正电子发射（PET）图像和单光子发射（SPECT）图像。图 1.1.19（a）、（b）、（c）分别为这 3 种图像的各一个示例。

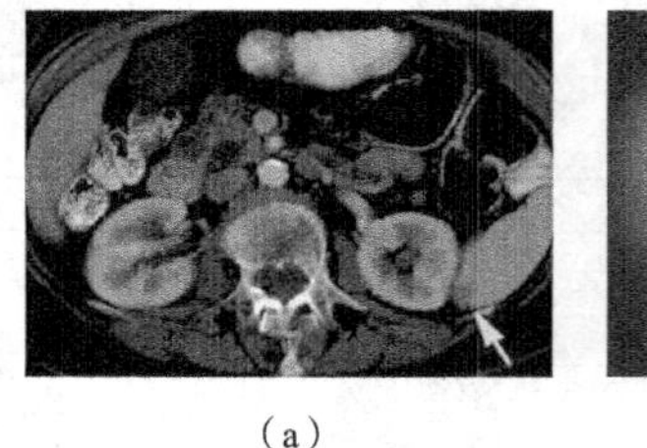
（a）

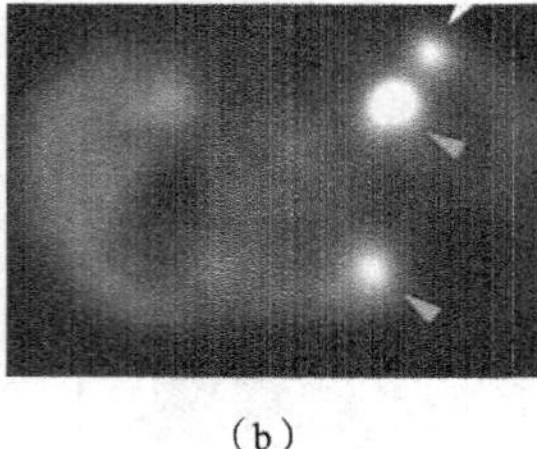
（b）

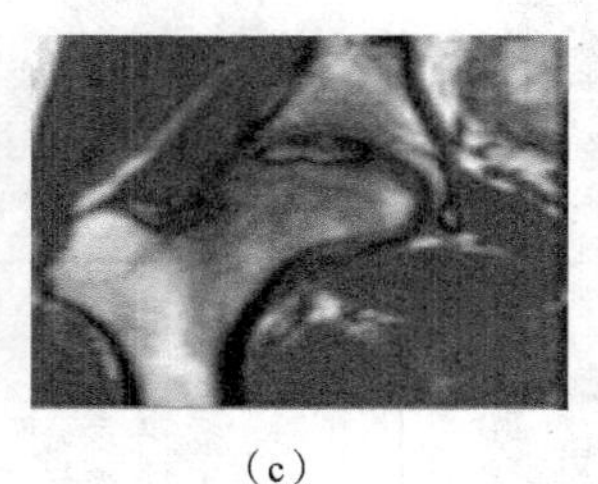
（c）

图 1.1.19　ECT 图像、PET 图像和 SPECT 图像示例

磁共振成像（MRI）图像也是利用投影重建原理获得的（参见第 6 章）。图 1.1.20 所示为几幅 MRI 图像。

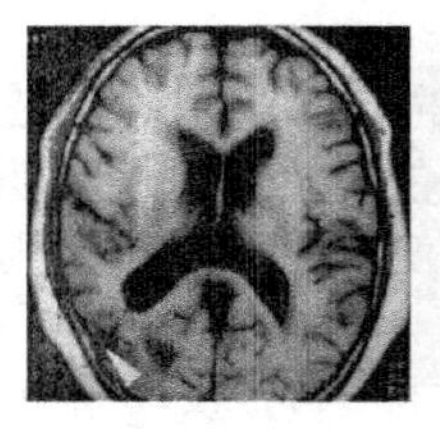
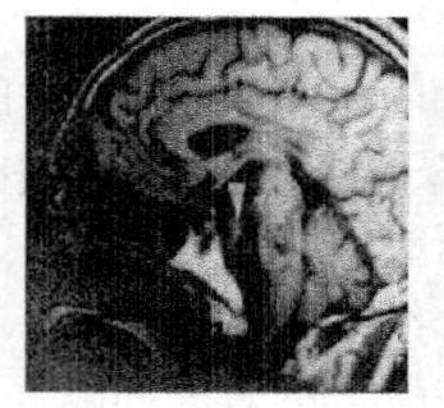
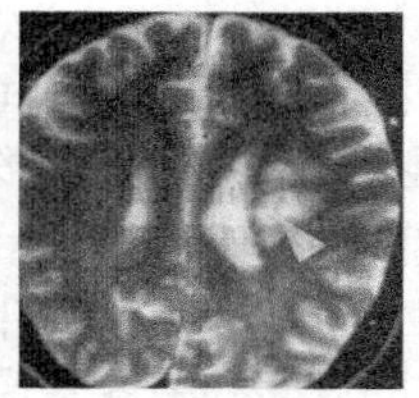

图 1.1.20　MRI 图像示例

另外，雷达图像也是利用投影重建原理获得的。图 1.1.21 为两幅合成孔径雷达（SAR）图像。

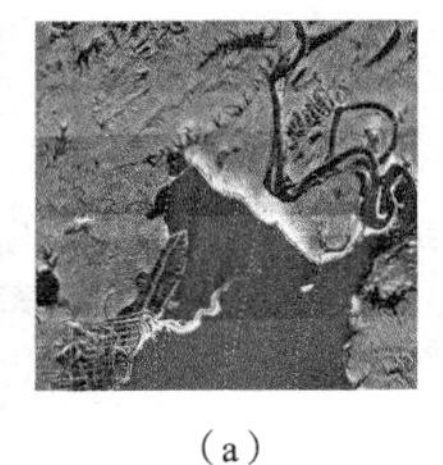
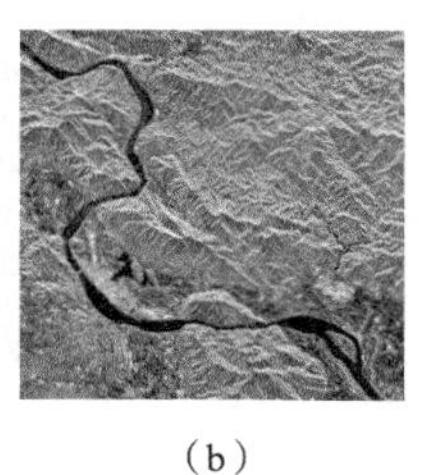

（a）（b）

图 1.1.21 合成孔径雷达图像示例

9．合成图像

真实图像是从客观世界获得的，但在对图像技术的研究中，有时为了保证研究的客观性和通用性，有时为了集中考虑特定的技术特性，也常根据需要构建**合成图像**，以作为参考图来测试技术的性能。这样做的好处是研究结果不受限于具体的应用，可重复性强。这样构建的图像应能反映客观世界，除把应用领域的知识结合进去，还应适应诸如图像内容的变化、各种获取图像的条件等实际情况。

图 1.1.22 为一组合成的用于图像分割评价的试验图，这些图均为 256 像素×256 像素、256 级灰度图。左下角的基本图是将亮的圆形目标放在暗背景正中得到的。图中目标与背景间的灰度对比度均为 32，迭加的噪声均为零均值高斯随机噪声。从左至右，8 列图中的目标面积分别为全图的 20%，15%，10%，5%，3%，2%，1%，0.5%，从上至下，4 行图的信噪比分别为 1，4，16，64。

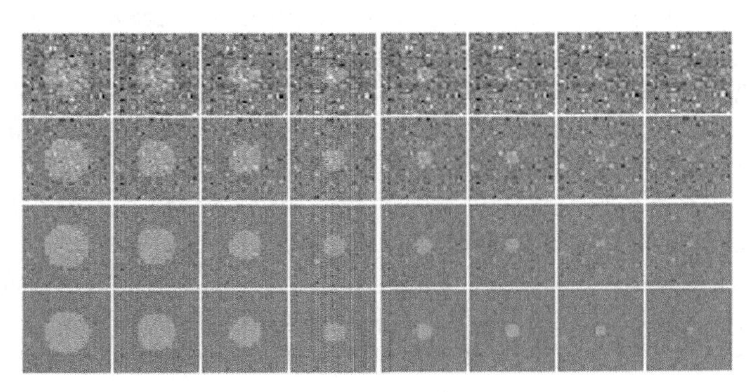

图 1.1.22 分割评价试验图示例

1.1.4 图像应用的领域

图像已在许多领域得到了广泛应用，下面是一些典型的例子。

（1）视频通信，如可视电话、电视会议、按需电视（VOD）、远程教育。

（2）文字档案，如文字识别、过期档案复原、邮件分拣、办公自动化、支票、签名辨伪。

（3）生物医学，如红白血球计数，染色体分析，X 光、ECT、MRI、PET 图像分析，显微医学操作，对放射图像和显微图像的自动判读理解，人脑心理和生理的研究，医学手术模拟、规划、导航，远程医疗，远程手术。

（4）遥感测绘，如矿藏勘探、资源探测、城市规划、气象预报、自然灾害监测监控。

（5）工业生产，如工业检测、工业探伤、自动生产流水线监控、邮政自动化、移动机器人，以及在各种危险场合工作的机器人、无损探测、金相分析、印刷板质量检验、精细印刷品缺陷检测。

（6）军事，如军事侦察、SAR 图像分析、巡航导弹路径规划、精确制导、地形识别、无人驾驶飞机飞行、战场环境/场景建模表示。

（7）智能交通，如太空探测、航天飞行、公路交通管理、自动行驶车辆。

（8）公安安全，如突发事件监测，罪犯脸型合成、识别、查询，指纹、印章的鉴定识别。图 1.1.23 为监控场景的画面。

图 1.1.23 利用红外检测技术在机场监控流感

1.2 图像工程概述

图像工程包括所有的图像技术，图像技术在狭义上指对图像加工的技术。

对图像的加工利用由来已久，用计算机处理和分析数字图像的历史可追溯到1946年世界上第一台电子计算机诞生。虽然20世纪50年代的计算机还满足不了处理大数据量图像的要求，但20世纪60年代研制成功的第3代计算机，以及快速傅里叶变换算法的发现和应用使得对图像的某些计算已可实际实现。从20世纪70年代开始，利用计算机对图像进行加工逐渐推广。到20世纪80年代，许多能获取3-D图像的设备和处理分析3-D图像的系统研制成功。20世纪90年代，图像技术已逐步涉及人类生活和社会发展的各个方面。以当时得到广为宣传和应用的多媒体为例，图像在其中其实占据了最主要的地位。进入21世纪，图像技术得到了进一步的发展和应用，在改变人们的生活方式以及社会结构等方面都起到了重要作用。

图像技术在广义上是指各种与图像有关的技术的总称。目前人们主要研究的是数字图像，主要应用的是计算机图像技术。这包括利用计算机和其他电子设备进行和完成的一系列加工工作(本书重点在这一部分)，基于加工后的结果所做的判断决策和行为规划，以及为完成上述功能而进行的硬件设计及制作等。

图像技术的种类很多，且与多门学科相关，下面先给出全景介绍。

1.2.1 图像工程的3个层次

所有图像技术可根据其特点分为3个既有联系，又有区别的层次（见图1.2.1）：图像处理、图像分析和图像理解。这3个层次在操作对象、语义内容、数据量和抽象程度上都各有特点，它们的有机结合称为**图像工程**。它是一门内容非常丰富的学科。换句话说，图像工程是既有联系，又有区别的图像处理、图像分析及图像理解三者的有机结合，另外还包括对它们的工程应用。

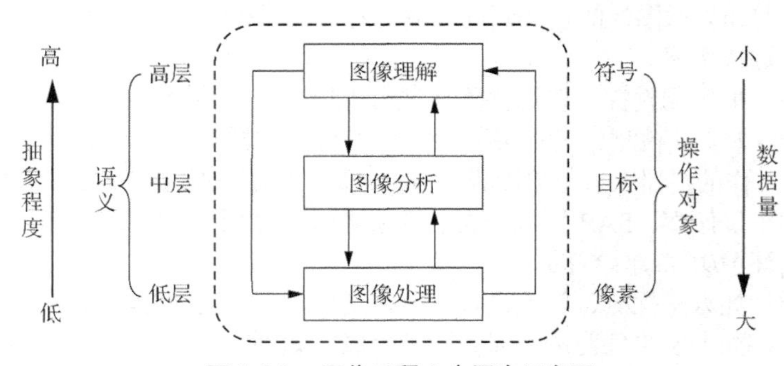

图 1.2.1 图像工程3个层次示意图

1. 图像处理

图像处理着重强调图像之间的转换。虽然人们常用图像处理泛指各种图像技术，但比较狭义的图像处理主要关注的是输出图像的视觉效果。这包括对输入图像进行各种加工调整，以改善图像的视觉效果，有利于进行后续高层的加工；或对给定图像进行压缩编码，在保证所需视觉感受的基础上，减少所需的存储空间或传输时间，满足给定传输通路的要求；或给原始图像增加一些附加信息，但又不影响图像的外貌等。

2. 图像分析

图像分析主要是对图像中感兴趣的目标进行检测和测量，以获得它们的客观信息，从而建立对图像中目标的描述。如果说图像处理是一个从图像到图像的过程，那么图像分析是一个从图像到数据的过程。这里的数据可以是对目标特征测量的结果，或是基于测量的符号表示。它们描述了图像所关注对象的特点和性质。

3. 图像理解

图像理解的重点是在图像分析的基础上，进一步研究图像中各目标的性质和它们之间的相互联系，并得出对整幅图像内容含义的理解以及对原来成像客观场景的解释，从而可以让人们利用图像做出判断，并指导和规划行动。如果说图像分析主要是以观察者为中心研究客观世界（主要研究可观察到的事物），那么图像理解在一定程度上则是以客观世界为中心，并借助知识、经验等来把握和解释整个客观世界（包括没有直接观察到的事物）。

图像处理是比较低层的操作，它主要在图像的像素层次上进行处理，处理的数据量非常大。图像分析则进入了中层，分割和特征提取把原来以像素描述的图像转变成比较简洁的对目标的描述。图像理解主要是高层操作，操作对象基本上是从描述中抽象出来的符号，其处理过程和方法与人类的思维推理有许多类似之处。另外可见，随着抽象程度的提高，数据量是逐渐减少的。具体说来，原始图像数据经过一系列的处理过程逐步转化得更有组织并被更抽象地表达。在这个过程中，语义不断引入，操作对象发生变化，数据量得到了压缩。另一方面，各层之间有双向联系，高层操作对低层操作有指导作用，能提高低层操作的效能。

1.2.2 相关学科

图像工程是一门系统地研究各种图像理论、技术和应用的新的交叉学科。从它的研究方法来看，它可以与数学、物理学、生理学、心理学、电子学、计算机科学等许多学科相互借鉴，从它的研究范围来看，它与模式识别、计算机视觉、计算机图形学等多个专业又互相交叉。另外，图像工程的研究进展与人工智能、神经网络、深度学习、遗传算法、模糊逻辑等理论和技术的联系密切，它的发展与应用与医学、遥感、通信、文档处理和工业自动化等许多领域也是不可分割的。

图 1.2.2 所示为图像工程与相关学科和领域的联系和区别，从图 1.2.2 中可以看到图像工程 3 个层次各自不同的输入输出内容，以及它们与**计算机图形学**、**模式识别**、**计算机视觉**等学科的关系。图形学原本是指用**图形**、**图表**、**绘图**等形式表达数据信息的科学，而计算机图形学研究的是如何利用计算机技术来产生和表现这些形式。如果将其与图像分析对比，两者的输入对象和输出结果正好对调。计算机图形学试图从非图像形式的数据描述来生成（逼真的）图像。另外，（图像）模式识别与图像分析比较相似，只是前者试图把图像分解成可用符号较抽象地描述的类别。它们有相同的输入，而不同的输出结果可以比较方便地转换。至于计算机视觉主要强调用计算机实现人的视觉功能，这中间实际上用到图像工程 3 个层次的许多技术，但目前的研究内容主要与图像理解相结合。

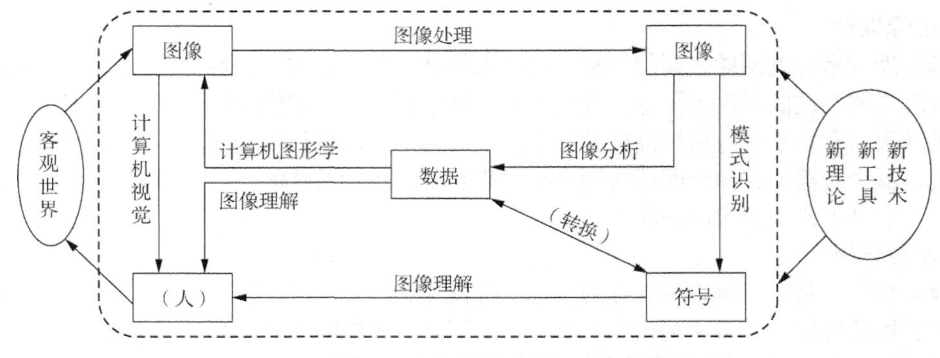

图 1.2.2 图像工程与相关学科和领域的联系和区别

1.2.3 图像处理分析系统的组成

一个基本的图像处理分析系统的构成如图 1.2.3 所示，分别是采集（成像）、合成、处理分析、显示、打印、通信和存储，图 1.2.3 中各模块都有特定的功能。其中采集和合成构成了系统的输入，系统的输出包括显示和打印。需要指出的是，并不是每一个实际的图像处理分析系统都包括所有这些模块。另外，对一些特殊的图像处理分析系统，还可能包括其他模块。

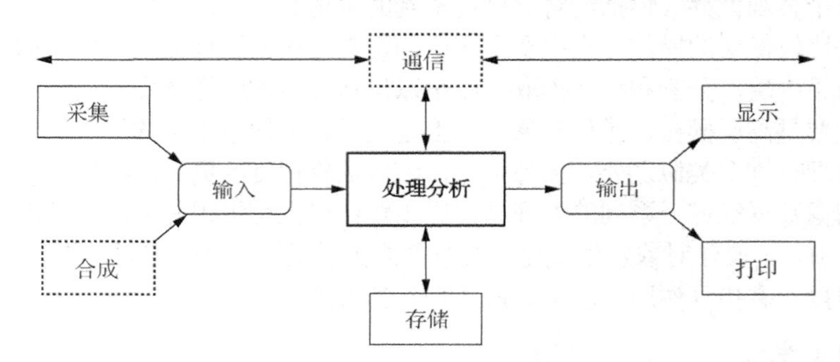

图 1.2.3 图像处理分析系统的构成示意图

在图 1.2.3 中，虚线框表示的模块与图像处理分析系统相关，但它们不是本书的内容，感兴趣的读者请查阅其他书籍（如本章末的总结与复习中所介绍的）。实线框表示的模块中，处理分析模块是本书的主要内容，将在其后各章详细地进行介绍。下面两节先简单介绍显示、存储、打印 3 个实线框模块（采集实线框模块将在第 2 章介绍），特别是每个模块完成各自功能所需的特定设备，后面章节中就不再解释了。

1.3 图像表示和显示

要了解和学习图像技术，首先要掌握图像的表示（也称表达）和显示。

1.3.1 图像和像素的表示

表示图像要分别考虑表示图像的整体和表示组成图像的基本单元。

1. 图像和表示

一幅图像一般可以用一个 2-D 函数 $f(x, y)$表示（计算机中为一个 2-D 数组），这里 x 和 y 表示 2-D 空间 XY 中一个坐标点的位置，f 代表图像在点(x, y)的某种性质 F 的数值。例如，常用的图像一般是**灰度图像**，这时 f 表示灰度值，当用可见光成像时，灰度值对应客观景物被观察到的亮度。

日常所见的图像多是连续的，即 f，x，y 的值可以是任意实数。为了能用计算机加工图像，需要在图像坐标空间 XY 和图像性质空间 F 中，把连续的图像都离散化。这种离散化了的图像就是**数字图像**，是对连续图像的一种近似。因为在表达数字图像的 2-D 数组 $f(x, y)$ 中，f，x，y 都在整数集合中取值，所以为了强调也可用 $I(r, c)$ 表示，其中 I，r，c 都在整数集合中取值。除非另做说明，本书中谈到的图像均指数字图像（因而一般将数字两字省略），所以仍用 $f(x, y)$。

从广义上来说，图像可表示一种辐射能量的空间分布，这种分布可以是 5 个变量的矢量函数，记为 $\boldsymbol{T}(x, y, z, t, \lambda)$，其中 x，y，z 是空间变量，t 代表时间变量，λ 是频谱变量（波长），而对应同一组变量时，其函数值 $\boldsymbol{T}$ 也可以是矢量（如彩色图像包括 3 个分量）。由于实际图像在时空、频谱和能量上都是有限的，所以 $\boldsymbol{T}(x, y, z, t, \lambda)$ 是一个 5-D 有限函数。

例 1.3.1　数字图像示例

图 1.3.1 所示为两幅典型的公开图像（本书许多处理和分析例子也以它们为原始图像）。图 1.3.1（a）所用的坐标系统常在屏幕显示中采用，它的原点 O 在图像的左上角，纵轴标记图像的行，横轴标记图像的列。$I(r, c)$ 既可代表这幅图像，也可表示在 (r, c) 行列交点处的图像值。图 1.3.1（b）所用的坐标系统常在图像计算中采用，它的原点在图像的左下角，横轴为 X 轴，纵轴为 Y 轴。$f(x, y)$ 既可代表这幅图像，也可表示 (x, y) 坐标处像素的值。

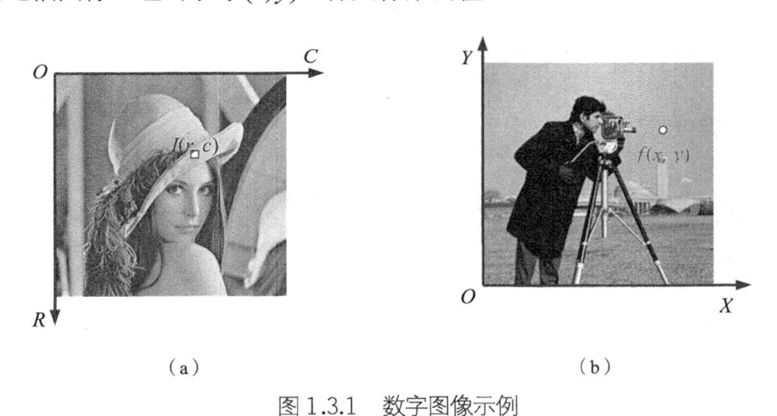

图 1.3.1　数字图像示例　□

2. 像素和表示

原始采集的数字图像一般采用**光栅图像**的形式存储。将图像区域分成小的单元（一般是小正方形），在每个单元中，使用一个介于最大值和最小值的灰度值来表示该单元处图像的亮度。如果光栅足够细，即单元尺寸足够小，就可看到空间连续的图像。

一幅图像分解得到的基本单元称为图像元素，简称**像素**。图像中的像素一般具有相同的形状和尺寸，但可以有不同的属性（灰度）。对于 2-D 图像，英文里常用 pixel（也有用 pel 的）代表像素（picture element）。一幅图像在空间上的分辨率与其包含的像素数成正比，像素数越多，图像的空间分辨率越高，也就是越有可能看出图像的细节。

例 1.3.2　像素示例

数字图像是由许多像素紧密排列而成的，或者说一幅灰度图像是亮度点的集合，这只要将图像逐步放大就可看出。例如，从图 1.3.1（b）中选取一小块放大，得到的结果如图 1.3.2（a）所示，如果将一个如图 1.3.2（b）的 32 × 32 网格覆盖在上面，就可以得到图 1.3.2（c）。图 1.3.2（c）中的每个小格对应一像素，格内灰度是一致的（一个亮度点）。

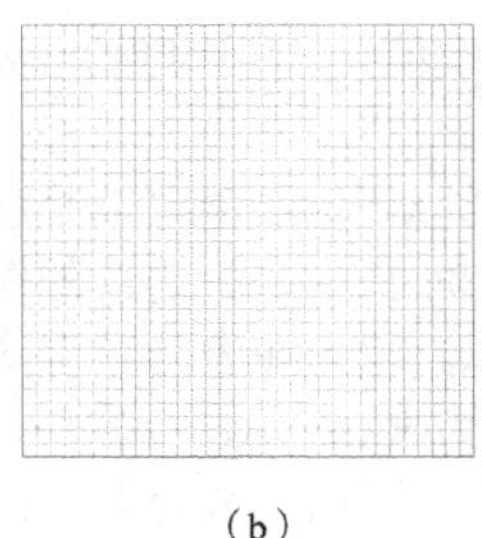
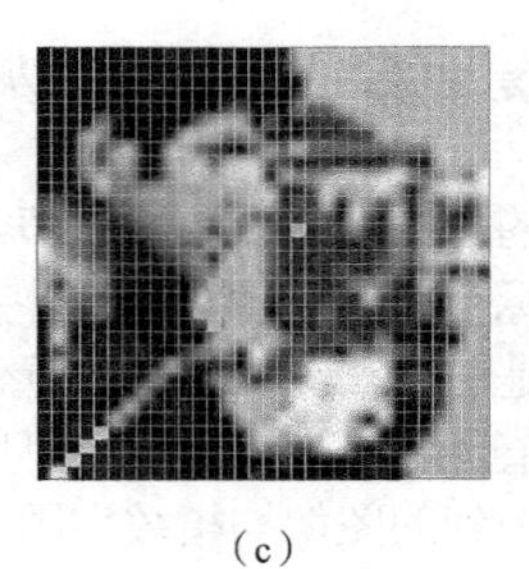

（a）　　（b）　　（c）

图 1.3.2　像素示例 □

要表示图像就需要表示其各像素。像素也可用 $f(x, y)$ 表示，此时 x 和 y 表示该像素的空间位置，而 f 表示像素的灰度数值。

比较直观地，一幅图像可表示为一个 2-D 的 $M \times N$ 的矩阵（其中每个元素表示一像素，M 和 N 分别为图像的行数和列数）。

$$\boldsymbol{F}=\begin{bmatrix} f_{11} & f_{12} & \cdots & f_{1N} \\ f_{21} & f_{22} & \cdots & f_{2N} \\ \vdots & \vdots & \ddots & \vdots \\ f_{M1} & f_{M2} & \cdots & f_{MN} \end{bmatrix} \tag{1.3.1}$$

有些时候，用矢量表示图像也比较方便，对应式（1.3.1）有

$$\boldsymbol{F}=\begin{bmatrix} \boldsymbol{f}_1 & \boldsymbol{f}_2 & \cdots & \boldsymbol{f}_N \end{bmatrix} \tag{1.3.2}$$

其中的每个元素代表一列像素

$$f_i=\begin{bmatrix} f_{1i} & f_{2i} & \cdots & f_{Mi} \end{bmatrix}^T \quad i=1,2,\cdots,N \tag{1.3.3}$$

上述的**矩阵表示形式**和**矢量表示形式**是等价的，且可以方便地互相转换。

1.3.2　图像显示

图像显示是指将图像数据以 2-D 图的形式（一般情况下是亮度模式的空间排列，即在空间 (x, y) 处显示对应 f 的亮度）展示出来（这也是计算机图形学的重要内容）。对于图像处理来说，处理的结果主要用于显示给人看。因为对于图像分析来说，分析的结果也可以借助计算机图形学技术转换为图像形式以直观地展示。所以图像显示对图像处理和分析系统来说都是非常重要的。

例 1.3.3　显示设备示例

可以显示图像的设备有许多种。常见的图像处理和分析系统的主要显示设备是电视显示器。输入显示器的图像也可以通过硬拷贝转换到幻灯片、照片或透明胶片上。除了电视显示器，可以随机存取的阴极射线管（CRT）和各种打印设备也可用于图像输出和显示。

在 CRT 中，电子枪束的水平垂直位置可由计算机控制。在每个偏转位置，电子枪束的强度是用电压来调制的，每个点的电压都与该点对应的灰度值成正比。这样，灰度图就转化为光亮度空间变化的模式，这个模式被记录在阴极射线管的屏幕上显示出来。

打印设备也可以看作一种显示图像的设备，一般用于输出较低分辨率的图像。早期在纸上打印灰度图像的一种简便方法是利用标准行打印机的重复打印能力。输出图像上任一点的灰度值可由在该点位置打印的字符数量和密度来控制。近年来使用的各种热敏、喷墨和激光打印机等具有更高的能力，已可打印具有较高分辨率的图像。 □

图像的原始灰度常常会有几百到上千级，但有些图像输出设备只能在每个像素位置区别两级灰度，如激光打印机（打印墨点，输出黑，或者不打印墨点，输出白）。为了在这些设备上输出灰

度图像（保持其原有的灰度级），常采用一种称为“**半调输出**”的技术。而为了改善半调输出的效果，常采用**抖动**技术，下面分别介绍。

1. 半调输出

半调输出的原理是利用人眼的集成特性，在每个像素位置打印一个尺寸反比于像素灰度的黑圆点，即在亮的图像区域打印的点小，在暗的图像区域打印的点大。当点足够小，观察距离足够远时，人眼就不容易分开各个小点，而得到比较连续平滑的灰度图像。一般报纸上图片的分辨率约为每 in（1 in=2.54cm）100 点（即单位是 dot per inch，DPI），而书或杂志上图片的分辨率约为 300DPI。

例 1.3.4 半调输出方法

实现半调输出技术的一种具体方法是先将图像在空间上细分，取邻近的单元结合起来组成一个输出区域（像素），这样，在每个输出区域内包含若干个单元，只要把一些单元输出黑，而把其他单元输出白，就可以得到不同灰度的效果。例如，将一个区域分成 2 × 2 个单元，根据图 1.3.3 所示的方式可以输出 5 种不同的灰度；将一个区域分成 3 × 3 个单元，根据图 1.3.4 所示的方式可以输出 10 种不同的灰度。这里如果一个单元在某个灰度为黑，则在所有大于这个灰度的输出中仍为黑。按这种方式，要输出 256 种灰度需要将一个区域分成 16 × 16 个单元。需要注意，这个方法通过减少图像的空间分辨率来增加图像的幅度分辨率（即在空间上用多个只有两种取值的点来得到单个有多种取值的点），所以有可能导致图像采样过粗而影响图像的显示质量（进一步参见下面的抖动技术）。

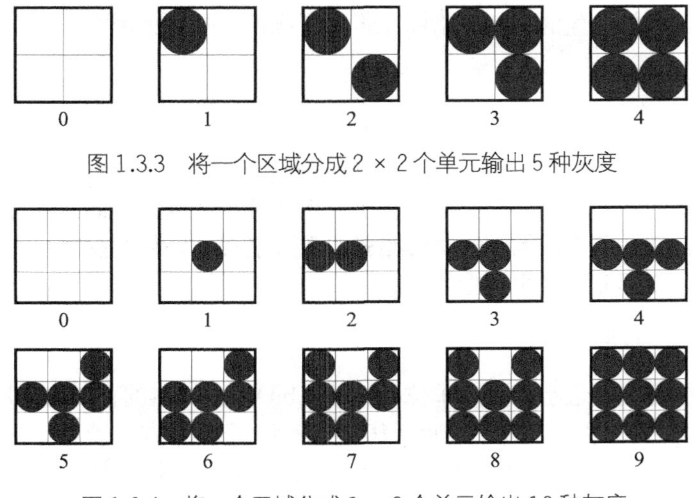

图 1.3.3 将一个区域分成 2 × 2 个单元输出 5 种灰度

图 1.3.4 将一个区域分成 3 × 3 个单元输出 10 种灰度 ❑

2. 抖动技术

半调输出技术通过减少图像空间分辨率来改善图像幅度分辨率，或者说牺牲图像的空间点数来增加图像的灰度级。如果要输出灰度级比较大的图像，图像的空间分辨率就会大大降低。如果要保持一定的空间分辨率，则输出灰度级会比较小，或者说要保留空间细节，则灰度级不能太大。然而，当一幅图像的灰度级比较小时，图像的视觉质量会比较差（灰度间有跳跃）。为改善图像的质量，常使用**抖动**技术，它通过调节或变动图像的幅度值来改善量化过粗图像的显示质量。

抖动一般通过对原始图像 $f(x, y)$ 加一个随机的小噪声 $d(x, y)$，即将两者相加来实现，这里认为 $d(x, y)$ 的值与 $f(x, y)$ 没有任何有规律的联系。

实现抖动的一种具体方法如下。设 b 为图像显示的比特数，先从以下 5 个数中以均匀概率获

得 $d(x, y)$的值：$-2^{(6-b)}$，$-2^{(5-b)}$，0，$2^{(5-b)}$，$2^{(6-b)}$，再将$f(x, y)$加上这样得到的随机小噪声 $d(x, y)$ 的 b 个最高有效比特作为抖动像素的值。

例 1.3.5　抖动实例

图 1.3.5 为一组抖动实例图，图 1.3.5（a）是一幅 256 个灰度级的原始图像；图 1.3.5（b）是借助图 1.3.4 所示的半调技术得到的输出图，由于现在只有 10 个灰度级，所以在脸部和肩部等灰度变换比较缓慢的区域有比较明显的**虚假轮廓**现象（参见 2.3.2 节）；图 1.3.5（c）是利用抖动技术改善的结果，所叠加的抖动值分别为−2，−1，0，1，2；图 1.3.5（d）也是利用抖动技术改善的结果，但叠加的抖动值分别为−4，−2，0，2，4。

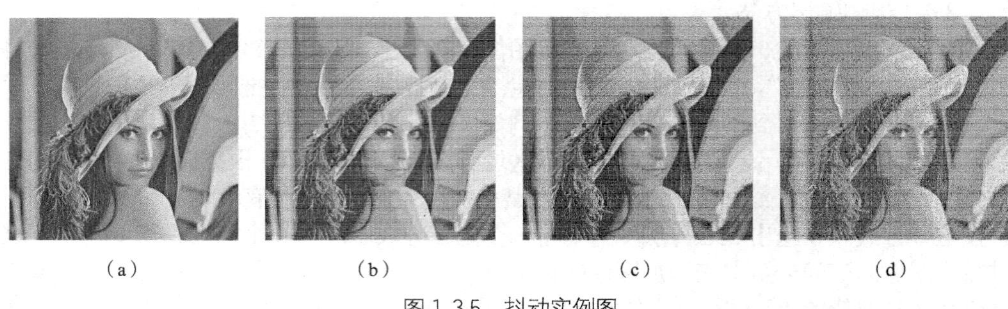

（a）　（b）　（c）　（d）

图 1.3.5　抖动实例图

由上可见，利用抖动技术可以消除一些由于灰度级过小而产生的虚假轮廓，所叠加的抖动值越大，效果越明显。但抖动值的叠加也给图像带来了噪声，抖动值越大，噪声影响也越大。 ❑

1.4　图像存储与格式

表达一幅图像需要用到大量的数据，因而**图像存储**会需要大量的空间。在图像处理和分析系统中，大容量和快速的图像存储器是必不可少的。图像数据在联机存储器和数据库存储器中一般以**图像文件**的形式存储，所采用的**图像文件格式**不仅要能描述图像数据本身，一般还要能概括图像的其他特性，以方便提取和使用图像数据。

1.4.1　图像存储器件

在计算机中，图像数据最小的量度单位是比特（bit）。存储器的存储量常用字节（byte，B）、千字节（KB）、兆（10^6）字节（MB）、吉（10^9）字节（GB）、太（10^{12}）字节（TB）等表示。1 byte = 8 bit。例如，存储一幅 1024 像素 × 1024 像素的 24 比特彩色图像需要 3MB 的存储空间。

用于图像处理和分析的数字存储器可分为如下 3 类。

（1）处理和分析过程中使用的快速存储器。

（2）用于比较快地重新调用的在线或联机存储器。

（3）不经常使用的数据库（档案库）存储器。

例 1.4.1　存储器实例

计算机内存是一种提供快速存储功能的存储器。目前一般微型计算机的内存可达十几 GB。另一种提供快速存储功能的存储器是特制的硬件卡，也叫帧缓存。它可存储多幅图像并可以视频速度（每秒 25 或 30 幅图像）读取。它也允许对图像实时进行放大缩小，以及垂直翻转和水平翻转等操作。目前常用的帧缓存容量常可达几十 GB。近年来广泛应用的**闪存**，其工作原理和结构与内存有些相似之处，但它在断电后仍能保持存储的内容。

磁盘是比较通用的在线存储器，常用的 Winchester 磁盘一般可存储上百 GB 的数据。近年还常用磁光（Magneto-Optical，MO）存储器，它可在5¼ in的光片上存储上GB的数据。因为在线存储器的一个特点是需要经常（随机地）读取数据，所以一般不采用磁带一类的顺序介质。对于更大的存储要求，还可以使用光盘塔。一个光盘塔可放几十个到几百个光盘，利用机械装置插入或从光盘驱动器中抽取光盘。

数据库存储器的特点是具有非常大的容量；数据的读取不太频繁。一般常用磁带和光盘作为数据库存储器。一条长13 ft（1 ft = 30.48 cm）的磁带可存储上GB的数据。但磁带的储藏寿命较短，在控制很好的环境中也只有7年时间。一般常用的**一次写多次读**（WORM）光盘可在12 in的光盘上存储6 GB数据，在14 in的光盘上存储10 GB数据。另外，WORM光盘在一般环境下可储藏30年以上。在以读取为主的应用中，也可将WORM光盘放在光盘塔中。一个存储量达到TB级的WORM光盘塔可存储上百万幅1 024像素 × 1 024像素的8比特图像。 ❑

1.4.2 图像文件格式

图像数据要以一定的文件格式存储在计算机内。现有图像文件格式根据应用要求有很多种类，基本上对应图像表达的两种形式，一种是矢量形式，另一种是光栅形式。在矢量形式中，图像是用一系列线段或线段的组合体来表示的，线段的灰度（色度）可以是均匀的或变化的，在线段的组合体中，各部分也可以使用不同的灰度。矢量文件和程序文件一样，里面有一系列命令和数据，执行这些命令就可以根据数据画出图案。矢量文件主要用于人工绘制的图形数据文件。表示自然图像数据的文件主要使用光栅形式，这种形式与人对图像的理解一致（一幅图像是许多图像点的集合），比较适合色彩、阴影或形状变化复杂的真实图像。它的主要缺点是缺少直接表示像素间相互关系的结构，且限定了图像的分辨率。后者带来两个问题，一个是将图像放大到一定程度会出现方块效应，另一个是，如果将图像缩小后再恢复到原尺寸，则图像会变得模糊。

不同的系统平台和软件常使用不同的图像文件格式。例如，Macintosh机普遍使用MacPaint格式（固定大小，宽576像素，高720像素），PC Paintbrush支持PCX格式（包括单色、16色、256色），Digital Research（现为Novell）支持GEM IMG格式，Sun Microsystems支持Sun光栅格式等。

下面简单介绍4种应用比较广泛的图像文件格式。

1．BMP格式

位图（Bitmap，**BMP**）是Windows系统中的一种标准图像格式，其全称是Microsoft **设备独立位图**（DIB）。BMP图像文件也称位图文件，包括3部分：位图文件头（也称表头）、位图信息（常称调色板）、位图阵列（即图像数据）。一个位图文件只能存放一幅图像。

位图文件头长度固定为54 B，它给出图像文件的类型、大小、打印格式和位图阵列的起始位置等信息。位图信息给出图像的长、宽、每个像素的位数（可以是1，4，8，24，分别对应单色、16色、256色和真彩色的情况）、压缩方法、目标设备的水平和垂直分辨率等信息。位图阵列给出原始图像中每个像素的值（如对于真彩色图像，每3字节表示1个像素，分别是蓝、绿、红的值），它的存储格式可以有压缩（仅用于16色和256色图像）和非压缩两种。位图阵列数据以图像的左下角为起点排列。

2．GIF

图形交换格式（**GIF**）是一种公用的图像文件格式标准，因为它是8 bit文件格式（1个像素用1个字节表示，而1个字节是8个bits），所以最多只能存储256色（或256灰度级）图像，不支持24 bit的真彩色图像。GIF文件中的图像数据均为压缩过的，采用的压缩算法是改进的LZW算法，所提供的压缩比通常为1∶1～3∶1，当图像中有随机噪声时，效果不太好。

GIF文件结构较复杂，一般包括7个数据单元：文件头、通用调色板、图像数据区，以及4个补充区（如果用户只是利用GIF格式存储用户图像信息，则可不设置）。其中文件头和图像数据区是不可缺少的单元。

因为一个 GIF 文件可以存放多幅图像（这个特点对实现网页上的动画是很有利的），所以文件头会包含适用于所有图像的全局数据和仅属于其后那幅图像的局部数据。当文件中只有一幅图像时，全局数据和局部数据一致。多幅图像存放时，每幅图像集中成一个图像数据块，每块的第一字节是标识符，指示数据块的类型（可以是图像块，扩展块或文件结束符）。

3．TIFF

标签图像文件格式（**TIFF**）是一种独立于操作系统和文件系统的图像格式（如在 Windows 系统和 Macintosh 机上，都可以使用），很便于在不同软件平台之间交换图像数据。TIFF 图像文件包括文件头（表头）、文件目录（标识信息区）和文件目录项（图像数据区）。文件头只有一个，且在文件前端，它给出数据存放顺序、文件目录的字节偏移信息。文件目录给出文件目录项数信息，并有一组标识信息，给出图像数据区的地址。文件目录项是存放信息的基本单位，也称域。域主要分为 5 类：基本域、信息描述域、传真域、文献存储和检索域。此外还有其他建议不再使用的域。

TIFF 的描述能力很强，可制定私人用的标识信息。TIFF 支持任意大小的图像，文件可分 5 类：二值图像、灰度图像、调色板彩色图像、全彩色 RGB 图像和 YcbCr 图像。一个 TIFF 文件可以存放多幅图像，也可以存放多份调色板数据。TIFF 采用了 10 多种压缩方法，其中包括游程算法、LZW 压缩算法、JPEG 标准算法等（参见第 7 章和第 8 章）。

4．JPEG 格式

JPEG 是对静止灰度或彩色图像的一种国际压缩标准格式（参见第 8 章），因为它尤其适用于拍摄的自然照片，所以已在数字照相机上广泛使用。JPEG 图像文件格式在内容和编码方式方面都比其他图像文件格式复杂（可节省的空间也比较大），但在使用时并不需要用到每个数据区的详细信息。

JPEG 标准本身只是定义了一个规范的编码数据流，并没有规定图像数据文件的格式。Cube Microsystems 公司定义了一种 **JPEG 文件交换格式**（JFIF）。JFIF 图像是一种或者使用灰度表示，或者使用 Y，C_b，C_r 分量彩色表示的 JPEG 图像。它包含一个与 JPEG 兼容的文件头。一个 JFIF 文件通常包含单个图像，图像可以是灰度图像，其中的数据为单个分量；也可以是彩色图像，其中的数据包括 3 个分量。

1.5 本书内容提要

经过几十年的发展，图像工程已有长足的发展，图像技术的种类也越来越多。作为一本介绍图像处理和图像分析的教材，如何选取恰当的内容，如何使用其中的章节，也是需要考虑的。

1.5.1 图像技术分类和选取

根据对图像工程研究文献的多年统计，目前人们主要关注、研究和应用的图像技术可按表 1.5.1 分类。这里将图像技术分成三大类，其中图像处理技术分成 6 小类，图像分析技术分成 5 小类，图像理解技术分成 5 小类。

表 1.5.1　图像技术分类表

	大类及名称	小类及名称
图像工程	图像处理	图像获取（包括各种成像方式方法，图像采集、表达及存储，摄像机校准等）
		图像重建（从投影等重建图像、间接成像等）
		图像增强/恢复（包括变换、滤波、复原、修补、置换、校正、视觉质量评价等）
		图像/视频压缩编码（包括算法研究、相关国际标准实现改进等）
		图像信息安全（数字水印、信息隐藏、图像认证取证等）
		图像多分辨率处理（超分辨率重建、图像分解和插值、分辨率转换等）

续表

	大类及名称	小类及名称
图像工程	**图像分析**	**图像分割和基元检测（边缘、角点、控制点、感兴趣点等）**
		目标表达、描述、测量（包括二值图像形态分析等）
		目标特性提取分析（颜色、纹理、形状、空间、结构、运动、显著性、属性等）
		目标检测和识别（目标 2-D 定位、追踪、提取、鉴别和分类等）
		人体生物特征提取和验证（包括人体、人脸和器官等的检测、定位与识别等）
	图像理解	图像匹配和融合（包括序列、立体图的配准、镶嵌等）
		场景恢复（3-D 景物表达、建模、重构或重建等）
		图像感知和解释（包括语义描述、场景模型、机器学习、认知推理等）
		基于内容的图像/视频检索（包括相应的标注、分类等）
		时空技术（高维运动分析、目标 3-D 姿态检测、时空跟踪、举止判断和行为理解等）

在图像工程的 3 个层次中，图像处理和图像分析是图像理解的基础，对它们的研究相对于图像理解来说比较成熟，目前应用也比较广泛。本书主要介绍这两个层次的内容。考虑到本书是学习图像技术的入门教材，本书选取的内容主要是覆盖了表 1.5.1 中标为粗体的 6 个图像处理小类和 4 个图像分析小类。更多关于图像分析的内容以及图像理解的各个小类将在《计算机视觉教程》中介绍。

1.5.2 图像处理和图像分析

本书介绍图像处理和图像分析的基础内容，其实它们是既不相同，但又有联系的，下面进一步对比讨论。

1. 图像处理

图像处理可看作信号处理的推广，平常说的信号多是 1-D 的，而图像常是 2-D 或 3-D 的。从信号处理的流程看，将一个原始输入信号经过一定的（信号处理）技术加工后，所输出的信号将更加能反映信号的特点和其中的信息，使用更加方便。类似地，图像处理也是图像输入又输出的过程。原始输入图像经过一定的（图像处理）技术加工后，所输出的图像将具有更好的视觉效果、看起来更清晰、更舒适，能更方便地从中提取出更多的信息。

有人认为图像处理是一门重组的科学，如同文字处理、食品处理那样。对于处理过的 1 个像素来说，它的属性值有可能根据其相邻像素的值或所有其他像素的值改变，或它本身被移动到图像中的其他地方，但整幅图像中像素的绝对数量并不改变，它们只是进行了重新的组合或调整。这与在文字处理中，可以剪切或复制段落，进行拼音检查或改变字体而不减少文字的数量类似。这也与在食品处理中，把各种原料成分进行搭配组合，以给出更好的混合味道类似。

2. 图像分析

图像分析从流程看，虽然输入的仍是图像，但输出的不再是图像了，而是图像中感兴趣目标的有用信息。换句话说，输出的不再是图像数组形式，而是对目标测量及分析的结果数据，以更抽象的数值形式来表达。从目的来看，图像分析不是要获得具有更好视觉效果的图像，而是要获得其中感兴趣目标的特性特点，更好地把握目标的属性。这类似于总结一篇文章的中心思想，或从食品中提取其精华，图像分析的目标就是试图从图像中提取出那些能够精练地表达图像重要信息的描述参数，并定量地表示图像中感兴趣目标的性质内容。

3. 两者的区别和联系

如上所述，图像处理和图像分析是有区别的，它们各有特点。但图像处理和图像分析又是有联系的，如图 1.5.1 所示。在实际应用中，图像处理技术除用于对图像进行加工以获得更好的视觉效果外，也常作为图像分析（以及图像理解）工作的预处理手段。换句话说，图像分析的工作常基于图像（预）处理的结果进行。

例 1.5.1　图像分析接续图像处理

下面以一组示例图来介绍先处理图像再分析图像对图像加工的过程。图 1.5.1（a）所示为原始图像，其中灰度除有整体的起伏外，还似乎可看到一个有形的物体。通过对图 1.5.1（a）进行处理，消除噪声，增强反差，得到图 1.5.1（b）。此时物体形状比较明朗，接近一个封闭有孔的目标。对图 1.5.1（b）进行分析，先把目标（像素集合）提取出来，得到图 1.5.1（c）；再恰当地表达，用光滑的圆环来（抽象）拟合，并获得对其描述的数学公式（圆的方程），如图 1.5.1（d）所示。

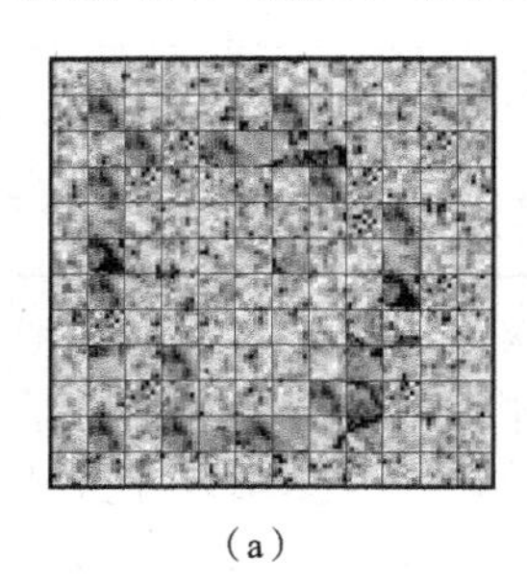
（a）

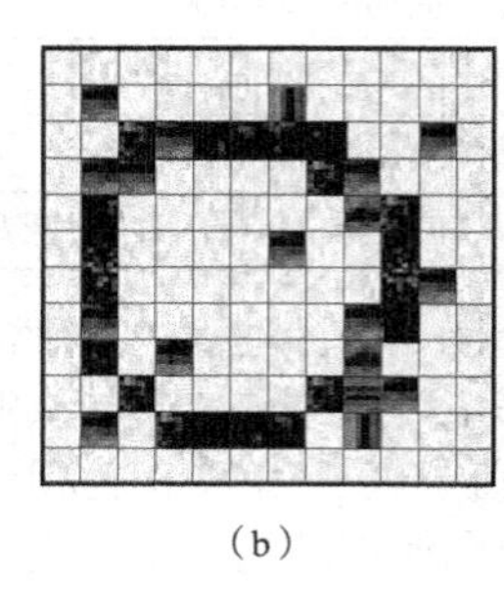
（b）

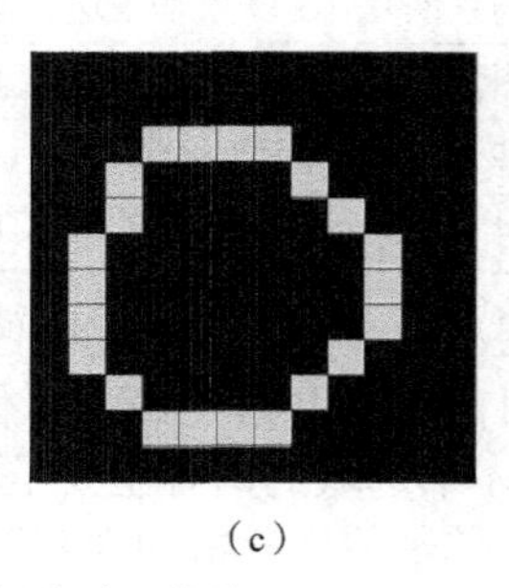
（c）

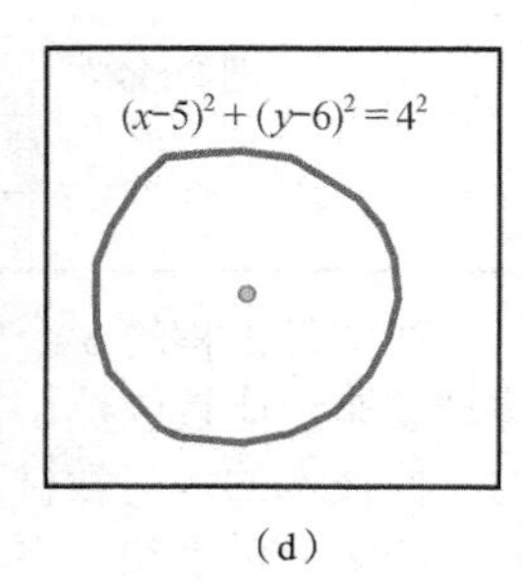

（d）

图 1.5.1　图像分析接续图像处理

在上述过程中，图像处理的目的是增强和改善原始图像，抑制干扰，把其中潜在的目标凸显出来，为接下来的图像分析做准备。而图像分析的目的则是在图像预处理的基础上，提取可以充分描述目标特性的数据且使用尽可能少的存储空间。在这个过程中，从图像表达进到目标表达，所用的数据量减少，但语义层次得到了提高。 □

1.5.3　如何学习使用本书

为了有效地使用和学习本书，需要确定所需的先修基础，了解书中各章的概括内容，以及根据学生基础和授课课时选取需要的章节。

1．先修基础

从学习图像处理和分析技术的角度来说，以下 3 个方面的基础知识是比较重要的。

（1）数学知识。值得指出的是线性代数，因为图像可以表示为点阵，需借助矩阵表达解释各种加工运算过程；另外，统计和概率的知识也很有用。

（2）计算机科学知识。值得指出的是计算机软硬件技术，因为加工图像需要使用计算机，通过编程用一定的算法在给定的平台上完成。

（3）电子学知识。值得指出的有两个，一个是信号处理，因为图像可看作 1-D 信号的扩展，所以对图像的处理是对信号处理的扩展；另一个是电路原理，因为要最终实现对图像的快速加工，所以常常需要使用一定的电子设备和器件（包括特殊的硬件）。

2．各章概况

本书共分为 15 章。

第 1 章绪论，给出了基本名词的定义，列举了多种图像的示例，概括了图像技术的总体情况，并具体介绍了图像的表示和显示方法及图像存储和文件格式，还提出了对本书使用的建议。

第 2 章图像采集，内容包括几何成像模型和亮度成像模型，为图像数字化而进行的采样和量化，所获得的图像中像素间的联系，以及将像素的坐标进行基本坐标变换和仿射坐标变换的方法。

第 3 章空域图像增强，涉及的技术包括灰度映射、对图像进行算术运算和逻辑运算、修正直方图和空域滤波。

第 4 章频域图像增强，在概述傅里叶变换的基础上，具体介绍了多种低通、高通和带阻带通滤波器，并结合分析了同态滤波器的原理，还对空域技术与频域技术的联系进行了讨论。

第 5 章图像恢复，分析了图像退化的示例，给出了几种空域噪声滤波器和组合滤波器，对基本的无约束恢复和有约束恢复技术进行了讨论，还介绍了图像修复和图像超分辨率。

第 6 章图像投影重建，分析了 5 种常见的投影重建方式，概括了投影重建的原理，并具体讨论了傅里叶反变换重建、卷积逆投影重建、级数展开重建和迭代变换重建 4 类技术。

第 7 章图像编码基础，内容包括图像压缩的原理和典型的数据冗余、图像保真度的定义和测度。基于基本的编码定理，讨论了 4 种变长编码和位平面编码的方法。

第 8 章图像编码技术和标准，介绍了典型的无损和有损预测编码、余弦变换及其编码、小波变换及其编码，以及静止图像压缩国际标准。

第 9 章图像信息安全。这里既有主动技术，也有被动技术。主要内容包括图像水印、图像认证和取证、图像信息隐藏。

第 10 章图像分割，根据对图像分割技术的通用分类方法，介绍了基本的并行边界技术、串行边界技术、并行区域技术和串行区域技术。

第 11 章目标表达和描述，在介绍目标标记的基础上，分别讨论了基于边界的表达、基于区域的表达、基于边界的描述和基于区域的描述方法。

第 12 章特征提取和测量误差，介绍区域纹理特征及测量的 3 种方法、区域形状特征及测量的 2 种特性、拓扑结构描述参数，以及特征测量的准确度。

第 13 章彩色图像处理和分析，首先讨论了基于物理的和基于感知的彩色模型，然后介绍伪彩色增强和真彩色增强的方法，最后介绍彩色图像消噪和彩色图像分割的原理。

第 14 章视频图像处理和分析，先概述了视频表达和格式，然后介绍视频滤波和视频压缩国际标准，最后介绍典型的运动检测以及背景建模方法。

第 15 章数学形态学方法，介绍了二值形态学的基本运算、组合运算和实用算法，以及灰度数学形态学的基本运算和组合运算。

3．使用建议

本书是按照学习图像技术的入门教材来编写的，主要目标是介绍图像处理和图像分析的基本概念、典型方法和实用技术，一方面使读者能据此解决图像实际应用中的具体问题，另一方面可帮助读者进一步学习和研究图像工程的高层技术。

本书的主要内容可划分为 4 个单元。第 1 单元包括第 1～2 章，主要介绍图像的基础知识和初步的图像采集表达技术；第 2 单元包括第 3～9 章，主要介绍图像处理技术；第 3 单元包括第 10～12 章，主要介绍图像分析技术；第 4 单元包括第 13～15 章，主要介绍扩展的图像处理和分析技术。

本书各章内容之间的衔接关系图如图 1.5.2 所示，图中 4 个虚线框分别对应上述 4 个内容单元，箭头表示可在学习箭尾所在的部分后，继续学习箭头所指的部分（反过来，学习箭头所指的部分常需要箭尾所在部分作为先修基础）。

从内容学习的角度，如果主要关注图像处理技术，可在学习了第 1～4 章后，学习第 5～9 章，还可进一步选学第 13 章和第 14 章。如果主要关注图像分析技术，则可在学习第 1～4 章后，学习第 10～12 章，还可进一步选学第 13～15 章。

本书各章内容量比较均衡，每章适合 2～3 学时的课堂教学和学习。各章可以根据教学要求、学生基础、学科专业、学时数量等酌情选择。教学参考表见封底。

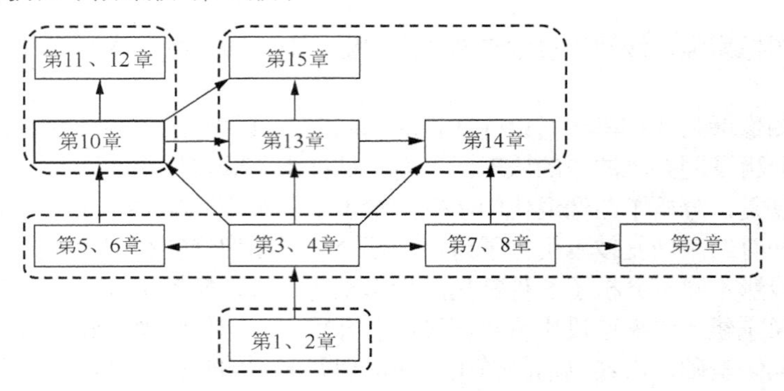

图 1.5.2　本书各章内容之间的衔接关系图

总结和复习

下面简单小结本章各节，并有针对性地介绍一些可供深入学习的参考文献。还可通过思考题和练习题进一步复习，标有星号（*）的题在书末提供了参考解答。

【小结和参考】

1.1 节主要介绍了各种不同波段的图像和各种不同类型的图像，借此可对图像有一些感性认识，也可了解图像的应用领域。更多的图像类型及示例除可参考其他图书或文章外，也可借助网络获得。

1.2 节介绍图像工程的 3 个层次及其相关学科。对图像工程更全面的介绍，包括比较完整的图像技术全貌可见系列教材[章 2012b]、[章 2012c]、[章 2012d]，或[章 2018b]、[章 2018c]、[章 2018d]。对图像工程各种术语的简明定义可见[章 2015b]、[章 2021c]。

1.3 节介绍图像和像素的表达与显示。有关图像和像素基本概念的内容在所有图像处理和分析图书（如[Sonka 2008]，[章 2012b]，[Russ 2015]，[Gonzalez 2018]，[章 2018b]）的绪论中均有介绍。图像显示设备是图像处理和分析系统的重要组成部分，形式和种类很多，可分别参阅有关设备的介绍材料（包括有关电视技术的图书）。对各种类型的半调技术的讨论和比较可见[Lau 2001]。对图像抖动技术的相关讨论还可见[Poynton 1996]。

1.4 节介绍图像存储器和图像文件格式。该节介绍的 4 种图像文件格式和其他一些应用比较广泛的格式可参见[董 1994]，[晶 1998]中的详细介绍。GIF 格式中用到的 LZW 压缩算法及其改进、JPEG 标准算法等都可见[Salomon 2000]。

1.5 节介绍的对图像工程研究文献的统计综述已连续进行了 29 年，可参见[章 1996a]、[章 1996b]、[章 1997a]、[章 1998]、[章 1999a]、[章 2000a]、[章 2001a]、[章 2002a]、[章 2003]、[章 2004a]、[章 2005]、[章 2006a]、[章 2007]、[章 2008a]、[章 2009]、[章 2010]、[章 2011]、[章 2012a]、[章 2013]、[章 2014a]、[章 2015a]、[章 2016]、[章 2017]、[章 2018a]、[章 2019]、[章 2020]、[章 2021a]、[章 2022]、[章 2023]、[章 2024]。近期对该系列的总结可见[Zhang 2018a]、[Zhang 2018b]、[章 2021b]。图像处理和分析技术需要的基础知识涉及方方面面。例如，线性代数可参考[上 1982]、[数 2000]；计算机编程语言可用 C++、Java、Python 等（这均有对应的介绍编程的图书），用 Matlab 编程实现可参考[马 2013]和[柏 2022]；信号处理和电路原理可分别参考[郑 2006]和[蒋 2014]。

考虑到图像课程教学的特点和要求，曾制作过与相关内容配合的计算机辅助多媒体教学课件[章 2001c]、电子版网络课程[章 2004b]和网络课件[章 2008b]等；介绍相关思路的文献可见[葛 1999]、[Zhang 1999a]、[章 2001d]、[Zhang 2002]、[Zhang 2004]、[Zhang 2008]、[Zhang 2011]。本书例题中的许多图像是在研制教学课件中得到的。教学课件的研制和使用对改善教学效果有一定的作用[Zhang 1999b]、[Zhang 2007]。如何在教学中更好地使用图像，还可见文献[Zhang 2005]、[Zhang 2009]。对相关学习中各类问题的分析和解答可见文献[章 2018e]。那里提供了一些帮助进行相关课程教学和学习的参考和补充材料，教师可以将之作为教参或教辅使用，读者可以将之作为学习辅导书或深入钻研的参考书。

【思考题和练习题】

*1.1 在 1.1.1 节中，如果用 $f(x, y)$来表示各图像示例，则 f 代表的性质有什么共同和不同之处？

1.2 在 1.1.2 节中，具体分析如用 $f(x, y)$来表示各图像示例，指出 f 所代表的性质。

1.3 设图题 1.3（a）所示为一幅原始图像，图题 1.3（b）所示为图像处理的结果，图题 1.3（c）所示为图像分析的结果，图题 1.3（d）所示为图像理解的结果。借助这组图描述图像处理、图像分析、图像理解各有什么特点。它们之间有哪些联系和区别？

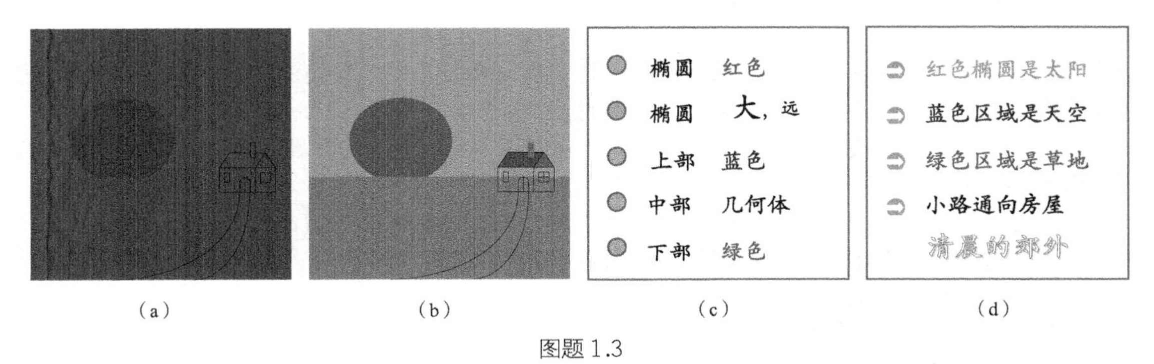

（a） （b） （c） （d）

图题 1.3

1.4 用 $f(x, y)$代表一幅图像或一像素。在这两种情况下，f，x，y 的含义有什么不同？

1.5 半调输出技术对图像的空间分辨率和图像的幅度分辨率各有什么影响？

1.6 抖动技术对图像的空间分辨率和图像的幅度分辨率各有什么影响？

1.7 将图 1.3.3 和图 1.3.4 所示的方法推广到一个 4×4 的模板上，设计一种表示不同灰度级的方法，并画出示意图。

1.8 如果一个 3×3 模板的每个位置可表示 4 种灰度，那么这个模板一共可表示的灰度为多少？

*1.9 假设彩色视频的每帧图像为 512 像素 × 512 像素，则 1s 的数据量需用多大的存储器来存储？

1.10 为表示同一幅图像，如果分别使用 BMP 格式、GIF 格式、TIFF 格式和 JPEG 格式，哪个文件最大？哪个文件最小？

1.11 试分别读出一个位图文件的文件头和位图信息部分，分析其中哪些内容可以通过直接观察位图本身得到。

1.12 查阅过去一年的图像工程研究文献统计综述文章，看看表 1.5.1 中那些标为黑体的类别中各有多少篇文章发表。用那些类别名称作为关键词，从网上或电子数据库中搜索文献数量，通过统计分析你能得到什么结论？

第2章 图像采集

图像采集是指获取图像的技术和过程。如第 1 章中所指出的，因为图像处理和图像分析的输入都是图像。所以，图像采集是各种图像技术的工作基础。

图像采集是获取客观世界信息的重要手段。与图像 $f(x, y)$表达的两部分内容相对应，图像的采集涉及两方面的内容。

（1）几何学：要解决场景中什么地方的目标会投影到图像中的位置(x, y)。

（2）**光度学**（更一般的是**辐射度学**）：要解决图像中的目标有多“亮”，以及这个亮度与目标的光学性质和成像系统的关系，它确定了在(x, y)处的f。

考虑到要使用计算机对图像进行处理和分析，所以从原始模拟或连续的客观世界获得的图像最后要转换为数字图像。与图像 $f(x, y)$表达的两部分内容对应，在获取可被计算机处理的数字图像时，前者与**采样**有关，而后者与**量化**有关。采样和量化确定了用成像设备采集图像并用一个数字矩阵表达该图像时会得到的结果。

采集获得的图像由许多像素组成。图像中的像素之间有多种联系，既包括空间上的邻接或接触关系，也包括灰度（属性）上的相近或相同关系。在此基础上还可以考虑像素集合的组成、像素间的距离和相对方位等联系。许多图像处理和分析技术要利用这些联系。

本章各节内容安排如下。

2.1 节介绍成像时的几何模型，先讨论投影成像几何，再详细介绍几何成像的基本模型和一般模型。

2.2 节介绍成像时的一个基本亮度模型，它既考虑光源照射物体的入射光量，也考虑场景中物体对入射光反射的比率。

2.3 节介绍图像采集中的两个重要操作：采样和量化。讨论了图像的空间分辨率和幅度分辨率，并举例说明图像质量与采样和量化的联系。

2.4 节介绍图像像素之间的两种联系情况，一种是像素间互相邻接、连接、连通等邻域关系，另一种是不同像素之间距离的关系。

2.5 节介绍图像坐标变换，在讨论平移变换、旋转变换和尺度变换等基本的坐标变换后，介绍更一般的仿射变换，以及坐标变换在图像几何失真校正中的应用。

2.1 几何成像模型

图像采集的过程从几何角度可看作是一个将客观世界的场景通过投影进行空间转化的过程。例如，用照相机或摄像机采集图像时，要将 3-D 空间的客观场景投影到 2-D 空间的图像平面上。

这个投影过程可用**投影变换**（也称为成像变换或几何透视变换）来描述。

2.1.1 投影成像几何

投影成像涉及在不同坐标系统之间的转换。利用齐次坐标可将这些转换线性化。

1. 坐标系统

如果考虑图像采集的最终结果是要得到计算机中的数字图像，那么，在对 3-D 空间景物成像时，涉及的**坐标系统**主要有以下 4 种。

（1）世界坐标系统

世界坐标系统是客观世界的绝对坐标系统（所以也称客观坐标系统、真实或现实世界坐标系统），记为 XYZ。一般的 3-D 场景都是用这个坐标系统来表示的。

（2）摄像机坐标系统

摄像机坐标系统是以摄像机为中心制定的坐标系统，记为 xyz，一般取摄像机的光学轴为 z 轴。

（3）像平面坐标系统

像平面坐标系统是在摄像机内所形成像平面上的坐标系统，记为 $x'y'$。一般取像平面与摄像机坐标系统的 xy 平面平行，且 x 轴与 x'轴、y 轴与 y'轴分别重合，这样像平面原点就在摄像机的光学轴上。

（4）计算机图像坐标系统

计算机图像坐标系统是计算机内部数字图像所用的坐标系统，记为 MN。因为数字图像最终由计算机内的存储器存放，所以要将像平面坐标系统的坐标转换到计算机图像坐标系统中。

根据以上几个坐标系统不同的相互关系，可以得到不同类型的成像模型。其中侧重前三个坐标系统相互关系的模型也称为摄像机模型。因为这里仅讨论摄像机模型，所以只涉及前三个坐标系统。

2. 齐次坐标

在讨论不同坐标系统之间的转换时，如果能将坐标系统用**齐次坐标**的形式来表达，就可以将各坐标系统之间的转换表示成线性矩阵形式。

例 2.1.1 直线和点的齐次表达

平面上的一条直线可用直线方程 $ax + by + c = 0$ 来表示。因为不同的 a，b，c 可表示不同的直线，所以一条直线也可用矢量 $\boldsymbol{l} = [a, b, c]^{\mathrm{T}}$ 来表示。因为直线 $ax + by + c = 0$ 和直线$(ka)x + (kb)y + kc = 0$ 在 k 不为 0 时是相同的，所以当 k 不为 0 时，矢量$[a, b, c]^{\mathrm{T}}$ 和矢量 $k[a, b, c]^{\mathrm{T}}$ 表示同一条直线。事实上，仅差一个尺度的这些矢量可以认为是等价的。满足这种等价关系的矢量集合称为**齐次矢量**，任何一个特定的矢量$[a, b, c]^{\mathrm{T}}$ 都是该矢量集合的代表。

对于一条直线 $\boldsymbol{l} = [a, b, c]^{\mathrm{T}}$，当且仅当 $ax + by + c = 0$ 时，点 $\boldsymbol{x} = [x, y]^{\mathrm{T}}$ 在这条直线上。这可用对应点的矢量$[x, y, 1]$与对应直线的矢量$[a, b, c]^{\mathrm{T}}$ 的内积来表示，即$[x, y, 1]\bullet[a, b, c]^{\mathrm{T}} = [x, y, 1]\bullet\boldsymbol{l} = 0$。这里，点矢量$[x, y]^{\mathrm{T}}$ 用一个加了值为 1 作为最后一项的 3-D 矢量表示。注意，对任意的非零常数 k 和任意的直线 $\boldsymbol{l}$，当且仅当$[x, y, 1]\bullet\boldsymbol{l} = 0$ 时，有$[kx, ky, k]\bullet\boldsymbol{l} = 0$。因此，可以认为所有矢量$[kx, ky, k]^{\mathrm{T}}$（由 k 变化得到）是点$[x, y]^{\mathrm{T}}$ 的表达。这样，如同直线一样，点也可用齐次矢量来表示。 □

一般情况下，空间一个点对应的笛卡儿坐标 XYZ 的齐次坐标定义为(kX, kY, kZ, k)，其中 k 是一个任意的非零常数。很明显，要从齐次坐标变换回到笛卡儿坐标可用第 4 个坐标量去除前三个坐标量得到。这样，一个笛卡儿世界坐标系统中的点可用矢量形式表示为

$$\boldsymbol{W} = \begin{bmatrix} X & Y & Z \end{bmatrix}^{\mathrm{T}} \tag{2.1.1}$$

它对应的齐次坐标可表示为

$$\boldsymbol{W}_{\mathrm{h}} = \begin{bmatrix} kX & kY & kZ & k \end{bmatrix}^{\mathrm{T}} \tag{2.1.2}$$

2.1.2 基本成像模型

先考虑一个简化成像过程的基本几何模型，更一般的情况可参见 2.1.3 节。

1．投影变换

图像的成像过程是一个从 3-D 空间向 2-D 平面投影的过程。图 2.1.1 为成像模型的示意图，其中摄像机坐标系统 xyz 中的图像平面与 xy 平面重合，而光学轴（由镜头中心给出）沿 z 轴方向。此时，图像平面的中心处于原点，镜头中心的坐标是$(0, 0, \lambda)$，λ是镜头的焦距。为简便起见，这里先假设摄像机坐标系统 xyz 中的各坐标轴分别与世界坐标系统 XYZ 中的各坐标轴平行。

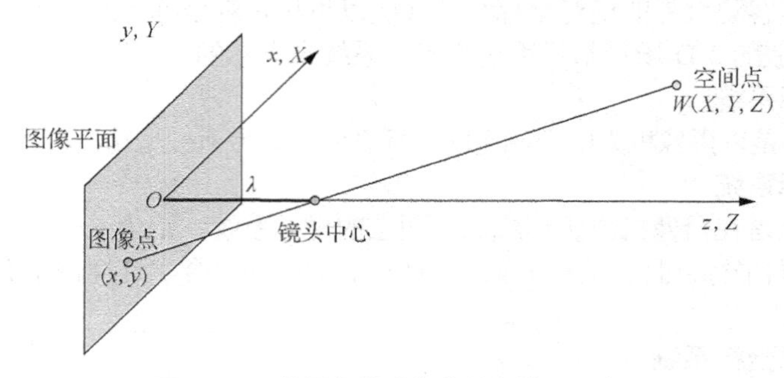

图 2.1.1　投影变换成像的基本模型示意图

下面讨论在投影变换成像中，空间点坐标和图像点坐标之间的几何关系。设(X, Y, Z)是 3-D 空间中任意点 W 的世界坐标。在以下的讨论中假设 $Z > \lambda$，即所有客观场景中感兴趣的点都在镜头的前方。空间点 $W(X, Y, Z)$与其投影到图像平面的坐标之间的联系可以借助相似三角形方便地得到。参看图 2.1.1，有如下两式成立。

$$\frac{x}{\lambda}=\frac{-X}{Z-\lambda}=\frac{X}{\lambda-Z} \tag{2.1.3}$$

$$\frac{y}{\lambda}=\frac{-Y}{Z-\lambda}=\frac{Y}{\lambda-Z} \tag{2.1.4}$$

式中，X 和 Y 前的负号代表图像点反转了。由这两式可得到 3-D 空间点投影后的图像平面坐标如下。

$$x=\frac{\lambda X}{\lambda-Z} \tag{2.1.5}$$

$$y=\frac{\lambda Y}{\lambda-Z} \tag{2.1.6}$$

上述投影变换会将 3-D 空间中的线段投影为图像平面上的线段（除去空间线段沿着投影方向的情况）。如果在 3-D 空间中，互相平行的线段也平行于投影平面，则这些线段在投影后仍然互相平行。一个 3-D 空间的矩形投影到图像平面后，可能为任意四边形，由 4 个顶点确定。因此，可将投影变换称为 **4-点映射**。

式（2.1.5）和式（2.1.6）都是非线性的，因为它们分母中含变量 Z。为将它们表示成线性矩阵形式，可以借助齐次坐标来表达世界坐标系统 XYZ 和摄像机坐标系统 xyz。如果定义**投影变换矩阵**为

$$\boldsymbol{P}=\begin{bmatrix} 1 & 0 & 0 & 0 \\ 0 & 1 & 0 & 0 \\ 0 & 0 & 1 & 0 \\ 0 & 0 & -1/\lambda & 1 \end{bmatrix} \tag{2.1.7}$$

将它和 $\boldsymbol{W}_{\mathrm{h}}$ 的乘积 $\boldsymbol{PW}_{\mathrm{h}}$ 赋予一个记为 $\boldsymbol{c}_{\mathrm{h}}$ 的矢量：

$$\boldsymbol{c}_{\mathrm{h}} = \boldsymbol{PW}_{\mathrm{h}} = \begin{bmatrix} 1 & 0 & 0 & 0 \\ 0 & 1 & 0 & 0 \\ 0 & 0 & 1 & 0 \\ 0 & 0 & -1/\lambda & 1 \end{bmatrix} \begin{bmatrix} kX \\ kY \\ kZ \\ k \end{bmatrix} = \begin{bmatrix} kX \\ kY \\ kZ \\ -kZ/\lambda + k \end{bmatrix} \tag{2.1.8}$$

因为这里 $\boldsymbol{c}_{\mathrm{h}}$ 的元素是齐次形式的摄像机坐标，这些坐标可用 $\boldsymbol{c}_{\mathrm{h}}$ 的第 4 项分别去除前 3 项而转换成笛卡儿坐标形式。所以，摄像机坐标系统中任一点的笛卡儿坐标可表示为如下矢量形式。

$$\boldsymbol{c} = \begin{bmatrix} x & y & z \end{bmatrix}^{\mathrm{T}} = \begin{bmatrix} \dfrac{\lambda X}{\lambda - Z} & \dfrac{\lambda Y}{\lambda - Z} & \dfrac{\lambda Z}{\lambda - Z} \end{bmatrix}^{\mathrm{T}} \tag{2.1.9}$$

其中 $\boldsymbol{c}$ 的前两项是 3-D 空间点(X, Y, Z)投影到图像平面后的坐标(x, y)。

2．逆投影变换

逆投影变换是从 2-D 平面到 3-D 空间的变换，即要根据 2-D 图像坐标来确定 3-D 客观景物的坐标，或者说要将一个 2-D 图像点反过来映射回 3-D 空间。利用矩阵运算规则，从式（2.1.8）可得

$$\boldsymbol{W}_{\mathrm{h}} = \boldsymbol{P}^{-1}\boldsymbol{c}_{\mathrm{h}} \tag{2.1.10}$$

其中**逆投影变换矩阵** $\boldsymbol{P}^{-1}$ 如下。

$$\boldsymbol{P}^{-1} = \begin{bmatrix} 1 & 0 & 0 & 0 \\ 0 & 1 & 0 & 0 \\ 0 & 0 & 1 & 0 \\ 0 & 0 & 1/\lambda & 1 \end{bmatrix} \tag{2.1.11}$$

利用上述逆投影变换矩阵能从 2-D 图像坐标点确定出对应的 3-D 客观景物点的坐标吗？设一个图像点的坐标为$(x', y', 0)$，其中位于 z 位置的 0 仅表示图像平面位于 $z = 0$ 处。这个点可用齐次矢量形式表示为

$$\boldsymbol{c}_{\mathrm{h}} = [kx' \quad ky' \quad 0 \quad k]^{\mathrm{T}} \tag{2.1.12}$$

代入式（2.1.10），得到齐次形式的世界坐标矢量如下。

$$\boldsymbol{W}_{\mathrm{h}} = \begin{bmatrix} kx' & ky' & 0 & k \end{bmatrix}^{\mathrm{T}} \tag{2.1.13}$$

相应的笛卡儿坐标系中的世界坐标矢量如下。

$$\boldsymbol{W} = \begin{bmatrix} X & Y & Z \end{bmatrix}^{\mathrm{T}} = \begin{bmatrix} x' & y' & 0 \end{bmatrix}^{\mathrm{T}} \tag{2.1.14}$$

式（2.1.14）表明由图像点(x', y')并不能唯一确定 3-D 点的 Z 坐标（因为它对任何一个 3-D 点都给出 $Z=0$）。这里的问题是由 3-D 客观场景映射到图像平面这个多对一的变换产生的。图像点(x', y')现在对应于过$(x', y', 0)$和$(0, 0, \lambda)$的直线上的所有共线 3-D 点的集合（见图 2.1.1 中图像点和空间点间的连线）。这条直线的方程在世界坐标系统中可由式（2.1.5）和式（2.1.6）表示，从中反解出 X 和 Y，得到

$$X = \frac{x'}{\lambda}(\lambda - Z) \tag{2.1.15}$$

$$Y = \frac{y'}{\lambda}(\lambda - Z) \tag{2.1.16}$$

上两式表明除非对投影到图像点的 3-D 空间点有一些先验知识（如知道它的 Z 坐标），否则不可能将一个 3-D 点的坐标从它的图像中完全恢复过来。事实上，空间场景经过投影变换损失了一部分信息，仅利用逆投影变换不可能恢复这些信息。要利用逆投影变换将 3-D 空间点从其图像上的

投影点恢复出来，需要知道该点的至少一个世界坐标。

2.1.3 一般成像模型

下面考虑摄像机坐标系统与世界坐标系统分开，但摄像机坐标系统与像平面坐标系统重合时的一般情况。图 2.1.2 所示为一个此时成像过程的几何模型示意图。像平面中心（原点）与世界坐标系统的位置偏差记为矢量 $\boldsymbol{D}$，其分量分别为 D_x、D_y、D_z。这里假设摄像机分别以 γ 角（γ 是 x 和 X 轴间的夹角）扫视和以 α 角（α 是 z 和 Z 轴间的夹角）倾斜。形象地说，如果取 XY 平面为地球的赤道面，Z 轴指向地球北极，则扫视角对应经度，倾斜角对应纬度。

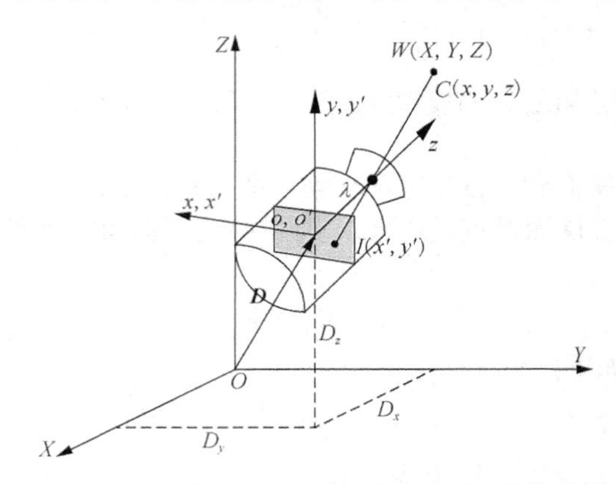

图 2.1.2　世界坐标系统与摄像机坐标系统不重合时的投影成像示意图

上述模型可通过以下步骤转换为世界坐标系统与摄像机坐标系统重合时的摄像机模型（见图 2.1.1）：①将像平面原点按矢量 $\boldsymbol{D}$ 移出世界坐标系统的原点；②以某个 γ 角（绕 z 轴）扫视 x 轴；③以某个 α 角将 z 轴倾斜（绕 x 轴旋转）。

将摄像机相对于世界坐标系统的运动也等价于将世界坐标系统相对于摄像机逆运动。具体来说，可对世界坐标系统中的每个点分别执行如上几何关系转换中所采取的 3 个步骤。将世界坐标系统的原点平移到像平面原点可用下列**平移矩阵**完成。

$$\boldsymbol{T}=\begin{bmatrix}1 & 0 & 0 & -D_x\\ 0 & 1 & 0 & -D_y\\ 0 & 0 & 1 & -D_z\\ 0 & 0 & 0 & 1\end{bmatrix} \tag{2.1.17}$$

换句话说，位于坐标为(D_x, D_y, D_z)的齐次坐标点 $\boldsymbol{D}_\text{h}$ 经过变换 $\boldsymbol{TD}_\text{h}$ 后，位于变换后新坐标系统的原点。

进一步考虑如何将坐标轴重合的问题。扫视角 γ 是 x 和 X 轴间的夹角，在正常（标称）位置，这两个轴是平行的。为了以需要的 γ 角度扫视 x 轴，只需将摄像机逆时针（以从旋转轴正向看原点来定义）绕 z 轴旋转 γ 角，即

$$\boldsymbol{R}_\gamma=\begin{bmatrix}\cos\gamma & \sin\gamma & 0 & 0\\ -\sin\gamma & \cos\gamma & 0 & 0\\ 0 & 0 & 1 & 0\\ 0 & 0 & 0 & 1\end{bmatrix} \tag{2.1.18}$$

没有旋转（$\gamma=0°$）的情况对应 x 和 X 轴平行。类似地，倾斜角 α 是 z 和 Z 轴间的夹角，可以将摄

像机逆时针绕 x 轴旋转 α 角，以达到倾斜摄像机 α 角的效果，即

$$\boldsymbol{R}_\alpha=\begin{bmatrix}1&0&0&0\\0&\cos\alpha&\sin\alpha&0\\0&-\sin\alpha&\cos\alpha&0\\0&0&0&1\end{bmatrix} \tag{2.1.19}$$

没有倾斜（$\alpha=0°$）的情况对应 z 和 Z 轴平行。

分别完成以上两个旋转的变换矩阵可以级联起来成为一个单独的**旋转矩阵**。

$$\boldsymbol{R}=\boldsymbol{R}_\alpha\boldsymbol{R}_\gamma=\begin{bmatrix}\cos\gamma&\sin\gamma&0&0\\-\sin\gamma\cos\alpha&\cos\alpha\cos\gamma&\sin\alpha&0\\\sin\alpha\sin\gamma&-\sin\alpha\cos\gamma&\cos\alpha&0\\0&0&0&1\end{bmatrix} \tag{2.1.20}$$

这里 $\boldsymbol{R}$ 代表了摄像机在空间旋转带来的影响。

如果对空间点的齐次坐标 $\boldsymbol{W}_\mathrm{h}$ 进行上述一系列变换，$\boldsymbol{RTW}_\mathrm{h}$ 就可把世界坐标系统与摄像机坐标系统重合起来。一个满足图 2.1.2 所示几何关系的摄像机观察到的齐次世界坐标点在摄像机坐标系统中具有如下齐次表达（其中 $\boldsymbol{P}$ 为投影变换矩阵）。

$$\boldsymbol{C}_\mathrm{h}=\boldsymbol{PRTW}_\mathrm{h} \tag{2.1.21}$$

用 $\boldsymbol{C}_\mathrm{h}$ 的第四项去除它的第一项和第二项，可以得到世界坐标点成像后的笛卡儿坐标(x, y)。从展开式（2.1.21）可得到笛卡儿坐标如下。

$$x=\lambda\frac{(X-D_x)\cos\gamma+(Y-D_y)\sin\gamma}{-(X-D_x)\sin\alpha\sin\gamma+(Y-D_y)\sin\alpha\cos\gamma-(Z-D_z)\cos\alpha+\lambda} \tag{2.1.22}$$

$$y=\lambda\frac{-(X-D_x)\sin\gamma\cos\alpha+(Y-D_y)\cos\alpha\cos\gamma+(Z-D_z)\sin\alpha}{-(X-D_x)\sin\alpha\sin\gamma+(Y-D_y)\sin\alpha\cos\gamma-(Z-D_z)\cos\alpha+\lambda} \tag{2.1.23}$$

上两式给出世界坐标系统中，点 $W(X, Y, Z)$在像平面中的坐标。

例 2.1.2　一般成像模型中的像平面坐标计算

设将一摄像机按图 2.1.3 所示安置以观察场景。设摄像机中心位置为(0, 0, 1)，摄像机的焦距为 0.05 m，扫视角为 135°，倾斜角为 135°，现需要确定此时图中空间点 W(1, 1, 0)的像平面坐标。

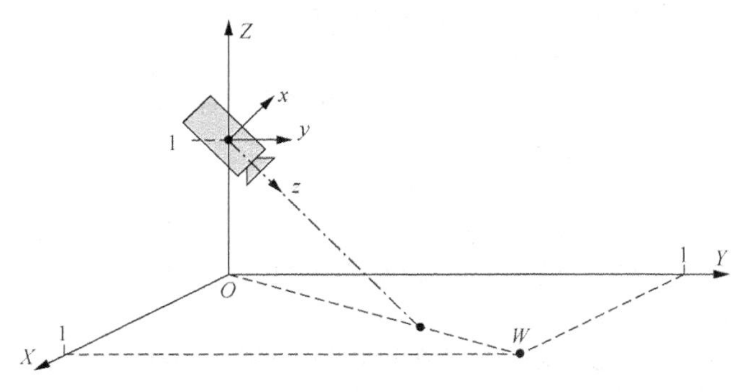

图 2.1.3　摄像机观察三维场景示意图

为此可考虑将摄像机由图 2.1.4（a）所示的正常方位移动到图 2.1.3 所示方位所需的步骤。

（1）移出原点，结果如图 2.1.4（b）所示。注意此步骤后，世界坐标系统只用作角度的参考，即所有旋转都是绕新（即摄像机）坐标轴进行的。

（2）绕 z 轴旋转扫视，表示沿摄像机 z 轴扫视的观察面如图 2.1.4（c）所示，其中 z 轴的指向

为从纸中出来。注意，因为这里摄像机绕 z 轴的旋转是逆时针的，所以 γ 为正。

（3）绕 x 轴旋转倾斜，表示摄像机绕 x 轴旋转并相对 z 轴倾斜的观察面如图 2.1.4（d）所示，其中 x 轴的指向为从纸中出来。因为摄像机绕 x 轴的旋转也是逆时针的，所以 α 为正。在图 2.1.4（c）和图 2.1.4（d）中，世界坐标轴用虚线表示，以强调它们只用来帮助建立角 α 和角 γ 的原始参考。

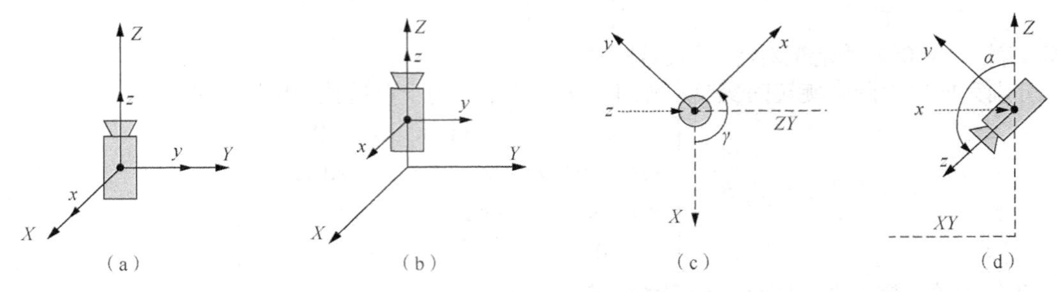

图 2.1.4　对摄像机的平移和旋转

将问题给出的各参数值代入式（2.1.22）和式（2.1.23），可算得 $W(1, 1, 0)$ 点的像坐标为 $x = 0$ m 和 $y = -0.008\,837\,488$ m。❑

2.2　亮度成像模型

光度学是研究光强弱的学科（**辐射度学**则是研究辐射强弱的学科）。在光度学中，使用**光通量**表示光辐射的功率或光辐射量，其单位是 lm（流明）。图像采集的过程从光度学的角度可看作将客观景物的光辐射强度转化为图像灰度的过程。对发光的景物，常直接用其亮度来描述；而对不发光的景物，要考虑其他光源对其的照度。光源沿某个方向的亮度用该方向上的单位投影面积在单位立体角（其单位是球面度，sr）内发出的光通量来衡量，单位是 cd/m^2（坎[德拉]每平方米），其中，cd 是发光强度的单位，1 cd = 1 lm/sr。被光线照射的表面上的照度用照射在单位面积上的光通量衡量，单位是 lx（勒[克斯]，也有用 lux 的），$1\ \text{lx} = 1\ \text{lm/m}^2$。

亮度和照度既有一定的联系，也有明显的区别。**照度**是对具有一定强度的光源照射场景的辐射量的量度，而**亮度**则是在有照度基础上对观察者感受到的光强的量度。照度值要受到从光源到物体表面距离的影响，而亮度值与从物体表面到观察者的距离无关。

下面介绍一个简单的图像亮度成像模型。图像这个词在这里代表一个 2-D 亮度函数（即将图像看成一个光源）$f(x, y)$。这里 $f(x, y)$ 表示图像在空间特定坐标点 (x, y) 位置的亮度。因为亮度实际是对能量的量度，所以 $f(x, y)$ 一定不为 0 且为有限值，即

$$0 < f(x, y) < \infty \tag{2.2.1}$$

因为一般图像亮度是对从场景中物体上的反射光进行量度而得到的。所以 $f(x, y)$ 基本上由两个因素确定：①入射到可见场景上的光强；②场景中物体表面对入射光反射的比率。它们可分别用照度函数 $i(x, y)$ 和反射函数 $r(x, y)$ 表示，也分别称为**照度分量**和**反射分量**。一些典型的 $r(x, y)$ 值为：黑天鹅绒 0.01，不锈钢 0.65，粉刷的白墙平面 0.80，镀银的器皿 0.90，白雪 0.93。因为 $f(x, y)$ 与 $i(x, y)$ 和 $r(x, y)$ 都成正比，所以可以认为 $f(x, y)$ 是由 $i(x, y)$ 和 $r(x, y)$ 相乘得到的。

$$f(x, y) = i(x, y)r(x, y) \tag{2.2.2}$$

其中

$$0 < i(x, y) < \infty \tag{2.2.3}$$

$$0 < r(x, y) < 1 \tag{2.2.4}$$

式（2.2.3）表明入射量总是大于 0（只考虑有入射的情况），但也不是无穷大（因为物理上应可以实现）。式（2.2.4）表明反射率在 0（全吸收）和 1（全反射）之间。两式给出的数值都是理论界限。需要注意 $i(x, y)$的值是由照明光源决定的，而 $r(x, y)$的值是由场景中物体表面的特性决定的。

一般将单色图像$f(\cdot)$在坐标(x, y)处的亮度值称作图像在该点的**灰度值**（可用 g 表示）。根据式（2.2.2）～式（2.2.4），g 将在下列范围取值。

$$G_{\min} \leqslant g \leqslant G_{\max} \tag{2.2.5}$$

理论上，对 $G_{\min}$ 的唯一限制是它应为正（即对应有入射，但一般取为 0），而对 $G_{\max}$ 的唯一限制是它应有限。在实际应用中，间隔$[G_{\min}, G_{\max}]$称为**灰度值范围**。一般常把这个间隔数字化地移到间隔$[0, G)$（G 为正整数）中。$g = 0$ 时看作黑色，$g = G-1$ 时看作白色，而所有中间值代表从黑到白之间的灰度值。

2.3　采样和量化

一幅（模拟）图像必须在空间和灰度上都被离散化，才能转化为数字图像，从而被计算机加工。空间坐标的离散化称作**空间采样**（简称**采样**），它确定了图像的空间分辨率；而灰度值的离散化称作**灰度量化**（简称**量化**），它确定了图像的幅度分辨率。

2.3.1　空间分辨率和幅度分辨率

设 F，X 和 Y 均为实整数集，下面用数学语言来描述采样和量化。采样过程可看作将图像平面划分成规则网格，每个网格中心点的位置由一对笛卡儿坐标(x, y)决定，其中 x 属于 X，y 属于 Y。令$f(\cdot)$是给定点的坐标对(x, y)赋予灰度值（f 属于 F）的函数，那么$f(x, y)$是一幅数字图像，而这个赋值过程就是量化过程。

如果一幅图像的尺寸（对应**空间分辨率**）为 $M \times N$，则表明在成像时采了 MN 个样本，或者说图像包含 MN 个像素。如果对每个像素都用 G 个灰度值中的一个来赋值，则表明在成像时，量化成了 G 个灰度级（对应**灰度分辨率**，也称**幅度分辨率**）。在数字图像处理中，一般将这些量均取为 2 的整数次幂，即（m，n，k 均为正整数）。

$$M = 2^m \tag{2.3.1}$$

$$N = 2^n \tag{2.3.2}$$

$$G = 2^k \tag{2.3.3}$$

例 2.3.1　一些图像显示格式的空间分辨率

一些常见图像显示格式的空间分辨率如表 2.3.1 所示。

表 2.3.1　一些常见图像显示格式的空间分辨率

显示格式	空间分辨率（单位/像素）
源输入格式（SIF-525，NTSC）	352 × 240
源输入格式（SIF-625，PAL）	352 × 288
通用中间格式（CIF）	352 × 288
1/4 通用中间格式（QCIF）	176 × 144
NTSC 制标准界面格式（NTSC-SIF）	352 × 240
PAL 制标准界面格式（PAL-SIF）	352 × 288
NTSC 制 CCIR/ITU-R 601	720 × 480

续表

显示格式	空间分辨率（单位/像素）
PAL 制 CCIR/ITU-R 601	720 × 576
视频图形数组（VGA）	640 × 480
高清电视（HDTV）	1440 × 1152，1920 × 1152

□

例 2.3.2　普通电视和高清电视的显示

普通电视显示屏的长宽比为 4∶3，而高清晰度电视显示屏的长宽比为 16∶9。将高清电视画面显示在普通电视显示屏上可以有两种转换形式，如图 2.3.1 所示。一种称为上下框格式，此时保持原画面的长宽比不变，屏幕上下有边框。另一种称为全扫描格式，相当于截取了原画面宽度中的一部分。假设对普通电视显示屏和高清晰度电视显示屏拍摄相同高度的照片，从采用上下框格式的普通电视显示屏获得的照片保留了画面全局，但减少了细节辨识率，而从采用全扫描格式的普通电视显示屏获得的照片只保留了部分画面，但所保留部分的细节辨识率没有变化（参见练习题 2.6）。

图 2.3.1　高清晰度电视显示画面转化为普通电视显示画面　□

存储一幅图像所需的数据量由图像的空间分辨率和幅度分辨率决定的。根据式（2.3.1）～式（2.3.3），存储一幅图像所需的位数 b（单位是比特）为

$$b = M \times N \times k \tag{2.3.4}$$

如果 $N=M$（以下一般都设 $N=M$），则

$$b = N^2 k \tag{2.3.5}$$

因为数字图像是对连续场景的近似，所以常会产生这样的问题：为达到较好的近似，需要多少个采样和灰度级呢？从理论上讲，M，N，G 越大，数字图像对连续场景的近似就越好。但从实际出发，式（2.3.4）明确指出储存和处理的需求将随 M，N 和 k 的增加而迅速增加，所以采样量和灰度级数也不能太大。

例 2.3.3　图像分辨率与存储和处理

存储一幅图像所需的数据量常常很大。假设有一幅 512 像素 × 512 像素，256 个灰度级的图像，它需要用 2097152 bit 来存储。1 Byte 等于 8 bit，表示 256 个灰度级需用 1 Byte（即用 1 Byte 表示一个像素的灰度值），这样上述的图像需要 262144 B 来存储。如果一幅彩色图像的分辨率为

1024 像素 ×1024 像素，则需要 3.15 MB 来存储，这相当于存储一本 750 页的书。视频由连续的图像帧组成（PAL 制为每秒 25 帧）。假设彩色视频的每帧图像为 512 像素 ×512 像素，则 1s 的数据量为 512 × 512 × 8 × 3 × 25 bit 或 19.66 MB。

为实时处理每帧分辨率为 1 024 像素 ×1 024 像素的彩色视频，需要每秒处理 1 024 × 1 024 × 8 × 3 × 25 bit 的数据，对应的处理速度要达到约 78.64 MB/s。假设对一像素的处理需要 10 个浮点运算（Floating-Point Operations，FLOPS），那么对 1s 视频的处理需要近 8 亿个的浮点运算。并行运算策略通过利用多个处理器同时工作来加快处理速度。最乐观的估计认为并行运算的时间可减少为串行运算的$(\ln J)/J$，其中 J 为并行处理器的数量。按照这种估计，如果使用一百万个并行处理器来处理 1 s 的视频，则每个处理器还要具有每秒 78 万多次运算的能力。 ❑

2.3.2 图像质量与采样和量化

根据前述的讨论，并为了表述方便，以下考虑正方形图像的**图像质量**如何随着空间分辨率（用 N 指示）和灰度量化级数（用 k 指示）的减少而劣化的大概情况。

对一幅 512 像素 × 512 像素，256 个灰度级的具有较多细节的图像，如果保持灰度级数不变而仅将其空间分辨率（通过像素复制）减为 256 像素 ×256 像素，就可能在图像中各区域的边缘处看到棋盘模式，并在全图像看到像素粒子变粗的现象。这种效果一般在 128 像素 ×128 像素的图像中看得更为明显，而在 64 像素 ×64 像素和 32 像素 ×32 像素的图像中就已相当显著了。

例 2.3.4 图像空间分辨率变化产生的效果

图 2.3.2 为一组空间分辨率变化产生效果的例子，其中图 2.3.2（a）为一幅 512 像素 ×512 像素，256 级灰度的图像，其余各图像依次为保持灰度级数不变，而将原图像空间分辨率在横竖两个方向逐次减半得到的结果，即它们是空间分辨率分别为 256 像素 × 256 像素，128 像素 × 128 像素，64 像素 ×64 像素，32 像素 ×32 像素，16 像素 ×16 像素的图像。由这些图可以看到上面所述的现象。例如，在图 2.3.2（b）中，帽沿处已出现锯齿状；在图 2.3.2（c）中，这种现象更为明显，且头发有变粗的感觉；图 2.3.2（d）中头发已不成条；图 2.3.2（e）中已几乎不能分辨出人脸，而图 2.3.2（f）完全不知其中为何物。

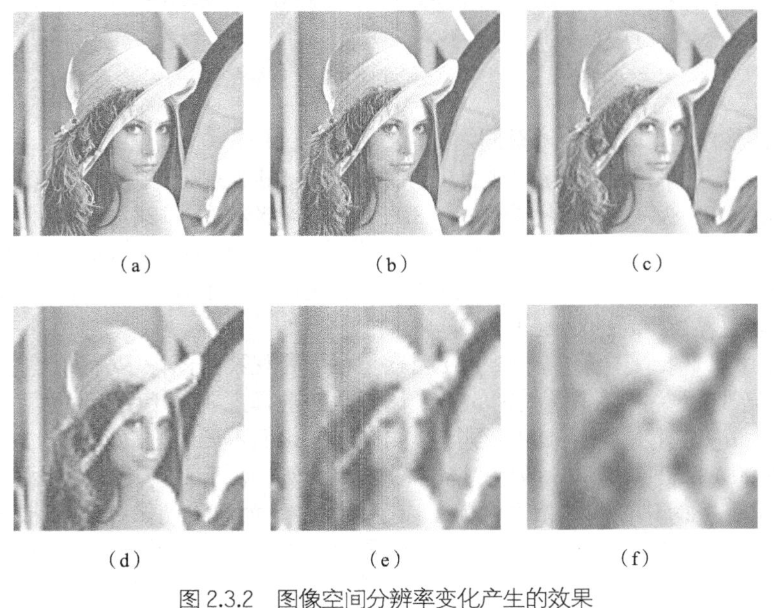

图 2.3.2 图像空间分辨率变化产生的效果 ❑

现在仍借助上述512像素 ×512像素，256级灰度级的图像，考虑减少图像幅度分辨率（即灰度级数）产生的效果。如果保持空间分辨率不变，而仅将灰度级数减为128或64，一般并不能发现有什么明显的区别。如果将其灰度级数进一步减为32，则在灰度缓慢变化的区域常会出现一些几乎看不出来的、非常细的山脊状结构。这种效应称为**虚假轮廓**，它是由于在数字图像的灰度平滑区域使用的灰度级数不够造成的，一般在用16级或不到16级均匀分布灰度数的图像中比较明显。

例 2.3.5　图像幅度分辨率变化产生的效果

图2.3.3为一组幅度分辨率变化产生效果的例子，其中图2.3.3（a）为一幅512像素 ×512像素，256级灰度图像。其余各图依次为保持空间分辨率不变而将灰度级数逐次减小为64，16，8，4，2得到的结果。由这些图可以看到上述讨论的现象。例如，图2.3.3（b）还基本与图2.3.3（a）相似，而从图2.3.3（c）开始可以看到一些虚假轮廓，在图2.3.3（d）中这种现象已很明显，图2.3.3（e）中随处可见，而图2.3.3（f）则具有木刻画的效果了。

（a）　（b）　（c）

（d）　（e）　（f）

图2.3.3　图像幅度分辨率变化产生的效果　□

例 2.3.6　图像空间和幅度分辨率同时变化产生的效果

图2.3.4为一组空间和幅度分辨率同时变化的图像，图2.3.4（a）～图2.3.4（f）分别为256像素 ×256像素，128级灰度；181像素 ×181像素，64级灰度；128像素 ×128像素，32级灰度；90像素 ×90像素，16级灰度；64像素 ×64像素，8级灰度；45像素 ×45像素，4级灰度。可见图像空间和幅度分辨率同时变化时图像质量的退化程度比单独变化图像空间分辨率或图像幅度分辨率时的退化程度都要更快一些。

在实际应用中，选择采样值的一个重要因素是看需要观察到图像中哪个尺度的细节。这个数值常与图像内容密切相关，并不是固定的。量化级数的选择主要基于两个因素。一个是人类视觉系统的分辨率，即应该让人从图像中看到连续的亮度变化而不要看出（间断的）量化级数。另一个是与应用有关的，即要满足具体应用所需的分辨率。例如，有的应用只需要将目标与背景区别开（如许多文档），此时只使用二值图像就可以了。又如，如果将图像打印出来观看，16个灰度级通常就够用了；但如果将同一幅图像显示在屏幕上，则人们还能看出灰度的跳跃，所以还需要使用更多的量化级数。在有些特殊的应用（如医学图像）中，需要区分很缓慢的微小变化，此时量化成256个灰度级也常不够，需要使用10 bit甚至12 bit来表示灰度级数。

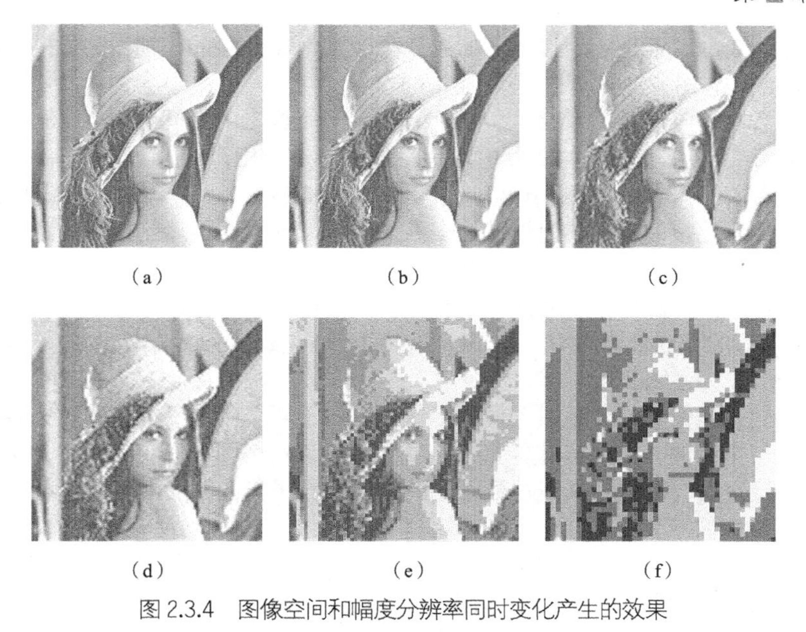

图 2.3.4　图像空间和幅度分辨率同时变化产生的效果 □

2.4　像素间联系

实际图像中的像素在空间是按某种规律排列的，互相之间有一定的联系。要对图像进行有效的处理和分析，必须考虑像素之间的联系。

2.4.1　像素邻域

讨论像素之间的联系，首先要分析由每个像素的近邻像素组成的**邻域**。对于坐标为(x, y)的像素 p，它可以有 4 个水平和垂直的近邻像素，它们的坐标分别是$(x+1, y)$，$(x-1, y)$，$(x, y+1)$，$(x, y-1)$。如图 2.4.1（a）所示，这些像素（均用 r 表示）组成 p 的 **4-邻域**，记为 $N_4(p)$。

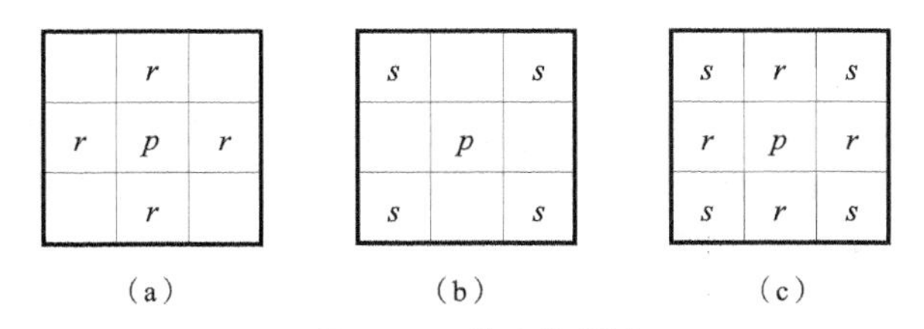

图 2.4.1　像素的邻域

像素 p 的 4 个对角近邻像素（用 s 表示）的坐标是$(x+1, y+1)$，$(x+1, y-1)$，$(x-1, y+1)$，$(x-1, y-1)$。它们记为 $N_D(p)$，如图 2.4.1（b）所示。像素 p 的 4 个 4-邻域近邻像素加上 4 个对角邻域像素合起来构成 p 的 **8-邻域**，记为 $N_8(p)$，如图 2.4.1（c）中的 r 和 s 所示。

对于 2 个像素 p 和 q 来说，如果 q 在 p 的邻域（可以是 4-邻域、8-邻域或对角邻域）中，则称 p 和 q 满足**邻接**关系（且可分别对应 **4-邻接**、**8-邻接**或**对角邻接**）。如果 p 和 q 是邻接的，且它们的灰度值均满足某个特定的相似准则（对于灰度图像，它们的灰度值应相等，或更一般地同在一个灰度值集合 V 中取值），则称 p 和 q 满足**连接**关系。可见连接比邻接要求更高，不仅要考虑空间关系，还要考虑灰度关系。如果 2 个像素是 4-邻接的，则在它们的灰度值均满足某个特定的相似准则时，称这2个像素是4-连接的。如果2个像素是8-邻接的，则在它们的灰度值均满足某个特定的相似准则时，称这2个像素是8-连接的。

如果像素 p 和 q 不（直接）邻接，但它们均在另一个像素的相同邻域中（可以是4-邻域、8-邻域或对角邻域），且这3个像素的灰度值均满足某个特定的相似准则（如它们的灰度值相等或同在一个灰度值集合 V 中取值），则称 p 和 q 之间的关系为**连通**（可以是4-连通或8-连通）。2个像素由于都与另一像素连接而连通，所以从这个意义上讲，连通是连接的推广。进一步，只要2个像素 p 和 q 间有一系列连接的像素，则 p 和 q 是连通的。这一系列连接的像素构成像素 p 和 q 间的**通路**。从具有坐标(x, y)的像素 p 到具有坐标(s, t)的像素 q 的一条通路由一系列具有坐标(x_0, y_0)，(x_1, y_1)，…，(x_n, y_n)的独立像素组成。这里$(x_0, y_0) = (x, y)$，$(x_n, y_n) = (s, t)$，且(x_i, y_i)与(x_{i-1}, y_{i-1})邻接，其中 $1 \leqslant i \leqslant n$，$n$ 为**通路长度**。

一幅图像中的某些像素结合组成图像的子集合。对于两个图像子集 S 和 T 来说，如果 S 中的一个或一些像素与 T 中的一个或一些像素邻接，则可以说两个图像子集 S 和 T 是邻接的。这里根据采用的像素邻接定义，可以定义或得到不同的邻接图像子集。例如，可以说两个图像子集4-邻接、两个8-邻接的图像子集等。

类似于像素的连接，对于两个图像子集 S 和 T 来说，要确定它们是否连接也需要考虑两点：①它们是否是邻接图像子集；②它们中邻接像素的灰度值是否满足某个特定的相似准则。换句话说，如果 S 中的一个或一些像素与 T 中的一个或一些像素连接，则可以说两个图像子集 S 和 T 是连接的。

设 p 和 q 是一个图像子集 S 中的2个像素，如果存在一条完全由在 S 中的像素组成的从 p 到 q 的通路，那么称 p 在 S 中与 q 相连通。对 S 中的任一像素 p，所有与 p 相连通且又在 S 中的像素的集合（包括 p）合起来称为 S 中的一个**连通组元**（组元中的任两点可通过完全在组元内的像素相连接）。一般图像中的每个目标都是一个连通组元。如果 S 中只有一个连通组元，即 S 中的所有像素都互相连通，则称 S 是一个连通集。如果一幅图像中的所有像素分属于几个连通集，则可以说这几个连通集分别是该幅图像的连通组元。两个互不连接但都与同一个图像子集连接的图像子集是互相连通的。图像同一个连通集中的任意2个像素互相连通，而分属不同连通集中的像素互不连通。在极端情况下，一幅图像中的所有像素都互相连通，该幅图像本身就是一个连通集。

2.4.2 像素间距离

描述像素之间联系的一个重要概念是像素之间的**距离**。给定3个像素 p，q，r，坐标分别为(x, y)，(s, t)，(u, v)，如果下列条件满足的话，则称函数 D 是**距离量度函数**。

（1）$D(p,q) \geqslant 0$（$D(p,q)=0$ 当且仅当 $p=q$）。

（2）$D(p,q)=D(q,p)$。

（3）$D(p,r) \leqslant D(p,q)+D(p,r)$。

上述3个条件中的第1个条件表明2个像素之间的距离总是正的（2个像素空间位置相同时，其间的距离为0）；第2个条件表明2个像素之间的距离与起终点的选择无关（可对调）；第3个条件表明2个像素之间的最短距离是沿直线的（三角不等式）。

在数字图像中，距离有不同的量度方法或计算公式。点 p 和 q 之间的**欧氏距离**（也是范数为2的距离）定义为

$$D_{\mathrm{E}}(p,q)=[(x-s)^2+(y-t)^2]^{1/2} \tag{2.4.1}$$

根据这个距离量度，与(x, y)的距离小于等于某个值 d 的像素都包括在以(x, y)为中心、以 d 为半径的圆中。

点 p 和 q 之间的 D_4 距离（即范数为 1 的距离）也称为**城区距离**，定义为

$$D_4(p,q)=|x-s|+|y-t| \tag{2.4.2}$$

根据这个距离量度，与(x, y)的 D_4 距离小于等于某个值 d 的像素组成以(x, y)为中心的菱形。

点 p 和 q 之间的 D_8 距离（即范数为∞的距离）也称为**棋盘距离**，定义为

$$D_8(p,q)=\max\left(|x-s|,\ |y-t|\right) \tag{2.4.3}$$

根据这个距离量度，与(x, y)的 D_8 距离小于等于某个值 d 的像素组成以(x, y)为中心的正方形。

例 2.4.1　等距离圆盘

使用不同的距离测度，可得到由不同的等距离轮廓结合而成的**等距离圆盘**。例如，与(x, y)的 D_E 距离小于等于 3 的像素组成图 2.4.2（a）所示的近似圆盘区域（图中距离值已四舍五入）；与(x, y)的 D_4 距离小于等于 3 的像素组成图 2.4.2（b）所示的（菱形）区域（$D_4 = 1$ 的像素就是(x, y)的 4-近邻像素）；与(x, y)的 D_8 距离小于等于 3 的像素组成图 2.4.2（c）所示的正方形区域（$D_8 = 1$ 的像素就是(x, y)的 8-近邻像素）。

			3			
	2.8	2.2	2	2.2	2.8	
	2.2	1.4	1	1.4	2.2	
3	2	1	0	1	2	3
	2.2	1.4	1	1.4	2.2	
	2.8	2.2	2	2.2	2.8	
			3			

（a）

			3			
		3	2	3		
	3	2	1	2	3	
3	2	1	0	1	2	3
	3	2	1	2	3	
		3	2	3		
			3			

（b）

3	3	3	3	3	3	3
3	2	2	2	2	2	3
3	2	1	1	1	2	3
3	2	1	0	1	2	3
3	2	1	1	1	2	3
3	2	2	2	2	2	3
3	3	3	3	3	3	3

（c）

图 2.4.2　等距离圆盘示例　❑

如果以$\Delta_i(R)$代表等距离圆盘（$i = 4, 8$），其中包含的像素个数是随距离成比例增加的。如果不考虑中心像素，则以城区距离为半径的圆盘中的像素个数为

$$\#[\Delta_4(R)]=4\sum_{j=1}^{R} j=4(1+2+3+\cdots+R)=2R(R+1) \tag{2.4.4}$$

例如，$\#[\Delta_4(5)] = 60$，$\#[\Delta_4(6)] = 84$。而以棋盘距离为半径的圆盘中的像素数为

$$\#[\Delta_8(R)]=8\sum_{j=1}^{R} j=8(1+2+3+\cdots+R)=4R(R+1) \tag{2.4.5}$$

例如，$\#[\Delta_8(3)] = 48$，$\#[\Delta_8(4)] = 80$。另外，因为以棋盘距离为半径的圆盘实际上是一个正方形，所以也可用下式计算以棋盘距离为半径的圆盘中除中心像素外包含的像素数。

$$\#[\Delta_8(R)]=(2R+1)^2-1 \tag{2.4.6}$$

例 2.4.2　距离计算示例

计算图像中 2 个像素间的距离只考虑它们各自的位置，而不考虑它们的灰度值。根据上述 3 种距离定义计算图像中相同 2 个像素间的距离时会得到不同的数值。例如，在图 2.4.3 中，2 个像素 p 和 q 之间的 D_E 距离为 5（见图 2.4.3（a）），D_4 距离为 7（见图 2.4.3（b）），D_8 距离为 4（见图 2.4.3（c））。

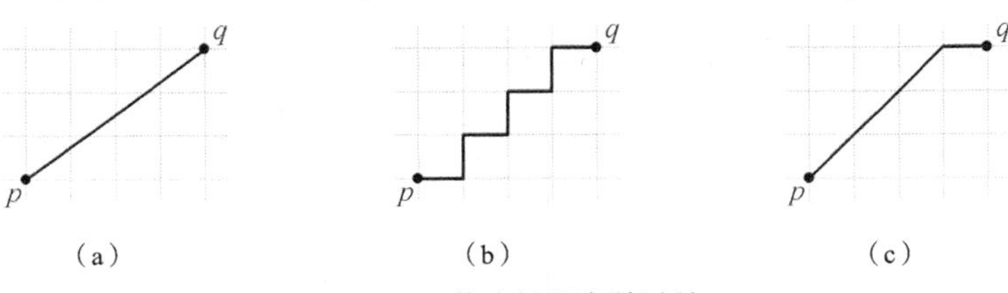

图 2.4.3　像素间距离的计算

由上可见，欧氏距离给出的结果相对准确，但由于计算时需要进行平方和开方运算，计算量大。城区距离和棋盘距离均为非欧氏距离，计算量小，但与欧氏距离都有一定的误差。这种误差也可从图 2.4.2 中看出，图 2.4.2（b）和图 2.4.2（c）中的等距离圆盘不够圆就是误差造成的。❑

利用像素间的距离概念也可定义像素的邻域。例如，$D_4 = 1$ 的像素就是(x, y)的 4-邻域像素。换句话说，像素 p 的 4-邻域也可以定义为

$$N_4(p) = \{ r \mid D_4(p,r) = 1 \} \tag{2.4.7}$$

$D_8 = 1$ 的像素就是(x, y)的 8-邻域像素。这样，像素 p 的 8-邻域也可定义为

$$N_8(p) = \{ r \mid D_8(p,r) = 1 \} \tag{2.4.8}$$

2.5 图像坐标变换和应用

对图像的**坐标变换**实际上是对像素的坐标变换，即改变像素在图像中的位置。在实际应用中，消除图像采集中产生的几何畸变需要用到坐标变换。

2.5.1 基本坐标变换

图像的平移、旋转和尺度变换都是基本的图像坐标变换。这里仅考虑 2-D 图像的坐标变换。

1．变换的表达

图像平面上一个像素的坐标可记为(x, y)，如用齐次坐标，则记为$(x, y, 1)$。坐标变换可借助矩阵写为

$$\boldsymbol{v}' = \boldsymbol{A}\boldsymbol{v} \tag{2.5.1}$$

式（2.5.1）中，$\boldsymbol{v}$ 是变换前的坐标矢量。

$$\boldsymbol{v} = [x \quad y \quad 1]^{\mathrm{T}} \tag{2.5.2}$$

$\boldsymbol{v}'$是变换后的坐标矢量。

$$\boldsymbol{v}' = [x' \quad y' \quad 1]^{\mathrm{T}} \tag{2.5.3}$$

而 $\boldsymbol{A}$ 是如下形式的 3×3 变换矩阵（运用方矩阵可极大地简化表达）。

$$\boldsymbol{A} = \begin{bmatrix} a_{11} & a_{12} & a_{13} \\ a_{21} & a_{22} & a_{23} \\ a_{31} & a_{32} & a_{33} \end{bmatrix} \tag{2.5.4}$$

对于不同的变换，其变换矩阵唯一地确定了变换的结果。

上面讨论的是对单个像素的坐标变换，如果有一组 m 个像素，可让 $\boldsymbol{v}_1$，$\boldsymbol{v}_2$，…，$\boldsymbol{v}_m$ 代表 m 个像素的坐标。对于一个其列由这些列矢量组成的 $3 \times m$ 矩阵 $\boldsymbol{V}$，仍可用上述 3×3 的矩阵 $\boldsymbol{A}$ 同时变换所有像素，即

$$\boldsymbol{V}' = \boldsymbol{A}\boldsymbol{V} \tag{2.5.5}$$

输出矩阵 $\boldsymbol{V}'$仍是一个 $3 \times m$ 矩阵，它的第 i 列 $\boldsymbol{v}'_i$ 包括对应于 $\boldsymbol{v}_i$ 的变换后像素的坐标。

2．平移变换

平移变换改变像素的位置。设需要用平移量(t_x, t_y)将坐标为(x, y)的像素平移到新的位置(x', y')，这个平移可用矩阵形式写为

$$\begin{bmatrix} x' \\ y' \\ 1 \end{bmatrix} = \begin{bmatrix} 1 & 0 & t_x \\ 0 & 1 & t_y \\ 0 & 0 & 1 \end{bmatrix} \begin{bmatrix} x \\ y \\ 1 \end{bmatrix} \tag{2.5.6}$$

换句话说，平移变换矩阵可写为

$$T=\begin{bmatrix}1 & 0 & t_x\\0 & 1 & t_y\\0 & 0 & 1\end{bmatrix} \tag{2.5.7}$$

执行反坐标变换的逆矩阵也很容易推出，平移变换的逆矩阵为

$$T^{-1}=\begin{bmatrix}1 & 0 & -t_x\\0 & 1 & -t_y\\0 & 0 & 1\end{bmatrix} \tag{2.5.8}$$

3．尺度变换

尺度变换也称**放缩变换**，它改变像素间的距离，对物体来说则改变了物体的尺度。尺度变换一般是沿坐标轴方向进行的，或可分解为沿坐标轴方向进行的变换。

当分别用 s_x 和 s_y 沿着 X 和 Y 轴进行尺度变换时，尺度变换矩阵可写为

$$S=\begin{bmatrix}s_x & 0 & t_x\\0 & s_y & t_y\\0 & 0 & 1\end{bmatrix} \tag{2.5.9}$$

当 s_x 或 s_y 不为整数时，原图像中有些像素在尺度变换后的坐标值可能不为整数，导致变换后图像中出现“孔”，此时需要进行取整操作和插值操作（参见 2.5.3 节）。

尺度变换的逆矩阵为

$$S^{-1}=\begin{bmatrix}1/s_x & 0 & t_x\\0 & 1/s_y & t_y\\0 & 0 & 1\end{bmatrix} \tag{2.5.10}$$

4．旋转变换

旋转变换改变像素间的相对方位。如果定义逆时针旋转为正，则旋转变换的矩阵如下。

$$R=\begin{bmatrix}\cos\theta & \sin\theta & 0\\-\sin\theta & \cos\theta & 0\\0 & 0 & 1\end{bmatrix} \tag{2.5.11}$$

其中 θ 为旋转的角度。旋转矩阵的模是 1。

旋转变换的逆矩阵为

$$R^{-1}=\begin{bmatrix}\cos\theta & -\sin\theta & 0\\\sin\theta & \cos\theta & 0\\0 & 0 & 1\end{bmatrix} \tag{2.5.12}$$

5．变换级连

基本的坐标变换可以**级连**进行。连续多个变换可借助矩阵的相乘最后可用一个单独的 3×3 变换矩阵来表示。例如，对一个坐标为 $\boldsymbol{v}$ 的像素的依次平移、尺度和旋转变换可表示为

$$v'=R\left[S(Tv)\right]=Av \tag{2.5.13}$$

式（2.5.13）中，A 是一个 3×3 矩阵，$A=RST$。需要注意，这些矩阵的运算次序一般不可互换。

例 2.5.1 变换级连示例

对一像素先平移，再旋转，最后反平移的变换矩阵为

$$A = T^{-1}RT = \begin{bmatrix} 1 & 0 & -x_0 \\ 0 & 1 & -y_0 \\ 0 & 0 & 1 \end{bmatrix}\begin{bmatrix} \cos\theta & \sin\theta & 0 \\ -\sin\theta & \cos\theta & 0 \\ 0 & 0 & 1 \end{bmatrix}\begin{bmatrix} 1 & 0 & x_0 \\ 0 & 1 & y_0 \\ 0 & 0 & 1 \end{bmatrix}$$

$$= \begin{bmatrix} \cos\theta & \sin\theta & x_0\cos\theta + y_0\sin\theta - x_0 \\ -\sin\theta & \cos\theta & -x_0\sin\theta + y_0\cos\theta - y_0 \\ 0 & 0 & 1 \end{bmatrix}$$

可见，通过 3 个 3 × 3 矩阵连乘得到的仍是一个 3 × 3 矩阵。 □

2.5.2 仿射变换

仿射变换可看作对前述基本坐标变换的扩展。一般仿射变换的矩阵可写为

$$A = \begin{bmatrix} a_{11} & a_{12} & t_x \\ a_{21} & a_{22} & t_y \\ 0 & 0 & 1 \end{bmatrix} \tag{2.5.14}$$

与平移变换矩阵相比，左上角的 2 × 2 部分由一个归一化对角矩阵变成了一个一般矩阵。一个平面上的仿射变换有 6 个自由度，除了 2 个平移自由度，还多了 4 个自由度。

如图 2.5.1 所示，用仿射变换矩阵$\begin{bmatrix} 1 & 1/2 & 4 \\ 1/2 & 1 & -2 \\ 0 & 0 & 1 \end{bmatrix}$，$\begin{bmatrix} 1/2 & 1 & -2 \\ 1 & 1 & 1 \\ 0 & 0 & 1 \end{bmatrix}$和$\begin{bmatrix} 3/2 & 1/2 & 0 \\ 1/2 & 1 & 3 \\ 0 & 0 & 1 \end{bmatrix}$对图 2.5.1 左边的多边形进行仿射变换得到的 3 个结果分别如图 2.5.1 右边的 3 个图形所示（形状各异）。

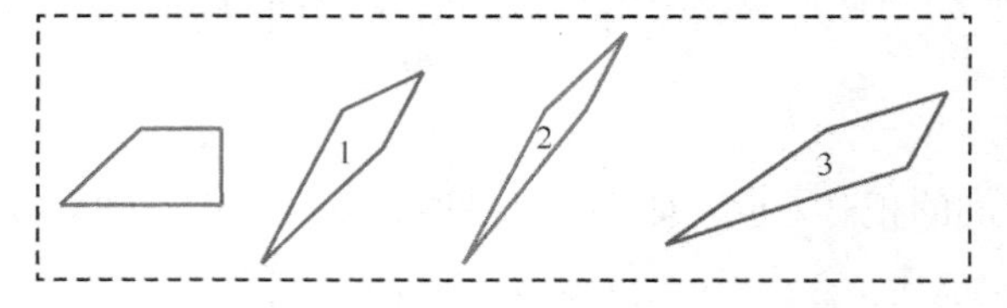

图 2.5.1 对一个多边形图形分别进行 3 次仿射变换得到的结果

仿射变换的一种特例是**欧氏变换**，欧氏变换的矩阵可写为（θ为旋转角）

$$E = \begin{bmatrix} \cos\theta & \sin\theta & t_x \\ -\sin\theta & \cos\theta & t_y \\ 0 & 0 & 1 \end{bmatrix} \tag{2.5.15}$$

参见式（2.5.11）和式（2.5.7），欧氏变换是先旋转变换后平移变换的组合。平面上的欧氏变换只有 3 个自由度。分别使用$\theta = -90°$和$\boldsymbol{t} = [2, 0]^{\mathrm{T}}$、$\theta = 90°$和$\boldsymbol{t} = [2, 4]^{\mathrm{T}}$、$\theta = 0°$和$\boldsymbol{t} = [4, 6]^{\mathrm{T}}$定义的欧氏变换对图 2.5.2 左边的多边形图形进行欧氏变换得到的结果（尺寸和形状相同，仅朝向不同）如图 2.5.2 右边的 3 个图形所示。

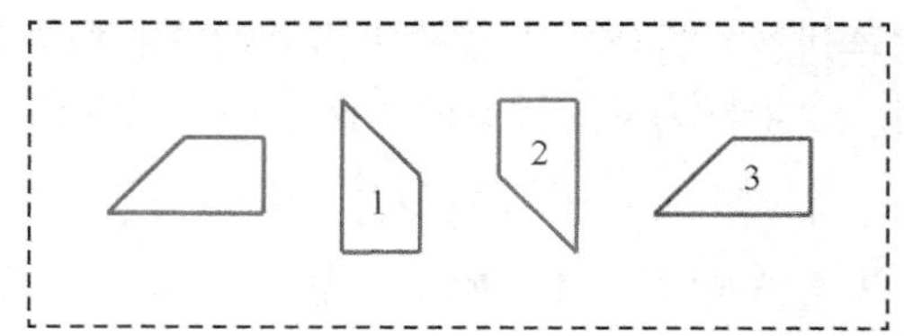

图 2.5.2 对一个多边形图形分别进行三次欧氏变换得到的结果

如果对欧氏变换矩阵中的旋转变换矩阵乘以一个大于 0 的各向同性的放缩系数 s，则得到**相似变换**矩阵如下。

$$
\boldsymbol{X}=\begin{bmatrix} s\cos\theta & s\sin\theta & t_x \\ -s\sin\theta & s\cos\theta & t_y \\ 0 & 0 & 1 \end{bmatrix} \tag{2.5.16}
$$

相似变换也是仿射变换的一种特例，但有 4 个自由度，比欧氏变换更一般化。分别使用 s=1.5、θ= –90°和 $\boldsymbol{t}=[1, 0]^{\mathrm{T}}$，$s$=1、$\theta$= 180°和 $\boldsymbol{t}=[4, 8]^{\mathrm{T}}$，$s$=0.5、$\theta$= 0°和 $\boldsymbol{t}=[5, 7]^{\mathrm{T}}$ 定义的相似变换对图 2.5.3 左边的多边形图形进行相似变换得到的 3 个结果（形状相同，但尺寸各异，且有镜像反转）如图 2.5.3 右边的 3 个图形所示。

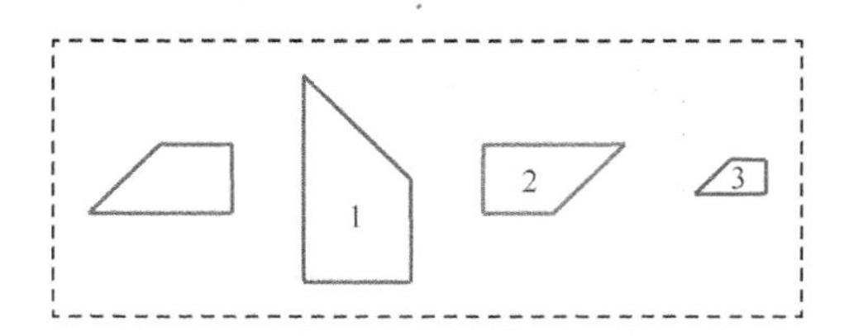

图 2.5.3　对一个多边形图形分别进行三次相似变换得到的结果

2.5.3　几何失真校正

对图像的**几何失真校正**是坐标变换的一种具体应用。在许多实际的图像采集处理过程中，图像中像素之间的空间关系会发生变化。典型的例子如显示器上出现的枕形或桶形变化，以及倾斜投影造成景物各部分比例失调等。此时可以说图像产生了**几何失真**或**几何畸变**。换句话说，原始场景中各部分之间的空间关系与图像中各对应像素间的空间关系不一致了。这时需要通过几何变换来校正失真图像中的各像素位置，以重新得到像素间原来应有的空间关系。对于灰度图像，除了考虑空间关系，还要考虑灰度关系，即同时需要校正灰度，以还原像素本来的灰度值。

设原图像为 $f(x, y)$，受到几何失真的影响变成 $g(x', y')$。对几何失真的校正，既要根据(x, y)和(x', y')的关系由(x', y')确定(x, y)，也要根据 $f(x, y)$和 $g(x', y')$的关系由 $g(x', y')$确定 $f(x, y)$。这样对图像的几何失真校正主要包括两个步骤：空间变换和灰度插值。

1．空间变换

空间变换的目标是重新排列图像平面上的像素，以恢复像素之间原来应有的空间关系。

设一个像素的原坐标为(x, y)，几何形变后，失真像素的坐标为(x', y')，则它们的关系为

$$
x' = s(x, y) \tag{2.5.17}
$$

$$
y' = t(x, y) \tag{2.5.18}
$$

其中 $s(x, y)$和 $t(x, y)$分别代表产生几何失真图像的两个空间变换函数。最简单的情况是线性失真，此时 $s(x, y)$和 $t(x, y)$可以写为

$$
s(x, y) = k_1x + k_2y + k_3 \tag{2.5.19}
$$

$$
t(x, y) = k_4x + k_5y + k_6 \tag{2.5.20}
$$

对一般的（非线性）二次失真，$s(x, y)$和 $t(x, y)$可写为

$$
s(x, y) = k_1 + k_2x + k_3y + k_4x^2 + k_5xy + k_6y^2 \tag{2.5.21}
$$

$$
t(x, y) = k_7 + k_8x + k_9y + k_{10}x^2 + k_{11}xy + k_{12}y^2 \tag{2.5.22}
$$

如果知道 $s(x, y)$和 $t(x, y)$的解析表达，就可以通过反变换来恢复图像。在实际应用中，通常不知道失真情况的解析表达，为此需要在校正过程的输入图像（失真图像）和输出图像（校正图像）上

找一些确切知道其位置的点（称为约束对应点），然后利用这些点的信息按照失真模型计算出失真函数中的各个系数，从而建立两幅图像间其他像素在空间位置上的对应关系。

图 2.5.4 为失真图像上的四边形区域和校正图像上与其对应的四边形区域。这两个四边形区域的顶点可作为对应点。

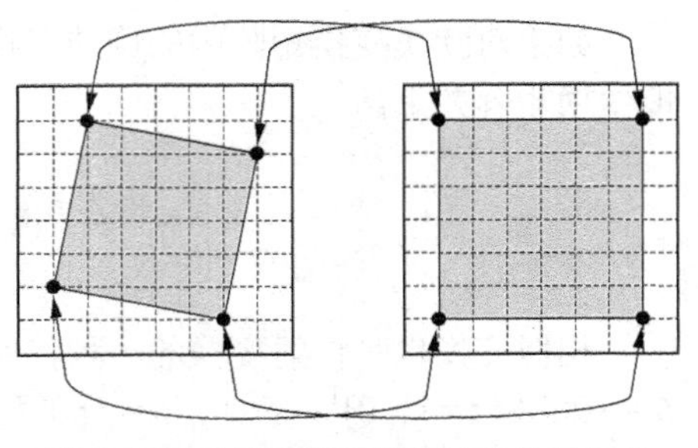

图 2.5.4 失真图像和校正图像的对应点

设四边形区域内的几何失真过程可用一对双线性等式表示（是一般非线性二次失真的一种特例，还可参见下面对双线性插值的解释），即

$$s(x,y)=k_1x+k_2y+k_3xy+k_4 \tag{2.5.23}$$

$$t(x,y)=k_5x+k_6y+k_7xy+k_8 \tag{2.5.24}$$

将以上两式分别代入式（2.5.17）和式（2.5.18），可得到失真前后两图像坐标间的关系。

$$x'=k_1x+k_2y+k_3xy+k_4 \tag{2.5.25}$$

$$y'=k_5x+k_6y+k_7xy+k_8 \tag{2.5.26}$$

由图 2.5.4 可知，因为两个四边形区域之间共有 4 组（8 个）已知对应点，所以式（2.5.25）和式（2.5.26）中的 8 个系数 $k_i\,(i=1,2,\cdots,8)$可以全部解得。利用这些系数可以建立将四边形区域内的所有点都进行空间映射的公式。一般来说，可将一幅图像分成一系列覆盖全图像的四边形区域的集合，对每个区域都找出足够的对应点，以计算进行映射所需的系数。如能做到这点，就很容易得到校正图像了。

2. 灰度插值

灰度插值的目标是对空间变换后的像素赋予相应的灰度值，以恢复原位置的灰度值。尽管实际数字图像中的(x,y)总是整数，但由式（2.5.25）和式（2.5.26）算得的(x',y')值一般不是整数，即空间变换后的像素坐标常常不是整数。由于失真图像 $g(x',y')$是数字图像，其像素值仅在其坐标为整数处有定义，所以非整数处的像素值就需要借助其周围一些整数处的像素值来计算，这就是**灰度插值**，这里可借助图 2.5.5 来解释。图 2.5.5 左部是理想的原始不失真图像，右部是实际采集的失真图像。几何校正就是要把失真图像恢复成原始图像。由于失真，原图像中整数坐标点(x,y)会映射到失真图像中的非整数坐标点(x',y')（如图中上方标有“空间变换”的箭头所示），而 g 在该点是没有定义的。前面讨论的空间变换可将应在原图像(x,y)点处的(x',y')点变换回原图像(x,y)点处。现在要做的是估计出(x',y')点的灰度值，并将其赋给原图像(x,y)点处的像素（如图中下方标有“灰度赋值”的箭头所示）。

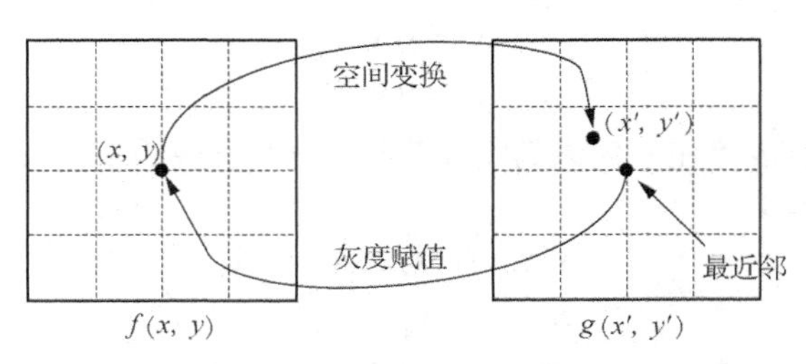

图 2.5.5 灰度插值示意图

实现灰度插值有两种方案。一种方案考虑把从实际采集到的失真图像的像素值赋给原始不失真图像的像素。图 2.5.6（a）左部是实际采集的失真图像，右部是理想的原始不失真图像。如果一个失真图像的像素映射到不失真图像的 4 像素之间（非整数点），则将失真图像像素的灰度根据插值算法分别分配给不失真图像的那 4 像素，这种方法称为**前向映射**。在这种映射中，不失真图

像中的坐标是失真图像中坐标的函数。另一种方案考虑把灰度从原始的不失真图像中映射到实际采集的失真图像像素上。图 2.5.6（b）左部是实际采集的失真图像，右部是理想的原始不失真图像。如果不失真图像中的位置对应实际采集失真图像的 4 像素之间（非整数点），则先根据插值算法计算出该位置的灰度，再将其映射给不失真图像的对应像素，这种方法称为**后向映射**。在这种映射中，失真图像中的坐标是不失真图像中坐标的函数。

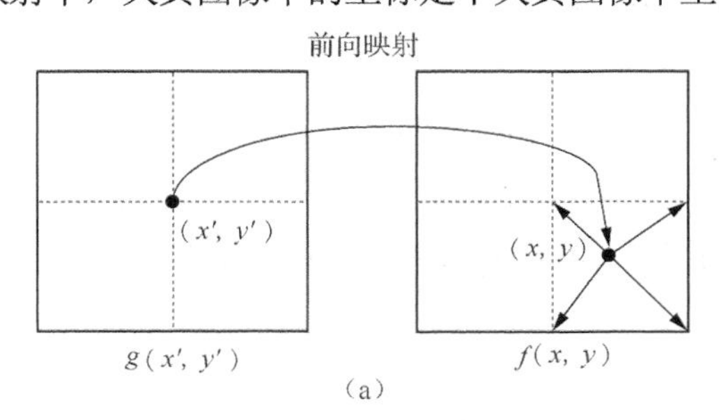

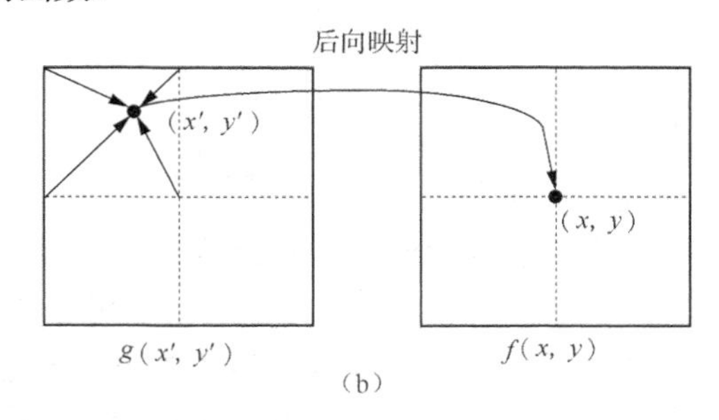

图 2.5.6　前向映射和后向映射

由于在前向映射中，有一定数量的失真图像的像素有可能会映射到不失真图像之外，所以有些计算方面的浪费。另外，不失真图像中的许多像素的最后灰度是由许多失真图像像素的贡献之和决定的，这也需要较多的寻址，特别是在采取高阶插值时。相对来说，后向映射效率比较高。不失真图像是逐像素得到的，每像素的灰度是由一步插值确定的，所以后向映射实际上用得更广泛。

计算插值灰度的方法有许多种，最简单的是**最近邻插值**，也称为**零阶插值**。最近邻插值就是将离(x', y')点最邻近像素的灰度值作为(x', y')点的灰度值赋给原图(x, y)点处的像素（见图 2.5.5）。这种方法计算量小，但缺点是有时不够精确。

为提高精度，可采用**双线性插值**。它利用(x', y')点的 4 个最近邻像素的灰度值来计算(x', y')点处的灰度值。如图 2.5.7 所示，设(x', y')点的 4 个最近邻像素为 A，B，C，D。它们的坐标分别为(i,j)，$(i+1,j)$，$(i,j+1)$，$(i+1,j+1)$。它们的灰度值分别为 $g(A)$，$g(B)$，$g(C)$，$g(D)$。

首先（沿水平方向）计算 E 和 F 这 2 点的灰度值 $g(E)$和 $g(F)$。

$$g(E) = (x' - i)[g(B) - g(A)] + g(A) \tag{2.5.27}$$

$$g(F) = (x' - i)[g(D) - g(C)] + g(C) \tag{2.5.28}$$

则(x', y')点的灰度值 $g(x', y')$（沿垂直方向）为

$$g(x', y') = (y' - j)[g(F) - g(E)] + g(E) \tag{2.5.29}$$

如需要更高的精度，还可采用**三次线性插值**方法。它利用(x', y')点的 16 个最近邻像素的灰度值，根据下面方法计算 (x', y')点处的灰度值。如图 2.5.8 所示，设 (x', y')点的 16 个最近邻像素为 A，B，C，D，E，F，G，H，I，J，K，L，M，N，O，P，则计算 (x', y')点的插值公式为

$$g(x', y') = \sum W_x W_y g(\cdot) \tag{2.5.30}$$

其中 W_x 为横坐标插值的加权值，W_y 为纵坐标插值的加权值，对 W_x 和 W_y 的值可分别根据 $g(\cdot)$的坐标值如式（2.5.31）、式（2.5.32）、式（2.5.33）、式（2.5.34）进行计算。

（1）如果 $g(\cdot)$的横坐标值与 x'的差值 d_x 小于 1（即 B，C，F，G，J，K，N，O），则

$$W_x = 1 - 2d_x^2 + d_x^3 \tag{2.5.31}$$

（2）如果 $g(\cdot)$的横坐标值与 x'的差值 d_x 大于等于 1（即 A，D，E，H，I，L，M，P），则

$$W_x = 4 - 8d_x + 5d_x^2 - d_x^3 \tag{2.5.32}$$

（3）如果 $g(\cdot)$的纵横坐标值与 y'的差值 d_y 小于 1（即 E，F，G，H，I，J，K，L），则

$$W_y = 1 - 2d_y^2 + d_y^3 \tag{2.5.33}$$

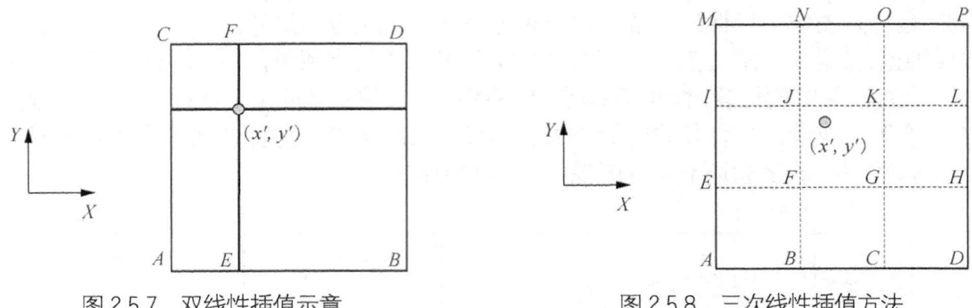

图 2.5.7 双线性插值示意　　　　图 2.5.8 三次线性插值方法

（4）如果 g(·)的纵坐标值与 y' 的差值 d_y 大于等于 1（即 A，B，C，D，M，N，O，P），则

$$W_y = 4 - 8d_y + 5d_y^2 - d_y^3 \tag{2.5.34}$$

例 2.5.2　前向映射和后向映射的进一步比较

回到前面前向映射和后向映射的对比中。因为一般情况下，不失真图像中像素的灰度并不与失真图像中像素的灰度有一对一的关系，所以映射后都不能采用最近邻插值。这里需要一种将失真图像中的一个像素的灰度分配给不失真图像中多个像素的技术，其中最容易的方法就是将一个像素看成一个正方形，并将不失真图像中像素被失真图像中像素覆盖的面积作为分配权值（见图 2.5.9（a））。这对应前向映射的情况，为获得不失真图像中一个像素的灰度，需要考虑用多个来自失真图像的像素灰度组合赋值。相对来说，后向映射效率比较高。不失真图像是逐个像素得到的，而每个像素的灰度是由一步映射确定的（见图 2.5.9（b））。这种方法既可以避免在不失真图像中产生孔洞，也不需要重复计算多个失真图像像素的贡献之和。所以，后向映射在实际中用得更为广泛。

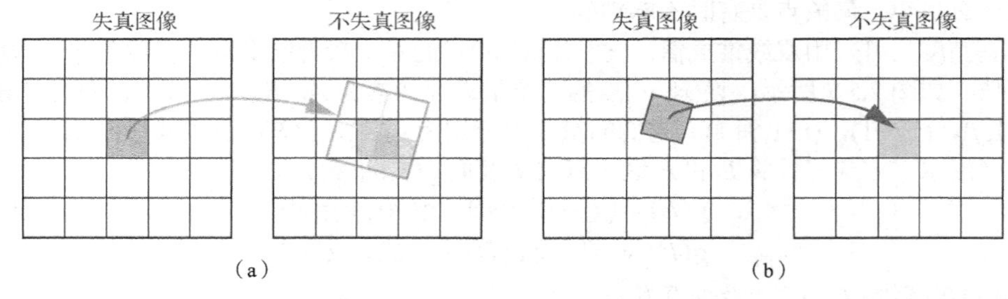

图 2.5.9 插值与前向映射和后向映射

总结和复习

下面简单小结本章各节，并有针对性地介绍一些可供深入学习的参考文献。进一步复习还可以通过思考题和练习题进行，标有星号（*）的题在书末提供了解答。

【小结和参考】

2.1 节介绍图像采集时的几何模型，以及涉及的各个坐标系。在讨论的基本模型中，设定各个坐标系是重合的；在讨论的一般模型中，则考虑了各坐标系不重合的情况。这里均利用了基本的透视投影变换，有关正交投影变换的方法、对透视投影变换的深入讨论以及关于摄像机模型和摄像机几何的详细讨论，还可见[Hartley 2004]和[章 2018d]，《计算机视觉教程》中也对这些问题有更多的讨论。

2.2 节介绍图像采集时的一个基本亮度成像模型，它建立了图像亮度与入射到物体上的光量及物体对光反射率的关系，进一步的讨论可参见《计算机视觉教程》。它也是后面第 4 章讨论的同态滤波器的基础，相关内容还可见[Gonzalez 2008]。

2.3 节介绍采集数字图像必须进行的两个操作：采样和量化。采样与图像的空间分辨率密切相关，而量化则与图像的幅度分辨率密切相关。这两个操作共同确定了图像的显示质量和存储图像的数据量[Huang 1965]。这里讨论的采样间隔和量化阶差都是均匀的，关于非均匀采样和量化的讨论可见文献[Gonzalez 1992]。

2.4 节讨论图像像素之间的联系，包括像素的邻域、像素间和像素集合间的邻接、连接和连通。另外，还介绍了常用的像素间距离计算，其中城区距离和棋盘距离都是数字图像中特有的。对距离的讨论还可见文献[Basseville 1989]，对范数的详细讨论可见文献[数 2000]。对图像像素间联系的更全面讨论可见[章 2018c]。

2.5 节先介绍了基本的图像坐标变换，包括平移变换、旋转变换和尺度变换；然后简单介绍仿射变换及其两种简化变换——欧氏变换和相似变换；更全面的体系和内容可见[章 2006b]。各种变换可以级连，但要注意级连的次序对级连的结果是有影响的，一般不可互换。图像在采集或加工过程中会产生几何失真，要消除几何失真恢复原来的空间关系就需要用到图像坐标变换。另外，还要借助图像插值恢复原来的灰度关系。这里仅考虑了 2-D 图像的情况，但双线性插值方法很容易推广到 3-D 图像[Zhang 1990]，[章 2012b]；三次线性插值方法的进一步细节见[王 1994]。有关 3-D 图像的插值讨论还可见文献[Nikolaidis 2001]。最后，对图像的几何失真校正进行了介绍，但几何失真校正属于图像恢复技术，更一般的图像恢复讨论见第 5 章。

【思考题和练习题】

*2.1　用一个带有 50 mm 焦距镜头的照相机拍摄距离 10 m 外，高 2 m 的物体，该物体的成像尺寸为多少？如果换一个焦距为 135mm 的镜头，成像尺寸又为多少？

2.2　给出空间点(−2, −8, 10)经焦距为 0.05m 的镜头投影变换成像后的摄像机坐标。

2.3　设一摄像机如图 2.1.3 所示安置。如果摄像机中心位置为(0, 0, 1)，摄像机的焦距为 0.135 m，扫视角为 135°，倾斜角为 135°，那么图 2.1.3 中空间点 $W(1, 1, 0)$的像平面坐标是什么？

2.4　如果办公室工作所需的照度为 100～1 000 lx，设墙面的反射率为 0.8，那么在这样的办公室里，对墙面拍得的照片的亮度（l）的范围是多少（只考虑数值）？如何将其线性地移到灰度值（g）的范围[0, 255]中？

2.5　设图像的长宽比为 16∶9。

（1）1 000 万像素手机的摄像机的空间分辨率约是多少？

（2）1 800 万像素相机的空间分辨率是多少？它拍摄的一幅彩色图像需多少字节来存储？

*2.6　设一台高清晰度电视机的分辨率为 1 920 像素 × 1 080 像素，其中每个单元的尺寸为 1mm × 1mm，如用与其等高的普通电视机来接收高清电视节目，分别计算采用上下框格式时的画面高度和全扫描格式时的画面宽度。

2.7　试讨论在图像 Cameraman（见图 1.3.1（b））中，哪些地方易出现虚假轮廓。

2.8　假设在图像中分别有一些灰度平滑区域、灰度渐变区域和纹理区域，如果改变图像的空间分辨率，受影响最大的是哪类区域？如果改变图像的幅度分辨率呢？具体描述这中间的变化情况。

2.9　因为 8-邻域中的近邻像素个数是 4-邻域中的近邻像素个数的两倍，那么与某个像素的 D_8 距离小于等于 1 的像素数是否等于与该像素的 D_4 距离小于等于 2 的像素个数？

2.10　试计算图题 2.10 中的 2 个像素 p 和 q 之间的 D_E 距离、D_4 距离和 D_8 距离。

图题 2.10

2.11　给出实现对一个像素先平移变换，再旋转变换，最后尺度变换的变换矩阵。

2.12　分别比较平移变换矩阵与平移变换逆矩阵、尺度变换矩阵与尺度变换逆矩阵、旋转变换矩阵与旋转变换逆矩阵，总结其中的规律。

第3章 空域图像增强

图像增强技术是一大类基本的图像处理技术，其目的是对图像进行加工，以得到对具体应用来说，视觉效果更“好”或更“有用”的图像。平常观看电视节目时，将画面调得更亮些或对比度更大些，就是通过图像的增强来获得更清晰视觉效果的典型情况。由于视觉效果有一定的主观性，且具体应用目的和要求不同，因而并没有图像增强的通用标准，观察者常是某种增强技术优劣的最终判断者。

随着图像采集和处理方法日新月异的发展，人们已研究和提出了许多种针对不同图像特性的图像增强技术。目前常用的增强技术根据其处理所进行的空间不同，可分为基于空域的方法和基于变换域的方法两类。后一类方法将在第 4 章介绍，本章先介绍基于空域的灰度图像增强方法（彩色图像的增强技术见第 13 章）。

在图像处理中，**空域**是指由像素组成的空间，也就是**图像域**。**空域图像增强**方法是指直接作用于像素改变其特性的增强方法。具体的增强操作可仅定义在每个像素位置(x, y)上，此时称为**点操作**；增强操作还可定义在每个(x, y)点的某个邻域上，此时常称为**模板操作**或**邻域操作**。

点操作可通过逐一将原始图像在每个(x, y)点位置的灰度由f映射成新灰度g来实现，也可以对一系列原始图像进行运算来实现，还可以修正原始图像的某种统计（如直方图）来实现。模板操作则主要通过设计模板系数来实现不同效果的增强操作。

本章各节内容安排如下。

3.1 节介绍点操作中的灰度映射方法，除分析灰度映射的原理外，还给出一些典型的灰度映射函数及其图像增强效果示例。

3.2 节介绍点操作中的图像运算方法，包括算术运算和逻辑运算，还给出了它们在图像增强中的应用示例。

3.3 节介绍点操作中的直方图修正技术，包括利用直方图变换的两种增强方法：直方图均衡化和直方图规定化。

3.4 节介绍模板操作，除介绍模板运算的原理外，还介绍基于模板操作的典型线性滤波器和非线性滤波器，包括具有平滑功能和锐化功能的滤波器。

3.1 灰度映射

一幅灰度图像的视觉效果取决于该图像中各个像素的灰度。灰度映射通过改变图像中所有或部分像素的灰度来改善图像视觉效果。

3.1.1　灰度映射原理

灰度映射是一种基于图像像素的点操作，可以原地完成。它为原始图像中每个像素赋予一个新的灰度值来增强图像。一幅图像含有大量的像素，对每个像素都单独（制定规则）计算一个新的灰度值需要很大的计算量。在实际应用中，先根据增强的目的设计某种**映射规则**，并用相应的**映射函数**来表示。对原始图像中的每像素都用这个映射函数将其原来的灰度值转化成另一灰度值输出。该映射规则也可用于其他图像以获得类似效果。

用灰度映射进行增强的原理可借助图 3.1.1 来说明。图 3.1.1（a）是一幅需增强的原始图像，图 3.1.1（c）为对其增强后的增强图像，图 3.1.1（b）中的曲线就是所用的映射函数

$$t = T(s) \tag{3.1.1}$$

映射函数也称**变换函数**。假设这里考虑的图像均只可能取 4 种灰度（从低到高依次用 R，Y，G，B 表示）。所以，映射函数的横轴（对应原始图像的灰度）和纵轴（对应输出图像的灰度）均只有 4 个值。图 3.1.1（a）所示的原始图像中有两种像素，灰度值分别为 $s = G$ 和 $s = B$。如果对它们根据映射函数 $T(s)$进行映射，则原灰度值 G 被映射为灰度值 $t = R$，而原灰度值 B 被映射为灰度值 $t = G$。换句话说，原始图像中灰度值为 G 的像素映射后，灰度值为 R，而原始图像中灰度值为 B 的像素映射后，灰度值为 G。此时的输出图像如图 3.1.1（c）所示。

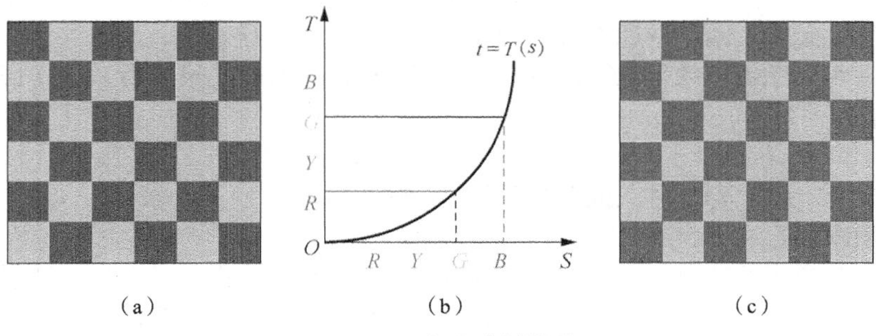

图 3.1.1　灰度映射原理

由上可见，利用一个映射函数可将原始图像中每个像素的灰度都映射至新的灰度。如果恰当地设计映射函数的曲线形状，就可以通过统一的运算得到所需要的增强效果。还以图 3.1.1 为例，原始图像中，两种像素的灰度值是相邻的，而输出图像中，两种像素的灰度值之间有了间隔，即映射的结果使两种像素间的灰度差增大了，图像的对比度得到了增强。

灰度映射技术的关键是根据增强要求设计**映射函数**。再来看图 3.1.2 所示的两条映射函数曲线，其中，设原灰度值 s 和映射后灰度值 t 的取值范围都为 $0 \sim L-1$。因为图 3.1.2（a）所示的变换曲线的左下半部与图 3.1.1 中的映射曲线类似，所以原始图像中灰度值小于 $L/2$ 的像素在变换后的灰度值会变小。但该变换曲线的右上半部与此相反，会使原始图像中灰度值大于 $L/2$ 的像素在变换后的灰度值变大，这样全图的对比度会增加。而且如果左下部的曲线越低，右上部的曲线越高，对比度就增加得越明显。图 3.1.2（b）的变换曲线与图 3.1.2（a）的变换曲线有某种反对称性，其总体效果主要是降低变换后图像的对比度。

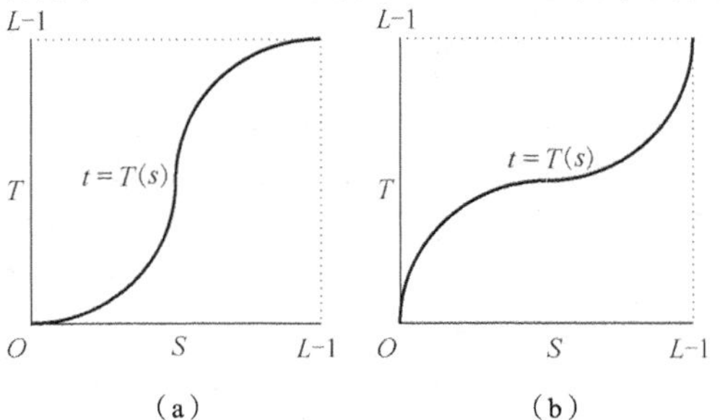

图 3.1.2　两种反对称的灰度映射函数

3.1.2 灰度映射示例

由于具体图像增强应用有不同的要求，所以需要设计出不同的映射函数。映射函数的形式很多，图 3.1.3 给出几个典型的示例。

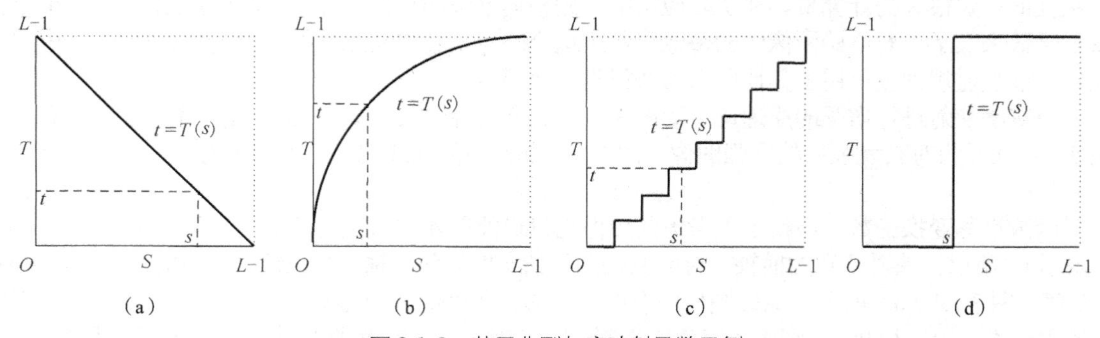

图 3.1.3 若干典型灰度映射函数示例

1．图像求反

图 3.1.3（a）所示的映射函数可用来对**图像求反**，即将原图像灰度值翻转，使黑变白，使白变黑，使暗变亮，使亮变暗。普通黑白底片和照片的关系就是这样的。

具体映射时，对图像中的每像素，将其灰度值 s 根据映射曲线映射为 t（见图 3.1.3（a））。注意 s 和 t 满足下列关系。

$$t=(L-1)-s \tag{3.1.2}$$

这里的映射是一对一的，每一种灰度都映射为另一种灰度。

2．动态范围压缩

图 3.1.3（b）所示的映射函数可用来**压缩**图像灰度的**动态范围**，其目标与增强对比度相反。在实际应用中，有时原图像的灰度动态范围太大，超出了某些显示设备的允许范围。这时如直接使用原图像，则图像中一部分低灰度细节可能会丢失。即原图像的灰度动态范围大于显示设备的允许范围，使得原图像的一些灰度级显示不出来。解决的办法是压缩原图像的灰度。一种常用的压缩方法是借助对数形式的映射函数。

$$t=C\log(1+|s|) \tag{3.1.3}$$

其中 C 为尺度比例常数。利用式（3.1.3）可以将原来动态范围很大的 s 转换为动态范围较小的 t，从而可以在动态范围较小的设备上显示。对于图 3.1.3（b）来说，大部分低灰度值的像素经过映射后，其灰度值会集中到高亮度区段，这时只需显示动态范围较小的高亮度区段，就可以把大部分图像细节展示出来。

3．阶梯量化

图 3.1.3（c）所示的映射函数可以称为**阶梯量化**，它将图像灰度分阶段量化成较少的级数，这样可以在保持原图像动态范围的基础上，减少灰度级数，即减少表示灰度所需的比特数，从而获得数据量压缩的效果。这里的映射是多对一的，不仅灰度值 s 会映射成灰度值 t，而且在灰度值 s 前后一定范围内的灰度值也会映射成灰度值 t。

4．阈值切分

图 3.1.3（d）所示的映射函数可称为**阈值切分**，它将图像分成两部分，即灰度值大于某个特定灰度值 s 的部分和灰度小于这个特定灰度值 s 的部分（参见第 10 章）。换句话说，增强图像只剩下 2 个灰度级，对比度最大，但细节全丢失了。

例 3.1.1　用灰度映射增强图像的效果

图 3.1.4 所示为利用上面介绍的 4 种灰度映射方法增强图像空域的例子。图 3.1.4（a）～图 3.1.4（d）分别对应前面 4 种映射（图像求反、动态范围压缩、阶梯量化和阈值切分），上面一排是原始图像，下面一排为增强结果。

（a）　（b）　（c）　（d）

图 3.1.4　用灰度映射增强图像的效果示例

图 3.1.4（a）中的上下两图像在灰度方面是互补的。图 3.1.4（b）上图像左边人的制服肩部有几个高光反射点，其亮度远高于图像中的其他位置，所以整幅图像中有很大的灰度差。当显示这样大的灰度范围时，需要在灰度上（线性）放缩，这会导致图像的大部分都比较暗淡。而利用前面的动态范围压缩方法，可以将高亮度部分压缩，而将低亮度部分展开并提升，所以在增强图像中，前景比较明亮，背景中的细节也比较清晰。图 3.1.4（c）的增强图像不如原始图像光滑柔和，有一些虚假轮廓，但所需的数据量要小很多，节约了存储空间。图 3.1.4（d）的增强图像相比原始图像虽然层次减少，但背景得到抑制，前景目标更加突出。 ❑

3.2　图像运算

图像运算是指以图像为单位进行的操作（该操作对图像中的所有像素同样进行），运算的结果是一幅其灰度分布与原始图像的灰度分布不同的新图像。具体的运算主要包括算术和逻辑运算，它们通过改变像素的值来得到图像增强的效果。因为算术和逻辑运算每次只涉及一个空间像素的位置，所以可以“原地”完成，即在(x, y)位置进行算术运算或逻辑运算的结果可以存在其中一个图像的相应位置，因为那个位置在其后的运算中不会再使用。换句话说，假设对两幅图像 $f(x, y)$ 和 $h(x, y)$的算术或逻辑运算的结果是 $g(x, y)$，则可直接将 $g(x, y)$覆盖 $f(x, y)$或 $h(x, y)$，即从原存放输入图像的空间直接得到输出图像。

对比 3.1 节，灰度映射是用某种统一的规则改变图像灰度，而图像运算可看作对一幅图像中的每像素都用另一幅图像的对应像素为基础而确定的规则来改变图像的灰度。

3.2.1　算术运算

算术运算一般用于灰度图像。

1．基本算术运算

像素 p 和 q 之间的基本算术运算包括以下几种。

（1）加法。记为 $p+q$。

（2）减法。记为 $p-q$。

（3）乘法。记为 $p*q$（也可写为 $p\times q$）。

（4）除法。记为 $p\div q$。

上面各运算的含义是指通过算术运算从 2 个像素的灰度值得到一个新的灰度值，作为对应结果新图像相同位置处像素的灰度值。新灰度值有可能超出原图像的动态范围，此时常需要进行灰度映射，以将运算结果的灰度值限制在或调整到原图像允许的动态范围内（3.1.2 节介绍了一种具体的方法）。

在对 2 个像素进行算术运算的基础上，对图像的每个像素都进行该运算，就可以得到图像间算术运算的结果。

2．图像加法的应用

图像加法一般用于图像平均以减少和去除图像采集时混入的噪声。在采集实际图像时，由于各种不同的原因，常有一些干扰或噪声混入最后采集的图像中。从这个意义上说，实际采集到的图像 $g(x,y)$可看作是由原始场景图像 $f(x,y)$和噪声图像 $e(x,y)$叠加而成的，即

$$g(x,y)=f(x,y)+e(x,y) \tag{3.2.1}$$

如果在图像各点的噪声是互不相关的，且噪声具有零均值的统计特性，则可以将一系列采集的图像$\{g_i(x,y)\}$相加来消除噪声。设将 M 个图像相加再求平均得到一幅新图像，即

$$\overline{g}(x,y)=\frac{1}{M}\sum_{i=1}^{M}g_i(x,y) \tag{3.2.2}$$

那么可以证明新图像的期望值为

$$E\{\overline{g}(x,y)\}=f(x,y) \tag{3.2.3}$$

如果考虑新图像和噪声图像各自均方差间的关系，则有

$$\sigma_{\overline{g}(x,y)}=\sqrt{\frac{1}{M}}\times\sigma_{e(x,y)} \tag{3.2.4}$$

可见随着相加图数量 M 的增加，噪声在每个像素位置(x,y)的影响逐步减少。

例 3.2.1　用图像平均消除随机噪声

图 3.2.1（a）为一幅叠加了零均值高斯随机噪声（σ=32）的 8 bit 灰度级图像。图 3.2.1（b）～图 3.2.1（d）分别为用 4 幅、8 幅和 16 幅同类图像（噪声均值和方差不变，但样本不同）进行相加平均的结果。由图 3.2.1（b）～图 3.2.1（d）可见，随着相加图像数量的增加，噪声影响逐步减小。

（a）　（b）　（c）　（d）

图 3.2.1　用图像相加平均消除随机噪声 ❑

3．图像减法的应用

设有图像 $f(x,y)$ 和 $h(x,y)$，对它们进行相减运算，可把两图像的差异显示出来。

$$g(x,y)=f(x,y)-h(x,y) \tag{3.2.5}$$

图像减法常用在医学图像处理中以消除背景，是医学成像中的基本工具之一。另外，图像相减在运动检测中也很有用。例如，在序列图像中，通过逐像素比较可直接求取前后两帧图像之间的差别。假设照明条件在多帧图像间基本不变化，那么差图像中的不为零处表明该处的像素发生了移动。换句话说，对时间上相邻的两幅图像进行求差运算可以突出图像中景物的位置和形状变化。

例 3.2.2　用对图像求差的方法检测图像中的景物运动信息

图 3.2.2（a）～图 3.2.2（c）为一个视频序列中的连续三帧图像，图 3.2.2（d）是第 1 帧和第 2 帧的差，图 3.2.2（e）是第 2 帧和第 3 帧的差，图 3.2.2（f）是第 1 帧和第 3 帧的差。由图 3.2.2（d）和图 3.2.2（e）中的亮边缘可知图中人物的位置和形状，且人物主要有从左方向右方的运动。由图 3.2.2（f）可见，随着时间差的增加，运动的距离也增加，所以如果景物运动较慢，则可以采用加大帧间差的方法检测出足够的运动信息。更多有关帧间差图像的计算公式和方法可见第 14 章。

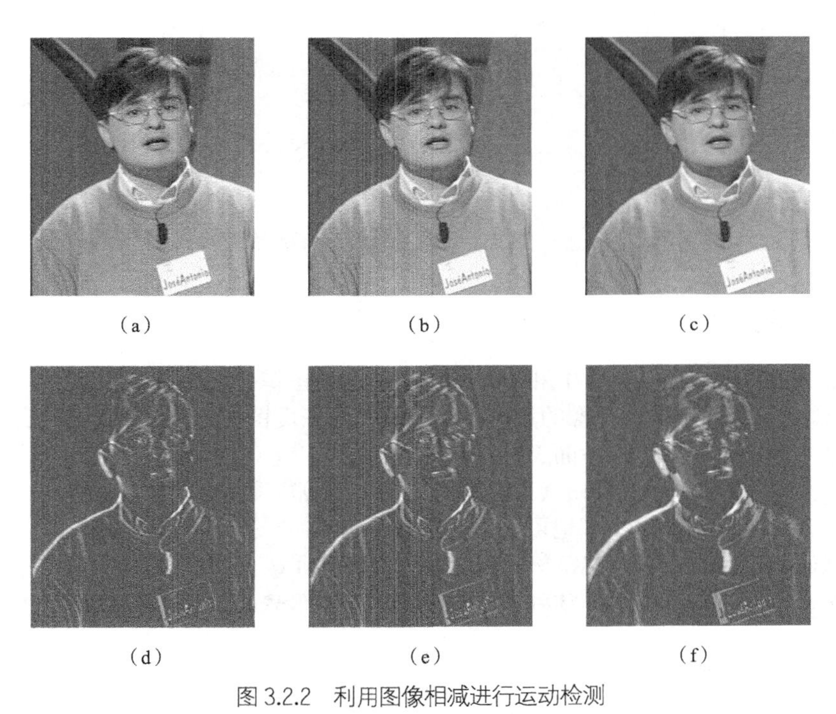

（a）　（b）　（c）

（d）　（e）　（f）

图 3.2.2　利用图像相减进行运动检测　□

4．图像间乘法和除法的应用

图像乘法和图像除法互为逆运算。它们常用于校正照明条件或传感器的非均匀性造成的图像明暗变化。前者常出现在非垂直照明的情况中，此时图像上有沿特定方向的灰度变化。

例 3.2.3　用图像除法消除照明梯度

图 3.2.3（a）为一幅示意的棋盘图像；图 3.2.3（b）表示场景照明在亮度上的空间变化，类似于（场景中没有物体情况下）光源位于左上角上方时照明的结果；此时如对图 3.2.3（a）成像，得到的图像如图 3.2.3（c）所示，右下角最暗且反差最小；将图 3.2.3（c）除以图 3.2.3（b），就得到如图 3.2.3（d）所示的照明非均匀性得到校正的结果。对这种处理效果的解释可借助图 3.2.3

（e）～图3.2.3（g）来进行。图3.2.3（e）表示图3.2.3（a）沿水平方向的一个剖面，其中沿着像素坐标（横轴）的像素灰度（纵轴）是周期变化的；图3.2.3（f）是图3.2.3（b）的一个剖面，灰度沿像素坐标递减变化；图3.2.3（g）是在图3.2.3（f）的照明情况下，对3.2.3（e）成像的结果，原本水平的平台受照明影响成为下降的间断斜坡，离原点（左上角）越远，相邻块之间的灰度差别越小。如果用3.2.3（g）除以图3.2.3（f），则又可以将图3.2.3（e）的各平台恢复成一样高。

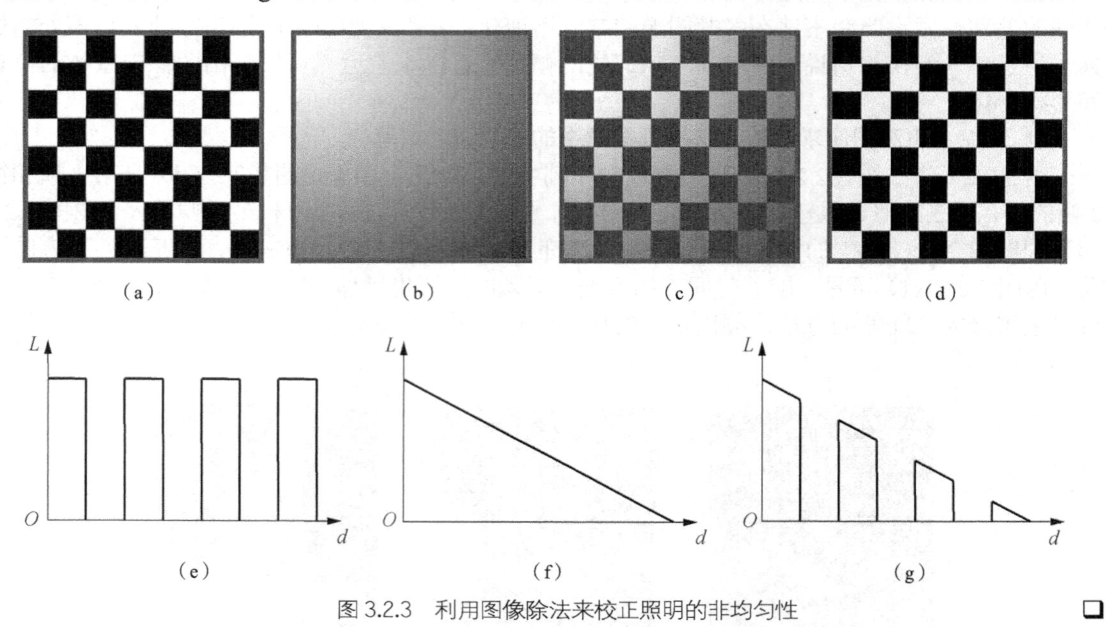

图3.2.3 利用图像除法来校正照明的非均匀性 □

3.2.2 逻辑运算

逻辑运算只可直接用于二值（0 和 1）图像（将灰度图像分解为二值图像的集合的方法可见7.5.1 节，将逻辑运算用于二值图像的集合，也可获得对灰度图像进行逻辑运算的结果）。像素 p 和 q 之间最基本的逻辑运算包括下面3种。

（1）**与**（AND）：记为 p AND q（也可写为 $p \cdot q$ 或 pq）。

（2）**或**（OR）：记为 p OR q（也可写为 $p+q$）。

（3）**补**（COMPLEMENT，也常称反或非）：记为 NOT q（也可写为 $\overline{q}$ ）。

在对2个像素进行逻辑运算的基础上，对图像的每个像素都进行该运算，就可以得到图像间逻辑运算的结果。

例3.2.4 基本逻辑运算的示例

图3.2.4为基本逻辑运算的示例。在图3.2.4中，黑色代表1，白色代表0。A 和 B 分别为两幅二值图像，对它们进行基本逻辑运算得到的结果展示在第2行。

通过组合以上的基本逻辑运算，包括利用一些逻辑运算的定理（如 $\overline{AB}=\overline{A}+\overline{B}$ 和 $\overline{A+B}=\overline{A}\,\overline{B}$ 等），可以进一步构成其他各种组合逻辑运算。常见的组合逻辑运算有以下几种。

（1）异或：记为 p XOR q（也可写为 $p \oplus q$，与OR不同，这里仅当 p 和 q 均为1时，结果为0）。

（2）与非：记为 NOT (pq)（也可写为 $\overline{pq}$ ）。

（3）或非：记为 NOT $(p+q)$（也可写为 $\overline{p+q}$ ）。

（4）异或非：记为 NOT $(p \oplus q)$（也可写为 $\overline{p \oplus q}$ ）。

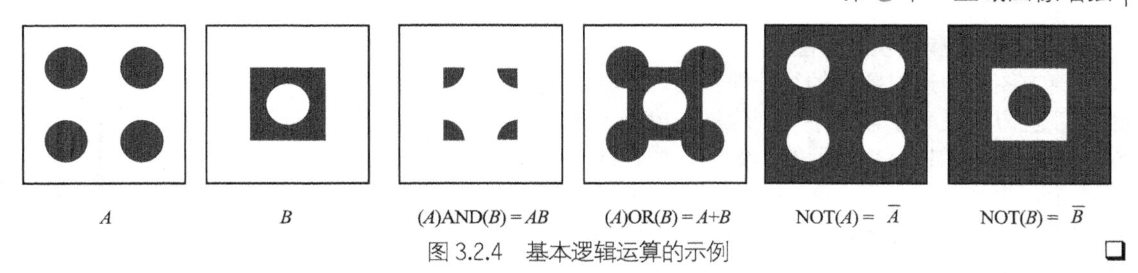

图 3.2.4　基本逻辑运算的示例 □

例 3.2.5　一些组合逻辑运算的示例

利用例 3.2.4 的两幅原始二值图像，用几种组合逻辑运算得到的结果如图 3.2.5 所示，从左到右依次为异或、与非、或非、异或非。

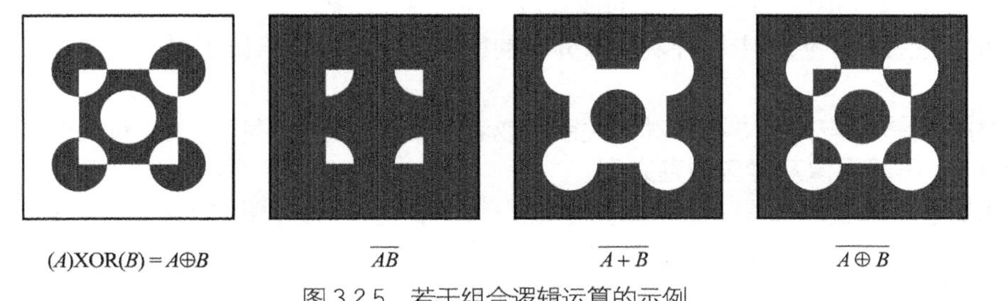

图 3.2.5　若干组合逻辑运算的示例 □

例 3.2.6　用逻辑运算选择目标

图 3.2.6（a）为对一幅细胞图像取阈值分割（见第 10 章）后得到的二值图像，如果用图 3.2.6（b）所示的二值图与图 3.2.6（a）进行与操作，则可将其中的某个特定细胞提取出来，如图 3.2.6（c）所示。

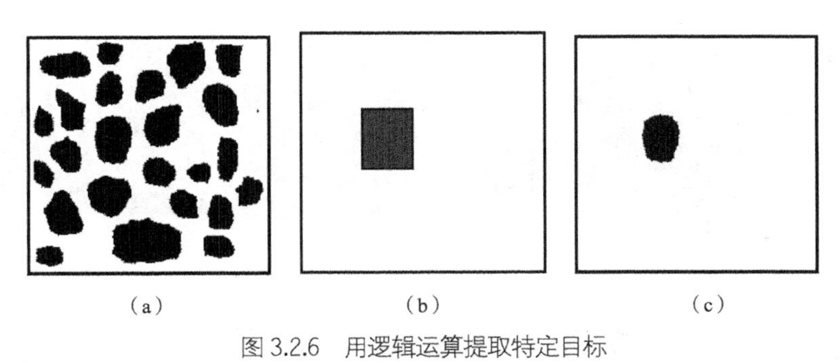

图 3.2.6　用逻辑运算提取特定目标 □

3.3　直方图修正

直方图是对图像的一种抽象表示方式。借助修改或变换图像直方图，可以改变图像像素的灰度分布，从而达到增强图像的目的。**直方图修正**以概率论为基础，常用的方法主要有直方图均衡化和直方图规定化。

3.3.1　直方图均衡化

直方图均衡化是一种典型的通过修正图像的直方图来获得图像增强效果的自动方法。

1. 直方图和累积直方图

直方图是通过对图像的统计得到的。一幅灰度图像的灰度直方图反映了该图中不同像素灰度级出现的统计情况。在图 3.3.1（a）所示的图像中，像素的灰度级共有 4 个，为 0～3。统计不同灰度像素得出图 3.3.1（b）所示的灰度统计直方图，其中横轴指示不同的灰度级，纵轴表示图像中各个灰度级的像素数。

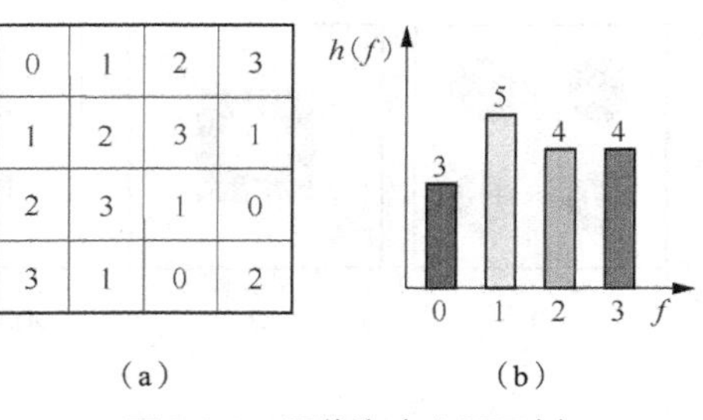

图 3.3.1　图像和直方图示例

严格地说，图像的**灰度直方图**是一个 1-D 的离散函数，可写成

$$h(f) = n_f \quad f = 0,1,\cdots,L-1 \tag{3.3.1}$$

其中，n_f是图像$f(x, y)$中具有灰度值f的像素数。在图 3.3.1 中，直方图每一列（称为 bin）的高度对应 n_f。直方图提供了原图中各种灰度值分布的情况，也可以说给出了对一幅图像所有灰度值的整体描述。

图像的视觉效果与其直方图有对应关系，或者说，直方图的形状和改变对图像有很大影响。

例 3.3.1　不同图像及对应的直方图

图 3.3.2 为一组由同一场景获得的不同图像及它们对应的直方图的示例。图 3.3.2（a）为正常的图像，其直方图基本跨越整个灰度范围，整幅图像层次分明。图 3.3.2（b）对应与图 3.3.2（a）灰度均值相近，但动态范围偏小的图像，其直方图的各个值都集中在灰度范围的中部。由于整幅图像反差小，所以看起来比较暗淡。图 3.3.2（c）对应的动态范围还比较大，但其直方图与图 3.3.2（a）的直方图相比整个向左移动（灰度均值减少）。由于灰度值比较集中在低灰度一边，所以整幅图像偏暗。图 3.3.2（d）对应的动态范围也比较大，但其直方图与图 3.3.2（a）的直方图相比，整个向右移动（灰度均值增加）。由于灰度值比较集中在高灰度一边，所以整幅图像偏亮，与图 3.3.2（c）正好相反。

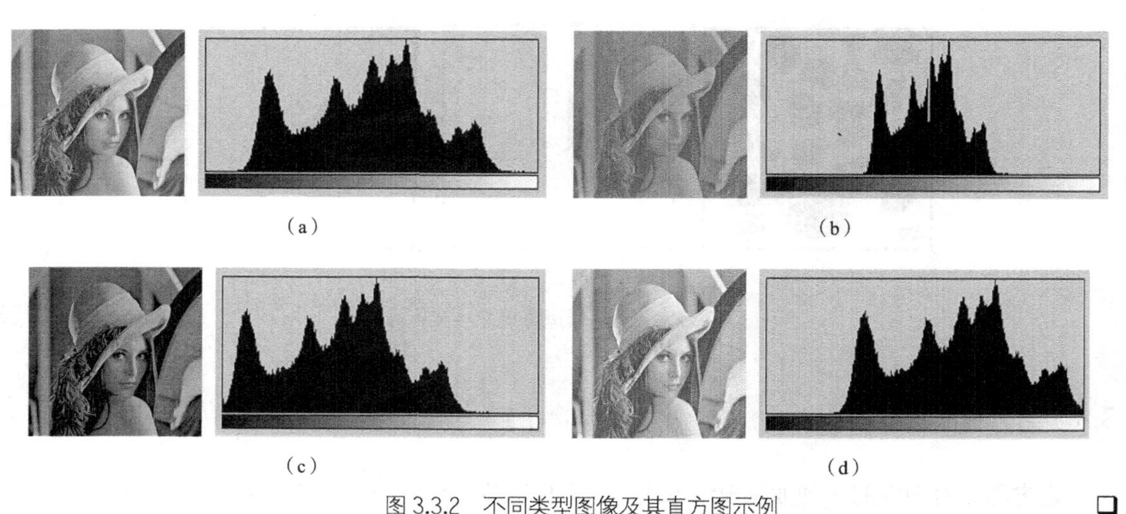

图 3.3.2　不同类型图像及其直方图示例 □

图像的灰度**累积直方图**也是一个 1-D 的离散函数，可写成

$$c(f) = \sum_{i=0}^{f} n_i \quad f = 0,\ 1,\ \cdots,\ L-1 \tag{3.3.2}$$

累积直方图中列f的高度给出图像中灰度值小于等于f的像素总数。图 3.3.3（b）为对图 3.3.3

（a）所示的图像（与图 3.3.1（a）相同）进行灰度统计后得到的累积直方图。

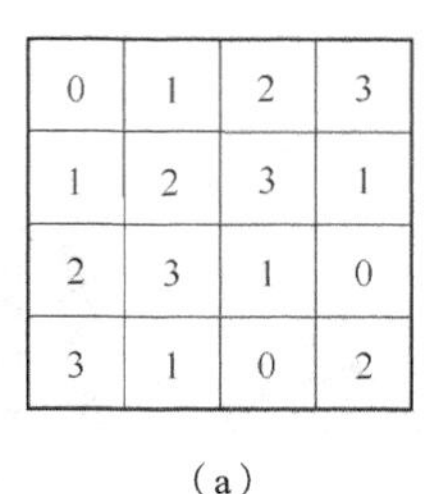

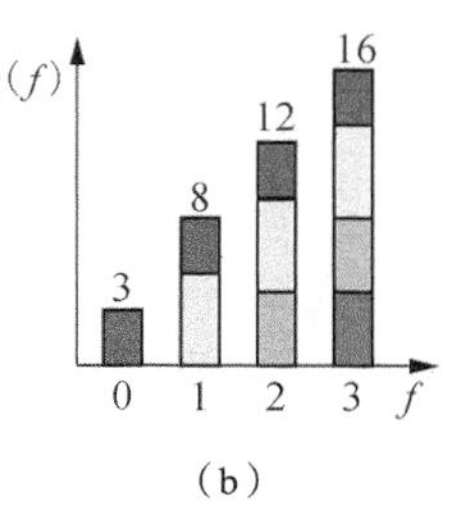

（a）　　（b）

图 3.3.3　图像和累积直方图示例

2．直方图均衡化原理

直方图均衡化主要用于增强动态范围偏小的图像的反差。这个方法的基本思想是把原始图的直方图变换为在整个灰度范围内均匀分布的形式，这样就增加了像素灰度值的动态范围，从而达到增强图像整体对比度的效果。

将灰度直方图函数式（3.3.1）写成更一般的（归一化的）概率表达形式（$p(f)$给出了对灰度级 f 出现概率的估计）。

$$p(f) = n_f / n \qquad f = 0, 1, \cdots, L-1 \tag{3.3.3}$$

其中，n 是图像中像素的总数。对图像中像素的总数进行归一化，得到的直方图各列表达了各灰度值像素在图像中所占的比例。

直方图均衡化的基本思想是把原始图的直方图变换为均匀分布的形式，类似于 3.1 节介绍的灰度映射。这里需要确定一个变换函数，也就是**增强函数**，这个增强函数需要满足 2 个条件。

（1）它在 $0 \leqslant f \leqslant L-1$ 范围内是一个单值单增函数，这是为了保证原图各灰度级在变换后，仍保持原来从黑到白（或从白到黑）的排列次序。

（2）如果设均衡化后的图像为 $g(x, y)$，则对 $0 \leqslant f \leqslant L-1$ 应有 $0 \leqslant g \leqslant L-1$，这个条件用于保证变换前后图像灰度值的动态范围是一致的。

可以证明满足上述 2 个条件并能将图像 f 中的原始分布转换为图像 g 中的均匀分布的函数关系可由图像 $f(x, y)$的累积直方图得到，从 f 到 g 的变换为

$$g_f = \sum_{i=0}^{f} \frac{n_i}{n} = \sum_{i=0}^{f} p(i) \quad f = 0, 1, \cdots, L-1 \tag{3.3.4}$$

根据式（3.3.4）可从原图像直方图直接算出直方图均衡化后，图像中各像素的灰度值。当然在实际应用中，还要对这样算出的数值取整，以满足数字图像的要求。

3．直方图均衡化的列表计算

在实际应用中，直方图均衡化计算可采用列表的方式。下面结合一个直方图均衡化示例来介绍具体计算方法和步骤。

例 3.3.2　直方图均衡化列表计算示例

设有一幅 64 像素 ×64 像素，8 bit 灰度图像，其直方图如图 3.3.4（a）所示。所用的均衡化变换函数（即累积直方图）如图 3.3.4（b）所示，均衡化后得到的直方图如图 3.3.4（c）所示。需注意，由于不能（或者说没有理由）将同一个灰度值的不同像素变换到不同灰度级，所以数字图像直方图均衡化的结果一般只是近似均衡的直方图。这里可试比较图 3.3.4（d）中的粗折线（实际均衡化结果）与水平直线（理想均衡化结果），图中虚线为原直方图包络。

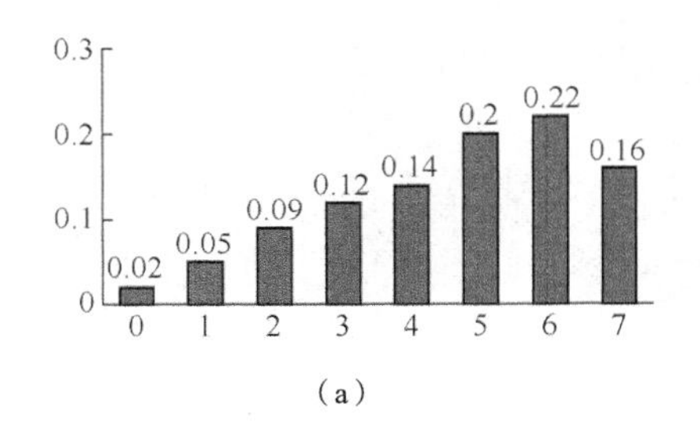

（a）

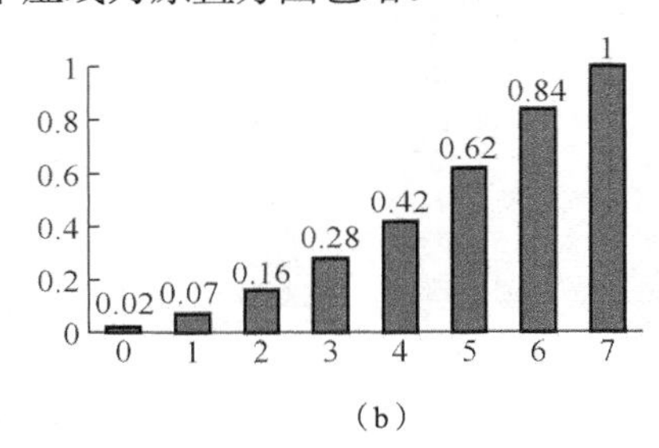

（b）

图 3.3.4　直方图均衡化示例

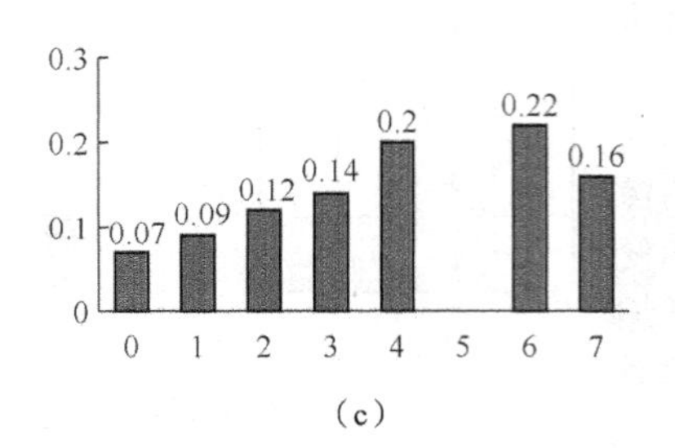

（c）

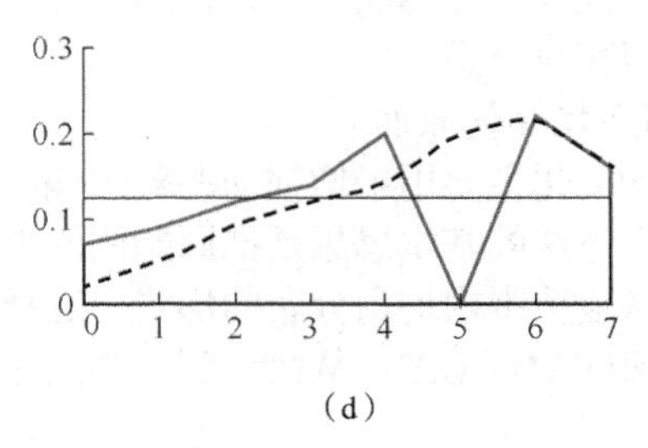

（d）

图 3.3.4　直方图均衡化示例（续）

以上直方图均衡化的运算步骤和结果（其中第 4 步的取整表示取方括号中实数的整数部分）如表 3.3.1 所示。

表 3.3.1　　直方图均衡化计算列表

序号	运算	步骤和结果							
1	列出原始图像灰度级 f，$f = 0, 1, \cdots, 7$	0	1	2	3	4	5	6	7
2	列出原始直方图	0.02	0.05	0.09	0.12	0.14	0.2	0.22	0.16
3	用式（3.3.4）计算原始累积直方图	0.02	0.07	0.16	0.28	0.42	0.62	0.84	1.00
4	取整 $g = \text{int}[(L-1)g_f + 0.5]$	0	0	1	2	3	4	6	7
5	确定映射对应关系（$f \to g$）	$0, 1 \to 0$		$2 \to 1$	$3 \to 2$	$4 \to 3$	$5 \to 4$	$6 \to 6$	$7 \to 7$
6	计算新直方图	0.07	0.09	0.12	0.14	0.2	0	0.22	0.16

由表 3.3.1 可见，因为原始直方图的一些不同灰度有可能映射到均衡化直方图的同一个灰度，所以均衡化直方图中实际使用的灰度级数有可能比原始直方图的灰度级数少。❑

例 3.3.3　直方图均衡化效果实例

图 3.3.5 为直方图均衡化的一个实例。图 3.3.5（a）和图 3.3.5（b）分别为一幅 8 bit 灰度级的原始图像和它的直方图。这里原始图像较暗且动态范围较小，反映在直方图上就是其直方图占据的灰度值范围比较窄且集中在低灰度值一边。图 3.3.5（c）和图 3.3.5（d）分别为对原始图进行直方图均衡化得到的结果及其对应的直方图，现在直方图占据了整个图像灰度值允许的范围。由于直方图均衡化增加了图像灰度动态范围，所以也增加了图像的对比度，反映在图像上就是图像有较大的反差，许多细节可看得比较清晰了。但需要注意，直方图均衡化在增强反差的同时，也增加了图像的**可视粒度**，即图像中有许多粗颗粒的像素团出现。

（a）

（b）

（c）

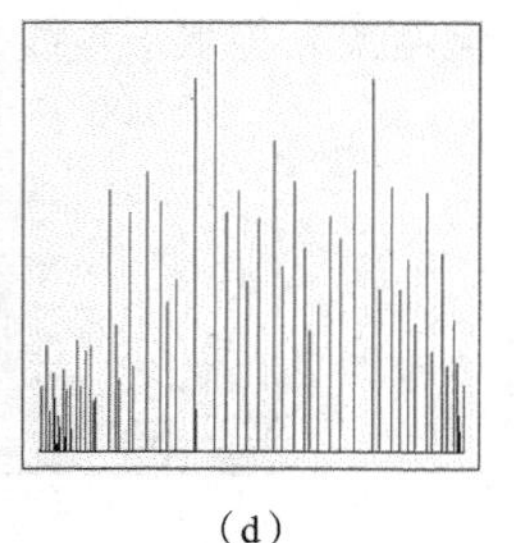

（d）

图 3.3.5　直方图均衡化实例 ❑

3.3.2 直方图规定化

直方图均衡化的优点是能自动增强整幅图像的对比度，计算过程中没有用户需要调整的参数。但正因为如此，它的具体增强效果无法由用户控制，因而处理的结果总是得到全局均衡化的直方图。在实际应用中，有时需要修正直方图使之成为某个特别需要的形状，从而可以有选择地增强图像中某个灰度值范围内的对比度或使图像灰度值的分布满足特定的要求。这时可以采用比较灵活的**直方图规定化**方法。在直方图规定化方法中，用户可以指定需要的规定化函数来得到特定的增强功能。一般来说，正确选择规定化的函数，常常有可能获得比直方图均衡化更好的增强效果。

1. 直方图规定化原理

直方图规定化方法主要有 3 个步骤（这里设 M 和 N 分别为原始图像和规定图像中的灰度级数，且只考虑 $N \leqslant M$ 的情况）。

（1）如同在 3.3.1 节的均衡化方法中，对原始图的直方图进行灰度均衡化。

$$g_f = \sum_{i=0}^{f} \frac{n_i}{n} = \sum_{i=0}^{f} p(i) \quad f = 0, 1, \cdots, M-1 \tag{3.3.5}$$

（2）规定需要的直方图，并计算能使规定的直方图均衡化的变换。

$$t_s = \sum_{j=0}^{s} \frac{n_j}{n} = \sum_{j=0}^{s} p(j) \quad s = 0, 1, \cdots, N-1 \tag{3.3.6}$$

（3）将步骤（2）得到的变换反转过来用于步骤（1）的结果，即将原始直方图对应映射到规定的直方图，也就是将所有 $p(i)$对应到 $p(j)$。

上述步骤（3）采用什么样的对应映射规则在离散空间很重要，因为有取整误差的影响。常用的一种传统方法是先从小到大依次找到能使下式最小的 f 和 s。

$$\left| \sum_{i=0}^{f} p(i) - \sum_{j=0}^{s} p(j) \right| \quad \begin{array}{l} f = 0, 1, \cdots, M-1 \\ s = 0, 1, \cdots, N-1 \end{array} \tag{3.3.7}$$

然后据此将 $p(i)$对应到 $p(j)$。由于这里每个 $p(i)$都是分别对应过去的，所以可以称之为**单映射规则**（SML）。这个方法简单直观，但有时会有较大的取整误差。

相对较好的一种方法是使用**组映射规则**（GML）。设有一个整数函数 $I(s)$，$s = 0, 1, \cdots, N-1$，满足 $0 \leqslant I(0) \leqslant \cdots \leqslant I(s) \leqslant \cdots \leqslant I(N-1) \leqslant M-1$。现在要确定能使下式的值达到最小的 $I(s)$。有

$$\left| \sum_{i=0}^{I(s)} p(i) - \sum_{j=0}^{s} p(j) \right| \quad s = 0, 1, \cdots, N-1 \tag{3.3.8}$$

如果 $s = 0$，则将其 i 为 $0 \sim I(0)$的 $p(i)$对应到 $p(0)$；如果 $s \geqslant 1$，则将其 i 为 $I(s-1)+1 \sim I(s)$的 $p(i)$都对应到 $p(j)$。

2. 直方图规定化的列表计算

参照对直方图均衡化列表计算的方法，可采用列表的方法逐步进行规定化计算。下面通过示例介绍具体计算方法（包括利用两种映射规则）。

例 3.3.4 直方图规定化列表计算示例

设一幅原始图像的直方图如图 3.3.6（a）所示，需要的规定直方图如图 3.3.6（b）所示，它们对应的累积直方图可由式（3.3.1）和式（3.3.2）计算得出，结果分别如图 3.3.6（c）和图 3.3.6（d）所示。要实现规定化映射，就是要将原始累积直方图在第 3 个步骤转化成尽可能接近规定化累积直方图的形状。根据单映射规则和组映射规则得到的两种直方图规定化的结果分别如图 3.3.6（e）和图 3.3.6（f）所示。导致这两种结果不同的原因将在下面分析。

表 3.3.2 为以上直方图规定化的运算步骤和结果。

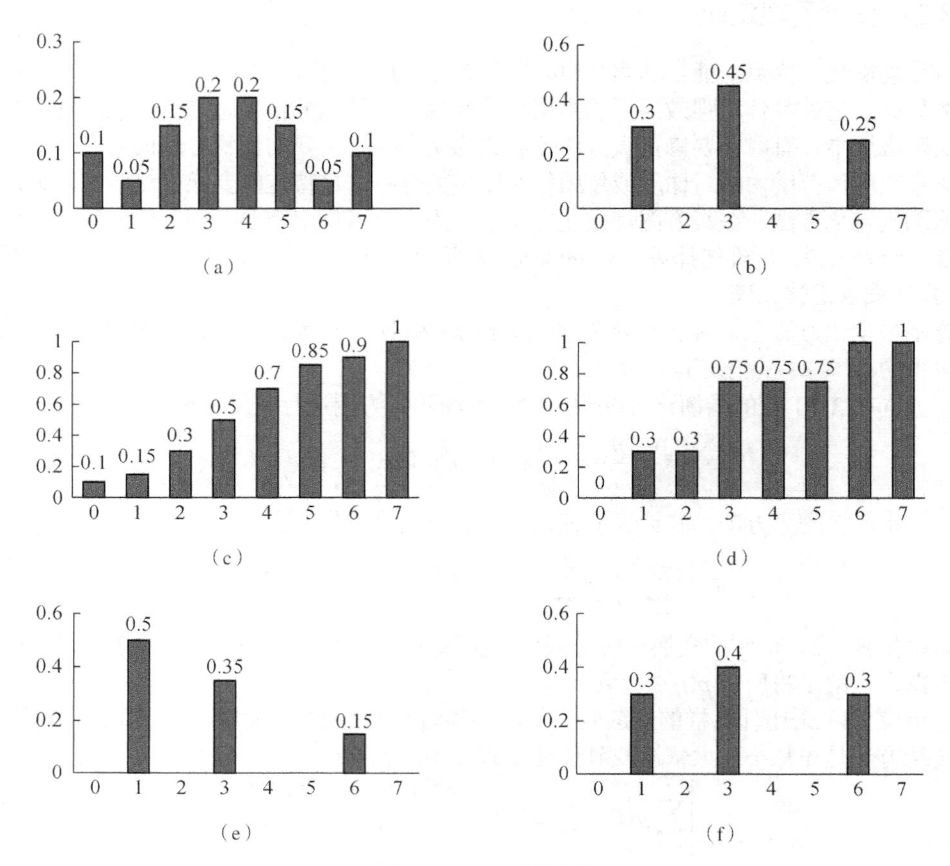

图 3.3.6　直方图规定化

表 3.3.2　　直方图规定化计算列表

序号	运算	步骤和结果							
1	列出原始图像灰度级 f，$f=0, \cdots, 7$	0	1	2	3	4	5	6	7
2	列出原始直方图	0.1	0.05	0.15	0.2	0.2	0.15	0.05	0.1
3	用式（3.3.4）计算原始累积直方图	0.1	0.15	0.3	0.5	0.7	0.85	0.9	1.00
4	列出规定直方图	0	0.3	0	0.45	0	0.	0.25	0
5	用式（3.3.4）计算规定累积直方图	0	0.3	0.3	0.75	0.75	0.75	1.0	1.0
6S	SML 映射	1	1	1	1	3	3	6	6
7S	确定映射对应关系	$0, 1, 2, 3 \rightarrow 1$				$4, 5 \rightarrow 3$		$6, 7 \rightarrow 6$	
8S	变换后直方图	0	0.5	0	0.35	0	0	0.15	0
6G	GML 映射	1	1	1	3	3	6	6	6
7G	查找映射对应关系	$0, 1, 2 \rightarrow 1$			$3, 4 \rightarrow 3$		$5, 6, 7 \rightarrow 6$		
8G	变换后直方图	0	0.3	0	0.4	0	0	0.3	0

注：表中步骤 6S～8S 对应 SML，步骤 6G～8G 对应 GML。 ❑

3．直方图规定化的绘图计算

在直方图规定化的计算中，直接使用式（3.3.7）进行单映射或使用式（3.3.8）进行组映射，都不是很直观。下面介绍一种利用绘图比较直观和简便地进行计算的方法。这里绘图是指将直方图画成一长条，其中的每一段对应直方图中的一项，整个长条表达了累积直方图。

直方图规定化中使用的单映射规则是取原始累积直方图的各项依次向规定化累积直方图进行，每次都选择最接近的数值，即遵循最短或者最直的连线。图 3.3.7 中的数据同图 3.3.6。在图 3.3.7 中，原始累积直方图对应灰度为 0，1 和 2 的三项都映射到规定累积直方图对应灰度为 1 的那一项。现在考虑原始累积直方图对应灰度为 3 的项，因为该项右端点 0.5 与规定累积直方图对应灰度为 1 的项的右端点 0.3 的连线（如实线所示）比 0.5 与规定累积直方图对应灰度为 3 的项的右端点 0.75 的连线（如虚线所示）更短，所以原始累积直方图对应灰度为 3 的项也映射到规定累积直方图对应灰度为 1 的项。类似地，可得到其他映射结果：原始累积直方图对应灰度为 4 和 5 的两项映射到规定累积直方图对应灰度为 3 的项；原始累积直方图对应灰度为 6 和 7 的两项映射到规定累积直方图对应灰度为 6 的项。该结果与图 3.3.6 和表 3.3.2 中利用单映射规则计算出的结果一样，只是这里的表现形式不同而已。

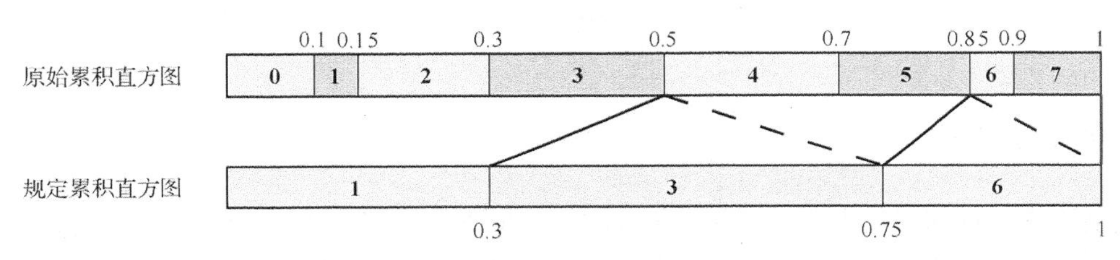

图 3.3.7　单映射示例

直方图规定化使用的组映射规则是取规定化累积直方图的各项依次向原始累积直方图映射，每次都选择最接近的数值，即遵循最短或者最直的连线。图 3.3.8 中的数据同图 3.3.7，但由于所用映射规则不同，结果也不同。在图 3.3.8 中，规定累积直方图对应灰度为 1 的项是由原始累积直方图对应灰度为 0，1 和 2 的三项映射来的（如图中实线所示，虚线表示对照）；规定累积直方图对应灰度为 3 的项是由原始累积直方图对应灰度为 3 和 4 的两项映射来的；规定累积直方图对应灰度为 6 的项是由原始累积直方图对应灰度为 5，6 和 7 的三项映射来的。该结果除表现形式外，与表 3.3.2 和图 3.3.6 中组映射的结果也相同。

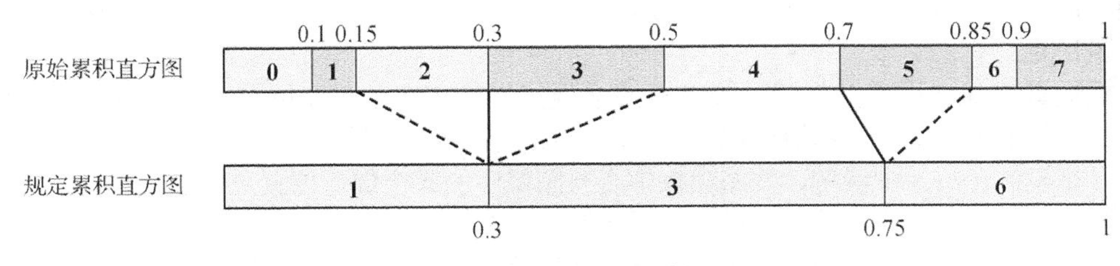

图 3.3.8　组映射示例

对比图 3.3.7 和图 3.3.8，直观上用组映射方法得到的映射线比较垂直，这表明此时规定累积直方图和原始累积直方图比较一致。另外由图 3.3.7 和图 3.3.8 可以看出，单映射规则是一种有偏的映射规则，因为一些对应灰度级被有偏地映射到接近计算开始的灰度级，而组映射规则是统计无偏的。

例 3.3.5　直方图规定化效果示例

本例所用的原始图像如图 3.3.9（a）所示，与例 3.3.3 的相同。例 3.3.3 采用直方图均衡化得到的结果主要是整幅图像的对比度增加，但在一些较暗的区域，有些细节仍不太清楚。为此，利用如图 3.3.9（b）所示的规定化函数对原始图修正直方图规定化，得到的结果如图 3.3.9（c）所示（其直方图如图 3.3.9（d）所示）。由于规定化函数在高灰度区的值较大，所以变换得到的结果图像比均衡化的结果图像更亮。从直方图上看，高灰度值所在那边的分布更为密集。另外，对应于均衡化图像中较暗区域的一些细节更为清晰，因为从直方图上看，低灰度值所在的那边各直方条分得较开。

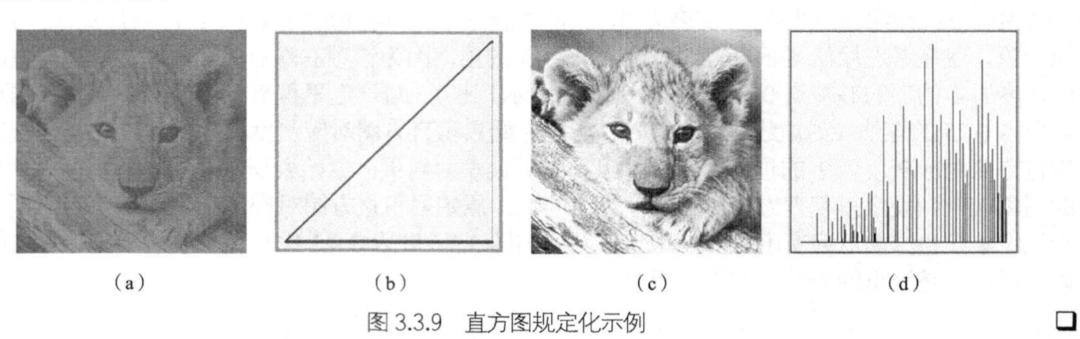

（a）（b）（c）（d）

图 3.3.9　直方图规定化示例 □

3.4　空域滤波

空域滤波是指利用像素及像素邻域组成的空间增强图像的方法。之所以用“滤波”一词，是借助了频域的概念。事实上，空域滤波技术的效果也常借助频域概念来解释（所以还可参见第 4 章）。

3.4.1　原理和分类

空域滤波是在图像空间通过**邻域操作**完成的。邻域操作常借助模板运算来实现。

1．模板运算

模板（也称样板或窗）是实现空域滤波的基本工具。模板可看作一幅尺寸为 $n \times n$（n 的单位是像素个数，n 一般为奇数，这样模板有个中心像素）的小图像（一般远小于常见图像尺寸）。最基础的尺寸为 3×3，更大尺寸的模板，如 5×5，7×7 等，也常使用。当 n 为奇数时，可以定义模板的半径 r 为 $(n-1)/2$。一个 $n \times n$ 的模板最多可有 $n \times n$ 个系数，该模板的功能由这些系数的取值决定。

模板运算的基本思路是将赋予某像素的增强值作为它本身灰度值及其相邻像素灰度值的函数。模板运算中最常用的是**模板卷积**。在空域实现模板卷积的主要步骤如下。

（1）将模板在图像中漫游，并将模板中心与图像中的某个像素位置重合。

（2）将模板上的各个系数与模板下各对应像素的灰度值相乘。

（3）将所有乘积相加（为保持灰度范围，常将结果再除以模板的系数值之和）。

（4）将上述运算结果（模板的输出响应）赋给图像中对应模板中心位置的像素。

图 3.4.1（a）为一幅图像的一部分，其中对一个 3×3 的部分标出了像素的灰度值（$s_0 \sim s_8$）。现设有一个 3×3 的模板如图 3.4.1（b）所示，模板内所标的数字为模板系数。如果将模板中心放在图像中(x, y)点的位置，即将 k_0 所在位置与图像中灰度值为 s_0 的像素重合，则模板的输出响应 R 为

$$R = k_0 s_0 + k_1 s_1 + \cdots + k_8 s_8 \tag{3.4.1}$$

将 R（在实际应用中，常需要除以模板的系数值之和，以保证原来的灰度动态范围）赋给增强图像在(x, y)点位置的像素作为新的灰度值（见图 3.4.1（c）），就完成了在该像素处的滤波。这里的

卷积操作用于模板对应的所有像素，但卷积的结果仅改变与模板中心对应的像素。如果对原图像中的每像素都进行上述操作，就可以得到增强图像所有位置的新灰度值。

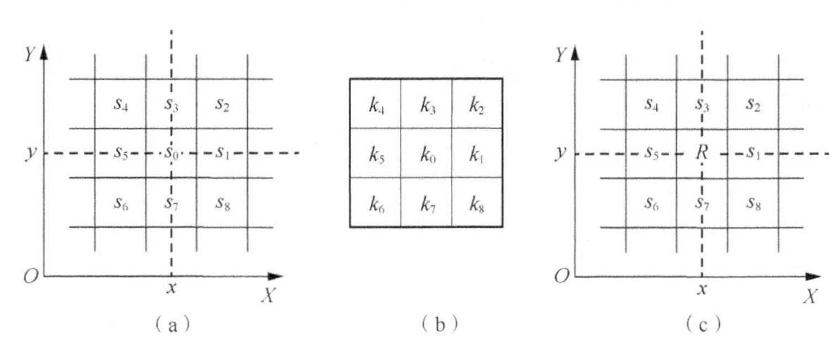

图 3.4.1　用 3 × 3 的模板进行空间滤波的示意图

2．技术分类

借助模板运算，可构建空域滤波器，将原始图像转换为增强图像。这里如果给卷积模板的各个系数赋以不同的值，就可得到不同的增强效果。因为空域滤波增强的目的主要是平滑图像或锐化图像，所以空域滤波器可分为平滑滤波器和锐化滤波器两类。

（1）平滑滤波器

平滑滤波器能减弱或消除图像中的高频率分量，但并不影响或较少影响低频率分量。因为高频分量对应图像中的区域边缘等灰度值具有较大、较快变化的部分，平滑滤波器将这些分量滤去可减小局部灰度的起伏，使图像变得比较平滑。在实际应用中，平滑滤波器还可用于消除图像中的噪声（噪声的空间相关性较弱，且对应较高的空间频率），以及在提取较大的目标前，去除太小的细节或将目标内的小间断连接起来。

（2）锐化滤波器

锐化滤波器能减弱或消除图像中的低频率分量，但不影响高频率分量。因为低频分量对应图像中灰度值缓慢变化的区域，因而与图像的整体特性，如整体对比度和平均灰度值等有关。锐化滤波器将这些分量滤去可使图像反差增加，边缘明显。在实际应用中，锐化滤波器可用于增强图像中被模糊的细节或景物的边缘。

另一方面，空域滤波器也常根据其特点分成线性的和非线性的两类。从统计的角度，滤波器是估计器，它作用在一组观察结果上，并产生对未观察量的估计。一个线性滤波器是对观察结果的线性组合，而一个非线性滤波器是对观察结果的非线性组合或逻辑组合。在线性方法中，常将复杂的运算分解，计算比较方便，也容易并行实现。而非线性的方法有可能给出较好的滤波效果。

结合上述两种分类方法，可将空域滤波器分成 4 类，如表 3.4.1 所示。

表 3.4.1　空域滤波器分类

功能	特点	
	线性	非线性
平滑	线性平滑滤波器	非线性平滑滤波器
锐化	线性锐化滤波器	非线性锐化滤波器

下面分别介绍 4 类滤波器。

3.4.2　线性平滑滤波器

线性滤波器可用模板卷积实现，**线性平滑滤波器**所用卷积模板的系数均为正值。

1. 邻域平均

最简单的**平滑滤波**是用一个像素邻域平均值作为滤波结果，即**邻域平均**，此时滤波器模板的所有系数都为 1。为保证输出图仍在原来的灰度值范围，在用式（3.4.1）计算出 R 值后，要将其除以模板系数的总数再赋值。对 3×3 的模板来说，在计算出 R 后要将其除以系数 9。

例 3.4.1 邻域平均平滑滤波的效果

图 3.4.2（a）为一幅原始的 8 bit 灰度级图像，图 3.4.2（b）为迭加了均匀分布随机噪声的结果，图 3.4.2（c）～图 3.4.2（g）分别为用 3×3，5×5，7×7，9×9 和 11×11 平滑模板对图 3.4.2（b）进行平滑滤波的结果。由图可见，当所用平滑模板尺寸增大时，对噪声的消除效果有所增强。不过同时得到的图像变得更为模糊，可视的细节逐步减少，且运算量也增大。

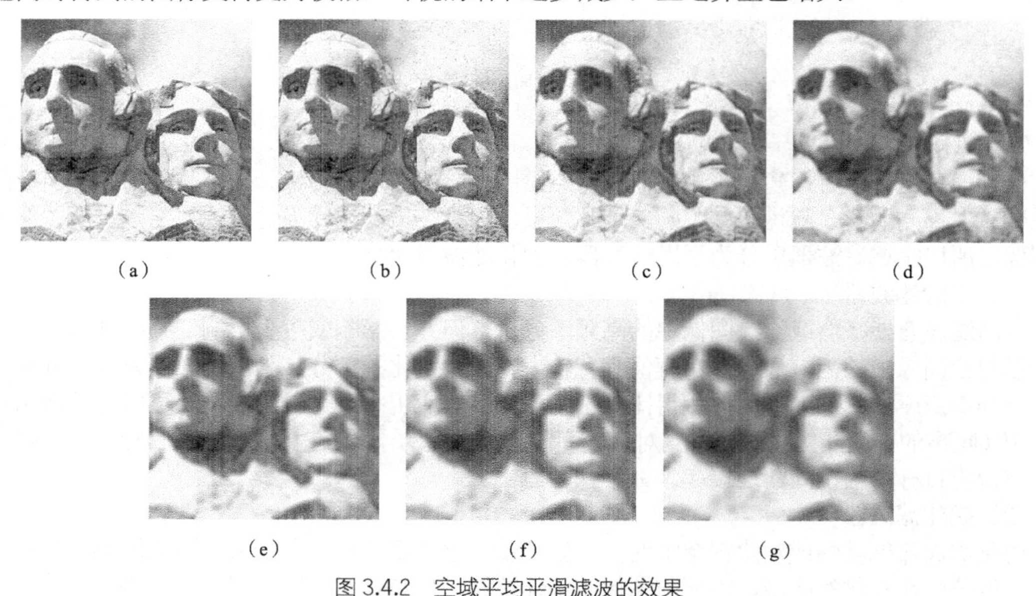

（a） （b） （c） （d）

（e） （f） （g）

图 3.4.2 空域平均平滑滤波的效果 □

2. 加权平均

对同一尺寸的平滑模板，还可对不同位置的系数采用不同的数值，即**加权平均**。一般认为离对应模板中心像素近的像素应对滤波结果有较大贡献，所以接近模板中心的系数应比较大，而模板边界附近的系数应比较小。在实际应用中，为保证各模板系数均为整数以减少计算量，常取模板周边最小的系数为 1，模板内部的系数取值则成比例增加，中心系数最大。

根据上述思路，一种常用的加权平均方法是根据系数与模板中心的距离反比地确定其他内部系数的值。图 3.4.3 为采用这种加权平均方法得到的一个模板示例。

还有一种常用方法是根据高斯概率分布来确定各系数值。这时常使用尺寸较大的模板。图 3.4.4 为一个高斯加权平均模板，其中在 X 和 Y 方向的方差不同。

1	2	1
2	4	2
1	2	1

图 3.4.3 一个加权平均模板

12	13	19	13	12
14	16	25	16	14
24	31	99	31	24
14	16	25	16	14
12	13	19	13	12

图 3.4.4 一个高斯加权平均模板

最后指出，如果反复使用小尺寸的模板，也可得到大尺寸加权模板的效果（见练习题 3.12）。

3.4.3　线性锐化滤波器

邻域平均或加权平均（都对应积分或求和）可以平滑图像，反过来利用对应微分的方法可以对图像进行**锐化滤波**。最简单的锐化滤波器是线性锐化滤波器。

线性锐化滤波器也可用模板卷积来实现，但所用模板（系数）与线性平滑滤波器使用的模板（系数）不同，线性锐化滤波器的模板仅中心系数为正，而周围的系数均为负值。对于 3 × 3 的模板来说，典型的系数值是在图 3.4.1（b）中取 $k_0 = 4$，$k_2 = k_4 = k_6 = k_8 = 0$，其余系数为 −1，或在图 3.4.1（b）中取 $k_0 = 8$，其余系数为 −1（事实上这就是**拉普拉斯算子**）。由上述两种取系数值的方法得到的两个**拉普拉斯模板**如图 3.4.5 所示。

0	−1	0
−1	4	−1
0	−1	0

−1	−1	−1
−1	8	−1
−1	−1	−1

图 3.4.5　两个线性锐化滤波器模板（拉普拉斯模板）

当用这样的模板与图像卷积时，在图像灰度值是常数或变化很小的区域，其输出为 0 或很小；在图像灰度值变化较大的区域，其输出会比较大，即可突出原图像中的灰度变化，达到锐化的效果。或者说可以锐化模糊的边缘并让模糊的景物清晰起来。不过由于模板系数有正有负，且总平均值为 0，所以输出值可能有正有负，而且总平均值也为 0。因为在图像处理中，一般限制图像的灰度值为正，所以卷积锐化后，还需将输出图像灰度值范围通过变换变回到原图像的灰度范围。

例 3.4.2　线性锐化滤波效果

图 3.4.6 为两个线性锐化滤波效果示例。图 3.4.6（a）和图 3.4.6（b）分别为用图 3.4.5 的两个线性锐化滤波器模板对图 3.4.2（e）进行卷积得到的结果（已通过灰度平移变换使其灰度变回到原图像的灰度范围）。图 3.4.6（c）和图 3.4.6（d）分别为将两个卷积结果图与原图 3.4.2（e）相加得到的结果。将图 3.4.6（c）和图 3.4.6（d）与图 3.4.2（e）相比，可见图像中的轮廓得到了增强，人物更为清晰，而且图 3.4.2（d）要更明显些。

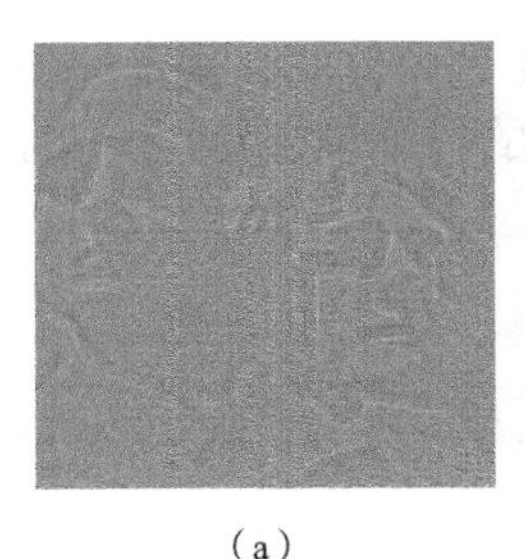
（a）

（b）

（c）

（d）

图 3.4.6　利用两个拉普拉斯模板锐化滤波的效果比较　❑

3.4.4　非线性平滑滤波器

线性平滑滤波器在消除图像噪声的同时，也会模糊图像中的细节。利用**非线性平滑滤波器**可在消除图像噪声的同时，较好地保持图像的细节。最常用的非线性平滑滤波器是**中值滤波器**。

1. 1-D 中值滤波原理

中值滤波是一种非线性滤波方式，它也依靠模板来实现。先考虑1-D中值滤波。设模板尺寸为M，$M=2r+1$，r为模板半径，给定1-D信号序列$\{f_i\}$，$i=1, 2, \cdots, N$，则中值滤波输出为

$$g_j = \text{median}\left[f_{j-r}, f_{j-r+1}, \cdots, f_j, \cdots, f_{j+r}\right] \tag{3.4.2}$$

式（3.4.2）中的 median 代表取中值，即对模板覆盖的信号序列按数值大小排序，并取排序后处在中间位置的值，且有$1 \leqslant j-r < j+r \leqslant M$。换句话说，$\{f_i\}$中有一半值大于$g_j$，另一半值小于$g_j$。式（3.4.2）定义的操作，可以通过滑动奇数长度的模板来实现，所得到的结果常称为游程中值。

与线性滤波不同，中值滤波可以完全消除孤立的脉冲而不对通过的理想边缘产生任何影响。图3.4.7为一对示例，上面是原始信号序列，下面是中值滤波结果，其中窗口长度为3。图3.4.7（a）表示消除孤立的脉冲而不对边缘产生影响，图3.4.7（b）表示接近边缘的脉冲会使边缘偏移。

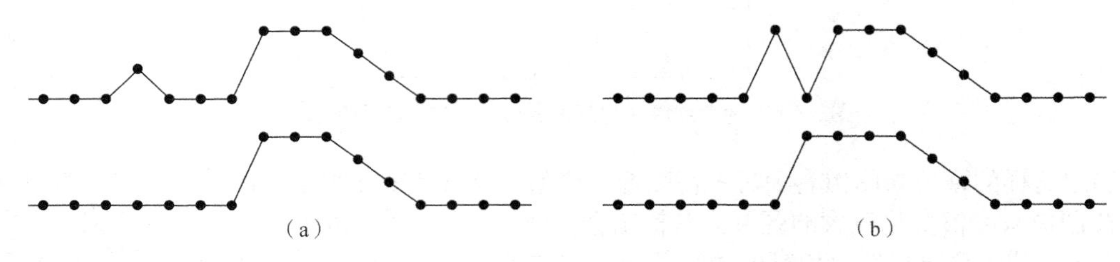

图3.4.7　1-D中值滤波示例

能被中值滤波器完全除去的脉冲的最大长度依赖于滤波器的模板长度$M=2r+1$。考虑一个长度记为l的信号$f(i)$。有

$$f(i)\begin{cases} =0 & i<0 \\ \neq 0 & i=0 \\ \neq 0 & i=l-1 \\ =0 & i\geqslant l \end{cases} \tag{3.4.3}$$

容易看出，如果$l \leqslant r$，那么输出将完全是0，即脉冲全被消除了。另一方面，如果信号仅包含长度至少为$r+1$的常数段，那么用长度小于等于$2r+1$的中值滤波器滤波并不会使信号发生任何变化。不受中值滤波器影响的信号称为**根信号**。对于一个长度为$2r+1$的中值滤波器，一个信号是它的根信号的充分条件是该信号应局部单调且**阶**为$r+1$，即该信号的每个长度为$r+1$的部分均为单调的。

2. 2-D 中值滤波器

2-D中值滤波器的输出可写为

$$g_{\text{median}}(x, y) = \underset{(s,t)\in N(x,y)}{\text{median}}\left[f(s,t)\right] \tag{3.4.4}$$

一个所用模板尺寸为$n \times n$的中值滤波器的输出值应大于等于模板中，$(n^2-1)/2$像素的值，又应小于等于模板中，$(n^2-1)/2$像素的值。中值滤波器常使用5×5的模板，此时中值是第13大的那个。一般情况下，图像中尺寸小于模板尺寸一半的过亮或过暗区域将会在滤波后被消除掉。

参照前面模板卷积的计算步骤，中值滤波的步骤如下。

（1）将模板在图像中漫游，并将模板中心与图像中某个像素位置重合。

（2）读取模板下各对应像素的灰度值。

（3）将这些灰度值从小到大排成一列。

（4）找出这些值中排序在中间的一个。

（5）将这个中间值赋给对应模板中心位置的像素。

由以上步骤可以看出，因为中值滤波器的主要功能就是让与周围像素灰度值的差比较大的像素改取与周围像素值接近的值，所以它消除孤立的噪声像素的能力是很强的。由于它不是简单地取均值，因而产生的模糊比较少。换句话说，中值滤波器既能消除噪声，又能保持图像的细节。

例 3.4.3　邻域平均和中值滤波的比较

图 3.4.8 为对同一幅图像分别用邻域平均和中值滤波处理的结果。仍考虑图 3.4.2（b）中叠加了均匀分布随机噪声的图像，这里，图 3.4.8（a）和图 3.4.8（c）分别是用 3×3 和 5×5 模板进行邻域平均处理得到的结果，而图 3.4.8（b）和图 3.4.8（d）分别是用 3×3 和 5×5 模板进行中值滤波处理得到的结果。两相比较可见，中值滤波的效果要比邻域平均处理的低通滤波效果好，主要特点是滤波后，图像中的轮廓比较清晰。

（a）

（b）

（c）

（d）

图 3.4.8　邻域平均和中值滤波的比较　□

中值滤波器的消除噪声效果不仅与模板的尺寸有关，也与模板中参与运算（排序）的像素数有关。当使用给定尺寸的模板时，可以仅利用其中的一部分像素进行计算以减少计算量。图 3.4.9 为模板尺寸为 5 × 5 时的一些例子。图 3.4.9（a）和图 3.4.9（b）都只使用了 9 像素，它们可看作分别延伸 4-邻域和对角邻域得到；图 3.4.9（c）和图 3.4.9（d）均使用了 13 像素，其中图 3.4.9（c）使用了与中心像素的 D_4 距离小于等于 2 的像素，图 3.4.9（d）使用了与中心像素的欧氏距离为 2～2.5 的像素。有实验表明，当使用 9～13 像素来消除噪声时，计算量的增加比消噪效果的改善更明显，所以可使用稀疏的模板来减少运算量。

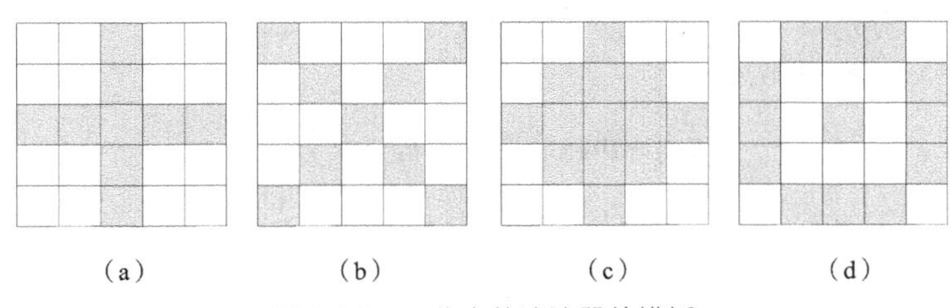
（a）　（b）　（c）　（d）

图 3.4.9　一些中值滤波器的模板

3．百分比滤波器

中值滤波器实际上是一类更广泛的滤波器——**百分比滤波器**的一个特例。因为百分比滤波器在工作时，均基于对模板所覆盖像素的灰度值的排序，所以也称为**排序统计滤波器**，如中值滤波器选取的就是序列中位于 50%位置的像素。

除了中值滤波器，最常用的百分比滤波器是**最大值滤波器**和**最小值滤波器**。它们的输出可分别表示如下。

$$g_{\max}(x,y)=\max_{(s,t)\in N(x,y)}\left[f(s,t)\right] \tag{3.4.5}$$

$$g_{\min}(x,y)=\min_{(s,t)\in N(x,y)}\left[f(s,t)\right] \tag{3.4.6}$$

根据需要，还可将最大值滤波器和最小值滤波器结合使用。例如，**中点滤波器**就是取最大值和最小值中点的那个值作为滤波器的输出。有

$$g_{\mathrm{mid}}(x,y)=\frac{1}{2}\left\{\max_{(s,t)\in N(x,y)}\left[f(s,t)\right]+\min_{(s,t)\in N(x,y)}\left[f(s,t)\right]\right\}=\frac{1}{2}\left\{g_{\max}(x,y)+g_{\min}(x,y)\right\} \tag{3.4.7}$$

这个滤波器对多种随机分布的噪声，如高斯噪声和均匀噪声，都比较有效（参见 5.2.2 节）。

3.4.5 非线性锐化滤波器

锐化滤波器不仅可以是线性的，也可以是非线性的。**非线性锐化滤波器**常借助对图像微分结果的非线性组合来设计和构造。

1．锐化模板

图像处理最常用的微分方法是利用**梯度**（基于一阶微分）。对于一个连续函数 $f(x, y)$，其梯度是一个矢量，该矢量由分别沿 X 和 Y 方向的两个偏导分量组成。

$$\nabla f=\begin{bmatrix}\dfrac{\partial f}{\partial x} & \dfrac{\partial f}{\partial y}\end{bmatrix}^{\mathrm{T}}=\begin{bmatrix}G_X & G_Y\end{bmatrix}^{\mathrm{T}} \tag{3.4.8}$$

在离散空间，微分用差分实现。图 3.4.10 给出一对差分模板，它们可用于计算式（3.4.8）中的两个偏导分量。

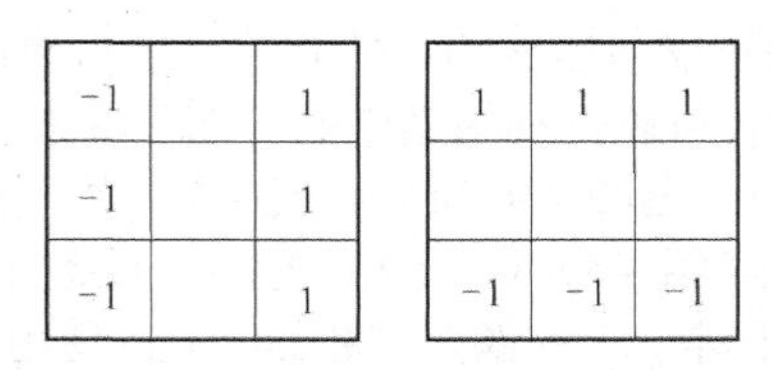

图 3.4.10　两个差分模板

在实际滤波中，常只使用由式（3.4.8）计算得到的梯度矢量的幅度（即矢量的模）。由 2.4.2 节可知，矢量的模可分别以 2 为范数计算（对应欧氏距离）、以 1 为范数计算（对应城区距离）和以∞为范数计算（对应棋盘距离）。

$$\left|\nabla f_{(2)}\right|=\mathrm{mag}(\nabla f)=\left[G_X^2+G_Y^2\right]^{1/2} \tag{3.4.9}$$

$$\left|\nabla f_{(1)}\right|=\left|G_X\right|+\left|G_Y\right| \tag{3.4.10}$$

$$\left|\nabla f_{(\infty)}\right|=\max\left\{\left|G_X\right|,\left|G_Y\right|\right\} \tag{3.4.11}$$

注意，上述这些组合模板计算结果的方法本身都是非线性的。

2．最大-最小锐化变换

最大-最小锐化变换将前面介绍的最大值滤波器和最小值滤波器结合使用，可以起到图像锐化的作用。它将一个模板覆盖区域的中心像素值与该区域像素的最大值和最小值比较，然后将中心像素值用与其接近的极值（最大值或最小值）替换。

最大-最小锐化变换 S 定义为

$$S[f(x,y)]=\begin{cases} g_{\max}(x,y) & g_{\max}(x,y)-f(x,y)\leqslant f(x,y)-g_{\min}(x,y) \\ g_{\min}(x,y) & \text{其他} \end{cases} \tag{3.4.12}$$

由式（3.4.12）可见，该变换将较大的中心像素值用邻域中的最大值替换，而将较小的中心像素值用邻域中的最小值替换，即让大的值更大，小的值更小，从而拉大了原来的像素值差距，实现了对图像的锐化增强。这个过程可迭代进行。

$$S^{n+1}[f(x,y)]=S\{S^{n}[f(x,y)]\} \tag{3.4.13}$$

总结和复习

下面简单小结本章各节，并有针对性地介绍一些可供深入学习的参考文献。进一步复习还可通过思考题和练习题进行，标有星号（*）的题在书末提供了参考解答。

【小结和参考】

3.1 节介绍直接利用图像灰度值的映射来增强图像的方法。这些方法通过对原始图像中每像素赋一个新的灰度值来达到增强图像的目的。而为实现这个目的，需要设计对全图像素进行映射的灰度变换。目前并没有设计的统一规则，借助给出的一些典型变换和效果，应可以获得一些启发。许多图像处理的图书给出了不同的规则和示例，如[Russ 2016]，[Gonzalez 2018]等。

3.2 节介绍图像间的运算，它们不仅可用于图像增强，也是许多其他图像处理技术的基础。本节仅定性介绍了噪声的基本概念，对一些噪声的进一步定量分析可见第 5 章，更多有关噪声的内容还可见文献[日 1982]和[Libbey 1994]。

3.3 节首先介绍图像直方图的概念。灰度直方图是对图像灰度的一种统计，不仅在图像增强方面，而且在其他方面得到广泛应用。直接灰度映射的效果也可借助直方图表示，这有助于理解映射函数的作用[章 2002b]。利用修正直方图来增强图像比较直观。直方图均衡化和直方图规定化都是典型的利用直方图增强图像的方法，其中直方图均衡化可看作是直方图规定化的一个特例[章 2004c]。对直方图规定化中单映射规则[Gonzalez 1987]和组映射规则的进一步讨论和示例可见[Zhang 1992a]。

3.4 节讨论空域滤波的原理和方法。因为这里的滤波是指借助模板进行的利用像素及其邻域像素性质的图像处理方法。所以该节先具体介绍模板操作，然后将滤波器分为 4 类，分别介绍了其中典型的思路和方法。因为模板的尺寸对滤波效果有很大影响，所以在实际应用中，需根据应用要求选取合适大小的模板[Jia 1998]。线性滤波的方法很多，可参见文献[Pratt 2007]、[Gonzalez 2018]等。更多的非线性滤波器可见文献[Dougherty 1994]、[Mitra 2001]、[Ritter 2001]。

【思考题和练习题】

3.1　图题 3.1 所示的变换曲线可以对图像的亮度和对比度起到什么作用？

3.2　根据图 3.2.4 所示的 A 和 B，计算 $A+\overline{B}$，$\overline{A}+B$，$\overline{A}+\overline{B}$，$\overline{A}\oplus\overline{B}$。

3.3　仅利用逻辑运算能增强图像吗？试举例说明之。

*3.4　设在工业检测中，工件的图像受到零均值不相关噪声的影响。如果工件采集装置每秒可采集 10 幅图像，要采用图像平均方法将噪声的方差减少为单幅图像的 1/10，那么工件需固定在采集装置前多长时间？

3.5　设有一幅无噪声的 $N\times N$ 图像，其中左半边像素的灰度值为 50，右半边像素的灰度值为 10。现设有另一幅无噪声的 $N\times N$ 的图像，其灰度值从最左一列的 10 线性增加到最右一列的 50。将两幅图像相乘，得到一幅新图像，其直方图是怎样的？

3.6　给定一幅灰度图像的直方图如图题 3.6 所示，计算对其进行直方图均衡化的结果。

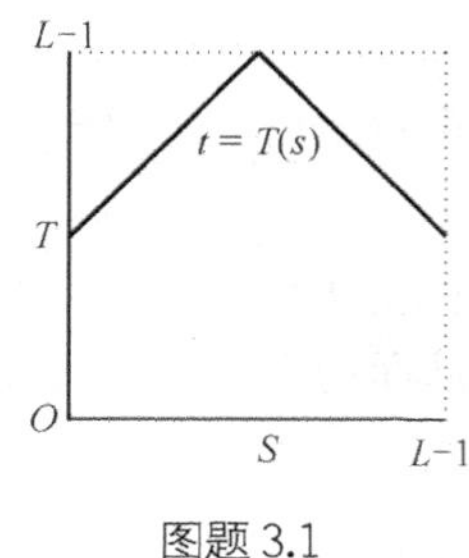

图题 3.1

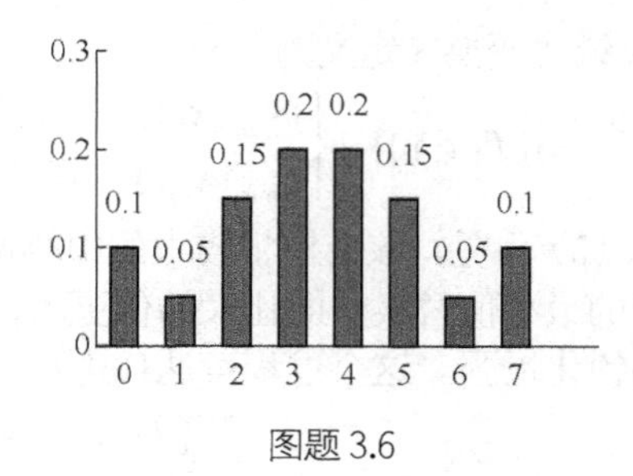

图题 3.6

3.7 为什么一般情况下，对离散图像的直方图均衡化并不能产生完全平坦的直方图？

*3.8 根据表题 3.8 的直方图规定化计算列表（GML），给出所用的组映射整数函数 $I(r)$，$r = 0, 1, 2$。

表题 3.8

原始灰度级 s_i	0	1	2	3	4	5	6	7
原始累计直方图	0.19	0.44	0.65	0.81	0.89	0.95	0.98	1.00
规定累计直方图	0	0	0	0.2	0.2	0.8	0.8	1.0
GML 映射	3	5	5	5	7	7	7	7

3.9 设在图 3.1.3 中，$L = 8$，$T(s) = \text{int}[(7s)^{1/2}+0.5]$，用 $T(s)$对图 3.3.4（a）所示的直方图对应的图像进行灰度变换，给出变换后图像的直方图（可画图或列表，标出数值）。

3.10 讨论用于空间滤波的线性平滑滤波器与非线性平滑滤波器的相同点、不同点以及联系。

3.11 运用表 3.4.1 中哪类滤波器的效果与对图像进行直方图均衡化的效果类似？为什么？

3.12 试分析讨论为什么反复使用小尺寸的模板，也可得到加权大尺寸模板的效果。

第 4 章 频域图像增强

第 3 章介绍的增强技术是在图像空间进行的，它们直接对图像像素进行操作。图像增强除可在空域进行外，也可以在变换域进行。最常用的变换域是频域（频率域）。**频域增强**有直观的物理意义。例如，图像中常会受到重复出现的有规律周期噪声的影响，这种噪声常由于在采集图像时受到电干扰而产生，且随着空间位置变化。由于周期噪声有特定的频率，所以常可采取频域滤波的方法将对应噪声的频率滤除来消除噪声。

卷积理论是频域技术的基础。设函数 $f(x, y)$ 与线性位移不变算子 $h(x, y)$ 的卷积结果是 $g(x, y)$，即 $g(x, y) = h(x, y) * f(x, y)$，那么根据卷积定理，在频域有 $G(u, v) = H(u, v)F(u, v)$，其中 $G(u, v)$，$H(u, v)$，$F(u, v)$ 分别是 $g(x, y)$，$h(x, y)$，$f(x, y)$ 的傅里叶变换。用线性系统理论的话来说，$H(u, v)$ 是**转移函数**。

在具体的增强应用中，$f(x, y)$ 是给定的（所以 $F(u, v)$ 可利用变换得到），需要确定的是 $H(u, v)$，这样具有所需特性的 $g(x, y)$ 就可得到 $g(x, y) = \mathcal{F}^{-1}[H(u, v)F(u, v)]$。

根据以上讨论，在频率域中增强图像是相当直观的，其主要步骤如下。

（1）计算需增强图像的傅里叶变换。

（2）将其与一个（根据需要设计的）转移函数相乘，实现增强操作。

（3）将结果进行傅里叶反变换以得到增强的图像。

在频域空间的增强是通过改变图像中不同频率的分量来实现的。因为图像频谱给出图像全局的性质，所以频域增强不是逐像素进行的，从这点来讲，它不像空域增强那么直接。但用频率分量来分析增强的原理比较直观，事实上，许多空域增强技术也常借助频谱进行分析。

本章介绍在变换后的频域进行增强操作的方法。频域图像增强需要构建各种频率滤波器。它们的基本原理都是让图像在频域某个范围内的分量受到抑制，而让其他分量不受影响，从而改变输出图的频率分布，达到增强的目的。

本章各节内容安排如下。

4.1 节介绍 2-D 傅里叶变换和傅里叶变换的 5 个定理，并讨论两个变换特性。

4.2 节介绍低通滤波器，包括理想低通滤波器和实用低通滤波器。

4.3 节介绍高通滤波器，包括基本高通滤波器和特殊高通滤波器。

4.4 节介绍带阻带通滤波器，包括带阻滤波器、带通滤波器、陷波带阻滤波器和陷波带通滤波器。

4.5 节介绍有一定特殊性的同态滤波器，包括原理和示例。

4.6 节讨论空域滤波技术和频域滤波技术的联系并比较它们的特点。

4.1 傅里叶变换

对图像的傅里叶变换将图像从图像空间变换到频率空间，从而可利用**傅里叶频谱**特性进行图像处理。傅里叶变换的物理意义比较明确，对其的解释也比较直观。

4.1.1　2-D 傅里叶变换

20 世纪 60 年代，傅里叶变换的快速算法提出来以后，傅里叶变换在信号处理和图像处理中都得到了广泛应用。一般 1-D 傅里叶变换在信号处理课程中已详细介绍。因为图像至少是 2-D 的，所以这里直接介绍 **2-D 傅里叶变换**。对 2-D 图像 $f(x, y)$的正反傅里叶变换分别定义如下（其中 u 和 v 均为频率变量）。

$$F(u,v)=\frac{1}{N}\sum_{x=0}^{N-1}\sum_{y=0}^{N-1}f(x,y)\exp[-\mathrm{j}2\pi(ux+vy)/N] \qquad u,v=0,\ 1,\ \cdots,\ N-1 \tag{4.1.1}$$

$$f(x,y)=\frac{1}{N}\sum_{u=0}^{N-1}\sum_{v=0}^{N-1}F(u,v)\exp[\mathrm{j}2\pi(ux+vy)/N] \qquad x,y=0,\ 1,\ \cdots,\ N-1 \tag{4.1.2}$$

一个 2-D 离散函数的平均值可用式（4.1.3）表示。

$$\bar{f}(x,y)=\frac{1}{N^2}\sum_{x=0}^{N-1}\sum_{y=0}^{N-1}f(x,y) \tag{4.1.3}$$

将 $u=v=0$ 代入式（4.1.1），可以得到

$$F(0,0)=\frac{1}{N}\sum_{x=0}^{N-1}\sum_{y=0}^{N-1}f(x,y) \tag{4.1.4}$$

比较以上式（4.1.3）和式（4.1.4）可得

$$\bar{f}(x,y)=\frac{1}{N}F(0,0) \tag{4.1.5}$$

即一个 2-D 离散函数的傅里叶变换在原点的值（零频率分量）与该函数的均值成正比。

2-D 傅里叶变换的频谱（幅度函数）、相位角和功率谱（频谱的平方）的定义分别如下。

$$|F(u,v)|=\left[R^2(u,v)+I^2(u,v)\right]^{1/2} \tag{4.1.6}$$

$$\phi(u,v)=\arctan[I(u,v)/R(u,v)] \tag{4.1.7}$$

$$P(u,v)=|F(u,v)|^2=R^2(u,v)+I^2(u,v) \tag{4.1.8}$$

其中，$R(u, v)$和 $I(u, v)$分别为 $F(u, v)$的实部和虚部。

例 4.1.1　2-D 图像函数和傅里叶频谱的显示

图 4.1.1（a）所示为一个 2-D 图像函数的透视图。这个函数在以原点为中心的一个正方形内为正值常数，而在其他地方为 0。图 4.1.1（b）所示为它的灰度图显示。图 4.1.1（c）为这个 2-D 图像函数傅里叶频谱幅度的灰度图显示。

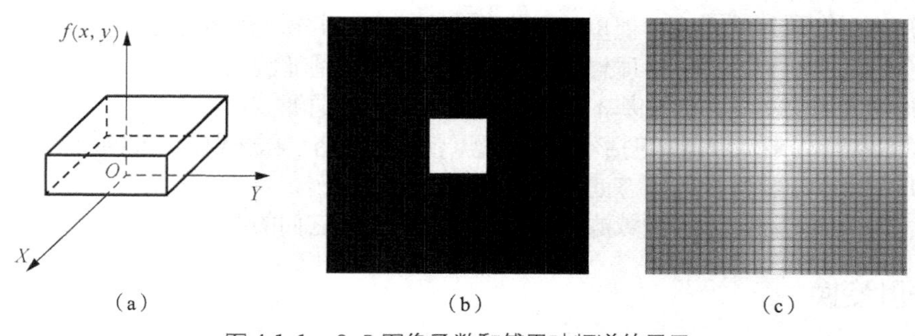

图 4.1.1　2-D 图像函数和傅里叶频谱的显示　❑

例 4.1.2　灰度图像和它的傅里叶频谱实例

图 4.1.2（a）和图 4.1.2（b）分别为一幅灰度图像和它的傅里叶频谱。频谱中的垂直亮线源于原图像有比较多的水平边缘。

（a）

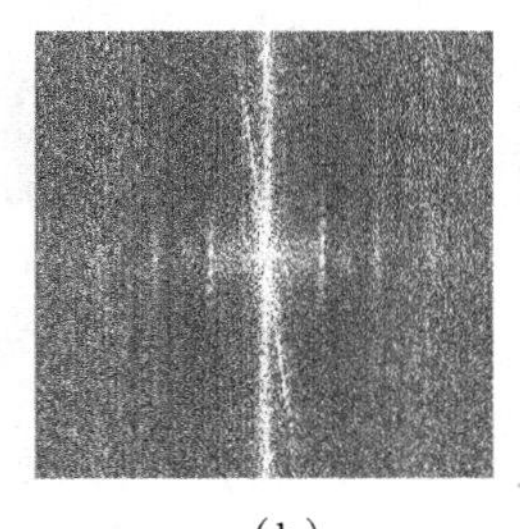

（b）

图 4.1.2　一幅灰度图像和其傅里叶频谱 ❑

4.1.2　傅里叶变换定理

设 $f(x, y)$ 和 $F(u, v)$ 构成一对变换，即

$$f(x,y) \Leftrightarrow F(u,v) \tag{4.1.9}$$

则有以下一些定理成立。

1．平移定理

傅里叶变换的**平移定理**可写成（a，b，c 和 d 均为标量）

$$f(x-a,y-b) \Leftrightarrow \exp[-\mathrm{j}2\pi(au+bv)]F(u,v) \tag{4.1.10}$$

$$F(u-c,v-d) \Leftrightarrow \exp[\mathrm{j}2\pi(cx+dy)]f(x,y) \tag{4.1.11}$$

式（4.1.10）表明将 $f(x, y)$ 在空间平移相当于将其变换在频域与一个指数项相乘，式（4.1.11）表明将 $f(x, y)$ 在空间与一个指数项相乘相当于将其变换在频域平移。另外，从式（4.1.10）可知，对 $f(x, y)$ 的平移不影响其傅里叶变换的幅值。

2．旋转定理

傅里叶变换的**旋转定理**反映了傅里叶变换的旋转性质。首先借助极坐标变换 $x = r\cos\theta$，$y = r\sin\theta$，$u = w\cos\phi$，$v = w\sin\phi$，将 $f(x, y)$ 和 $F(u, v)$ 转换为 $f(r, \theta)$ 和 $F(w, \phi)$。直接将它们代入傅里叶变换对得到（θ_0 为旋转角度）

$$f(r,\theta+\theta_0) \Leftrightarrow F(w,\varphi+\theta_0) \tag{4.1.12}$$

式（4.1.12）表明，对 $f(x, y)$ 旋转 θ_0 对应于将其傅里叶变换 $F(u, v)$ 也旋转 θ_0。类似地，对 $F(u, v)$ 旋转 θ_0 也对应于将其傅里叶反变换 $f(x, y)$ 旋转 θ_0。

例 4.1.3　傅里叶变换旋转性质示例

图 4.1.3（a）所示为一幅 2-D 图像，它的傅里叶频谱幅度的灰度图如图 4.1.3（b）所示。图 4.1.3（c）所示为图 4.1.3（a）所示图像旋转 45°的结果，它的傅里叶频谱幅度的灰度图如图 4.1.3（d）所示。由这些图可见，将图像在图像空间旋转一定的角度，其傅里叶变换在频谱空间旋转相应的角度。

3．尺度定理

傅里叶变换的**尺度定理**也称**相似定理**，它给出傅里叶变换在尺度（放缩）变化时的性质，可用式（4.1.13）和式（4.1.14）表示（其中 a 和 b 均为标量）。

$$af(x,y) \Leftrightarrow aF(u,v) \tag{4.1.13}$$

$$f(ax,by) \Leftrightarrow \frac{1}{|ab|}F\left(\frac{u}{a},\frac{v}{b}\right) \tag{4.1.14}$$

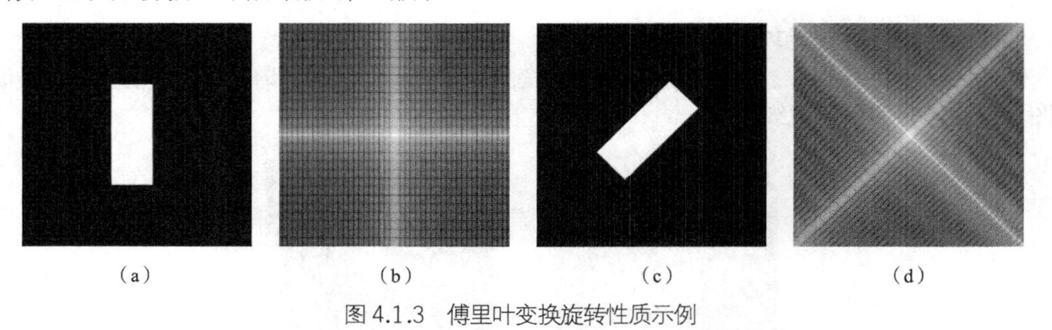

（a）（b）（c）（d）

图 4.1.3 傅里叶变换旋转性质示例 □

式（4.1.13）和式（4.1.14）表明，对$f(x, y)$在幅度方面的尺度变化导致对其傅里叶变换$F(u, v)$在幅度方面的对应尺度变化，而对$f(x, y)$在空间尺度方面的缩放则导致对其傅里叶变换$F(u, v)$在频域尺度方面的相反缩放。式（4.1.14）还表明，对$f(x,y)$的尺度收缩（对应$a>1$，$b>1$）不仅导致$F(u, v)$膨胀，而且会使$F(u, v)$的幅度减小。

例 4.1.4 傅里叶变换尺度变化性质示例

图 4.1.4（a）和图 4.1.4（b）分别为 2-D 图像及其傅里叶频谱幅度图。将这两幅图与图 4.1.1（b）和图 4.1.1（c）对比可见，对图像中为正值常数的正方形的收缩导致了其傅里叶频谱网格在频谱空间增大，同时傅里叶频谱的幅度也减小了。

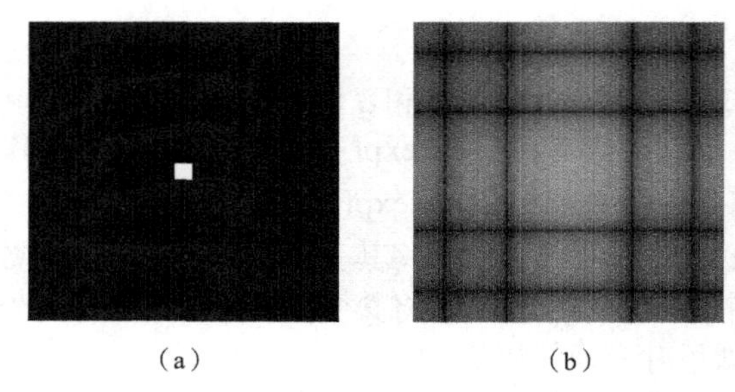

（a）（b）

图 4.1.4 傅里叶变换尺度变化性质示例 □

4．剪切定理

剪切定理描述傅里叶变换在剪切变化时的性质。因为沿水平方向的纯剪切仅使像素的水平坐标发生与像素的垂直坐标数值相关的平移变化，沿垂直方向的纯剪切仅使像素的垂直坐标发生与像素的水平坐标数值相关的平移变化。所以，对$f(x, y)$的纯剪切会导致$F(u, v)$在正交方向上的纯剪切，这里对水平剪切和垂直剪切分别有（b为水平剪切系数，d为垂直剪切系数）

$$f(x+by, y) \Leftrightarrow F(u, v-bu) \tag{4.1.15}$$

$$f(x, y+dx) \Leftrightarrow F(u-dv, v) \tag{4.1.16}$$

例 4.1.5 傅里叶变换剪切性质示例

图 4.1.5（a）和图 4.1.5（b）分别为 2-D 图像及其傅里叶频谱幅度图；图 4.1.5（c）和图 4.1.5（d）分别为将图 4.1.5（a）进行水平剪切后的图像及其傅里叶频谱幅度图；图 4.1.5（e）和图 4.1.5（f）分别为对图 4.1.5（a）进行垂直剪切后的图像及其傅里叶频谱幅度图。频谱图中的亮线与对应图像中的边缘线正交。

两个方向的剪切可以结合构成组合剪切。

$$f(x+by, y+dx) \Leftrightarrow \frac{1}{|1-bd|} F\left(\frac{u-dv}{1-bd}, \frac{-bu+v}{1-bd}\right) \tag{4.1.17}$$

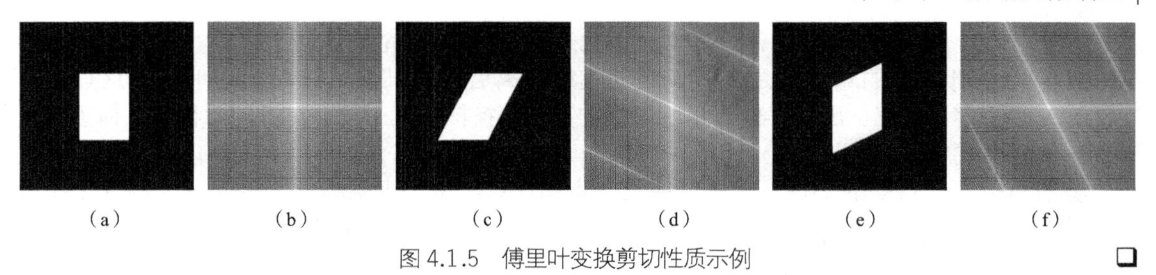

(a)　(b)　(c)　(d)　(e)　(f)

图 4.1.5　傅里叶变换剪切性质示例 ❑

这里需要注意，一般将两个方向的剪切依次结合会产生不同的结果。换句话说，先进行水平剪切，后进行垂直剪切与先进行垂直剪切，后进行水平剪切得到的效果是不同的。

例 4.1.6　傅里叶变换组合剪切性质示例

图 4.1.6（a）和图 4.1.6（b）分别为 2-D 图像及其傅里叶频谱幅度图；图 4.1.6（c）和图 4.1.6（d）分别为对图 4.1.6（a）先进行水平剪切，后进行垂直剪切得到的图像及其傅里叶频谱幅度图；图 4.1.6（e）和图 4.1.6（f）分别为对图 4.1.6（a）先进行垂直剪切，后进行水平剪切得到的图像及其傅里叶频谱幅度图。这里，水平剪切系数 b 和垂直剪切系数 d 的取值不等。

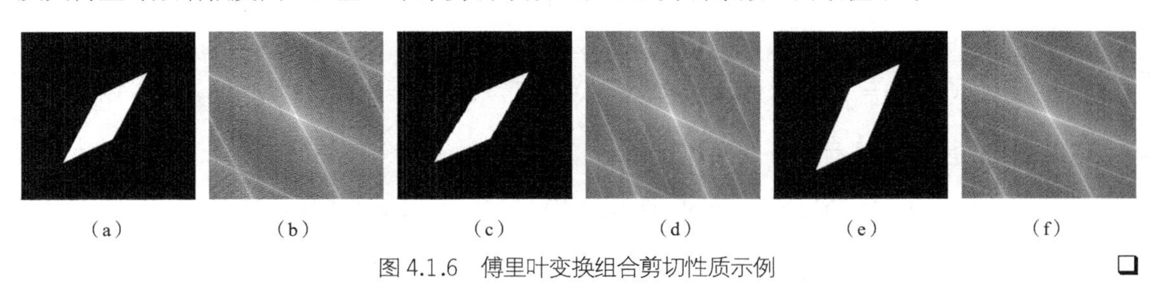

(a)　(b)　(c)　(d)　(e)　(f)

图 4.1.6　傅里叶变换组合剪切性质示例 ❑

5. 卷积定理

卷积定理指出：两个函数在空间的卷积与它们的傅里叶变换在频域的乘积构成一对变换，而两个函数在空间的乘积与它们的傅里叶变换在频域的卷积构成一对变换。即

$$f(x,y)\otimes g(x,y)\Leftrightarrow F(u,v)G(u,v) \tag{4.1.18}$$

$$f(x,y)g(x,y)\Leftrightarrow F(u,v)\otimes G(u,v) \tag{4.1.19}$$

6. 相关定理

相关定理指出：两个函数在空间的相关与它们的傅里叶变换（其中一个为其复共轭）在频域的乘积构成一对变换，而两个函数（其中一个为其复共轭）在空间的乘积与它们的傅里叶变换在频域的相关构成一对变换。即

$$f(x,y)\oplus g(x,y)\Leftrightarrow F^*(u,v)G(u,v) \tag{4.1.20}$$

$$f^*(x,y)g(x,y)\Leftrightarrow F(u,v)\oplus G(u,v) \tag{4.1.21}$$

如果 $f(x)$ 和 $g(x)$ 是同一个函数，则称为自相关；如果 $f(x)$ 和 $g(x)$ 不是同一个函数，则称为互相关。

4.1.3　傅里叶变换特性

式（4.1.1）中的 $\exp[-j2\pi(ux+vy)/N]/N$ 和式（4.1.2）中的 $\exp[j2\pi(ux+vy)/N]/N$ 分别是正反傅里叶变换的核。傅里叶变换有许多特性都是由其核决定的。下面介绍两个常用的特性：可分离性和对称性。

2-D 傅里叶变换的可分离性是指其变换核中 x 和 u 与 y 和 v 可以分离，这可表示为（以正变换核为例，但反变换核也类似）

$$\exp[-j2\pi(ux+vy)/N]/N=\exp[-j2\pi ux/N]/N\times\exp[-j2\pi vy/N]/N \tag{4.1.22}$$

2-D 傅里叶变换的对称性是指傅里叶变换核分离后的两部分具有相同的形式，这点从式（4.1.22）也很容易看出。所以 2-D 傅里叶变换的正反变换核都具有可分离性和对称性，傅里叶变换是一种可分离和对称变换。

具有可分离变换核的 2-D 变换可分成两个步骤计算，每个步骤用一个 1-D 变换。以 2-D 傅里叶变换为例（见图 4.1.7），将式（4.1.22）代入式（4.1.1），首先沿 $f(x, y)$的每一列进行 1-D 变换得到

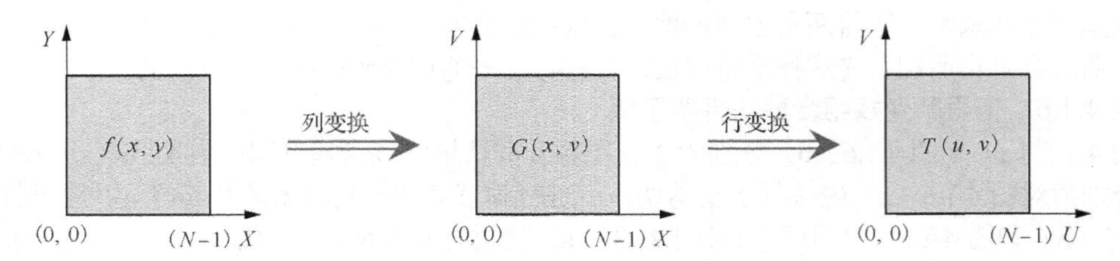

图 4.1.7　由两步 1-D 变换计算 2-D 变换

$$G(x,v)=\sum_{y=0}^{N-1}f(x,y)\exp[-j2\pi vy/N]/N \qquad x,v=0,\ 1,\ \cdots,\ N-1 \tag{4.1.23}$$

然后沿 $G(x, v)$的每一行进行 1-D 变换得到

$$F(u,v)=\sum_{x=0}^{N-1}G(x,v)\exp[-j2\pi ux/N]/N \qquad u,v=0,\ 1,\ \cdots,\ N-1 \tag{4.1.24}$$

这样，为计算一个 2-D 傅里叶变换，只需要计算两次 1-D 傅里叶变换。

4.2　低通滤波器

低通滤波是要通过滤波将图像中的高频部分滤除，而让图像中的低频部分通过。因为图像中的边缘和噪声都对应图像傅里叶变换后频谱中的高频部分，所以如要在频域中减弱其影响，就需设法减弱这部分频率的分量。如果图像的傅里叶变换用 $F(u, v)$表示，滤波器的频域函数用 $H(u, v)$表示，增强后，图像的傅里叶变换用 $G(u, v)$表示，则要实现低通滤波，需要选择一个合适的 $H(u, v)$以得到能减弱 $F(u, v)$高频分量的 $G(u, v)$。在以下讨论中，仅考虑对 $F(u, v)$的实部和虚部影响完全相同的滤波转移函数。具有这种特性的滤波器称为**零相移滤波器**。

4.2.1　理想低通滤波器

1 个 2-D **理想低通滤波器**的转移函数满足下列条件。

$$H(u,v)=\begin{cases}1 & D(u,v)\leqslant D_0\\ 0 & D(u,v)>D_0\end{cases} \tag{4.2.1}$$

式（4.2.1）中 D_0 是一个非负整数。$D(u, v)$是从点(u, v)到频率平面原点的距离，$D(u, v) = (u^2 + v^2)^{1/2}$。图 4.2.1（a）为 H 的一个剖面图（设 D 关于原点对称），图 4.2.1（b）为 H 的一个透视图。这里理想是指小于 D_0 的频率可以完全不受影响地通过滤波器，大于 D_0 的频率则完全通不过。因此 D_0 也叫**截断频率**。尽管理想低通滤波器在数学上定义得很清楚，在计算机模拟中也可以实现，但在截断频率处直上直下的理想低通滤波器是不能用实际的电子器件实现的。

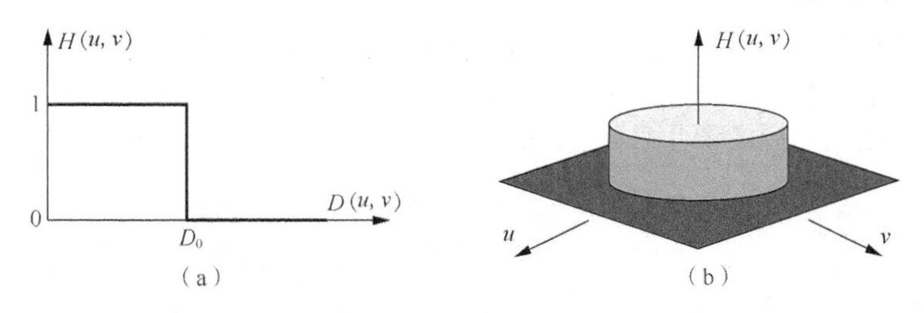

图 4.2.1　理想低通滤波器转移函数的剖面图

例 4.2.1　理想滤波器产生模糊的解释

使用理想滤波器对原始图像进行滤波后，其输出图像会变得比较模糊和出现“振铃”现象。这可借助卷积定理解释如下。

为简便起见，考虑 1-D 的情况。对于一个理想低通滤波器，其 $h(x)$的一般形式可通过式（4.2.1）的傅里叶反变换得到，其曲线如图 4.2.2（a）所示。现设$f(x)$是一幅只有一个亮像素的简单图像，如图 4.2.2（b）所示。这个亮点可看作一个脉冲的近似。在这种情况下，$f(x)$和 $h(x)$的卷积实际上是把 $h(x)$曲线的中心复制到$f(x)$中亮点的位置。比较图 4.2.2（b）和图 4.2.2（c）可明显看出卷积使原来清晰的点被模糊函数模糊了。对于更为复杂的原始图，如果认为其中每个灰度值不为零的点都可看作一个其值正比于该点灰度值的一个亮点，整幅图像由这些亮点组合而成，则上述结论仍可成立。

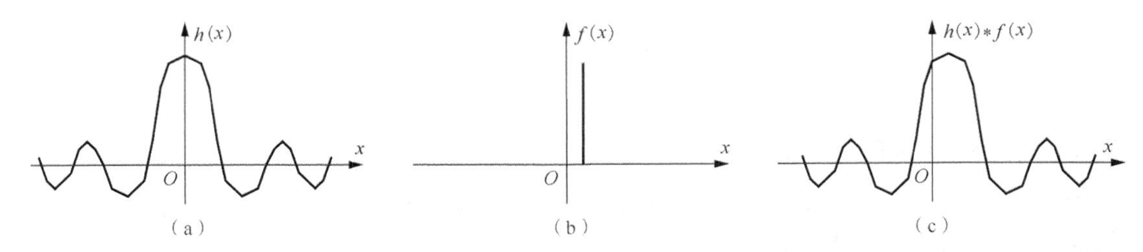

图 4.2.2　空间模糊示意图

由图 4.2.2 还可以看出 $h(x, y)$在 2-D 图像平面上将显示出一系列同心圆环，因为这些同心圆环的半径反比于 D_0 的值。所以如果 D_0 较小，就会使 $h(x, y)$产生数量较少但较宽的同心圆环，并使 $g(x, y)$模糊得比较厉害。增加 D_0 时，会使 $h(x, y)$产生数量较多但较窄的同心圆环，并使 $g(x, y)$模糊得比较少。如果 D_0 超出 $F(u, v)$的定义域，则滤波不使 $F(u, v)$发生变化，这相当于没有滤波。 □

例 4.2.2　频域低通滤波产生的模糊示例

图像中的大部分能量是集中在低频分量中的。图 4.2.3（a）为一幅包含不同细节的 256 × 256 的原始图像，图 4.2.3（b）为它的傅里叶频谱，其上叠加 4 个圆周的半径分别为 5，11，45 和 68。这些圆周内分别包含了原始图像中 90%，95%，99%和 99.5% 的能量。如果用 R 表示圆周半径，B 表示图像能量百分比，则

$$B = 100\% \times \left[\sum_{u \in R} \sum_{v \in R} P(u,v) \Bigg/ \sum_{u=0}^{N-1} \sum_{v=0}^{N-1} P(u,v) \right] \tag{4.2.2}$$

其中$P(u, v)$是$f(x, y)$的傅里叶频谱的平方，即功率谱（见式（4.1.8））。图 4.2.3（c）～图 4.2.3（f）分别为用以上各圆周的半径确定截断频率的理想低通滤波器进行处理得到的结果。

由图 4.2.3（c）可见，尽管只有 10% 的（高频）能量被滤除，但图像中绝大多数细节信息都已丢失了，事实上这幅图像已无多少使用价值。由图 4.2.3（d）可见，当仅 5% 的（高频）能量

被滤除后，图像中仍有明显的振铃效应。由图 4.2.3（e）可见，如果只滤除 1% 的（高频）能量，图像虽有一定程度的模糊，但视觉效果尚可。最后由图 4.2.3（f）可见，滤除 0.5% 的（高频）能量后，得到的滤波结果与原图像几乎无差别。 ❑

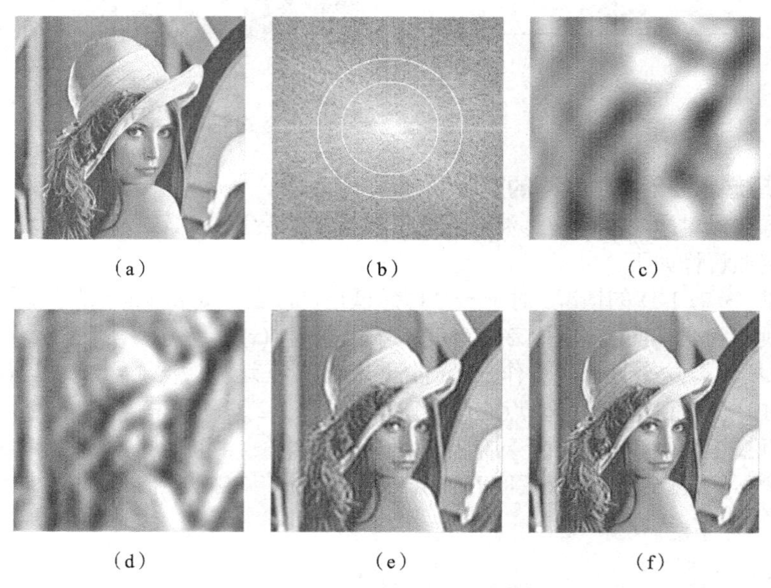

图 4.2.3 频域低通滤波所产生的模糊

4.2.2 实用低通滤波器

物理上可以实现，在实际生产中应用比较广泛的低通滤波器包括巴特沃斯低通滤波器、梯形低通滤波器和指数低通滤波器。

1. 巴特沃斯低通滤波器

一个阶为 n，截断频率为D_0的**巴特沃斯低通滤波器**的转移函数为

$$H(u,v)=\frac{1}{1+\left[D(u,v)/D_0\right]^{2n}} \tag{4.2.3}$$

阶为 1 的巴特沃斯低通滤波器剖面示意图如图 4.2.4 所示。由图 4.2.4 可见，因为低通巴特沃斯滤波器在高低频率间的过渡比较光滑，所以通过巴特沃斯滤波器得到的输出图的振铃效应不明显。

由图 4.2.4 可见，并没有一个低频可完全通过而高频完全通不过的截断频率。一般情况下，常取使 H 最大值降到某个百分比的频率为截断频率。在式（4.2.3）中，当 $D(u,v) = D_0$ 时，$H(u,v) = 0.5$（即降到 50%）。另一个常用的截断频率值是使 H 降到最大值的$1/\sqrt{2}$ 时的频率（参见练习题 4.4）。

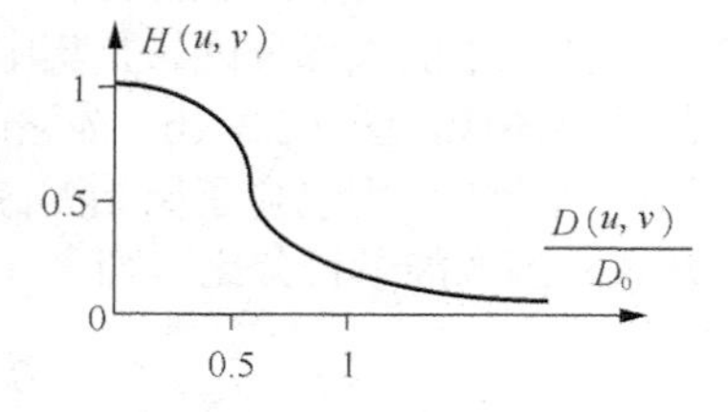

图 4.2.4 巴特沃斯低通滤波器转移函数的剖面示意图

例 4.2.3 频域低通滤波消除虚假轮廓

当图像由于量化不足而产生虚假轮廓时，常可借助低通滤波技术进行平滑以改进图像质量。图 4.2.5（a）为一幅由 256 级灰度均匀量化为 12 级灰度的图像，帽子和肩膀等处均有不同程度的虚假轮廓现象存在。图 4.2.5（b）和图 4.2.5（c）分别为用理想低通滤波器和用阶数为 1 的巴特沃斯低通滤波器进行平滑处理所得

到的结果。所用两个滤波器的截断频率所对应的半径均为 30。比较两幅滤波结果图，理想低通滤波器的结果图中有较明显的振铃现象，而巴特沃斯滤波器的结果图较好。

图 4.2.5　频域低通滤波消除虚假轮廓 ❑

2．梯形低通滤波器

梯形低通滤波器的转移函数满足下列条件。

$$H(u,v)=\begin{cases}1 & D(u,v)\leqslant D' \\ \dfrac{D(u,v)-D_0}{D'-D_0} & D'<D(u,v)<D_0 \\ 0 & D(u,v)>D_0\end{cases} \tag{4.2.4}$$

式（4.2.4）中 D_0 是截止频率；D'是对应分段线性函数的分段点。

梯形低通滤波器转移函数的一个示意如图 4.2.6 所示，相比理想低通滤波器的转移函数，梯形低通滤波器的转移函数在高低频率间有个过渡，可减弱一些振铃现象。但过渡不够光滑，导致振铃现象一般比巴特沃斯低通滤波器的转移函数产生的要强一些。

3．指数低通滤波器

一个阶为 n 的**指数低通滤波器**的转移函数满足下列条件。

$$H(u,v)=\exp\{-[D(u,v)/D_0]^n\} \tag{4.2.5}$$

式（4.2.5）在阶为 2 时成为**高斯低通滤波器**。阶为 1 的指数低通滤波器转移函数的一个示意如图 4.2.7 所示，因为它在高低频率间有比较光滑的过渡，所以振铃现象比较弱（对于高斯低通滤波器，因为高斯函数的傅里叶反变换也是光滑的高斯函数，所以没有振铃现象）。相比巴特沃斯低通滤波器的转移函数，指数低通滤波器的转移函数随频率增加，在开始阶段一般衰减得比较快，对高频分量的滤除能力较强，对图像造成的模糊较大，产生的振铃现象一般比巴特沃斯低通滤波器的转移函数产生的相比要弱。另外因为它的尾部拖得较长，所以对噪声的衰减能力大于巴特沃斯滤波器，但它的平滑效果一般不如巴特沃斯滤波器。

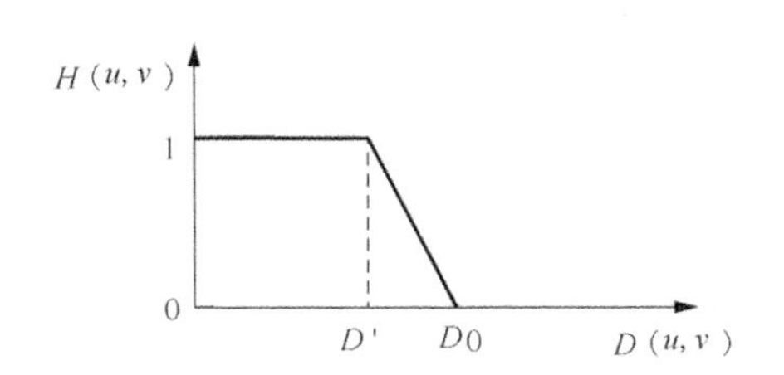

图 4.2.6　梯形低通滤波器转移函数的剖面示意图

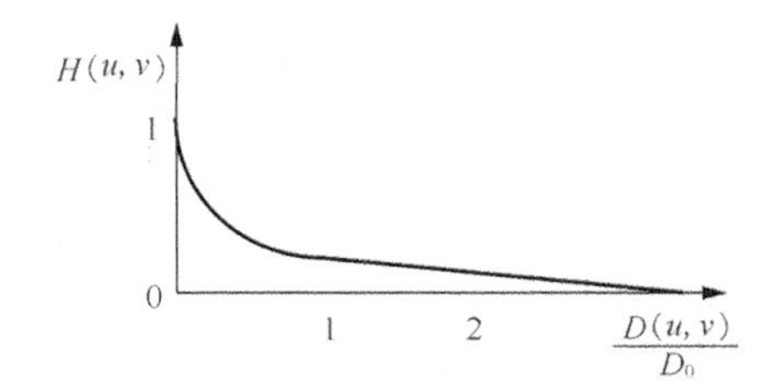

图 4.2.7　指数低通滤波器转移函数的剖面示意图

例 4.2.4　三种低通滤波器的效果比较

图 4.2.8（a）为有噪声的图像，经过巴特沃斯低通滤波器处理后所得图像如图 4.2.8（b）所示，

经过梯形低通滤波器处理后所得图像如图 4.2.8（c）所示，经过指数低通滤波器处理后所得图像如图 4.2.8（d）所示。由这些图可见，上述 3 种滤波器均可有效消除噪声，产生的振铃现象均比理想滤波器少。指数低通滤波器滤去的高频分量最多，因而所得图像最模糊，梯形低通滤波器滤去的高频分量最少，因而所得图像最清晰。

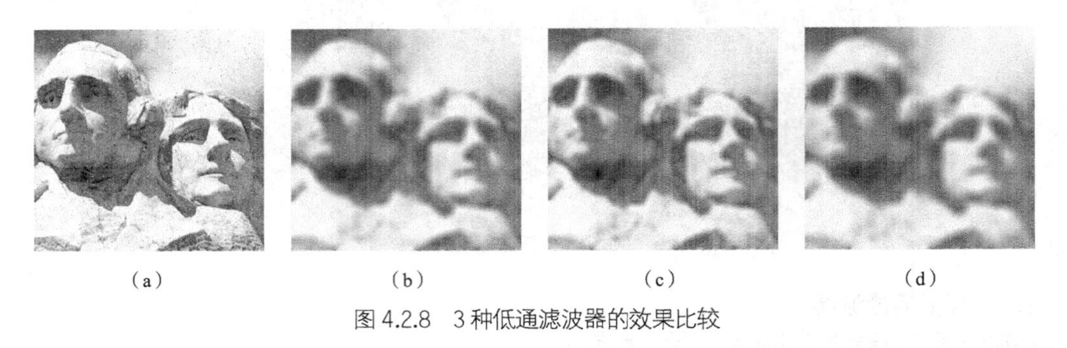

图 4.2.8　3 种低通滤波器的效果比较 □

4.3　高通滤波器

因为图像中的边缘对应高频分量，所以要锐化图像可用高通滤波器，**高通滤波**能消除对应图像中灰度值缓慢变换区域的低频分量。

4.3.1　基本高通滤波器

与 4.2 节介绍的各种低通滤波器对应的高通滤波器称为基本高通滤波器。

1．理想高通滤波器

一个 2-D **理想高通滤波器**的转移函数满足下列条件（各参数的含义与式（4.2.1）相同）。

$$H(u,v)=\begin{cases}0 & D(u,v)\leqslant D_0\\ 1 & D(u,v)>D_0\end{cases} \tag{4.3.1}$$

图 4.3.1（a）为 H 的一个剖面示意图（设 D 对原点对称），图 4.3.1（b）为 H 的一个透视图。它的剖面形状和前面介绍的理想低通滤波器的剖面形状正好相反。但与理想低通滤波器一样，这种理想高通滤波器也是不能用实际的电子器件实现的。

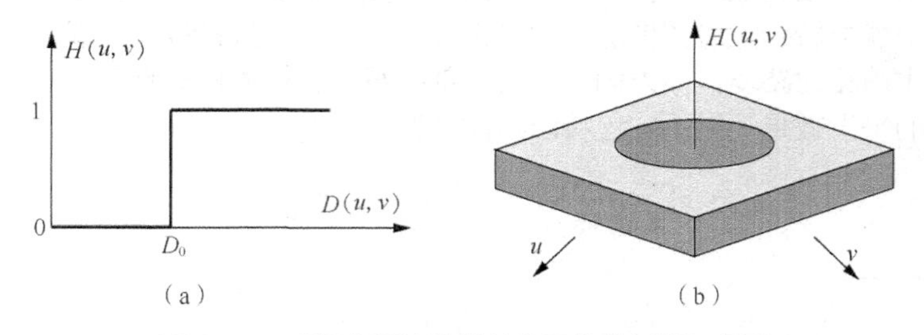

图 4.3.1　理想高通滤波器转移函数的剖面示意图

2．巴特沃斯高通滤波器

一个阶为 n，截断频率为 D_0 的**巴特沃斯高通滤波器**的转移函数为

$$H(u,v)=\frac{1}{1+\left[D_0/D(u,v)\right]^{2n}} \tag{4.3.2}$$

阶为 1 的巴特沃斯高通滤波器的剖面图如图 4.3.2 所示。将其与图 4.2.4 对比可见，与巴特沃斯低通滤波器类似，高通的巴特沃斯滤波器在通过和滤掉的频率之间也没有不连续的分界。由于在高低频率间的过渡比较光滑，所以用巴特沃斯滤波器得到的输出图的振铃效应不明显。

一般情况下，如同对巴特沃斯低通滤波器一样，也常取使$H(u, v)$最大值降到某个百分比的频率为巴特沃斯高通滤波器的截断频率。

3．梯形高通滤波器

梯形高通滤波器的转移函数满足下列条件。

$$H(u,v)=\begin{cases}0 & D(u,v)\leqslant D_0\\ \dfrac{D(u,v)-D_0}{D'-D_0} & D_0<D(u,v)<D'\\ 1 & D(u,v)>D'\end{cases}\tag{4.3.3}$$

式（4.3.3）中的 D_0 是截止频率；D'是对应分段线性函数的分段点。

梯形高通滤波器转移函数的一个示意图如图 4.3.3 所示，它相当于将图 4.2.6 的转移函数以 D' 为轴线左右对调得到。相比理想高通滤波器的转移函数，梯形高通滤波器的转移函数在高低频率间有个过渡，可减弱一些振铃现象。但过渡不够光滑导致的振铃现象一般要比巴特沃斯高通滤波器的转移函数产生的强一些。

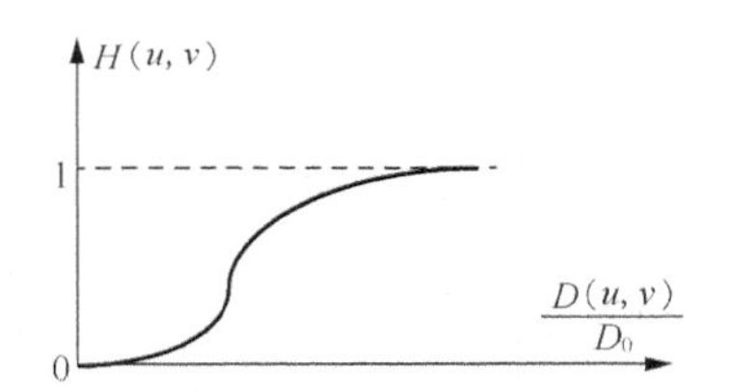

图 4.3.2　巴特沃斯高通滤波器转移函数的剖面图

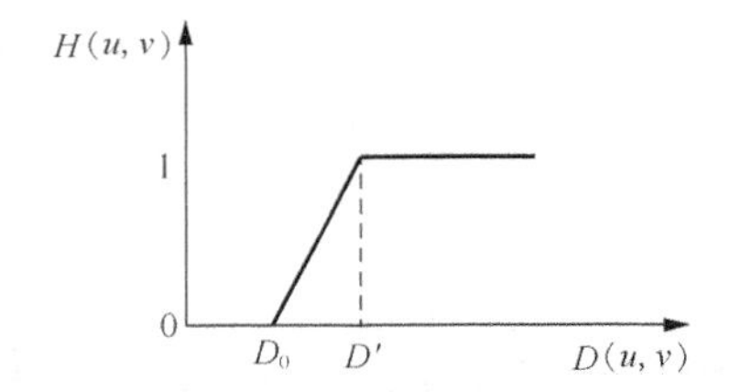

图 4.3.3　梯形高通滤波器转移函数的剖面示意图

4．指数高通滤波器

一个**阶**为 n 的**指数高通滤波器**的转移函数满足下列条件。

$$H(u,v)=1-\exp\{-[D(u,v)/D_0]^n\}\tag{4.3.4}$$

式（4.3.4）在阶为 2 时，称为**高斯高通滤波器**。阶为 1 的指数高通滤波器转移函数的示意图如图 4.3.4（它与指数低通滤波器的转移函数互补）所示，因为它在高低频率间有比较光滑的过渡，所以振铃现象比较弱（对高斯高通滤波器没有振铃现象）。相比巴特沃斯高通滤波器的转移函数，指数高通滤波器的转移函数随频率增加，在开始阶段增加得比较快，能使一些低频分量也可以通过，对保护图像的灰度层次较为有利。

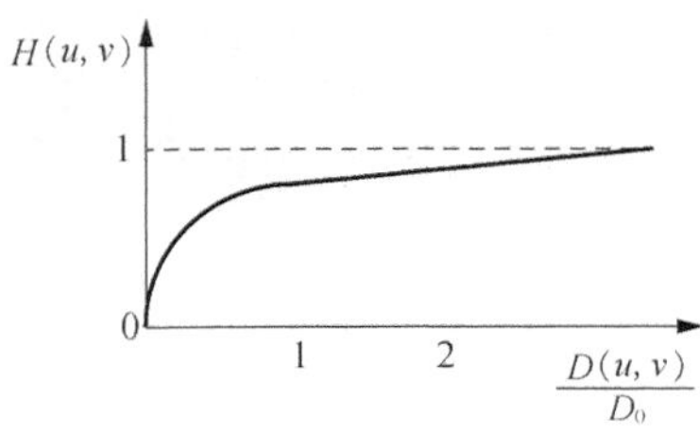

图 4.3.4　指数高通滤波器转移函数的剖面示意图

4.3.2　特殊高通滤波器

一般图像中的大部分能量集中在低频分量中，高通滤波会将很多低频分量（特别是直流分量）滤除，从而导致增强图中边缘得到加强，但光滑区域灰度减弱、变暗甚至接近黑色。如果将这样的图像显示出来，则视觉效果不太好。为此，可对高通滤波结果进行一定的调整再显示，常用的滤波器有下面两种。

1．高频增强滤波器

高频增强滤波的原理是对频域中高通滤波器的转移函数加一个常数，以将一部分（本要滤除的）低频分量加回到滤波结果中，从而获得较好的视觉效果。下面分析它的方法和效果。

当利用傅里叶变换表达时，对于原始模糊图 $F(u, v)$，用转移函数 $H(u, v)$进行高通滤波得到的输出图的傅里叶变换为 $G(u, v) = H(u, v)F(u, v)$。现对转移函数加一个常数 c 得到**高频增强滤波器**，其转移函数为

$$H_e(u, v) = H(u, v) + c \tag{4.3.5}$$

式中 c 为[0, 1]间的常数。这样高频增强输出图的傅里叶变换为

$$G_e(u, v) = G(u, v) + c \times F(u, v) \tag{4.3.6}$$

即在高通的基础上又保留了一定的低频分量 $c \times F(u, v)$。如果将高频增强输出图的傅里叶变换再反变换回去，则可得

$$g_e(x, y) = g(x, y) + c \times f(x, y) \tag{4.3.7}$$

可见，增强图中既包含了高通滤波的结果 $g(x, y)$，也包含了一定量的原始图像。或者也可以说，在原始图的基础上叠加了一些高频成分，因而增强图中的高频分量更多了。

在实际应用中，还可以给高频增强滤波所用的转移函数乘以一个常数 k（k 为大于 1 的常数）以进一步加强高频成分，此时式（4.3.5）成为

$$H_e(u, v) = kH(u, v) + c \tag{4.3.8}$$

而式（4.3.6）成为

$$G_e(u, v) = kG(u, v) + c \times F(u, v) \tag{4.3.9}$$

在实际应用中，c 的值为 0.25～0.5，k 的值为 1.5～2。

例 4.3.1　高频增强滤波示例

图 4.3.5 为在频域利用高通滤波和高频增强滤波的对比示例。图 4.3.5（a）为一幅比较模糊的实验图像，图 4.3.5（b）为用阶数为 1 的巴特沃斯高通滤波器进行处理得到的结果，其中各区域的边界得到了较明显的增强，但因为高通处理后，低频分量大部被滤除，所以图像中原来比较平滑区域内部的灰度动态范围被压缩，整幅图像比较昏暗，视觉效果不好；图 4.3.5（c）为高频增强滤波的结果（所加常数为 0.5），不仅边缘得到了增强，整幅图像的层次也比较丰富。

(a)

(b)

(c)

图 4.3.5　高通滤波与高频增强滤波 □

2．高频提升滤波器

因为高通滤波和低通滤波的效果相反且相补，所以高通图像也可用从原始图像中减去低通图像得到。更进一步，如果把原始图像乘以一个放大系数 A 再减去低通图，就可构成**高频提升滤波器**。设原始图像的傅里叶变换为 $F(u, v)$，原始图像低通滤波后的傅里叶变换为 $F_L(u, v)$，原始图像高通滤波后的傅里叶变换为 $F_H(u, v)$，则**高频提升滤波**的结果 $G_{HB}(u, v)$可写为

$$G_{HB}(u,v) = A \times F(u,v) - F_L(u,v) = (A-1)F(u,v) + F_H(u,v) \tag{4.3.10}$$

式中，$A = 1$ 时，就是普通的高通滤波器；$A > 1$ 时，原始图像的一部分与高通图像相加，恢复了部分高通滤波时丢失的低频分量，使得最终结果与原图像更接近。因为低通滤波常使图像模糊，所以一般从原始图像中减去模糊图像也称为（非锐化）掩模。

对比式（4.3.9）和式（4.3.10）可知，高频增强滤波器在 $k=1$ 和 $c=(A-1)$时，转化为高频提升滤波器。

例 4.3.2　高通滤波与高频提升滤波比较

图 4.3.6 为高通滤波与高频提升滤波的比较示例。其中图 4.3.6（a）为一幅模糊的实验图像；图 4.3.6（b）为对其用高通滤波进行处理得到的结果，低频分量受到很大衰减，大部分区域比较昏暗；图 4.3.6（c）为用高频提升滤波器进行处理得到的结果（取 $A=2$），恢复了一部分低频分量；图 4.3.6（d）为在图 4.3.6（c）的基础上又对灰度值范围用直方图均衡化方法扩展得到的最终结果。图 4.3.6（d）与图 4.3.6（a）相比，在对比度和边缘清晰度方面都有改善。

（a）

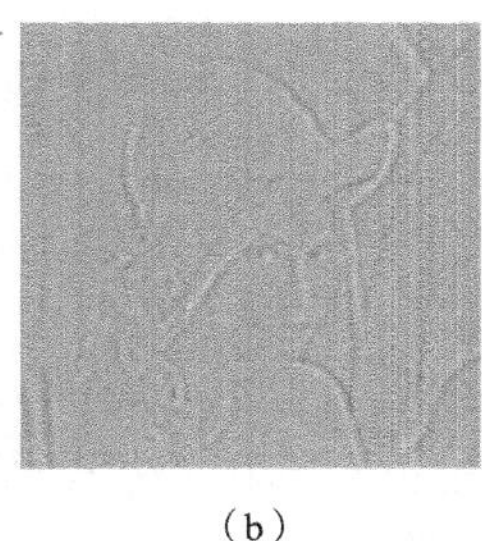
（b）

（c）

（d）

图 4.3.6　高通滤波与高频提升滤波比较　❑

4.4　带阻带通滤波器

低通滤波和高通滤波分别消除或减弱图像中的高频和低频分量。在实际应用中，也可以通过滤波消除或减弱图像中某个频率范围内的分量，这时所用的滤波器常称为带阻滤波器。与带阻滤波器密切相关的滤波器主要有带通滤波器和陷波滤波器，后者也常称**楔状滤波器**。

4.4.1　带阻滤波器

带阻滤波器阻止一定频率范围内的信号通过，而允许其他频率范围内的信号通过。如果这个频率范围的下限是 0（上限不为∞），则带阻滤波器成为高通滤波器。如果这个频率范围的上限是∞（下限不为 0），则带阻滤波器成为低通滤波器。所以，低通滤波器和高通滤波器都可看作带阻滤波器的特例。

用于消除以频率原点为中心的邻域带阻滤波器是**放射对称**的。一个放射对称的理想带阻滤波器的转移函数为

$$H(u,v)=\begin{cases}1 & D(u,v)<D_0-W/2\\ 0 & D_0-W/2\leqslant D(u,v)\leqslant D_0+W/2\\ 1 & D(u,v)>D_0+W/2\end{cases}\tag{4.4.1}$$

式（4.4.1）中 W 为带的宽度，D_0 为放射中心。

例 4.4.1　放射对称的带阻滤波器的透视示意图

图 4.4.1 为一个放射对称的带阻滤波器 $H(u, v)$的透视示意图，图中各字母的含义同式（4.4.1）。

一个 n 阶放射对称的巴特沃斯带阻滤波器的转移函数（W，D_0 同上）为

$$H(u,v)=\frac{1}{1+\left[\dfrac{D(u,v)W}{D^2(u,v)-D_0^2}\right]^{2n}}\tag{4.4.2}$$

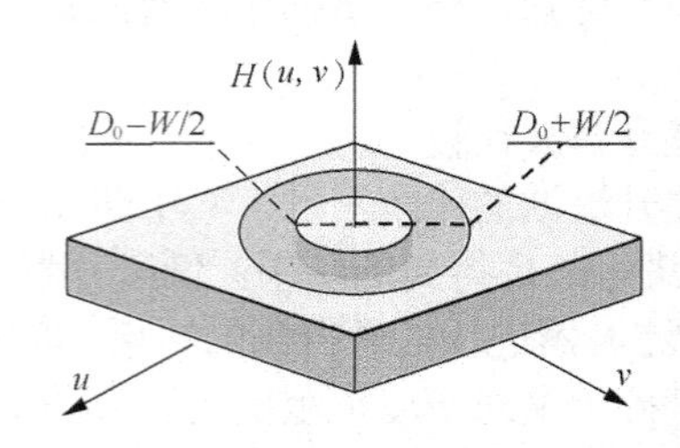

图 4.4.1　放射对称的带阻滤波器透视图　□

一个放射对称的高斯带阻滤波器的转移函数（W，D_0 同上）为

$$H(u,v)=1-\exp\left\{-\frac{1}{2}\left[\frac{D^2(u,v)-D_0^2}{D(u,v)W}\right]^2\right\} \tag{4.4.3}$$

4.4.2　带通滤波器

带通滤波器和带阻滤波器是互补的。如设 $H_R(u, v)$为带阻滤波器的转移函数，则对应的带通滤波器 $H_P(u, v)$只需将 $H_R(u, v)$翻转即可（将巴特沃斯带阻滤波器翻转就得到巴特沃斯带通滤波器，将高斯带阻滤波器翻转就得到高斯带通滤波器）。有

$$H_P(u,v)=-\left[H_R(u,v)-1\right]=1-H_R(u,v) \tag{4.4.4}$$

由式（4.4.4）可见，如果利用带通滤波器把某个带宽中的频率分量提取出来，然后将其从图像中减去，也可获得消除或减弱图像中某个频率范围内的分量的效果。

例 4.4.2　放射对称的带通滤波器的透视示意图

图 4.4.2 为一个放射对称的带通滤波器 $H(u, v)$的透视示意图，图中各字母的含义同式（4.4.1）。

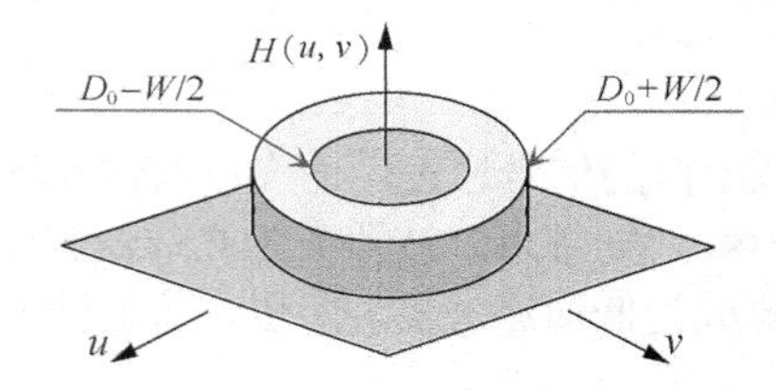

图 4.4.2　放射对称的带通滤波器透视图　□

带通滤波器允许一定频率范围内的分量通过，而阻止其他频率范围内的分量通过。如果这个频率范围的下限是 0（上限不为∞），则带通滤波器成为低通滤波器。如果这个频率范围的上限是∞（下限不为 0），则带阻滤波器成为高通滤波器。所以，低通滤波器和高通滤波器也都可看作带通滤波器的特例。

例 4.4.3　各种滤波的效果比较

图 4.4.3 为各种滤波的一组示例图。图 4.4.3（a）是原始图像；图 4.4.3（b）是低通滤波器（在频域）的示意图，中心低频部分可通过，周围高频部分通不过；图 4.4.3（c）是低通滤波结果；图 4.4.3（d）是高通滤波器的示意图，中心低频部分通不过，周围高频部分可通过；图 4.4.3（e）是高通滤波结果；图 4.4.3（f）是带通滤波器的示意图，最中心的低频部分通不过，周围一定范围的中频部分可通过，但更远的高频部分又通不过；图 4.4.3（g）是带通滤波结果；图 4.4.3（h）是带阻滤波结果，所用带阻滤波器正好与图 4.4.3（f）互补。

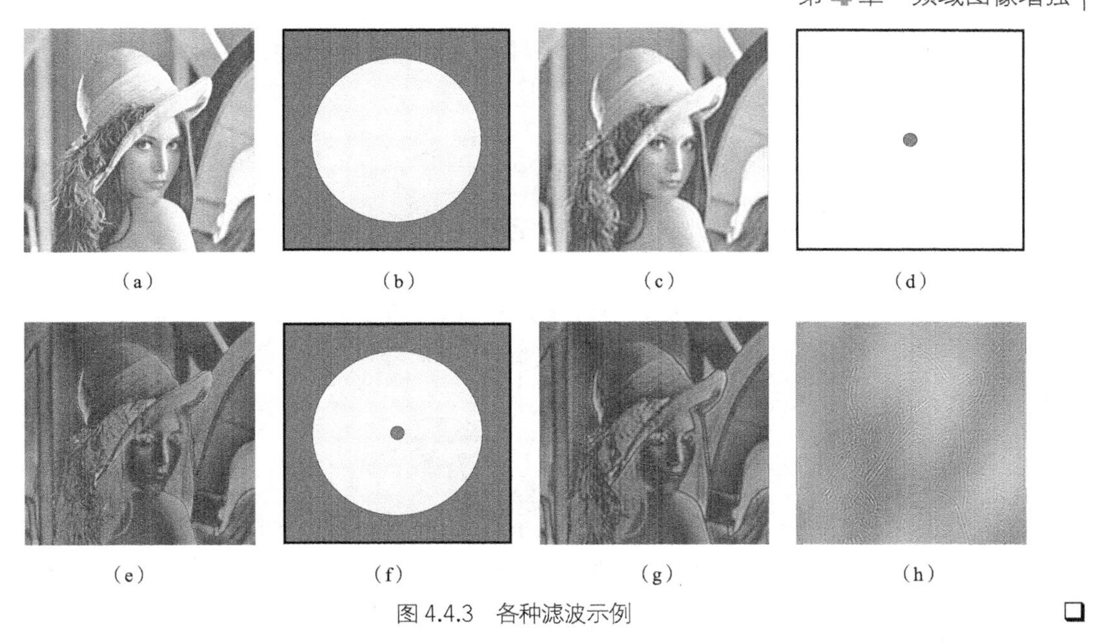

图 4.4.3 各种滤波示例 □

4.4.3 陷波滤波器

因为**陷波滤波器**可以阻止或通过以某个频率为中心的邻域里的频率，所以本质上仍然是带阻或带通滤波器，且可分别称为陷波带阻滤波器和陷波带通滤波器。

一个用于消除以(u_0, v_0)为中心，以 D_0 为半径的区域内所有频率的**理想陷波带阻滤波器**的转移函数为

$$H(u,v)=\begin{cases}0 & \text{如 } D(u,v)\leqslant D_0\\ 1 & \text{如 } D(u,v)>D_0\end{cases} \tag{4.4.5}$$

其中

$$D(u,v)=\left[(u-u_0)^2+(v-v_0)^2\right]^{1/2} \tag{4.4.6}$$

傅里叶变换有对称性，为了消除并不是以原点为中心的给定区域内的频率，陷波带阻滤波器必须两两对称地工作，即式（4.4.5）和式（4.4.6）需要改成

$$H(u,v)=\begin{cases}0 & \text{如 } D_1(u,v)\leqslant D_0 \text{ 或 } D_2(u,v)\leqslant D_0\\ 1 & \text{其他}\end{cases} \tag{4.4.7}$$

其中

$$D_1(u,v)=\left[(u-u_0)^2+(v-v_0)^2\right]^{1/2} \tag{4.4.8}$$

$$D_2(u,v)=\left[(u+u_0)^2+(v+v_0)^2\right]^{1/2} \tag{4.4.9}$$

例 4.4.4 理想陷波带阻滤波器的透视示意图

图 4.4.4 为典型的理想陷波带阻滤波器 $H(u, v)$的透视图。

类似于带通滤波器和带阻滤波器的互补关系，陷波带通滤波器和陷波带阻滤波器也是互补的。由理想陷波带阻滤波器可得到**理想陷波带通滤波器**。

例 4.4.5 理想陷波带通滤波器的透视示意图

图 4.4.5 为典型的理想陷波带通滤波器 $H(u, v)$的透视图。

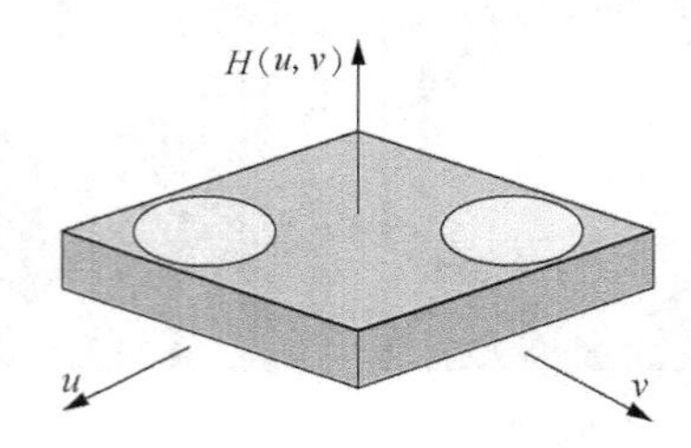

图 4.4.4　理想陷波带阻滤波器透视图 □

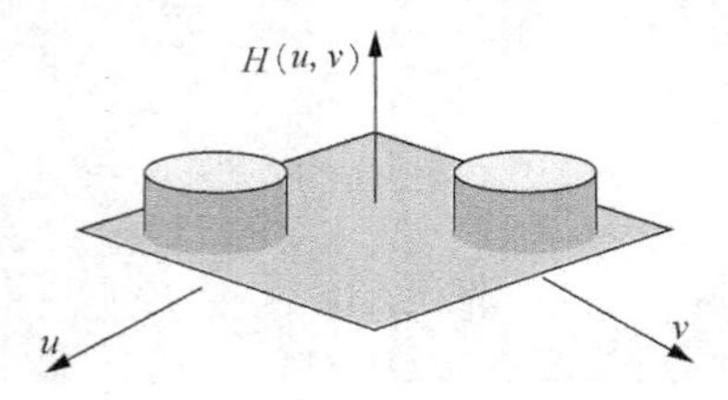

图 4.4.5　理想陷波带通滤波器透视图 □

n 阶**巴特沃斯陷波带阻滤波器**的转移函数为

$$H(u,v)=\frac{1}{1+\left[\dfrac{D_0^2}{D_1(u,v)D_2(u,v)}\right]^n} \tag{4.4.10}$$

高斯陷波带阻滤波器的转移函数为

$$H(u,v)=1-\exp\left\{-\frac{1}{2}\left[\frac{D_1(u,v)D_2(u,v)}{D_0^2}\right]\right\} \tag{4.4.11}$$

上述 3 种陷波带阻滤波器在 $u_0=v_0=0$ 时，都成为高通滤波器。考虑到带通滤波器和带阻滤波器的互补关系，当 $u_0=v_0=0$ 时，各种陷波带通滤波器都会成为低通滤波器。

4.4.4　交互消除周期噪声

借助陷波滤波器，可以消除**周期噪声**，但这需要事先了解噪声的频率。如果事先知道周期噪声的频率，就可以设计相应的滤波器自动消除噪声。如果事先不知道周期噪声的频率，可以将退化图像的频谱幅度图 $G(u, v)$显示出来。由于单频率的噪声会在频谱幅度图上产生两个离开坐标原点较远的亮点，这样很容易依靠视觉观察在频率域交互地确定出脉冲分量的位置，并在该位置利用带阻滤波器消除它们。这种人机交互能提高图像恢复的灵活性和效率。

在实际应用中，周期噪声常包含多个频率分量，为此需要提取其中的主要频率。这需要在频率域中对应每个亮点的位置放一个带通滤波器 $H(u, v)$。如果能建造一个仅允许通过与干扰模式相关分量的 $H(u, v)$，这种结构模式的傅里叶变换就是

$$P(u,v)=H(u,v)G(u,v) \tag{4.4.12}$$

因为建造这样一个 $H(u, v)$，需要进行许多判断以确定每个亮点是或不是干扰亮点。所以这个工作常需要观察 $G(u, v)$的频谱显示来交互地完成。当一个滤波器确定后，周期噪声可由下式得到。

$$p(x,y)=\mathcal{F}^{-1}\{H(u,v)\ G(u,v)\} \tag{4.4.13}$$

如果能完全确定 $p(x, y)$，从 $g(x, y)$中减去 $p(x, y)$就可得到 $f(x, y)$。在实际应用中，只能得到这个模式的某种近似。为减少对 $p(x, y)$的估计中没有顾及分量的影响，可从 $g(x, y)$中减去加权的

$p(x, y)$以得到$f(x, y)$的近似。即

$$\hat{f}(x,y) = g(x,y) - w(x,y)\,p(x,y) \tag{4.4.14}$$

式（4.4.14）中的 $w(x, y)$称为权函数，改变它可以获得在某种意义下最优的结果。

例 4.4.6 交互式恢复示例

图 4.4.6 为用交互式恢复消除正弦干扰模式（一种周期噪声）的实例。图 4.4.6（a）为受到正弦干扰模式覆盖后的图像。图 4.4.6（b）是它的傅里叶频谱幅度图，其上有一对较明显的（脉冲）白点（亮线相交处）。这是因为，如果正弦干扰模式 $s(x, y)$的幅度为 A，频率分量为(u_0, v_0)，即 $s(x, y) = A\sin(u_0x + v_0y)$，则它的傅里叶变换为

$$S(u,v) = \frac{-\mathrm{j}A}{2}\left[\delta\left(u - \frac{u_0}{2\pi}, v - \frac{v_0}{2\pi}\right) - \delta\left(u + \frac{u_0}{2\pi}, v + \frac{v_0}{2\pi}\right)\right]$$

上式只有虚分量，代表一对位于频率平面上坐标分别为$(u_0/2\pi,\ v_0/2\pi)$和$(-u_0/2\pi,\ -v_0/2\pi)$，强度分别为$-A/2$ 和 $A/2$ 的脉冲。

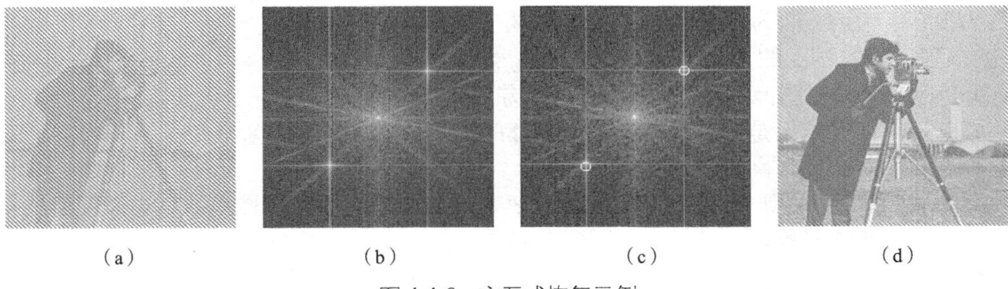

图 4.4.6 交互式恢复示例

为滤除这样的两个脉冲，可以通过交互的方式在图 4.4.6（c）中两个白点处放置两个带阻滤波器。这两个带阻滤波器的截断频率要尽可能小一些，以免滤除过多的原始图像内容。将噪声消除后，可以再取傅里叶反变换，最后得到图 4.4.6（d）所示的恢复结果。 ❑

4.5 同态滤波器

同态滤波是一种在频域中同时将图像亮度范围压缩和将图像对比度增强的方法。同态滤波也可用于消除图像中的乘性噪声。

同态滤波基于 2.2 节介绍的亮度成像模型。在 2.2 节中提到可以将一幅图像 $f(x, y)$表示成它的**照度分量** $i(x, y)$与**反射分量** $r(x, y)$的乘积。根据该模型，可用下列方法把这两个分量分开来并分别滤波，整个过程如图 4.5.1 所示，主要步骤如下。

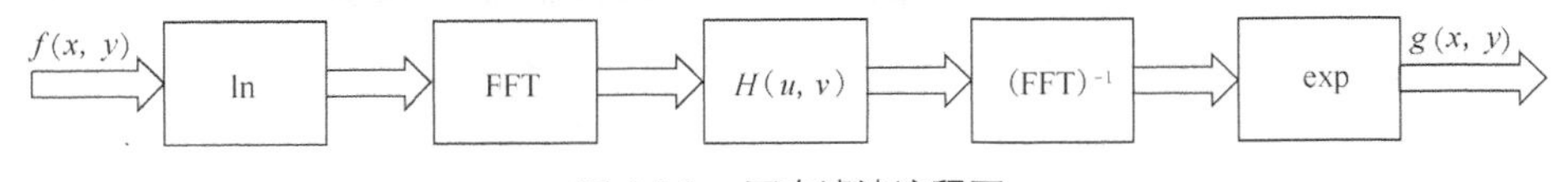

图 4.5.1 同态滤波流程图

（1）对式（2.2.2）的两边同时取对数，即

$$\ln f(x,y) = \ln i(x,y) + \ln r(x,y) \tag{4.5.1}$$

（2）将式（4.5.1）两边取傅里叶变换，得

$$F(u,v) = I(u,v) + R(u,v) \tag{4.5.2}$$

（3）设用一个频域增强函数 $H(u, v)$去处理 $F(u, v)$，得

$$H(u,v)F(u,v) = H(u,v)I(u,v) + H(u,v)R(u,v) \tag{4.5.3}$$

（4）将处理结果反变换到空域，得

$$h_f(x,y) = h_i(x,y) + h_r(x,y) \tag{4.5.4}$$

可见增强后的图像是由分别对应照度分量与反射分量的两部分叠加而成的。

（5）将反变换结果式的两边取指数，得

$$g(x,y) = \exp\left| h_f(x,y) \right| = \exp\left| h_i(x,y) \right| \bullet \exp\left| h_r(x,y) \right| \tag{4.5.5}$$

这里，$H(u, v)$称作**同态滤波函数**，它可以分别作用于照度分量和反射分量上。因为一般照度分量在空间变化比较缓慢，而反射分量（由景物表面性质决定）在不同物体的交界处会急剧变化，所以图像对数的傅里叶变换后的低频部分主要对应照度分量，高频部分主要对应反射分量。以上特性表明，可以设计对傅里叶变换结果的高频和低频分量影响不同的滤波函数 $H(u, v)$。图 4.5.2 为该函数的剖面图，将它绕纵轴转 360° 就得到完整的 2-D 的 $H(u, v)$。如果选择 $H_L < 1$，$H_H > 1$，$H(u, v)$就会一方面减弱图像中的低频分量，另一方面加强图像中的高频分量，最终结果是同时压缩了图像整体的动态范围（低频分量减少了）和增加了图像相邻各部分之间的对比度（高频分量加强了）。

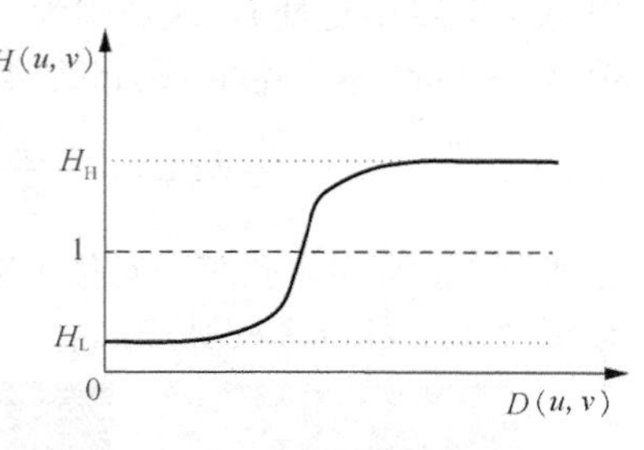

图 4.5.2　同态滤波函数的剖面图

观察图 4.5.2 可以发现，同态滤波函数与 4.3 节的高通滤波器的转移函数有类似的形状。事实上，可以用高通滤波器的转移函数来逼近同态滤波函数，只要将原来在[0, 1]中定义的高通滤波器转移函数映射到[H_L, H_H]区间，然后加上 H_L 就可以了。如果高通滤波器的转移函数用 $H_{high}(u, v)$表示，同态滤波函数用 $H_{homo}(u, v)$表示，则由 $H_{high}(u, v)$到 $H_{homo}(u, v)$的映射为

$$H_{homo}(u,v) = [H_H - H_L]H_{high}(u,v) + H_L \tag{4.5.6}$$

例 4.5.1　同态滤波的增强效果

图 4.5.3 为同态滤波效果的示例。

（a）

（b）

图 4.5.3　同态滤波增强效果

图 4.5.3（a）为一幅人脸图像，单一侧光照明的原因使得人脸的右侧产生阴影，头发的发际线很不清晰。图 4.5.3（b）为用 $H_L = 0.5$，$H_H = 2.0$ 进行同态滤波得到的增强结果。图像增强后，人脸与头发明显分开，衣领也看出来了。在本例中，同态滤波同时使动态范围压缩（如眼睛处）并使对比度增加（如人脸与头发交界处）。 ❑

前面介绍的低通、高通、带通和带阻等线性滤波器可以较好地消除线性叠加在图像上的加性噪声。但在实际应用中，噪声和图像也常以非线性的方式结合。一个典型的例子就是使用光源照明成像时的情况，其中光的入射和景物的反射以相乘的形式对成像做出贡献，这样成像中的噪声

与景物也是相乘的关系。在同态滤波消噪中，先利用非线性的对数变换将乘性的噪声转化为加性的噪声，然后可用线性滤波器来消除，最后进行非线性的指数反变换，以获得原始的“无噪声”图像。

对同态滤波消噪可做如下分析。考虑所获得的带有（乘性）噪声的图像 $g(x, y)$为

$$g(x, y) = f(x, y)[1 + n(x, y)] \tag{4.5.7}$$

式（4.5.7）中，$f(x, y)$是无噪的图像，$n(x, y)$是噪声且满足$|n(x, y)| << 1$。对两边同时取对数得到

$$\ln g(x, y) = \ln f(x, y) + \ln[1 + n(x, y)] \approx \ln f(x, y) + n(x, y) \tag{4.5.8}$$

现在噪声 $n(x, y)$与信号 $f(x, y)$的对数为近似加性的关系，如果能将 $n(x, y)$完全从 $\ln[g(x, y)]$中消除，就可获得对 $f(x, y)$的比较准确的逼近。

同态滤波原理可在任何噪声模型化为在式（4.5.9）的情况下工作。

$$g(x, y) = H^{-1}[H(f(x, y)) + N(x, y)] \tag{4.5.9}$$

式（4.5.9）中 $g(x, y)$是采集到的图像，H 代表非线性可逆变换，$N(x, y)$是对应的噪声频谱。

4.6　空域技术与频域技术

本章介绍的频域增强技术与第 3 章介绍的空域增强技术有密切的联系。一方面，许多空域增强技术可借助频域概念来分析和帮助设计；另一方面，许多空域增强技术可转化到频域来实现，而许多频域增强技术也可转化到空域来实现。

4.6.1　空域技术的频域分析

借助频域的概念分析空域滤波的工作原理通常比较直观。

空域滤波主要包括**平滑滤波**和**锐化滤波**。平滑滤波是要滤除不规则的噪声或干扰的影响。从频域的角度看，因为不规则的噪声具有较高的频率，所以可借助具有低通能力的频域滤波器来滤除。由此可见，空域的平滑滤波对应频域的低通滤波。锐化滤波是要增强边缘和轮廓处的强度。从频域的角度看，因为边缘和轮廓处都具有较高的频率，所以可用具有高通能力的频域滤波器来增强。由此可见，空域的锐化滤波对应频域的高通滤波。

空域增强时，图像和模板间的模板运算是一种卷积运算。根据卷积定理，在频域中，图像的傅里叶变换和模板的傅里叶变换间的对应运算是乘法运算。这样来看，在频域中，低通滤波器的转移函数应该对应空域中平滑滤波器的模板函数的傅里叶变换。或者说，对频域在低通滤波器的转移函数求傅里叶反变换就可得到空域中平滑滤波器的模板函数。同理，频域在高通滤波器的转移函数应该对应空域中锐化滤波器的模板函数的傅里叶变换。或者说，将频域在高通滤波器的转移函数求傅里叶反变换就可得到空域中锐化滤波器的模板函数。

图 4.6.1（a）为频域中低通滤波器的转移函数的剖面示意图，对其求傅里叶反变换，得到图 4.6.1（b）所示的空域中平滑滤波器的模板函数的剖面示意图。由图 4.6.1（b）可见，平滑模板系数的取值均应为正，而且在中部比较大且接近。图 4.6.1（c）为频域中高通滤波器的转移函数的剖面示意图，对其求傅里叶反变换，得到图 4.6.1（d）所示的空域中锐化滤波器的模板函数的剖面示意图。由图 4.6.1（d）可见，锐化模板系数的取值在接近原点处为正，在远离原点处为负。

例如，用于邻域平均的 3 × 3 模板的系数都为 1，这相当于在图 4.6.1（b）中取了 3 个同等高度的采样来近似模板函数曲线；用于加权平均的 3 × 3 模板的系数在第一行内和第三行内均为 1，2，1，在第二行内分别为 2，4，2，这相当于在图 4.6.1（b）中取了中间高两边低的 3 个采样来近似模板函数曲线；而使用高斯加权时，相当于用高斯分布曲线来逼近图 4.6.1（b）中的模板函数曲线。

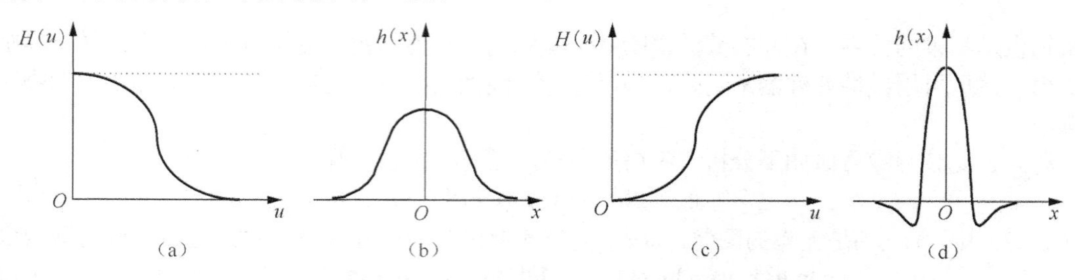

图 4.6.1 平滑和锐化滤波器在频域和空域的剖面示意图

现在考虑线性锐化滤波器，由图 4.6.1（d）可知，这种滤波器模板的中心系数应为正，周围的系数应为负的。对于 3 × 3 的模板来说，两种典型的系数取值分别如图 3.4.5 中的两个模板所示，一种是取模板中心系数为 4，取其 4-邻域处的系数为−1，这是一种**拉普拉斯模板**；还有一种是取模板中心系数为 8，取其余系数为−1，这也是一种拉普拉斯模板。

上述两种模板的所有系数之和均为 0。当这样的模板放在图像中，灰度值是常数或变化很小的区域时，其卷积输出为 0 或很小。使用这样的滤波器会将原图中的零频率分量去除掉，也就是将输出图的平均灰度值变为 0，这样图中就会有一部分像素灰度值小于 0。因为在图像处理中，一般只考虑正的灰度值，所以还需将输出图灰度值范围通过尺度变换（一般用线性的变换）变回到 $[0, L-1]$的范围。

4.6.2 空域或频域技术的选择

空域滤波器和频域滤波器可组成**傅里叶变换对**。如果给定一个域内的滤波器，可通过傅里叶变换或反变换得到在另一个域内对应的滤波器。如果两个域内的滤波器具有相同的尺寸，那么借助快速傅里叶变换在频域中滤波一般效率更高。但是，因为在空域常可以使用较小的滤波器来达到（局部）相似的滤波效果，所以计算量也有可能反而较小。

在空域和频域的两个高斯滤波器组成傅里叶变换对，且均对应实高斯函数，这样可以不用考虑复数计算。对应图 4.6.1（a）所示的频域高斯滤波器可写为（A 为幅度系数）

$$H(u) = A\exp(-u^2 / 2\sigma^2) \tag{4.6.1}$$

而与之对应的图 4.6.1（b）所示的空域高斯滤波器可写为

$$h(x) = \sqrt{2\pi}\sigma A\exp(-2\pi^2 2\sigma^2 x^2) \tag{4.6.2}$$

式（4.6.1）和式（4.6.2）中的σ为高斯分布的标准差。如果 $H(u)$有较大的σ，则 $h(x)$会比较窄。换句话说，如果频域高斯滤波器允许较多的低频分量通过，则对应的空域模板可取得比较小，即平滑作用比较弱。反之，如果频域高斯滤波器允许较少的低频分量通过，则对应的空域模板要取得比较大，以加强平滑作用（同时也增强了模糊效果）。

对应图 4.6.1（c）所示的频域高斯滤波器可写为（A 和 B 均为幅度系数）

$$H(u) = A\exp(-u^2 / 2\sigma_1^2) - B\exp(-u^2 / 2\sigma_2^2) \tag{4.6.3}$$

式（4.6.3）中，$A \geqslant B$，$\sigma_1 > \sigma_2$。而与之对应的如图 4.6.1（d）所示的空域高斯滤波器可写为

$$h(x) = \sqrt{2\pi}\sigma_1 A\exp(-2\pi^2 2\sigma_1^2 x^2) - \sqrt{2\pi}\sigma_2 B\exp(-2\pi^2 2\sigma_2^2 x^2) \tag{4.6.4}$$

注意这里的空域高斯滤波器取值有正有负，而且，随着 x 的增加，一旦 $h(x)$取负值后，再也不会变为正值。由上面的讨论可知，空域的锐化滤波或频域的高通滤波可用两个空域的平滑滤波器或两个频域的低通滤波器来实现。由上还可知，使用高斯滤波器时，空域和频域的函数形式类似，所以增强本身所需的计算量是差不多的。

因为频域中滤波器的转移函数和空域中的脉冲响应函数或点扩散函数构成一个**傅里叶变换**

对，所以空域滤波与频域滤波有对应的关系。频域中的滤波器有可能在空域中实现，空域中的滤波器也有可能在频域中实现。例如，要在空域实现4.3.2节中的高频提升滤波器，也可以使用类似于图3.4.5所示的3×3的模板，只要将其中心系数分别取为$5A-1$和$9A-1$就可以了。

在频域中分析图像的频率成分与图像的视觉效果间的对应关系比较直观。有些在空间域中比较难以表述和分析的图像增强任务可以比较简单地在频域中表述和分析。因为在频域设计滤波器比较方便，所以在实际应用中，常常先在频域设计滤波器，然后对其进行反变换，得到空域中对应的滤波器，再借此结果指导设计空域滤波器模板。空域滤波在具体实现上和硬件设计时都有一些优点。

最后需要指出，空域技术和频域技术还是有一些区别的。例如，空域技术无论是使用点操作，还是模板操作，每次都只是基于部分像素的性质，而频域技术每次都利用了图像中所有像素的数据信息，具有全局的性质，有可能更好地体现图像的整体特性，如整体对比度和平均灰度值等。

总结和复习

下面简单小结本章各节，并有针对性地介绍一些可供深入学习的参考文献。进一步复习还可通过思考题和练习题进行，标有星号（*）的题在书末提供了参考解答。

【小结和参考】

4.1节介绍傅里叶变换及其性质定理。傅里叶变换是一种复数变换，它把图像从图像空间转换到频率空间。傅里叶变换的频谱和相位角共同描述了原始图像在频率空间的特点。有关傅里叶变换的详细介绍可参见信号处理方面的图书（如[郑2006]）。傅里叶变换在图像处理和分析技术中的应用在各相关图书中均有介绍（如[Sonka 2014]、[Gonzalez 2018]、[章2018b]）。顺便指出，在许多滤波应用中，可以用Hartley变换[Bracewell 1986]替换傅里叶变换。

该节介绍的可分离和对称概念很重要，具有这些性质的变换在计算上有明显优势，特别是可将高维计算转化为低维计算，这对图像尤为重要。另外，具有这些性质的变换可采用矩阵形式描述，形式上也比较简单清晰。相关讨论还可见文献[Pratt 2007]。

4.2节介绍低通滤波器，包括理想低通滤波器和实用低通滤波器。理想低通滤波器是“非物理”的，虽然用它解释滤波原理比较简单，但在实际应用中，只有也只能使用其他类型的能抑制“振铃”现象/效应出现的滤波器。因为低通滤波器在频域的处理本质上是抑制高频率的分量而保持低频率的分量，所以相当于一个位于原点的窗函数，可以消除噪声但会使图像产生模糊。频域滤波的方法很多，可进一步参见其他图像处理和分析的图书（如[Pratt 2007]、[Sonka 2014]、[Russ 2015]、[Gonzalez 2018]、[章2018b]）。

4.3节介绍高通滤波器，包括基本高通滤波器和特殊高通滤波器。频域高通滤波器与频域低通滤波器的效果相反，可保持高频分量而抑制低频分量，可增强图像中的边缘而使图像中区域的轮廓明显。不过单独将低频分量滤除会使得图像减弱变暗影响视觉效果。为此，需要采用高通增强滤波和高频提升滤波的方法，保留或恢复部分低频分量。相关的讨论还可参见其他图像处理和分析的图书（如[Gonzalez 2018]、[章2018b]）。

4.4节介绍带阻带通滤波器，包括带阻滤波器、带通滤波器、陷波带阻滤波器和陷波带通滤波器。带通和带阻滤波器的共同特点是都允许一定频率范围内的信号通过，而阻止其他频率范围内的信号通过。它们都可看作低通和高通滤波器的推广，调整带通或带阻滤波器的截止频率，都可取得低通和高通滤波器的效果。不过考虑到傅里叶变换的对称性，带通或带阻滤波器必须两两对称地工作，以保留或消除不是以原点为中心的给定区域内的频率[Gonzalez 2018]。

4.5节介绍同态滤波器。这是一种特殊的频域增强滤波器，它基于2.2节介绍的图像亮度成像模型，并结合使用了线性和非线性技术。利用同态滤波还可以消除乘性噪声，具体方法是先利用非线性的对数变换将乘性的噪声转化为加性的噪声，然后用线性滤波器消除噪声后，再进行非线性的指数反变换，以获得原始的“无噪声”图像[Dougherty 1994]。

4.6 节讨论空域技术和频域技术的联系。这里将频域技术与空域技术结合讨论，并分析建立了两者之间的联系。在空域中实现线性滤波的工作原理可借助频域中的概念分析，并可借助频域分析结果设计空域滤波器。在许多介绍图像处理的图书中，它们都是放在一起介绍的，如[Pratt 2007]、[Sonka 2008]、[Russ 2015]。

【思考题和练习题】

4.1　已知 $N\times N$ 的 $f(x, y)$ 的傅里叶变换为 $F(u, v)$，写出 $f(x, y)\exp[\mathrm{j}\pi(x+y)]$ 的傅里叶变换。

4.2　一个 2-D 函数在以坐标(0, 0)为其中心的单位正方形外为 0，在以坐标(0, 0)为其中心的半个单位的正方形内也为 0，而在其他位置均为 1。计算它的傅里叶变换。

4.3　参照图 4.2.2，具体分析巴特沃斯低通滤波器滤波输出图振铃效应不明显的原因。

*4.4　相比 z 式（4.2.3），巴特沃斯低通滤波器的转移函数的更一般形式为

$$H(u,v)=\frac{1}{1+s\left[D(u,v)/D_0\right]^{2n}}$$

上式中的 s 为一个实数，可调节频率比值的权重。要使截断频率值为使 H 降到最大值的 $1/\sqrt{2}$ 时的频率，s 的取值应是多少？

4.5　结合使用低通滤波器和高通滤波器能获得哪些类型的滤波效果，具体要如何设置滤波器的截止频率？

4.6　写出巴特沃斯陷波带阻滤波器的转移函数。

4.7　从放射对称的高斯带阻滤波器的转移函数出发，推导与它对应的放射对称的高斯带通滤波器的转移函数。

4.8　写出指数陷波带通滤波器的转移函数。

4.9　同态滤波器与高频增强滤波器有哪些相似之处？

4.10　如果要在空域用模板运算实现高频增强滤波器的效果，所用模板与图 3.4.5 中的模板应有什么不同？

*4.11　用图题 4.11（a）所示的模板与图像卷积可获得对图像低通滤波的效果，那么用图题 4.11（b）所示的模板与图像卷积可获得什么效果呢？试给出图题 4.11（b）所示的模板在频域的等价滤波器 $H(u, v)$，并解释其功能。

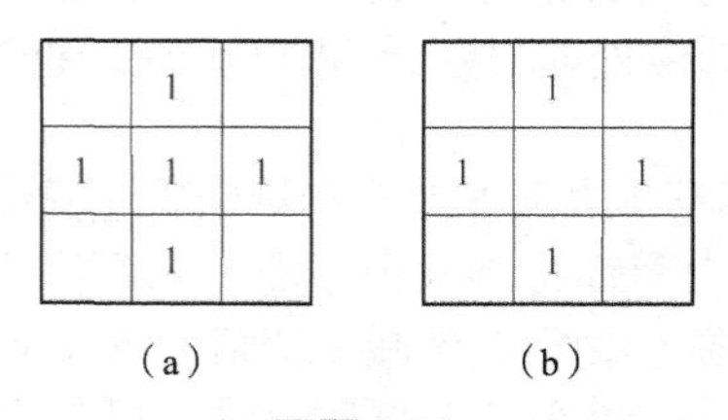

图题 4.11

4.12　试借助频域概念讨论空间滤波中的平滑滤波器和锐化滤波器的联系。

第 5 章 图像恢复

图像恢复也称**图像复原**，是图像处理中的一大类技术。图像恢复与图像增强（见第 3 章和第 4 章）有密切的联系。图像恢复与图像增强的相同之处是，它们都要得到在某种意义上改进的图像，或者说都希望要改进输入图像的视觉质量。图像恢复与图像增强的不同之处是，图像增强技术一般要借助人的视觉系统的特性以取得看起来较好的视觉结果，图像恢复则认为图像（质量）是在某种情况/条件下退化或恶化了（图像品质下降了、失真了），现在需要根据相应的退化模型和知识重建或恢复原始的图像。换句话说，图像恢复技术是要将图像退化的过程模型化，并据此采取相反的过程，以得到原始的图像。由此可见，图像恢复要根据一定的图像退化模型来进行。

例如，噪声是一种常见的图像退化因素，根据对噪声特点的一般了解，虽然可以采用不同的增强技术（详见第 3 章和第 4 章），但如果对噪声模型有更好的把握，采用图像恢复技术来处理则有可能获得更好的效果。又如，大气中的雾霾会使图像在采集时受到各种影响而发生质量退化。近年来，人们通过分析雾霾图像的退化机理，建立图像降质/图像退化的物理模型，从而有针对性地实现图像去雾，并取得了比较好的效果，使图像恢复技术成为了图像去雾领域的主流方法。

图像恢复技术可以有多种分类方法。在给定模型的条件下，图像恢复技术可分为无约束的和有约束的两大类。根据是否需要外来干预，图像恢复技术又可分为自动的和交互的两大类。另外根据处理所在域，图像恢复技术还可分为频域和空域两大类。许多图像恢复技术需要借助频域处理的概念，但近年来，越来越多的空域处理技术得到了应用。

无约束恢复的方法仅将图像看作一个数字矩阵，没有考虑恢复后图像应受到的物理约束，只从数学角度处理。有约束恢复的方法还考虑到恢复后的图像应该受到一定的物理约束，如在空间上比较平滑、其灰度值为正等。

本章各节内容安排如下。

5.1 节介绍图像退化的一些典型情况，特别是对常见的造成退化的噪声给出了定量的描述，还讨论了一个简单通用的基本图像退化模型。

5.2 节介绍了两大类滤波器，即均值滤波器和排序统计滤波器，并比较了它们的效果。它们可用于消除仅由空域噪声造成退化的图像中的一些噪声。

5.3 节介绍了将不同类型滤波器组合起来的两种思路，一种是将均值滤波器和排序统计滤波器混合串联起来以提高速度，另一种是根据噪声选择对应的滤波器，以提高滤波效果。

5.4 节介绍无约束恢复，包括无约束恢复模型、典型的无约束恢复技术——逆滤波，以及利用逆滤波恢复匀速直线运动造成的运动模糊的方法。

5.5 节介绍有约束恢复，包括有约束恢复模型、典型的有约束恢复技术——维纳滤波，并与逆滤波进行了对比。

5.6 节介绍近年来广泛关注的图像修补（一类有特色的图像恢复技术），先介绍原理，再给出实例。

5.7 节介绍图像超分辨率技术，在建立基本模型的基础上，分别讨论了基于单幅图像的超分辨率复原和基于多幅图像的超分辨率重建。

5.1 图像退化和噪声

图像退化是一个复杂的过程，受到多种因素的影响，也有许多类型。噪声是一种常见的和重要的图像退化因素。

5.1.1 图像退化示例

图像退化是指由场景得到的图像没能完全地反映场景的真实内容，产生了失真等问题。有许多方式可以采集和获得图像，也有很多原因可以导致图像退化。一般用图像退化来表示和描述图像工程中，各种图像质量的下降过程和下降因素。图像退化的实例很多，如图像的模糊、变形，噪声叠加产生的影响，透镜色差或像差，聚焦不准等。

在图像采集过程中产生的许多种退化常被称为**模糊**，它对目标的频谱宽度有**带限**的作用。在图像记录过程中产生的主要退化常被称为**噪声**，它可来源于测量误差、计数误差等。如果用频率分析的语言来说，模糊是高频分量得到抑制或消除的过程。一般模糊是一个确定的（Deterministic）过程，在多数情况下，常可用一个足够准确的数学模型来描述它。另外，用频率分析的语言来说，噪声常常对应高频分量。因为噪声干扰一般是一个统计过程，所以噪声对一个特定图像的影响常是不确定的。在很多情况下，人们最多只对这个过程的统计特性有一定的知识。

对一些具体的退化过程和类型可以给出一些直观的描述。下面举几个例子，如图 5.1.1 所示。其中每列图的上图代表没有退化时的情况，下图代表有退化时的情况。

（1）图 5.1.1（a）表示非线性的退化，即原来亮度光滑或形状规则的图案变得不太规则了。例如，广播电视中的亮度信号并不是实际的亮度信号，这是因为早期显示设备的转移特性是指数约为 2.2 的幂函数。

（2）图 5.1.1（b）表示模糊造成的退化。对于许多实用的光学成像系统来说，由于孔径衍射产生的退化可用这种模型表示。其主要特征是原本比较清晰的图案变大，边缘变得模糊。

（3）图 5.1.1（c）表示场景中目标（快速）运动造成的模糊退化，在拍摄过程中摄像机发生振动，也会产生这种退化。目标的图案沿运动方向拖长，变得有叠影。在实际拍摄过程中，如果目标运动超过图像平面上一个像素以上的距离，就会造成模糊。使用望远镜头的系统（视场较窄）对这类图像的退化非常敏感。

（4）图 5.1.1（d）表示随机噪声的叠加，这也可看作一种具有随机性的退化。原本只有目标的图像叠加了许多随机的亮点和暗点，目标和背景都受到影响。

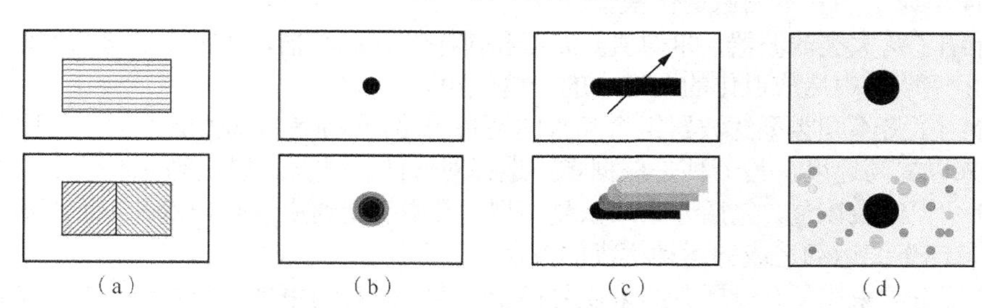

图 5.1.1　4 种常见退化的示例

5.1.2 基本退化模型

图 5.1.2 所示为一个简单通用的**基本图像退化模型**。在这个模型中，图像退化过程被模型化为一个作用在输入图像 $f(x, y)$上的系统 H。它与一个加性噪声 $n(x, y)$的联合作用导致产生退化图像 $g(x, y)$。根据这个模型恢复图像就是要在给定 $g(x, y)$和代表退化的 H 的基础上得到对 $f(x, y)$某个近似的过程。这里假设已知 $n(x, y)$的统计特性。

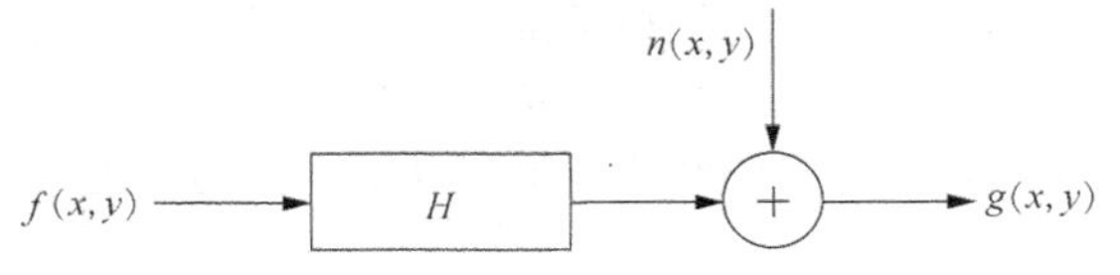

图 5.1.2 简单通用的基本图像退化模型

图 5.1.2 中的输入和输出具有如下关系。

$$g(x,y) = H\left[f(x,y)\right] + n(x,y) \tag{5.1.1}$$

令 k_1 和 k_2 为常数，$f_1(x, y)$和 $f_2(x, y)$为两幅输入图像，如果退化系统 H 满足下式，则称为线性系统（这里假设 $n(x, y) = 0$）。

$$H\left[k_1 f_1(x,y) + k_2 f_2(x,y)\right] = k_1 H\left[f_1(x,y)\right] + k_2 H\left[f_2(x,y)\right] \tag{5.1.2}$$

下面讨论线性系统的 3 个性质。

（1）相加性。在式（5.1.2）中，如果 $k_1 = k_2 = 1$，则变成

$$H\left[f_1(x,y) + f_2(x,y)\right] = H\left[f_1(x,y)\right] + H\left[f_2(x,y)\right] \tag{5.1.3}$$

式（5.1.3）指出线性系统对两个输入图像之和的响应等于它对两个输入图像响应的和。

（2）一致性。式（5.1.2）中，如果 $f_2(x, y) = 0$，则变成

$$H\left[k_1 f_1(x,y)\right] = k_1 H\left[f_1(x,y)\right] \tag{5.1.4}$$

上式指出，线性系统对常数与任意输入乘积的响应等于常数与该输入的响应的乘积。

（3）位置（空间）不变性。如果对任意 $f(x, y)$以及 a 和 b，有

$$H\left[f(x-a, y-b)\right] = g(x-a, y-b) \tag{5.1.5}$$

上式指出，线性系统在图像任意位置的响应只与在该位置的输入值有关而与位置本身无关。

在图 5.1.1 中的 4 种情况中，图 5.1.1（a）、图 5.1.1（b）、图 5.1.1（c）是空间不变的，而图 5.1.1（b）、图 5.1.1（c）、图 5.1.1（d）可以是线性的。

如果线性退化系统 H 满足上述 3 个性质，则式（5.1.1）可以写成

$$g(x,y) = h(x,y) \otimes f(x,y) + n(x,y) \tag{5.1.6}$$

其中 $h(x, y)$为退化系统的脉冲响应。借助矩阵表达，式（5.1.6）可写成

$$\boldsymbol{g} = \boldsymbol{Hf} + \boldsymbol{n} \tag{5.1.7}$$

根据卷积定理，在频率域中有

$$G(u,v) = H(u,v)F(u,v) + N(u,v) \tag{5.1.8}$$

对于非线性退化，有一种模型可用图 5.1.3 来表示，其中的线性部分 H 被单独提了出来，而非线性部分 K 是纯非线性的（如胶片的 D-log$E$ 曲线）。图 5.1.3 中的输入和输出具有如下关系。

$$g(x,y) = K\left\{H\left[f(x,y)\right]\right\} + n(x,y) = K\left[b(x,y)\right] + n(x,y) \tag{5.1.9}$$

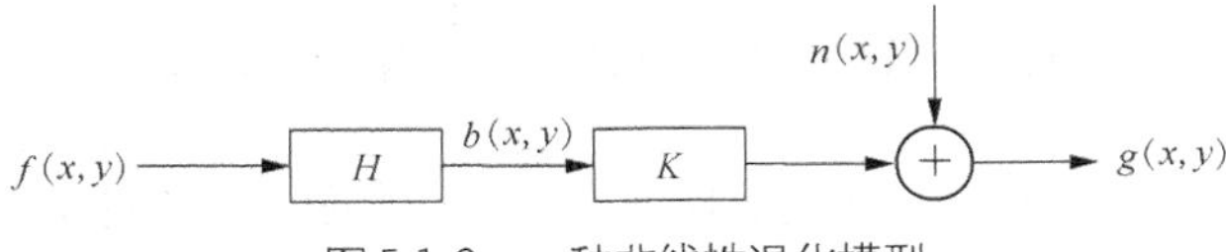

图 5.1.3 一种非线性退化模型

5.1.3 典型噪声

噪声是一种重要的和常见的退化因素，也是图像恢复中重点研究的内容。人们一般认为噪声是烦人的东西。例如，无线电中的静电干扰或道路上的喧闹声会影响人的对话或欣赏音乐，电视上的雪花点或不洁的纸张打印效果降低了人们观看和理解的能力。

1．噪声、信号和信噪比

图像中的**噪声**可以定义为图像中不希望有的部分，或图像中不需要的部分。噪声既可能具有随机性，如电视屏幕上的椒盐噪声；也可能有一定的规律，如匀速直线运动导致的模糊。当电视图像由于电冰箱的电机干扰或行驶过去的摩托车的发动机干扰而产生独立的亮点时，噪声既有随机特性，也有一些规则特性。

对于信号来说，噪声是一种外部干扰。但噪声本身也是一种信号，只不过它携带了噪声源的信息。如果噪声与信号无关，就无法根据信号的特性来预测噪声的特性。但另一方面，如果噪声是独立的，则可在完全没有所需信号的情况下，研究噪声。有些噪声本质上与信号有关，但在这种情况下，其关系通常很复杂。在很多情况下，将噪声看成不确定的随机现象，主要采用概率论和统计的方法来处理。需要注意，所需的信号本身也可能有随机性，例如，用于对地测量的热微波或红外辐射就有这种特点。由上面的讨论可知，图像中的噪声并不需要与信号对立，它可以与信号有密切的联系。如果将信号除去，噪声也可能发生变化。

然而，噪声的问题常常不能完全看作一个纯科学或纯数学问题，因为噪声主要影响人类，所以在定义和测量噪声中，至少应该考虑人的反应。例如，对一个人的噪声或许是另一个人的信号，反过来也成立。噪声干扰人们注意力和接收能力的效果与它自身的特点有关，但也与人的生理和心理因素有关。例如，在观看电视时，黑噪声（即屏幕上的黑点）远比白噪声（如雪花点）的影响小。

在很多情况下，噪声的（随机/规则）特性不太重要，重要的是它的强度，或者说人们只关心它的强度。常用的**信噪比**（SNR）一词就反映了噪声相对于信号的强度比值。信噪比是放大器或通信系统的一个重要质量指标。典型的信噪比是用能量比（或电压平方比）来定义的。

$$SNR = 10\log_{10}\left(\frac{V_s^2}{V_n^2}\right) \tag{5.1.10}$$

其中，V_s代表信号电压，V_n代表噪声电压。但在一些特殊的应用中，信噪比也有一些变型。例如，在电视应用中，V_s采用峰-峰值，而V_n以均方根（RMS）为单位。此时得到的数值比都以均方根为单位得到的数值要高 9.03 dB。

在图像压缩中，信噪比用来作为表示压缩-解压缩图的一个客观保真度准则。如果将$\hat{f}(x,y)$看作原始图$f(x,y)$和噪声信号$e(x,y)$的和，那么输出图的**均方信噪比**SNR_{ms}为

$$SNR_{\text{ms}} = \sum_{x=0}^{M-1}\sum_{y=0}^{N-1}\hat{f}(x,y)^2 \Big/ \sum_{x=0}^{M-1}\sum_{y=0}^{N-1}\left[\hat{f}(x,y) - f(x,y)\right]^2 \tag{5.1.11}$$

如果对式（5.1.11）求平方根，就得到均方根信噪比SNR_{rms}。

在合成图像时，采用如下定义的信噪比进行控制。

$$SNR = \left(\frac{C_{\text{ob}}}{\sigma}\right)^2 \tag{5.1.12}$$

式（5.1.12）中，C_{ob}为目标与背景间的灰度对比度，σ为噪声均方差。

2．几种常见噪声

噪声形成的原因是多种多样的，其性质也千差万别，下面介绍几种常见的噪声。

（1）热噪声

热噪声与物体的绝对温度有关，也称 **Johnson 噪声**。在 19 世纪 20 年代，贝尔实验室的 Johnson 和 Nyquist 研究了导电载流子从热扰动（任何物质中的分子都永远处于由温度驱动的运动中）产生的噪声。这种热导致的噪声在从零频率直到很高的频率范围之间分布一致，一般认为它可以产生对不同波长有相同能量的频谱（或者说在频谱的任何地方，相同频率间隔内的能量相同）。这种噪声也称为高斯（其空间幅度符合高斯分布）噪声或白噪声（其频率覆盖整个频谱）。

（2）闪烁噪声

闪烁噪声也是由电流运动导致的一种噪声。事实上，电子或电荷的流动并不是连续的完美过程，它们的随机性会产生一个很难量化和测量的交流成分（随机 AC）。在由碳做成的电阻中，这种随机性会远大于一般的统计所能预料的数值。因为这种噪声一般具有反比于频率（$1/f$）的频谱，所以也称 **$1/f$ 噪声**，一般在 1 000 Hz 以下的低频时比较明显。它在对数频率间隔内有相同的能量（如 1～10 Hz 和 10～100 Hz 的噪声能量是相同的）。

（3）发射噪声

发射噪声也是电流非均匀流动，或者说电子运动有随机性的结果。这在电子从一个真空管的热阴极或从一个半导体三极管的发射极被发射出来时尤其明显。例如，显像管中的电流除根据图像信号变化外，还会根据电子的随机运动变化。这样，在本应该稳定的直流分量中实际上还保留了一个交流分量。发射噪声也常形象地称为“**房顶雨**”噪声。它也是一种高斯分布的噪声，可以用统计和概率的原理来量化。

（4）有色噪声

有色噪声是指具有非白色频谱的宽带噪声。典型的例子如运动的汽车、计算机风扇、电钻等产生的噪声等。另外，白噪声通过信道后，也会被“染色”为有色噪声。两种常见的有色噪声——**粉色噪声**和**褐色噪声**的示例如图 5.1.4 所示。相对白噪声来说，有色噪声中的低频分量占了较大比重。粉色噪声比褐色噪声的低频分量占比更大一些。

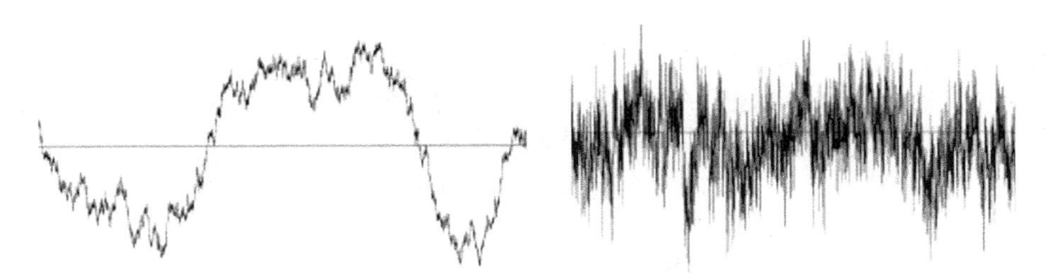

图 5.1.4 粉色和褐色噪声示例

5.1.4 噪声概率密度函数

由于噪声的影响，图像像素的灰度会发生变化。噪声本身的灰度可看作随机变量，其分布可用**概率密度函数**（PDF）来刻画。下面介绍几种重要的**噪声概率密度函数**。

1. 高斯噪声

高斯噪声是指噪声幅度的分布满足高斯分布的噪声。一个高斯随机变量 z 的 PDF 可表示如下。

$$p(z) = \frac{1}{\sqrt{2\pi}\,\sigma}\exp\left[-\frac{(z-\mu)^2}{2\sigma^2}\right] \tag{5.1.13}$$

式（5.1.13）中，z 代表灰度，μ 是 z 的均值，σ 是 z 的标准差。一个高斯噪声的概率密度函数如图 5.1.5 所示。高斯噪声的灰度值多集中在均值附近，随着与均值的距离增加而数量减少。

高斯噪声的典型例子是电子设备的噪声或传感器（由于不良照明或高温度而引发）的噪声。高斯噪声模型在数学上比较好处理，许多分布接近高斯分布的噪声也常用高斯噪声模型近似地来处理。高斯噪声是随机分布的，受高斯噪声作用的图像中的每像素都有可能受高斯噪声影响而改变灰度值，改变的灰度值多在均值附近。

2．均匀噪声

均匀噪声的 PDF 可表示为

$$p(z)=\begin{cases}1/(b-a) & a\leqslant z\leqslant b\\ 0 & 其他\end{cases} \tag{5.1.14}$$

均匀噪声的均值和方差分别为

$$\mu=(a+b)/2 \tag{5.1.15}$$

$$\sigma^2=(b-a)^2/12 \tag{5.1.16}$$

一个均匀噪声的概率密度函数如图 5.1.6 所示。均匀噪声灰度值的分布在一定范围内是均衡的。

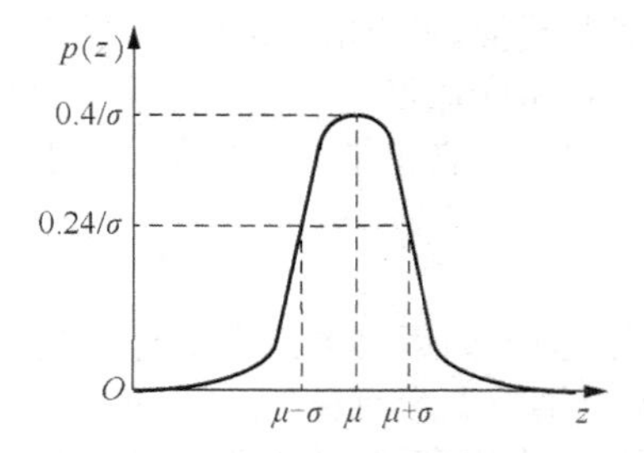

图 5.1.5　一个高斯噪声的概率密度函数

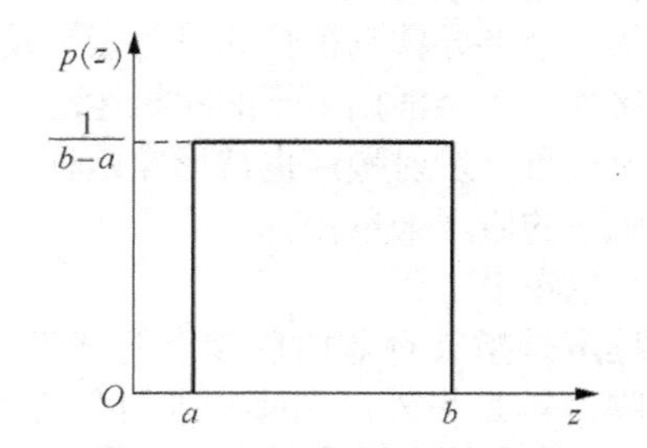

图 5.1.6　一个均匀噪声的概率密度函数

均匀噪声密度常作为许多随机数发生器的基础，例如，可用它根据大数定理来产生高斯噪声。均匀噪声也是随机分布的，即受随机噪声作用的图像中的每像素都有可能受到影响而改变灰度值，对于整幅图像，这个改变值在噪声灰度值范围内有相同的概率。

3．脉冲（椒盐）噪声

如图 5.1.7 所示，**脉冲噪声**的 PDF 可表示为

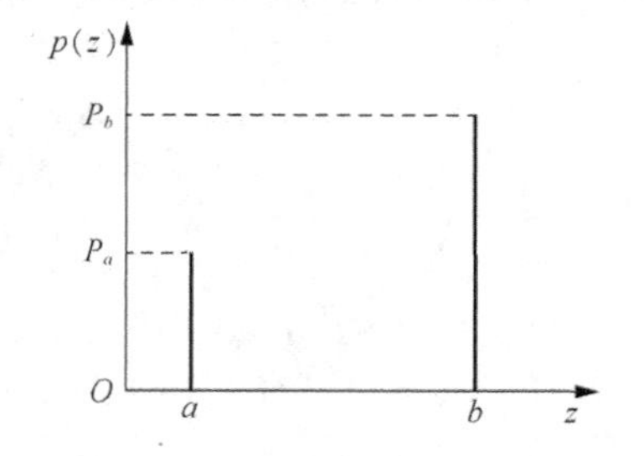

图 5.1.7　一个脉冲噪声的概率密度函数

$$p(z)=\begin{cases}P_a & z=a\\ P_b & z=b\\ 0 & 其他\end{cases} \tag{5.1.17}$$

噪声脉冲可以是正的或负的。因为脉冲的影响常比图像中信号的强度要大，脉冲噪声一般量化成图像中的极限灰度（显示为白或黑）。在实际应用中，一般假设 a 和 b 都是“饱和”值，即它们取图像允许的最大灰度和最小灰度。如果 $b>a$，则灰度 b 在图像中显示为白点，灰度 a 在图像中显示为黑点。如果 P_a 或 P_b 为 0，则此时脉冲噪声称为**单极性噪声**。如果 P_a 和 P_b 均不为 0，特别是两者大小很接近时，脉冲噪声就像椒盐粒随机撒在图像上。因为这个原因，这种脉冲的**双极性噪声**也称为**椒盐噪声**，其中椒噪声对应取 a 值的噪声，盐噪声对应取 b 值的噪声。在显示图像时，负脉冲显示为黑色（椒），正脉冲显示为白色（盐）。对于 8 bit 的图像，有 $a=0$（黑）和 $b=255$（白）。网络交换机产生的交换错误、发射噪声和尖峰噪声等都可用脉冲噪声来表示。

脉冲噪声也是随机分布的，即受随机噪声作用的图像的每像素都有可能受到影响而改变灰度

值，但这个改变值都取饱和值。在实际应用中，因为在受脉冲噪声影响的图像中只有一部分像素会受到影响，所以常用其所占百分比来表示脉冲噪声的强弱。

5.2 空域噪声滤波器

很多滤除噪声的滤波器直接在图像域中工作，称为**空域噪声滤波器**。常见的空域噪声滤波器有均值滤波器、排序统计滤波器和自适应滤波器 3 类。这里仅介绍前两类。当图像仅受到噪声影响时，用这些滤波器可以较好地恢复图像。

5.2.1 均值滤波器

均值滤波器实际上代表一大类空域噪声滤波器。3.4.2 节介绍了基本的均值方法，不过因为均值可以有不同的定义，所以滤波器也有不同类型。

1．算术均值滤波器

给定一个 $m \times n$ 模板，它覆盖的图像 $f(x, y)$ 中以 (x, y) 为中心的区域 W 的算术均值为

$$\bar{f}(x,y)=\frac{1}{mn}\sum_{(p,q)\in W} f(p,q) \tag{5.2.1}$$

当退化图像用 $g(x, y)$ 表示时，用**算术均值滤波器**得到的恢复图像 $\hat{f}(x, y)$ 为

$$\hat{f}(x,y)=\frac{1}{mn}\sum_{(p,q)\in W} g(p,q) \tag{5.2.2}$$

需要注意，该滤波器在消除一些噪声的同时，也模糊了图像。

2．几何均值滤波器

根据几何均值的定义，用几何均值得到的恢复图像 $\hat{f}(x, y)$ 为

$$\hat{f}(x,y)=\left[\prod_{(p,q)\in W} g(p,q)\right]^{\frac{1}{mn}} \tag{5.2.3}$$

几何均值滤波器对图像的平滑作用与算术均值滤波器相当，但相对于算术均值滤波器而言，它能在恢复图像时保持更多的细节。

3．谐波均值滤波器

根据谐波均值的定义，用谐波均值得到的恢复图像 $\hat{f}(x, y)$ 为

$$\hat{f}(x,y)=\frac{mn}{\sum_{(p,q)\in W}\frac{1}{g(p,q)}} \tag{5.2.4}$$

谐波均值滤波器对高斯噪声有较好的滤除效果。它对椒盐噪声的两部分作用不对称，对盐噪声的滤除效果要比对椒噪声好许多。

4．逆谐波均值滤波器

逆谐波均值是一种比较通用的均值类滤波方法，由它得到的恢复图像 $\hat{f}(x, y)$ 为

$$\hat{f}(x,y)=\frac{\sum_{(p,q)\in W} g(p,q)^{k+1}}{\sum_{(p,q)\in W} g(p,q)^{k}} \tag{5.2.5}$$

式（5.2.5）中的 k 为滤波器的**阶数**。**逆谐波均值滤波器**对椒盐类噪声的滤除效果比较好，但不能同时滤除椒噪声和盐噪声。k 为正数时，滤波器可滤除椒噪声；k 为负数时，滤波器可滤除盐噪声。

另外，k 为 0 时，逆谐波均值滤波器退化为算术均值滤波器；k 为-1 时，逆谐波均值滤波器退化为谐波均值滤波器。

例 5.2.1　均值滤波器效果示例

图 5.2.1（a）为一幅叠加了均值为 0，方差为 256 的高斯噪声的图像。图 5.2.1（b）～图 5.2.1（e）分别为用算术均值滤波器、几何均值滤波器、谐波均值滤波器和逆谐波均值滤波器滤波后得到的结果，彼此差别不大。

（a）　（b）　（c）　（d）　（e）

图 5.2.1　均值滤波器滤除高斯噪声的效果

图 5.2.2（a）为叠加了 20%的脉冲噪声的图像。图 5.2.2（b）～图 5.2.2（e）分别为用算术均值滤波器、几何均值滤波器、谐波均值滤波器和逆谐波均值滤波器滤波后得到的结果。除算术均值滤波器获得了噪声滤除的效果外，另外 3 种滤波器反而加强了噪声对图像的影响。

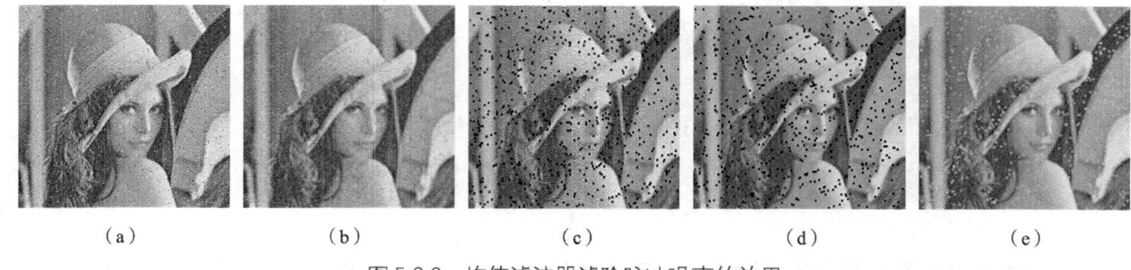

（a）　（b）　（c）　（d）　（e）

图 5.2.2　均值滤波器滤除脉冲噪声的效果

对比前面的两组图，可见一般情况下，使用均值滤波器滤除高斯噪声的效果比滤除脉冲噪声的效果好，或者说均值滤波更适合消除高斯噪声。 ❑

例 5.2.2　谐波均值滤波器滤除椒噪声和盐噪声的不同效果

图 5.2.3（a）为叠加了 20%的椒噪声的图像，图 5.2.3（b）为用谐波均值滤波器滤波后得到的结果。图 5.2.3（c）为叠加了 20%的盐噪声的图像，图 5.2.3（d）为用谐波均值滤波器滤波后得到的结果。可见谐波均值滤波器对盐噪声的滤除效果比对椒噪声要好许多。

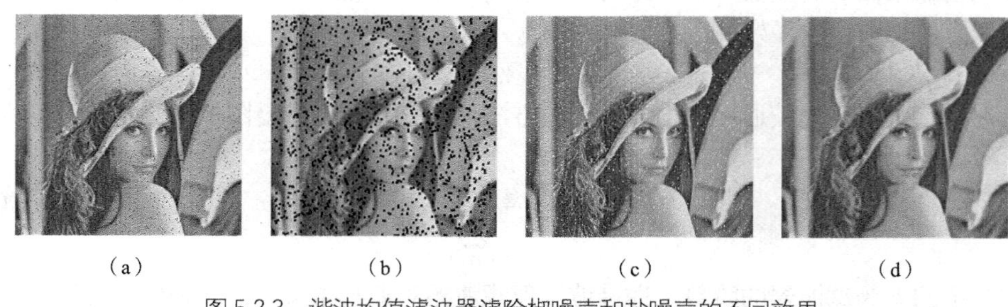

（a）　（b）　（c）　（d）

图 5.2.3　谐波均值滤波器滤除椒噪声和盐噪声的不同效果 ❑

5. 非线性均值滤波器

给定 N 个数 $x_i, i=1,2,\cdots,N$，它们的非线性均值可表示为

$$g = f(x_1, x_2, \cdots, x_N) = h^{-1}\left(\frac{\sum_{i=1}^{N} w_i h(x_i)}{\sum_{i=1}^{N} w_i}\right) \tag{5.2.6}$$

式（5.2.6）中，$h(x)$一般是非线性单值解析函数；w_i 表示权重。非线性均值的性质取决于函数$h(x)$和权重 w_i。$h(x)=x$ 时，得到算术均值。$h(x)=1/x$ 时，得到谐波均值。$h(x)=\ln(x)$时，得到几何均值。

如果一个 1-D **非线性均值滤波器**的长度为奇数，即 $N=2v+1$，则

$$g_l = f(x_{l-v}, \cdots, x_l, \cdots, x_{l+v}) \qquad l \in \mathbf{I} \tag{5.2.7}$$

当长度为偶数或滤波器为 2-D 时，也可类似地定义。如果权重是常数，非线性均值滤波器就简化为同态滤波器。如果权重不是常数，将得到其他种类的非线性滤波器。

5.2.2 排序统计滤波器

排序统计滤波器也称**百分比滤波器**，是另一大类空域噪声滤波器。排序统计滤波器在工作时，均基于对模板所覆盖像素的灰度值的排序，其输出根据某一个确定的百分比选取排序后，序列中相应的像素值得到。例如，3.4.4 节介绍的中值滤波器就是最常用的排序统计滤波器，它选取的输出是排序后位于 50%位置的像素。下面借助前面的设定，将几种比较典型的排序统计滤波器统一描述如下。

1. 中值滤波器

中值滤波器将模板覆盖区域中像素的中间值作为输出结果。即

$$\hat{f}(x,y) = \underset{(p,q)\in W}{\text{median}}\{g(p,q)\} \tag{5.2.8}$$

中值滤波器对消除脉冲（椒盐）噪声（参见 5.1.4 节）比较有效。

2. 最大值和最小值滤波器

一个序列的中值是序列中排在中间元素的值。根据特定的应用，也可以取序列中的任意值作为输出结果。如果取序列的最大值（max），即排序为 100%的值，就得到**最大值滤波器**。即

$$\hat{f}(x,y) = \max_{(p,q)\in W}\{g(p,q)\} \tag{5.2.9}$$

如果取序列的最小值（min），即排序为 0%的值，就得到**最小值滤波器**。即

$$\hat{f}(x,y) = \min_{(p,q)\in W}\{g(p,q)\} \tag{5.2.10}$$

最大值滤波器和最小值滤波器的区别仅在所取值在排序中的百分比位置不同，最大值滤波器选取了排序为 100%的值，最小值滤波器选取了排序为 0%的值。它们都可用于消除椒盐噪声。因为最大值滤波器可检测图像中最亮的点，所以可减弱低取值的噪声，即对消除椒噪声比较有效。而最小值滤波器可检测图像中最暗的点，所以可减弱高取值的噪声，即对消除盐噪声比较有效。

3. 中点滤波器

中点滤波器将最大值滤波器和最小值滤波器结合使用。它取最大值和最小值中点的值作为滤波器的输出。

$$\hat{f}(x,y) = \frac{1}{2}\left[\max_{(p,q)\in W}\{g(p,q)\} + \min_{(p,q)\in W}\{g(p,q)\}\right] \tag{5.2.11}$$

中点滤波器取了两个排序滤波器的平均值，可认为结合了排序统计计算和平均计算。中点滤

波器对消除多种随机分布的噪声，如高斯噪声和均匀随机分布噪声都比较有效。

例 5.2.3 排序统计滤波器效果示例

图 5.2.4（a）所示为一幅叠加了均值为 0，方差为 256 的高斯噪声的图像。图 5.2.4（b）～图 5.2.4（e）分别为用中值滤波器、最大值滤波器、最小值滤波器和中点滤波器滤波后得到的结果。

（a）（b）（c）（d）（e）

图 5.2.4 排序统计滤波器滤除高斯噪声的效果

图 5.2.5（a）为一幅叠加了 20%的脉冲噪声的图像。图 5.2.5（b）～图 5.2.5（e）分别为用中值滤波器、最大值滤波器、最小值滤波器和中点滤波器滤波后得到的结果。

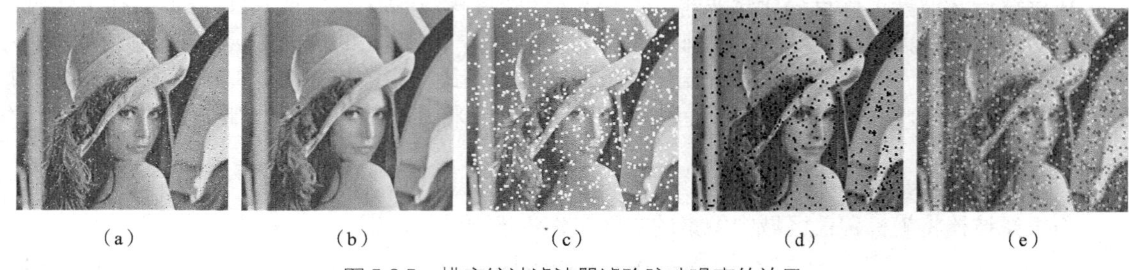

（a）（b）（c）（d）（e）

图 5.2.5 排序统计滤波器滤除脉冲噪声的效果

对比图 5.2.4 和图 5.2.5 的两组图可见，一般情况下，中值滤波器滤除脉冲噪声的效果比滤除高斯噪声的效果好，而其他几种排序统计滤波器对双极性的脉冲噪声的滤波效果并不好。 ❑

5.3 组合滤波器

5.3 节介绍的各种滤波器常可结合使用（或与其他滤波器结合使用），以取长补短，获得比仅使用单个滤波器更好的滤波效果。下面介绍滤波器的两种组合方式。

5.3.1 混合滤波器

当使用比较大尺寸的模板时，实现排序统计滤波需要很大的计算量。解决这个问题的一种方法是将快速的滤波器（特别是线性/平均滤波器）和排序统计滤波器组合构成**混合滤波器**，使这样得到的滤波器在效果上接近期望的要求，但在计算复杂度方面有较大改进。

在线性和中值混合滤波中，常将线性滤波器和中值滤波器混合串联起来，对计算量较小的线性滤波使用较大的模板，而把线性滤波器输出的中值作为混合滤波器的最终输出。

考虑一个 1-D 信号 $f(i)$。用子结构 $H_1, \cdots, H_M$ 组成的**线性中值混合滤波**定义为

$$g(i) = \text{MED}[H_1(f(i)), H_2(f(i)), \cdots, H_M(f(i))] \tag{5.3.1}$$

式（5.3.1）中，MED 表示取中值，$H_1, \cdots, H_M$（M 为奇数）对应线性滤波器。选择子滤波器 H_i 使得在噪声消除和根信号（不受中值滤波器影响的信号）集合间取得一个可接受的妥协，并保持

M 足够小，以简化计算。作为一个例子，考虑下面的结构。

$$g(i)=\mathrm{MED}[H_{\mathrm{L}}(f(i)),H_{\mathrm{C}}(f(i)),H_{\mathrm{R}}(f(i))] \tag{5.3.2}$$

式（5.3.2）中，滤波器 H_{L}，H_{C} 和 H_{R} 都是低通滤波器，下标 L，C 和 R 代表左、中、右，指示相对于当前输出值的对应滤波器位置，如图 5.3.1 所示。

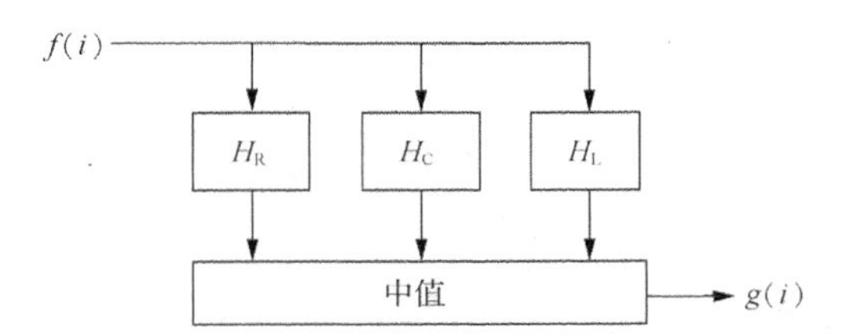

图 5.3.1 利用子滤波器实现基本的线性和中值混合滤波

最简单的结构包括相同的平均滤波器 H_{L} 和 H_{R} 以及直通滤波器 $H_{\mathrm{C}}[f(i)]=f(i)$。此时整个滤波器可表示为（平均窗口的宽度为 $2k+1$）

$$g(i)=\mathrm{MED}\left[\frac{1}{k}\sum_{j=1}^{k}f(i-j),\ f(i),\ \frac{1}{k}\sum_{j=1}^{k}f(i+j)\right] \tag{5.3.3}$$

这个滤波器与标准的中值滤波器有很相似的滤波效果，但计算要快得多。

在实际的 2-D 图像应用中，常取滤波器模板中元素的数量为 5。例如，下列滤波器

$$\begin{aligned}g(x,y)=\mathrm{MED}\bigg\{&\frac{1}{2}[f(x,y-2)+f(x,y-1)],\ \frac{1}{2}[f(x,y+1)+f(x,y+2)],\ f(x,y)\\&\frac{1}{2}[f(x+2,y)+f(x+1,y)],\ \frac{1}{2}[f(x-1,y)+f(x-2,y)]\bigg\}\end{aligned} \tag{5.3.4}$$

对应图 5.3.2（a）所示的模板。图 5.3.2（b）和图 5.3.2（c）所示为其他两个典型的模板。

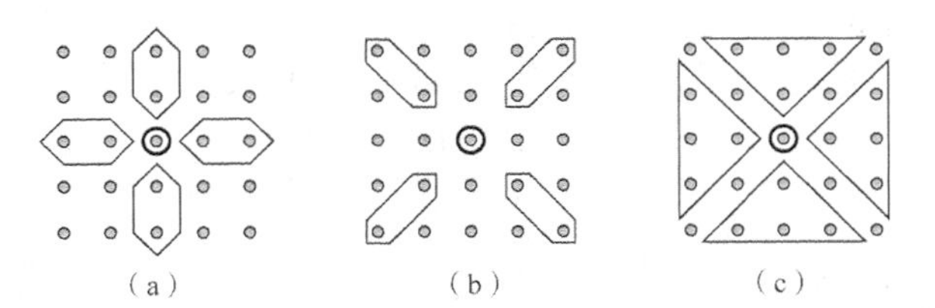

图 5.3.2 用于线性和中值混合滤波的模板

5.3.2 选择性滤波器

线性滤波器能有效消除高斯噪声和均匀分布噪声，但对脉冲噪声的消除效果较差。中值滤波器能有效消除脉冲类噪声，且不会对图像带来过多的模糊效果，但对高斯噪声的消除效果不是很好。当图像同时受到不同噪声影响时，可以采用**选择滤波**的方式，在受到不同噪声影响的位置选择不同的滤波器，以发挥不同滤波器的各自特点，取得较好的综合效果。下面介绍一种方法作为示例。

1．滤波器框图

用于消除高斯噪声和脉冲噪声的**选择性滤波器**的模块框图和工作流程如图 5.3.3 所示，它主要包括 4 个功能模块，分别为椒盐噪声检测、**滤波器选择**、消除椒盐噪声和消除高斯噪声。

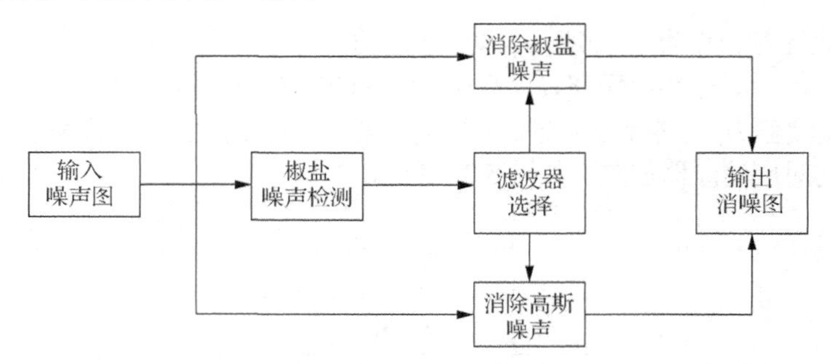

图 5.3.3 选择性滤波器的模块框图和工作流程

对输入的噪声图像，先用椒盐噪声检测器检测出受椒盐噪声影响的像素，对这些像素可用中值滤波器一类的滤波器消除噪声，对其余的像素，则可用均值滤波器一类的滤波器滤除噪声，最后将两部分结果组合起来得到将高斯噪声和椒盐噪声都滤除的结果。

2. 椒盐噪声检测器

受椒盐噪声影响的像素的灰度值会取到图像灰度范围的两个极端值。因此，**椒盐噪声检测器**可根据下面两个准则判断和检测受到椒盐噪声影响的像素。

（1）灰度范围准则

设图像灰度范围为$[L_{\min}, L_{\max}]$，则如果某一像素的灰度值在$[L_{\min}+T_g, L_{\max}-T_g]$范围外，则很有可能是受椒盐噪声影响的像素，其中 T_g 是检测椒盐噪声的灰度阈值。

（2）局部差别准则

这里考虑的是图像中相邻像素间灰度值的相关性。考虑一个像素的 8-邻域，如果其中有较多的邻域像素与该像素的灰度值有较大的差别，该像素为受脉冲噪声影响像素的可能性就比较大。具体可设计两个阈值 T_v 和 T_n，T_v 用于判断邻域像素间灰度值的差别是否足够大，T_n 用于判断灰度差别足够大的像素数是否足够多。如果一个待检测像素的灰度值与其邻域中像素灰度值的差别大于 T_v 的像素数又大于 T_n，则很有可能是受脉冲噪声影响的像素。

在实际应用中，假设位于(x, y)处像素的邻域为 $N(x, y)$，属于该邻域的像素为 $f(s, t)$，上述准则成立的条件可表示为（#[·]代表个数，分母代表邻域像素数，这样 T_n 代表百分比阈值）

$$\frac{\#\left[\,\left|f(x,y)-f(s,t)\right|>T_v\,\right]}{\#\left[N(x,y)\right]}>T_n \tag{5.3.5}$$

这里使用了两个准则，是因为如果仅使用灰度范围准则，可能会把图像中原灰度值在$[L_{\min}+T_g, L_{\max}-T_g]$范围的正常像素也误判为受脉冲噪声影响的像素；如果仅使用局部差别准则，则有可能将许多正常的边缘像素都误判为受脉冲噪声影响的像素。为此，需结合使用两个准则。同时满足两个准则的像素是受脉冲噪声影响可能性很大的像素。

3. 滤波器选择

当图像同时受到脉冲噪声和高斯噪声影响时，在如 5.3.2 节的“2. 椒盐噪声检测器”中介绍的方法检测出受脉冲噪声影响的像素集合后，可将图像分为两个集合，一个集合仅受高斯噪声影响，另一个集合不仅受高斯噪声影响，还受脉冲噪声影响。由于受脉冲噪声影响的像素的灰度会取到图像灰度范围的两个极端值，所以在这些像素上的，高斯噪声的影响可以忽略。要消除脉冲噪声对这些像素的影响，可利用其周围未受脉冲噪声影响的像素的信息，具体而言就是根据未受脉冲噪声影响像素的位置和灰度，通过插值来确定受脉冲噪声影响的像素的新灰度值。而对没有受到脉冲噪声影响的像素，可以用自适应维纳滤波器（参见 5.5 节）来消除高斯噪声的影响。

在实际应用中，先对输入的噪声图像进行脉冲噪声检测，然后对受脉冲噪声影响的像素选择相应的滤波器进行脉冲噪声消除，而对未受脉冲噪声影响的像素，则选择相应的滤波器进行高斯噪声消除，最后将两个结果合并得到消噪输出图。

图 5.3.4 所示为运用组合滤波器的示例。图 5.3.4（a）是原始图像，图 5.3.4（b）所示为受到混合噪声影响的图像（其中高斯噪声均值为 0，方差为 162；脉冲噪声的比例为 20%），图 5.3.4（c）所示为用组合滤波器消除噪声后获得的图像。这里 $T_g = 15$，$T_v = 15$，$T_n = 80\%$。

（a）　（b）　（c）

图 5.3.4　选择性滤波示例

实验表明，在消除各种混合比例的混合噪声时，使用选择性滤波器的效果比单独使用任何一个滤波器的效果都要好。

5.4　无约束恢复

图像恢复的模型要根据图像退化的模型来构建。常见的图像恢复模型主要分为无约束恢复模型和有约束恢复模型。

5.4.1　无约束恢复模型

无约束恢复方法仅将图像看作一个数字矩阵，从数学角度处理而不考虑恢复后，图像应受到的物理约束。

从式（5.1.7）可得

$$\boldsymbol{n} = \boldsymbol{g} - \boldsymbol{H}\boldsymbol{f} \tag{5.4.1}$$

在对 $\boldsymbol{n}$ 没有任何先验知识的情况下，图像恢复可描述为寻找一个原始图像 $\boldsymbol{f}$ 的估计 $\hat{\boldsymbol{f}}$，使得 $\boldsymbol{H}\hat{\boldsymbol{f}}$ 在最小均方误差的意义下，最接近退化图像 $\boldsymbol{g}$，即要使 $\boldsymbol{n}$ 的范数（norm）最小。即

$$\|\boldsymbol{n}\|^2 = \boldsymbol{n}^{\mathrm{T}}\boldsymbol{n} = \|\boldsymbol{g} - \boldsymbol{H}\hat{\boldsymbol{f}}\|^2 = (\boldsymbol{g} - \boldsymbol{H}\hat{\boldsymbol{f}})^{\mathrm{T}}(\boldsymbol{g} - \boldsymbol{H}\hat{\boldsymbol{f}}) \tag{5.4.2}$$

根据式（5.4.2），可把恢复问题看作对 $\hat{\boldsymbol{f}}$ 求式（5.4.3）的最小值。

$$L(\hat{\boldsymbol{f}}) = \|\boldsymbol{g} - \boldsymbol{H}\hat{\boldsymbol{f}}\|^2 \tag{5.4.3}$$

这里只需要将 L 对 $\hat{\boldsymbol{f}}$ 求微分并将结果设为 0，再设 $\boldsymbol{H}^{-1}$ 存在，就可得到无约束恢复公式。

$$\hat{\boldsymbol{f}} = (\boldsymbol{H}^{\mathrm{T}}\boldsymbol{H})^{-1}\boldsymbol{H}^{\mathrm{T}}\boldsymbol{g} = \boldsymbol{H}^{-1}(\boldsymbol{H}^{\mathrm{T}})^{-1}\boldsymbol{H}^{\mathrm{T}}\boldsymbol{g} = \boldsymbol{H}^{-1}\boldsymbol{g} \tag{5.4.4}$$

5.4.2　逆滤波

逆滤波是一种简单直接的无约束图像恢复方法。式（5.4.4）表明，使用退化系统矩阵的逆来左乘退化图像，就可以得到原始图像 $\boldsymbol{f}$ 的估计 $\hat{\boldsymbol{f}}$。下面转到频率域中讨论。先不考虑噪声，根据

式（5.1.8），如果用退化函数来除退化图像的傅里叶变换，就可以得到一个对原始图像的傅里叶变换的估计，即

$$\hat{F}(u,v)=\frac{G(u,v)}{H(u,v)} \tag{5.4.5}$$

如果把 $H(u, v)$看作一个滤波函数，则它与 $F(u, v)$的乘积是退化图像 $g(x, y)$的傅里叶变换。这样用 $H(u, v)$去除 $G(u, v)$就是一个逆滤波过程。将式（5.4.5）的结果求反变换（$\mathcal{F}^{-1}$），就得到恢复后的图像为

$$\hat{f}(x,y)=\mathcal{F}^{-1}\left[\hat{F}(u,v)\right]=\mathcal{F}^{-1}\left[\frac{G(u,v)}{H(u,v)}\right] \tag{5.4.6}$$

在实际应用中，噪声是不可避免的。考虑噪声后的逆滤波形式为

$$\hat{F}(u,v)=F(u,v)+\frac{N(u,v)}{H(u,v)} \tag{5.4.7}$$

由式（5.4.7）可以看出两个问题。首先因为 $N(u, v)$是随机的，所以即便知道了退化函数，也不能精确地恢复原始图像。其次，如果 $H(u, v)$在 UV 平面上取 0 或很小的值，$N(u, v)/H(u, v)$就会使恢复结果与预期的结果有很大差距。在实际应用中，一般 $H(u, v)$随 u，v 与原点距离的增加而迅速减小，而噪声 $N(u, v)$却变化缓慢。在这种情况下，恢复只能在与原点较近（接近频域中心）的范围内进行。换句话说，一般情况下，逆滤波器并不正好是 $1/H(u, v)$，而是 u 和 v 的某个函数，可记为 $M(u, v)$。$M(u, v)$常称为恢复转移函数，这样图像退化和恢复模型可用图 5.4.1 表示。

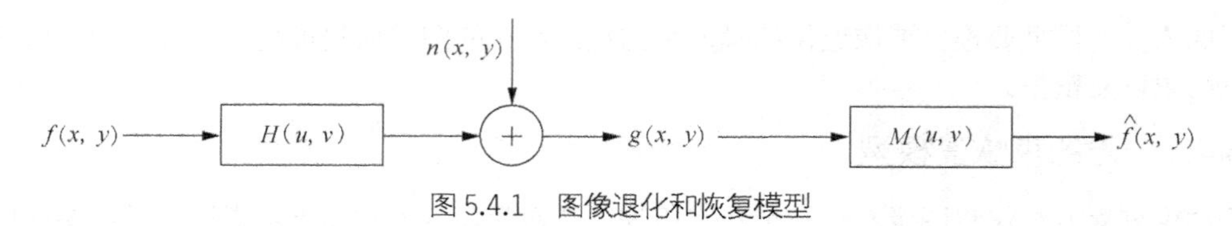

图 5.4.1　图像退化和恢复模型

一种选取 $M(u, v)$的常见方法是使用如下函数。

$$M(u,v)=\begin{cases}1/H(u,v) & u^2+v^2\leqslant w_0^2\\ 1 & u^2+v^2>w_0^2\end{cases} \tag{5.4.8}$$

式（5.4.8）中，w_0 的选取原则是将 $H(u, v)$为 0 的点除去。这种方法的缺点是，恢复结果的振铃效应较明显。一种改进的方法是取 $M(u, v)$为

$$M(u,v)=\begin{cases}k & H(u,v)\leqslant d\\ 1/H(u,v) & \text{其他}\end{cases} \tag{5.4.9}$$

其中 k 和 d 均为小于 1 的常数，而且 d 选得较小为好。

例 5.4.1　模糊点源以获得转移函数进行图像恢复

退化系统的转移函数 $H(u, v)$可以用退化图像的傅里叶变换来近似。一幅图像可看作多个点源图像的集合，如果将点源图像看作单位脉冲函数（$\mathcal{F}[\delta(x, y)] = 1$）的近似，则有 $G(u, v) = H(u, v)F(u, v) \approx H(u, v)$。

图 5.4.2（a）为一幅用低通滤波器对理想图像进行模糊得到的模拟退化图像，所用低通滤波器的傅里叶变换如图 5.4.2（b）所示。根据式（5.4.8）和式（5.4.9）逆滤波得到的恢复结果分别如图 5.4.2（c）和图 5.4.2（d）所示。两者比较，图 5.4.2（d）的振铃效应较小。

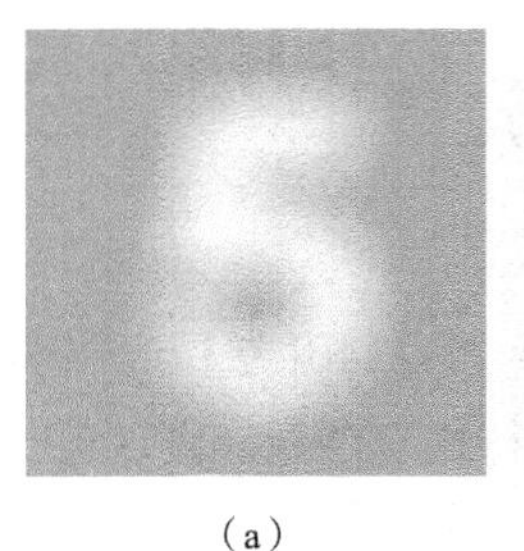
(a)

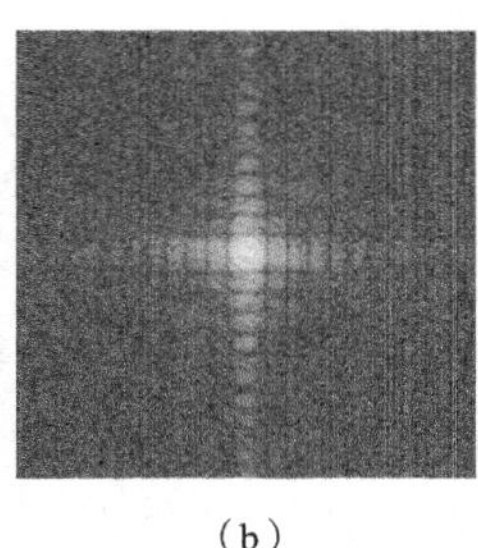
(b)

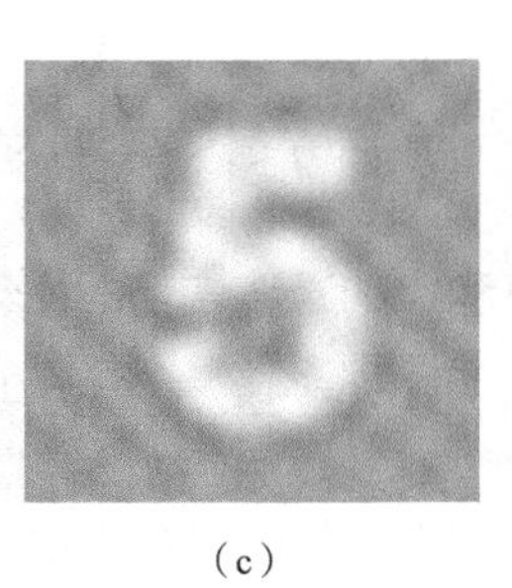
(c)

(d)

图 5.4.2 逆滤波图像恢复示例 ❑

5.5 有约束恢复

基于**有约束恢复**模型的图像恢复方法很多，包括最小均方误差滤波器、最小平方恢复滤波器等。

5.5.1 有约束恢复模型

与逆滤波这样的无约束恢复方法不同，有约束恢复的方法还考虑恢复后的图像应该受到一定的物理约束，如在空间上比较平滑、其灰度值为正等。

从式（5.1.7）出发，有约束恢复考虑选取 $\hat{\boldsymbol{f}}$ 的一个线性操作符$\boldsymbol{Q}$（变换矩阵），要使得$\|\boldsymbol{Q}\hat{\boldsymbol{f}}\|^2$最小。这个问题可用拉格朗日乘数法解决。设 l 为拉格朗日乘数，需要找能最小化下列准则函数的 $\hat{\boldsymbol{f}}$ 。

$$L(\hat{\boldsymbol{f}}) = \left\|\boldsymbol{Q}\hat{\boldsymbol{f}}\right\|^2 + l\left(\left\|\boldsymbol{g} - \boldsymbol{H}\hat{\boldsymbol{f}}\right\|^2 - \left\|\boldsymbol{n}\right\|^2\right) \tag{5.5.1}$$

与解式（5.4.3）相似，可得到有约束恢复公式（令 $s = 1/l$）如下。

$$\hat{\boldsymbol{f}} = \left[\boldsymbol{H}^{\mathrm{T}}\boldsymbol{H} + s\boldsymbol{Q}^{\mathrm{T}}\boldsymbol{Q}\right]^{-1}\boldsymbol{H}^{\mathrm{T}}\boldsymbol{g} \tag{5.5.2}$$

5.5.2 维纳滤波器

维纳滤波器是一种最小均方误差滤波器。它可以从式（5.5.2）推出。

在频率域中，有约束恢复的一般公式可写成如下形式。

$$\hat{F}(u,v) = \left[\frac{1}{H(u,v)} \times \frac{|H(u,v)|^2}{|H(u,v)|^2 + s\left[S_n(u,v)/S_f(u,v)\right]}\right]G(u,v) \tag{5.5.3}$$

式（5.5.3）中，$S_f(u, v)$和 $S_n(u, v)$分别为原始图像和噪声的相关矩阵元素的傅里叶变换。

下面讨论式（5.5.3）的几种情况。

（1）如果 $s = 1$，大方括号中的项就称为维纳滤波器。

（2）如果 s 是变量，大方括号中的项就称为参数维纳滤波器。

（3）没有噪声时，$S_n(u, v) = 0$，维纳滤波器退化成 5.4 节的理想逆滤波器。

因为必须调节 s 以满足式（5.5.2），所以 $s = 1$ 时，利用式（5.5.3）并不能得到满足式（5.5.1）的最优解，不过它在$E\{[f(x,y) - \hat{f}(x,y)]^2\}$最小化的意义下是最优的。这里把 $f(\cdot)$和 $\hat{f}(\cdot)$都当作随机变量而得到一个统计准则。

$S_n(u, v)$和 $S_f(u, v)$未知时（实际应用中常如此），式（5.5.3）可用式（5.5.4）来近似（其中 K 是一个预先设定的常数）。

$$\hat{F}(u,v) \approx \left[\frac{1}{H(u,v)} \times \frac{|H(u,v)|^2}{|H(u,v)|^2 + K} \right] G(u,v) \tag{5.5.4}$$

例 5.5.1　逆滤波恢复和维纳滤波恢复的比较

图 5.5.1（a）为先将一幅正常图像与平滑函数 $h(x,y)=\exp[\sqrt{(x^2+y^2)}/240]$ 卷积产生模糊，再叠加均值为 0，方差分别为 8，16 和 32 的高斯随机噪声得到的一组待恢复图像。图 5.5.1（b）为用逆滤波方法分别恢复得到的结果。图 5.5.1（c）为用维纳滤波方法分别恢复得到的结果。由图 5.5.1（b）和图 5.5.1（c）可见，维纳滤波在图像受噪声影响时的效果比逆滤波要好，而且噪声越强，这种优势越明显。

（a）　（b）　（c）

图 5.5.1　逆滤波与维纳滤波的比较 □

5.6　图像修补

在图像采集、传输和加工中，有时会出现图像的部分区域缺损或缺失、相邻像素灰度急剧改变等情况。例如，在采集有遮挡的场景图像或扫描有破损（撕裂或划痕）的老旧图片时产生的部分内容缺失；在图像加工中去除特定区域（无关景物）后留下的空白；图像上覆盖文字等导致的变化；在对图像进行有损压缩时造成的部分信息丢失；在（网络上）传输数据时，网络故障导致的像素丢失。

要解决上述问题，就需要修补图像。**图像修补**是要基于不完整的图像和对原始图像的先验知识，采用相应的方法纠正或校正前述区域丢失或缺损的问题，以达到恢复图像原貌的目的。所以，图像修补技术也是一类有特色的图像恢复技术。参见前面对图像几何失真校正的讨论，在图像修补中，位置信息和灰度信息都需要考虑。

5.6.1　图像修补原理

图像修补可分为**图像修复**和**图像补全**。前者最早在博物馆艺术品的修复中代表对油画的插补；后者也常称**区域填充**，或简称填充。一般常称修补尺度较小的区域为修复，而称修补尺度较大的区域为填充。两者均是要将图像中信息缺失部分补全和复原，但采用的技术各有一些特色。

图像修补是对缺损图像的修复和补全，**图像缺损**可以看作图像退化的一种特殊情况，但它又有其自身的特点。一般图像受到缺损的影响后，其中的某些区域有可能完全丢失，而其他区域有可能完全没有改变。在实际应用中，对图像进行修补也需要建立一定的模型。

对于一幅原始图像 $f(x, y)$，令其分布的空间区域用 F 表示；令其中缺失、缺损或待修补部分为 $d(x, y)$，其空间区域用 D 表示；则对待修补图像 $g(x, y)$，其分布的空间区域也是 F，只是其中有的部分保持原状，有的部分完全缺失。所谓修补，就是要用保持原状的空间区域，即 $F-D$ 中的信息去估计和恢复 D 中缺失的信息。

图 5.6.1（a）为原始图像 $f(x, y)$，图 5.6.1（b）为待修补图像 $g(x, y)$，其中区域 D 表示待修补的部分（其中原始信息完全丢失了，现在用 $d(x, y)$表示），区域 $F-D$ 代表原始图像中可用来修补区域 D 的部分，也称**源区域**，区域 D 也称为**靶区域**。

（a）　　　　（b）

图 5.6.1　图像修补中各区域示意

借助式（5.1.1）的退化模型，图像修补的模型可表示为

$$[g(x,y)]_{F-D} = \{H[f(x,y)] + n(x,y)\}_{F-D} \tag{5.6.1}$$

式（5.6.1）是退化图像中没有发生退化的部分。图像修补的目标是借助式（5.6.1）来估计和复原 $\{f(x,y)\}_D$。从修补的结果考虑，一方面修补后，区域 D 中的灰度、颜色和纹理等应与 D 周围的灰度、颜色和纹理等相对应或协调；另一方面，D 周围的结构信息应可延伸到 D 的内部（如断裂的边缘和轮廓线应被连接起来）。

5.6.2　图像修补示例

图像的缺损可能尺度较小，也可能尺度较大。尺度较小时，采用的技术主要利用图像的局部结构信息；尺度较大时，常需全面考虑整幅图像并借助区域的纹理信息。采用的技术常各有特点。当然，因为两者均是要将图像中信息缺失部分补全和复原，所以尺度并没有严格的界限。

从应用角度来说，修复小尺度缺损的技术常用于去除图片上的划痕或尺寸较小（包括一个维度上尺寸较小，如笔画、绳索、文字等线状或曲线状区域）的靶区域。这里常用的方法多基于偏微分方程或变分模型，两者可以借助变分原理相互等价推出。这类图像修复方法通过对靶区域逐像素扩散（将缺失区域周围的信息向缺失区域扩散）来达到修复图像的目的。

例 5.6.1　图像小尺度修补示例

在有些情况下，图像表面覆盖了一些文字。相对来说，文字笔画较细，笔画两边的结构信息仍保持了一定的连续性。图 5.6.2 为去除覆盖文字的图像修补示例。图 5.6.2（a）～图 5.6.2（c）分别为原始图像、叠加文字的图像（需修补图像）和修补结果图像。图 5.6.2（d）是原始图像和修补结果图像的差图像（经直方图均衡化以清晰显示）。

（a）

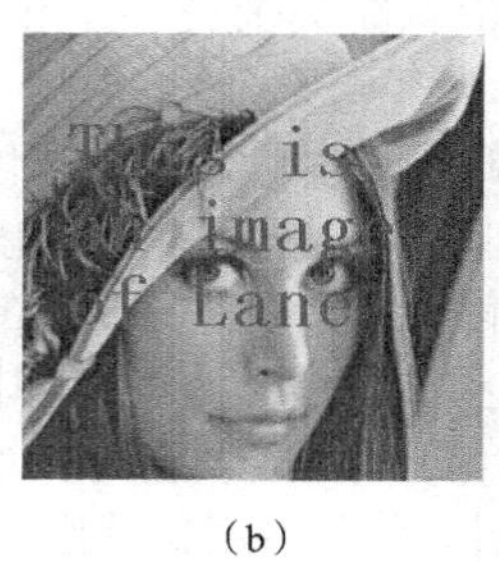
（b）

（c）

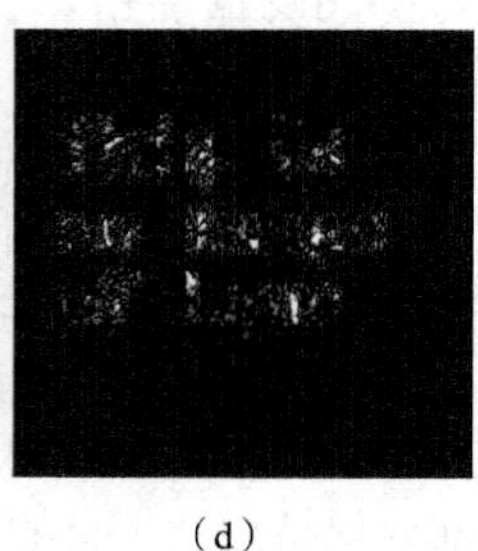
（d）

图 5.6.2　图像小尺度修补示例：去除文字 □

上述修补小尺度缺损的方法在修补较大尺度区域时会出现一些问题。一方面，上述方法是将缺失区域周围的信息向缺失区域内部扩散，对尺度比较大的缺失区域，扩散会造成一定的模糊，且模糊程度随缺失区域的尺度增加而增加。另一方面，上述方法没有考虑缺失区域内部的纹理特性，直接将缺失区域周围的纹理特性移入缺失区域内。由于对尺度比较大的缺失区域，其内外纹理特性可能有较大的差别，所以直接复制常会导致修补结果不太理想。

解决上述问题的基本思路主要有以下两种。

（1）将图像分解为结构部分和纹理部分，对结构性强的部分仍可用上述扩散方法复制填充，对纹理明显的部分则借助纹理合成技术填补。自然图像多可由纹理和结构来表达和构成，这种借助扩散和纹理合成的混合方法综合利用了图像的结构信息和纹理信息，但要完全用纹理合成来填补大面积的靶区域，仍有一定的风险和难度。

（2）在图像未退化部分选择一些样本块，用这些样本块来替代拟填充区域边界处的图像块（这些块的未退化部分与所选的样本块有接近的特性），并逐步向拟填充区域内部递进填充。这类区域填充的方法直接用源区域中的信息来填补靶区域，常称为基于样本的图像填充方法。这种思路受到纹理填充的启示，对于靶区域中的图像块，在源区域中找到一个与之最相似的图像块，借助直接替换来填充。当靶区域的尺度比较大时，基于样本的方法在填补纹理内容方面常可取得比纹理合成更好的结果。

例 5.6.2　图像大尺度修补示例

图 5.6.3 为去除（不需要）景物的图像修补示例。从左到右分别为原始图像、标记了需去除景物范围的图像（需修补图像）和修补结果。这里景物尺度比较大（相比文字笔画有较大的纵深），但修补的视觉效果还比较令人满意。

图 5.6.3　图像大尺度修补示例：去除景物 □

顺便指出，如果把图像中的噪声点集合看作靶区域，则也可把图像消噪的问题当作图像修补问题来处理，即利用没有受噪声影响的像素来恢复受噪声影响的像素的灰度。如果把对受到文字叠加或划痕影响图像的修补看作对曲线状靶区域的修补，把对去除景物图像的修补看作对面状靶区域的修补，则也可把对受噪声影响的图像的修补看作对点状靶区域的修补。上述讨论主要针对脉冲噪声，因为脉冲噪声强度很大，叠加到图像上会使受影响像素的灰度成为极限值，原始像素信息完全被噪声覆盖。而如果是高斯噪声，叠加了噪声的像素常常仍然含有原始的灰度信息，而在图像修补中，靶区域的像素一般不再含有原始图像信息（信息被除去了）。

5.7　图像超分辨率

超分辨率一般代表一类放大（较小的）图像或视频尺度并增加其分辨能力的方法。各种超分辨率技术都希望从低分辨率图像出发获得高分辨率图像，或更确切地说，要从单幅或多幅退化的、混叠的低分辨率图像去恢复（重建）高分辨率图像。所以，**图像超分辨率**也属于图像恢复范畴，有人将超分辨率技术称为第二代图像恢复技术。

5.7.1　基本模型

超分辨率技术依据的图像成像模型一般称**图像观测模型**，它描述期望的理想图像与所获得或观测到的图像之间的关系。在超分辨率重建中，观测图像为（一系列的）低分辨率图像，而理想图像即为所求的高分辨率图像。

从期望的高分辨率理想图像 $\boldsymbol{f}$ 到实际的低分辨率观测图像 $\boldsymbol{g}$ 有一个退化过程，其中可以包括亚采样、光学模糊、几何运动以及附加噪声等。这个退化过程如图 5.7.1 所示。这样，超分辨率技术的图像模型可表示如下。

$$\boldsymbol{g} = \boldsymbol{SBTf} + \boldsymbol{n} \tag{5.7.1}$$

式（5.7.1）中，$\boldsymbol{S}$ 代表亚采样矩阵，$\boldsymbol{B}$ 代表模糊矩阵，$\boldsymbol{T}$ 代表扭曲矩阵（包括各种使像素坐标发生相对偏移的运动），$\boldsymbol{n}$ 代表噪声。如果令 $\boldsymbol{H} = \boldsymbol{SBT}$，则上述图像模型成为式（5.1.7）所示的图像恢复模型。传统的图像恢复技术与超分辨率技术的主要区别是，前者在处理后，图像的像素数并不增加。需要注意，超分辨率重建并不是简单地放大图像。

图 5.7.1　高分辨率图像向低分辨率图像的退化过程

超分辨率实现技术有多种，根据不同的分类准则可划分为不同的类别。

（1）根据处理的领域，超分辨率技术可分为基于频域的方法和基于空域的方法。频域方法主要基于傅里叶变换及其逆变换来复原图像。以典型的消混叠重建方法为例，由于图像细节是通过高频信息反映出来的，所以消除低分辨率图像中的频谱混叠就可以获得更多被掩盖的高频信息，从而增加图像细节，提高图像的分辨率。相对来说，频域方法原理清晰，计算复杂度较低；而空域方法种类较多，均综合考虑各种退化因素，灵活性强，但设计复杂，计算量较大。

（2）根据所用低分辨率图像的数量，超分辨率技术可分为基于单幅图像的方法和基于多幅图像的方法。基于单幅图像的技术，常称为超分辨率复原；基于多幅图像的技术，常称为超分辨率重建。这里多幅图像既可以是一组静止图像，也可以是一个系列图像（视频），还可以是多个系列图像（视频）。

5.7.2 基于单幅图像的超分辨率复原

基于单幅图像的方法借助一幅低分辨率图像本身所含的信息，或也借助由其他类似图像得到的先验信息，来估计高分辨率图像应该具有的内容，以达到在不引入模糊的基础上放大图像（增加或改善分辨率）的目的。

1. 图像放大

使用超分辨率技术处理图像的一个结果就是图像尺寸增加，即放大图像。放大图像有很多方法。当用一个整数放大因子放大图像时，计算像素灰度分两步。例如，放大因子是 2，第一步是将输入图像转换成一个数组，其中行和列中任两个原始数据之间都加一个 0，得到的结果分别如图 5.7.2（a）和图 5.7.2（b）所示；第二步是将插入 0 后的图像与图 5.7.2（c）所示的离散插值核进行卷积，得到的近似结果如图 5.7.2（d）所示。

$$\begin{bmatrix} a & b \\ c & d \end{bmatrix} \quad \begin{bmatrix} a & 0 & b \\ 0 & 0 & 0 \\ c & 0 & d \end{bmatrix} \quad \begin{bmatrix} 1 & 1 \\ 1 & 1 \end{bmatrix} \quad \begin{bmatrix} a & b & b \\ c & d & b \\ c & 0 & d \end{bmatrix}$$

（a）　（b）　（c）　（d）

图 5.7.2　图像整倍数放大示例

对于更大的放大因子和更精确的插值，还可以使用图 5.7.3 所示的卷积核。对于更大的核，为有效计算，还可以不用卷积而通过频域的滤波来实现。

$$\frac{1}{4}\begin{bmatrix} 1 & 2 & 1 \\ 2 & 4 & 2 \\ 1 & 2 & 1 \end{bmatrix} \quad \frac{1}{16}\begin{bmatrix} 1 & 3 & 3 & 1 \\ 3 & 9 & 9 & 3 \\ 3 & 9 & 9 & 3 \\ 1 & 3 & 3 & 1 \end{bmatrix} \quad \frac{1}{64}\begin{bmatrix} 1 & 4 & 6 & 4 & 1 \\ 4 & 16 & 24 & 16 & 4 \\ 6 & 24 & 36 & 24 & 6 \\ 4 & 16 & 24 & 16 & 4 \\ 1 & 4 & 6 & 4 & 1 \end{bmatrix}$$

（a）　（b）　（c）

图 5.7.3　离散插值卷积核

2. 超分辨率复原

最早的超分辨率技术是要恢复单幅图像中由于超出光学系统传递函数的衍射极限而丢失的信息。为此，需要估计出该幅图像在衍射极限之上的频谱信息，并进行频谱外推。这个过程也被认为是一个图像退化的逆过程，可以利用线性解卷积或盲解卷积来实现。此时要利用点扩散函数和目标的先验知识，在图像系统的衍射极限之外复原图像信息，也称**超分辨率复原**。

基于单幅图像的超分辨率复原可借助如下的模型来介绍。

$$\boldsymbol{g} = \boldsymbol{DSf} + \boldsymbol{n} \tag{5.7.2}$$

式中，$\boldsymbol{S}$ 代表亚采样矩阵，$\boldsymbol{D}$ 代表衍射（对应模糊）矩阵，$\boldsymbol{n}$ 一般设为加性白噪声。这里因为只考虑单幅图像，所以与式（5.7.1）相比，没有扭曲矩阵 $\boldsymbol{T}$。

直接解式（5.7.2）在实际应用中通常不太可能，一是矩阵 $\boldsymbol{DS}$ 常是奇异的，即不可逆；二是矩阵 $\boldsymbol{DS}$ 通常阶数很大，计算复杂。根据式（5.7.2）的模型，可以考虑对亚采样和衍射分级处理，即可将式（5.7.2）等价分解转换为

即可将式（5.7.2）等价分解转换为

$$\boldsymbol{g} = \boldsymbol{De} + \boldsymbol{n} \tag{5.7.3}$$

$$\boldsymbol{e} = \boldsymbol{Sf} \tag{5.7.4}$$

解式（5.7.3）需要消除噪声和插值，而解式（5.7.4）可以利用梯度迭代法（如梯度下降法）。

5.7.3 基于多幅图像的超分辨率重建

基于多幅图像（或序列图像）的超分辨率技术需要利用对同一个场景获取的多幅图像。这样的多幅图像可以采用 3 类方法获得：①用一个相机在不同位置多次拍摄；②用放在不同位置的多个相机同时拍摄；③用与场景有相对运动的摄像机连续拍摄。

这里的多幅图像是多幅略有差别的低分辨率图像（相互之间应有亚像素级的偏移，如果是整像素级的偏移，则没有太多用处），因为它们含有类似而又不完全相同的互补信息，所以多幅图像的总信息多于其中任何一幅图像的信息。也可以这样理解，每幅低分辨率的图像包含较少的细节信息，但如果可以得到一系列包含不同部分细节信息的低分辨率图像，则相互补充可以得到一幅分辨率较高、包含信息较多的图像。需要指出的是，虽然一般情况下，增加输入图像的数量可以使放大倍数进一步提高，但是放大倍数有一定上限，分辨率并不能无限提高。

根据上面的分析，将多幅低分辨率图像中不重合的信息结合起来，就可以构建出较高分辨率（大尺寸）的图像。这类方法一般称为**超分辨率重建**。基于重建的超分辨率技术通常包含以下步骤：①图像的预处理，包括图像配准等；②图像退化模型的建立；③图像的恢复与重建，包括去噪声、去模糊、高分辨率图像估计等。如果多幅低分辨率图像是从图像序列获得的，则可以借助运动检测（参见 14.3 节）来实现超分辨率重建。这里的核心思想就是用时间带宽换取空间分辨率，实现时间分辨率向空间分辨率的转换。当然，如果目标完全不运动且在所有帧图像中都一样，则并不能获得额外的信息。另外，如果目标运动得太快而使得在不同的帧图像中看起来很不一样，此时要实现超分辨率重建也很困难。

超分辨率重建算法很多，多为空域的方法。一种比较直观的方法是非均匀插值法。该方法的流程如图 5.7.4 所示，将期望的图像看成具有很高的分辨率，而将不同的低分辨率观测图像看成在其上不同位置的采样。先从配准的低分辨率图像获取相当于期望图像上非均匀间隔采样网格点上的采样值，再对这些采样值进行插值并映射，以得到超分辨率图像采样网格点上的采样值。这样重建得到的高分辨率图像会存在噪声、模糊等问题，还需要通过图像恢复技术进行一定的修复。

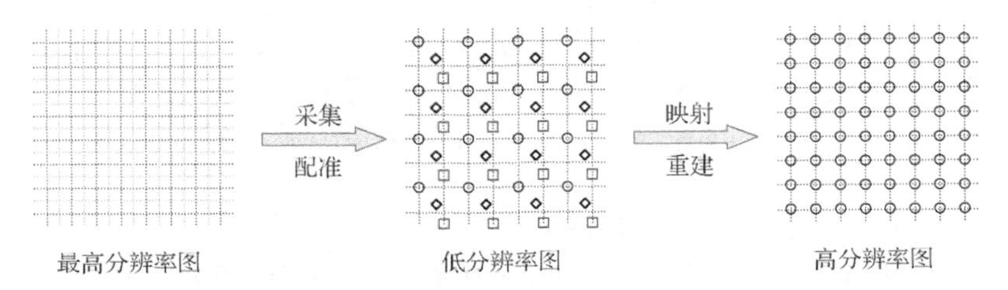

图 5.7.4　非均匀插值法流程

总结和复习

下面简单小结本章各节，并有针对性地介绍一些可供深入学习的参考文献。进一步复习还可通过思考题和练习题进行，标有星号（*）的题在书末提供了参考解答。

【小结和参考】

5.1 节先介绍了图像退化的大概情况，噪声和模糊都是典型的图像退化类型[Bracewell 1995]。有关噪声和模糊的对比讨论可见文献[Bertero 1998]。更多的噪声示例可见[Libbey 1994]、[Siau 2002]。对统计噪声的描述常用到噪声的概率密度函数[Bertero 1998]。该节还介绍了几种常见噪声的概率密度函数，有关瑞利噪声、伽玛噪声和指数噪声概率密度函数的介绍可见文献[Gonzalez 2002]。另外，雾天成像也会导致图像降质，对相关模型的介绍和改进可见文献[谭 2013]。该节介绍的基本图像退化模型将图像退化过程模型化为一个作用在输入图像上的系统，其求解细节可见[章 2006b]。这里仅考虑了线性退化的情况，一个进一步考虑了非线性退化情况的图像退化模型可见[章 2018b]。

5.2 节介绍了 3 类滤波器，可以用于消除仅由空域噪声造成退化的图像中的噪声，包括均值滤波器、排序统计滤波器和自适应滤波器。有关非线性均值滤波器的进一步介绍可见[Mitra 2001]。非线性均值滤波器在权重是常数时，简化为同态滤波器。用最大值和最小值滤波器还可组合成最大-最小锐化滤波器[章 2018b]。消除噪声也可以采取先检测噪声点，再消除的策略[Duan 2010]。

5.3 节介绍了将不同类型滤波器组合起来的两种思路。一种是将均值滤波器和排序统计滤波器混合串联起来以提高速度，另一种是根据噪声选择对应的滤波器，以提高滤波效果。由于噪声的种类多，产生的原因复杂，有时图像会同时受到不同噪声的影响。因为不同的滤波器常对特定的噪声有较好的滤波效果，常将不同的空域噪声滤波器结合起来滤除不同的噪声。在线性和中值的混合滤波中，线性滤波器和中值滤波器是串联的，先通过线性滤波减少数据量，再用中值滤波消噪保持细节[Dougherty 1994]。对混合滤波器模板元素的选取还可参见对中值滤波不同模板的讨论[章 2018b]。在线性和中值的选择滤波中，根据像素所受影响的噪声来源不同而选择对应的滤波器，以取长补短。例如，对高斯噪声用线性滤波器，对椒盐噪声用中值滤波器[Li 2003]。其他组合滤波增强方法还可参见文献[王 2011a]、[王 2012]。

5.4 节介绍无约束恢复，包括无约束恢复模型、典型的无约束恢复技术——逆滤波，以及利用逆滤波恢复匀速直线运动造成的运动模糊的方法。关于无约束图像恢复方法的讨论和推导可见[章 2006b]。在实际应用中，图像还可能同时受到散焦模糊和噪声叠加的影响。上述各种退化因素在采集视频图像的过程中比较常见，它们共同作用的结果造成所采集的视频图像分辨率减低。利用一系列低分辨率的图像来重建高分辨率的图像常称为超分辨率重建[Tekalp 1995]，5.7 节专门进行了介绍。

5.5 节介绍有约束恢复，包括有约束恢复模型。一种典型的有约束恢复技术是维纳滤波，也将它与逆滤波进行了对比。维纳滤波器是一种统计的最小均方误差滤波器，因为它采用的最优准则基于图像和噪声各自的相关矩阵，所以由此得到的结果只是在平均意义上最优[Gonzalez 2002]。关于有约束图像恢复方法的讨论和推导可见[章 2006b]。限于篇幅，没有详细介绍有约束最小平方滤波。在既有模糊，又有噪声的图像退化情况下，有约束最小平方滤波的效果比维纳滤波略好一些[章 2018b]。

5.6 节介绍图像修补，这是广义图像恢复的一个分支。更全面的讨论还可见文献[Chan 2005]、[章 2012b]和[Zhang 2014]。近年有些方法借助了稀疏表达技术，有关稀疏表达可参见文献[Donoho 2004]。对基于样本的稀疏表示图像修复方法的改进可见文献[陈 2010a]。基于加权稀疏非负矩阵分解的一种图像修复方法可见文献[Wang 2011]。

5.7 节介绍超分辨率技术。较全面的超分辨率技术入门综述可见文献[Park 2003]，更多相关内容和实验图像可参见文献[卜 2013]、[章 2018b]。

【思考题和练习题】

5.1 试举出几种本书没有提及的图像退化情况。

5.2 试列表比较高斯噪声、均匀噪声和脉冲噪声的特点（至少从 3 个方面进行）。

*5.3 如果将均匀噪声的定义范围增加一倍，则其均值将会怎样变化？其方差又会怎样变化？

5.4 中值滤波器和其他哪种排序统计滤波器有可能得到相同的滤波结果？

5.5 试根据高斯噪声的概率密度函数分析使用均值滤波器消除噪声的效果。

5.6 在线性和中值混合滤波中，哪些滤波器是串联的？哪些滤波器是并联的？为什么要这样？

5.7 参照式（5.3.4），试写出对应图 5.3.2（b）和图 5.3.2（c）所示的两个模板的空域滤波器函数。

5.8 设计椒盐噪声滤波器时，使用的两个准则分别利用了椒盐噪声的什么特点？还有什么准则可用来检测受椒盐噪声影响的像素？

*5.9 如果图 5.1.2 中的退化系统是线性的，试给出 $g(x, y)$的功率谱。

5.10 5.6 节的图像修补思路和方法与 5.4 节的无约束恢复及 5.5 节的有约束恢复有什么联系和区别？

5.11 对比基于单幅图像的超分辨率复原与基于多幅图像的超分辨率重建两类方法的原理，哪些思路是公共的？如何互相借用？

5.12 设有一幅 $N \times N$ 的图像，如果对它进行水平方向和垂直方向的 2 取 1 亚采样，则得到一幅 $N/2 \times N/2$ 的图像；如果将起始采样点在水平方向和垂直方向均移动一像素后，再如前所述进行亚采样，则得到另一幅 $N/2 \times N/2$ 的图像。

（1）比较两幅亚采样得到的图像，看它们有什么差别并解释为什么。

（2）使用这两幅亚采样得到的图像重建超分辨率，将所得结果与原图像比较，看它们有什么差别并解释为什么。

第6章 图像投影重建

图像投影重建也称**从投影重建图像**，一般是指从一个物体的多个（径向）投影结果重建原来目标图像的过程和技术，其目的多是根据对场景的投影数据来获取场景中物质分布的信息。

图像投影重建是一类特殊的图像处理方法。这里输入是（一系列）投影图，输出是对景物的重建图。通过投影重建可以直接看到原来被投影物体某种特性的空间分布，比直接观察投影图要直观得多。图像投影重建技术又可看成是一类特殊的图像恢复技术。如果把投影看成是一种退化，则过程重建是一种复原过程。具体来说，在投影时，将沿射线方向的分辨能力丢失了（只剩 1-D 信息），重建则利用多个投影恢复了原来 2-D 的分辨力。

本章各节内容安排如下。

6.1 节介绍投影重建方式，以透射断层成像、发射断层成像、反射断层成像、电阻抗断层成像和磁共振成像为例，说明投影重建方法的特点。

6.2 节介绍投影重建的原理，主要侧重投影重建的基本模型和作为投影重建基础的拉东变换。

6.3 节介绍傅里叶反变换重建的原理和步骤，包括基本步骤和定义、傅里叶反变换重建公式、典型头部模型及对其的重建。

6.4 节介绍卷积逆投影重建方法，先推导连续公式，再讨论离散计算，另外还分析了扇束投影的重建。

6.5 节介绍级数展开重建方法，除介绍重建模型和典型的代数重建方法外，还归纳了级数重建的特点。

6.6 节介绍一种结合变换法和级数展开法特点的综合重建法——迭代变换法。

6.1 投影重建方式

利用投影重建方式工作的系统有许多种类，下面是 5 个典型的例子。

6.1.1 透射断层成像

在**透射断层成像**（TCT）系统中，从发射源射出的射线穿透物体到达接收器。射线在通过物体时被物体吸收了一部分，而余下部分被接收器接收。由于物体各部分对射线的吸收不同，所以接收器获得的射线强度实际上反映了物体各部分对射线的吸收情况。

TCT 是最常见和基本的计算机断层成像（CT）。因常使用 X 射线（不会产生衍射），所以也称 XCT。如果用 I_0代表发射源的强度，$k(s)$代表在沿射线方向物体点 s 对射线的线性衰减系数/因子，L 代表辐射的射线，I 代表穿透物体的射线强度（即接收器接收到的强度），那么有

$$I = I_0 \exp\left\{-\int_L k(s)\mathrm{d}s\right\} \tag{6.1.1}$$

如果物体是均匀的，则

$$I = I_0 \exp\{-kL\} \tag{6.1.2}$$

式中，I_0 对应没有物体时的射线强度；L 是射线在物体内部的长度；k 代表物体的线性衰减系数。

经过多年发展，CT 系统已历经七代。前四代系统的扫描成像结构分别如图 6.1.1 所示，图 6.1.1（a）～图 6.1.1（d）分别对应第 1 代～第 4 代。图 6.1.1 中的圆代表拟成像的区域，经过发射源（X 射线管）的虚线直线箭头表示发射源可沿箭头方向移动，而从一个发射源到另一个发射源的虚线曲线箭头表示发射源可沿曲线转动。第 1 代系统的发射源和检测器是一对一的，同时对向移动以覆盖整个拟成像的区域。第 2 代系统中对应每个发射源的是若干个检测器，也同时对向移动以覆盖整个拟成像的区域。第 3 代系统中对应每个发射源的是一个检测器阵（可分布在直线上，也可分布在圆弧上），由于每次发射都可覆盖整个拟成像的区域，所以发射源不需移动，只需转动。第 4 代系统中的检测器构成完整的圆环，工作时没有运动，只有发射源转动。第 3 代和第 4 代系统中采用的投影方式称为**扇束投影**方式，这样可以尽量缩短投影的时间，减少由于物体在投影期间的运动而造成的图像失真以及对患者的伤害。第 5 代系统的结构与第 4 代系统相似，仅采用电子束旋转来替换发射源的机械转动。在电子射线系统中，运动的是聚焦点。第 6 代的基本构造与第 4 代系统也相似，但它可在拟成像目标垂直（纸面）运动时成像，获得螺旋形的 3-D 数据，也称**螺旋 CT**。第 7 代类似于将多个第 4 代系统平面堆叠起来，直接获得 3-D 体数据，这既提高了扫描效率，也减少了射线剂量，也称**多层 CT**。

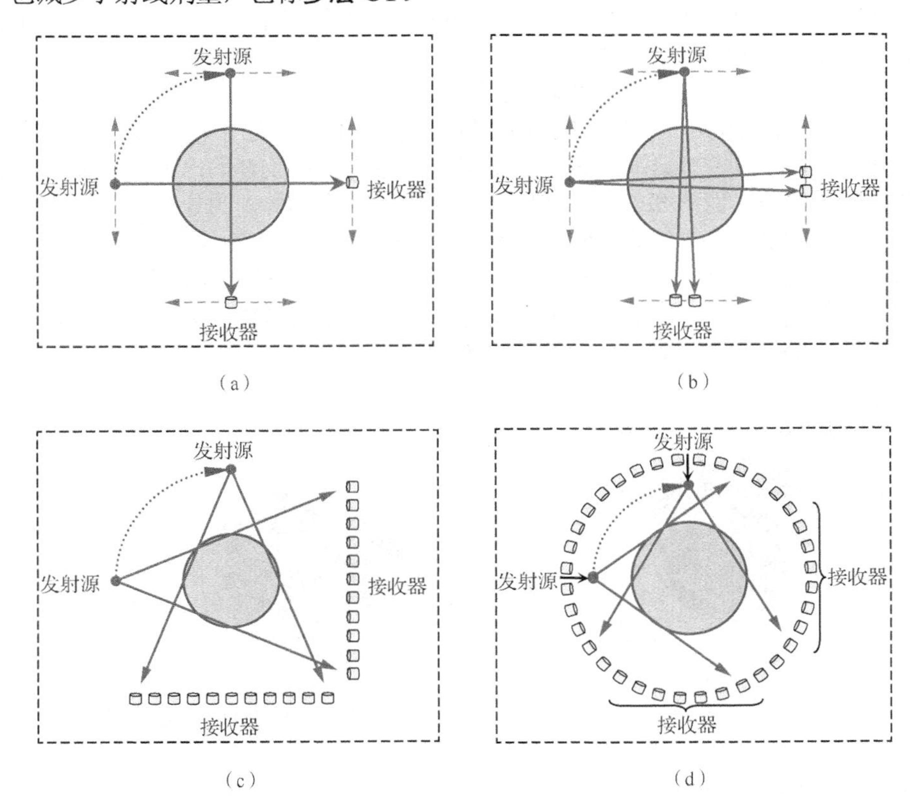

图 6.1.1　前四代 CT 系统结构示意

6.1.2 发射断层成像

在**发射断层成像**（ECT）系统中，发射源在物体内部（可将被检测的物体本身看作信号源）。一般是将具有放射性的离子注入物体内部，从物体外检测其放射出来的量。通过这种方法可以了解离子在物体内的运动情况和分布，从而可以检测到与生理有关的状况。现在常用的 ECT 主要有两种：**正电子发射成像**（PET）和**单光子发射成像**（SPECT）。

PET 的历史可追溯到 20 世纪 50 年代放射性物质的成像开始得到使用时。与 CT 和下面的 MRI 相比，PET 具有很大的敏感度，具有检测和显示纳摩尔（Nanomolar）级的能力。

图 6.1.2 所示为 PET 系统的构成示意图。因为 PET 采用在衰减时放出正电子的放射性离子，放出的正电子很快与负电子相撞湮灭而产生一对光子并以相反方向射出。所以相对放置的两个检测器接收到这两个光子就可以确定一条射线。检测器围绕物体呈环形分布，相对的两个检测器构成一组检测器对，以检测由一对正负电子产生的两个光子。

如果两个光子被一对检测器同时记录下来，那么产生这两个光子的湮灭现象肯定发生在连接两个检测器的直线上。为避免散射的影响，一般要在检测到 10 万件或更多的湮灭事件后，才用断层重建方法计算正电子发射的轨迹。对事件的投影记录数据可表示为

$$P = \exp(-\int k(s)\mathrm{d}s)\int f(s)\mathrm{d}s \tag{6.1.3}$$

式（6.1.3）中，P 是投影数据；$k(s)$是对γ射线的线性衰减系数；$f(s)$是同位素的分布函数。

SPECT 是一种结合核医学成像技术和断层重建技术的成像技术。所成的像与 PET 类似，都反映了成像物质的信息。两者给出的信息都基于放射性离子的空间分布。在 SPECT 中，任何在衰减中能产生γ 射线的放射性离子都可以使用。SPECT 可利用寿命（半衰期）较长因而比较容易获得的试剂（而 PET 因为所用离子寿命短，所以需要有加速器）。为确定射线方向，要用能阻止射线偏移的准直器来定向采集中子，以确定射线方向。

SPECT 使用围绕物体从不同角度得到的 2-D 核医学图像，并利用从多个投影重建的方法提供 3-D 放射性分布信息。与 TCT 不同，SPECT 使用的放射源是在物体的内部。从 TCT 获得的是不同材料的不同衰减系数，而从 SPECT 获得的是放射性物质在物体内的分布。

图 6.1.3 所示为 SPECT 系统的构成示意图。将放射性物质注入物体内，不同的材料（如组织或器官）吸收后会发射γ射线，即光子。一定方向的光子可穿过准直器到达晶体，在那里，光子转化为能量较低的光子并由光电倍增器转化为电信号。这些电信号提供了光子与晶体作用的位置，放射性物质的 3-D 分布就转化为 2-D 的投影图像。

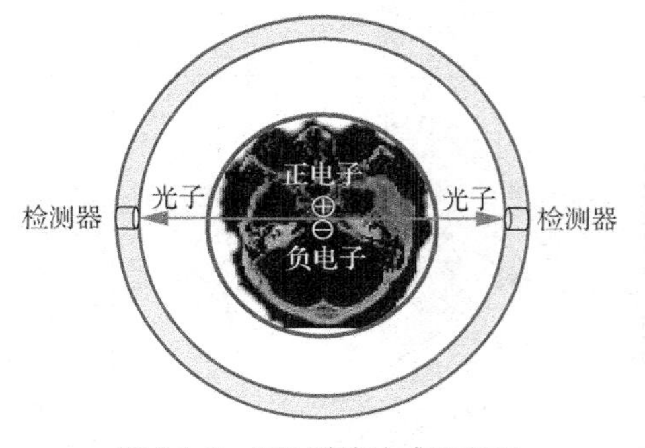

图 6.1.2 PET 系统构成示意图

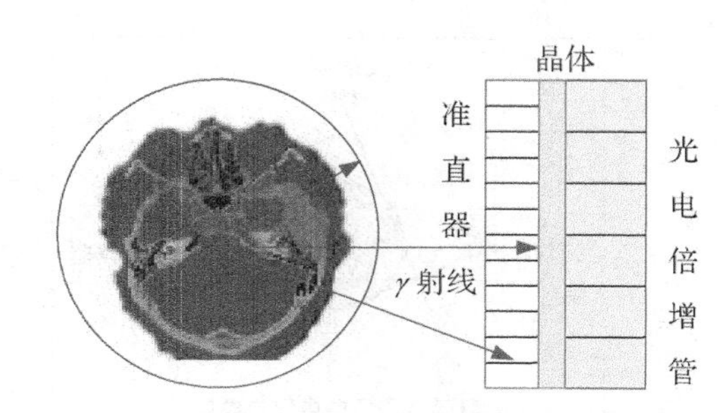

图 6.1.3 SPECT 系统构成示意图

6.1.3 反射断层成像

反射断层成像（RCT）也是利用投影重建原理工作的。常见的一个例子是雷达系统，其

中的雷达图是物体反射的回波产生的。例如，在前视雷达（FLR）中，雷达发射器从空中向地面发射无线电波。雷达接收器在特定角度接收到的回波强度是地面反射量在一个扫描阶段的积分。

图 6.1.4 所示为非聚焦**合成孔径雷达**（SAR）成像的示意图。在合成孔径雷达成像中，雷达是运动的，而目标是不动的（利用它们之间的相对运动产生大的相对孔径以提高横向分辨率）。设 v 为雷达（载体）沿 Y 轴的运动速度，T 为有效积累时间，λ 为电波波长。两个点目标沿雷达运动方向分布，目标 A 位于雷达孔径正侧视（雷达波束指向与雷达运动方向互相垂直）的中心线上（X 轴），目标 B 与目标 A 间的位移量为 d。雷达与目标 A 间的最近距离为 R，此时定义为时间零点，$t=0$。设在 $t=0$ 前后，距离的变化量为 δR。$R >> \delta R$ 时，$\delta R = (y-d)^2/2R$。在目标 A 处回波信号的双程（电波在天线和目标间来回传播）超前相位为

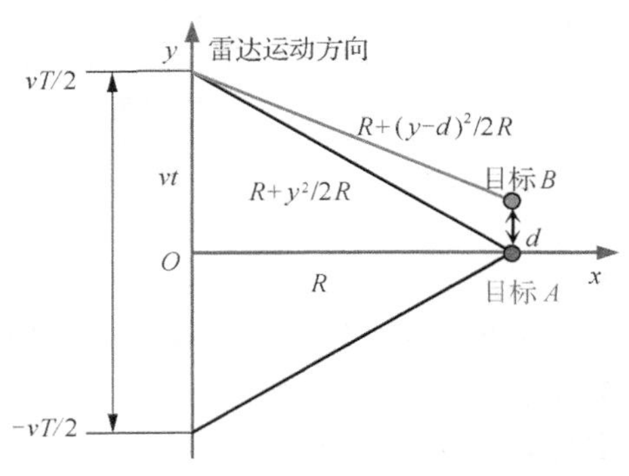

图 6.1.4 非聚焦合成孔径雷达成像的示意图

$$\theta_A(t) = -\frac{4\pi y^2}{2R\lambda} = -\frac{4\pi}{\lambda}\frac{v^2t^2}{2R} \tag{6.1.4}$$

在目标 B 处，回波信号的双程超前相位为

$$\theta_B(t,d) = -\frac{4\pi}{\lambda}\frac{(vt-d)^2}{2R} \tag{6.1.5}$$

如果发射信号频率足够高，回波信号可认为是连续的，此时可对时间段 $-T/2$ 到 $T/2$ 进行积分来处理回波信号 $\exp[\mathrm{j}\theta_B(t,d)]$。进一步设在积分时间内为均匀发射，则在目标 B 处的回波响应为

$$E(d) = \int_{-T/2}^{T/2} \exp\left[-\frac{\mathrm{j}4\pi}{2R\lambda}(vt-d)^2\right]\mathrm{d}t \tag{6.1.6}$$

6.1.4 电阻抗断层成像

电阻抗断层成像（EIT）采用交流电场对物体进行激励。这种方法对电导或电抗的改变比较敏感。通过将低频率的电流注入物体内部，并测量在物体外表处的电势场（根据电导率分布，利用有限元方法来计算电场区域边界的电压），再采用图像重建算法，就可以重建出物体内部区域的电导和电抗的分布或变化图像（即基于边界测量值估计电场区域的电导率分布）。

目前，EIT 是仅有的能对电导成像的方法。由于不同的生物组织或器官在不同的生理、病理条件下，其电阻抗特性不同，所以 EIT 图像能反映组织或器官携带的病理和生理信息。EIT 不使用核素或射线，只需要较少的电流，无毒无害，可作为一种无损伤检测技术对病人进行长期、连续的图像监护，因此被看作一种新型医学功能成像技术。

常用的 EIT 系统的工作模式分两类：注入电流式和感应电流式。注入电流式 EIT 采用注入激励和测量技术测量成像区域的阻抗分布信息：在物体外表驱动电极上施加恒定交流激励，成像区域的等效阻抗反映在不同测量电极上测到的电压信号的幅值和相位上。采用解调技术可解调出被测信号中反映成像区域阻抗分布的部分信息。感应电流式 EIT 采用与物体外表非接触的激励线圈进行交流激励，从而在成像目标内部产生感应电流（涡流），从外表检测到感应电流场，从而计算出目标内部相应的阻抗分布或变化。

例 6.1.1 注入电流式 EIT 图像示例

图 6.1.5 所示为两幅利用注入电流式 EIT 重建出的图像，其中灰度取决于各处电阻抗的数值。

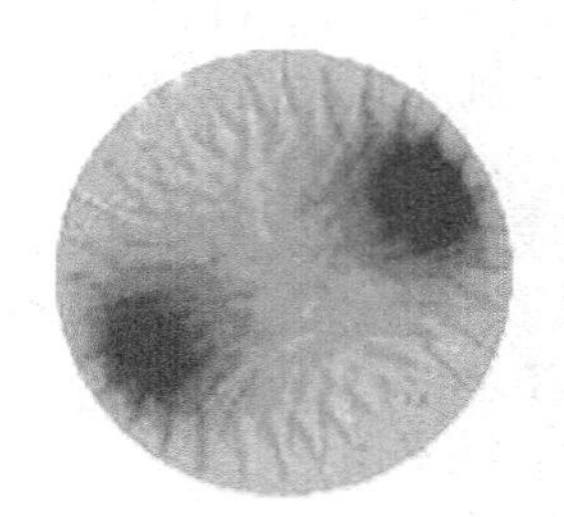
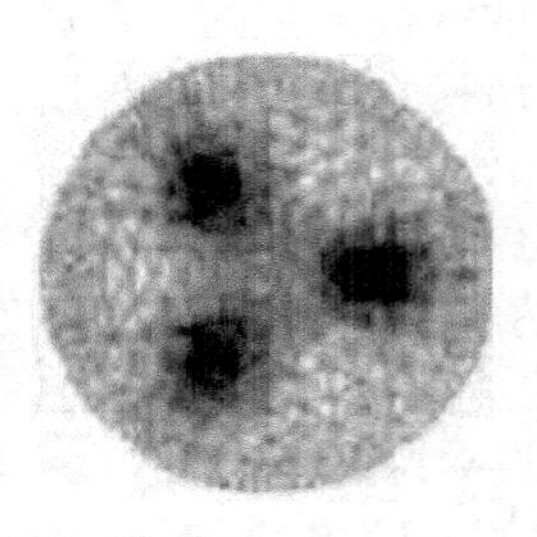

图 6.1.5 电阻抗断层成像结果 ❑

从数学角度来讲，EIT 和前面介绍的各种 CT 有类似之处，因为它们都需要处理（物体）外部数据，以获得反映物体内部结构的图像，而且成像常常针对穿过物体的一个 2-D 截面进行。区别是 EIT 借助电流的扩散来获得电导的分布，这点与 CT 等都不同。EIT 有一些很吸引人的特征，包括用于 EIT 成像的技术很安全、简便。相对于 CT、PET、SPECT、MRI 等技术，EIT 的分辨率要差。EIT 的分辨率依赖于电极的数量，但可以同时接触到物体的电极数量常受到许多限制。EIT 成像方式的主要缺点源于其非线性的病态问题，如果测量有很小的误差，就有可能导致对电导的计算产生很大的影响。

6.1.5 磁共振成像

磁共振成像（MRI）在早期称为**核磁共振**（NMR），也是一种典型的图像投影重建的方式。它的工作原理简介如下。氢核以及其他具有奇数个质子或中子的核，包含具有一定磁动量或旋量的质子。如果把它们放在磁场中，它们就会像陀螺在地球重力场中一样在磁场中进动。一般情况下，质子在磁场中是随意排列着的，当一个适当强度和频率的共振场信号作用于物体时，质子吸收能量并转向与磁场相交的朝向。如果此时将共振场信号除去，质子吸收的能量将释放并可被接收器检测到。根据检测到的信号，就可以确定质子的密度。控制所用共振场信号和磁场的强度，每次可检测到沿着通过目标中一条线的信号强度。换句话说，检测到的信号是 MRI 信号沿直线的积分。

每个 MRI 系统都包含磁场子系统、发射/接收子系统、计算机图像重建和显示子系统。在磁场子系统中，有纵向的主磁场、非均匀磁场和横向的射频磁场，在它们的共同作用下，成像物体会产生磁共振信号。该信号能被成像设备中的检测线圈测得。假设射频场的作用时间远小于自旋原子核的横向和纵向驰豫时间常数，则可以将磁共振信号表示成

$$S(t)=\iiint_V R(x,y,z)f(x,y,z)\exp\left[\mathrm{j}\theta\int_0^t w(x,y,z,\tau)\mathrm{d}\tau\right]\mathrm{d}x\mathrm{d}y\mathrm{d}z \tag{6.1.7}$$

式（6.1.7）中，$R(x, y, z)$是被横向和纵向驰豫时间常数等物理参数加权的原子核自旋密度分布函数；$f(x, y, z)$是磁共振信号的射频接收线圈的灵敏度分布函数；$w(x, y, z, t)$是原子核自旋进动的拉莫尔（Larmor）频率的空间分布随时间变化的函数，这里 $w(x, y, z, t) = g[B_0+B(x, y, z, t)]$，$g$ 是原子核的旋磁比，B_0 是主磁场强度，$B(x, y, z, t)$是时变的非均匀磁场；V 是成像物体所处的空间区域。

磁共振成像根据时变非均匀磁场、射频磁场及其激励而产生的磁共振信号来重建物体的自旋密度分布函数。数学上将磁共振成像看作一个逆问题，即在已知 $S(t)$、$w(x, y, z, t)$、$f(x, y, z)$的条件下求解 $R(x, y, z)$的积分方程（6.1.7）。最早提出的磁共振成像方法将非均匀磁场设计为线性梯度磁场，从而把积分方程（6.1.7）简化为拉东变换（参见 6.2.2 节），然后通过求解拉东逆变换重建物体的自旋密度图像。

6.2 投影重建原理

由 6.1 节可知，如果测量到的数据具有物体某种感兴趣物理特性在空间分布的积分形式，那么需要用投影重建的方法来获得物体内部的、反映不同物理特性的图像。

6.2.1 基本模型

图 6.2.1 所示为一个简单的**从投影重建图像模型**的示意图。这里用图像 $f(x, y)$ 代表某种物理量在 2-D 平面上的分布。将需要投影重建的物质材料限制在一个无限薄的平面上，使得重建图像在任意点的灰度值正比于射线投影到的点固有的相对线性衰减系数。

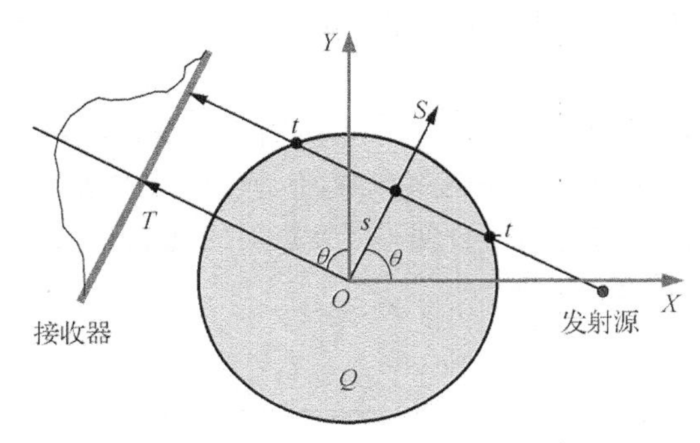

图 6.2.1 从投影重建图像模型示意图

为讨论方便（且也符合实际情况），设 $f(x, y)$ 在一个以原点为圆心的单位圆 Q 外为 0。现在考虑有一条由发射源到接收器的直线在平面上与 $f(x, y)$ 在 Q 内相交的情况。这条直线可用两个参数来确定：它与原点的距离 s、它与 Y 轴的夹角 θ。如果用 $g(s, \theta)$ 表示沿直线 (s, θ) 对 $f(x, y)$ 的积分，则借助坐标变换可得

$$g(s,\theta) = \int_{(s,\theta)} f(x,y)\mathrm{d}t = \int_{(s,\theta)} f(s\times\cos\theta - t\times\sin\theta,\ s\times\sin\theta + t\times\cos\theta)\,\mathrm{d}t \tag{6.2.1}$$

这个积分就是 $f(x, y)$ 沿 t 方向的投影，其中积分限取决于 s、θ 和 Q。当 Q 是单位圆时，设积分上下限分别为 t 和 $-t$，则

$$t(s) = \sqrt{1-s^2} \qquad |s| \leqslant 1 \tag{6.2.2}$$

如果直线 (s, θ) 落在 Q 外（与 Q 不相交），则

$$g(s,\theta) = 0 \qquad |s| > 1 \tag{6.2.3}$$

可见式（6.2.1）表示的积分方程是有定义并可计算的。

在实际的投影重建环境中，用 $f(x, y)$ 表示需要被重建的目标，由 (s, θ) 确定的积分路线对应一条从发射源到接收器的射线。接收器获得的积分测量值是 $g(s, \theta)$。在这些定义下，从投影重建可描述为：对给定的 $g(s, \theta)$，要确定 $f(x, y)$。从数学上讲就是要解积分方程（6.2.1）。

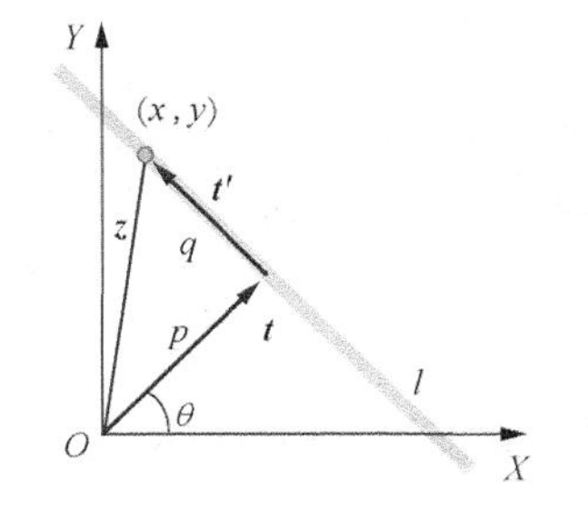

图 6.2.2 用于定义拉东变换的坐标系统

6.2.2 拉东变换

解积分方程（6.2.1）的问题可借助**拉东变换**来解决。如图 6.2.2 所示，对 $f(x, y)$ 的拉东变换 $R_f(p, \theta)$ 定义为沿着由 p

和θ定义的图中直线 l（点(x, y)在该直线上）的线积分。

上述线积分可写为

$$R_f(p,\theta)=\int_{-\infty}^{\infty} f(x,y)\mathrm{d}l \tag{6.2.4}$$

如果借助 Delta 函数，则上述线积分还可写为

$$R_f(p,\theta)=\int_{-\infty}^{\infty}\int_{-\infty}^{\infty} f(x,y)\delta(p-x\cos\theta-y\sin\theta)\mathrm{d}x\mathrm{d}y \tag{6.2.5}$$

由于直线 l 的方程由 $p=x\cos\theta+y\sin\theta$给出，所以借助 Delta 函数的性质，可知式（6.2.5）中的拉东变换就是对$f(x, y)$沿 l 的线积分。

可以证明，对$f(x, y)$的 2-D 傅里叶变换与对$f(x, y)$先进行拉东变换，再进行 1-D 傅里叶变换得到的结果相等。即

$$\mathcal{F}_{(1)}\{\mathcal{R}[f(x,y)]\}=\mathcal{F}_{(1)}\{R_f(p,\theta)\}=\mathcal{F}_{(2)}[f(x,y)]=F(u,v) \tag{6.2.6}$$

在式（6.2.6）中，用下标括号内的数字区分变换的维数。式（6.2.6）也称为**中心层定理**，这是因为对$f(x, y)$沿一个固定角度投影结果的 1-D 傅里叶变换对应$f(x, y)$的 2-D 傅里叶变换中沿相同角度的一个剖面（层），如图 6.2.3 所示。

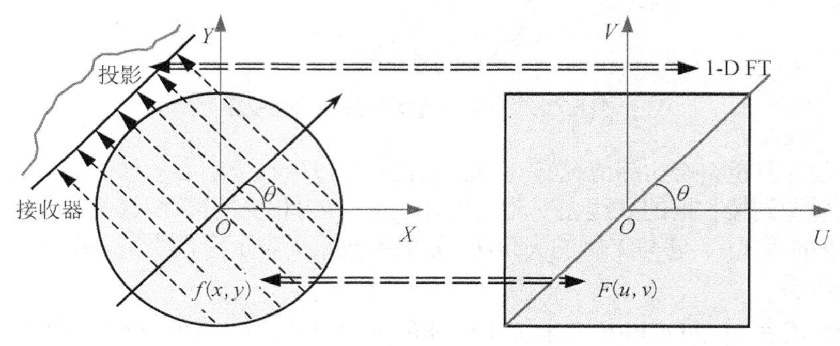

图 6.2.3 中心层定理示意图

对式（6.2.6）的一个证明如下。利用 Delta 函数，可将 2-D 傅里叶变换写为

$$F(u,v)=\int_{-\infty}^{\infty}\int_{-\infty}^{\infty}\int_{-\infty}^{\infty} f(x,y)\exp(-\mathrm{j}2\pi s)\delta(s-ux-vy)\mathrm{d}s\mathrm{d}x\mathrm{d}y \tag{6.2.7}$$

改变积分次序，并令 $s=qp$，$q>0$，得到

$$F(u,v)=q\int_{-\infty}^{\infty}\int_{-\infty}^{\infty}\int_{-\infty}^{\infty} f(x,y)\exp(-\mathrm{j}2\pi qp)\delta(qp-ux-vy)\,\mathrm{d}x\mathrm{d}y\mathrm{d}p \tag{6.2.8}$$

在傅里叶空间，令 $u=q\cos\theta$，$v=q\sin\theta$。利用 Delta 函数的性质$\delta(ax)=\delta(x)/|a|$，可将 q 从 Delta 函数中提出来得到

$$F(u,v)=\int_{-\infty}^{\infty}\exp(-\mathrm{j}2\pi qp)\int_{-\infty}^{\infty}\int_{-\infty}^{\infty} f(x,y)\delta(p-x\cos\theta-y\sin\theta)\,\mathrm{d}x\mathrm{d}y\mathrm{d}p \tag{6.2.9}$$

在 XY 平面上的积分根据式（6.2.5）正好就是对$f(x, y)$的拉东变换，于是有

$$F(q\cos\theta,q\sin\theta)=\int_{-\infty}^{\infty} F(p,\theta)\exp(-\mathrm{j}2\pi qp)\mathrm{d}p \tag{6.2.10}$$

如果选择坐标使得角度θ固定且等于 0，则

$$F(q,0)=\int_{-\infty}^{\infty}F(p,0)\exp(-\mathrm{j}2\pi qp)\mathrm{d}p \tag{6.2.11}$$

结合考虑式（6.2.10）和式（6.2.11），可以看出对$f(x, y)$沿固定角度θ的投影的 1-D 傅里叶变换就是对$f(x, y)$的 2-D 傅里叶变换中的一层，而且这个层在傅里叶空间由角度θ决定。上述结果有时被称为**投影层定理**，一般仅用于 2-D，也可看作 2-D 时的中心层定理。重建连续相邻 2-D 层就可实现真正的 3-D 成像。

6.2.3 逆投影

根据拉东变换，解积分方程（6.2.1）应该是一个将原来的投影过程逆转过来的过程。这个过程可称为**逆投影**。下面讨论投影和逆投影之间的联系。

图 6.2.4 所示为水平投影及其逆投影以及垂直投影及其逆投影的示意图。图 6.2.4 中的深色正方形代表一个有较大密度的物体层，其中心有个正方形具有较小的密度，网格状的长条代表接收器。图 6.2.4（a）是水平投影的示意图，发射源在左边，射线向右穿过物体被右边的接收器接收，其投影结果如最右边的折线段所示。由于物体中心密度较小，所以投影结果在中心的值较大。图 6.2.4（b）是水平逆投影的示意图，将刚才得到的投影结果向左逆投影，由于中部投影结果值较大，逆投影的结果体现在物体上是中部有一个灰度较大的水平条带。图 6.2.4（c）是垂直投影的示意图，发射源在下边，射线向上穿过物体被上边的接收器接收，其投影结果如最上边的折线段所示。由于物体中心密度较小，所以投影结果也在中心的值较大。图 6.2.4（d）是垂直逆投影的示意图，将刚才得到的投影结果向下逆投影，由于中部投影结果值较大，逆投影的结果体现在物体上是中部有一个灰度较大的垂直条带。

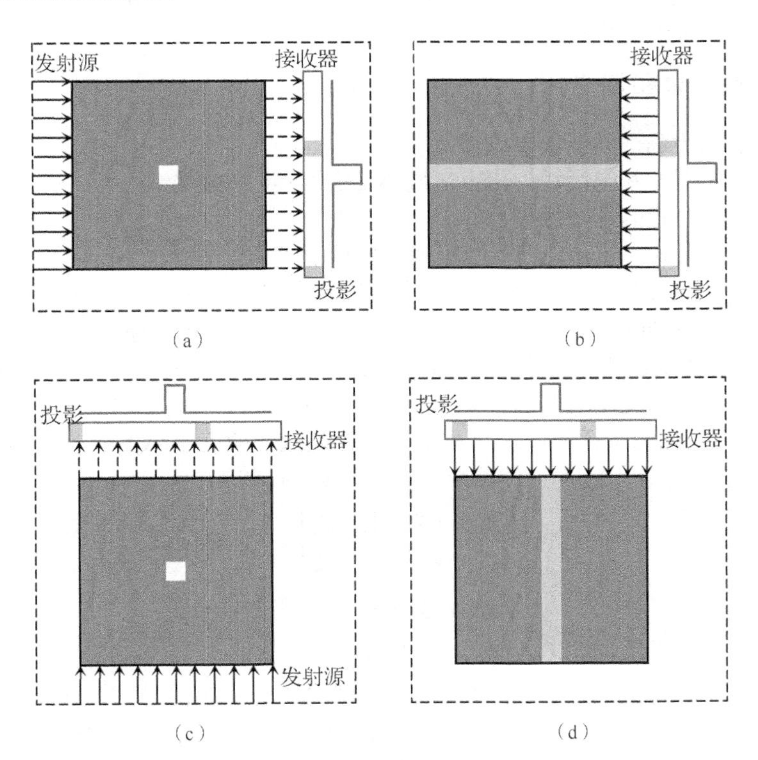

图 6.2.4 投影和逆投影的示意图

获得对空间分布各个朝向的投影后，利用逆投影可以重建原始空间分布。这可借助图 6.2.5 来说明。图 6.2.5（a）与图 6.2.4 中的深色正方形物体层基本相同，图 6.2.5（b）与图 6.2.4（b）中的水平逆投影基本相同，图 6.2.5（c）与图 6.2.4（d）中的垂直逆投影基本相同。如果将图 6.2.5（b）与图 6.2.5（c）两个逆投影叠加，则得到图 6.2.5（d），在两个条带的交界处，由于逆投影值叠加，其灰度将大于仅有一个条带的位置。继续增加逆投影的条带数将给出叠加处逆投影值进一步大于仅有一个条带处逆投影值的结果，即更接近原始物体层的结果。图 6.2.5（e）为水平、垂直、左斜和右斜 4 个条带叠加的结果，中心小正方形处的值最大（4 个条带均叠加），围绕中心正方形的 8 个三角形区域值也比较大（有两个条带叠加）。可以预测，随着条带数量进一步增加，中心正方形区域与其他部分在灰度值的差距更加大，整幅图更接近原始图，即图 6.2.5（a）。

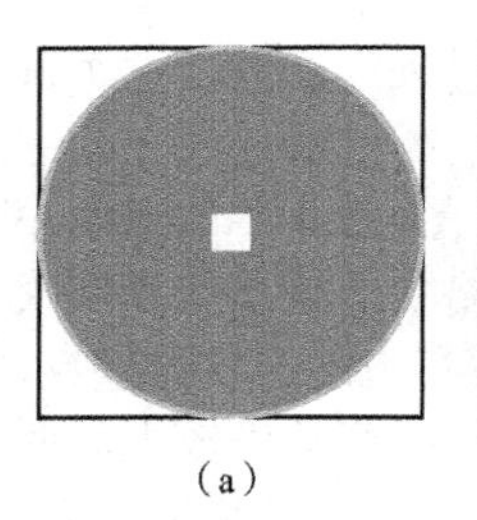
（a）
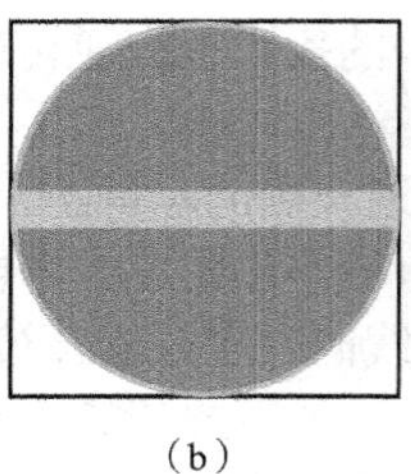
（b）
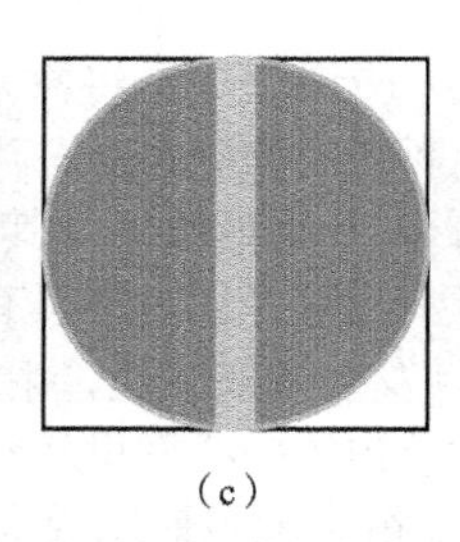
（c）
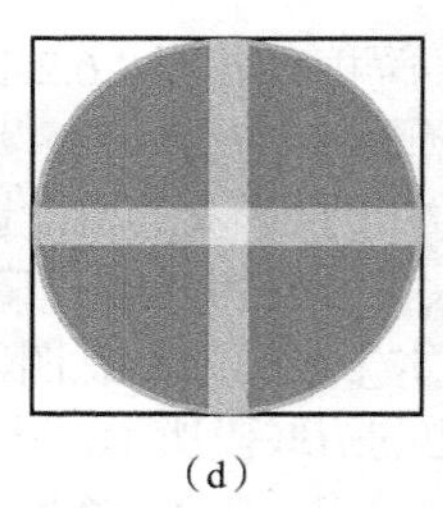
（d）
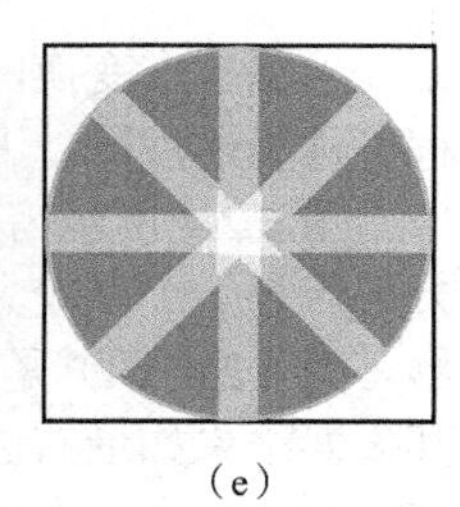
（e）

图 6.2.5　逆投影重建的效果示意图

6.3　傅里叶反变换重建

图像投影重建可在空域进行，也可在频域进行（也有将空域方法和频域方法结合的）。**傅里叶反变换重建法**就是一种变换重建方法。

6.3.1　基本步骤和定义

变换重建方法主要包括以下 3 个步骤。

（1）建立数学模型，其中已知量和未知量都是连续实数的函数。

（2）利用反变换公式解未知量。

（3）调节反变换公式，以适应离散、有噪声应用的需求。

注意上面步骤（2）在解未知量时，理论上可以有多个等价的公式来解。而在步骤（3）中，由于离散化时可采用不同的近似，所以理论上，等价的方法对实际数据应用的结果会不同。在具体应用中，测到的数据对应于许多个离散点(s, θ)上的估计值$g(s, \theta)$，而重建的图像也是一个离散的 2-D 数组。

考虑在 s 和θ上都均匀采样的情况。设在 N 个相差$\Delta\theta$的角度上投影，在每个方向（对应某个投影角度）上用 M 个间距为Δs 的射线测量，定义整数 M^+和 $M-$为

$$\left.\begin{aligned} M^+ &= (M-1)/2 \\ M^- &= -(M-1)/2 \end{aligned}\right\} \quad M \text{ 为奇数}$$
$$\left.\begin{aligned} M^+ &= (M/2)-1 \\ M^- &= -M/2 \end{aligned}\right\} \quad M \text{ 为偶数} \tag{6.3.1}$$

为了保证一系列射线$\{(m\Delta s, n\Delta\theta): M^- \leqslant m \leqslant M^+, 1 \leqslant n \leqslant N\}$覆盖单位圆，需要选择$\Delta\theta = \pi/N$和$\Delta s = 1/M^+$。此时 $g(m\Delta s, n\Delta\theta)$为平行投影的射线数据。设图像区被一个直角网格覆盖，其中 K^+和 K^-用类似于式（6.3.1）的方法定义（K 为 X 方向上的点数），L^+和 L^-也用类似于式（6.3.1）的

方法定义（L 为 Y 方向上的点数）。根据这些定义，一个重建算法就是要通过 $M \times N$ 个测量值 $g(m\Delta s, n\Delta\theta)$估计出在 $K \times L$ 个采样点的 $f(k\Delta x, l\Delta y)$。

傅里叶反变换重建的整个过程如图 6.3.1 所示，其中 $\mathcal{R}$ 代表拉东变换，$\mathcal{F}$ 代表傅里叶变换。首先对投影进行 1-D 傅里叶变换，得到定义在傅里叶空间的极坐标网格。然后进行插值，以获得直角坐标系统中的 $F(u, v)$，最后通过 2-D 傅里叶反变换得到 $f(x, y)$。

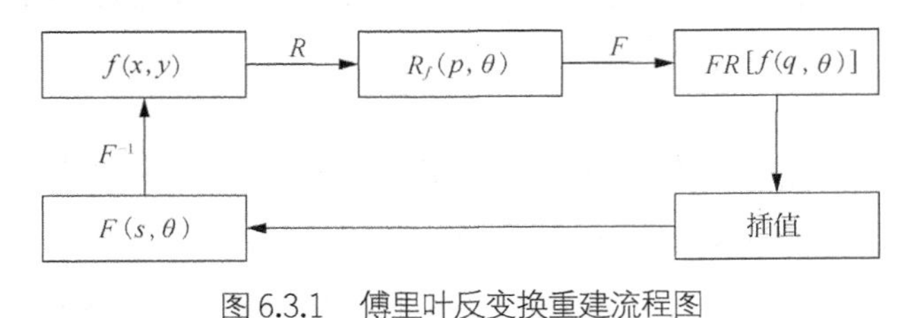

图 6.3.1 傅里叶反变换重建流程图

6.3.2 傅里叶反变换重建公式

变换方法的基础是**傅里叶变换投影定理**。设 $G(R, \theta)$是 $g(s, \theta)$对应第一个变量 s 的（1-D）傅里叶变换，即

$$G(R,\theta) = \int_{(s,\theta)} g(s,\theta)\ \exp[-\mathrm{j}2\pi Rs]\ \mathrm{d}s \tag{6.3.2}$$

$F(X, Y)$是 $f(x, y)$的 2-D 傅里叶变换。有

$$F(X,Y) = \iint_{Q} f(x,y)\exp[-\mathrm{j}2\pi(xX + yY)]\ \mathrm{d}x\mathrm{d}y \tag{6.3.3}$$

那么投影定理可表示为

$$G(R,\theta) = F(R\cos\theta, R\sin\theta) \tag{6.3.4}$$

即 $f(x, y)$以θ角投影的傅里叶变换等于 $f(x, y)$的傅里叶变换在傅里叶空间(R, θ)处的值。换句话说，$f(x, y)$在与 X 轴成θ角的直线上投影的傅里叶变换是 $f(x, y)$的傅里叶变换在朝向角θ上的一个截面。

根据傅里叶变换投影定理很容易得到傅里叶反变换重建的公式。对式（6.3.4）两边在直角坐标系中取傅里叶反变换。有

$$f(x,y) = \int_{-\infty}^{\infty}\int_{-\infty}^{\infty} G\left[\sqrt{X^2+Y^2},\ \arctan\left(\frac{Y}{X}\right)\right]\ \exp[\mathrm{j}2\pi(xX + yY)]\ \mathrm{d}X\mathrm{d}Y \tag{6.3.5}$$

注意到因为 $G(\cdot)$是 $g(\cdot)$的傅里叶变换，所以式（6.3.5）是给出 $g(s, \theta)$，计算 $f(x, y)$的一个重建公式。在实际应用中，需要加一个窗，以把积分区限制在傅里叶 XY 平面上的一个有限区域 W，这样就得到 $f(x, y)$的一个带限逼近 $f_W(x, y)$，有

$$f_W(x,y) = \iint_{Q} G\left[\sqrt{X^2+Y^2},\ \arctan\left(\frac{Y}{X}\right)\right]\ W\left[\sqrt{X^2+Y^2}\right]\exp[\mathrm{j}2\pi(xX + yY)]\ \mathrm{d}X\mathrm{d}Y \tag{6.3.6}$$

现在考虑计算 $G(\cdot)$。在实际应用中，$G(\cdot)$只在一系列$\theta = \theta_n$角取值（θ_n代表 $n\Delta\theta$）。$G(R, \theta_n)$可用在一系列采样点$(m\Delta s, \theta_n)$对 $g(\cdot)$的求和得到

$$G_{\Sigma}(R,\theta_n) = \Delta s\sum_{m=M^-}^{M^+} g(m\Delta s,\ \theta_n)\exp\ [-\mathrm{j}2\pi R(m\Delta s)] \tag{6.3.7}$$

如果令 $R=k\Delta R$（k 为整数，ΔR 为采样间距），取$\Delta R=1/(M\Delta s)$，则

$$G_{\Sigma}(k\Delta R,\theta_n)=\Delta s\sum_{m=M^-}^{M^+}g(m\Delta s,\ \ \theta_n)\exp\left[\frac{-\mathrm{j}2\pi km}{M}\right] \tag{6.3.8}$$

根据 $G_{\Sigma}(k\Delta R,\theta_n)$，可对任意的$(X,Y)$插值出 $G[(X^2+Y^2)^{1/2},\arctan(Y/X)]$，然后由式（6.3.6）可知

$$G\left[\sqrt{X^2+Y^2},\ \ \arctan\left(\frac{Y}{X}\right)\right]W\left[\sqrt{X^2+Y^2}\right]=F_W(X,Y) \tag{6.3.9}$$

于是 $f_W(x,y)$可由下式确定。

$$f_W(k\Delta x,l\Delta y)\approx\Delta X\Delta Y\sum_{u=U^-}^{U^+}\sum_{v=V^-}^{V^+}F_W(u\Delta x,v\Delta y)\exp\left\{\mathrm{j}2\pi\ \left[(k\Delta x)(u\Delta X)+(l\Delta y)(v\Delta Y)\right]\right\} \tag{6.3.10}$$

进一步，如果令$\Delta x=1/(U\Delta X)$，$\Delta y=1/(V\Delta Y)$，则

$$f_W(k\Delta x,l\Delta y)\approx\Delta X\Delta Y\sum_{u=U^-}^{U^+}\sum_{v=V^-}^{V^+}F_W(u\Delta x,v\Delta y)\exp\left\{\mathrm{j}2\pi\left[\frac{ku}{U}+\frac{lv}{V}\right]\right\} \tag{6.3.11}$$

图 6.3.2（a）右半部为（傅里叶）XY 平面上的$(k\Delta R,\theta_n)$位置，用“•”表示。在这些采样位置上可用式（6.3.8）计算 G。这些点在平面上形成一个极坐标模式，各点在极坐标系中分布在等距的圆周上，在每个圆周上也是等角度分布的。图 6.3.2（a）左半部中的“+”点表示位置$(u\Delta X,v\Delta Y)$，这里先需要知道的是这些点的傅里叶变换，然后可以根据式（6.3.11）计算 $f_W(u\Delta X,v\Delta Y)$。这些点在平面上形成一个直角坐标网格。可根据极坐标系中的已知数值进行插值计算，以得到在这些网格点的估计值。式（6.3.11）只给出有限个（U 个 k，V 个 l）估计值 $f_W(k\Delta x,l\Delta y)$。对这些参数的双重求和，可用 FFT 快速计算。

按照图 6.3.2（a）右半部的极坐标模式对傅里叶平面的采样不是太有效，因为采样点分布不太均匀。一种可能的改进是采用图 6.3.2（b）所示的模式。在图 6.3.2（b）的右半部，点在平面上仍形成一个极坐标模式，但这里点的分布更为均衡。原来在 3 个圆周上的分布现在成为在 6 个圆周上的分布，因为相邻两个圆周上的点是交错分布的，所以点的分布更为均匀，更接近图 6.3.2（b）左半部所示直角坐标网格上的分布。

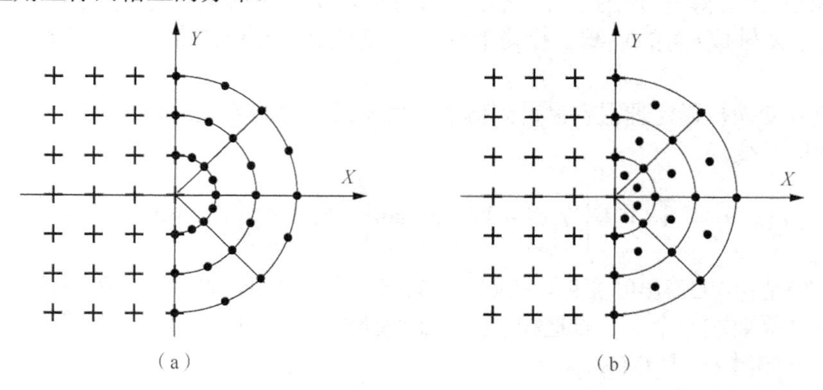

图 6.3.2　傅里叶空间的直角和极坐标网格

综上所述，基于傅里叶反变换的重建技术主要有 3 个步骤。

（1）对以角$\theta_n(n=1,2,\ \cdots\ ,N)$的投影进行 1-D 傅里叶变换，见式（6.3.8）。

（2）在傅里叶空间从极坐标向直角坐标插值。

（3）进行 2-D 傅里叶反变换以得到重建图像，见式（6.3.11）。

这里由于步骤（3）需要用到 2-D 变换，所以不能根据获得的部分投影数据重建图像，必须在获得全部投影数据后再重建图像。

6.3.3 头部模型重建

为了检验重建公式的正确性和把握重建算法中各个参数对重建效果的影响，人们常设计并合成出各种用作头部模型的**幻影**图像进行实验。一幅常用的实验图像是**Shepp-Logan 头部模型图**。图 6.3.3 所示为一幅改进的 Shepp-Logan 头部模型图（尺寸为 115 像素 × 115 像素，256 级灰度）。

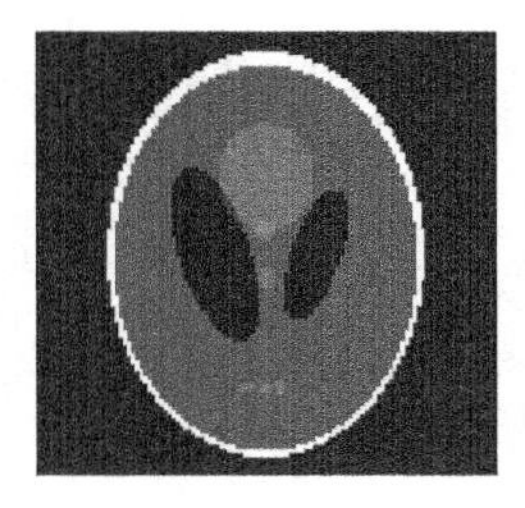

图 6.3.3 改进的 Shepp-Logan 头部模型图

图 6.3.3 所示的模型由 10 个椭圆构成，各个椭圆的参数分别如表 6.3.1 所示。

表 6.3.1 改进的 Shepp-Logan 头部模型图的参数

椭圆序号	中心 X 轴坐标	中心 Y 轴坐标	短轴半径	长轴半径	长轴相对 Y 轴倾角	相对密度
A（外大椭圆）	0.0000	0.0000	0.6900	0.9200	0.00	1.0000
B（内大椭圆）	0.0000	−0.0184	0.6624	0.8740	0.00	−0.9800
C（右斜椭圆）	0.2200	0.0000	0.1100	0.3100	−18.00	−0.2000
D（左斜椭圆）	−0.2200	0.0000	0.1600	0.4100	18.00	−0.2000
E（上大椭圆）	0.0000	0.3500	0.2100	0.2500	0.00	0.1000
F（中上小圆）	0.0000	0.1000	0.0460	0.0460	0.00	0.1000
G（中下小圆）	0.0000	−0.1000	0.0460	0.0460	0.00	0.1000
H（下左小椭圆）	−0.0800	−0.6050	0.0460	0.0230	0.00	0.1000
I（下中小椭圆）	0.0000	−0.6060	0.0230	0.0230	0.00	0.1000
J（下右小椭圆）	0.0600	−0.6050	0.0230	0.0460	0.00	0.1000

例 6.3.1 傅里叶反变换重建示例

在实际重建中，需要在许多方向上获得足够多的投影以恢复空间图像。图 6.3.4 和图 6.3.5 所示为借助图 6.3.3 所示的模型图像用傅里叶反变换重建方法得到的一组例子。图 6.3.4(a)～图 6.3.4（f）分别为对图 6.3.3 沿圆周等角度进行 4 次投影、8 次投影、16 次投影、32 次投影、64 次投影和 90 次投影得到的 2-D 频率空间图像。图 6.3.5（a）～图 6.3.5（f）分别为与图 6.3.4（a）～图 6.3.4（f）对应的重建结果图像。由图 6.3.4 可见，频率空间分布随投影次数增加逐渐向中心聚集。由图 6.3.5 可以看出，重建图像的质量（包括受到不均匀和模糊两方面的影响）随投影次数增加而改善。

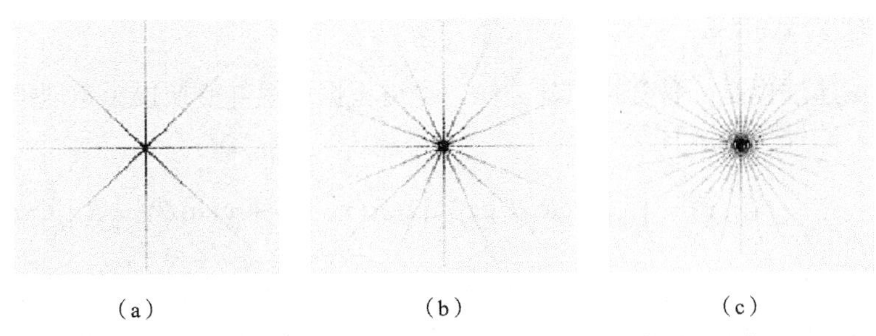

（a）　（b）　（c）

图 6.3.4 傅里叶反变换重建中得到的 2-D 频率空间图像

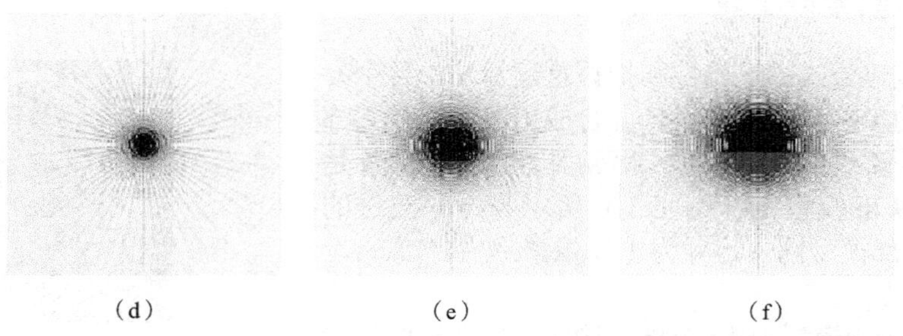

图 6.3.4　傅里叶反变换重建中得到的 2-D 频率空间图像（续）

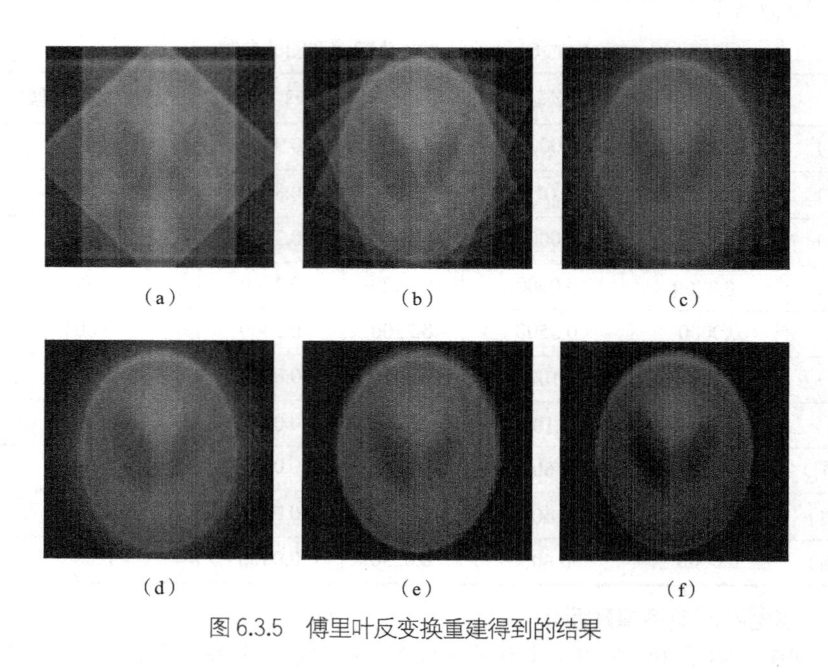

图 6.3.5　傅里叶反变换重建得到的结果

6.4　卷积逆投影重建

逆投影的原理是将从各个方向得到的投影逆向返回到该方向的各个位置，如果对多个投影方向中的每个方向都进行这样的逆投影，就有可能建立平面上的一个分布。逆投影重建中最典型的是**卷积逆投影**重建。

6.4.1　连续公式推导

卷积逆投影重建法也是一种变换重建方法，也可根据傅里叶变换投影定理推出。在极坐标系中，取式（6.3.4）的反变换，有

$$f(x,y)=\int_{0}^{\pi}\int_{-\infty}^{\infty}G(R,\theta)\exp\left[\mathrm{j}2\pi R(x\cos\theta+y\sin\theta)\right]|R|\,\mathrm{d}R\mathrm{d}\theta \qquad (6.4.1)$$

将 $G(R,\theta)$用式（6.3.2）代入，就得到由 $g(s,\theta)$重建$f(x,y)$的公式。在实际应用时，与在傅里叶反变换重建法中一样，也需要在傅里叶空间引入一个窗。根据采样定理，只能在有限带宽$|R|<1/(2\Delta s)$

的情况下，估计 $G(R, \theta)$。如果定义

$$h(s)=\int_{-1/(2\Delta s)}^{1/(2\Delta s)} |R|\, W(R)\exp[\mathrm{j}2\pi Rs]\,\mathrm{d}R \tag{6.4.2}$$

则代入式（6.4.1）并交换对 s 和 R 的积分次序，可得到

$$\begin{aligned} f_W(x,y) &= \int_0^{\pi}\int_{-1/(2\Delta s)}^{1/(2\Delta s)} G(R,\theta)\, W(R)\exp\left[\mathrm{j}2\pi R(x\cos\theta+y\sin\theta)\right] |R|\,\mathrm{d}R\mathrm{d}\theta \\ &= \int_0^{\pi}\int_{-1}^{1} g(s,\theta)h(x\cos\theta+y\sin\theta-s)\,\mathrm{d}s\mathrm{d}\theta \end{aligned} \tag{6.4.3}$$

也可将式（6.4.3）分解成以下两个顺序的操作来完成。

$$g'(s',\theta)=\int_{-1}^{1} g(s,\theta)h(s'-s)\mathrm{d}s \tag{6.4.4}$$

$$f_W(x,y)=\int_0^{\pi} g'(x\cos\theta+y\sin\theta,\theta)\mathrm{d}\theta \tag{6.4.5}$$

式（6.4.4）中的 $g'(s', \theta)$ 是 $f(x, y)$ 在 θ 角方向的投影与 $h(s)$ 的卷积，可称为在 θ 角方向上卷积了的投影；而 $h(s)$ 称为卷积函数。式（6.4.4）代表的过程是个卷积过程，式（6.4.5）代表的过程称为逆投影，所以卷积逆投影重建的流程如图 6.4.1 所示。因为 $g'(\cdot)$ 中的参数是一条以 θ 角通过 (x, y) 点的射线的参数，所以 $f_W(x, y)$ 是所有与过 (x, y) 的射线对应的卷积后投影的积分。

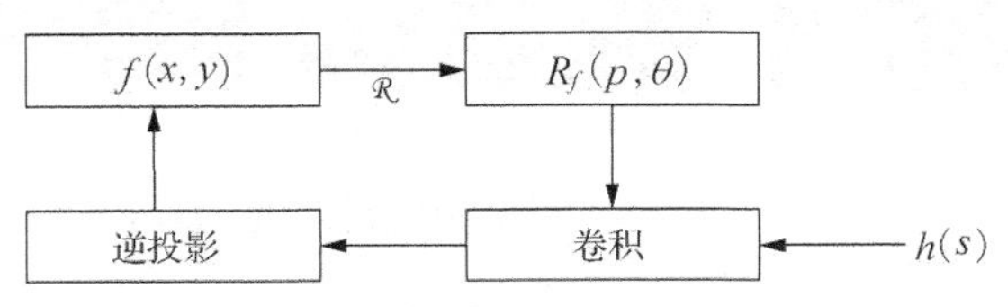

图 6.4.1　卷积逆投影重建流程图

6.4.2　离散计算

在实际应用中，式（6.4.5）代表的逆投影过程可用式（6.4.6）近似计算。

$$f_W(k\Delta x,l\Delta y)\approx \Delta\theta\sum_{n=1}^{N} g'(k\Delta x\cos\theta_n + l\Delta y\sin\theta_n,\theta_n) \tag{6.4.6}$$

对于每个 θ_n，需要对 $K\times L$ 个 s' 计算 $g'(s', \theta_n)$。因为 K 和 L 一般都很大，所以如果直接计算，其工作量是很大的。有一种实用的方法是对 $M^- \leqslant m \leqslant M^+$ 计算 $g'(m\Delta s, \theta_n)$，然后根据 M 个 g' 值以插值方法获得 $K\times L$ 个 g' 值。这样，式（6.4.4）的卷积在离散域中由两步操作完成：先是一个离散卷积，其结果用 g'_{C} 表示；然后是一次插值，其结果用 g'_{I} 表示。它们分别由式（6.4.7）和式（6.4.8）给出

$$g'_{\mathrm{C}}(m'\Delta s,\theta_n)\approx \Delta s\sum_{m=M^-}^{M^+} g(m\Delta s,\theta_n)\, h[(m'-m)\Delta s] \tag{6.4.7}$$

$$g'_{\mathrm{I}}(s',\theta_n)\approx \Delta s\sum_{n=1}^{N} g'_{\mathrm{C}}(m\,\Delta s,\theta_n)I(s'-m\Delta s) \tag{6.4.8}$$

式（6.4.8）中，$I(\cdot)$ 是插值函数。

例 6.4.1　卷积逆投影重建示例

卷积操作可看作一种滤波手段。卷积逆投影相当于对数据先滤波再将结果逆投影回来，这样

可使模糊得到校正。图 6.4.2 为借助图 6.3.3 的模型图像用卷积逆投影重建方法得到的一组例子。图 6.4.2（a）～图 6.4.2（f）分别为对图 6.3.3 沿圆周等角度进行 4 次投影、8 次投影、16 次投影、32 次投影、64 次投影和 90 次投影得到的重建结果。由这些图可以看出，当投影次数比较少时，重建图像中沿投影方向有很明显的亮线，这是逆投影造成的结果。不过这里对每个投影得到的数据借助 1-D 的卷积来滤波，再将这些数据像采集那样扩散回图像，并不需要像傅里叶重建方法那样存储复频率空间图像。

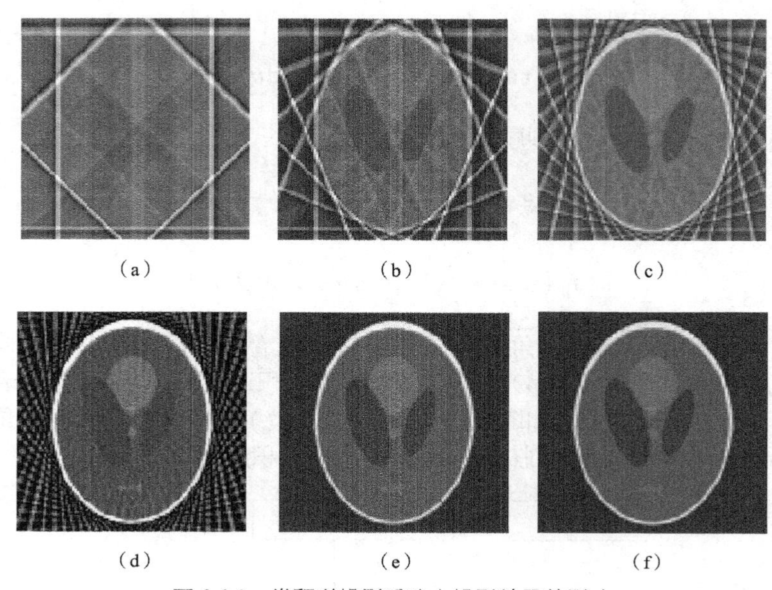

图 6.4.2　卷积逆投影重建中投影数量的影响 □

6.4.3　扇束投影重建

要在**扇束投影**的情况下重建，可先将中心投影转化为平行投影，再用平行投影重建技术重建。下面讨论如何调整前面推导出的平行投影重建公式以用于这里扇束投影的情况。考虑接收器在一段圆弧上等角度间隔排列的情况，如图 6.4.3 所示。

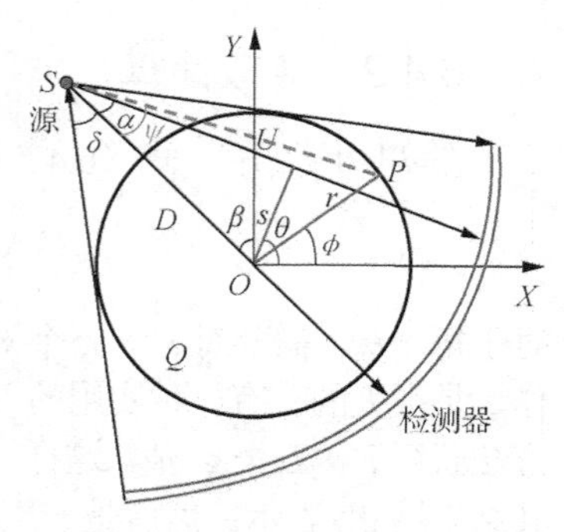

图 6.4.3　扇束投影重建示意图

在前面讨论中，用(s, θ)指定的一条射线可看作一组用(α, β)指定的射线中的一条，其中α是该条源射线与中心射线的离散角，β是源与原点连线和 Y 轴的夹角，它确定了源的方向。线积分 $g(s, \theta)$现在记为 $p(\alpha, \beta)$（对$|s| < D$，D 是源到原点的距离）。因为这里假设源处在物体的外部，所以对所有的$|\alpha| > \delta$，有 $p(\alpha, \beta) = 0$，这里δ为与目标相切的射线与中心射线的夹角。由图 6.4.3 可得下面的关系。

$$s = D\sin\alpha \qquad \theta = \alpha + \beta \qquad g(s,\theta) = p(\alpha,\beta) \tag{6.4.9}$$

另外，设 U 是从源到需重建点 P 的距离（P 的位置可用 r 和 ϕ 表示），ψ是从源到 P 的连线与中心发射线的夹角，则有

$$U^2 = [r\cos(\beta - \phi)]^2 + [D + r\sin(\beta - \phi)]^2 \tag{6.4.10}$$

$$\psi = \arctan\left[\frac{r\cos(\beta-\phi)}{D+r\sin(\beta-\phi)}\right] \quad (6.4.11)$$

这样可以得到

$$r\cos(\theta-\phi)-s=U\sin(\psi-a) \quad (6.4.12)$$

利用式（6.4.9）～式（6.4.12），可将式（6.4.3）写为

$$f_W(r\cos\phi, r\sin\phi)=\frac{1}{2}\int_{-\infty}^{\infty}\int_{-\infty}^{\infty}\int_{0}^{2\pi} g(s,\theta)\exp\left\{\mathrm{j}2\pi w\left[r\cos(\theta-\phi)-s\right]\right\}W(w)\left|w\right|\mathrm{d}\theta\,\mathrm{d}s\,\mathrm{d}w \quad (6.4.13)$$

将(s,θ)换成(α,β)，有

$$f_W(r\cos\phi, r\sin\phi)=\frac{D}{2}\int_{-\infty}^{\infty}\int_{-\delta}^{\delta}\int_{-\alpha}^{2\pi-\alpha} p(\alpha,\beta)\cos\alpha\exp[\mathrm{j}2\pi wU\sin(\psi-\alpha)]W(w)\left|w\right|\mathrm{d}\beta\,\mathrm{d}\alpha\mathrm{d}w \quad (6.4.14)$$

将式（6.4.2）的$h(s)$表达式代入式（6.4.14），并把对β积分的上下限换为2π和0，则式（6.4.14）可仿照式（6.4.3）～式（6.4.5）的分解转化成两步，有

$$p(\psi,\beta)=\int_{-\delta}^{\delta} p(\alpha,\beta)\,h\left[U\sin(\psi-\alpha)\right]\cos\alpha\,\mathrm{d}\alpha \quad (6.4.15)$$

$$f_W(r\cos\phi, r\sin\phi)=\frac{D}{2}\int_{0}^{2\pi} p(\psi,\beta)\mathrm{d}\beta \quad (6.4.16)$$

对式（6.4.15）和式（6.4.16）的解释可参照式（6.4.4）和式（6.4.5）进行。

例 6.4.2 扇束投影重建示例

图 6.4.4 所示为借助图 6.3.3 所示的模型图像进行扇束卷积逆投影重建的一组结果。扇束投影中接收器间的夹角影响重建质量。图 6.4.4（a）～图 6.4.4（e）分别是夹角为 5°、1°、0.5°、0.1°、0.05°得到的结果。由这些图可以看出夹角小于 0.5°时，重建图像的质量均比较好，进一步减小夹角的改善不太明显了。

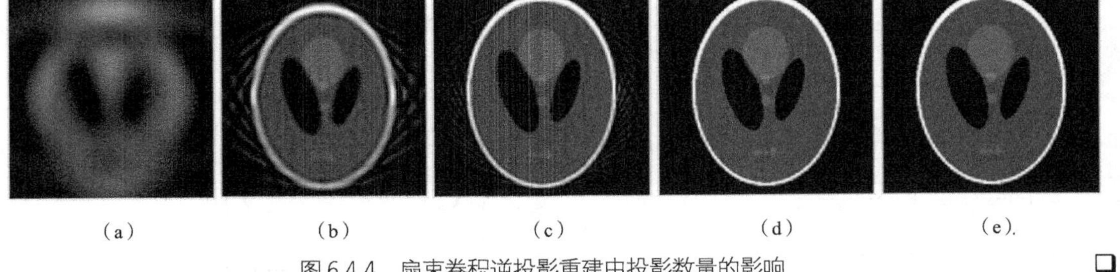

(a) (b) (c) (d) (e)

图 6.4.4 扇束卷积逆投影重建中投影数量的影响 □

最后简单比较**傅里叶反变换重建法**和**卷积逆投影法**。傅里叶反变换重建法和卷积逆投影重建法都基于傅里叶变换投影定理。不同的是，在推导傅里叶反变换重建公式时，2-D 傅里叶反变换是用直角坐标表示的；而在推导卷积逆投影重建公式时，2-D 傅里叶反变换是用极坐标表示的。尽管看起来它们如出一辙，但傅里叶反变换重建法实际上应用较少，而卷积逆投影法则大量使用。其两个主要原因如下。

（1）卷积逆投影的基本算法很容易用软件和硬件实现，而且在数据质量高的情况下，可重建出准确清晰的图像。而傅里叶反变换重建法由于需要 2-D 插值，所以实现不易，且重建的图像质量很差。但是因为傅里叶反变换重建法需要的计算量比较小，所以在数据量和图像尺寸较大时比较有吸引力。在射电天文学研究中，傅里叶反变换重建法得到广泛应用。这是因为测量到的数据对应于目标空间分布的傅里叶变换采样点。另外在 MRI 中，因为投影的傅里叶变换可直接测量到，所以可直接用傅里叶反变换重建法。

（2）在平行投影时导出的卷积逆投影公式可以用不同的方法修改，以适用于扇形扫描投影的情况（式（6.4.14）给出一个例子）。但在平行投影时，导出的傅里叶反变换重建公式还不能在保持原有效率的条件下修改，以适用于扇形扫描投影的情况。这时需要在投影空间利用2-D插值重新组织扇形投影数据，以利用平行投影算法重建图像。

6.5 级数展开重建

级数展开重建是一种空域重建的方法，与前面变换或投影的方法不同，它从一开始就是在离散域中进行的。

6.5.1 重建模型

重建一般是要获得物体每个位置的密度（线性衰减系数）值，或者说是得到重建图像中每像素的灰度值。重建的输入数据是沿每条射线的投影积分，在沿射线方向上，每像素位置对线性衰减系数贡献的求和值（可用实际路线的长度加权）就等于测量到的吸收数值。如图6.5.1所示，对水平射线，总吸收数值是在像素 a_{11}，a_{21}，…，a_{n1} 处的吸收值的总和。

由图6.5.1可见，对每条射线的积分都能提供一个方程（投影已知），合起来构成一组齐次方程。方程组中未知数的数量就是图像平面中像素的数量，方程的数量就是线积分的数量，它一般也是沿着每个投影方向上的检测器数量乘以投影的数量。上述问题可以看作解一组齐次方程的问题。一般情况下，这组方程的数量很大，但由于有许多值为0（由于许多像素并不包含在特定的线积分中），所以这是一个稀疏的方程组。有许多计算技术可以解决这样一个问题。下面只介绍一个简单的，利用**级数展开**的技术以帮助理解这类技术的原理。这个技术一般称为**代数重建技术**（ART），也有称迭代算法，优化技术等的。

代数重建技术可借助图6.5.2所示的示意图来介绍。

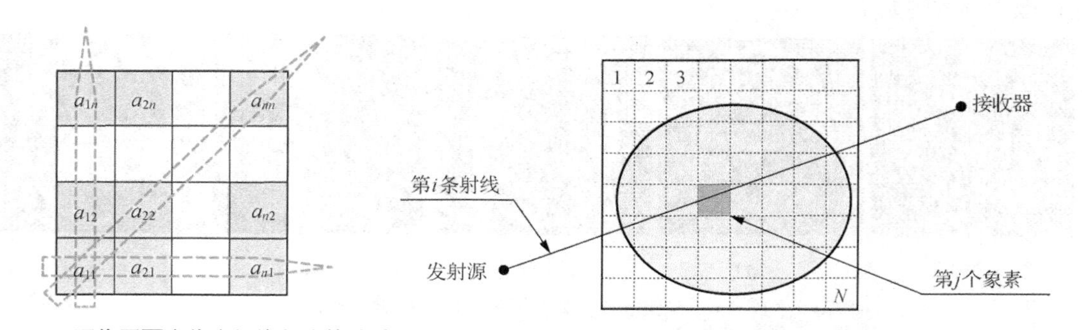

图6.5.1 图像平面中像素与线积分的关系

图6.5.2 代数重建技术示意图

在图6.5.2中，要重建的目标放在一个直角坐标网格中，发射源和接收器都是点状的，它们之间的连线对应一条射线（设共有 M 条射线）。将每像素按扫描次序排为 1～N（N 为网格总数）。在第 j 像素中，射线吸收系数可认为是常数 x_j，第 i 条射线与第 j 像素相交的长度 a_{ij}，代表第 j 像素沿第 i 条射线所做贡献的权值。如果用 y_i 表示沿射线方向的总吸收测量值，则

$$y_i \approx \sum_{j=1}^{N} x_j a_{ij} \qquad i = 1,\ 2,\ \cdots,\ M \tag{6.5.1}$$

写成矩阵形式

$$\boldsymbol{y} = \boldsymbol{A}\boldsymbol{x} \tag{6.5.2}$$

式（6.5.2）中，$\boldsymbol{y}$ 是测量矢量；$\boldsymbol{x}$ 是图像矢量；$M \times N$ 矩阵 $\boldsymbol{A}$ 是投影矩阵。为了获得高质量的图像，

M和N都需在10^5量级，所以$\boldsymbol{A}$是个非常大的矩阵。但由于对每条射线来说，它只与很少的像素相交，因此$\boldsymbol{A}$中常只有少于1%的元素不为0。

6.5.2 代数重建技术

代数重建可以是无松弛的，也可以是松弛的。

1. 无松弛代数重建

无松弛代数重建技术首先初始化一个图像矢量$\boldsymbol{x}^{(0)}$作为迭代起点，然后用式（6.5.3）迭代。

$$\boldsymbol{x}^{(k+1)}=\boldsymbol{x}^{(k)}+\frac{y_i-\boldsymbol{a}^i\bullet\boldsymbol{x}^{(k)}}{\|\boldsymbol{a}^i\|^2}\boldsymbol{a}^i \tag{6.5.3}$$

式（6.5.3）中，$\boldsymbol{a}^i=(a_{ij})_{j=1}^n$是一个矢量；“•”表示内积。这个方法的思路为：每次取一条射线，改变图像中与该线相交的像素的值，从而把当前的图像矢量$\boldsymbol{x}^{(k)}$更新为$\boldsymbol{x}^{(k+1)}$。具体运算中就是将测量值与由当前算得的投影数据$\sum_{j=1}^n a_{ij}x_j^{(k)}$的差正比于$a_{ij}$重新分配到各像素上。

迭代的主要步骤如下。

（1）计算上一轮（或初始估计）迭代的投影值。

（2）比较算得的投影值与实际的测量值。

（3）把这两个值之间的差异反投影映射到图像空间。

（4）修正当前估计的图像值来更新图像。

上述方法可借助图6.5.3给出几何解释。图中的3条直线代表3条射线，也对应迭代方程组的3个方程。图6.5.3（a）中的3条直线有公共交点，表示该方程组是相容的，交点就是方程组的解。图6.5.3（b）中的3条直线没有公共交点，表示该方程组是不相容的，即没有解。图6.5.3中考虑的图像只有2个像素，这样构成一个2-D坐标系。代数重建算法的基本思路是从任意初始值$\boldsymbol{x}^{(0)}$出发，依次向各条直线垂直投影，得到$\boldsymbol{x}^{(1)}$，$\boldsymbol{x}^{(2)}$，…。算法的一次迭代定义为向每条直线都投影了一次。如果方程组是相容的，则算法会逐步收敛，迭代投影的最终结果$\boldsymbol{x}^{\infty}$是直线的公共交点。如果方程组是不相容的，则算法的“解”在各条直线之间跳动，无法收敛。

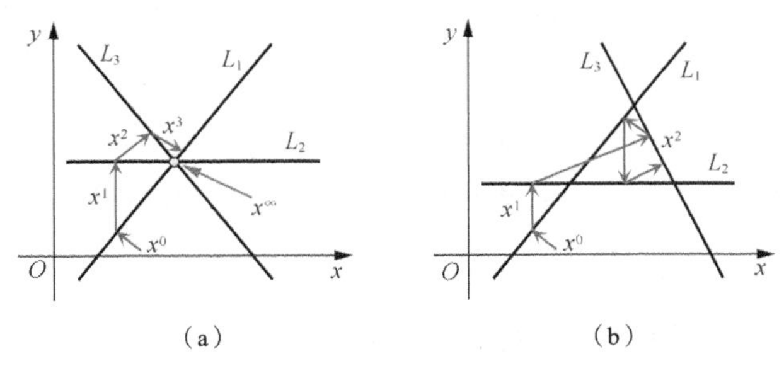

图6.5.3 代数重建技术迭代的几何解释

2. 松弛代数重建

对上述方法的一种改进就是**松弛代数重建技术**。在基本算法的迭代式（6.5.3）中加了一个控制收敛速度的松弛因子，它控制了收敛的速度。所得的松弛代数重建迭代式如下。

$$\boldsymbol{x}^{(k+1)}=\boldsymbol{x}^{(k)}+r^{(k)}\frac{y_i-\boldsymbol{a}^i\bullet\boldsymbol{x}^{(k)}}{\|\boldsymbol{a}^i\|^2}\boldsymbol{a}^i \tag{6.5.4}$$

迭代的主要步骤（取$r=r^{(k)}$）如下。

（1）对图像的各像素赋初值，$\boldsymbol{x}^{(k)}=\boldsymbol{x}^{(0)}$，初始化指针$i=k=0$。

（2）$i=i+1$，利用式（6.5.1）计算第i个投影的估计值y_i'。

（3）计算误差$\Delta_i = y_i - y_i'$。

（4）计算修正因子$\boldsymbol{c}_i = \Delta_i \boldsymbol{a}^i / \|\boldsymbol{a}^i\|^2$。

（5）修正更新图像，$\boldsymbol{x}^{(k+1)} = \boldsymbol{x}^{(k)} + r\boldsymbol{c}_i$。

（6）$k = k+1$，返回步骤（2），并重复步骤（2）～步骤（5），直到$i = M$，完成一轮算法的迭代。

（7）以上一轮算法迭代结果为像素初值，$i = k = 0$，重复步骤（2）～步骤（6），直到结果满足收敛要求。

r的取值一般为0～2，当$r = 1$时，式（6.5.4）变成式（6.5.3）；当r很小时，式（6.5.4）与传统的最小平方解等价。

3．联合代数重建

联合代数重建技术/同时代数重建技术（SART）也是对代数重建技术的一种改进。代数重建技术采用逐线迭代更新的方式，即每计算一条射线，就将与该条射线相关的像素值都更新一次。而联合代数重建技术结合考虑沿一个投影角度的所有射线，即利用穿过同一像素的所有射线的测量值来更新该像素的像素值（其结果不随使用射线测量值的次序变化）。换句话说，在联合代数重建技术中，一次迭代涉及多条射线，利用它们的平均值可以较好地压制一些干扰因素的影响。它的迭代公式可写为

$$\boldsymbol{x}^{(k+1)} = \boldsymbol{x}^{(k)} + \frac{\sum_{i \in I_\theta} \left[\dfrac{y_i - \boldsymbol{a}^i \cdot \boldsymbol{x}^{(k)}}{\|\boldsymbol{a}^i\|^2} \boldsymbol{a}^i \right]}{\sum_{i \in I_\theta} \boldsymbol{a}^i} \tag{6.5.5}$$

其中，I_θ代表对应某个投影角度的所有射线的集合。

迭代的主要步骤如下。

（1）初始化一个图像矢量$\boldsymbol{x}^{(0)}$作为迭代起点。

（2）计算一个投影角度θ下的第i个投影的投影值。

（3）计算实际测量值与投影值之间的差异。

（4）$i = i+1$，重复步骤（2）～步骤（3），把该投影方向下的所有投影差异累加求和。

（5）计算对图像矢量$\boldsymbol{x}^{(k)}$的修正值。

（6）对图像矢量$\boldsymbol{x}^{(k)}$进行修正。

（7）$k = k+1$，重复步骤（2）～步骤（6），直到所有投影角度，即完成一轮迭代。

（8）以上一轮迭代结果为初值，重复步骤（2）～步骤（7），直到收敛。

6.5.3 级数法的一些特点

变换法比级数法所需的计算量要小得多，因而大多数实用系统都采用变换法。但与变换法相比，级数法有一些独特的优点，在一些特殊领域也得到了关注。

（1）由于在空域中重建比较容易调整，以适应新的应用环境，所以级数法比较灵活，常在利用新物理原理和新数据采集方法的重建中使用。

（2）级数法能重建出相对较高对比度的图像（特别是对密度突变的材料）。

（3）借助多次迭代可从较少投影（< 10）重建图像。

（4）比变换法更适合于ECT，不过吸收和放射分布都需考虑。

（5）比变换法更适合于3-D重建问题（也是由于在空域中比较灵活，所以易推广）。

（6）比变换法更适合于不完整投影情况。这是因为变换法要求对每个投影均匀采样并对每个采样点赋值，所以不完整投影必须首先完整，而级数展开法将重建问题转化为用松弛法解线性方程组的问题，把丢失投影值看作缺少方程，因而可以忽略这个问题。

6.6 迭代变换重建

将 6.3～6.5 节介绍的方法结合起来可构成综合重建法。这里“综合”有时体现在公式的推导中，有时体现在实现的方法上，还有时体现在实际的应用中。

以下简单介绍一种综合重建法——**迭代变换法**。这种方法也叫连续 ART 法，它基于在希尔伯特空间的连续正交投影。从先连续推导然后离散化的角度看，这种方法可以算作是一种变换法，但它迭代的计算方法和对图像的表达又与级数展开法有许多相似之处。

如图 6.2.1 所示，设 $f(x, y)$在物体 Q 外为 0，$L(s, \theta_n)$是直线(s, θ_n)与 Q 相交段的长度。重建工作可描述为：给定一个函数$f(x, y)$的投影 $g(s, \theta_n)$，其中 s 可以取所有实数，θ_n 是一组 N 个离散的角度，要重新得到$f(x, y)$。对于 $i \geqslant 0$，第（i+1）步产生的图像$f^{(i+1)}(x, y)$可由从对当前的估计图像$f^{(i)}(x, y)$迭代得到，有

$$f^{(i+1)}(x,y)=\begin{cases}0 & (x,y)\notin Q \\ f^{(i)}(x,y)+\dfrac{g(s,\theta_n)-g^{(i)}(s,\theta_n)}{L(s,\theta_n)} & \text{其他}\end{cases} \tag{6.6.1}$$

式（6.6.1）中，$n = (i \bmod N) + 1$，$s = x\cos\theta_n + y\sin\theta_n$，$g^{(i)}(s, \theta_n)$是$f^{(i)}(x, y)$沿$\theta_n$的投影；$f^{(0)}(x, y)$是一个给定的初始函数。可以证明，图像序列$\{f^{(i)}(x, y)$，$i = 1, 2, \cdots\}$将收敛到一个满足所有投影的图上。

式（6.6.1）中的 $g(\cdot, \theta_n)$是一个“半离散”函数，因为它的两个自变量中的一个在有限集合内取值，另一个则在无穷集合中取值。现借助 6.3 节的方法推导它的离散形式。为了从采样 $g(m\Delta s, \theta_n)$估计 $g(s, \theta_n)$，可引进一个插值函数 $q(\cdot)$，使得

$$g(s,\theta_n)\approx\sum_{m=M^-}^{M^+} g(m\Delta s,\theta_n)q(s-m\Delta s) \tag{6.6.2}$$

类似地，为了从采样$f(k\Delta x, l\Delta y)$估计$f(x, y)$，可引进一个基函数 $B(x, y)$，使得

$$f(x,y)\approx\sum_{k=K^-}^{K^+}\sum_{l=L^-}^{L^+} f(k\Delta x,l\Delta y)B(x-\Delta x,y-l\Delta y) \tag{6.6.3}$$

现将式（6.6.3）中的f用$f^{(i)}$代替并代入式（6.2.1），得到

$$g^{(i)}(s,\theta)=\sum_{k,l} f^{(i)}(k\Delta x,l\Delta y)G_{k,l}^{(B)}(s,\theta) \tag{6.6.4}$$

其中

$$G_{k,l}^{(B)}(s,\theta)=\int B(s\times\cos\theta-t\times\sin\theta-k\Delta x,\ s\times\sin\theta+t\times\cos\theta-l\Delta y)\mathrm{d}t \tag{6.6.5}$$

根据以上介绍的插值原理可将连续 ART 离散化，利用式（6.6.2）和式（6.6.4）可以将式（6.6.1）用离散变量写出。

$$f_{k,l}^{(i+1)}=\begin{cases}0 & (k\Delta x,\ l\Delta y)\notin Q \\ f_{k,l}^{(i)}+\dfrac{\sum\limits_m\left[g(m\Delta s,\theta_n)-\sum\limits_{k,l}f_{k,l}^{(i)}\times G_{k,l}^{(B)}(m\Delta s,\theta_n)\right]q\left[s_{k,l}(\theta_n)-m\Delta s\right]}{L[s_{k,l}(\theta_n),\theta_n]} & \text{其他}\end{cases} \tag{6.6.6}$$

式（6.6.6）中，$n = (i \bmod N)+1$，$s_{k,l}(\theta) = (k\Delta x)\cos\theta + (l\Delta y)\sin\theta$，且

$$f_{k,l}^{(i)}=f^{(i)}(k\Delta x,l\Delta y) \tag{6.6.7}$$

根据式（6.6.6）可通过离散迭代重建。

总结和复习

下面简单小结本章各节，并有针对性地介绍一些可供深入学习的参考文献。进一步复习还可通过思考题和练习题进行，标有星号（*）的题在书末提供了参考解答。

【小结和参考】

6.1 节介绍了典型的投影重建方式，包括透射断层成像、发射断层成像、反射断层成像，电阻抗断层成像和磁共振成像。利用投影重建方式工作的系统有许多种类[Committee 1996]。从历史上看，第一个基于 X 射线的 CT 机器于 1971 年安装使用[Bertero 1998]。第一帧磁共振图像是 1973 年获得的[Committee 1996]。这是自 1895 年发现 X 光以来，放射学领域最大的成就和进展。有关投影重建的全面讨论还可见[Herman 1980]，[Herman 1983]，[Kak 1988]，[曾 2010]和[闫 2014]。

6.2 节介绍投影重建的基本模型和原理。投影重建利用对一个区域（或一个立体）的多方向的投影来反解该区域的性质。投影是一个对图像的积分过程，重建就是要解积分方程来恢复图像，直观的方法就是逆投影。投影重建可看作一种特殊的图像恢复技术[章 1999b]。拉东变换于 1917 年就已提出，是投影重建的基础。有关拉东变换的详细介绍可见[Deans 2000]。在实际应用中，各种投影重建系统采用的投影数量都是有限的。但需要注意，一个定义在有限区间的函数 $f(x, y)$可以被无穷个投影唯一确定，但不一定能被任何有限个投影唯一确定[Herman 1980]。

6.3 节介绍傅里叶反变换重建技术。更多相关内容的介绍还可参见文献[Russ 2015]。该节介绍的方法用到了 2-D 傅里叶变换。还有一种也使用 2-D 傅里叶变换的重建方法是ρ滤波法（rho-filtered layergrams），可见[Herman 1980]。为了检验投影重建图像的质量和方法的效果，常需要合成一些已知的图像作为测试算法的标准，为此人们设计了多种模型图像（phantom，也称幻影）进行实验。本节介绍的仅是典型的 Shepp-Logan 头部模型图（可见[Shepp 1974]）的一幅改进结果图，其中各部分的参数可见[Toft 1996]。为研究 CT 重建算法而精心构建的另一个人体头部模型可见文献[Herman 1980]。对幻影图像的应用和讨论可见文献[Moretti 2000]。

6.4 节介绍卷积逆投影重建技术。这是另一种基本的投影重建方法，它可用比较低的成本获得质量较高的重建图像（所以实际得到广泛应用），而且它比其他方法更适用于平行方式的数据采集[Herman 1980]。基于逆投影的具体重建方式和变型有许多种，除该节介绍的卷积逆投影法外，还有逆投影滤波法、滤波逆投影法等[章 2012b]。有关滤波逆投影和逆投影的讨论可见文献[Wei 2005]。逆投影重建方法对扇形投影数据的重建也有较好效果。在投影空间利用 2-D 插值重新组织扇形投影数据，以利用平行投影算法重建图像的细节可见[Lewitt 1983]。

6.5 节介绍级数展开重建法。它与傅里叶反变换重建法和逆投影重建法都不同，是一种直接在离散域中工作的方法[Gordon 1974]。该节对级数展开重建法的介绍主要强调了原理，具体细节和其他相关方法还可见文献[Herman 1980]、[Censor 1983]、[Lewitt 1983]、[Russ 2015]等。级数法比变换法所需的计算量要大得多，但它有许多优点，可见[Censor 1983]。

6.6 节介绍的迭代变换重建法也称连续级数展开重建法，是一种综合了不同重建技术的方法。虽然它从先连续推导然后离散化的角度看，可算是一种变换法，但它迭代的计算方法和对图像的表达又与级数展开法有许多相似之处，细节可见[Lewitt 1983]。将不同类型的重建方法结合起来的综合重建法涉及范围比较广，另外还有一些特殊的方法，如二次最优化方法和非迭代级数展开法可见文献[Herman 1980]和[Herman 1983]。

【思考题和练习题】

6.1 查阅资料，在敏感度、计算速度、所能检测的物体性质以及使用、维护等方面对比 PET 和 SPECT。

6.2 给定图题 6.2 所示的 3 × 3 图像，对它沿$\theta = 0°$，$\theta = 45°$，$\theta = 90°$三个方向各做 5 个间距

为 1 的投影（设中间一个投影穿过图像中心），画出各条投影线，并给出投影结果。

*6.3　给定图题 6.3 所示的 5 × 5 图像，对它沿 $\theta = 30°$ 和 $\theta = 90°$ 方向各做 7 个间距为 1 的投影（设中间一个投影穿过图像中心），给出投影结果。

5	6	7
4	0	8
3	2	1

图题 6.2

$$\begin{bmatrix} 12 & 13 & 19 & 13 & 12 \\ 14 & 16 & 25 & 16 & 14 \\ 24 & 31 & 99 & 31 & 24 \\ 14 & 16 & 25 & 16 & 14 \\ 12 & 13 & 19 & 13 & 12 \end{bmatrix}$$

图题 6.3

6.4　设图 6.2.4 中的深色正方形的灰度为 0，面积是灰度为 255 的中心正方形面积的 100 倍。如果利用图 6.2.5（e）所示的 4 个逆投影，重建图 6.2.4 中的中心正方形的灰度是多少？

6.5　设一个 5 × 5 矩阵的元素是根据 $99/[1 + (5|x|)^{1/2} + (9|y|)^{1/2}]$ 计算得的（四舍五入取整），其中 x 和 y 的取值为−2～2。计算沿 $\theta = 0°$、45°、90°这 3 个方向的投影。

6.6　试分析下面 4 种情况下，$f(x, y)$ 能否由单个投影重建。

（1）$f(x, y)$ 是镜面对称的。

（2）$f(x, y)$ 是旋转对称的。

（3）$f(x, y)$ 是关于 x 和 y 的线性函数。

（4）$f(x, y)$ 可以分解成 $f_1(x)$ 和 $f_2(y)$ 的乘积。

6.7　对用 7 × 5 点阵构成的大写英文字母进行水平投影和垂直投影，哪些字母的哪些投影会相同？

6.8　试写出对应图 6.3.2（b）各采样点的离散 $G(\cdot, \cdot)$。

6.9　试根据图题 6.3 的投影数据用傅里叶反变换重建方法重建原始图像。

6.10　分析比较无松弛的代数重建技术和松弛的代数重建技术。它们各有什么优缺点？联合代数重建技术与它们相比，又有什么特点？

*6.11　分别分析级数展开重建方法要解的方程数是否与发射源数、接收器数、射线数、网格总数成正比。

6.12　查阅资料，看看其他综合重建法分别综合了哪些技术，各自有什么特点。

第 7 章 图像编码基础

图像中含有大量的信息，同时为了表达图像所需的数据量也是很大的，这给存储、传输、处理和分析都带来许多问题。为此，人们试图对图像采用特殊的表达方法以减少表示图像所需的数据量，因为这个数据压缩工作常用对图像进行编码的方法来解决，所以也常称**图像压缩**为**图像编码**。

压缩数据量的重要方法是消除冗余数据，从数学角度来说是要将原始图像转化为从统计角度看尽可能不相关的数据集。这个转换要在对图像进行存储、传输和处理等操作之前进行，而在这之后，需要将压缩了的图像解压缩（因为压缩后的图像/结果形式上有所改变，直接显示没有意义或不能反映图像的全部性质和内容），以重建原始图像或其近似图像。这个步骤常称**图像解压缩**或**图像解码**。

图像编码以信息论为基础，又用到许多图像处理的概念和技术。根据解码结果对原图像的保真程度，图像编码的方法可分成两大类：**信息保持型编码**和**信息损失型编码**。前者常用于图像存档，在压缩和解压缩过程中没有信息损失。后者在图像经过压缩后，并不能通过解压缩恢复原状，所以只能用于可以容许一定信息损失的应用场合。

图像编码的方法很多，从消除编码冗余的角度，包括各种适用于灰度图压缩的变长编码方法和适用于将灰度图像分解成二值图像后，再压缩的位面编码方法。

本章各节内容安排如下。

7.1 节先介绍一些有关图像编解码的基本概念和通用图像编码系统模型，并分析讨论 3 种数据冗余形式。

7.2 节介绍评判图像编解码质量的客观保真度准则和主观保真度准则。

7.3 节介绍信息论的几个概念，包括信息测量和单位以及信源的描述方法，并借此推出基本的编码定理。

7.4 节介绍 4 种常用的属于变长编码的信息保持型编码方法：哥伦布编码、香农-法诺编码、哈夫曼编码（包括基于哈夫曼方法的亚最优变长码）和算术编码。

7.5 节介绍位面编码的方法。首先讨论将图像按位分解的方法，包括二值分解和格雷码分解。然后介绍二值图像的两种基本编码方法：1-D 游程编码和 2-D 游程编码。

7.1 图像压缩和数据冗余

信息量和数据量是两个密切相关但又不同的概念。对给定量的信息可用不同的数据量来表示。对给定量的信息，设法减少表达这些信息的数据量就称为数据压缩。图像数据压缩是一种典型的数据压缩，其目标是减少表达图像所需的数据量。

7.1.1　图像压缩原理

对图像数据的压缩可借助对图像的编解码来实现，这个过程如图 7.1.1 所示，它实际上包含两个步骤。首先对原始图像**编码**，以达到减少数据量的目的（压缩过程），所获得的编码结果并不一定是图像形式，但可用于存储和传输；然后为了实际应用的需要，对编码结果进行**解码**，得到解码图像（恢复了图像形式）以使用。

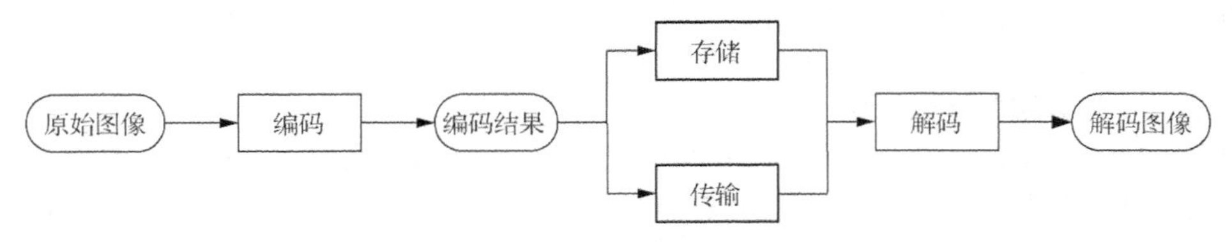

图 7.1.1　图像编解码过程

例 7.1.1　图像编解码示意

图 7.1.2 为图像编解码的示意图。首先，原始图像经编码后成为一串特定的码流，这串码流经解码又成为一幅图像。表示编码结果所需的数据量一般比表示原始图像所需的数据量少。解码图像根据应用需要可以与原始图像相同，也可以与原始图像不同。如果是前者，则可称编解码过程是无损的，解码图像相对于原始图像没有失真；如果是后者，则称编解码过程是有损的，解码图像相对于原始图像有失真。

图 7.1.2　图像编解码示意图　□

通过对图像进行编码来压缩数据量的重要方法是消除**冗余数据**。所谓冗余数据，是指那些代表了无用的信息（有时也包括相对不重要的信息），或者是重复地表示了其他数据已表示信息的数据。注意在不同应用中，哪些信息是无用的或是已由其他数据表示了的均可能不同，要消除不同的冗余数据需采取不同的方法，因此压缩的方法也有很多。

消除或减少冗余数据，可以达到用较少的数据量表达同样多信息量的目的。假如用 n_1 和 n_2 分别代表用来表达相同信息的 2 个数据集合中的信息载体的单位数，那么压缩率 C_R 可表示为

$$C_R = n_1/n_2 \tag{7.1.1}$$

一般情况下，C_R 在开区间(0, ∞)中取值，在实际应用中，常需要通过压缩减少数据量，所以 C_R 应大于 1。

7.1.2　数据冗余类型

在数字图像压缩中，有 3 种基本的数据冗余：像素相关冗余、编码冗余、心理视觉冗余。如果能减少或消除其中的一种或多种冗余，就能取得数据压缩的效果。

1．像素相关冗余

图像中的目标对应场景中的物体。同一目标的像素之间一般均有相关性。根据相关性，由某一像素的性质往往可获得其邻域像素的性质。换句话说，各像素的值可以比较方便地由其邻近像素的值预测出来，每个独立的像素携带的信息相对较少。这样，图像中一般存在与像素间相关性直接联系的数据冗余——**像素相关冗余**，即各像素对图像的视觉贡献有很多是冗余的，因为常能用其邻近像素的值来推断。这种冗余也常称为空间冗余或几何冗余（存在于图像坐标空间）。另外在连续序列图像中，各个连续的帧图像之间的相似性本质上也是一种像素相关冗余。此时的像素间冗余也常称为时间冗余或者帧间冗余。

例 7.1.2　像素相关冗余示意

考虑图 7.1.3（a）和图 7.1.3（b）所示的两幅简单示意图像。它们包含相同的目标（一系列圆环），但是这两幅图像中，像素之间的相关性大不相同。设用式（7.1.2）来计算沿图像某一行（其中有 N 像素）的自相关系数，以表示同一行中相距为Δn（$\Delta n < N$）的 2 个像素间的相关性。

$$A(\Delta n)=\frac{1}{N-\Delta n}\sum_{x=0}^{N-1-\Delta n} f(x)f(x+\Delta n) \tag{7.1.2}$$

则对图 7.1.3（a）和图 7.1.3（b）中过垂直中心的水平行计算出的自相关系数曲线分别如图 7.1.3（c）和图 7.1.3（d）所示。

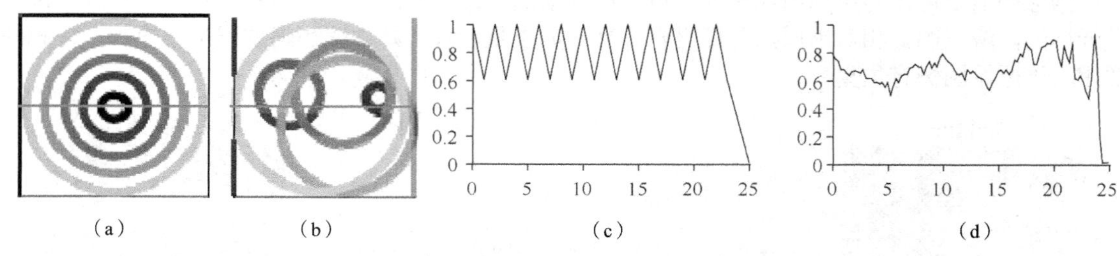

图 7.1.3　两幅图像与它们沿同一行的自相关系数曲线

由图 7.1.3（c）和图 7.1.3（d）可见，两曲线的形状相当不同，这个区别是与图 7.1.3（a）和图 7.1.3（b）中的目标分布结构的区别紧密相关的。由于图 7.1.3（a）中的目标分布比较规则，所以图 7.1.3（c）中的曲线也比较规则。这表明，相邻像素的灰度值密切相关，变化有一定的规律，可以较方便地表达描述。 □

为了减少图像中像素的相关冗余，需要将常用的 2-D 像素矩阵表达形式转换为某种更有效（但可能不直观）的表达形式。这种减少像素间冗余的转换常称为**映射**。如果原始的图像元素能从转换后的数据集合完全重建出来，则这种映射称为可反转的，否则就是不可反转的。

2．编码冗余

为表达图像数据需要使用一系列符号（如字母、数字等），用这些符号根据一定的规则来表达图像就是对图像编码。这里对每个信息或事件所赋的符号序列称为码字，而每个码字中的符号数称为码字的长度。使用不同的编码方法时，得到的码字类别及其序列长度都可以不同。

设定义在[0, 1]区间的离散随机变量 s_k 代表图像的灰度值，每个 s_k 以概率 $p_s(s_k)$出现，有

$$p_s(s_k)=n_k/n \qquad k=0,1,\cdots,L-1 \tag{7.1.3}$$

式（7.1.3）中，L 为灰度级数，n_k 是第 k 个灰度级出现的次数，n 是图像中像素的总数（参照式（3.3.3）对灰度直方图的定义）。设用来表示 s_k 的每个数值所需的比特数是 $l(s_k)$，那么为表示每像素所需的平均比特数就是

$$L_{\text{avg}}=\sum_{k=0}^{L-1} l(s_k)p_s(s_k) \tag{7.1.4}$$

根据式（7.1.4），如果用较少的比特数表示出现概率较大的灰度级，而用较多的比特数表示出现概率较小的灰度级，得到的 L_{avg} 就会比较小。如果不能使 L_{avg} 达到最小，就说明存在**编码冗余**。一般来说，如果编码时，没有充分利用编码对象的概率特性，就会产生编码冗余。

编码所用符号构成的集合称为码本。最简单的二元码本称为自然码，这时对每个信息或事件所赋的码是从 2^m 个 m bit 的二元码中选出来的一个。如果用自然码来表示一幅图像的灰度值，则由式（7.1.4）得出的 L_{avg} 总为 m。在实际图像中，由于存在尺寸远大于像素的具有特定形状和反射率的目标，所以某些灰度级出现的概率必定要大于其他灰度级，即实际图像的灰度直方图不是水平的。此时可使用变长码（它对出现概率大的灰度级用较短长度的码字来表示，而对出现概率小的灰度级用较长长度的码字来表示），以减少表达图像所需的数据量。如果使用自然码，它对出现概率不同的灰度级都赋予相同数量的比特数，就不能使 L_{avg} 达到最小，从而产生编码冗余。

例 7.1.3　自然码和变长码

表 7.1.1 为一幅 8 灰度级图像的灰度值分布情况（数据见图 3.3.4 和表 3.3.1）。如果用 3 bit 自然码编码，则 L_{avg} 为 3。如果用第 5 列的变长码编码，则 L_{avg} 为 2.81。进一步由式（7.1.1）知，此时 C_R 为 1.068，即获得了一定的压缩。

表 7.1.1　自然码和变长码编码例子

s_k	$p_s(s_k)$	自然码	自然码 $l(s_k)$	变长码	变长码 $l(s_k)$
0	0.02	000	3	00111	5
1	0.05	001	3	00110	5
2	0.09	010	3	0010	4
3	0.12	011	3	011	3
4	0.14	100	3	010	3
5	0.20	101	3	11	2
6	0.22	110	3	10	2
7	0.16	111	3	000	3

❑

3. 心理视觉冗余

人观察图像的目的是获得有用的信息。但眼睛并不是对所有视觉信息都有相同的敏感度。另外，在具体应用中，人也不是对所有视觉信息都有相同的关心程度。一般来说，有些信息（在特定的场合或时间）与另外一些信息相比来说不那么重要，这些信息常可认为是**心理视觉冗余**的信息，去除这些信息并不会明显降低所感受到的图像质量或所期望的图像作用。根据心理视觉冗余的特点，可以采取一些有效的措施来压缩图像的数据量。电视广播中的隔行扫描就是常见的例子。

心理视觉冗余的存在是与人观察图像的方式有关的。人在观察图像时，主要是寻找某些比较明显的目标特征，而不是简单地定量分析图像中每个像素的亮度，或至少不是对每个像素等同地分析。人在脑子里分析这些特征并与先验知识结合，以完成对图像的解释过程。由于每个人具有的先验知识不同，对同一幅图的心理视觉冗余也就因人而异。

心理视觉冗余从本质上说与前面 2 种冗余不同，它是与实实在在的视觉信息联系的。只有在这些信息对正常的视觉过程来说并不是必不可少时，才可能被去除。因为去除心理视觉冗余数据会导致定量信息损失，所以这个过程也常称为**量化**（也是一种由多到少的映射）。考虑到这里，因为视觉信息有损失，所以量化过程是一个不可逆转的操作过程，它用于数据压缩会导致数据有损压缩。

根据以上 3 个方面的讨论，一般情况下，**图像编码器**包括顺序的 3 个独立操作，而对应的**图像解码器**包含反序的 2 个独立操作（见图 7.1.4）。

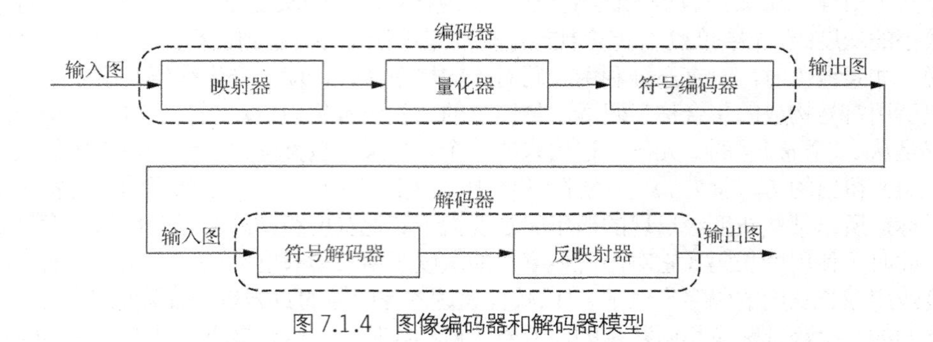

图 7.1.4 图像编码器和解码器模型

在编码器中，映射器变换输入数据以减少像素相关冗余；量化器减少映射器输出的精确度来减少心理视觉冗余；符号编码器将最短的码赋予最频繁出现的量化器输出值，以减少编码冗余。需要指出，并不是所有的编码器都一定包含以上 3 个子模块。例如，因为量化是不可反转和有损的，所以无失真压缩编码器中没有量化器。另外，有些压缩技术常把上述物理上可分离的子模块结合起来。

图 7.1.4 中的解码器只包括 2 个子模块。它们以与编码器中相反的排列次序分别进行符号编码和映射的逆操作（符号解码和反映射）。因为量化操作是不可反转的，所以在解码器中并没有对量化进行逆操作的模块。

7.2 图像保真度

图像编码的结果由于减少了数据量，所以比较适合存储和传输，但在实际应用时，常需要将编码结果解码，即恢复图像形式才能使用。根据解码图像相对于原始被压缩图像的保真程度，图像编码的方法可分成两大类：**信息保持型编码**和**信息损失型编码**。信息保持型编码在压缩和解压缩过程中没有信息损失，最后得到的解码图像可以与原始图像一样。信息损失型编码常能取得较高的压缩率，但图像经过压缩后，并不能通过解压缩完全恢复原状，这是由于在图像压缩中放弃了一些图像细节或其他不太重要的内容，导致了实实在在的信息损失。在这种情况下，常常需要有对信息损失的测度，以描述解码图像相对于原始图像的偏离程度（或者说需要有测量图像质量的方法），这些测度一般称为**保真度/逼真度准则**。常用的准则主要有两大类：客观保真度准则和主观保真度准则。

7.2.1 客观保真度准则

当图像编解码损失的信息量可用编码输入图与解码输出图的某个确定性函数表示时，一般说它基于**客观保真度准则**。客观保真度准则的优点是便于计算或测量。最常用的一个客观保真度准则是输入图和输出图之间的均方根（rms）误差。令 $f(x, y)$ 代表输入图，$\hat{f}(x, y)$ 代表对 $f(x, y)$ 先压缩又解压缩后得到的 $f(x, y)$ 的近似（即输出图），对于任意给定点 (x, y)，$f(x, y)$ 和 $\hat{f}(x, y)$ 两点之间的误差定义为

$$e(x, y) = \hat{f}(x, y) - f(x, y) \tag{7.2.1}$$

如果这两幅图像的尺寸均为 $M \times N$，则两图之间的总误差为

$$\sum_{x=0}^{M-1} \sum_{y=0}^{N-1} \left| \hat{f}(x, y) - f(x, y) \right| \tag{7.2.2}$$

这样 $f(x,y)$ 和 $\hat{f}(x,y)$ 之间的均方根误差 e_{rms} 为

$$e_{\mathrm{rms}}=\left[\frac{1}{MN}\sum_{x=0}^{M-1}\sum_{y=0}^{N-1}\left[\hat{f}(x,y)-f(x,y)\right]^2\right]^{1/2} \tag{7.2.3}$$

另一个客观保真度准则称为压缩－解压缩图的**均方信噪比**（SNR）。如果将 $\hat{f}(x,y)$ 看作原始图 $f(x,y)$ 和噪声信号 $e(x,y)$ 的和，那么输出图的均方信噪比 SNR_{ms} 为

$$SNR_{\mathrm{ms}}=\sum_{x=0}^{M-1}\sum_{y=0}^{N-1}\hat{f}^2(x,y)\Bigg/\sum_{x=0}^{M-1}\sum_{y=0}^{N-1}\left[\hat{f}(x,y)-f(x,y)\right]^2 \tag{7.2.4}$$

如果对式（7.2.4）求平方根，就可得到均方根信噪比 SNR_{rms}。

在实际使用中，常常将 SNR 归一化并用分贝（dB）表示。令

$$\bar{f}=\frac{1}{MN}\sum_{x=0}^{M-1}\sum_{y=0}^{N-1}f(x,y) \tag{7.2.5}$$

则有

$$SNR=10\lg\left[\frac{\sum_{x=0}^{M-1}\sum_{y=0}^{N-1}\left[f(x,y)-\bar{f}\right]^2}{\sum_{x=0}^{M-1}\sum_{y=0}^{N-1}\left[\hat{f}(x,y)-f(x,y)\right]^2}\right] \tag{7.2.6}$$

如果令 $f_{\max}=\max\{f(x,y), x=0,1,\cdots,M-1, y=0,1,\cdots,N-1\}$，即图像中的灰度最大值，则可得到另一个常用的客观保真度准则——**峰值信噪比**（PSNR）。

$$PSNR=10\lg\left[\frac{f_{\max}^2}{\frac{1}{MN}\sum_{x=0}^{M-1}\sum_{y=0}^{N-1}\left[\hat{f}(x,y)-f(x,y)\right]^2}\right] \tag{7.2.7}$$

7.2.2 主观保真度准则

尽管客观保真度准则提供了一种简单方便的评估信息损失的方法，但很多解压图像最终是供人看的。在这种情况下，采用**主观保真度准则**，即用主观的方法来测量图像的质量常常更为合适。一种常用的方法是向一组（常超过 20 个）精心挑选的观察者展示一幅典型的图像，并将他们对该图的评价综合平均起来，以得到一个统计的质量评价结果。

例 7.2.1　评价电视图像质量

评价可对照某种绝对的尺度进行。表 7.2.1 为一种对电视图像质量进行绝对评价的尺度，这里根据图像的绝对质量判断打分。

表 7.2.1　电视图像质量评价尺度

评分	评价	说明
1	优秀	图像质量非常好，如同人能想象出的最好质量
2	良好	图像质量高，观看舒服，有干扰但不影响观看
3	可用	图像质量可接受，有干扰，但不太影响观看
4	刚可看	图像质量差，干扰有些妨碍观看，观察者希望改进
5	差	图像质量很差，妨碍观看的干扰始终存在，几乎无法观看
6	不能用	图像质量极差，不能使用

❑

主观保真度准则的缺点是使用起来比较不方便。另外，利用主观保真度准则与利用目前已提

出的客观保真度准则还并没有在所有情况下都得到很好的吻合。

7.3 编码定理

图像编码的重要理论基础之一是信息论。基于信息论，可推出多个编码定理，以指导图像编码。下面介绍一个常用的编码定理以及相关的信息论概念。

7.3.1 信息和信源描述

信息是一个具体实在的概念，它可用数学定量地描述。对于一个随机事件 E，如果它的出现概率是 $P(E)$，那么它包含的信息如下。

$$I(E) = \log \frac{1}{P(E)} = -\log P(E) \tag{7.3.1}$$

$I(E)$称为 E 的自信息。$P(E)$的取值在(0, 1]，如果 $P(E)$很小（即事件很少发生），则 $I(E)$很大；如果 $P(E) = 1$（即事件总发生），那么 $I(E) = 0$。信息的单位由式（7.3.1）中所用对数的底数来确定。一般底数是 2，这样得到的信息单位就是 1 bit（注意比特也是数据量的单位）。当 2 个相等可能性的事件之一发生时，其信息量就是 1 比特（bit）。

一幅图像各像素的灰度值可看作一个具有随机离散输出的**信源**，这个信源能从一个有限的符号集合（灰度范围）中产生一个随机符号序列，这样信源符号集 $B = \{b_1, b_2, \cdots, b_J\}$，其中每个元素 b_j 称为信源符号。信源产生符号 b_j 这个事件的概率是 $P(b_j)$，且

$$\sum_{j=1}^{J} P(b_j) = 1 \tag{7.3.2}$$

如再令概率矢量 $\boldsymbol{u} = [P(b_1) \quad P(b_2) \quad \cdots \quad P(b_J)]^{\mathrm{T}}$，则用$(B, \boldsymbol{u})$可以完全描述信源。

信源产生单个符号 b_j 时的自信息根据式（7.3.1）是 $I(b_j) = -\log P(b_j)$。如果信源产生 k 个符号，符号 b_j 平均来说将产生 $kP(b_j)$次，而由此得到的自信息将是 $-kP(b_1)\times\log P(b_1)-kP(b_2)\times\log P(b_2) \cdots - kP(b_J)\times\log P(b_J)$。如将每个信源输出的平均信息记为 $H(\boldsymbol{u})$，则

$$H(\boldsymbol{u}) = -\sum_{j=1}^{J} P(b_j)\log P(b_j) \tag{7.3.3}$$

$H(\boldsymbol{u})$称为**信源熵**或不确定性，它定义了观察到单个信源符号输出时获得的平均信息量。如果信源各个符号的出现概率相等，则式（7.3.3）的熵会达到最大，信源此时将提供最大可能的每信源符号平均信息量。

例 7.3.1　二元信源的熵

对于一个具有符号集 $B = \{b_1, b_2\} = \{0, 1\}$的二元信源，设信源产生这 2 个符号的概率分别为 $P(b_1) = p_{\mathrm{bs}}$ 和 $P(b_2) = 1 - p_{\mathrm{bs}}$，由式（7.3.3）可知信源的熵（这里也称二元熵函数）为 $H(\boldsymbol{u}) = -p_{\mathrm{bs}}\log_2 p_{\mathrm{bs}} - (1 - p_{\mathrm{bs}})\log_2(1 - p_{\mathrm{bs}})$。这里 $H(\boldsymbol{u})$只是 p_{bs} 的函数，它具有图 7.3.1 所示的曲线形状，它在 $p_{\mathrm{bs}} = 1/2$ 时，取到最大值（1 bit），而在 $p_{\mathrm{bs}} = 0$ 和 $p_{\mathrm{bs}} = 1$ 时，取到最小值（0 bit）。

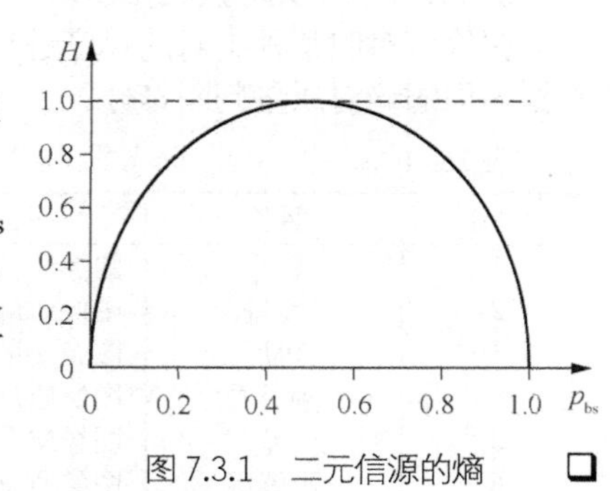

图 7.3.1　二元信源的熵　❑

7.3.2 无失真编码定理

根据上面有关概念的介绍，可以讨论**无失真编码定理**，这个定理也叫香农第一定理，它确定了对信源的每个信源符号编码可达到的最小平均码字长度。

如果前面讨论的用$(B, \boldsymbol{u})$描述，且信源符号统计独立的信源的输出是由信源符号集中得到的 n 个一组的符号（而不是单个符号），则信源输出是一个块（组）随机变量。这个随机变量取所有 n 个符号系列的集合 $B' = \{\beta_1, \beta_2, \cdots, \beta_{J^n}\}$中 J^n 个值中的一个，记为β_i，每个β_i由 B 中的 n 个符号组成。信源产生β_i的概率是 $P(\beta_i)$，它与单符号概率 $P(b_j)$的关系为（因为信源符号统计独立）

$$P(\beta_i) = P(b_{j1})P(b_{j2})\cdots P(b_{jn}) \tag{7.3.4}$$

式(7.3.4)中的每个β_i 由 B 中的 n 个符号组成，所以等式右边对各个 b 增加了第 2 个下标 1, 2, …, n，以指示要组成一个β_i而由 B 中选取的 n 个符号。如果令 $\boldsymbol{u}' = [P(\beta_1) \quad P(\beta_2) \quad \cdots \quad P(\beta_{J^n})]^{\mathrm{T}}$，则信源的熵为

$$H(\boldsymbol{u}') = -\sum_{i=1}^{J^n} P(\beta_i)\log P(\beta_i) = nH(\boldsymbol{u}) \tag{7.3.5}$$

由此可见，产生块随机变量的信源的熵是对应单符号信源熵的 n 倍。这也可以看作单符号信源的 n **阶扩展**。

因为信源输出β_i时的自信息是 $\log[1/P(\beta_i)]$，所以可用长度为 $l(\beta_i)$的整数码字来对β_i编码，$l(\beta_i)$需满足

$$-\log P(\beta_i) \leqslant l(\beta_i) < -\log P(\beta_i) + 1 \tag{7.3.6}$$

根据式（7.1.3）和式（7.3.5），将式（7.3.6）各项乘以 $P(\beta_i)$并对所有 i 求和可得到

$$H(\boldsymbol{u}') \leqslant L'_{\text{avg}} = \sum_{i=1}^{J^n} P(\beta_i)\, l(\beta_i) < H(\boldsymbol{u}') + 1 \tag{7.3.7}$$

其中 L'_{avg} 代表对应单符号信源的 n 阶扩展信源的码字平均长度。参见式（7.3.5），将式（7.3.7）中各项都除以 n，并取极限得到

$$\lim_{n\to\infty}\left[\frac{L'_{\text{avg}}}{n}\right] = H(\boldsymbol{u}) \tag{7.3.8}$$

式（7.3.8）表达的就是对信源的无失真编码定理。它表明通过对信源的无穷长扩展的编码，可以使 L'_{avg}/n 任意接近 $H(\boldsymbol{u})$。尽管在以上推导中，假设信源符号统计独立，但结果也很容易推广到更一般的信源，例如，m 阶马尔可夫源（源中每个信源符号的产生与先前 m 个有限数量的符号有关）。

因为由式（7.3.7）可知，$H(\boldsymbol{u})$是 L'_{avg}/n 的下限，所以对于一个给定的编码方案，其**编码效率** η可定义为

$$\eta = n\frac{H(\boldsymbol{u})}{L'_{\text{avg}}} \tag{7.3.9}$$

例 7.3.2　一阶和二阶扩展编码

设有一个零记忆信源，它的信源符号集为 $B = \{b_1, b_2\}$，两个符号的产生概率分别为 $P(b_1) = 2/3$，$P(b_2) = 1/3$。根据式（7.3.3），信源的熵是 $H(\boldsymbol{u}) = -(2/3)\log(2/3) - (1/3)\log(1/3) = 0.918$bit/符号。如果用码字 0 和 1 分别代表符号 b_1 和 b_2，由式（7.3.7）可知，$L'_{\text{avg}} = 1\times2/3 + 1\times1/3 = 1$，由式（7.3.9）可知，$\eta = 0.918$。

对二阶扩展编码来说，信源符号集中包括 4 个块符号：β_1，β_2，β_3和β_4。每个块符号包含两个（基本）符号。根据式（7.3.7），可算得二阶扩展码的平均字长是 $L'_{\text{avg}} = (4/9)\times1 + (2/9)\times2 + (2/9)\times3 + (1/9)\times3 = 1.89$bit/符号（这里根据实际码长计算，见表 7.3.1）。根据式（7.3.5），二阶扩展码的熵是一阶扩展码的熵的 2 倍，即 1.83bit/符号。这样二阶扩展编码的效率是$\eta = 1.83/1.89 = 0.97$，它比一阶扩展编码的效率要稍高些。可见，对信源的二阶扩展编码，可将每信源符号的平均码比特数（L'_{avg}）从 1bit/符号减为 $1.89/2 = 0.945$bit/符号。

表 7.3.1 列出用上述一阶扩展和二阶扩展编码的情况，一阶扩展可看作高阶扩展中每个块符号

中只包含一个源符号的特例。在表7.3.1中，$I(\beta_i)$根据式（7.3.1）计算，$l(\beta_i)$根据式（7.3.6）计算（给出了实际码长的一个上限）。

表7.3.1　　一阶和二阶扩展编码示例

	块符号	源符号	$P(\beta_i)$	$I(\beta_i)$	$l(\beta_i)$	码字	码长
一阶扩展	β_1	b_1	2/3	0.58	1	0	1
	β_2	b_2	1/3	1.58	2	1	1
二阶扩展	β_1	b_1b_1	4/9	1.17	2	0	1
	β_2	b_1b_2	2/9	2.17	3	10	2
	β_3	b_2b_1	2/9	2.17	3	110	3
	β_4	b_2b_2	1/9	3.17	4	111	3

□

7.4　变长编码

减少**编码冗余**是实现图像压缩的一种简单和基本的方式，各种编码系统都采取一定的措施来减少编码冗余。变长编码方式采用较少的比特数表示出现概率较大的灰度级，而用较多的比特数表示出现概率较小的灰度级，这样就可以减少编码冗余并使编码码字的平均长度减少。因为恰当地设计变长编码器，可使编码比特率接近信源的熵，所以变长编码也称**熵编码**。在变长编码中，因为从符号到码字的映射是一一对应的，所以变长编码是一种信息保存型的编码方式。下面介绍4种常用的编码方法。

7.4.1　哥伦布编码

哥伦布编码是一种比较简单的变长编码方法。考虑到像素间的相关性，相邻像素灰度值的差将会呈现小值出现多、大值出现少的特点，这种情况比较适合用哥伦布编码方法。如果非负整数输入中，各符号的概率分布是指数递减的，则根据无失真编码定理，用哥伦布编码方法可达到优化编码。

在以下讨论中，设$\lceil x\rceil$代表大于等于x的最小整数，$\lfloor x\rfloor$代表小于等于x的最大整数。给定一个非负整数n和一个正整数除数m，n相对于m的**哥伦布码**记为$G_m(n)$，它是对商$\lfloor n/m\rfloor$的一元码和对余数$n \bmod m$的二值表达的组合。$G_m(n)$可根据以下3个步骤计算。

（1）构建商$\lfloor n/m\rfloor$的一元码（整数I的一元码定义为I个1后面跟个0）。

（2）令$k=\lceil \log_2 m\rceil$，$c=2^k-m$，$r=n \bmod m$，计算截断的r'。

$$r'=\begin{cases} r\ \text{截断到}k\text{-1 bit} & 0\leqslant r<c \\ r+c\text{截断到}k\ \text{bit} & \text{其他} \end{cases} \tag{7.4.1}$$

（3）将上述两个步骤的结果串联拼接起来得到$G_m(n)$。

例7.4.1　$G_m(n)$的计算

设要计算$G_4(9)$。根据步骤（1），先确定$\lfloor 9/4\rfloor=2$的一元码，即110。再根据步骤（2），有$k=\lceil\log_2 4\rceil=2$，$c=2^2-4=0$，$r=9 \bmod 4$，即二值表达1001 mod 0100，结果为0001。根据式（7.4.1），将r（$+c$）截断到2 bit得到r'，即01。最后根据步骤（3），得到$G_4(9)$为11001。□

在$m=2^k$，$c=0$时，$r'=r=n$对所有的n都截断到k bit。为获得哥伦布码的除法变成二值移位操作，这样得到的计算简便的码称为哥伦布-莱斯码。表7.4.1中的第2～第4列分别为前10个非负整数的G_1、G_2和G_4。因为它们的共同特点都是码字长度单增，所以在小的整数出现概率大、大的整数出现概率小时比较有效。另外，G_1 是非负整数的一元码（$\lfloor n/1 \rfloor = n$，$n \bmod 1 = 0$）。

表 7.4.1 若干哥伦布码示例

n	$G_1(n)$	$G_2(n)$	$G_4(n)$	$G^0_{\exp}(n)$
0	0	00	000	0
1	10	01	001	100
2	110	100	010	101
3	1110	101	011	11000
4	11110	1100	1000	11001
5	111110	1101	1001	11010
6	1111110	11100	1010	11011
7	11111110	11101	1011	1110000
8	111111110	111100	11000	1110001
9	1111111110	111101	11001	1110010

表 7.4.1 中的第 5 列为前 10 个非负整数的零阶指数哥伦布码（参见 7.5.2 节之"2．1-D 的游程编码"），对长短游程都很有效。阶为 k 的指数哥伦布码 $G^k_{\exp}(n)$采用以下 3 个步骤计算。

（1）确定满足下式的整数 $i \geqslant 0$

$$\sum_{j=0}^{i-1} 2^{j+k} \leqslant n < \sum_{j=0}^{i} 2^{j+k} \tag{7.4.2}$$

并构建 i 的一元码。

（2）计算式（7.4.3）的二值表达。

$$n - \sum_{j=0}^{i-1} 2^{j+k} \tag{7.4.3}$$

并将其截断到最低的 $k+i$ bit。

（3）将上述两个步骤的结果拼接起来得到 $G^k_{\exp}(n)$。

例 7.4.2　$G^k_{\exp}(n)$的计算

设要计算 $G^0_{\exp}(8)$。根据步骤（1），因为 $k=0$，令 $i=\lfloor \log_2 9 \rfloor = 3$。此时，式（7.4.2）成为

$$\sum_{j=0}^{i-1} 2^{j+k} = \sum_{j=0}^{i-1} 2^{j+0} = 2^0 + 2^1 + 2^2 = 7 \leqslant n = 8 < 15 = 2^0 + 2^1 + 2^2 + 2^3 = \sum_{j=0}^{i} 2^{j+0} = \sum_{j=0}^{i} 2^{j+k}$$

可见，式（7.4.2）得到满足，3 的一元码是 1110。再根据步骤（2），式（7.4.3）成为

$$n - \sum_{j=0}^{i-1} 2^{j+k} = 8 - \sum_{j=0}^{2} 2^{j} = 8 - (2^0 + 2^1 + 2^2) = 8 - 7 = 1 = 0001$$

如果将结果根据 7.4.1 节中计算阶为 k 的指数哥伦布码的方法的第 2 个步骤截断到它的最低 3+0 bit，则结果为 001。最后根据步骤（3），得到 $G^0_{\exp}(8)$为 1110001。 ❑

7.4.2　香农–法诺编码

香农-法诺编码也是一种常用的变长编码技术，其码字中的 0 和 1 是独立的，并且基本上等概率出现。它与下面要介绍的哈夫曼编码一样都是所谓的块（组）码，将每个信源符号映射成一组固定次序的码符号，这样在编码时，可以一次编一个符号；也都需知道各个信源符号产生的概率。香农-法诺编码的主要步骤如下。

（1）将信源符号依其概率从大到小排列。

（2）将尚未确定其码字的信源符号分成两部分，使两部分信源符号的概率和尽可能接近。

（3）分别给两部分的信源符号组合赋值（可分别赋 0 和 1，也可分别赋 1 和 0）。

（4）如果两部分均只有一个信源符号，编码结束，否则返回步骤（2）继续进行。

可以证明，对给定的信源符号集$\{s_1, s_2, \cdots, s_J\}$，设信源符号 s_j 产生的概率是 $P(s_j)$，其码字长度为 L_j，如果满足下两式

$$P(s_j) = 2^{-L_j} \tag{7.4.4}$$

$$\sum_{j=1}^{J} 2^{-L_j} = 1 \tag{7.4.5}$$

则香农-法诺编码的效率可达到 100%。例如，对信源符号集$\{s_1, s_2, s_3\}$，设 $P(s_1) = 1/2$，$P(s_2) = P(s_3) = 1/4$，则香农-法诺编码得到的码字集为{0，10，11}，其效率为 100%。

下面以图 7.4.1 所示的信源为例进行香农-法诺编码，所得到的两种不同的结果（源于步骤（3）赋值的不同）分别如图 7.4.1 和图 7.4.2 所示。注意虽然两图的编码结果不尽相同，但码字的平均长度是相同的，均为 2.2bit/符号，效率也是相同的，均为 0.973。

<table>
<tr><th colspan="2">初始信源</th><th colspan="5">对信源符号逐步赋值</th><th rowspan="2">得到的码字</th></tr>
<tr><th>符号</th><th>概率</th><th>1</th><th>2</th><th>3</th><th>4</th><th>5</th></tr>
<tr><td>s_2</td><td>0.4</td><td>0</td><td colspan="4"></td><td>0</td></tr>
<tr><td>s_6</td><td>0.3</td><td rowspan="5">1</td><td>0</td><td colspan="3"></td><td>10</td></tr>
<tr><td>s_1</td><td>0.1</td><td rowspan="4">1</td><td>0</td><td colspan="2"></td><td>110</td></tr>
<tr><td>s_4</td><td>0.1</td><td rowspan="3">1</td><td>0</td><td></td><td>1110</td></tr>
<tr><td>s_3</td><td>0.06</td><td rowspan="2">1</td><td>0</td><td>11110</td></tr>
<tr><td>s_5</td><td>0.04</td><td>1</td><td>11111</td></tr>
</table>

图 7.4.1　香农-法诺编码示例之一

<table>
<tr><th colspan="2">初始信源</th><th colspan="4">对信源符号逐步赋值</th><th rowspan="2">得到的码字</th></tr>
<tr><th>符号</th><th>概率</th><th>1</th><th>2</th><th>3</th><th>4</th></tr>
<tr><td>s_2</td><td>0.4</td><td>0</td><td colspan="3"></td><td>0</td></tr>
<tr><td>s_6</td><td>0.3</td><td rowspan="5">1</td><td>0</td><td colspan="2"></td><td>10</td></tr>
<tr><td>s_1</td><td>0.1</td><td rowspan="4">1</td><td rowspan="2">0</td><td>0</td><td>1100</td></tr>
<tr><td>s_4</td><td>0.1</td><td>1</td><td>1101</td></tr>
<tr><td>s_3</td><td>0.06</td><td rowspan="2">1</td><td>0</td><td>1110</td></tr>
<tr><td>s_5</td><td>0.04</td><td>1</td><td>1111</td></tr>
</table>

图 7.4.2　香农-法诺编码示例之二

7.4.3　哈夫曼编码

哈夫曼编码是消除编码冗余最常用的技术之一。当对信源符号逐个编码时，哈夫曼编码能给出最短的码字。

1．哈夫曼编码步骤

哈夫曼编码可分为 2 个步骤，第 1 步是削减信源符号数量，第 2 步是对每个信源符号赋值。下面结合一个具体例子进行介绍。设信源符号集 $B = \{b_1, b_2, b_3, b_4\}$，概率矢量 $\boldsymbol{u} = [P(b_1)\quad P(b_2)\quad \cdots\quad P(b_J)]^{\mathrm{T}} = \{0.1, 0.38, 0.22, 0.3\}$。此时根据式（7.3.3）可知，信源的熵为 $H(\boldsymbol{u}) = -0.38 \cdot \log 0.38 - 0.3 \cdot \log 0.3 - 0.22 \cdot \log 0.22 - 0.1 \cdot \log 0.1 = 1.864$bit/符号。

如图 7.4.3 所示，第 1 步先将信源符号按它们的概率从大到小排列，然后将概率最小的 2 个符号结合得到 1 个组合符号，将这个组合符号与其他尚没有组合的符号一起仍按概率从大到小排列

（见图 7.4.3 中“信源的削减步骤”第 1 列）。如果剩下的符号多于 2 个，则继续以上过程，直到信源中只有 2 个符号为止，因为在本例中，削减步骤进行到第 2 列就只剩 2 个符号，所以该步骤结束。削减步骤次数为符号数减 2。

第 2 步先从上述削减到最小的信源开始，逐步赋值回到初始信源，这个过程如图 7.4.4 所示。在开始时，削减到最小的信源只有 2 个符号，将码 0 和 1 分别赋给它们。这里赋 0 或 1 可以随意，不影响编码效率（得到的两种结果将 0 和 1 对换就完全一样）。由于对应概率为 0.62 的符号是由左边 2 个符号结合而成，所以先将 0 赋予这 2 个符号，然后如上随意地将 0 和 1 接在后面，以区分这 2 个符号。继续这个过程直到初始信源。最终得到的码字如图 7.4.2 中“码字”一列所示。这组码字的平均长度可由式（7.1.3）计算出为 $L'_{\text{avg}} = 0.38 + 0.3\times2 + 0.22\times3 + 0.1\times3 = 1.94$bit/符号。因为信源的熵是 1.864bit/符号，所以根据式（7.3.9），这样得到的哈夫曼码的效率为 1.864/1.94 = 0.96。

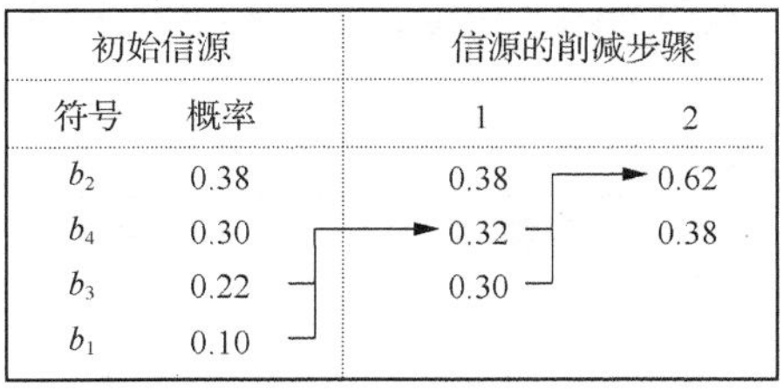

初始信源		信源的削减步骤	
符号	概率	1	2
b_2	0.38	0.38	0.62
b_4	0.30	0.32	0.38
b_3	0.22	0.30	
b_1	0.10		

图 7.4.3　哈夫曼编码中的信源削减图解

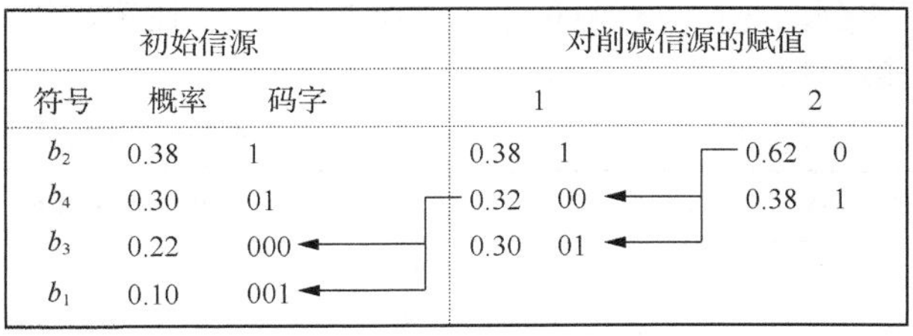

初始信源			对削减信源的赋值			
符号	概率	码字	1		2	
b_2	0.38	1	0.38	1	0.62	0
b_4	0.30	01	0.32	00	0.38	1
b_3	0.22	000	0.30	01		
b_1	0.10	001				

图 7.4.4　哈夫曼编码中的信源赋值过程图解

2. 哈夫曼码的特点

哈夫曼码有 3 个特点。

（1）它是一种块（组）码，因为各个信源符号都被映射成一组固定次序的码符号。

（2）它是一种即时码，即满足解码即时性的码。所谓**解码即时性**，是指对任意一个有限长的码符号串，可以分别对每个码字解码，即读完一个码字，就将其对应的信源符号确定下来，不需要考虑其后的码字。

（3）它是一种可唯一解开的码，或者说具有解码唯一性。**解码唯一性**也称单义性，是指对任意一个有限长的码符号串，只有一种将其分解成组成它的各个码符号的方法。换句话说，用其他方法分解都会产生不对应原来符号集的码字。

根据这些特点，任何哈夫曼码的码串都可用简单的查表方式，从左到右检查各个符号进行解码。例如，根据图 7.4.4 所示的码本可知，码序列 001100001 对应符号串 $b_1b_2b_3b_4$，码序列 010001001 对应符号串 $b_4b_3b_2b_1$。

顺便指出，解码唯一性和解码即时性有一定的关系。即时码一定是唯一可解码，但唯一可解码不一定是即时码（如下面要介绍的算术码）。反过来，不是唯一可解码肯定也不是即时码，但不是即时码并不能确定是否为唯一可解码。

例 7.4.3　即时唯一的哈夫曼码

如果有一个包含 3 个符号的信源集 $B = \{b_1, b_2, b_3\}$，则根据哈夫曼编码方法可得到 4 种即时唯一的哈夫曼码，见表 7.4.2。

表 7.4.2　即时唯一的哈夫曼码

符号	第 1 种码	第 2 种码	第 3 种码	第 4 种码
b_1	0	0	1	1
b_2	10	11	01	00
b_3	11	10	00	01

这些码的即时性可这样来看，以第 1 种码为例，如果读到 0，则其对应的信源符号只能是 b_1。

如果读到1，则表明码序列尚未结束，还需继续读。此时如再读到0，则其对应的信源符号只能是b_2；而如再读到1，则其对应的信源符号只能是b_3。因为即时码一定是唯一可解码，所以第1种码是一种唯一可解的哈夫曼码。其余3种码也可类似讨论。 ❑

3. 哈夫曼码的改型

根据哈夫曼编码的原理，如果信源有N个符号，则所需的信源消减次数为$N-2$（见图7.4.3），所需的码赋值次数也为$N-2$（见图7.4.4）。当需要对大量符号编码时，构造最优哈夫曼码的计算量会很大。此时可采用一些亚最优的变长编码方法，通过牺牲编码效率来换取编码计算量的减少。两种最常用的方法分别是截断方法和平移方法，这样可得到截断哈夫曼码和平移哈夫曼码。

现在考虑表7.4.3中的信源，其信源符号及其符号的概率分别见表7.4.3中的第2列和第3列。借助对这个信源的编码来介绍截断哈夫曼码和平移哈夫曼码（分别见表7.4.3中的第4列和第5列，注意各有两种不同的结果）。为了比较，将用哈夫曼编码方法得到的码列在表7.4.3中的第6列。

表7.4.3 哈夫曼码与其改型的比较

块号	信源符号	概率	截断哈夫曼码		平移哈夫曼码		哈夫曼码
第1块	b_1	0.25	01	01	01	01	01
	b_2	0.21	10	10	10	10	10
	b_3	0.19	000	11	000	11	11
	b_4	0.16	001	001	001	001	001
第2块	b_5	0.08	11 00	000 00	11 01	000 01	0001
	b_6	0.06	11 01	000 01	11 10	000 10	00000
	b_7	0.03	11 10	000 10	11 000	000 11	000010
	b_8	0.02	11 11	000 11	11 011	000 001	000011
熵		2.65					
平均长度			2.73		2.78	2.75	2.7

截断哈夫曼码是对哈夫曼码的一种简单改型。它只对最可能出现的M个符号进行哈夫曼编码，其他的符号则都用在一个合适的定长码之前加一个前缀码来表示。在表7.4.3中，M选为4，即后4个符号的码是用前缀码加定长码得到的。具体就是将前4个出现概率最大的信源符号作为独立符号，而把其余4个符号（从符号b_5到符号b_8）合成一个特殊符号，其概率为这4个符号的概率之和，先对上述5个符号（4个独立符号加一个合成符号）进行哈夫曼编码，再将对特殊符号得到的码字作为前缀码，借助这个前缀码对合成符号中的4个符号编码。在表7.4.3中，这个前缀码为11或000（概率为0.19），其后所接的2 bit二进制值为符号下标减5。

平移哈夫曼码也是对哈夫曼码的一种简单改型。平移码由以下几个步骤产生。

（1）重新排列信源符号使它们的概率单减。

（2）将符号总数分成相同大小的符号块。

（3）对所有块中的各个元素采用同样的方法编码。

（4）对每个块加上专门的平移符号以区别它们。每当解码器认出1个平移符号，它就相对事先定义的参考块平移1块。具体到平移哈夫曼码，则在用哈夫曼方法对参考块编码前，先将概率赋给平移符号。一般可对所有参考块以外符号的概率求和来完成这个赋值，这与前面构造截断哈夫曼码的方法类似。

在表7.4.3中，对从b_5到b_8的所有符号求和（即取第1块为参考块，第2块加平移符号），求和结果是0.19。对应这个概率的符号可用上面对截断哈夫曼编码方法得到的哈夫曼码字（11或

000）表示。这样，平移哈夫曼码对第 1 块的编码与对应的截断哈夫曼码一致，而对第 2 块的编码则是在第 1 块的基础上加平移符号。

考虑表 7.4.3 的信源，该信源的熵根据式（7.3.3）为 $H(\boldsymbol{u}) = -0.25•\log 0.25 - 0.21•\log 0.21 - 0.19•\log 0.19 - 0.16•\log 0.16 - 0.08•\log 0.08 - 0.06•\log 0.06 - 0.03•\log 0.03 - 0.02•\log 0.02 = 2.65$bit/符号。哈夫曼码的码长由式（7.1.3）计算出为 $0.25 \times 2 + 0.21 \times 2 + 0.19 \times 2 + 0.16 \times 3 + 0.08 \times 4 + 0.06 \times 5 + 0.03 \times 6 + 0.02 \times 6 = 2.7$bit/符号，而截断哈夫曼码的码长和平移哈夫曼码的码长分别为 $0.25 \times 2 + 0.21 \times 2 + 0.19 \times 3 + 0.16 \times 3 + 0.08 \times 4 + 0.06 \times 4 + 0.03 \times 4 + 0.02 \times 4 = 2.73$bit/符号（或 $0.25 \times 2 + 0.21 \times 2 + 0.19 \times 2 + 0.16 \times 3 + 0.08 \times 5 + 0.06 \times 5 + 0.03 \times 5 + 0.02 \times 5 = 2.73$bit/符号）和 $0.25 \times 2 + 0.21 \times 2 + 0.19 \times 3 + 0.16 \times 3 + 0.08 \times 4 + 0.06 \times 4 + 0.03 \times 5 + 0.02 \times 5 = 2.78$bit/符号（或 $0.25 \times 2 + 0.21 \times 2 + 0.19 \times 2 + 0.16 \times 3 + 0.08 \times 5 + 0.06 \times 5 + 0.03 \times 5 + 0.02 \times 6 = 2.75$bit/符号）。虽然截断哈夫曼码的码长和平移哈夫曼码的码长都比哈夫曼码的码长要长，但截断哈夫曼码的和平移哈夫曼码的编码计算都比哈夫曼码的编码计算要简单。

7.4.4 算术编码

算术编码是一种从整个符号序列出发，采用递推形式连续编码的方法。与建立在符号和码字对应基础上的块码（如哈夫曼码）不同，在算术编码中，源符号和码字间的一一对应关系并不存在。一个算术码字要赋给整个信源符号序列，而每个码字本身确定了 0～1 的一个实数区间。随着符号序列中的符号数量增加，用来代表每个符号的区间减小，而用来表达区间所需的信息单位（如 bit）的数量变大。与哈夫曼编码不同，这里不需要将每个信源符号转换为整数个码字（即一次编一个符号），当需要编码的符号序列的长度不断增加时，运用算术编码得到的码将会逐渐接近由无失真编码定理确定的极限。

1. 算术编码步骤

下面利用图 7.4.3 中的信源来介绍算术编码的方法，具体步骤如图 7.4.5 所示。这里设要编码的符号序列为 $c_1c_2c_3c_4 = b_1b_2b_3b_4$。在编码开始时，设符号序列占据整个半开区间[0, 1)，这个区间先根据各个信源符号的概率分成 4 段（0～0.1，0.1～0.48，0.48～0.7，0.7～1）。编码序列的第 1 个符号 $c_1 = b_1$ 对应半开区间[0, 0.1)，编码时，将这个区间扩展为整个高度，并仍根据各个信源符号的概率分成 4 段（0～0.01，0.01～0.048，0.048～0.07，0.07～0.1）。这样编码序列的第 2 个符号 $c_2 = b_2$ 对应半开区间[0.01, 0.048)。继续上述过程直到最后一个信源符号。这最后一个信源符号也用来作为符号序列结束的标志。编完最后一个符号 $c_4 = b_4$ 后，得到一个区间[0.0341, 0.0366]，这时用任何一个该区间内的实数，如二进制的 0.00001001_2（等于十进制的 0.03515625）就可以表示整个符号序列。

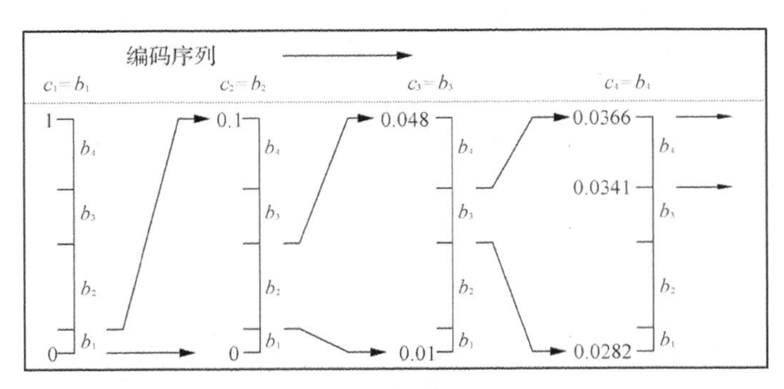

图 7.4.5 算术编码过程图解

图 7.4.5 中算术编码得到的符号序列中使用了有 8 位有效数字（8 bit）的一个二进制数表示有

4 个符号的符号序列。这对应每个信源符号用 2 个二进制数，即 2bit/符号。如果利用图 7.4.4 的哈夫曼码来编同样的符号序列，则一共需要 9bit（001100001），比算术码编码所需要的比特数多。

例 7.4.4　二元序列的二进制算术编码

设有一个零记忆信源，它的信源符号集为 $A = \{a_1, a_2\} = \{0, 1\}$，符号产生概率分别为 $P(a_1) = 1/4$，$P(a_2) = 3/4$。对序列 11111100，它的二进制算术编码码字为 0.1101010_2。因为这里需编码的序列长为 8 位，所以一共要把半开区间[0, 1)分成 256 个小区间，以对应任意一个可能的序列。由于任意一个码字必落在某个特定的区间，所以解码具有唯一性。 ❑

在算术编码过程中，只需用到加法和移位运算，算术编码的名称由此而来。与哈夫曼码一样，算术编码也是一种即时码。

例 7.4.5　哈夫曼编码和算术编码的比较示例

设一个 4-符号信源$\{a_1, a_2, a_3, a_4\}$中各个信源符号的概率为 $p(a_1) = 0.2$，$p(a_2) = 0.2$，$p(a_3) = 0.4$，$p(a_4) = 0.2$。现要对来自这个信源的由 5 个符号组成的符号序列 $b_1b_2b_3b_4b_5 = a_1a_2a_3a_3a_4$ 编码。

先考虑哈夫曼编码，其信源消减如图 7.4.6 所示。

初始信源		信源的消减步骤	
符号	概率	1	2
a_3	0.4	0.4	0.6
a_1	0.2	0.4	0.4
a_2	0.2	0.2	
a_4	0.2		

图 7.4.6　哈夫曼编码中的信源消减

赋值步骤如图 7.4.7 所示。

初始信源			对消减信源的赋值	
符号	概率	码字	1	2
a_3	0.4	0	0.4　0	0.6　1
a_1	0.2	11	0.4　10	0.4　0
a_2	0.2	100	0.2　11	
a_4	0.2	101		

图 7.4.7　哈夫曼编码中的信源赋值

这样得到的哈夫曼码为 1110000101。

现在考虑算术编码，其编码过程如图 7.4.8 所示。从第 1 个符号开始依次编码，编完最后 1 个符号后，得到的区间为[0.067 52, 0.068 8]。这里可用任何一个该区间内的实数，如 0.068 来表示整个符号序列。

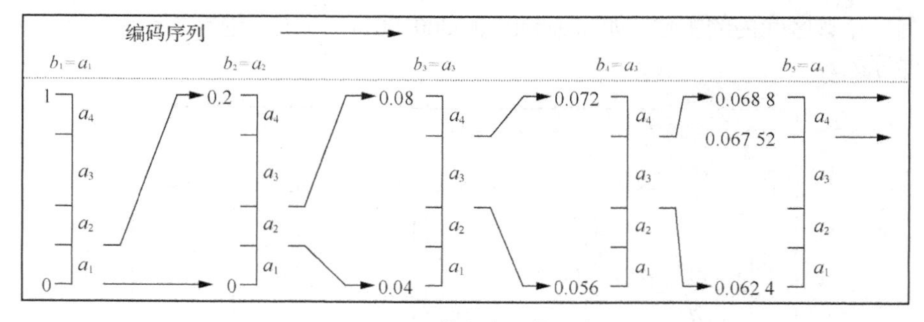

图 7.4.8　算术编码的过程

两相比较，对这个同样的符号序列，算术编码需要 3 个十进制数（$10^3 = 1000$），而哈夫曼编码需 10 个二进制数（$2^{10} = 1\,024$），相比之下，哈夫曼码所需的数据量比算术编码所需的数据量大，或者说哈夫曼编码的效率比算术编码的效率低。 ❑

2. 算术解码

因为**算术解码**与算术编码密切相关，也是一系列的比较对应过程，所以可借助编码过程进行。具体就是先将各信源符号根据其出现概率依次排列，然后根据所给码字进行算术编码，直到全部编好，最后取编码所用的符号。

例 7.4.6　算术码的解码示例

设已知算术编码后的码字为 0.233 55，这是对来自一个 6-符号信源$\{a_1, a_2, a_3, a_4\ a_5, a_6\}$的符号序列进行编码得到的结果。该符号信源中各个符号的概率分别为$p(a_1) = 0.2$，$p(a_2) = 0.3$，$p(a_3) = 0.1$，$p(a_4) = 0.2$，$p(a_5) = 0.1$，$p(a_6) = 0.1$。

对算术编码的解码是借助编码来进行的。对上述信源进行编码，其过程和结果如图 7.4.9 所示。

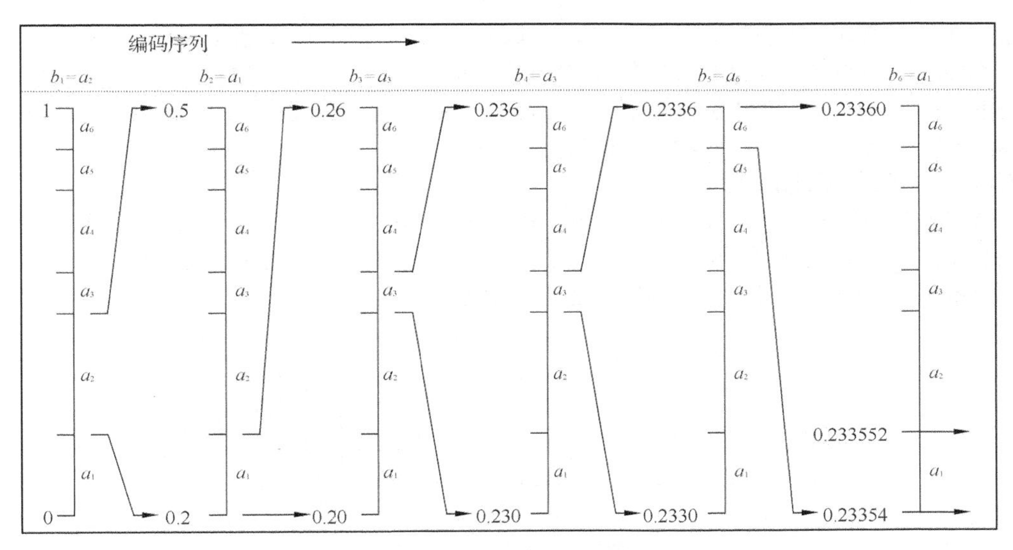

图 7.4.9　算术码解码的过程

根据编码结果，解出来的码序列为 $a_2a_1a_3a_3a_6a_1$。❑

7.5　位平面编码

位平面编码是一种将多灰度值图像分解成一系列二值图像，然后对每一幅二值图像再用二元压缩方法编码的技术。因为这种技术除能消除或减少编码冗余外，也能消除或减少图像中的像素相关冗余，所以对相关信源常比哈夫曼方法更有效。这类方法主要有两个步骤：位平面分解和位平面编码。下面分别介绍。

7.5.1　位面分解

对一幅用多比特表示其灰度值的图像来说，其中的每比特可看作表示了一个二值的平面，每个比特所表示的二值平面也称**位面或位平面**。一幅其灰度级用 8 bit 表示的图像有 8 个位面，一般用位面 0 代表最低位面，位面 7 代表最高位面（见图 7.5.1）。

位面分解是指将一幅具有 m bit 灰度级的图像分解成 m 幅 1 bit 的二值图像。具有 m bit 灰度级的图像中像素的灰度值可用如下多项式表示。

$$a_{m-1}2^{m-1} + a_{m-2}2^{m-2} + \cdots + a_1 2^1 + a_0 2^0 \tag{7.5.1}$$

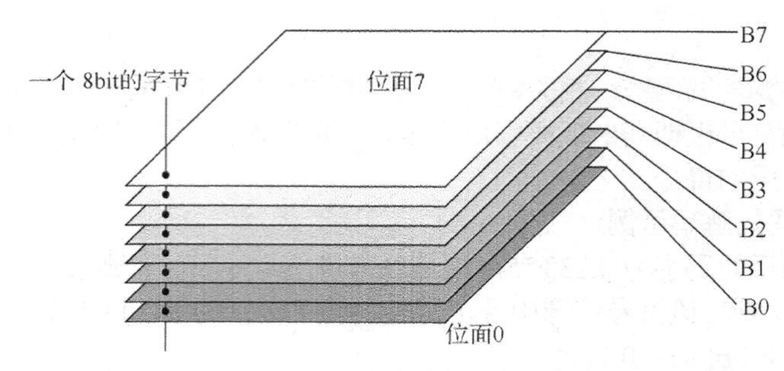

图 7.5.1　图像的位面表示和位面图

式（7.5.1）中，多项式系数总取值 0 或 1。根据这个表示，把一幅灰度图分解成一系列二值图集合的一种简单方法就是把上述多项式的 m 个系数分别分给 m 个 1 bit 的位面（相当于把系数看作对位面的加权系数）。这样如将每像素的第 i 比特集合在一起，就能得到图像的第 i 个位面，而将所有 m 个位面集合在一起，就能表示原来的灰度图像。

例 7.5.1　位面图分解示例

设图 7.5.2（a）为一幅给定的灰度图像，其灰度值范围为 0～7。对其进行位面分解的结果如图 7.5.2（b）～图 7.5.2（d）所示。其中，图 7.5.2（b）对应第 2 位面（最高位面），图 7.5.2（c）对应第 1 位面，图 7.5.2（d）对应第 0 位面（最低位面）。

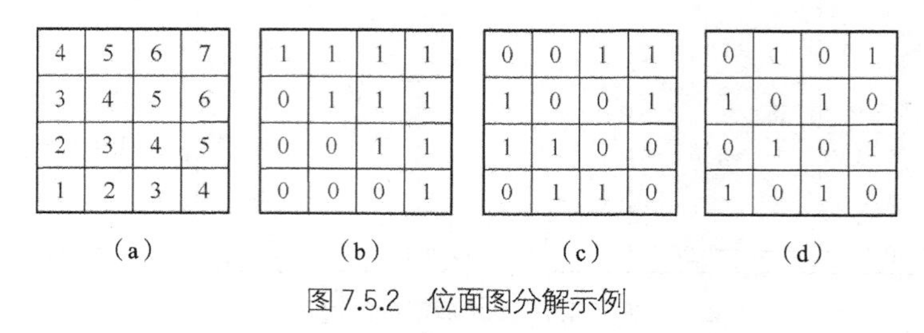

（a）

4	5	6	7
3	4	5	6
2	3	4	5
1	2	3	4

（b）

1	1	1	1
0	1	1	1
0	0	1	1
0	0	0	1

（c）

0	0	1	1
1	0	0	1
1	1	0	0
0	1	1	0

（d）

0	1	0	1
1	0	1	0
0	1	0	1
1	0	1	0

图 7.5.2　位面图分解示例　□

上述分解方法的一个固有缺点是，像素点灰度值的微小变化有可能对位面的复杂度产生较明显的影响。例如，当空间相邻的 2 像素的灰度值分别为 127（01111111_2）和 128（10000000_2）时，图像的每个位面在这个位置处都将有从 0 到 1（或从 1 到 0）的过渡。

另一种可减少这种小灰度值变化影响的位面分解法是用 1 个 $m$bit 的**格雷码**（Gray code，也称二进制循环码）表示图像。对应式（7.5.1）中，多项式的 $m$bit 的格雷码可由下式计算。

$$g_i = \begin{cases} a_i \oplus a_{i+1} & 0 \leqslant i \leqslant m-2 \\ a_i & i = m-1 \end{cases} \tag{7.5.2}$$

式（7.5.2）中，⊕代表异或操作（参见 3.2.2 节）。这种码的独特性质是相连的码字只有一个比特位的区别，这样，像素点灰度值的小变化不易影响所有位面。仍考虑上述空间相邻的 2 个像素的灰度值分别为 127 和 128 的例子，如用式（7.5.2）的格雷码来表示的话，因为对应 127 和 128 的码分别是 01000000_2 和 11000000_2，所以这里只有位面 7 有从 0 到 1 的过渡。

例 7.5.2　二值位面图与格雷码位面图的实例和比较

图 7.5.3 为由图 3.4.2（a）分解得到的一组二值位面图。图 7.5.3（a）～图 7.5.3（h）分别为图 3.4.2（a）中灰度图像的第 7 到第 0 位面图。由这些图可见，低位面图比高位面图复杂，即低位面图比高位面图包括的细节要多，但也更随机。图 7.5.3 中基本上仅前 5 个最高位面包含了较多的视觉可见的有意义信息，其他位面只有很局部的小细节，许多情况下也常认为是噪声。

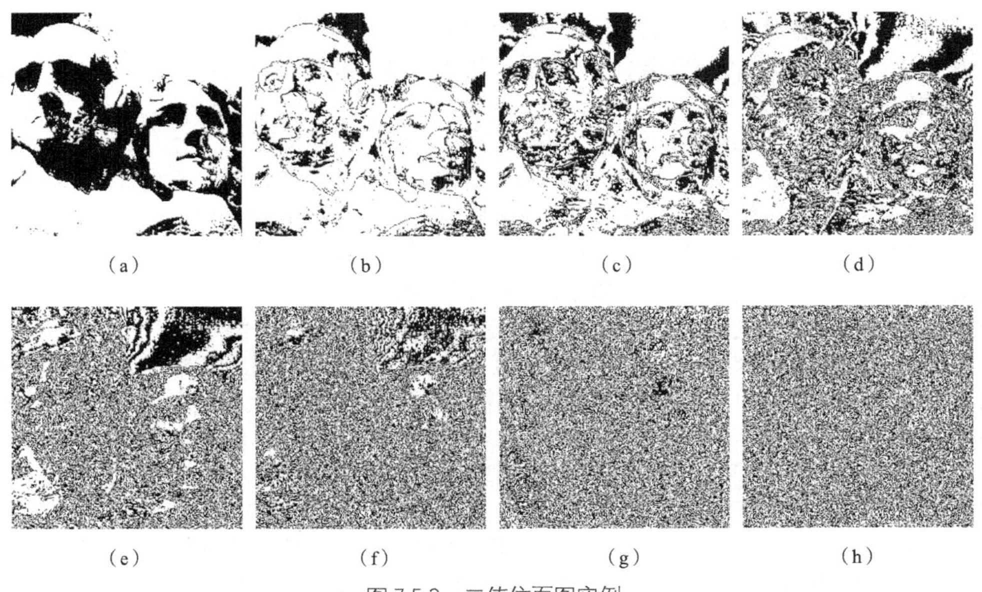

图 7.5.3　二值位面图实例

图 7.5.4 为由图 3.4.2（a）分解得到的一组用格雷码表达的位面图。图 7.5.4（a）～图 7.5.4（h）分别为图 3.4.2（a）中灰度图像的第 7 到第 0 位面图。这里同样也是低位面图比高位面图复杂，但这里，前 6 个最高位面都包含了较多的视觉可见的有意义信息。

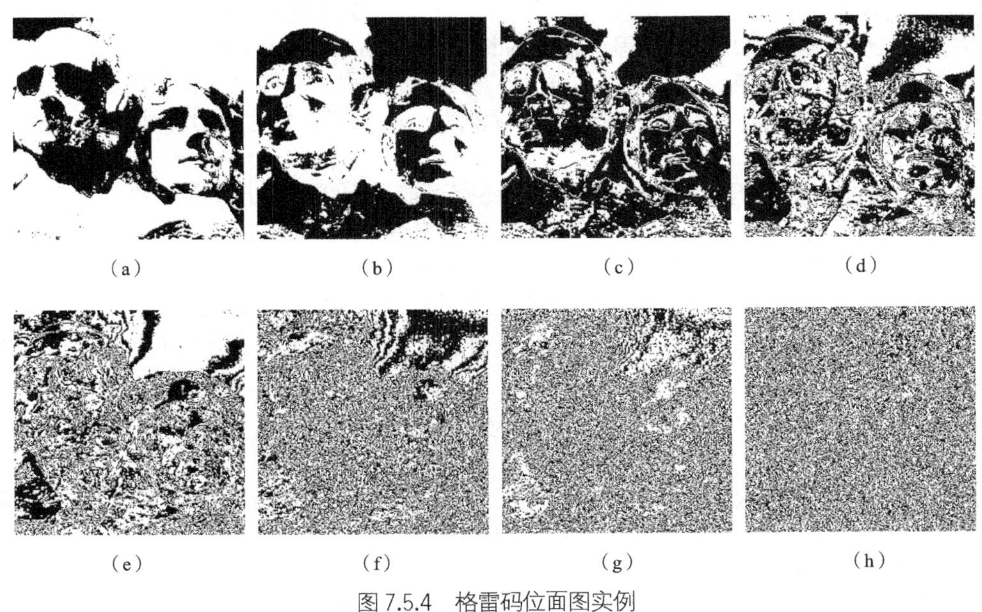

图 7.5.4　格雷码位面图实例

比较图 7.5.3 与图 7.5.4 可见，用格雷码表达的位面图比对应的二值位面图的复杂度要低一些，同时具有视觉意义信息的位面图数量更多。□

7.5.2　位面编码

下面讨论对分解后位面图的编码，这里仅介绍 3 种游程编码的方法，除第一种是按图像块的编码方法外，另两种都是游程编码方法。这两种方法分别考虑了 1-D 的游程和 2-D 的游程，已分别成为传真机中使用的两种二值图像压缩标准（G3 和 G4，参见 8.4.1 小节）中所用技术的基础。

1. 常数块编码

压缩二值图像或位平面图的一种简单有效的方法是用专门的码字表达全为 0 或全为 1 的连通区域。**常数块编码**（CAC）是其中的一种技术。它将图像分成全黑、全白或混合的 $m \times n$ 尺寸的块。出现频率最高的类赋予 1bit 码字 0，其他两类分别赋予 2bit 码字 10 和 11。由于原来需用 mn bit 表示的常数块，现在只用 1bit 或 2bit 码字表示，就达到了压缩的目的。当然这里赋给混合块的码字只是作为前缀，后面还需跟上该块的用 mn bit 表示的模式。

当需压缩的图像主要由白色部分组成（如文档）时，更简单的方法是将白色块区域编为 0，将所有其他块（包括实心黑色块）区域都用 1 接上该块的位模式编码。这种方法称为**跳跃白色块**（WBS），它利用了对所需压缩图像已知的结构信息。将很少出现的全黑块与混合块组合在一起，就可把 1bit 码字腾出来用于较多出现的白色块。对这种方法的进一步改进（当块尺寸为 $1 \times n$ 的线时）是将白线编为 0，而将所有其他线用 1 接上普通 WBS 码表示。另一种改进的方法是将二值图像或位平面迭代地分解成尺寸越来越小的子块。对 2-D 块，全白图编为 0；其他图分解成子块，加上为 1 的前缀后，再类似地编码。这样，如果一个子块全白，它就由前缀 1（表明它是第 1 次迭代子块）和紧接的 0（表明是实心白色）表示。如果子块还不是实心白，就继续分解，直至某个事先确定的子块尺寸。如果这个子块全白，就编为 0，反之就编为 1 加上该块的位模式。

2. 1-D 的游程编码

对相关性较强的图像，相邻像素的灰度值比较接近，其各个位面中会有较多的全为 0 或全为 1 的连通区域。对这类常数区编码的有效方法之一就是用一系列描述 0 或 1 像素游程（连续的 0 或 1 像素段）的长度值来表示位平面中的每一行。**1-D 游程编码**的基本思路就是对一组从左向右扫描得到的连续的 0 或 1 游程用游程的长度来编码，而不是对每像素分别编码。当游程较长时，其压缩效率会很高。为表示不同值（0 或 1）的游程，需要建立指定游程值的协定，常用的方法有：指出每行第 1 个游程的值；设每行都由（其长度可以是 0）0 游程（也可是 1 游程）开始。

进一步，通过用变长码对游程的长度编码还有可能获得更高的压缩率。在实际应用中，可将 0 和 1 的游程长度分开，并根据它们的统计特性分别编码。例如，令符号 b_j 代表一个长度为 j 的 0 游程，用图像中长度为 j 的 0 游程数去除以图像中所有 0 游程的总数，就可以近似得到符号 b_j 是由某个想象中的 0 游程信源产生出来的概率。将这些概率代入式（7.3.3）就可以得到上述 0 游程源的熵估计 H_b。用类似方法可得到 1 游程信源的熵估计 H_w。这样，图像的游程熵就近似为

$$H_{\mathrm{RL}} = \frac{H_\mathrm{b} + H_\mathrm{w}}{L_\mathrm{b} + L_\mathrm{w}} \tag{7.5.3}$$

式（7.5.3）中，变量 L_b 和 L_w 分别代表 0 和 1 游程长度的平均值。当用变长码对位面图的游程编码时，可用式（7.5.3）来估计每像素所需的平均比特数。

3. 2-D 的游程编码

由上述 1-D 游程编码概念推广可得到多种 2-D 游程编码方法，其中一种常用的方法称为**相对地址编码**（RAC）。它的基本原理是跟踪各个 0 和 1 游程的起始和终结的过渡点，算出各对点之间的距离 d。图 7.5.5 为具体实现这种方法时，计算游程的 1 个示意图。在图 7.5.5 中，ec 是从当前过渡点 c 到当前行的前一个过渡点 e 的距离，cc'是从 c 到上一行在 e 之后的第 1 个与过渡点 c 类似过渡点 c'的距离。如果 $ec \leqslant cc'$，则取 RAC 距离 d 为 ec。反之，如果 $ec > cc'$，则取 RAC 距离 d 为 cc'。

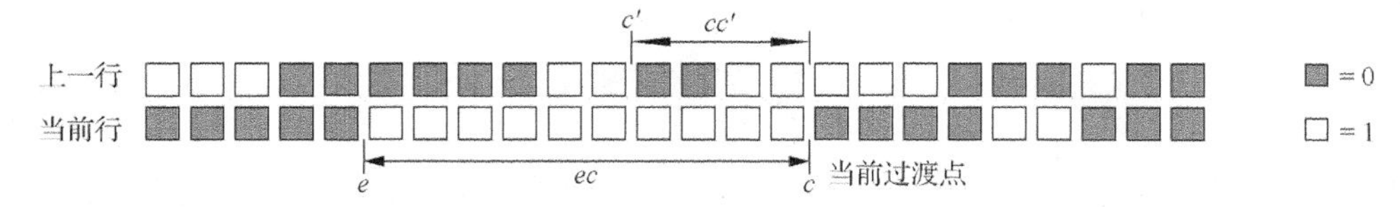

图 7.5.5　RAC 编码示意图

与 1-D 游程编码方法类似，RAC 方法也需要建立指定游程值的方法。此外还需要设定想象的起始行以及每行的起始点和终结点，以正确管理图像边界。由于对大多数图像来说，RAC 距离的概率分布不是均匀的，所以还要用合适的变长码来对 RAC 距离编码。

例 7.5.3　对 RAC 编码的距离进行变长编码示例

表 7.5.1 为一种对 RAC 距离编码的方法，RAC 码字在前三种情况由第一前缀码取得，在后三种情况还要考虑第二前缀码。具体方法是：用第 1 个前缀表示最短的 RAC 距离，第 2 个前缀将 d 赋给某个距离范围，再加上 d 减去范围下限的二进值表示（见表 7.5.1 最后一列的 $xxx\cdots$）。例如，在图 7.5.5 中，ec 和 cc' 分别等于 +10 和 +4。由于这里 $cc'=4$，c'在 c 的左边，根据表 7.5.1 中的第 5 行，可得到第一前缀码为 1100$h(d)$。因为 $h(d)$在距离 1～4 的范围内，所以第 2 前缀码为 0xx，这里 xx 是距离 d 减去范围下限的二进制值，如 $d=4$，则 $h(d)$为 11（即 3）。所以第二前缀码 $h(d)$为 011。结合起来，正确的 RAC 码字为 1100011_2。需要指出，这里如果 $d=0$，c 就在 c' 的正下方（注意 e 和 c 不可能重合）；而如果 $d=1$，由于码 100_2 不能反映测量是对应当前行，还是上一行，所以解码器必须确定最近的过渡点。

表 7.5.1　　对 RAC 距离进行变长编码

测量距离	RAC 距离	第 1 前缀码	距离范围	第 2 前缀码 $h(d)$
cc'	0	0	1～4	0 xx
ec 或 cc'（左）	1	100	5～20	10 $xxxx$
cc'（右）	1	101	21～84	110 $xxxxxx$
ec	$d\,(d>1)$	111 $h(d)$	85～340	1110 $xxxxxxxx$
cc'（c'在左）	$d\,(d>1)$	1100 $h(d)$	341～1364	11110 $xxxxxxxxxx$
cc'（c'在右）	$d\,(d>1)$	1101 $h(d)$	1365～5460	111110 $xxxxxxxxxxxx$

□

例 7.5.4　1-D 游程编码和相对地址编码的比较

用前面介绍的两种位面分解方法对同一幅灰度图像进行分解，再对位面图分别采用 1-D 游程编码和相对地址编码方式得到的编码结果如表 7.5.2 所示，其中将用游程编码的熵（H）的一阶估计作为变长码所能达到的极限压缩性能的近似。由表 7.5.2 可以看出下面 3 点。

（1）两种方法得到的码率都比一阶熵估计要小，说明它们都能消除一定的像素间冗余。

（2）利用格雷码能得到的（比二值编码的）改进约为 1bit/px。

（3）两种方法的压缩率都仅为 1~2，这主要是因为它们对低位面的压缩效果较差。表 7.5.2 中的横杠代表此处数据反而膨胀了。

表 7.5.2　　不同方法的编码结果比较（H ≈ 6.82bit/px）

位平面编码	编码方法	位平面码率（bit/px）								编码结果	
		7	6	5	4	3	2	1	0	码率	压缩率
二值码	1-D 游程编码	0.09	0.19	0.51	0.68	0.87	1.00	1.00	1.00	5.33	1.5：1
	相对地址编码	0.06	0.15	0.62	0.91	—	—	—	—	5.74	1.4：1
格雷码	1-D 游程编码	0.09	0.13	0.40	0.33	0.51	0.85	1.00	1.00	4.29	1.9：1
	相对地址编码	0.06	0.10	0.49	0.31	0.62	—	—	—	4.57	1.8：1

□

总结和复习

下面简单小结本章各节，并有针对性地介绍一些可供深入学习的参考文献。进一步复习还可通过思考题和练习题进行，标有星号（*）的题在书末提供了参考解答。

【小结和参考】

7.1 节介绍数据冗余的概念和图像压缩的原理。信息和数据这两者既有联系又不相同。表达无用信息或其他数据已表示信息的数据称为冗余数据，数字图像中有 3 种基本的数据冗余：像素相关冗余、编码冗余和心理视觉冗余。消除图像中的冗余数据，以减少表达给定量信息所用数据量的方法称为图像压缩，这可用对图像的编解码来完成。图像编码是图像处理中的重要技术，许多图像处理和分析图书（如 [Sonka 2008]、[Russ 2015]、[Gonzalez 2018]、[章 2018b]）均有介绍。

7.2 节介绍图像保真度的概念和常用的主客观保真度准则。图像压缩方法分为信息保持型和信息损失型。信息保持型技术能提供的压缩率一般为 2～10 [Zhang 1999c]。信息损失型的图像编解码结果与原始图像有差异，可用图像保真度来衡量。测定图像保真度的准则主要有客观的和主观的。客观保真度准则利用编码输入图与解码输出图的差异函数，便于计算或测量。主观保真度准则借助多个观察者对图像的综合评价来统计性地评估图像的视觉质量。另外，还有结合图像编码应用，以应用结果来评判的准则[Cosman 1994]。

7.3 节介绍信息量和熵的概念以及一个基本的编码定理——无失真编码定理。信息可用数学定量地描述，它与所表达事件的随机性有关，单位是 bit。一幅图像可看作一个信源，可用信源符号及其产生概率来描述。信源输出的不确定性就是信源的熵，熵对应信源符号的平均信息量。对信源符号统计独立的零记忆信源，对其无穷长扩展的编码将使单符号的码字平均长度逼近信源的熵，这就是无失真编码定理。它提供了给定编码方案的编码效率的上限。另一个基本编码定理——信源编码定理可参见[章 2012b]。

7.4 节介绍 4 种常用的变长编码方式：哥伦布编码、香农-法诺编码、哈夫曼编码和算术编码。它们都可减小或消除编码冗余。哥伦布编码计算比较简单。香农-法诺编码适合码字中 0 和 1 独立且基本上等概率出现的情况。哈夫曼编码的编码过程包括两个步骤：信源消减和符号赋值。哈夫曼编码的结果是对各个信源符号的对应码字。算术编码中并无信源符号与码字的一一对应关系。算术编码根据信源符号的出现概率划分赋值区间，以对应区间内的小数代表符号序列。随着编码符号序列长度的增加，算术编码结果会逐渐接近由无失真编码定理确定的极限（有关讨论可参见[Langdon 1981]）。一般算术编码比哈夫曼编码的压缩率高，对两者的进一步介绍还可见[Salomon 2000]。

7.5 节介绍了图像位面的概念和基于位面的编码方法。一个位面是图像中对应 1bit 的二值平面，位面表示是对图像的一种分层表示。将图像分解为位面图后，可采用对各个位面图分别编码的方法来实现对原始图像的编码。一般位面图内的像素相关性常常更强一些。对位面图的编码常采用游程编码的方法，传真机中使用的 G3 和 G4 两种二值图像压缩标准（参见 8.4.1 节）分别基于 1-D 和 2-D 游程编码方法。有关这两种二值图像压缩标准的介绍和比较可见 8.4 节，还可见[章 2018b]。

【思考题和练习题】

*7.1　设一幅图像的灰度共有 4 级，且 $P(0) = 0.4$，$P(1) = 0.3$，$P(2) = 0.2$，$P(3) = 0.1$，要获得最短平均长度的码，应该选择哪一项？

（A）$l(0) = l(1) = l(2) = l(3)$　　（B）$l(0) > l(1) > l(2) > l(3)$

（C）$l(0) < l(1) < l(2) < l(3)$　　（D）$l(0) = l(1)/2 = l(2)/3 = l(3)/3$

7.2　假设图题 7.2（a）、图题（b）分别为编码输入图和解码输出图，试计算输出图的 SNR_{ms}，

SNR$_{rms}$，SNR 和 PSNR。

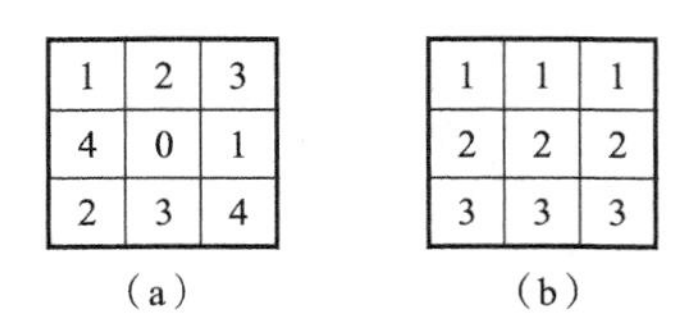

1	2	3
4	0	1
2	3	4

（a）

1	1	1
2	2	2
3	3	3

（b）

图题 7.2

7.3　设有一个零记忆信源，它的信源符号集为 $A = \{a_1, a_2\}$，符号产生概率分别为 $P(a_1) = 2/3$，$P(a_2) = 1/3$，则对该信源编码的方案在理论上可达到的最高效率是多少？

7.4　设一个二元信源产生 2 个符号的概率分别为 $P(b_1) = 1/8$ 和 $P(b_2) = 7/8$，试计算该信源的熵。讨论如果 $P(b_1)$增加而 $P(b_2)$减小，该信源的熵会如何变化。

7.5　试根据哥伦布编码的方法计算：

（1）$G_4(10)$和 $G_2(20)$；

（2）$G^0_{\exp}(10)$和 $G^1_{\exp}(20)$。

7.6　给定信源符号集 $A = \{a_1, a_2, a_3, a_4, a_5, a_6\}$，且已知 $u = [0.30\quad 0.25\quad 0.15\quad 0.15\quad 0.1\quad 0.05]^T$。

（1）进行香农-法诺编码，并给出码字、平均比特数和编码效率。

（2）进行哈夫曼编码，并给出码字、平均比特数和编码效率。

（3）对比两种编码的结果，并分析各自的特点。

7.7　给定信源符号集 $A = \{a_1, a_2, a_3, a_4\}$，且已知 $u = [0.5\quad 0.1\quad 0.2\quad 0.2]^T$，对其进行算术编码。

7.8　已知 5 个符号 a，b，c，d，e 的出现概率分别是 0.1，0.2，0.3，0.2，0.2，对其进行算术编码得到的结果是 0.54321，给出算术解码的过程。

7.9　对图题 7.9 所示的图像进行哈夫曼编码，并计算编码效率。

*7.10　用灰度剪切变换函数 $T(r) = 0, r \in [0, 127]$；$T(r) = 255, r \in [128, 255]$能从一幅 8 位面图像中提取出第 7 位面。据此给出一组变换函数，以提取该图像的其他各个位面。

7.11　设有一幅图像某一位面某一行的值为 11111001100001110000，采用 1-D 游程方法编码。

7.12　将给定图像（见图题 7.12）分解成 3 个位平面，然后用 1-D 游程编码方法逐行编码，给出码字，计算编码效率。

4	0	4	4	4	4	4	0
4	5	5	5	5	5	4	0
4	5	6	6	6	5	4	0
4	5	6	7	6	5	4	0
4	5	6	7	6	5	4	0
4	5	6	6	6	5	4	0
4	5	5	5	5	5	4	0
4	0	4	4	4	4	4	0

图题 7.9

1	2	3	0	4	5	6	7
2	3	0	4	5	6	7	1
3	0	4	5	6	7	1	2
0	4	5	6	7	1	2	3

图题 7.12

第8章 图像编码技术和标准

第 7 章讨论的编码方法主要都是无损编码方法。在许多实际应用中，为取得高的压缩率，常使用一些有损的编码方法。与图像增强技术类似，在**图像编码**中也有对应空域技术的预测编码方法和对应频域技术的变换编码方法。前者可以无损，也可以有损，后者总是有损的。

随着图像工程研究的深入和图像技术的广泛应用，特别是图像编码技术的快速发展，人们也制定了多个图像编码国际标准。这些图像编码国际标准综合利用了图像编码技术的最新进展，也与图像存储和传输应用密切相关。

本章各节内容安排如下。

8.1 节介绍预测编码方法，包括无损预测编码和有损预测编码。对有损预测编码，分别讨论最优预测和最优量化的问题。

8.2 节介绍余弦变换编码，先介绍离散余弦变换，然后介绍基于离散余弦变换编码的步骤，包括子图像尺寸选择、变换选择（根据各种常见变换在编码中的特点）和比特分配。

8.3 节介绍小波变换编码，先介绍小波变换基础和小波图像分解，然后介绍基于小波变换编码的步骤，最后概括了基于提升小波编码的过程和特点。

8.4 节介绍由国际标准化组织制定的静止图像压缩国际标准，包括针对二值图像的标准和针对灰度和彩色图像的标准。

8.1 预测编码

预测编码的基本思想是仅对每像素中提取的新信息进行编码来消除像素间的冗余。这里一像素的新信息定义为该像素的当前或现实值与其预测值的差。注意这里正是由于像素间有相关性，所以才使预测成为可能。预测编码可分为**无损预测编码**和**有损预测编码**两类。

8.1.1 无损预测编码

下面先给出无损预测编码系统的框图，再着重介绍其中的预测器。

1．无损预测编码系统

无损预测编码系统主要由一个编码器和一个解码器组成（见图 8.1.1），它们各有一个相同的预测器。

由图 8.1.1 可见，当输入图像的像素序列f_n(n = 1, 2, ⋯)逐个进入编码器时，预测器会根据若干个过去的输入数据计算产生对当前输入像素的预测（估计）值。将预测器的输出舍入成最接近的整数 $\hat{f}_n$ 并用来计算预测误差。

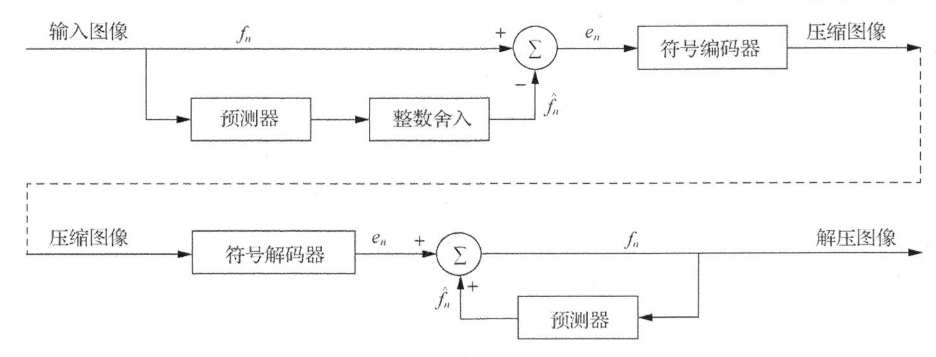

图 8.1.1　无损预测编码系统

$$e_n = f_n - \hat{f}_n \tag{8.1.1}$$

这个误差可用符号编码器借助变长码进行编码，以产生压缩图像数据流的下一个元素。在解码器方面，可根据接收到的变长码字重建预测误差 e_n，并执行下列操作得到解压图像的像素序列。

$$f_n = e_n + \hat{f}_n \tag{8.1.2}$$

这里需要指出，借助预测器可将原来对原始图像序列的编码转换成对预测误差的编码。由于在预测比较准确时，预测误差的动态范围会远小于原始图像序列的动态范围，所以对预测误差的编码所需的比特数会大大减少，这是预测编码可获得数据压缩结果的原因。

2．线性预测器

在多数情况下，可将 m 个先前的像素值进行线性组合来得到对当前像素值的预测。

$$\hat{f}_n = \text{round}\left[\sum_{i=1}^{m} a_i f_{n-i}\right] \tag{8.1.3}$$

式（8.1.3）中，m 称为**线性预测器**的**阶**，round 是舍入函数，a_i 是预测系数。式（8.1.1）～式（8.1.3）中的 n 对应图像的空间坐标，这样在 1-D 线性预测编码中，设扫描沿行进行，式（8.1.3）可写为

$$\hat{f}_n(x, y) = \text{round}\left[\sum_{i=1}^{m} a_i f(x-i, y)\right] \tag{8.1.4}$$

根据式（8.1.4），1-D 线性预测 $\hat{f}(x, y)$ 仅是当前行扫描到的先前像素的函数。而在 2-D 线性预测编码中，预测是对图像从左向右、从上向下扫描时扫描到的先前像素的函数。在 3-D 时，预测可基于上述同帧像素和前一帧的像素（参见第 14 章）。

最简单的 1-D 线性预测编码是一阶的（$m = 1$），此时

$$\hat{f}(x, y) = \text{round}\left[af(x-1, y)\right] \tag{8.1.5}$$

式（8.1.5）表示的预测器也称为**前值预测器**，对应的预测编码方法也称为**差值编码**或**前值编码**。

无损预测编码中取得的压缩率与将输入图映射进预测误差序列产生的熵减少量直接有关。因为预测可消除相当多的像素相关冗余，所以预测误差的概率密度函数一般在零点有一个高峰，并且与输入灰度值分布相比，其方差较小。事实上，预测误差的概率密度函数一般用零均值不相关拉普拉斯概率密度函数表示，即

$$p_e(e) = \frac{1}{\sqrt{2}\sigma_e}\exp\left(\frac{-\sqrt{2}|e|}{\sigma_e}\right) \tag{8.1.6}$$

式（8.1.6）中，σ_e 是误差 e 的均方差。

例 8.1.1　线性预测编码示例

以最简单的 1-D 线性预测编码为例（$a = 1$）。表 8.1.1 第一行给出需编码序列的标号，第二行

给出需编码序列像素的灰度值，第三行给出需编码序列的前值，第四行给出计算出的预测值，第五行给出预测误差序列。

表 8.1.1　　线性预测编码示例

n	0	1	2	3	4	5	6	7	8	9	10	11	12	13	14	15
f_n	10	10	12	15	19	24	30	37	45	54	64	74	83	91	98	104
f_{n-1}	~	10	10	12	15	19	24	30	37	45	54	64	74	83	91	98
$\hat{f}_n$	~	10	10	12	15	19	24	30	37	45	54	64	74	83	91	98
e_n	~	2	3	3	4	5	6	7	8	9	10	10	9	8	7	6

由表 8.1.1 可见，需编码序列的灰度动态范围远大于预测误差序列的灰度动态范围，即预测误差序列灰度值分布的方差要远小于原始序列灰度值分布的方差。 ❑

8.1.2 有损预测编码

有损预测编码系统与无损预测编码系统相比，主要是增加了量化器。由于允许有误差，所以需要考虑最优的预测器和量化器。

1. 有损预测编码系统

与图 8.1.1 所示的无损预测编码系统相对应的**有损预测编码系统**如图 8.1.2 所示。这里**量化器**插在符号编码器和预测误差产生处之间，且把原来无损编码器中的整数舍入模块吸收了进来。它的作用是将预测误差映射进有限个输出 $\dot{e}_n$ 中，$\dot{e}_n$ 决定了有损预测编码中的压缩量和失真量。

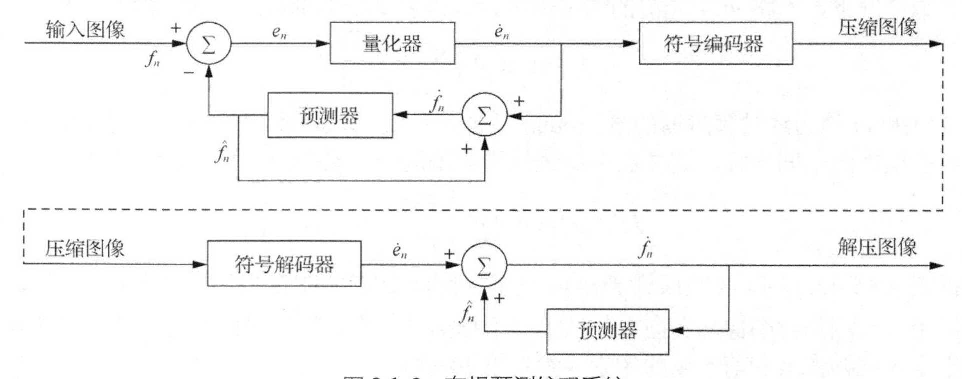

图 8.1.2　有损预测编码系统

为接纳量化步骤，需要改变图 8.1.1 中的无损编码器，以使编码器和解码器产生的预测相等。为此在图 8.1.2 中将有损编码器的**预测器**放在一个反馈环中。这个环的输入是过去预测及其对应的量化误差的函数。

$$\dot{f}_n = \dot{e}_n + \hat{f}_n \tag{8.1.7}$$

这样一个闭环结构能防止在解码器的输出端产生误差。这里解码器的输出（即解压缩图像）也由式（8.1.7）给出。

2. DM 编码

最简单的有损预测编码方法是**德尔塔调制**（DM）方法，其预测器和量化器分别定义如下。

$$\hat{f}_n = a\dot{f}_{n-1} \tag{8.1.8}$$

$$\dot{e}_n = \begin{cases} +c & e_n > 0 \\ -c & \text{其他} \end{cases} \tag{8.1.9}$$

其中，a 是预测系数（一般小于等于 1），c 是一个正常数。因为量化器的输出可用单比特表示（输出只有 2 个值），所以图 8.1.2 所示编码器中的符号编码器只用长度固定为 1bit 的码。由 DM 方法得到的码率是 1bit/px。

例 8.1.2　DM 编码示例

表 8.1.2 为 DM 编码的示例。这里分别取式（8.1.8）和式（8.1.9）中的 $a=1$ 和 $c=5$。设输入序列为{12, 16, 14, 18, 22, 32, 46, 52, 50, 51, 50}。编码开始时，先将第 1 个输入像素直接传给编码器。在编码器和解码器两端都建立了初始条件 $\dot{f}_0 = f_0 = 12$ 后，其余的 $\dot{f}_n$，e_n，$\dot{e}_n$ 和 $\hat{f}_n$ 可依次用式（8.1.8）、式（8.1.1）、式（8.1.9）和式（8.1.7）计算出。

表 8.1.2　　DM 编码的示例

输入		编码器				解码器		误差
n	f_n	$\hat{f}_n$	e_n	$\dot{e}_n$	$\dot{f}_n$	$\hat{f}_n$	$\dot{f}_n$	$[f_n - \dot{f}_n]$
0	12.0	—	—	—	12.0	—	12.0	0.0
1	16.0	12.0	4.0	5.0	17.0	12.0	17.0	−1.0
2	14.0	17.0	−3.0	−5.0	12.0	17.0	12.0	2.0
3	18.0	12.0	6.0	5.0	17.0	12.0	17.0	1.0
4	22.0	17.0	5.0	5.0	22.0	17.0	22.0	0.0
5	32.0	22.0	10.0	5.0	27.0	22.0	27.0	5.0
6	46.0	27.0	19.0	5.0	32.0	27.0	32.0	14.0
7	52.0	32.0	20.0	5.0	37.0	32.0	37.0	15.0
8	50.0	37.0	8.0	5.0	42.0	37.0	42.0	8.0
9	51.0	42.0	9.0	5.0	47.0	42.0	47.0	4.0
10	50.0	47.0	3.0	5.0	52.0	47.0	52.0	−2.0

图 8.1.3 为对应表 8.1.2 的编码输入和输出（f_n 和 $\hat{f}_n$）的曲线。图 8.1.3 为有损预测编码的 2 种典型失真现象。其一，当 c 远大于输入中的最小变化时，如在 $n=0$ 到 $n=3$ 的相对平滑区间，DM 编码会产生**颗粒噪声**，即误差正负波动。其二，当 c 远小于输入中的最大变化时，如在 $n=5$ 到 $n=9$ 的相对陡峭区间，DM 编码会产生**斜率过载**，即 $\dot{f}_n$ 的变化跟不上 f_n 的变化，导致较大的正误差。对于大多数图像来说，上述 2 种情况会分别导致图像中目标边缘发生模糊和整幅图像产生纹状表面。

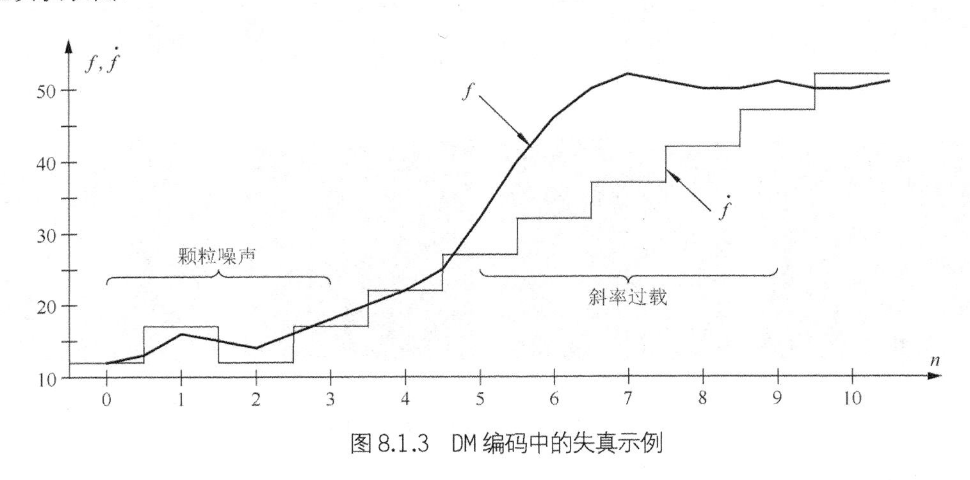

图 8.1.3　DM 编码中的失真示例　□

3. 最优预测器

能最小化编码器的均方预测误差的**最优预测器**一般采用差值脉冲码调制法（DPCM）来设计。一个 2-D 马尔可夫源可用一个 4 阶线性预测器来预测，即

$$\hat{f}(x,y)=a_1 f(x,y-1)+a_2 f(x-1,y-1)+a_3 f(x-1,y)+a_4 f(x+1,y-1) \tag{8.1.10}$$

式（8.1.10）中的系数之和一般设为小于等于 1，即

$$\sum_{i=1}^{m} a_i \leqslant 1 \tag{8.1.11}$$

这可使预测器的输出落入允许的灰度值范围并减少传输噪声的影响。选择不同的系数值，可以得到不同的预测器。4 个例子如下。

$$\hat{f}_1(x,y)=0.97 f(x,y-1) \tag{8.1.12}$$

$$\hat{f}_2(x,y)=0.5 f(x,y-1)+0.5 f(x-1,y) \tag{8.1.13}$$

$$\hat{f}_3(x,y)=0.75 f(x,y-1)+0.75 f(x-1,y)-0.5 f(x-1,y-1) \tag{8.1.14}$$

$$\hat{f}_4(x,y)=\begin{cases}0.97 f(x,y-1) & |f(x-1,y)-f(x-1,y-1)| \leqslant |f(x,y-1)-f(x-1,y-1)| \\ 0.97 f(x-1,y) & \text{其他}\end{cases} \tag{8.1.15}$$

其中式(8.1.15)给出的是一个自适应预测器，它通过计算图像的局部方向性来选择合适的预测值，以达到保持图像边缘的目的。

例 8.1.3　DPCM 编码中不同预测器的效果比较

图 8.1.4（a）～图 8.1.4（d）分别为用式（8.1.12）～式（8.1.15）的 4 个预测器对图 1.3.1（a）所示图像进行编码后的解码图（量化器均用式（8.1.9）所给的德尔塔 2 级量化器）。

由这些图可以看出，视觉感受到的误差随预测器阶数的增加而减少。具体说来，图 8.1.4（c）中图像（由三阶预测得到）的质量好于图 8.1.4（b）中图像（由二阶预测得到）的质量，而图 8.1.4（b）中图像的质量又好于图 8.1.4（a）中图像（由一阶预测得到）的质量。注意图 8.1.4（d）中图像为由一阶自适应预测得到的结果，它的图像质量比图 8.1.4（a）好，但比图 8.1.4（b）差。类似的结论从图 8.1.4（e）～图 8.1.4（h）所给的对应误差图（原图和编码解码图的差）中可以更明显地看出来。 ❑

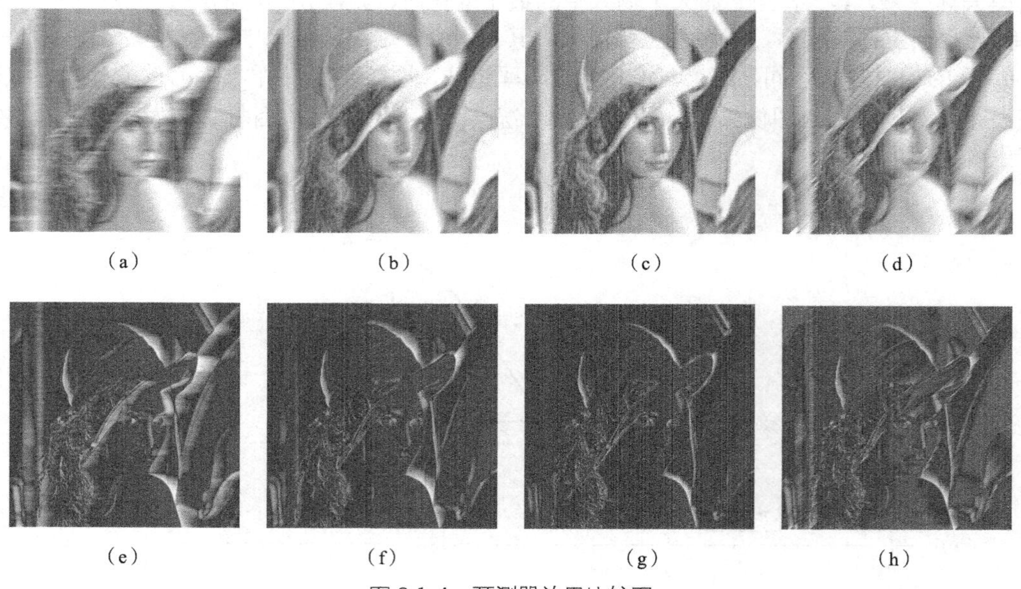

图 8.1.4　预测器效果比较图

4．最优量化函数

除了最优预测，**最优量化**对预测编码的性能也很重要。图 8.1.5 为一个典型的量化函数。这个阶梯状的函数 $t = q(s)$是 s 的奇函数，可完全描述在第 1 象限的 $L/2$ 个 s_i和 t_i。这些值给出的转折点确定了函数的不连续性，并被称为量化器的判别和重建电平。按照惯例，可将在半开区间$(s_i, s_{i+1}]$的 s 映射给 t_{i+1}。

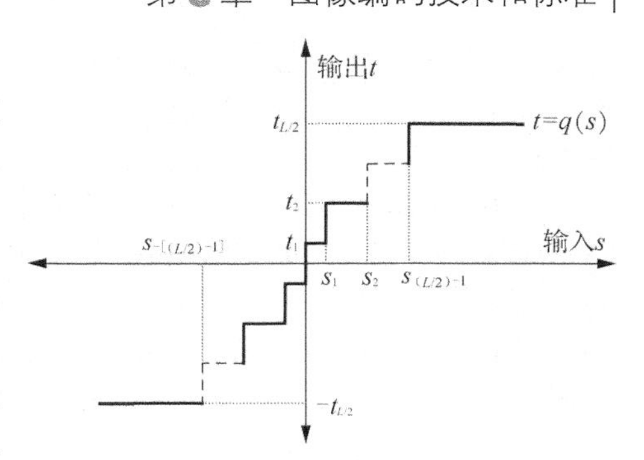

图 8.1.5 典型的量化函数示例

最优量化器的设计就是要在给定优化准则和输入概率密度函数$p(s)$的条件下选择最优的 s_i和 t_i。其中优化准则可以是统计的或心理视觉的准则。如果用最小均方量化误差（即 $E\{(s - t_i)^2\}$）作为准则，且$p(s)$是个偶函数，那么最小误差条件为

$$\int_{s_{i-1}}^{s_i} (s - t_i) p(s) \mathrm{d}s = 0 \qquad i = 1, 2, \cdots, L/2 \tag{8.1.16}$$

其中

$$s_i = \begin{cases} 0 & i = 0 \\ (t_i + t_{i+1})/2 & i = 1, 2, \cdots, L/2-1 \\ \infty & i = L/2 \end{cases} \tag{8.1.17}$$

另外，由于 $q(s)$是个奇函数，所以有

$$s_i = -s_{-i} \qquad t_i = -t_{-i} \tag{8.1.18}$$

式（8.1.16）表明重建电平是所给定判别区间的 $p(s)$曲线下面积的重心，式（8.1.17）指出判别值正好为两个重建值的平均值。对于任意 L，满足式（8.1.16）～式（8.1.18）的 s_i和 t_i在均方误差意义下最优。与此对应的量化器称为 L 级（level）Lloyd-Max 量化器。

例 8.1.4 DPCM 编码中不同量化器的效果比较

图 8.1.6（a）～图 8.1.6（c）为用与图 8.1.4 同样的一阶预测器，但量化器级数分别是 5，9 和 17 级得到的编码解码图。图 8.1.6（d）和图 8.1.6（e）分别为对应图 8.1.6（a）和图 8.1.6（b）的误差图。事实上，当量化器级数取 9 级时，误差已几乎看不出，更多级的量化效果在视觉上并不能分辨（所以这里没有给出对应图 8.1.6（c）的误差图）。

（a） （b） （c） （d） （e）

图 8.1.6 DPCM 编码中不同量化器的效果比较 □

8.2 余弦变换编码

因为预测编码技术直接对像素在图像空间进行操作，所以也称为空域方法。与此对应的频域方法主要是基于图像变换的方法。**变换编码**方法首先变换图像得到变换系数，然后对这些系数进

行量化和编码。对大多数自然界的图像而言，变换后得到的系数值都很小，这些系数可较粗地量化或甚至完全忽略而只产生很少的失真。由于量化较粗后，可减少表达图像所需的数据量，所以变换编码可以达到图像压缩的目的。需要注意，虽然失真很小，但信息仍没有完全保持，所以变换编码方法总是非信息保持型的（如果没有量化，则也没有压缩）。

图像变换编码的效率和性能与采用的图像变换方法密切相关，已得到广泛应用的是以离散余弦变换为代表的正交变换，近年来，离散小波变换由于其优越的特性也得到越来越广泛的应用。本节先介绍离散余弦变换及基于它的变换编码，下一节再介绍小波变换及基于小波变换的编码。

8.2.1 离散余弦变换

离散余弦变换（DCT）与傅里叶变换一样，是一种可分离和对称变换。

1. 变换定义

1-D 离散余弦变换及其反变换由以下两式定义。

$$C(u)=a(u)\sum_{x=0}^{N-1}f(x)\cos\left[\frac{(2x+1)u\pi}{2N}\right]\qquad u=0,\ 1,\ \cdots,\ N-1 \tag{8.2.1}$$

$$f(x)=\sum_{u=0}^{N-1}a(u)C(u)\cos\left[\frac{(2x+1)u\pi}{2N}\right]\qquad x=0,\ 1,\ \cdots,\ N-1 \tag{8.2.2}$$

式（8.2.2）中，$a(u)$为归一化加权系数，由下式定义。

$$a(u)=\begin{cases}\sqrt{1/N} & u=0\\ \sqrt{2/N} & u=1,\ 2,\ \cdots,\ N-1\end{cases} \tag{8.2.3}$$

2-D 的 DCT 对由下面两式定义。

$$C(u,v)=a(u)a(v)\sum_{x=0}^{N-1}\sum_{y=0}^{N-1}f(x,y)\cos\left[\frac{(2x+1)u\pi}{2N}\right]\cos\left[\frac{(2y+1)v\pi}{2N}\right]\ u,v=0,\ 1,\ \cdots,\ N-1 \tag{8.2.4}$$

$$f(x,y)=\sum_{u=0}^{N-1}\sum_{v=0}^{N-1}a(u)a(v)C(u,v)\cos\left[\frac{(2x+1)u\pi}{2N}\right]\cos\left[\frac{(2y+1)v\pi}{2N}\right]\ x,y=0,\ 1,\ \cdots,\ N-1 \tag{8.2.5}$$

由上两式很容易看出，2-D 离散余弦变换的正变换核和反变换核都是可分离的和对称的（关于 u 和 v 的函数都是相同的，且互不相关）。对它们的计算都可以分解成两个 1-D 变换来进行。

例 8.2.1 离散余弦变换示例

图 8.2.1 为对图像进行离散余弦变换所得结果的示例，其中图 8.2.1（a）所示为一幅原始图像，图 8.2.1（b）为对图 8.2.1（a）所示的离散余弦变换后，将变换结果的系数显示出来的图像（越白代表值越大）。图 8.2.1（b）左上角对应频率原点，图 8.2.1（a）中的大部分能量在低频部分。

（a）

（b）

图 8.2.1 离散余弦变换示例 □

2．变换计算

由上面的离散余弦变换的定义可见，对离散余弦变换的计算可借助离散傅里叶变换的实部计算来进行。由于离散余弦变换的可分离性，所以只需要考虑 1-D 的情况。

$$C(u)=a(u)\left\{\exp[-\mathrm{j}\pi u/(2N)]\mathcal{F}[g(x)]\right\} \qquad u=0,\ 1,\ \cdots,\ N-1 \tag{8.2.6}$$

式（8.2.6）中，$\mathcal{F}[g(x)]$表示对 $g(x)$的傅里叶变换，$g(x)$表示对 $f(x)$的如下重排。

$$g(x)=\begin{cases} f(2x) & x=0,1,\cdots,N/2-1 \\ f[2(N-1-x)+1] & x=N/2,\cdots,N-1 \end{cases} \tag{8.2.7}$$

可见，$g(x)$的前半部分是 $f(x)$的偶数项，$g(x)$的后半部分是 $f(x)$的奇数项的逆排。式（8.2.6）将对 N 点离散余弦变换的计算转化为对 N 点的离散傅里叶变换计算。因为后者有快速算法 FFT，所以利用 N 点的快速傅里叶变换就可计算离散余弦变换的所有 N 个系数。

例 8.2.2　借助基本函数计算

离散余弦变换的正变换核和反变换核都可看作一组基本函数，因为一旦图像尺寸确定，这些函数也完全确定，所以可以列出查找表，以帮助计算离散余弦变换。图 8.2.2 为 $N=4$ 时，DCT 基本函数的图示，其中每个大方块对应固定的 u 和 v（从 0 变到 3），内部小方块对应的 x 和 y 也从 0 变到 3，对各个大小块用不同的阴影代表不同的系数（实数）值。借助该图可以方便地查到离散余弦变换核的值，可直接用来计算 4 × 4 图像的离散余弦变换。

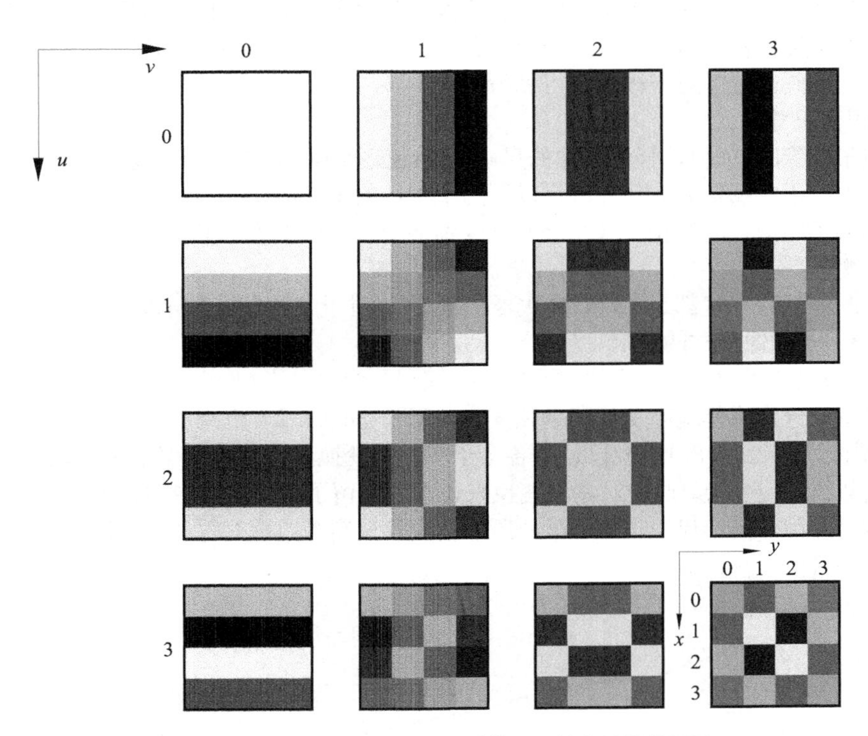

图 8.2.2　$N=4$ 时的 DCT 基本函数的图示 □

最后要指出，因为余弦函数是偶函数，所以 N 点的离散余弦变换隐含 $2N$ 点的周期性。与隐含 N 点周期性的傅里叶变换不同，余弦变换可以减少在图像分块边界处的间断，这是它在图像压缩中，特别是 JPEG 标准中得到应用的重要原因之一。离散余弦变换的基本函数与傅里叶变换的基本函数类似，都是定义在整个空间的，在计算任意一个变换域中点的变换时，都需要用到所有原始数据点的信息，所以也常被认为具有全局的本质或被称为全局基本函数。

8.2.2 基于 DCT 的编码

图 8.2.3 所示为典型的基于离散余弦变换的编码系统的框图。编码部分由 4 个操作模块构成：构造子图像、变换、量化和符号编码。一幅 $N \times N$ 图像先被分解成（N/n）^{2} 个尺寸为 $n \times n$ 的子图像；对子图像变换的目的是解除每个子图像内部像素之间的相关性或将尽可能多的信息集中到尽可能少的变换系数上；量化步骤有选择性地消除或较粗糙地量化携带信息最少的系数，因为它们对重建的子图像的质量影响最小；最后的符号编码（常利用变长编码）对量化了的系数进行编码。解码部分由与编码部分相反排列的一系列逆操作模块构成。由于量化是不可逆的，所以解码部分没有对应的模块。

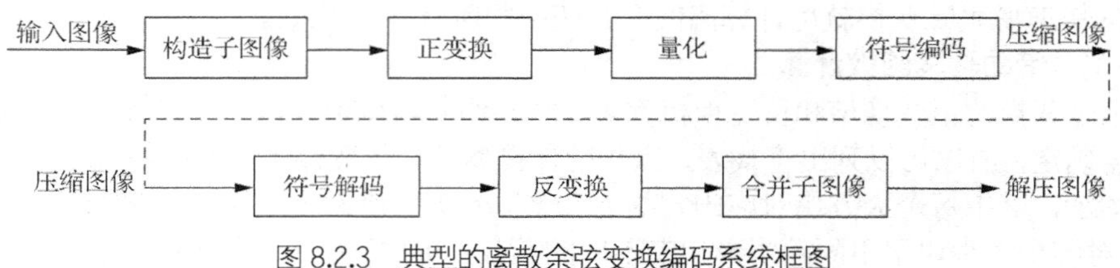

图 8.2.3 典型的离散余弦变换编码系统框图

当上述任意一个或全部步骤都可以根据图像局部内容调整时，称为自适应变换编码。如果所有步骤对所有子图像都一致固定，就称为非自适应变换编码。下面介绍解码部分 4 个步骤中的一些重要因素（解码部分的对应模块也可参考）。

1. 子图像尺寸

在构造子图像时，如何选择子图像的尺寸是影响变换编码误差和计算复杂度的一个重要因素。在多数情况下，需将图像分成尺寸满足以下两个条件的子图像。

（1）相邻子图像之间的相关（冗余）减少到某个可以接受的水平（在编码误差和计算复杂度之间取得平衡）。

（2）子图像的长和宽都是 2 的整数次幂（可以简化对子图像变换的计算）。

例 8.2.3 子图像尺寸的影响

图 8.2.4 为反映子图像尺寸变化对不同变换编码重建误差影响的一个示意图。这里的数据是通过对同一幅图像分别用傅里叶变换和余弦变换（DFT 和 DCT）得到的。具体步骤是将图像分成 $n \times n$ 的子图像，$n = 2, 4, 8, 16, 32$，计算各个子图像的变换，截除掉 75%的所得系数（量化），并求取截除后数组的反变换。此时对两种变换来说都只保留了 4 个系数中的 1 个（25%）。因为这个保留的系数对两种变换都代表直流分量，所以反变换只需简单地对每 4 个子图像像素用它们的平均值（直流分量值）替换即可。

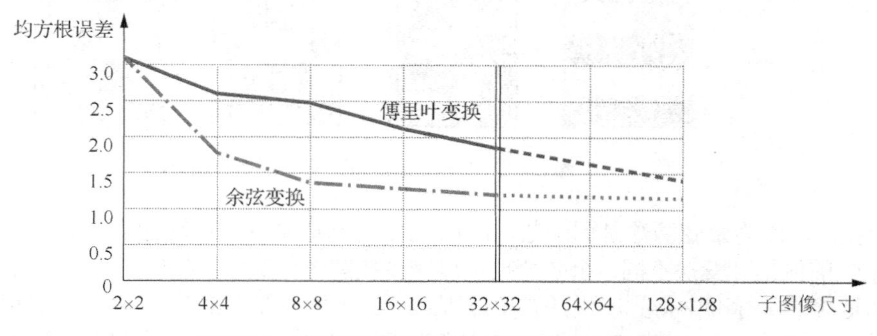

图 8.2.4 变换编码重建误差与子图像尺寸的关系

由图 8.2.4 可见，在一般情况下，压缩量和计算复杂度都随子图像尺寸的增加而增加。余弦变换对应的曲线在子图像尺寸大于 8 × 8 时，变得比较平缓，而傅里叶变换对应的曲线则在这个区间仍下降得较快。在使用余弦变换时，最常用的子图像尺寸是 8 × 8 和 16 × 16（再大压缩量基本不变，但计算复杂度会有大的增加）。由图 8.2.4 还可见，如果将上述数据曲线对更大的 n 值进行外插，傅里叶曲线将逼近余弦曲线（见图 8.2.4 中对应 32 × 32 的竖直双实线右边的虚线部分）。□

2．变换选择

将图像分解为子图像后，需选择变换类型。许多图像变换（包括 DFT 和 DCT）都可用于变换编码，但效果不同。需要注意的是，变换编码中对图像数据的压缩并不是在变换步骤取得的，而是在量化得到的变换系数时取得的。对于一个给定的编码应用，如何选择变换取决于可容许的重建误差和计算量要求。其中均方重建误差与所用变换本身具有的将图像能量或信息集中于某些系数的能力直接相关，一个能把最多的信息集中到最少的系数上的变换产生的重建误差将最小。DCT 从信息集中能力和计算复杂度两方面综合考虑来说是比较有优势的变换（见图 8.2.4）。

从重建均方误差的角度考虑，因为 DFT 和 DCT 都属于正弦类变换，都有较高的信息集中能力，所以都能取得较小的重建均方误差（见图 8.2.4，DCT 还要好于 DFT）。从计算复杂性的角度考虑，DFT 和 DCT 均有与输入数据无关的固定的基本核函数，都有快速算法，且已被设计在单个集成块上。因为相对于 DFT，DCT 还能给出最小的使子图像边缘可见的块效应（这是由于它的偶函数性质，所以在子图像边缘是连续的，如 8.2.1 节所述）。可见，DCT 综合考虑是比较有优势的变换，在变换编码中得到了广泛应用。

3．量化准则

量化程度与所截除的变换系数的数量和相对重要性以及用来表示所保留系数的精度有关。在多数变换编码系统中，保留的系数是根据下列两个准则之一来确定的。

（1）**最大方差准则**，称为分区编码。

（2）**最大幅度准则**，称为阈值编码。

分区编码的基础是信息论中的不确定性原理。因为根据这个原理，具有最大方差的变换系数带有最多的图像信息，所以它们应当保留在编码过程中。为保留这些系数，可设计一个分区模板与子图像变换中的对应元素相乘。在这个分区模板中，对应大方差系数的位置是 1，而其他位置是 0。因为一般具有大方差的系数集中于接近图像变换的原点处（左上角为原点），所以典型的分区模板如图 8.2.5（a）所示（有阴影的系数为保留的系数）。因为保留的系数需要量化和编码，所以分区模块中的每个元素也可用对每个系数编码所需的比特数表示，如图 8.2.5（b）所示。

1	1	1	1	1	0	0	0
1	1	1	1	0	0	0	0
1	1	1	0	0	0	0	0
1	1	0	0	0	0	0	0
1	0	0	0	0	0	0	0
0	0	0	0	0	0	0	0
0	0	0	0	0	0	0	0
0	0	0	0	0	0	0	0

（a）

8	7	6	4	3	2	1	0
7	6	5	4	3	2	1	0
6	5	4	3	3	1	1	0
4	4	3	3	2	1	0	0
3	3	3	2	1	1	0	0
2	2	1	1	1	0	0	0
1	1	1	0	0	0	0	0
0	0	0	0	0	0	0	0

（b）

图 8.2.5 典型的分区模板

阈值编码为各个子图像保留变换系数的位置随子图像的不同而不同，在本质上是一种自适应的方法。具体技术就是设定阈值，将子图像中的各个变换系数与阈值比较来确定是否保留。对变换子图像取阈值的常用方法有以下 3 种。

（1）对所有子图像用一个相同的全局阈值。这种方法比较简单，对图像压缩的程度随具体图像而异，取决于超过全局阈值的系数的数量。

（2）对各个子图像分别用不同的阈值，以使得对每个子图像舍去的系数数量相同。采用这种方法时，编码的码率是个常数并且可以事先确定。

（3）根据子图像中各系数的位置选取阈值。这种方法比较复杂，与使用第1种方法类似，码率也是变化的。它的好处是，可将取阈值和量化结合起来。

例 8.2.4 分区编码和阈值编码的比较

图 8.2.6 为一组比较分区编码和阈值编码效果的图片。原始图像可参见图 1.3.1（a），实际编码时取了 64 个系数。图 8.2.6（a）和图 8.2.6（c）分别为进行分区编码后，仅保留 16 和 32 个系数得到的解码图像，图 8.2.6（b）和图 8.2.6（d）分别为进行阈值编码后，仅保留 16 和 32 个系数得到的解码图像。由图 8.2.6 可见，阈值编码的效果比分区编码好。保留 32 个系数的阈值编码结果很接近原图，而保留 32 个系数的分区编码结果有许多失真点。保留 16 个系数的阈值编码结果与保留 32 个系数的分区编码结果比较接近，但已能看出方块效应。保留 16 个系数的分区编码结果的方块效应非常明显。

（a）

（b）

（c）

（d）

图 8.2.6 分区编码和阈值编码的比较 □

8.3 小波变换编码

近年来，基于**离散小波变换**（DWT）的变换编码方法也得到了广泛研究和应用，如国际标准 JPEG-2000（见 8.4 节）就使用了离散小波变换。

8.3.1 小波变换基础

小波变换的基础主要是 3 个概念，即序列展开、缩放函数（也称尺度函数）和小波函数。

1．序列展开

先考虑 1-D 的情况。对于一个 1-D 函数 $f(x)$，总可用一组序列展开函数的线性组合来表示，即

$$f(x) = \sum_k a_k u_k(x) \tag{8.3.1}$$

式（8.3.1）中，k 是整数，求和可以是有限项或无限项；a_k 是实数，称为展开系数；$u_k(x)$是实函数，称为展开函数。如果对各种 $f(x)$，均有一组 a_k 使得式（8.3.1）成立，则称 $u_k(x)$是基本函数，而展开函数的集合$\{u_k(x)\}$称为基（basis）。所有可用式（8.3.1）表达的函数 $f(x)$构成一个函数空间 U，它与$\{u_k(x)\}$是密切相关的。如果 $f(x) \in U$，则 $f(x)$可用式（8.3.1）表达。

为计算 a_k，需要考虑$\{u_k(x)\}$的对偶集合$\{u'_k(x)\}$。通过求对偶函数 $u'_k(x)$和 $f(x)$的积分内积，就可得到 a_k。

$$a_k = \langle u'_k(x), f(x) \rangle = \int u'^*_k(x) f(x) dx \tag{8.3.2}$$

式（8.3.2）中，上标*代表复共扼。

2．缩放函数

现在考虑用上面的展开函数作为**缩放函数**，并对缩放函数进行平移和二进制缩放，即考虑集合$\{u_{j,k}(x)\}$，其中

$$u_{j,k}(x)=2^{j/2}u(2^j x-k) \tag{8.3.3}$$

可见，k 确定了 $u_{j,k}(x)$沿 X 轴的位置，j 确定了 $u_{j,k}(x)$沿 X 轴的宽度（所以 $u(x)$也可称为尺度函数），系数 $2^{j/2}$ 控制 $u_{j,k}(x)$的幅度。给定一个初始 j（下面常取为 0），就可确定一个缩放函数空间 U_j，U_j 的尺寸随 j 的增减而增减。另外，各个缩放函数空间 U_j，$j=-\infty, \cdots, 0, 1, \cdots, \infty$是嵌套的，即 $U_j \subset U_{j+1}$。

根据上面的讨论，空间 U_j 中的展开函数可以表示成 U_{j+1} 中展开函数的加权和。设用 $h_u(k)$表示缩放函数系数，并考虑到 $u(x)=u_{0,0}(x)$，则有

$$u(x)=\sum_k h_u(k)\sqrt{2}\,u(2x-k) \tag{8.3.4}$$

式（8.3.4）建立了相邻分辨率层次和空间之间的联系，表明任何一个子空间的展开函数都可用其下一个分辨率（1/2 分辨率）的子空间的展开函数来构建。

例 8.3.1　缩放函数示例

考虑单位高度和单位宽度的缩放函数，有

$$u(x)=\begin{cases}1 & 0\leqslant x<1\\ 0 & \text{其他}\end{cases} \tag{8.3.5}$$

图 8.3.1（a）～图 8.3.1（d）分别为将上述缩放函数代入式（8.3.3）得到的 $u_{0,0}(x)=u(x)$，$u_{0,1}(x)=u(x-1)$，$u_{1,0}(x)=2^{1/2}u(2x)$，$u_{1,1}(x)=2^{1/2}u(2x-1)$。其中，$u_{0,0}(x)$和 $u_{0,1}(x)$属于空间 U_0，$u_{1,0}(x)$和 $u_{1,1}(x)$ 属于空间 U_1。由图 8.3.1 可以看出，随着 j 的增加，缩放函数变窄变高，能表达更多的细节。

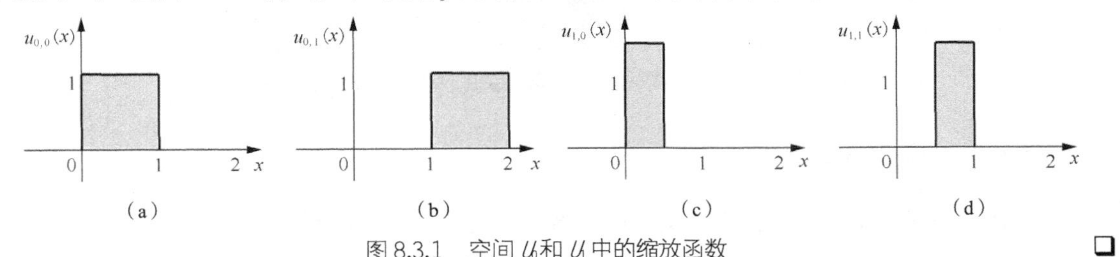

图 8.3.1　空间 U_0和 U_1 中的缩放函数 □

3．小波函数

类似地，设用 $v(x)$表示**小波函数**，对小波函数进行平移和二进制缩放，得到集合$\{v_{j,k}(x)\}$，有

$$v_{j,k}(x)=2^{j/2}v(2^j x-k) \tag{8.3.6}$$

与小波函数 $v_{j,k}(x)$对应的空间用 V_j 表示，如果 $f(x)\in V_j$，则类似式（8.3.1），可将 $f(x)$用下式表示为

$$f(x)=\sum_k a_k v_{j,k}(x) \tag{8.3.7}$$

例 8.3.2　小波函数示例

考虑与式（8.3.5）对应的小波函数，有

$$v(x)=\begin{cases}1 & 0\leqslant x<0.5\\ -1 & 0.5\leqslant x<1\\ 0 & \text{其他}\end{cases} \tag{8.3.8}$$

图 8.3.2（a）～图 8.3.2（d）分别为将上述缩放函数代入式（8.3.6）得到的 $v_{0,0}(x) = v(x)$，$v_{0,1}(x) = v(x-1)$，$v_{1,0}(x) = 2^{1/2}v(2x)$，$v_{1,1}(x) = 2^{1/2}v(2x-1)$。其中，$v_{0,0}(x)$和 $v_{0,1}(x)$属于空间 V_0，$v_{1,0}(x)$和 $v_{1,1}(x)$ 属于空间 V_1。由图 8.3.2 可以看出，随着 j 的增加，小波函数也变窄变高，同样能表达更多的细节。

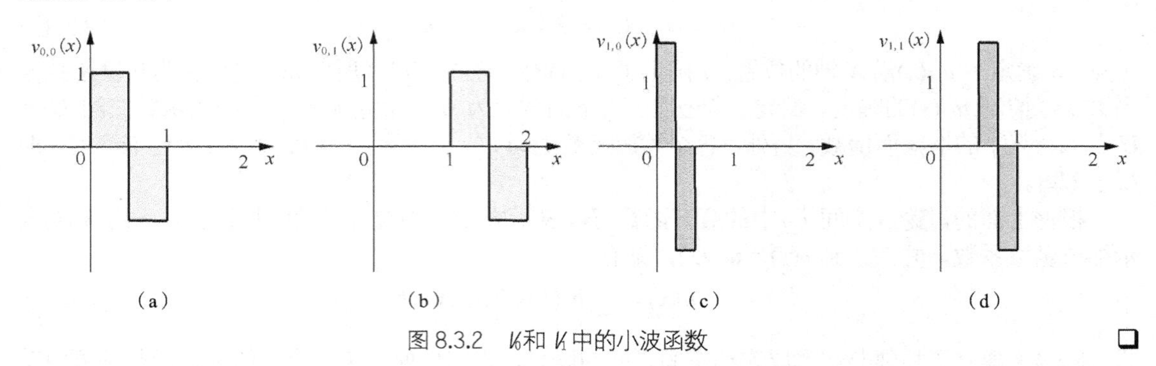

图 8.3.2　V_0和 V_1中的小波函数 ❑

空间 U_j、U_{j+1} 和 V_j之间有如下关系（见图 8.3.3 所给 $j = 0$，1 的示例）。

$$U_{j+1} = U_j \oplus V_j \tag{8.3.9}$$

式（8.3.9）中，⊕表示空间的并（类似于集合的并）。由此可见，在空间 U_{j+1} 中，空间 U_j 和 V_j 互补。每一个 V_j 空间是与其同一级的 U_j 空间和上一级的 U_{j+1} 空间的差。

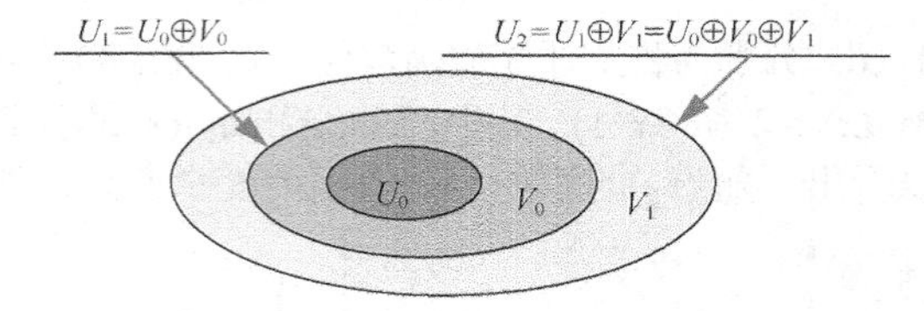

图 8.3.3　与缩放函数和小波函数相关的函数空间之间的关系

8.3.2　离散小波变换

先考虑 1-D 情况。利用离散小波变换可将离散序列 $f(x)$展开成一系列系数。

$$f(x) = \frac{1}{\sqrt{M}}\sum_k W_u(0,k)u_{0,k}(x) + \frac{1}{\sqrt{M}}\sum_{j=0}^{\infty}\sum_k W_v(j,k)v_{j,k}(x) \tag{8.3.10}$$

式（8.3.10）中，$W_u(0, k)$和 $W_v(j, k)$分别称为（对 $f(x)$的）近似系数和细节系数。

$$W_u(0,k) = \frac{1}{\sqrt{M}}\sum_x f(x)u_{0,k}(x) \tag{8.3.11}$$

$$W_v(j,k) = \frac{1}{\sqrt{M}}\sum_x f(x)v_{j,k}(x) \tag{8.3.12}$$

因为对 2-D 图像的离散小波变换将图像划分成多个子图像的集合，所以也称**小波分解**。小波分解是逐层进行的。在第 1 级小波分解时，原始图像被划分成了一个低频子图像 LL（L 表示低频）和 3 个高频子图像 HH，LH 和 HL（H 表示高频）的集合。在第 2 级小波分解时，低频子图像 LL 继续被划分成了一个低频子图像和 3 个（较）高频子图像的集合，而原来第 1 级分解得到的 3 个高频子图像不变，如图 8.3.4 所示。上述分解过程可以这样继续下去，得到越来越多（且越小）的子图像。

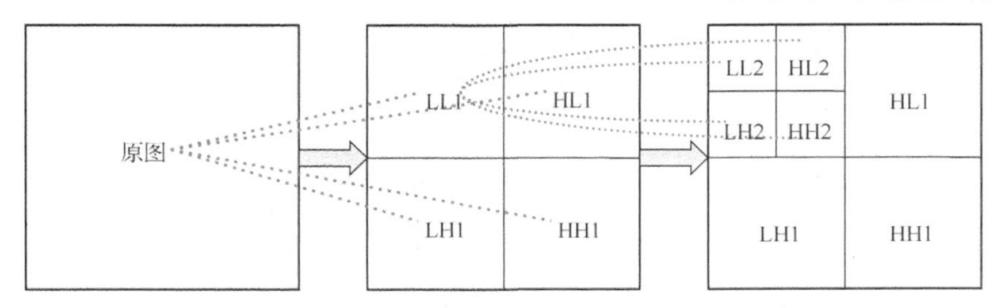

图 8.3.4　2-D 图像的二级小波分解示意图

例 8.3.3　图像小波分解实例

图 8.3.5 所示为对两幅图像进行三级小波分解得到的结果。

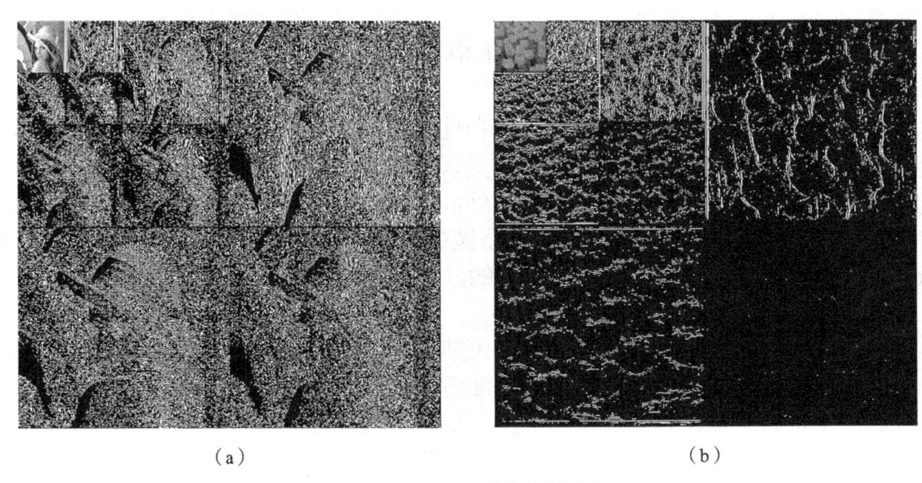

（a）　　　　（b）

图 8.3.5　小波分解图实例

图 8.3.5 最左上角的是一个低频子图像，它是原图像在低分辨率上的一个近似，其余各个不同分辨率的子图像均含有高频成分，它们在不同的分辨率和不同的方向上反映了原图像的高频细节。其中各个 LH 子图像的主要结构均是沿水平方向的，反映了图像中的水平边缘情况（水平方向低频，垂直方向高频）；各个 HL 子图像的主要结构均是沿垂直方向的，反映了图像中的垂直边缘情况（水平方向高频，垂直方向低频）；而在各个 HH 子图像中，沿水平方向的和沿垂直方向的高频细节均有体现。

图 8.3.5 所示图像的小波分解结果从右下向左上频率逐渐降低。两图比较，因为图 8.3.5（a）的原始图像含有较多的高频成分，所以在第 1 级的 HH 子图像有很多分量；而图 8.3.5（b）的原始图像中高频成分较少，所以第 1 级的 HH 子图像几乎空白（黑色对应的像素值为 0，白色对应高的像素值）。 ❑

8.3.3　基于 DWT 的编码

基于 DWT 编码的基本思路也是通过变换减小各像素间的相关性来获得压缩数据的效果。典型的**小波变换编解码系统**框图如图 8.3.6 所示。在图 8.3.6 中，小波变换替代了正交变换（如前面的 DCT）。因为小波变换将图像分解为低频子图像和许多（对应水平方向和垂直方向的）高频子图像，而对应高频子图像的系数多数仅含有很少的可视信息（它们具有如式（8.1.6）所示的零均值和类似拉普拉斯概率密度函数的分布），所以可通过量化获得需要的数据压缩效果。

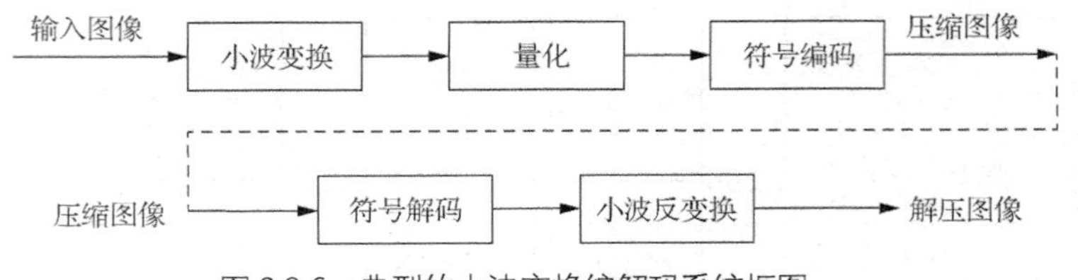

图 8.3.6 典型的小波变换编解码系统框图

由图 8.3.6 可见，与采用离散余弦变换的编解码系统不同，小波变换编解码系统中没有图像分块的模块。这是因为小波变换的计算效率很高，且本质上具有局部性（小波基在时-空上有限），对图像的分块就不需要了。这样小波变换编码不会产生块效应（使用 DCT 变换在高压缩比时比较明显），更适合于需要高压缩比的应用。有实验表明，采用小波变换编码不仅比一般的变换编码在给定压缩率的情况下有较小的重建图像误差，而且能明显提高重建图像的主观质量。

下面简单讨论小波变换编码中需考虑的影响因素。

（1）小波选择

小波的选择会影响小波变换编码系统设计和性能的各个方面。小波的类型直接影响变换计算的复杂性，并间接地影响系统压缩和重建可接受误差图像的能力。当变换小波带有尺度函数时，变换可通过一系列数字滤波器操作来实现。另外，小波将信息集中到较少的变换系数上的能力决定了用该小波进行压缩和重建的能力。基于小波的压缩中，使用最广泛的小波包括哈尔小波、Daubechies 小波和双正交小波（它们用于压缩的效率也是逐步增加的）。

（2）分解层数选择

分解层数也影响小波编码计算的复杂度和重建误差。由于 P 个尺度的快速小波变换包括 P 个滤波器组的迭代，正反变换的计算操作次数均随着分解层数的增加而增加。再有，随着分解层数的增加，对低尺度系数的量化也会逐步增加，而这将会对重建图像中越来越大的区域产生影响。在很多实际应用中（如图像数据库搜索，为渐进重建而传输图像等），为确定变换的分解层数常需要根据存储或传输图像的分辨率以及最低可用近似图像的尺度综合考虑。

（3）量化设计

对小波编码压缩和重建误差影响最大的是对系数的量化。尽管最常用的量化器是均匀进行量化的，但量化效果还可通过增大量化间隔或在不同尺度间调整量化间隔来进一步改进。

8.3.4 基于提升小波的编码

提升方法是一种不依赖于傅里叶变换的特殊的小波构造方法。基于提升方法的小波变换可以在当前位置实现整数到整数的变换，这样如果直接对变换后的系数进行符号编码，就可以得到无损压缩的效果。因为提升方法可以实现小波快速算法，所以运算速度快且节约内存。提升小波变换的分解和重建过程分别如图 8.3.7（a）和图 8.3.7（b）所示。

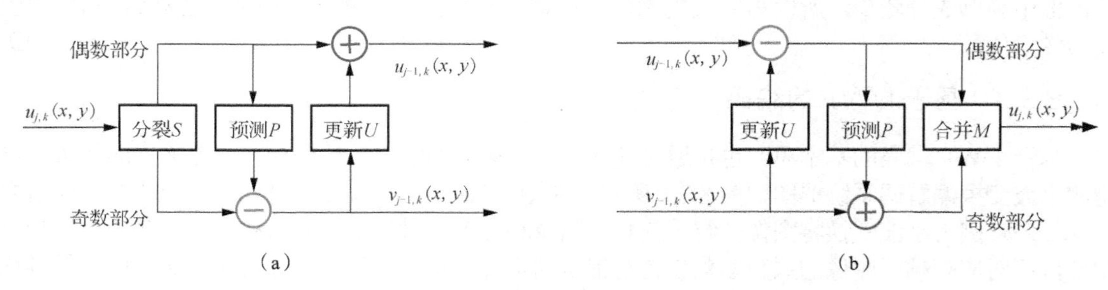

图 8.3.7 提升小波的分解与重建

它的分解过程包括 3 个步骤。

1．分裂（Split）

分裂是指将图像数据分解。设原始图像为 $f(x, y) = u_{j,k}(x, y)$，将其分解成偶数部分 $u_{j-1,k}(x, y)$ 和奇数部分 $v_{j-1,k}(x, y)$，即分裂操作为（用“:=”表示赋值）

$$S[u_{j,k}(x, y)] := [u_{j-1,k}(x, y), v_{j-1,k}(x, y)] \tag{8.3.13}$$

其中

$$u_{j-1,k}(x, y) = u_{j,2k}(x, y) \tag{8.3.14}$$

$$v_{j-1,k}(x, y) = u_{j,2k+1}(x, y) \tag{8.3.15}$$

2．预测（Predict）

在预测步骤，保持偶数部分 $u_{j-1,k}(x, y)$不变，并用偶数部分预测奇数部分 $v_{j-1,k}(x, y)$，然后用奇数部分与预测值的差（称为细节系数）替代奇数部分 $v_{j-1,k}(x, y)$。这个步骤可写为

$$v_{j-1,k}(x, y) := v_{j-1,k}(x, y) - P[u_{j-1,k}(x, y)] \tag{8.3.16}$$

式（8.3.16）中，$P[\cdot]$为预测函数/算子，实现的是插值运算。细节系数越小，预测得越准确。

3．更新（Update）

更新的目的是确定一个更好的子图像集合 $u_{j-1,k}(x, y)$，使之能保持原始图像 $u_{j,k}(x, y)$的一些特性 Q，如均值、能量等。这个操作可表示为

$$Q[u_{j-1,k}(x, y)] = Q[u_{j,k}(x, y)] \tag{8.3.17}$$

在更新过程中，需要构造一个作用于细节函数 $v_{j-1,k}(x, y)$的算子 $U[\cdot]$，并将作用结果叠加到偶数部分 $u_{j-1,k}(x, y)$，以获得近似图像，有

$$u_{j-1,k}(x, y) := u_{j-1,k}(x, y) + U[v_{j-1,k}(x, y)] \tag{8.3.18}$$

与分解过程的 3 个步骤或 3 个运算，即式（8.3.13）、式（8.3.16）、式（8.3.17）相对应，提升小波变换的重建过程也包括 3 个运算，即

$$u_{j-1,k}(x, y) := u_{j-1,k}(x, y) - U[v_{j-1,k}(x, y)] \tag{8.3.19}$$

$$v_{j-1,k}(x, y) := v_{j-1,k}(x, y) + P[u_{j-1,k}(x, y)] \tag{8.3.20}$$

$$u_{j,k}(x, y) := M[u_{j-1,k}(x, y), v_{j-1,k}(x, y)] \tag{8.3.21}$$

式（8.3.21）中，$M[u_{j-1,k}(x, y), v_{j-1,k}(x, y)]$表示把偶数部分 $u_{j-1,k}(x, y)$和奇数部分 $v_{j-1,k}(x, y)$合并，以构成原始图像 $u_{j,k}(x, y)$。

8.4　图像压缩国际标准

图像这里是指单幅图像，它既可以是二值图像，也可以是灰度图像或彩色图像。针对前者和后者已经分别制定了不同的图像压缩国际标准。

8.4.1　二值图像压缩国际标准

二值图像是指图像性质只有两种取值的图像，这既可以是由灰度图像分解得到的位面图，也可以是直接采集获得的图像（传真是一种典型的应用）。

1．G3 和 G4

这两个标准是由国际电话电报咨询委员会（CCITT）的两个小组（Group-3 和 Group-4）负责制定的（因而得名）。它们最初是 CCITT 为传真应用而设计的，现也用于其他方面。**G3** 采用了非自适应、1-D 游程编码技术（参见 7.5.2 节）。对每组 N 行（$N = 2$ 或 $N = 4$）扫描线中的后 $N - 1$ 行，也可以用 2-D 方式编码。**G4** 是 G3 的一种简化和更新版本，其中只使用 2-D 编码。G3 和 G4 所用的 2-D 非自适应编码方式与 7.5.2 节介绍的 RAC（相对地址编码）很相似。

CCITT 在制定标准期间，曾选择了一组共 8 幅具有一定代表性的“试验”图用来评判各种压

缩方法。它们既包括打印的文字，也包括用几种语言手写的文字，另外还有少量的线绘图。G3对它们的压缩率约为15∶1，G4的压缩率一般比G3要高一倍。

2．JBIG

这个标准是由国际标准化组织（ISO）和国际电信联盟（ITU）这两个组织的**二值图联合组**（JBIG）于1991年制定的（因而得名）。由于后来又提出了JBIG-2，所以JBIG标准也称JBIG-1。因为G3和G4是基于非自适应技术的，所以对1.3.2节介绍的半调灰度图像编码时，常会产生扩展（而不是压缩）的效果。**JBIG** 的目标之一就是要采用一种自适应技术来解决这个问题，事实上它对半调灰度图像采用了自适应模板和自适应算术编码（参见7.4.2节）来改善性能。另外JBIG还通过金字塔式的分层编码（由高分辨率向低分辨率进行）和分层解码（由低分辨率向高分辨率进行）来实现渐进（累进）的传输与重建应用。

由于采用了自适应技术，所以JBIG的编码效率比G3和G4要高。对于打印字符的扫描图像，压缩比可提高1.1～1.5倍。对于计算机生成的打印字符图像，压缩比可提高约5倍。对于用抖动或半调技术表示的“灰度”图像，压缩比可提高2～30倍。

3．JBIG-2

JBIG-2 也是由二值图联合组制定的，是JBIG的改进版本。它在2000年成为国际标准ITU的T.88标准，在2001年成为由ISO和CCITT两个组织于1986年成立的**联合图像专家组**制定的二值图像的压缩标准，编号为ISO/IEC 14492。

JBIG-2 对不同的图像内容采用不同的编码方法，对文本和半调区域使用基于符号的编码方法，而对其他内容区域使用哈夫曼编码（参见7.4.3节）或算术编码（参见7.4.4节）。JBIG-2编码器在对文档图像编码时，先把一页图像分割成不同的数据类（如字符、半调图像等），从而可以使用一个能与数据自身结构最佳匹配的数据模型来得到最好的压缩结果。

JBIG-2 压缩可以是无损的或有损的。JBIG-2 是第一个可对二值图像进行有损压缩的国际标准。在无损模式下，一般JBIG-2的压缩率是JBIG的压缩率的2～4倍。

8.4.2 灰度图像压缩国际标准

灰度图像这里是指多值图像，也可代表彩色图像。

1．JPEG

ISO和原CCITT两个组织1986年成立了**联合图像专家组**（JPEG），该组制定的静止灰度或彩色图像的压缩标准称为**JPEG**，编号为ISO/IEC 10918。该标准于1991年形成草案，1994年成为正式标准。**JPEG标准**实际上定义了3种编码系统。

（1）基于DCT的有损编码基本系统（也称基线系统），可用于绝大多数压缩应用场合。

（2）基于分层递增模式的扩展/增强编码系统，用于高压缩比、高精确度或渐进重建应用的场合。

（3）基于预测编码中DPCM方法的无损系统，用于无失真应用的场合。

图像应用系统要想与JPEG兼容，必须支持JPEG基本系统。但JPEG并没有规定文件格式、图像分辨率或所用的彩色空间模型，这样它就有可能适用于不同应用场合。目前JPEG对录像机质量的静止图像的压缩率一般可达到25∶1。在不明显降低图像视觉质量的基础上，根据JPEG标准，常可将图像数据量压缩到只有原来的1/10到1/50。

JPEG基本系统是常用的，其编码器和解码器的流程框图分别如图8.4.1和图8.4.2所示。JPEG输入和输出数据的精度都是8 bit，但量化DCT值的精度是11 bit。压缩过程由顺序的3个步骤组成：①DCT计算；②量化；③用熵编码器进行变长码赋值（常使用哈夫曼编码或算术编码，见第7章），具体过程如下。先把图像分解成一系列8 × 8的子块，然后按从左到右、从上到下的次序处理。设2^n是图像灰度值的最大级数，则子块中的64像素都通过减去2^{n-1}进行灰度平移。接下来计算各子块的 2-D 的 DCT 变换，并对系数进行量化（这是有损失真的原因），再按照之字形扫描方式重新排序，以组成一个 1-D 的量化序列。

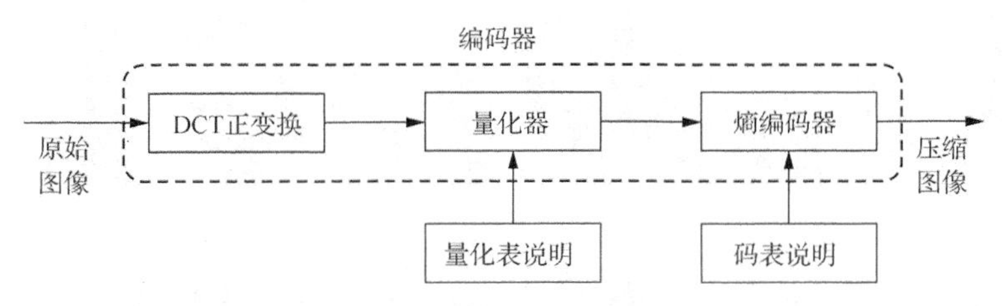

图 8.4.1　JPEG 图像压缩国际标准编码器基本系统框图

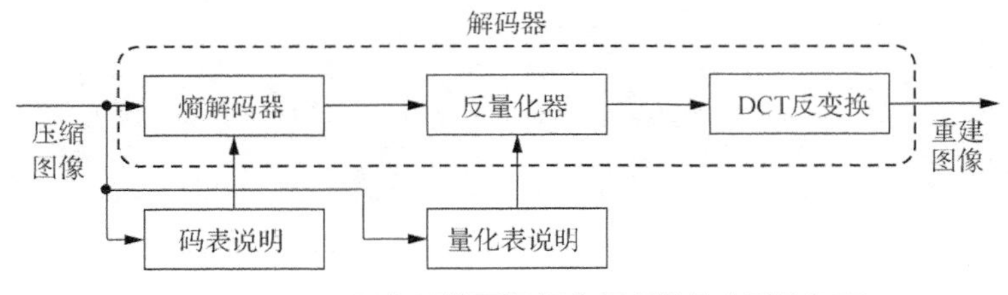

图 8.4.2　JPEG 图像压缩国际标准解码器基本系统框图

上面得到的 1-D 序列是根据频率的增加顺序排列的，JPEG 编码技巧充分利用了重新排序造成的值为 0 的长游程。具体来说，非零的交流分量（AC）用变长码编码，这个变长码确定了系数的值和先前 0 的数量。而直流分量（DC）系数用相对于先前子图的 DC 系数的差值编码（参见 8.1.2 节 DPCM 编码）。

需要指出，解码器基本框图中的“反量化器”并不是编码器中量化器的逆。这个模块的作用是通过对量化结果的预测插值，以使 IDCT 后，量化导致的帧间预测误差尽可能接近 DCT 前的帧间预测误差，以消除连续预测产生的漂移现象。由于量化损失了信息，所以这里的反量化只是一种估计的运算（主要包括尺度变换）。

JPEG 标准使用了 4 种压缩模式。

（1）基于 DCT 的顺序压缩模式，其中 DC 系数用预测编码方法编码（假设相邻图像块的平均灰度比较接近）。熵编码包括哈夫曼编码和算术编码两种，哈夫曼编码应用在基线系统中，算术编码应用在扩展系统中。

（2）基于 DCT 的渐近压缩模式，其中包括 3 个算法。

① 渐近频谱选择：先传输直流分量，然后是各低频和高频分量。

② 渐近序列逼近：先传输低分辨率的所有频谱，再逐步增加。

③ 组合渐近算法：将上述两种策略组合。

（3）顺序无损预测压缩模式，其中结合了无损预测和哈夫曼编码。

（4）分层无损或有损压缩模式，其中通过建立金字塔图像，用低分辨率图像作为下一个高分辨率图像的预测，再用前三种模式对低分辨率图像进行编码。

例 8.4.1　JEPG 编码效果示例

用 JEPG 编码的效果如图 8.4.3（a）所示。图 8.4.3（a）为一幅 256 × 256，256 级灰度图像（它是 JEPG 标准测试图像之一），图 8.4.3（b）～图 8.4.3（h）分别为选择压缩比为 48，32，22，15，11，8 和 2.2 进行编码后又解码得到的结果。图 8.4.3（i）～图 8.4.3（l）分别对应压缩比为 48，22，11 和 2.2 的结果与原图像相比的误差图像。由这些图可见，压缩比为 48 时，失真是比较大的；压缩比为 22 时，失真基本可以容忍；压缩比为 11 时，已很难看出压缩痕迹；压缩比为 2.2 时，没有失真（无损压缩）。

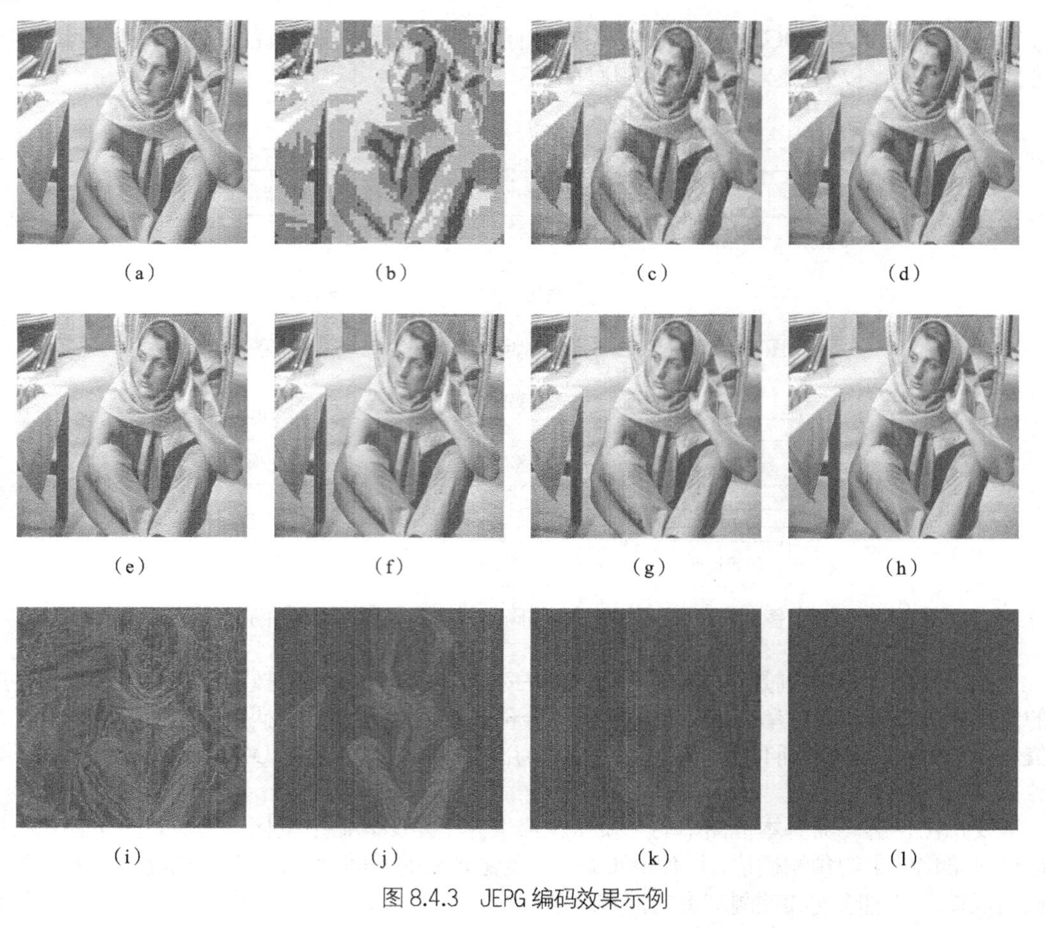

图 8.4.3 JEPG 编码效果示例 □

JPEG 标准的典型应用包括彩色传真、报纸图片传输、桌面出版系统、图形艺术、医学成像等。JPEG 使用的 DCT 是一个对称的变换方法，编码和解码有相同的复杂度。JPEG 标准性能较好，得到了销售商的广泛支持，已在市场上取得很大成功。许多数码相机、数字摄像机、传真机、复印机和扫描仪都包含 JPEG 芯片。

2．JPEG-2000

JPEG-2000 是对 JPEG 标准进行更新换代的一个新标准。该标准由**联合图像专家组**于 1997 年开始征集提案，并于 2000 年问世。根据联合图像专家组确定的目标，运用新标准将不仅能提高图像的压缩质量，尤其是低码率时的压缩质量，而且将得到许多新增功能，包括根据图像质量、视觉感受和分辨率进行渐进压缩传输，对码流的随机存取和处理（可以便捷、快速地访问压缩码流的不同位置），在解压缩的同时，解码器可以缩放、旋转和裁剪图像，开放结构，向下兼容等。

JPEG-2000 可以压缩各种静止图像（二值、灰度、彩色、多光谱）。JPEG-2000 将无损压缩看作有损压缩的一种扩展，采用相同的机制来进行无损压缩和有损压缩。换句话说，JPEG-2000 可先对图像进行无损压缩，然后在需要增加压缩率时，进一步选择数据进行有损压缩。这种从同一个压缩图像的数据源中得到无损压缩和有损压缩的效果称为质量可伸缩性（Quality Scalability）。JPEG-2000 具有分辨率可伸缩性（Resolution Scalability）选项，允许从同一个压缩图像的数据源中提取较低分辨率的图像。JPEG-2000 还具有空间可伸缩性（Spatial Scalability）选项，可以从同一个压缩图像的数据源中有选择地重建图像的局部区域。

JPEG-2000 提供了一个统一的图像压缩环境，仅指定了解压操作、比特流合成和文件格式，允许将来对编码操作进一步改进和更新。对编码来说，有两条基本的路线（Paths）。在需要无损压缩时，可以结合使用可逆分量变换（Reversible Component Transform）和小波滤波器。如果需要更高的压缩率，则可在量化中使用截断，得到有损压缩结果。而在仅需要有损压缩编码时，将 RGB 图像变换为亮度分量 Y 和两个彩色分量 C_B（蓝）和 C_R（红）。然后，借助小波变换截断量化。两条路线都有多个选项，用来确定感兴趣区域、平衡编码复杂性和性能、选择比特流中的可伸缩性数量。

图 8.4.4 为 JEPG-2000 图像压缩国际标准编码部分的基本流程图，其中下部粗箭头表示主要的数据流。为了压缩，先将图像分解为互不重叠的矩形块，块的大小可任意。分量变换模块对原始彩色图像进行解相关，以提高压缩性能。使用无损压缩路线时，分量变换将整数映射为整数；而使用有损路线时，使用浮点的 YC_BC_R 变换。小波变换是 JEPG-2000 图像压缩国际标准的关键，可以用两种方式进行。使用 Gall 滤波器可提供无损压缩结果，计算复杂度也比较低；使用 Daubechies 双正交小波滤波器则可获得高的压缩率。量化步骤提供了压缩率和图像质量间的平衡手段。上下文模型将量化后的小波系数与其统计相似性结合起来增加压缩效率。二值算术编码提供了两种编码路线中的无损压缩。图 8.4.4 中右下角的数据排序模块能方便各种渐进压缩的选项。

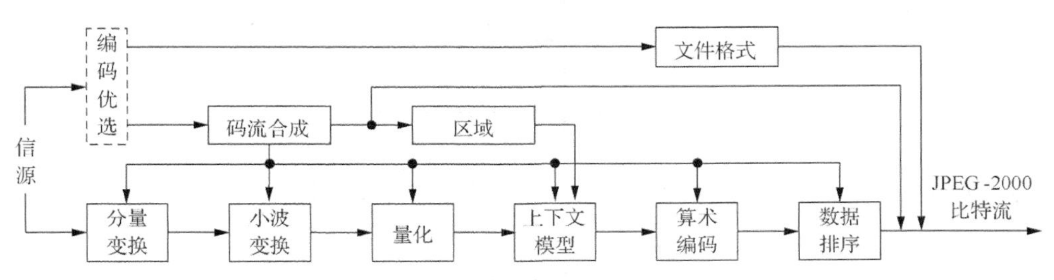

图 8.4.4　JEPG-2000 图像压缩国际标准编码部分的基本流程图

码流合成确定了相对于给定空间位置、分辨率和图像质量的编码数据。那些不直接用来重建图像的相关数据都存储在可选的文件格式数据中。

相对于 JPEG，JEPG-2000 采用小波变换克服了块效应，还提供了多分辨率渐进输出的特性，适合用于网络应用中由低到高逐渐显示的要求。当码率很低（大压缩比）时，或者对图像的质量要求非常高时，JPEG-2000 的性能要优于 JPEG，一般可提高 20%～200%。对许多图像的测试表明，在压缩率大 2～3 倍的情况下，JPEG-2000 编码造成的失真与 JPEG 编码造成的失真可以比拟。不过对无损或接近无损的压缩，JPEG-2000 相对于 JPEG 的优势不大。

3. JPEG-LS

JPEG-LS 标准是用于无损和准无损压缩的国际标准，编号为 ISO/IEC 14495/ITU-T.78，其中采用了自适应预测编码（参见 8.1 节）和结合上下文建模的哥伦布编码（参见 7.4.1 节）。JPEG-LS 最开始是为无损压缩设计的，但它包括了一个有损（接近无损）的选项。在压缩方面，JPEG-LS 比 JPEG-2000 快很多，又比无损 JPEG 要好很多。它在医学图像压缩中大量应用。

JPEG-LS 也代表一种基于上下文模型的空域压缩算法，可以支持无损及 L_∞约束下的准无损压缩。JPEG-LS 算法的工作流程如图 8.4.5 所示：各像素以光栅扫描顺序依次送入编码器进行压缩编码，上下文模型根据先前处理过的数据序列，按统计特性差异来对当前像素分类，用于选择编码方式及控制编码各环节。由于常规编码方式采用逐像素预测编码，每像素比特数不会小于 1，因此，常规编码方式不能实现较高的压缩比。为此，JPEG-LS 算法对量化误差为 0 的像素采用游程编码，游程编码过程由游程检测及游程长度编码两步完成（图 8.4.5 的最下一行）。

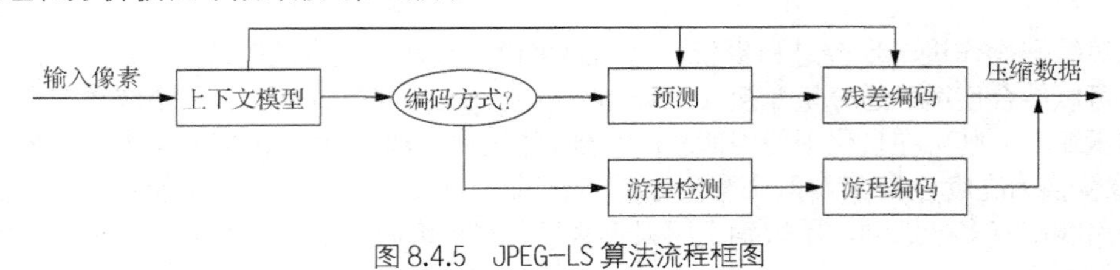

图 8.4.5 JPEG-LS 算法流程框图

图 8.4.6 为当前编码像素的上下文位置关系。进入游程编码的上下文条件如下。

$$
\begin{aligned}
\left|\dot{x}_{i-1,j+1}-\dot{x}_{i-1,j}\right| &\leqslant E_{\max} \\
\left|\dot{x}_{i-1,j}-\dot{x}_{i-1,j-1}\right| &\leqslant E_{\max} \\
\left|\dot{x}_{i-1,j-1}-\dot{x}_{i,j-1}\right| &\leqslant E_{\max}
\end{aligned}
\tag{8.4.1}
$$

式（8.4.1）中，$\dot{x}$ 为重建像素值，$E_{\max}$ 为最大允许误差。

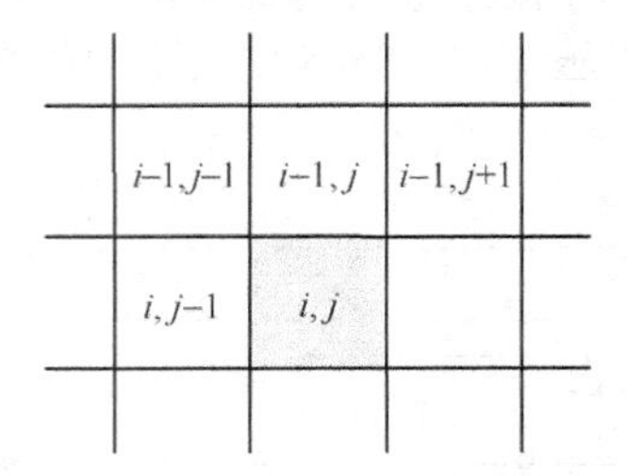

图 8.4.6 JPEG-LS 算法中的上下文位置关系

总结和复习

下面简单小结本章各节，并有针对性地介绍一些可供深入学习的参考文献。进一步复习还可通过思考题和练习题进行，标有星号（*）的题在书末提供了参考解答。

【小结和参考】

8.1 节介绍预测编码的原理和预测方法。预测编码是直接在图像空间消除像素间冗余来实现数据压缩的方法。预测编码可分为无损编码和有损编码。预测编码是一类重要的压缩方法，各种有关图像处理和图像编码的图书（如[Salomon 2000]、[Gonzalez 2018]、[章 2018b]）均有介绍。

8.2 节介绍离散余弦变换（DCT）及基于离散余弦变换的图像编码原理和方法。变换编码主要是将图像用可逆的线性变换映射成变换空间中的一组变换系数，然后将这些系数较粗地量化（以压缩数据），最后将剩余系数映射回图像空间的编码方法。离散余弦变换由于有若干优异性质而在变换编码中广泛应用。进一步的细节可参阅其他介绍图像处理和图像编码的图书（如[Gonzalez 2018]、[章 2018b]）。

8.3 节介绍离散小波变换（DWT）及基于离散小波变换（可参见文献[Mallat 1989a]、[Mallat1989b] [Chui 1992]）的图像编码原理和方法。小波变换具有多分辨率的特性，借助小波分解可获得不同频率分量的子图像，这样可提高利用像素之间相关性灵活程度。有关 DWT 的推导细节还可见[Goswami 1999]、[Gonzalez 2008]、[章 2012b]）。作为示例，本节仅介绍了基于提升小波的编码思路，相关细节还可参见[Sweldens 1996]。

8.4 节介绍静止图像压缩国际标准（运动图像压缩国际标准的介绍可见 14.4 节）。国际标准 G3 和 G4 都针对传真应用制定，都使用了游程编码，有关所用的 1-D 游程编码和 2-D 游程编码的细节还可参见文献[Gonzalez 2008]。这两种二值图像压缩标准的比较可参见文献[Alleyrand 1992]。国际标准 JPEG 采用 DCT 进行变换编码，国际标准 JPEG-2000 采用 DWT 进行变换编码，其基本流程图细节可见[Sonka 2008]。

【思考题和练习题】

8.1 给定输入序列{10，15，15，12，16，14，10}，假设采用一阶线性预测编码方法（取 $a=1$）进行无损预测编码，试给出预测误差序列。

8.2 分别计算表 8.1.1 中输入序列和预测误差序列的均方差。

*8.3 试给出表题 8.3 中 X 和 Y 的值。

表题 8.3

输入		编码器			
N	f	$\hat{f}$	E	$\dot{e}$	$\dot{f}$
3	14.0	14.0	0.0	6.5	20.5
4	20.0	20.5	−0.5	−6.5	14.0
5	26.0	14.0	X	6.5	20.5
6	27.0	20.5	6.5	6.5	Y

8.4 再次考虑例 8.1.2，如果输入序列不变，仅将 $c=5$ 改为 $c=10$，填写表 8.1.2。

*8.5 对 $L=4$ 和均匀概率密度函数

$$p(s)=\begin{cases}1/(2A) & -A\leqslant s\leqslant A \\ 0 & \text{其他}\end{cases}$$

推导 Lloyd-Max 判断和重建值。

8.6 设 $f(x)$是一个 4 个点的离散序列，$f(0)=4$，$f(1)=3$，$f(2)=2$，$f(3)=1$。计算 $f(x)$的离散余弦变换。

8.7 对一幅 8×8 的图像计算其 DCT 系数，分别用保留最大的 8 个，12 个和 16 个系数的分区模板进行编码，给出分区模板图并计算重建误差。

8.8 设 $f(x)$是一个 4 个点的离散序列，$f(0)=1$，$f(1)=2$，$f(2)=-3$，$f(3)=4$。如果缩放函数 $u_{0,k}(x)=u(x-k)$，其中 $u(x)$由式（8.3.5）给出；小波函数 $v_{j,k}(x)=2^{j/2}v(2^jx-k)$，其中 $v(x)$由式（8.3.8）给出。计算 $f(x)$的离散小波变换。

8.9 仍考虑 8.8 中的 4 个点的离散序列 $f(x)$。

（1）计算 $f(x)$的离散小波变换的近似系数和细节系数。

（2）利用上面的结果，计算离散小波反变换。

8.10 根据基于提升方法的小波变换的分解步骤，讨论它是如何实现整数到整数的变换的。

8.11 试列出预测编码方法和变换编码方法之间相对应的不同特点，越多越好。

8.12 国际标准 JPEG 中的编码变换采用 DCT，国际标准 JPEG2000 中的编码变换采用 DWT。试根据 DCT 和 DWT 的不同特性，分析 JPEG2000 中哪些优于 JPEG 的特性源于 DWT 优于 DCT 的特性。

第9章 图像信息安全

随着图像（和视频）在许多领域得到应用，对图像内容的保护、对**图像信息安全**的研究也受到了广泛的关注。安全有多方面的含义，目前的工作主要考虑：如何控制和把握对特定图像的使用，如何保护图像内容不被篡改伪造，如何保护图像中的特定信息不被未允许的人发现和窃取。

控制和把握对特定图像的使用与知识产权的保护密切相关，目前研究和应用较多的是图像水印技术。数字水印是一种数字标记，将它秘密内嵌入数字产品（如数字视频、数字音频、数字相片、电子出版物等）中，可以帮助识别产品的所有者、使用权、内容完整性等。水印一般包含版权所有者的标记或代码以及能证实用户合法拥有相关产品的用户代码等基本信息，因为这些信息借助水印将数字产品与其所有者或使用者建立了对应关系（类似有了身份），所以也有人称数字水印技术为数字指纹技术（参见 9.1.3 节）。

图像水印技术可用来主动保护图像内容不被篡改或伪造。而要鉴定图像的来源、产生设备，还需要图像的认证和取证技术。图像认证和取证技术多是被动的，可以与载体无关。认证和取证技术更关心图像的完整性、真实性，以及与设备的关联性。

利用水印嵌入的思路，也可以将拟保密的信息嵌入图像中，实现秘密信息（在公开信道中）的传输和发送，这就是图像信息隐藏。此时，不仅这些信息的存在性，而且这些信息的内容都有可能受到外来的攻击。为抗击攻击，对保密信息的存在性，特别是保密信息的内容都需要保护。图像信息隐藏技术从将信息嵌入载体的角度可看作是对水印技术的推广，从保护信息的角度更是一种图像信息安全技术。

本章各节内容安排如下。

9.1 节先介绍有关水印原理和特性的内容，包括水印的嵌入和检测、水印的主要特性，以及各种水印分类方法。

9.2 节介绍变换域的图像水印技术，包括 DCT 域和 DWT 域。在每种域中，都可以实现无意义的水印和有意义的水印，它们各有不同的原理和特点。

9.3 节讨论图像认证和取证方法，先介绍了常见的图像篡改类型和认证系统关心的特性，然后依次列举了多种图像被动取证、图像可逆认证、图像反取证技术。

9.4 节从更高的层次讨论图像信息隐藏技术及其分类，对水印与信息隐藏的关系进行了辨析，还描述了一种基于迭代混合的图像信息隐藏方法。

9.1 水印原理和特性

“水印”一词的出现和使用已有几百年历史（纸张上的水印至少从 13 世纪就开始使用了，信笺和钞票上的水印就是典型的例子），但“数字水印”术语的出现还是20世纪80年代末的事，而对图像水印的广泛研究和使用应该说是从20世纪90年代中期才开始的。它的主要用途如下。

（1）版权鉴定：当所有者的权利受到侵害时，水印可以提供和证明所有者的信息，从而保护图像产品的版权（著作权）。

（2）使用者鉴定：可将合法用户的身份记录在水印中，并用来确定非法复制的来源。

（3）真实性确认：水印的存在可以保证图像没有被修改过。

（4）自动追踪：可以通过系统来追踪水印，从而知道何时何地图像被访问（如用程序上网寻找放在网页上的图像）或使用过，这对版税征收和定位非法用户都很重要。

（5）复制保护：利用水印可以规范对图像的使用，如仅播放而不复制等。

9.1.1 水印的嵌入和检测

为利用水印保护数字产品需要执行两个操作：一个是为了保护而在产品使用前，加入水印，一般称其为**水印嵌入**；另一个是为验证或表明产品的版权，需要将嵌入产品中的水印提取出来，一般称其为**水印检测**。

对图像嵌入水印和检测水印都是图像处理操作。嵌入和检测水印的基本流程如图9.1.1所示。在实际应用中，加入图像中的水印很多情况下也可看作（小）图像。将水印通过内嵌而加入原始图像中，就可得到嵌水印图像（这可看作图像的组合过程）；对需检测图像进行相关检验，可判断图像中是否嵌入了特定水印以及获得判断的置信度（这里有一个图像分离的过程）。图9.1.1中对水印的检测既需要原始图像，也需要原始水印（但并不是对所有水印的检测都这样）。

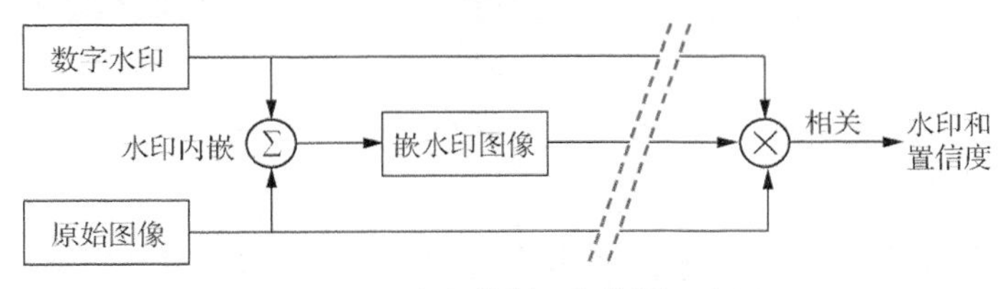

图9.1.1 水印的嵌入和检测示意图

设原始图像为$f(x, y)$，水印图像为$W(x, y)$，嵌入水印后的嵌水印图像为$g(x, y)$，则水印嵌入的过程可表示为

$$g = E(f, W) \tag{9.1.1}$$

其中，$E(\cdot)$代表嵌入函数。如果给出待检测图像$h(x, y)$（它可能是嵌水印图像$g(x, y)$受传输等影响后的一个退化版本），那么从中抽取待验证的可能（指待验证的有可能存在的）水印$w(x, y)$的过程可表示为

$$w = D(f, h) \tag{9.1.2}$$

其中，$D(\cdot)$代表检测函数。考虑原始水印和可能水印的相关函数$C(\bullet, \bullet)$，如果预先设定阈值T，则

$$C(W, w) > T \tag{9.1.3}$$

表示水印存在，否则认为水印不存在。在实际应用中，除了给出存在或不存在的二值判断，也可以根据相关程度确定相应的置信度，给出模糊或概率的判断。

从信号处理的角度看，嵌入水印的过程可看作是在强背景下叠加一个弱信号的过程；而检测水印的过程是一个在有噪信道中检测弱信号的过程。从数字通信的角度看，嵌入水印的过程可看作在一个宽带信道上用扩频通信技术传输一个窄带信号的过程；检测水印的过程则是一个将该窄带信号分离出来的过程。从图像编码的角度看，嵌入水印可看作将水印编码进原始图像中，而抽取水印可看作将水印从水印图像中解码出来。

9.1.2 水印的两个重要特性

嵌入图像的水印根据不同的使用目的有一定的特性，一般最重要的特性有下面两个。

1．显著性

显著性衡量水印的（不可）感知性或（不易）察觉性，对于图像水印，也就是不可见性。这里不可见性包括两个含义：一是水印不易被接收者或使用者察觉；二是水印的加入不影响原产品的视觉质量。从人的感知角度来说，图像水印的嵌入应以不使原始图像有可察觉的失真为前提。

与显著性密切相关的是保真度。嵌水印图像的保真度可以用它与原始（不含水印）图像的差别来判断。如果考虑到嵌水印图像在传输过程中可能有退化的情况（参见 9.1.1 节），则该幅嵌水印图像的保真度需用其经过传输后，与原始图像也经过传输后的结果的差别来判断。

显著性是一个相对的概念，水印的显著性与水印本身及与原始图像的对比性有关。图 9.1.2（a）为原始图像；图 9.1.2（b）将不太透明的水印加在原图背景较简单的位置，水印比较明显；图 9.1.2（c）将比较透明的水印加在原图背景较复杂的位置，水印很不明显。

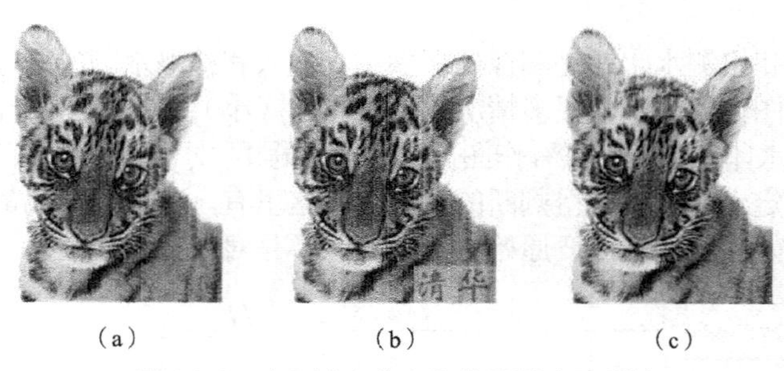

（a）　　　（b）　　　（c）

图 9.1.2　水印嵌入位置和背景影响显著性

2．稳健性

稳健性是指图像水印抵御外界干扰，尤其在图像产生失真（这里一般是指失真并没有超出使图像因此不能使用的极限）的条件下，仍能保证其自身完整性和对其检测准确性的能力。换句话说，图像水印应能被以极低的差错率检测出来，所以稳健性也称可靠性或鲁棒性。水印的稳健性与嵌入信息量和嵌入强度（对应嵌入数据量）都有关系。

与要求水印的稳健性相反，在需要验证原始数字产品是否被变动或破坏时，可使用易损（Fragile）水印（也称为脆弱性水印，是指稳健性非常有限的水印）。易损水印可用于检测是否改变水印保护的数据。易损水印对外界处理有较敏感的反应（也称敏感性），它会随着媒体被修改而发生变化。这样就可以根据所检测到的水印变化来确定数字产品的变化，达到确定数字产品是否被改动的结论。

9.1.3 水印的分类方法

根据水印的性能、用途、技术、特性等，水印和水印技术有许多分类方法。

1．按公开性分类

按水印的公开性，可将水印分为以下 4 种。

（1）私有水印

检测私有水印需要提供原始数字产品，借此作为提示来寻找水印嵌入的位置，或从嵌水印图像中将水印部分区别出来。这时使用的检测器也有人称其为含辅助信息的检测器。在图 9.1.1 中体现为需借助原始图像和/或原始水印检测。

（2）半私有水印

对半私有水印的检测不需要使用原始数字产品，但必须提供需检测产品中是否有水印的信息。

（3）公有水印（盲水印）

对公有水印的检测既不要求提供原始数字产品，也不要求提供嵌入水印后的数字产品。这种水印可直接从接收到的数字产品中检测出来。在图 9.1.1 中相当于不需要借助原始图像或原始水印进行检测。与盲水印相对来说，私有水印和半私有水印都可称为非盲水印。

（4）不对称水印（公钥水印）

这是指任何数字产品用户都能看到却去不掉的水印（如果去掉水印，则会导致数字产品损伤），此时水印嵌入与水印检测过程中使用的密钥是不同的。

2．按感知性分类

根据水印的**感知性**（对图像水印也就是可见性），可将水印分为以下两种。

（1）可感知水印

可感知水印是可见的，如覆盖在图像上的可见图标（用于标记网上图像以防止商业使用）。另一个可见水印的例子是电视屏幕四角的电视台标识或栏目标识。这种水印让人对电视台的频道、播放的节目一目了然。这种水印既要证明产品的归属，又要不太妨碍对产品的欣赏。可感知水印的另一个重要应用是在数字产品出售前，将一个加有可感知数字水印的产品在互联网上分发。该水印往往是版权信息，它提供了寻找原作品的线索，待消费者付费后，用专业软件能去掉可感知水印。

（2）不可感知水印

不可感知水印也称隐形水印，就像隐形墨水技术中将看不见的文字隐藏那样，在数字产品中加入水印。这种水印常用于表示原产品的身份，造假者应轻易去不掉。它主要用于检测非法产品复制和鉴别产品的真伪等。不可感知水印并不能阻止合法产品被非法复制和使用，但是由于水印在产品中存在，所以在法庭上可被用作证据。

图像水印是一种特殊的水印，可以在一般的数字产品上加入可见的标识来表明其所有权，但对图像来说，这样可能影响图像的视觉质量和完整性。所以图像水印常指隐形水印，即水印对版权所有者是确定的，而对一般的使用者是隐蔽的。

3．按含义/内容分类

根据嵌入水印本身的含义或内容，可将水印分为以下两种。

（1）无意义水印

无意义水印常利用伪随机序列（Gauss 序列、二进制序列、均匀分布序列）来表达信息的有无。伪随机序列由伪随机数组成，其特点是比较难以仿造，可以保证水印的安全性。在检测无意义水印时，常使用假设检验。

无水印（n 为噪声）

$$\text{H0}: g-f=n \tag{9.1.4}$$

有水印（w 为待验证的可能水印）

$$\text{H1}: g-f=w+n \tag{9.1.5}$$

用伪随机序列作为水印，只能给出“有”和“无”水印两种结论，相当于嵌入的信息为 1bit。伪随机序列不能代表具体的和特定的信息，或者说其本身并没有具体的含义，所以在使用中有一定的局限性。

（2）有意义水印

有意义水印可以是文字串、绘图、印鉴、图标、图像等，本身有确切的语义含义，且不易被伪造或篡改。在许多鉴定或辨识应用中，水印信息包括所有者的名字、称号或印鉴。有意义水印提供的信息量比无意义水印的要多，具有明显的唯一性，但对其嵌入和检测的要求也高。图 9.1.2

中嵌入的文字水印即为有意义水印，较明确地表明了所有者。

顺便指出，版权保护除了识别版权之外，有时还需要追究盗版责任。此时采用的水印技术常称为**数字指纹**技术。数字指纹是指一个客体具有的、能够把自己和其他相似客体区分开的数字特征。在数字指纹中，嵌入图像中的信息不是（或者不只是）版权拥有者的信息，而是包含了拥有使用权的用户的信息。数字指纹具有唯一性，即在每个用户所拥有的作品中嵌入的数字指纹是不一样的。数字指纹不仅要证明作品的版权拥有者是谁，还要证明作品的使用者是谁，这样就可以防止图像产品被非法复制或者追踪非法散布数据的授权用户。

9.2 变换域图像水印

作为一种图像处理技术，图像水印包括在图像空间域进行的空域法和在其他变换域中进行的变换域法。尽管图像水印的嵌入可在空域中进行，但大多数图像水印的嵌入都是在变换域中进行的。变换域水印也是目前主要使用的图像水印技术。变换域方法的主要优点如下。

（1）水印信号的能量可广泛分布到所有像素上，有利于保证不可见性。

（2）可以比较方便地结合人类视觉系统的某些特性，有利于提高稳健性。

（3）变换域方法与大多数图像（视频）编码国际标准兼容，可直接实现压缩域内的水印算法(此时的水印也称比特流水印)，从而提高工作效率。例如，许多关于图像表达和编码的国际标准采用了离散余弦变换（DCT）和离散小波变换（DWT），所以许多图像水印也是在DCT域和DWT域中工作的。

9.2.1 DCT域图像水印

在DCT域中，图像可被分解为DC（直流）系数和AC（交流）系数。从稳健性的角度看（在保证水印不可见性的前提下），水印应该嵌入图像中对人感觉最重要的部分。因此DC系数比AC系数更适合嵌入水印。一方面是由于与AC系数相比，DC系数的绝对振幅大得多，所以感觉容量大；另一方面是根据信号处理理论，嵌入水印的图像最有可能遭遇到的信号处理过程，如压缩、低通滤波、亚抽样、插值等，对AC系数的影响都比对DC系数的影响要大。如果将水印同时嵌入AC系数和DC系数中，那么利用AC系数可加强嵌入的秘密性，而利用DC系数可增加嵌入的数据量。

1．无意义水印算法

先考虑无意义水印。各种水印算法都包括两个步骤：嵌入和检测。

（1）水印嵌入

下面介绍一种综合利用DC系数和AC系数的**无意义水印**方案。**水印嵌入**的算法流程框图如图9.2.1所示。在嵌入水印前，先对原始图像进行预处理，把原始图像划分为小块，并将所有小块先根据纹理分为两类：具有简单纹理的小块或具有复杂纹理的小块。再对各小块进行DCT，通过分析各小块DCT直流系数（亮度），结合上面纹理分类的结果，将图像小块分为3类：①具有低亮度且纹理简单的块；②具有高亮度且纹理复杂的块；③不满足上两类条件的其他块。根据不可见性原则，在第①类小块中嵌入的水印量应较少，而在第②类小块中嵌入的水印量可较大，在第③类小块中嵌入的水印量则居中。

已经证明：由高斯随机序列构成的水印具有较好的稳健性。所以，产生一个服从高斯分布$N(0, 1)$的随机序列$\{g_m: m = 0, 1, 2, \cdots, M-1\}$作为水印。该序列的长度$M$要综合考虑水印的稳健性和不可见性，并要与所用的DCT系数数量相匹配。如果对每个小块i使用4个DCT系数，即$F_i(0, 0)$、$F_i(0, 1)$、$F_i(1, 0)$和$F_i(1, 1)$，则此时可取长度M为图像分块数的4倍。将该序列根据图像块的分类结果分别乘以合适的拉伸因子后嵌入DCT系数。嵌入时，对DC和AC系数采用不同的嵌入公式，对 AC 系数采用线性公式，对 DC 系数则采用非线性公式，综合如下。

$$F_i'(u,v)=\begin{cases}F_i(u,v)\times(1+ag_m) & m=4i & (u,v)=(0,0)\\ F_i(u,v)+bg_m & m=4i+2u+v & (u,v)\in\{(0,1),(1,0),(1,1)\}\\ F_i(u,v) & \text{其他} & \end{cases}\tag{9.2.1}$$

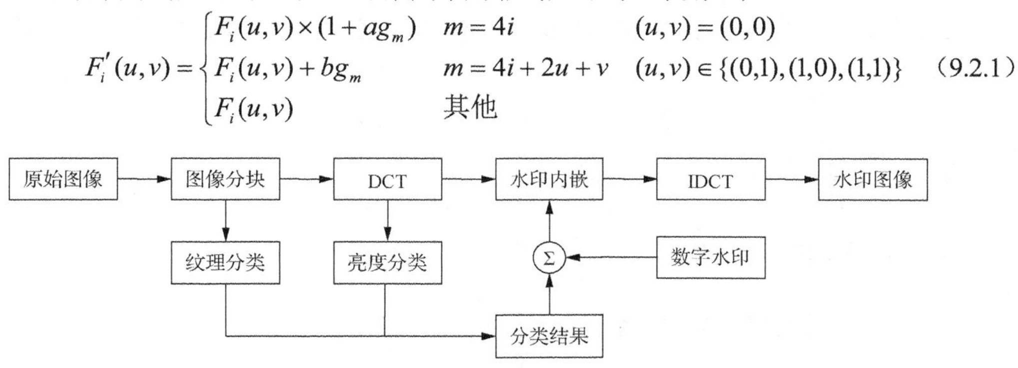

图 9.2.1　DCT 域水印嵌入流程

式（9.2.1）中，a 和 b 为拉伸因子。根据 Weber 定律（人类视觉系统对相对亮度差的分辨率），ag_m 理论上应小于 0.02。在实际应用中，对纹理简单的块，取 $a=0.005$；对纹理复杂的块，取 $a=0.01$。拉伸因子 b 的值可根据前面对块的分类来选取，第①类选 3，第②类选 9，第③类选 6。最后，对 DCT 域中系数调整后的图像进行 IDCT，得到有水印的图像。

例 9.2.1　水印不可见性示例

图 9.2.2 为用上面方法嵌入水印得到的一组示例结果，其中图 9.2.2（a）为 512 × 512 的 Lena 图像，图 9.2.2（b）为嵌入水印后的图像。比较两图可见，即使将添加水印后的图像与原图像放在一起比较，从视觉效果看，也很难感觉到水印存在。进一步从图 9.2.2（c）的差值图像可见两图几乎没有差别，这表明该算法嵌入的水印具有较好的不可见性。

（a）　（b）　（c）

图 9.2.2　水印嵌入前后的对比　□

（2）水印检测

水印检测的算法流程框图如图 9.2.3 所示。水印的检测采用假设相关检测方法。即将待测图像与原始图像相减后的结果进行分块 DCT，再从中获得待测试水印序列与原始水印做相关性检测，以认定是否含有水印。

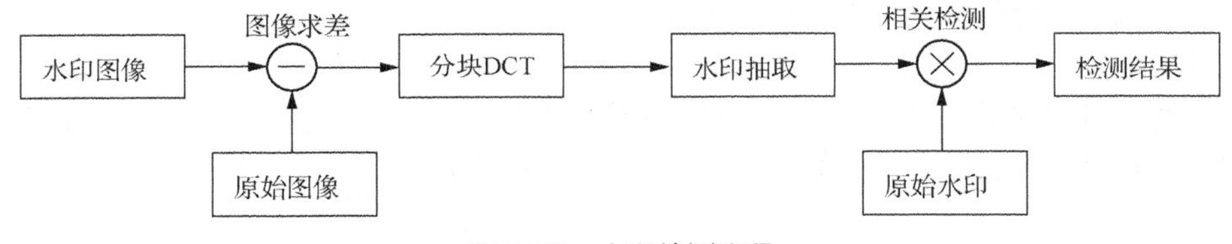

图 9.2.3　水印检测流程

水印检测的具体步骤如下。

① 计算原始图像$f(x, y)$和待检测图像$h(x, y)$之间的差图像（这里设将图像分为I块，尺寸均为8 × 8）。

$$e(x,y) = f(x,y) - h(x,y) = \bigcup_{i=0}^{I-1} e_i(x',y') \quad 0 \leqslant x',y' < 8 \tag{9.2.2}$$

② 对差图像的每个小块计算DCT。

$$E_i(u',v') = \text{DCT}\{e_i(x',y')\} \quad 0 \leqslant x',y' < 8 \tag{9.2.3}$$

③ 从DCT图像小块中提取可能的水印序列。

$$w_i(u',v') = \{g_m, m = 4i + 2u' + v'\} = E_i(u',v') \tag{9.2.4}$$

④ 用下列函数计算可能的水印和原嵌入水印的相关性。

$$C(W,w) = \sum_{j=0}^{4I-1}\left(w_j g_j\right) \Bigg/ \sqrt{\sum_{j=0}^{4I-1} w_j^2} \tag{9.2.5}$$

对于给定阈值T，如果$C(W, w) > T$，则表明检测到所需水印，否则认为没有水印。在选择阈值T时，既要考虑误检，也要考虑虚警。对于$N(0, 1)$分布，如果取阈值为5，则水印序列的绝对值大于5的概率将小于等于10^{-5}。

2．有意义水印算法

无意义水印只含1bit的信息，而有意义水印含多比特的信息。

（1）水印嵌入

下面介绍改进上述无意义水印算法得到的一种可用于**有意义水印**的算法。首先构造符号集(有意义符号)，长度为L，将每个符号对应一个二值序列，长度为M。例如，对每个图像块，可以取前4个系数作为嵌入位置使用，那么对256 × 256的图像最多可嵌入的比特数为4×（256 × 256）/（8 × 8）=4 096。如果用32bit表示一个符号，则4 096bit可表示128个符号。其次让二值序列中0和1的出现服从Bernoulli分布，以使整个序列具有相当的随机性。最后在需嵌入的符号数小于最多可嵌入的比特数所能表示的符号数时，将符号重复展开，将二值序列扩展成符号数量的整倍数长度，并将扩展序列加到DCT块的系数中。

嵌入水印的具体步骤如下。

① 将原始图像$f(x, y)$分解为许多个8 × 8的图像块，将各个块记为b_i, $i = 0, 1, \cdots, I - 1$。

$$f(x,y) = \bigcup_{i=0}^{I-1} b_i = \bigcup_{i=0}^{I-1} f_i(x',y') \quad 0 \leqslant x',y' < 8 \tag{9.2.6}$$

② 对每个块计算DCT。

$$F_i(u',v') = \text{DCT}\{f_i(x',y')\} \quad 0 \leqslant x',y' < 8 \tag{9.2.7}$$

③ 根据需嵌入的符号序列的长度L，选择合适的匹配滤波器的维数M。

④ 将扩展序列嵌入DCT块中。令$W = \{w_i | w_i = 0, 1\}$为对应有意义符号的扩展序列，则可将加水印的系数表示为

$$F_i' = \begin{cases} F_i + s & w_i = 1 \\ F_i - s & w_i = 0 \end{cases} \qquad F_i \in D \tag{9.2.8}$$

其中D代表前4个DCT系数，s是水印的强度。

（2）水印检测

检测有意义**水印**的前3个具体步骤与检测无意义水印相同。在第4个步骤中，设对第i次提取，w_i*是提取出的信号强度，w_i^k是第k个匹配滤波器的输出，它们之间的相关为

$$C_k(w^*,w^k) = \sum_{i=0}^{M-1}(w_i^* \bullet w_i^k) \Bigg/ \sqrt{\sum_{i=0}^{M-1}(w_i^*)^2} \tag{9.2.9}$$

其中，M 是匹配滤波器的维数。对于给定的 j，$1 \leqslant j \leqslant L$，如果

$$C_j(w^*, w^j) = \max\left[C_k(w^*, w^k)\right] \qquad 1 \leqslant k \leqslant L \tag{9.2.10}$$

那么对应 j 的符号就是检测出的符号。

9.2.2 DWT 域图像水印

与 DCT 域图像水印相比，DWT 域图像水印技术的优越之处来自于小波变换的一系列特性。

（1）小波变换具有空间-频率的多尺度特性，对图像的分解可以连续地从低分辨率到高分辨率进行。这有利于帮助确定水印的分布和位置，以提高水印的稳健性并保证不可见性。

（2）DWT有快速算法，可对图像整体进行变换，对滤波和压缩处理等外界干扰也有较好的抵御能力。而 DCT 变换需对图像进行分块，因而会产生马赛克现象。

（3）DWT 的多分辨率特性可以较好地与**人类视觉系统**（HVS）特性相匹配（见下），易于调整水印嵌入强度，以适应人眼视觉特性，从而更好地平衡水印稳健性和不可见性之间的矛盾。

1. 人类视觉特性

通过观察分析人眼的某些视觉现象，并结合视觉生理、心理学等方面的研究成果，人们已发现了多种 HVS 的视觉特性和掩盖效应（对不同亮度/亮度比的不同敏感度）。

（1）频率特性。HVS 对图像不同频率成分具有不同的灵敏度。实验表明，人眼对高频区内容敏感性较低，而对低频区（对应图像的平滑区）的分辨能力较强。

（2）方向特性。HVS 对景物在水平和垂直方向上的光强变化感知最敏感，而对斜方向上光强变化的感知最不敏感。

（3）亮度掩蔽特性。HVS 对高亮度区域附加噪声的敏感性较小。这表明图像背景亮度越高，HVS 的**对比度门限**（CST）越大，能嵌入的附加信息就越多。

（4）纹理掩蔽特性。HVS 对图像中平滑区的敏感性要远高于纹理区。换句话说，图像背景纹理越复杂，HVS 可见度阈值越高，越难以感觉到干扰信号存在，这样能嵌入的信息就越多。

借助 HVS 视觉特性和掩盖效应方法的基本思想是利用 HVS 导出**视觉阈值**（JND），并用来确定在图像各个部分所能容忍的水印信号的最大强度，从而避免水印的嵌入破坏图像的视觉质量。换句话说，就是利用人类视觉模型来确定与图像相关的调制掩模。这一方法既能提高水印的不可见性，也有助于提高水印的稳健性。

下面介绍 3 种根据 HVS 的视觉特性和掩盖效应确定的视觉阈值。这里可设对图像进行了 L 级小波分解（得到了 $3L+1$ 个子图像），小波域的基于人眼视觉掩盖特性的视觉阈值可表示为 $T(u, v, l, d)$，其中 u 和 v 表示小波系数位置，整数 l（$0 \leqslant l \leqslant L$）表示小波分解层次，$d \in \{\text{LH, HL, HH}\}$ 表示高频子图像的方向。

（1）人眼对不同亮度区域噪声的视觉敏感性不同，通常对中等灰度最为敏感（在围绕中等灰度很宽的范围中，Weber 比保持常数 0.02），而朝低灰度和高灰度两个方向的敏感度都非线性下降。在实际应用中，可将这种非线性用关于灰度的二次曲线来表示。例如，对 256 级灰度图像，将其灰度范围分成 3 段，可认为低灰度和中等灰度的分界线在灰度为 85 处（取阈值 $T_1 = 85$），而高灰度和中等灰度的分界线在灰度为 170 处（取阈值 $T_2 = 170$）。则归一化敏感度曲线应如图 9.2.4 中的凸实线所示，其中横轴为灰度轴。在低灰度区，敏感度随灰度增加以二次函数形式增加；在高灰度区，敏感度随灰度增加以二次函数形式减少；在中等灰度区，敏感度保持常数。

进一步借助敏感度曲线定义掩盖因子。考虑将图像分成小块，块灰度均值为 m，该块各点对噪声的掩盖因子为 $B(u, v)$。

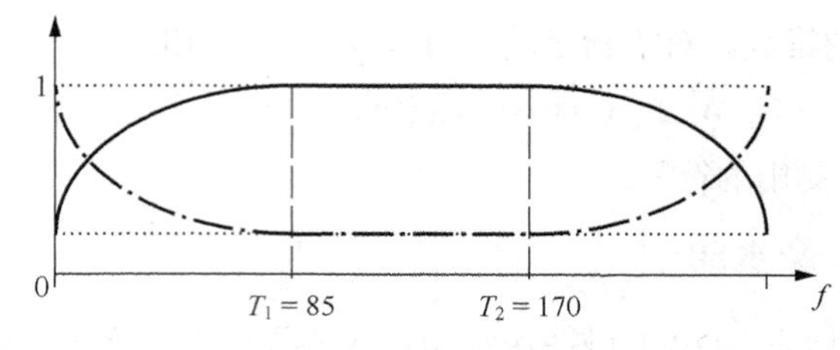

图 9.2.4 归一化敏感度曲线

$$B(u,v)=\begin{cases}\dfrac{(0.2-0.02)\left[m-T_1\right]^2}{T_1^2}+0.02 & m\leqslant T_1\\ 0.02 & T_1<m\leqslant T_2\\ \dfrac{(0.2-0.02)\left[m-T_2\right]^2}{(255-T_2)^2}+0.02 & m>T_2\end{cases}\tag{9.2.11}$$

这样得到的 B 曲线为凹曲线，如图 9.2.4 中的下凹点画线所示。由 B 曲线可知，低灰度和高灰度处对声的敏感度较低，可以叠加较多的水印。

（2）人眼对图像平滑区噪声较敏感，而对纹理区噪声较为不敏感。为此，可对图像各区域计算其熵值，熵值较小，表示对应灰度平滑区，熵值较大表示对应图像纹理区。因此，可根据图像各分块的熵值来计算该块的纹理掩盖效应。如果将块的熵值记为 H，将块的熵值归一化并乘以系数 k 以与其他掩盖效应因子相匹配，即得到块图像纹理掩盖效应因子

$$H(u,v)=k\frac{H-\min(H)}{\max(H)-\min(H)}\tag{9.2.12}$$

在掩盖效应大的区域可以叠加较多的水印。

（3）人眼对不同方向、不同层次的高频子图像的噪声都不太敏感，另外对 45° 方向子图像（如 HH 子图像）的噪声也不太敏感。不同子图像对噪声的敏感度与该子图像的掩盖因子成反比，设在 l 层沿 d 方向的子图像对噪声的掩盖因子为 $M(l, d)$，则 $M(l, d)$可由下式估计。

$$M(l,d)=M_l\times M_d\tag{9.2.13}$$

其中 M_l 和 M_d 分别考虑了不同分解尺度和不同分解朝向子图像的掩盖特性。

$$M_l=\begin{cases}1 & l=0\\ 0.32 & l=1\\ 0.16 & l=2\\ 0.1 & l=3\end{cases}\tag{9.2.14}$$

$$M_d=\begin{cases}\sqrt{2} & d\in \text{HH}\\ 1 & \text{其他}\end{cases}\tag{9.2.15}$$

M_l 对高频子图像取较大的值，对低频子图像取较小的值；M_d 对 45° 方向的子图像取较大的值，对其他朝向的子图像取较小的值。大的 $M(l, d)$表明该子带对噪声的敏感度比较低，可以在其上叠加较多的水印。

综合考虑上述 3 种特性，小波域的视觉掩盖特性值可由下式表示。

$$T(u,v,l,d)=B(u,v)H(u,v)M(l,d)\tag{9.2.16}$$

式（9.2.16）给出的人眼视觉掩盖特性的视觉阈值 $T(u, v, l, d)$综合考虑了人类视觉系统在不同分辨率和不同方向特性的敏感性，以及图像块在不同亮度下的对比度掩盖效应和对不同纹理的屏蔽效应。根据该视觉阈值可控制水印嵌入的强度和嵌入水印的不可见性，以保证在水印不可见的

前提下，尽可能增加嵌入水印的强度，从而提高水印的稳健性。

2．小波水印算法

下面讨论一种小波水印算法中水印的嵌入和检测过程。

（1）水印嵌入

小波域图像水印方法的基本嵌入流程如图 9.2.5 所示，与图 9.2.1 有多个类似模块。

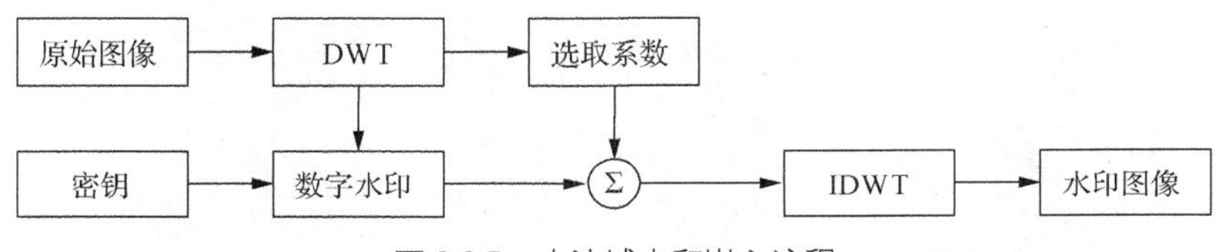

图 9.2.5 小波域水印嵌入流程

这里选用具有高斯分布 $N(0, 1)$，长度为 M 的实数随机序列作为水印 W，即 $W = \{w_1, w_2, \cdots, w_M\}$。

水印嵌入算法的主要过程如下。

① 确定小波基，对原始图像 $f(x, y)$进行 L 级快速小波变换，分别得到一个最低频子图像和 $3L$ 个不同的高频子图像。

② 根据式（9.2.16）计算高频子图像内的人眼视觉掩盖特性的视觉阈值 $T(u, v, l, d)$。再根据 $T(u, v, l, d)$对高频子图像内的小波系数进行降序排列，进而选择前 N 个小波系数作为水印插入位置。

③ 按下式嵌入水印（即用水印序列来调制前 N 个小波系数）。

$$F'(u,v) = F(u,v) + qw_i \tag{9.2.17}$$

其中，$F(u, v)$和 $F'(u, v)$分别为原始图像和嵌入水印图像的（前 N 个）小波系数；q 为嵌入强度系数，且 $q \in (0, 1]$；w_i 是长度为 M 的水印序列的第 i 个水印分量。这里嵌入是在 DWT 域中进行的。在嵌入水印的过程中，同时生成了提取水印信息的密钥 K，该密钥记录了用于嵌入水印信息的前 N 个小波系数的位置。

④ 将嵌入水印的高频子图像结合低频子图像一起进行快速小波反变换，从而得到嵌入水印后的图像 $f'(x, y)$。

（2）水印检测

水印检测的过程可以近似看作是上述水印嵌入的反过程。

① 选择嵌入过程中采用的小波基，对原始图像 $f(x, y)$和待检测图像 $f''(x, y)$（这里待测图像 $f''(x, y)$有可能与原嵌水印图像 $f'(x, y)$不完全相同）都进行 L 级小波分解，得到各自的一个最低频子图像和 $3L$ 个高频子图像。

② 根据水印嵌入过程中生成的密钥 K，从原始图像 $f(x, y)$的小波高频子图像中得到重要系数集$\{S_i, i = 1, 2, \cdots\}$，并以这些值的地址为索引，从待测图像 $f''(x, y)$的小波高频子图像中选择相应的系数作为待测重要系数集$\{S_i'', i = 1, 2, \cdots\}$。依次比较各 S_i 和 S_i''的值，从而提取水印信息 W''。当 S_i 和 S_i''之差大于某个阈值时，可认为该位置上存在水印分量 w_i'，其值设为 1，否则置为 0。

对待测水印序列和原始水印之间相似性的定量评价可以使用归一化相关系数 C_N。

$$C_N(W, W'') = \frac{\sum_{i=1}^{L}(w_i - W_m)(w_i'' - W_m'')}{\sqrt{\sum_{i=1}^{L}(w_i - W_m)^2}\sqrt{\sum_{i=1}^{L}(w_i'' - W_m'')^2}} \tag{9.2.18}$$

式（9.2.18）中，W 和 W''分别为原始水印和待判决水印序列，W_m 和 W_m''则分别为 W 和 W''的均值。$C_N \in [-1, 1]$。如果 C_N 的值超过某一阈值，则判定 W 和 W''为相关水印序列，即图像中存在先前嵌入的水印。判断阈值可通过后验估计嵌入水印图像的统计值得到。

例 9.2.2 水印分布示例

图 9.2.6 为水印分布和不可见性的一组实验结果。这里所用水印为符合高斯分布 $N(0, 1)$，长度 $M = 1000$ 的随机序列。图 9.2.6（a）为原始图像，图 9.2.6（b）为含水印图像（PSNR = 38.52dB），图 9.2.6（c）为两图的绝对差值图像（适当增强了对比度以更易看到有差别处）。

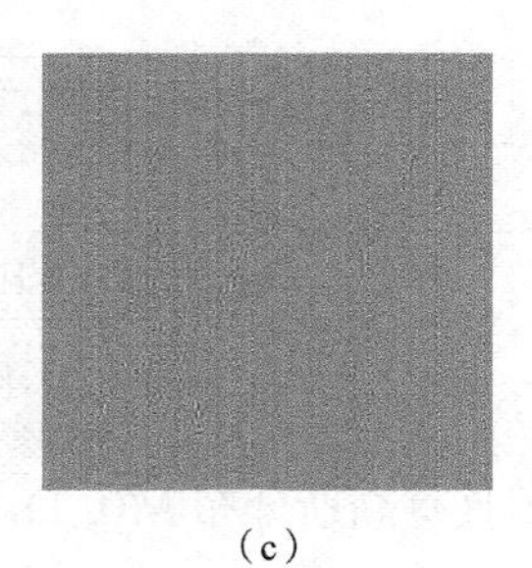

（a）（b）（c）

图 9.2.6 水印分布和不可见性效果

由图 9.2.6 可以看出以下两点。

（1）从视觉效果上看不出嵌入水印前后两幅图的差别，这说明该算法嵌入水印具有很好的不可见性。事实上，对两幅图的归一化相关系数计算结果为 0.999，表明两幅图的相关性很高，这与两幅图很相似的主观感觉也是吻合的。

（2）从差值图像可以看出，水印嵌入强度在纹理区、低亮度区和高亮度区要大些，而在图像平滑区和中等亮度区相对要弱些，水印嵌入强度具有自适应调节性能。 ❑

9.3 图像认证和取证

近年来有关图像认证和取证的技术研究和应用，包括判别图片真伪、检测是否经过加工置换篡改甚至伪造（Forgery）、确定图片来源、设备鉴别等都得到很大关注。这些技术与水印技术有密切联系，但又有所不同。简单地说，水印技术基本是主动的，有可能会降低图像质量且容易受到各种外来攻击；而图像认证和取证技术多是被动的，更关心对图像真实性和完整性的鉴别。

9.3.1 基本概念

先对图像篡改、图像认证、图像取证几个基本概念进行介绍。

1．图像篡改

图像篡改是指对图像内容未经所有者允许的修改。常用的篡改手段主要包括 6 类。

（1）合成。利用来自同一幅图像内的不同区域或多幅图像上的不同特定区域，借助复制→粘贴操作构成新的图像。为消除如此伪造图像中的篡改痕迹，往往还会对篡改部分进行缩放、旋转和修饰等处理。

（2）增强。改变图像特定部位的颜色、对比度等来着重加强某部分内容，这种操作虽然不会明显改变图像的结构内容，但可弱化或突出某些细节。

（3）修整。本质上是借助**图像修补**技术来改变图像的面貌，除了复制→粘贴操作外，还可能调整一些局部区域的空间，用模糊操作消除边缘拼接的痕迹等。

（4）变形。将一幅图像（源图像）渐变地调整演化成另一幅图像（目标图像）。常见的方法是找出源图像和目标图像上对应的特征点，以不同的权重混合叠加这两幅图像，使目标图像兼具两幅图像的特征。

（5）计算机生成。借助计算机软件根据需要生成新的图像，进一步还可以分为真实感图像和非真实感图像。

（6）绘画。由专业人员或艺术家利用 Photoshop 等图像处理软件进行图像制作。

上述 6 种篡改方式都属于图像真实性篡改。其他还有图像完整性篡改（如使用图像水印对图像加入了信息，破坏了初始图像的原貌）、图像原始性篡改（如照片的扫描图、照片的照片等）、图像版权篡改（如通过修改图像的文件格式保留图像内容，但篡改所有者的版权信息等）等形式。

2. 图像认证

图像认证是要确定图像的身份。一方面关注图像的真实性，有没有被篡改过；另一方面，关注图像的来源，由哪类或哪个设备产生。许多图像真实性鉴别技术也可应用于鉴别图像来源。

鉴别图像真实性要考虑场景的属性，特别是一致性。因为篡改造成的场景内容不一致问题是不能或者很难掩盖的，所以可通过比较图像不同部分的特征来检测篡改。例如，可估计不同物体表面的光照方向，判断其光照方向是否具有一致性来实现对图像的认证；再如，可分析图像中各部分颜色的分布来检测图像是否被裁剪过。另外，还可将图像分块，比较块之间的（统计）相似性或压缩质量因子的不一致性，确定篡改手段并定位篡改区域。

鉴别图像来源要考虑图像获取设备（包括相机、扫描仪、手机等）和显示设备（如打印机）。由于这些设备具有不同的特性，其采集或输出的图像也会具有不同的内在特征。图像来源认证就是要分析提取这些能够区别图像来源的特征从而认证图像的来源。

例如，基于相机属性的相机来源认证就是常见的一种图像来源鉴别。它又可分为设备分类认证和特定设备认证。设备分类认证是要确定产生图像的相机的模型或者生产厂商，而特定设备认证是要确定拍摄图像的具体相机。事实上，每个相机都具有以分辨率、模糊度、块效应、噪声水平、几何失真以及统计特性等形式呈现的属性特征，这些特征常不被人眼轻易发现，但有可能被特定的设备和专门的技术检测出来。

根据图像认证的目的，认证还可以分为**完整性认证**和**鲁棒性认证**。完整性认证又称"硬"认证，对任何图像变化都很敏感，其认证的目标为图像内容的表述形式、图像像素的颜色值和格式等。鲁棒性认证又称"软"认证，只对图像内容的变化敏感，其认证的目标为图像内容的表达结果。对于完整性认证，不管图像遭遇的是一般的图像处理操作（合法的压缩、滤波等），还是恶意的攻击，只要是图像发生了变化，就认为它是不完整不可信的；而对于鲁棒性认证，需要区分一般的图像处理操作和恶意的攻击，前者主要改变图像的视觉效果，后者可能改变图像内容。一般来说，只有当图像内容发生变化时，信息才是不完整、不可信的。早期的信息认证技术大部分属于完整性认证。

另外，一般的图像认证系统还要求系统具有以下特征：篡改敏感性、鲁棒性、安全性、篡改定位性、篡改可修复性等。有的应用系统还要求系统具有可逆性（参见 9.3.2 节）。

3. 图像取证

图像取证是确定、收集、识别、分析源于图像的证据，以及出示法庭的过程。图像取证技术通过分析图像统计特征来检测图像是否被篡改，判断图像内容的真实性、可信性、完整性和原始性，并进一步帮助实现图像认证。

从技术角度来看，图像取证可分为 3 类。

（1）主动方法。典型的方法是预先将脆弱水印嵌入图像中，如果篡改了图像，就会破坏水印，从而暴露篡改的行为。其中还可进一步划分为基于易损性水印的方法和基于半易损性水印的方法。这类方法的局限性在于水印嵌入会对载体图像造成轻微变化，且无法保护大量未嵌入水印的图像。

（2）半主动方法。典型的方法是借助数字签名，其中还可进一步划分为基于"硬"签名和"软"签名的方法。先基于图像内容生成长度很短的数字签名（认证码或视觉哈希），在认证时，可确认图像内容与数字签名的匹配来进行。这类方法虽然没有改动图像，但需预先产生辅助数据。

（3）被动方法。这类方法既不需要事先在图像中嵌入水印（或其他信息），也不依赖于辅助数据（及提取），仅根据待取证的图像自身来判断其真伪和鉴别其来源。

目前讨论图像取证主要是指图像的被动取证，其主要方法可分为以下3类。

（1）图像真实性取证。判断图像从最初获取之后是否经历过任何形式的修改或处理，这也称为防伪检测。根据鉴别所用的特征，目前的检测技术可基于图像篡改过程遗留的痕迹、基于成像设备的一致性，以及基于自然图像的统计特性等。

（2）图像来源取证。判断生成图像数据的获取或输出设备（如相机、手机、打印机等），即通过分析图像生成设备内在的特征，提取图像中对应的表观特征，从而认证图像的来源。

（3）图像隐写取证。不仅要判断图像中是否嵌入了秘密信息，而且需要提取秘密信息作为呈堂证据。目前的隐写分析研究基本集中在检测图像中是否隐藏有秘密信息，进一步的工作还要考虑如何确定隐写所用的方法、嵌入软件、密钥等，从而正确提取秘密信息。

9.3.2 图像可逆认证

在现实应用中，一些重要的载体如医学诊断图片、军事图像及法律公文图片等对图像的完整性要求异常严格，不允许有任何改变。这里要求不仅能够对图像进行精确认证，包括识别对图像的恶意篡改，而且要求认证过后，必须对原始图像进行无损还原/完全恢复，即认证过程需要可逆。借助脆弱水印技术就可以实现**可逆认证**，该技术可以广泛适用于保密性强、安全密级高以及精度要求高的图像。

这些技术的基础算法可以简单分为3类：即基于数据压缩的可逆水印及其认证算法、基于差数扩展的可逆水印及其认证算法以及基于直方图修改的可逆水印及其认证算法。

1．基于数据压缩的可逆水印及其认证算法

为了从含有水印的图像中完全恢复出原始图像，一个很直观的做法就是向原始图像中嵌入恢复信息。因为在向原始图像中嵌入恢复信息的同时，还要嵌入水印信息，所以嵌入信息的尺寸会比传统水印方案大许多。为了向原始图像中嵌入更多的信息，最简单做法就是压缩要嵌入的信息数据。

这种类型的可逆水印方案的鲁棒性比较弱。因为大部分的压缩技术都不能承受数据损失，所以，即使是压缩数据中的很小一部分受到破坏，也会影响到整个压缩数据的解压缩，从而导致嵌入信息丢失。

2．基于差数扩展的可逆水印及其认证算法

基于差数扩展的可逆水印算法主要利用原始图像的像素特征可逆嵌入和提取水印。先将水印嵌入一些像素值的**最不显著位**上，然后用这些修改后的像素值重构图像，即可得到嵌入水印的图像。

上述算法在嵌入水印时，需要保存一个嵌入水印的位置图，这无形中增加了内存的空间。为解决这个问题，需要在上述算法的基础上提出新的算法。例如，有的新算法可不保存占用大量空间的嵌入位置图，但缺点是嵌入容量比较小。

3．基于直方图修改的可逆水印及其认证算法

基于直方图修改的可逆水印算法选择图像直方图中若干个最大点和最小点来隐藏信息。通过恰当地选择，有可能在实现较大水印嵌入容量的同时，使得嵌入水印后的图像保持良好的视觉效果（具有较高的峰值信噪比）。

9.3.3 图像被动取证

图像被动取证也称图像盲取证，它在不依赖任何预签名或预嵌入信息提取的前提下，对待检测图像内容的真伪和来源进行鉴别和取证。图像盲取证技术实现的可行性基于这样一个事实：任何来源的图像都有自身的统计特征，而任何对图像的篡改都会不可避免地引起图像统计特征上的变化。因此，可以检测图像统计特征的变化，来判断图像的原始性、真实性和完整性。

根据图像鉴别的目的需求，数字图像盲取证技术的研究主要集中在图像来源认证、图像篡改检测和图像隐秘分析 3 个方面。

1．图像来源认证

图像的来源众多，可以是由数码相机拍摄的自然图像，也可以是扫描仪扫描的平面图像，还可以是创作人员借助计算机生成的图像。不同的电子设备具有不同的物理特征，其生成的数字图像也具有相互不同的数字特征。图像来源认证就是提取、分析这些能够说明图像来源的特征，建立各类设备的图像特征库，试图认证数字图像的来源。这类取证是基于成像设备的图像特征一致性认证。

2．图像篡改检测

图像篡改的方法技术繁多，通常图像篡改者会同时使用多种技术来篡改图像。最常见的是复制→粘贴操作、模糊润饰操作和篡改之后的重新存储操作，尤其是修改后的重新存储操作是一个必经的操作，否则篡改就无法最终完成。这些操作都将改变数字图像的统计特征，在篡改后的图像中留下蛛丝马迹。例如，考虑在 Photoshop 中重新存储篡改好的图像，如果原始图像是以 JPEG 格式存储的，由于 JPEG 格式是一种不可逆的有损压缩格式，每一次存储过程都是一次不可逆的有损压缩过程，则经过双重 JPEG 压缩的图像将会包含单次 JPEG 压缩没有的特征。通过统计检测可以很容易检测图像是否仅过了双重压缩。

3．图像隐秘分析

图像隐秘分析是针对图像完整性的一种检测方法。它是对数字图像中是否嵌入了秘密信息、嵌入什么位置，嵌入量有多大等问题进行分析检测的数字图像盲取证技术。图像隐秘分析起初是出于信息安全的需要发展起来的一种技术。图像隐秘分析检测目前能够较好地判断图像中是否隐藏有秘密信息，但要准确定位秘密信息并正确提取还有一定距离。

9.3.4 图像取证示例

作为图像取证的示例，下面介绍一个根据打印的文档，对打印机进行鉴别取证的工作。具体就是将纸质打印文档扫描为图像，通过分析图像，确定打印出该文档的打印机。这种方法既可确定文档的来源，也可帮助辨别文档的真伪。

该方法的流程如图 9.3.1 所示，主要包括 3 个步骤。

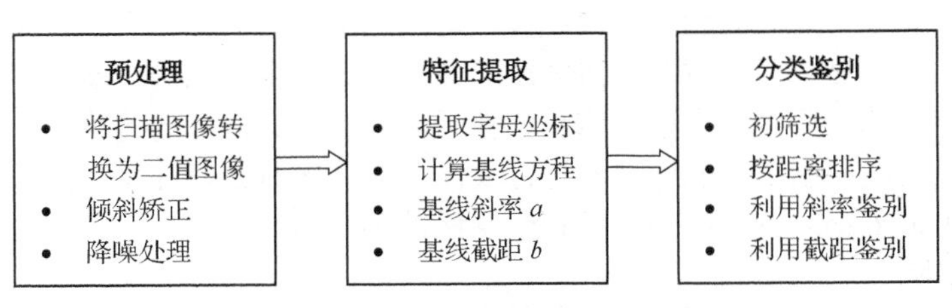

图 9.3.1 打印机鉴别取证流程图

（1）预处理。这包括将待鉴别文档扫描为灰度图像，再转换成二值图像，接下来对扫描时纸张边缘与扫描平台边缘不能很好平行而产生的倾斜文档进行矫正操作，最后对图像进行降噪处理，以提升后续特征提取的准确度。

（2）特征提取。这包括从预处理得到的降噪二值图像中提取每个字符的坐标位置，并计算相应的鉴别特征。对英文字符，取其边框底边的中点作为参考点。对参考点在基线上的字符，计算它们的基线方程；对参考点在底线上的字符，进行纵向偏移使其参考点移到基线上。最后计算出文本行的基线方程 $y = ax + b$，以基线方程的斜率 a 与截距 b 作为文档页的特征。

（3）分类鉴别。在训练阶段，先利用基线斜率初始筛选训练集样本，再用基线截距进一步鉴别。对测试样本，提取特征后，与训练集的特征相比较，根据它们之间的距离差来确定最终的鉴别结果。

如果文档中有不同字号的字符，则需要记录每行文字中各个字符的边框长度，以此判断每行字符的字号。对测试样本，可以根据排版经验计算测试样本中每行在训练样本下的“行号”。经过转换后，计算两者的截距之差，并比较。

该方法对分属 7 个型号的 8 台打印机（其中有两个打印机是同一型号但不同个体）打印出来的文档进行了实验。使用了共有 70 页的同一篇文档采集数据。文档前 50 页的字号全部为 12pt，后 20 页的字号为 12pt 与 18pt 混合文档，其中约有 25%的行的字号为 18pt，每个页面均含有两种字号。对打印文档使用扫描仪以 1 200dpi 的分辨率得到其灰度图像集。取前 30 页 12pt 文档为训练集，测试集 A 为 12pt 的后 20 页文档，测试集 B 为混合字号的 20 页文档。

上述方法对测试集 A 可达到 83.75%的鉴别准确率，对测试集 B 可达到 91.88%的鉴别准确率。之所以在测试集 B 上的准确率更高是因为测试集 B 中有较大字号的字符，计算行间距特征时更为准确，导致鉴别准确率稍高。如果仅考虑分属不同型号的 7 台打印机，鉴别准确率可达到 93.57%；但如果仅考虑属同一型号的 2 台打印机，则鉴别准确率只有 67.50%。这表明该方法能较好地区分不同打印机型号，但对于相同型号打印机的鉴别能力还有不足。

9.3.5 图像反取证

随着图像取证技术的发展，**反取证**技术也逐渐得到关注。

1．反取证

图像取证的基本依据是：图像的成像过程或者处理过程都会留下特殊的痕迹，而取证技术通过识别待取证图像中是否存在相应痕迹来判定其原始性和真伪。图像反取证就是试图运用相应的后处理操作来消除或掩盖篡改的遗留痕迹，使与之对应的取证技术的检测性能大大下降或失效。

图像取证和图像反取证之间的关系相当于矛和盾的关系。现有的取证技术大都假设篡改者没有刻意掩盖自己的篡改行为，即在篡改图像内容的同时，并没有隐匿伪造操作留下的痕迹。如果篡改者根据可能使用的图像取证技术，利用相应的反取证技术消除或伪造篡改痕迹，就有可能使取证技术失效。

对反取证技术的研究有多方面的应用。一方面，评价一个取证技术的优劣往往是从其检测率、复杂度和鲁棒性等角度出发，而利用反取证技术可以测试现有取证技术的安全性，使得取证技术得出的结论更加客观可靠。另一方面，研究反取证技术本身也可以进一步揭示取证技术的不足，使取证者针对其存在的漏洞或缺点进行修复和补强，以提高其自身的抗攻击能力。

反取证技术目前主要用于对取证技术进行攻击，以此来测试取证算法的安全性和可靠性。但有些技术也可用于很多正面场合，如隐私和产权保护等方面。

2．反取证技术

隐藏遗留痕迹的反取证技术可分为隐藏对比度增强痕迹、隐藏几何变换痕迹、隐藏锐化处理痕迹、隐藏压缩痕迹以及隐藏中值滤波操作痕迹等多种。它们的概况如表 9.3.1 所示。

表 9.3.1　　隐藏遗留痕迹的反取证技术概况

技术	典型手段	具体挑战
隐藏对比度增强痕迹	（1）利用重采样或噪声调整图像直方图 （2）通过伪造痕迹抵消原有遗留痕迹 （3）利用图像复原恢复引入的失真	（1）如何保持视觉效果的一致性 （2）如何避免在伪造痕迹和原有痕迹间引入失真

续表

技术	典型手段	具体挑战
隐藏几何变换痕迹	（1）利用中值滤波消除重采样周期性 （2）利用添加噪声扰乱插值过程	（1）如何保持图像的视觉效果 （2）如何避免引入新的遗留痕迹
隐藏锐化处理痕迹	通过添加抖动噪声掩盖遗留痕迹	如何消除图像质量失真
隐藏压缩操作痕迹	（1）通过添加噪声重新分配 DCT 系数 （2）利用中值滤波消除块痕迹 （3）利用全变分方法建立抖动噪声模型	（1）如何减小图像的质量损失 （2）如何平衡原有痕迹和引入失真 （3）如何避免留下新的痕迹
隐藏中值滤波痕迹	（1）利用优化方法来消除遗留痕迹 （2）通过添加噪声改变图像像素分布	（1）如何扩展算法适用于压缩图像 （2）如何避免噪声影响图像质量

在获取图像的过程中，常会将获取设备的一些固有特征信息（指纹）带入自然图像中。通过检测成像设备固有特征的一致性即可判断是否发生了篡改。根据固有“指纹”的不同，目前的反取证技术主要包括伪造**彩色滤波器阵**（CFA）特征和伪造**模式噪声**（PN）特征两类。它们的概况如表 9.3.2 所示。

表 9.3.2　基于固有特征信息（指纹）的反取证技术概况

技术	典型手段	具体挑战
伪造彩色**滤波器阵**特征	（1）使用 CFA 插值改变图像像素值 （2）利用最小二乘恢复篡改引入的失真 （3）利用非线性滤波干扰像素间相关性	（1）如何进一步提高图像伪造后的视觉效果 （2）如何避免滤波操作留下新痕迹
伪造模式噪声特征	（1）替换图像中原有的模式噪声 （2）向图像添加新的模式噪声	（1）如何高效压缩原始图像的真实模式噪声 （2）如何有效提取图像的模式噪声

3. 反取证检测

需要指出，因为反取证技术也要对图像进行处理，所以也会遗留下新的痕迹。如同对图像的编辑操作会留下痕迹一样，反取证操作在攻击原取证算法的同时，也可能会对图像内容产生一些新的痕迹。如果这些新痕迹可以识别，则依然能够辨识图像内容的原始性和真实性。该痕迹也会被当作新的判断依据用来辨识图像的真伪。

取证与反取证两者的相互攻防和互相博弈过程一方面能提升图像的安全信誉，另一方面也间接提高了恶意篡改的成本。

相比于成果本身就不太多的反取证技术来说，目前针对反取证产生痕迹的检测方法就更少。表 9.3.3 汇总了 5 种主要检测方法的概况。

表 9.3.3　反取证检测概况

技术	典型手段	通用挑战
检测几何变换反取证	（1）利用遗留的中值滤波痕迹 （2）计算像素间的局部相关系数	（1）如何在遗留痕迹，如中值滤波和添加噪声等痕迹被隐藏的情况下，提高算法的检测正确率觉效果 （2）如何准确识别出反取证攻击后的新遗留痕迹 （3）如何进一步降低三角测试法的计算复杂度 （4）如何进一步发展具有更强稳健性的反取证检测方法
检测压缩操作反取证	（1）利用最大似然估计添加噪声的分布 （2）利用转移概率矩阵检测抖动操作 （3）利用感知度量方式辨识图像失真 （4）计算 DCT 系数相位的一致性	
检测中值滤波反取证	利用像素间的统计相关性	
检测伪造彩色**滤波器阵**反取证	利用图像频谱存在的剧烈局部抖动	
检测伪造模式噪声反取证	三角测试法	

9.4 图像信息隐藏

信息隐藏是一个比较广泛的概念，一般是指将某些特定的信息有意地和隐蔽地嵌入某种载体，以达到某种保密的目的。图像水印在更广泛的意义上也可看作是一种信息隐藏的方式（将某些信息隐蔽地嵌入某种载体）。

9.4.1 信息隐藏技术分类

根据是否对特定信息本身存在性的保密或不保密，信息隐藏可以是隐秘的或非隐秘的。另外，一般根据这些特定信息与载体相关或不相关，信息隐藏又可分为水印类型的或非水印类型的，水印类型的特点是其隐藏信息是与载体相关的。

根据上面的讨论，可将信息隐藏技术分成 4 类，如表 9.4.1 所示。

表 9.4.1　　信息隐藏技术分类

	与载体相关	与载体不相关
隐藏信息存在性	隐秘水印	秘密通信
已知信息存在性	非隐秘水印	秘密嵌入通信

下面介绍这些类型技术的特点和区别。

1．隐秘水印

隐秘术/匿名术是信息隐藏中一种重要的方法，可看作将（需保密的）信息隐藏在另一（可公开的）信息/数据中。隐秘术可用来隐藏信息的发送者、接收者或两者。隐秘水印在这点上符合隐秘术的特征。不过与隐秘术相比，水印常还多一个要求，即抗击可能攻击的稳健性/鲁棒性。另外，两者采用的“稳健性”准则也不完全相同，因为隐秘术主要考虑保护所隐藏的信息不被检测到，而水印主要考虑不让潜在的盗版者消除水印，所以水印方法一般只需在载体中嵌入远少于隐秘术方法的信息。

水印和隐秘术的另一个基本区别是水印系统隐藏的信息总是与被保护的产品结合在一起的，而隐秘术系统仅考虑隐藏信息而不关心载体。从通信角度看，水印技术常是一对多的，而隐秘术常是一对一的（在发送者和接收者之间），所以隐秘术在抗击传输和存储中的变化，如格式转换/压缩或数/模转换的稳健性方面是比较有限的。

另一方面，水印需要抗击试图将隐藏信息除去的企图。为抵御攻击方知道载体中存在隐藏信息且试图除去这些信息的攻击时，常使用水印而不是隐秘术。水印的一个常见应用是通过嵌入版权信息以证明数据的所有权。很明显，对这样的应用，必须对试图去除嵌入信息的攻击有稳健性。水印技术与一般为保密而使用的密码技术也不同，密码技术在数据被接收及解密后就无法保护数据了，而水印不仅在数据传输过程中能对数据进行保护以防止遗失或泄密，而且在数据的整个使用过程中，都可保证数据使用的合法性。

2．非隐秘水印

水印并不总需要隐藏，尽管大多数文献的研究集中在不可见水印上。从信息存在性的角度看，水印与**密码学**有一些相通之处，因为密码技术可用来隐藏信息，所以也可作为一种著作权保护技术。水印与密码学均强调保护信息内容本身，而隐秘术则强调保护信息内容的存在性。

3．秘密通信

秘密通信时常采用**隐蔽信道**，而且嵌入的信息是与载体无关的，这里嵌入的信息是接收方需要的，而载体并不是接收方需要的，载体只是用来帮助传输嵌入的信息。

4．秘密嵌入通信

秘密嵌入通信是指通过公开通道传输秘密信息，该信息被嵌入公开的信号中，但与该信号无关，所以不是水印。嵌入通信与**信息伪装**密切相关。与保护信息内容的密码学不同，信息伪装保护的是信息的存在性。

9.4.2 基于迭代混合的图像隐藏

图像隐藏可看作是一种特殊的信息伪装，它将拟隐藏的图像嵌入载体图像中传递。在实际使用中，载体图像一般是常见的图像，可以公开传递而不受到怀疑。下面介绍一种图像隐藏的方法。

1．图像混合

考虑**载体图像** $f(x,y)$和（拟）**隐藏图像** $s(x,y)$，如果α为满足$0 \leqslant \alpha \leqslant 1$的任一实数，则称图像

$$b(x,y)=\alpha f(x,y)+(1-\alpha)s(x,y) \tag{9.4.1}$$

为图像$f(x,y)$和$s(x,y)$的参数α混合，当α为 0 或 1 时称为平凡混合。

在需要隐藏图像的情况下，可从式（9.4.1）中恢复出$s(x,y)$。

$$s(x,y)=\frac{b(x,y)-\alpha f(x,y)}{1-\alpha} \tag{9.4.2}$$

通过图像混合，可以利用人类视觉特性，将一幅图像隐藏在另一幅图像之中。两幅图像的一个混合实例如图 9.4.1 所示。其中图 9.4.1（a）为载体图像（这里为 Lena 图像），图 9.4.1（b）为隐藏图像（这里为 Girl 图像），取α为 0.5，得到的**混合图像**如图 9.4.1（c）所示。其中，载体图像与隐藏图像的信息都有。

（a） （b） （c）

图 9.4.1 图像混合示例

上例中，混合图像与载体图像有明显的差别，很容易看出其中有隐藏图像的痕迹。从伪装的角度考虑，得到的混合图像应与载体图像在视觉上尽量接近。这可以通过调整α来改善。根据混合图像的定义，当混合参数α更接近 1 时，混合图像$b(x,y)$就会更接近于图像$f(x,y)$；而当混合参数α更接近 0 时，混合图像$b(x,y)$就会更接近于隐藏图像$s(x,y)$。

为描述混合图像与载体图像以及混合图像与隐藏图像之间的接近程度，可以分别计算两幅相应图像之间的均方根误差。均方根误差越小，说明两幅图像越相似。该误差的大小与两幅图像本身及混合参数均有关。当两幅图像确定后，该误差仅是混合参数的函数。图 9.4.2 分别为以图 9.4.1（a）和图 9.4.1（b）作为载体图像和隐藏图像计算出的均方根误差为混合参数的函数曲线。这里载体图像均方根误差是指载体图像与混合图像之间的均方根误差（反映了载体图像变化的情况），而恢复图像均方根误差是指恢复图像与隐藏图像之间的均方根误差（反映了隐藏图像可恢复的情况）。

从图 9.4.2 可以看出，混合参数越接近 1，图像隐藏的效果就越好（线性减少），但恢复图像的质量就越差（非线性增加）。反之，如果要求恢复图像的效果好，则混合参数不能太接近 1，但

这样图像隐藏的效果可能不太好。因此应该存在最佳的混合隐藏，即能使混合图像均方根误差与恢复图像均方根误差之和最小的图像混合情况，如图9.4.3中曲线的谷所示。

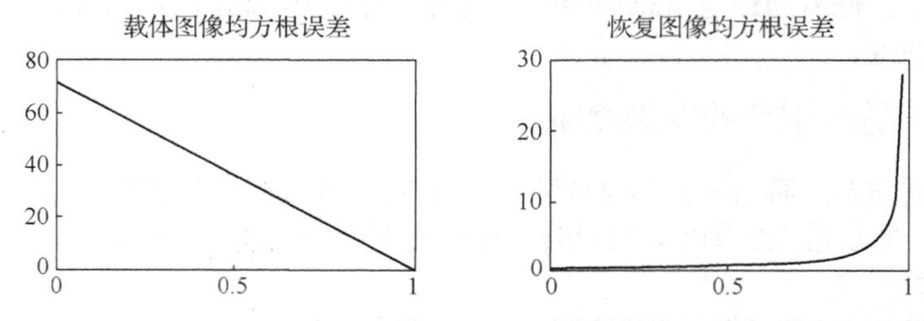

图9.4.2　载体图像及恢复图像与混合图像之间的均方根误差随混合参数的变化曲线

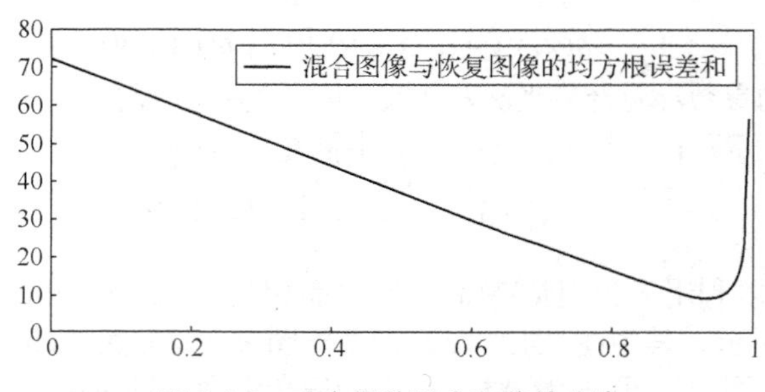

图9.4.3　确定最佳混合隐藏的曲线

例9.4.1　混合参数的选择

混合参数的选择要兼顾图像隐藏的效果和恢复图像的质量。图9.4.4为使用“狒狒”图像作为隐藏图像得到的一组实验结果。图9.4.4（a）为原始图像，图9.4.4（b）、图9.4.4（c）分别为选取混合参数为0.95、0.97、0.98、0.99得到的恢复图像。将这些恢复图像与原始隐藏图像对照可见：混合参数为0.95时的恢复图像看不出与原始隐藏图像的区别，混合参数为0.97时的恢复图像在眼睛和鼻孔之间的区域刚看出有些区别，混合参数为0.98时的恢复图像在鼻梁上也有不同，而混合参数为0.99时的恢复图像质量恶化很明显，在全图各处都可发现失真。可见，混合参数的选择很关键。

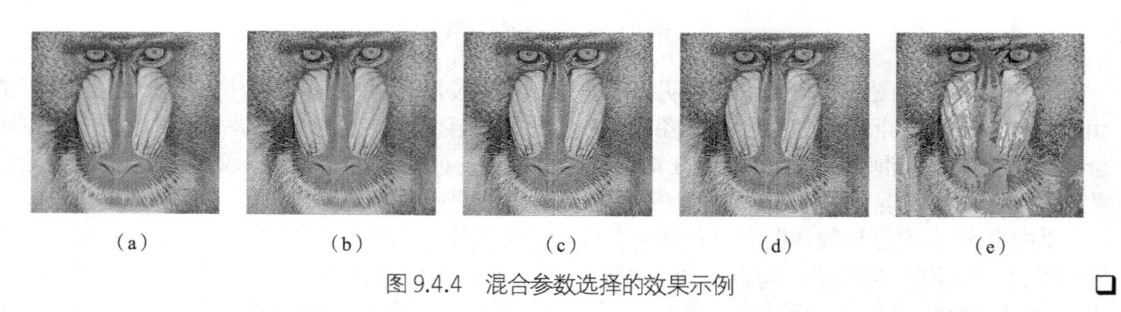

（a）　（b）　（c）　（d）　（e）

图9.4.4　混合参数选择的效果示例　□

综上所述，隐藏图像的一般性原则为，首先应选取与需要隐藏的图像尽可能相像的载体图像，然后在视觉允许的范围内选取尽可能大的混合参数，这样就可以最大程度地保证恢复图像的质量。需要指出，对数字图像，在进行图像隐藏与恢复的计算过程中会产生取整（数）造成的一些误差。所以，虽然混合参数越接近1，隐藏效果越好，但舍入误差可能会导致混合参数太接近1时的恢复图像质量下降，不能准确恢复甚至无法辨认。

2．图像的单幅迭代混合

上述基本的图像混合算法仅进行了一次简单的叠加，效果还需改进。图像混合的核心是混合参数，如果将上面的方法推广，利用多个参数多次混合，就得到**迭代混合**。

设$\{\alpha_i | 0 \leqslant \alpha_i \leqslant 1, i=1,2,\cdots,N\}$为给定的$N$个实数，对图像$f(x,y)$和$s(x,y)$先进行$\alpha_1$混合得$b_1(x,y)=\alpha_1 f(x,y)+(1-\alpha_1)s(x,y)$，再对图像$f(x,y)$和$b_1(x,y)$进行$\alpha_2$混合得$b_2(x,y)=\alpha_2 f(x,y)+(1-\alpha_2)b_1(x,y)$，依次混合可得$b_N(x,y)=\alpha_N f(x,y)+(1-\alpha_N)b_{N-1}(x,y)$，此时称图像$b_N(x,y)$为图像$f(x,y)$和$s(x,y)$的关于$\{\alpha_i\}$的$N$重迭代混合图像。可以证明，在非平凡混合情况下，$b_N(x,y)$单调收敛于载体图像$f(x,y)$。

$$\lim_{N\to\infty} b_N(x,y)=f(x,y) \tag{9.4.3}$$

图 9.4.5 为利用上述迭代算法并分别以图 9.4.1（a）和图 9.4.1（b）作为载体图像和隐藏图像进行图像隐藏与恢复的几个例子。其中图 9.4.5（a）～图 9.4.5（c）的上一行分别为迭代 1 次、2 次、3 次的混合图像（所用混合参数分别为 0.8，0.7，0.6），下一行分别为从对应迭代混合图像中恢复出来的隐藏图像。

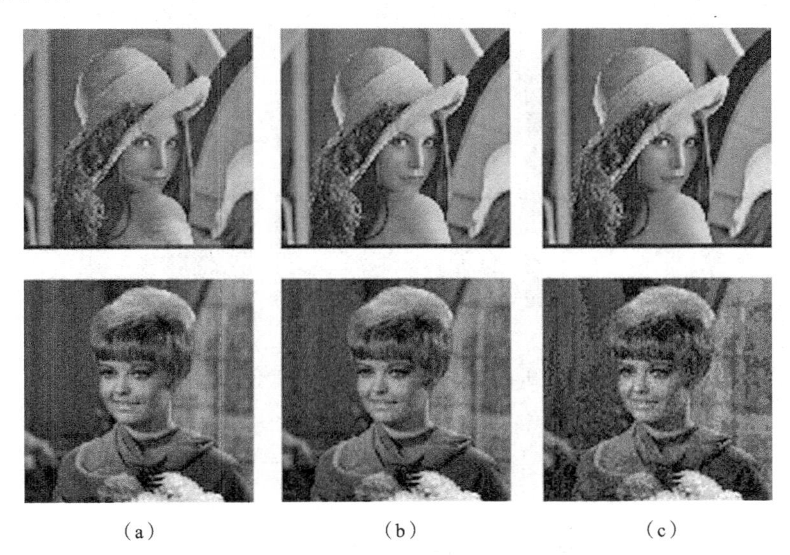

（a）　　（b）　　（c）

图 9.4.5　单幅迭代混合隐藏实验结果

与用上述迭代算法获得的结果相关的参数和误差的数据均列在表 9.4.2 中。

表 9.4.2　　单幅迭代混合实例相关参数

混合参数	0.8	0.7	0.6
混合图像峰值信噪比/dB	24.9614	35.4190	43.3778
混合图像均方根误差	14.4036	4.3211	1.7284
恢复图像峰值信噪比/dB	45.1228	34.5148	26.3956
恢复图像均方根误差	1.4138	4.7951	12.2112

3．图像的多幅迭代混合

上述图像混合算法及单幅迭代混合算法将一幅秘密图像隐藏在一幅载体图像中，如果攻击者截获了载体图像和混合图像并产生了怀疑，则攻击者借助原始载体图像就有可能通过相减恢复出秘密图像。因为这样的隐藏系统的安全性完全依赖于一幅载体图像，所以是比较脆弱的。为了解决这个问题，可再将图像混合的思想推广，利用多个混合参数以及多幅图像来隐藏一幅图像，这就是**图像的多幅迭代混合**。

设$f_i(x, y)(i = 1, 2, \cdots, N)$为一组载体图像，$s(x, y)$为一幅隐藏图像，$\{\alpha_i | 0 \leqslant \alpha_i \leqslant 1, i = 1, 2, \cdots, N\}$为给定的$N$个实数。对图像$f_1(x, y)$和$s(x, y)$进行$\alpha_1$混合得$b_1(x, y) = \alpha_1 f_1(x, y) + (1 - \alpha_1)s(x, y)$，对图像$f_2(x, y)$和$b_1(x, y)$进行$\alpha_2$混合得$b_2(x, y) = \alpha_2 f_2(x, y) + (1 - \alpha_2)b_1(x, y)$，依次混合可得$b_N(x, y) = \alpha_N f_N(x, y) + (1 - \alpha_N)b_{N-1}(x, y)$，则图像$b_N(x, y)$称为图像$f(x, y)$和$s(x, y)$的关于$\alpha_i$和$f_i(x, y)$（$i = 1, 2, \cdots, N$）的$N$重迭代混合图像。

根据图像多幅迭代混合的定义，可以得到一个将一幅图像与多幅图像进行迭代混合，利用人类视觉的掩盖特性，将它隐藏在N幅图像中的方案。恢复这样的隐藏图像时，需要使用N幅混合图像和N个混合参数，并且需要知道图像的混合次序，由此可见，这种对图像的多幅迭代隐藏方案是一种非常安全的隐藏方案。

图 9.4.6 为多幅迭代隐藏的例子。其隐藏过程是将如图 9.4.6（c）的 Couple 图像混合在如图 9.4.6（b）的 Girl 图像中（使用混合参数$\alpha_2 = 0.9$），再混合到图 9.4.6（a）的 Lena 图像中（使用混合参数$\alpha_1 = 0.85$）。这样，图 9.4.6（a）为公开图像，图 9.4.6（b）为中间结果图像，图 9.4.6（c）为隐藏图像。

图 9.4.6　多幅迭代隐藏的一个例子

总结和复习

下面简单小结本章各节，并有针对性地介绍一些可供深入学习的参考文献。进一步复习还可通过思考题和练习题进行，标有星号（*）的题在书末提供了参考解答。

【小结和参考】

9.1 节介绍了图像水印的原理、特性、分类和用途。对水印技术的全面介绍还可见文献[Cox 2002]。国际标准 MPEG-21 中，知识产权保护也是重要的内容[章 2000b]，它推动和促进了数字水印技术的研究和应用[李 2001]。水印比较具体的应用包括：在 CD 音乐中隐藏该乐曲的简介、相关作者、定购信息、访问链接等操作代码；在 DVD 内容数据中嵌入水印信息，DVD 播放机通过检测 DVD 数据中的水印信息来判断其合法性和能否拷贝；在图像中隐藏图像的名称、图像内容简介、创作作者姓名及相关联系信息、发布免费样图等信息。对水印发展前景的讨论还可见文献[Barni 2003a]和[Barni 2003b]。对水印特性的更多讨论可见文献[章 2018b]。

9.2 节介绍了 DCT 域[Zhang 2001]和 DWT 域[王 2005]图像水印的原理和方法，其中关于无意义水印和有意义水印的区别及其构建、嵌入和检测在各种图像水印方法中都适用。在 DCT 域中的 AC 系数有高频系数和低频系数之分。将水印嵌入高频系数可获得较好的不可见性，但稳健性较差。另一方面，将水印嵌入低频系数可获得较好的稳健性，但对视觉观察有较大影响。为调和这两者之间的矛盾，可使用扩频技术[Kutter 2000]。DWT 域图像水印的特点之一是易于结合人眼视觉特性[Barni 2001]。有关视觉阈值的介绍可见[Branden 1996]。

9.3 节介绍了图像认证和取证的相关内容。它与图像水印技术都有保护图像真实性的功能，许多可逆认证是借助可逆水印来实现的[Gao 2008]、[顾 2008]。有关图像反取证技术的近期进展比较快，其发展值得关注[王 2016]。根据打印文档对打印机进行鉴别取证工作的细节还可见[刘 2017]。

9.4 节介绍了图像信息隐藏的一些内容，从总体上讲，主要围绕与水印技术的对比进行[Cox 2002]。值得指出，隐秘术[Petitcolas 2000]和水印技术虽然有区别，但隐秘术和水印互补的成分比互相竞争的成分更多[Kutter 2000]。采用图像混合进行信息隐藏是一种特定的图像信息隐藏方法[张 2003a]，对其中一些性质和定理的证明可见[张 2003b]。

【思考题和练习题】

9.1　水印的嵌入和提取需要注意的问题有什么不同，有哪些指标？

9.2　图像水印技术和图像编码技术有什么联系？有什么相同和不同之处？

*9.3　水印的特性除文中介绍的两个最主要的外，还有哪些？举几个例子。

9.4　如果将图像块中的亮度分成低亮度、中亮度、高亮度 3 等，纹理也分成简单纹理、中等纹理、复杂纹理 3 等，那么它们的组合有 9 种。分别从不可见性的角度分析在这 9 种情况下，水印嵌入造成的影响。

*9.5　如要将“TSINGHUA UNIVERSITY”重复 4 次，用 9.2.1 节介绍的有意义水印方法嵌入一幅 256×256 的图像中，则最少要使用每个图像块的前几个系数？

9.6　对 9.2.2 节介绍的为确定视觉阈值而利用的各种人眼视觉特性各举一个日常生活中的示例，并说明它们还可能应用于哪些图像处理应用中。

9.7　许多水印技术应用的工作也可能使用其他技术完成，试举两个例子。分析采用水印技术相对于采用其他技术有什么优势。

9.8　讨论在 9.3.4 节介绍的图像取证方法中，

（1）所用扫描仪的分辨率对取证效果有什么影响？

（2）选用字号更大的文档，会对取证效果产生什么影响？

（3）为改善取证效果，还可以考虑采用哪些特征？

9.9　图像可逆认证和图像认证之间的关系与图像反取证和图像取证之间的关系有哪些类似之处，有哪些不同之处？

9.10　在图像的多幅迭代混合中，增加迭代次数和增加图像数量都应有利于信息隐藏。分析增加迭代次数和增加图像数量哪个效果更明显？它们各自会受到哪些限制？

9.11　设在图像的单幅迭代混合中，取$\alpha_1 = 0.8$，$\alpha_2 = 0.6$，这相当于在图像的单幅混合中取多大的α而得到的效果？

9.12　将图像水印、图像取证和图像信息隐藏两两对比，哪些地方是相同或相似的？哪些地方是不同但互补的？

第10章 图像分割

图像分割是由图像处理进到图像分析的关键步骤，它是指把图像划分成各具特性的区域并提取出感兴趣目标的技术和过程。把感兴趣的目标提取出来，更高层的分析和理解就有了基础。

在对图像的研究和应用中，人们往往仅对一幅图像中的某些部分感兴趣（或更关注）。这些部分常称为**目标**或**前景**（其他部分则称为**背景**），这些感兴趣的部分一般对应图像中特定的、具有独特性质的区域。为了辨识和分析目标，需要将这些有关区域分离提取出来，在此基础上才有可能进一步利用目标，如提取和测量特征。与前面各章介绍的图像处理操作不同，图像分割并不是要改善图像质量或在保证质量的基础上减少数据量，而是要提取图像中关心的部分。虽然图像分割也以图像为输入，但输出已是较高层的目标。

进行图像分割需要考虑区域的特性。这里的特性可以是用灰度、颜色、纹理等指示的特性，目标可以对应单个区域，也可以对应多个区域。在分割中，划分的准则可以基于区域本身独有的特点，也可以基于区域之间的区别。从策略上讲，既可以逐像素依次进行，也可以对同类像素同时进行。由于有很多可能性，所以图像分割技术有很多种。

本章各节内容安排如下。

10.1 节给出比较正式的图像分割定义，并提出两个准则将图像分割技术分成 4 类。

10.2 节介绍第一类图像分割技术，该类技术采用并行计算的策略，基于区域之间的区别进行。

10.3 节介绍第二类图像分割技术，该类技术采用串行计算的策略，也基于区域之间的区别进行。

10.4 节介绍第三类图像分割技术，该类技术采用并行计算的策略，但基于区域本身的特性进行。

10.5 节介绍第四类图像分割技术，该类技术采用串行计算的策略，也基于区域本身的特性进行。

10.1 定义和技术分类

图像分割多年来一直得到人们的高度重视，至今已提出了成千上万种各种类型的分割算法，而且近年来每年都有几百篇有关研究报道发表。为了更好地研究图像分割，需要对图像分割给出比较正式的定义，还需要将已有技术分类，从而选择典型的方法介绍。

10.1.1 图像分割定义

图像分割可借助集合的概念来正式定义。

令集合 R 代表整个图像区域，对 R 的分割可看作将 R 分成若干个满足以下 5 个条件的非空子集（子区域）$R_1, R_2, \cdots, R_n$（其中 $P(R_i)$代表所有在集合 R_i 中元素的某种性质，ϕ代表空集）。

（1）$\bigcup_{i=1}^{n} R_i = R$。

（2）对所有的 i 和 j，$i \neq j$，有 $R_i \cap R_j = \phi$。

（3）对 $i = 1, 2, \cdots, n$，有 $P(R_i) = \text{TRUE}$。

（4）对 $i \neq j$，有 $P(R_i \bigcup R_j) = \text{FALSE}$。

（5）对 $i = 1, 2, \cdots, n$，R_i 是连通的区域。

上述条件（1）指出分割得到的全部子区域的总和（并集）应能包括图像中的所有像素，或者说分割应将图像中的每像素都划分到某个子区域中。条件（2）指出各个子区域是互相不重叠的，或者说 1 像素不能同时属于 2 个区域。条件（3）指出在分割后得到的属于同一个区域中的像素应该具有某些相同特性。条件（4）指出在分割后得到的属于不同区域中的像素应该具有不同的特性。条件（5）要求同一个子区域内的像素应当是连通的（自然图像常满足这个条件）。对图像的分割总是根据一些分割的准则进行。条件（1）与条件（2）说明分割准则应可适用于所有区域和所有像素，条件（3）与条件（4）说明分割准则应能帮助确定各区域像素有代表性的特性。

10.1.2　图像分割技术分类

根据以上定义和讨论，可考虑按如下方法对分割技术和算法进行分类。这里以灰度图像为例进行讨论，但其基本思路对其他类图像也适用。首先，对灰度图像的分割常可基于像素灰度值的 2 个性质：不连续性和相似性。区域内部的像素一般具有**灰度相似性**（即同一个区域内的像素灰度比较接近），而在区域之间的边界上一般具有**灰度不连续性**（即相邻两区域交界处的像素灰度有跳跃）。所以分割算法可据此分为利用区域间灰度不连续性的基于边界的算法和利用区域内灰度相似性的基于区域的算法。其次，根据分割过程中处理策略的不同，分割算法又可分为并行算法和串行算法。在**并行算法**中，所有判断和决策都可独立地和同时地做出，而在**串行算法**中，早期处理的结果可被其后的处理过程利用。一般串行算法所需的计算时间常比并行算法要长，但抗噪声能力也常较强。因为上述这 2 个准则互不重合又互为补充，所以分割算法可根据这 2 个准则分成 4 类（见表 10.1.1）：并行边界类、串行边界类、并行区域类、串行区域类。这种分类法既能满足上述分割定义的 5 个条件，也可以包括现有图像分割综述文献提到的各种算法。

表 10.1.1　　分割算法分类表

分类	边界（不连续性）	区域（相似性）
并行处理	并行边界类	并行区域类
串行处理	串行边界类	串行区域类

10.2　并行边界技术

并行边界技术是指同时对目标边界上的各像素进行检测和连接的技术。

10.2.1　边缘及检测原理

边缘检测是所有基于边界的图像分割方法的第一步。两个具有不同灰度值的相邻区域之间总存在边缘。边缘是灰度值不连续的结果，这种不连续常可方便地利用计算导数来检测，一般常使用的是一阶导数和二阶导数。下面借助图 10.2.1 来说明。图 10.2.1 中的第 1 排是一些具有边缘的图像示例（水平虚线表示做剖面图的位置），第 2 排是沿图像水平方向的一个剖面图，第 3 和第 4 排分别为剖面的一阶导数和二阶导数。常见的边缘剖面有 3 种：**阶梯状边缘**（见图 10.2.1（a））、**脉冲状边缘**（见图 10.2.1（b））、**屋顶状边缘**（见图 10.2.1（c））。阶梯状的边缘处于图像中两个具有不同灰度值的相邻区域之间，脉冲状的边缘主要对应细条状的灰度值突变区域，而屋顶状的边缘上升沿和下降沿都比较缓慢。由于采样有限的缘故，数字图像中的边缘总有一些模糊，所以这里垂直上下的边缘剖面都表示成有一定坡度。

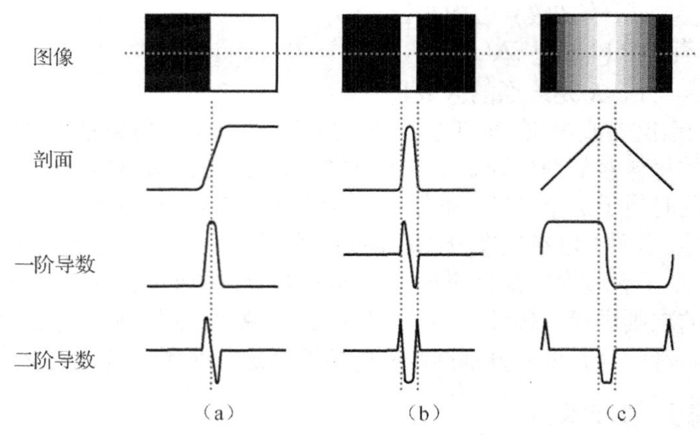

图 10.2.1　边缘和导数

在图 10.2.1（a）中，对灰度值剖面的一阶导数在图像由暗变明的位置有一个向上的阶跃，而在其他位置都为 0。这表明可用一阶导数的幅度值来检测边缘的存在，幅度峰值一般对应边缘位置。对灰度值剖面的二阶导数在一阶导数的阶跃上升区有一个向上的脉冲，而在一阶导数的阶跃下降区有一个向下的脉冲。在这两个阶跃之间有一个**过零点**，它的位置正对应原图像中边缘的位置。所以可以使用二阶导数的过零点检测边缘位置，而使用二阶导数在过零点附近的符号确定边缘像素在图像边缘两边的暗区或明区。

在图 10.2.1（b）中，因为脉冲状的剖面边缘与图 10.2.1（a）所示的一阶导数形状相同，所以图 10.2.1（b）所示的一阶导数形状与图 10.2.1（a）所示的二阶导数形状相同，而它的两个二阶导数过零点正好分别对应脉冲的上升沿和下降沿。检测脉冲剖面的两个二阶导数过零点就可确定脉冲的范围。

在图 10.2.1（c）中，因为屋顶状边缘的剖面可看作将脉冲边缘底部展开得到，所以它的一阶导数是将图 10.2.1（b）所示脉冲剖面的一阶导数的上升沿和下降沿分别展开得到的，而它的二阶导数是将脉冲剖面二阶导数的上升沿和下降沿拉伸开得到的。检测屋顶状边缘剖面的一阶导数过零点就可以确定屋顶的位置。

基于以上的讨论和检测原理，可采用多种方式来检测边缘。在空域检测边缘常采用局部导数算子进行。下面分别介绍一阶导数算子和二阶导数算子，然后讨论如何将检测出的边缘点连接成曲线或封闭轮廓。

10.2.2　一阶导数算子

由上面的讨论可知，边缘的检测可借助空域微分算子通过卷积来完成。实际上，数字图像中计算导数是利用差分近似微分来进行的。

梯度对应一阶导数，**梯度算子是一阶导数算子**。对于一个连续函数 $f(x, y)$，它在位置 (x, y) 的梯度可表示为一个矢量（两个分量分别是沿 X 和 Y 方向的一阶导数 G_x 和 G_y），即

$$\nabla f(x,y) = \begin{bmatrix} G_x & G_y \end{bmatrix}^{\mathrm{T}} = \begin{bmatrix} \frac{\partial f}{\partial x} & \frac{\partial f}{\partial y} \end{bmatrix}^{\mathrm{T}} \tag{10.2.1}$$

这个矢量的幅度（也常直接简称为梯度）和方向角分别为

$$\text{mag}(\nabla f) = \left\| \nabla f_{(2)} \right\| = \left[G_x^2 + G_y^2 \right]^{1/2} \tag{10.2.2}$$

$$\varphi(x, y) = \arctan\left(G_y / G_x \right) \tag{10.2.3}$$

式（10.2.2）的幅度计算是以 **2 范数**进行的，由于涉及平方和开方运算，计算量比较大。在实际应用中，为了计算简便，常采用 **1 范数**（对应**城区距离**），即

$$\left\| \nabla f_{(1)} \right\| = \left| G_x \right| + \left| G_y \right| \tag{10.2.4}$$

或∞ **范数**（对应**棋盘距离**），即

$$\left\| \nabla f_{(\infty)} \right\| = \max\left\{ \left| G_x \right|, \left| G_y \right| \right\} \tag{10.2.5}$$

以上各式中的偏导数需计算每个像素位置，在实际应用中，常用小区域**模板卷积**来近似计算。因为对 G_x 和 G_y 各用一个**模板**，所以需要两个模板组合起来构成一个梯度算子。根据模板的大小，其中元素（系数）值的不同，人们提出了多种不同的算子。最简单的梯度算子是**罗伯特交叉算子**，它的两个 2 × 2 模板如图 10.2.2（a）所示。比较常用的还有**蒲瑞维特算子**和**索贝尔算子**，它们都使用两个 3 × 3 模板，分别如图 10.2.2（b）和图 10.2.2（c）所示。其中，索贝尔算子是效果比较好的一种，得到广泛应用。因为算子运算采取类似卷积的方式，将模板在图像上移动并在每个位置计算对应中心像素的梯度值，所以对一幅灰度图求梯度所得的结果是一幅梯度图。在边缘灰度值过渡比较尖锐且图像中噪声比较小时，梯度算子工作效果较好。

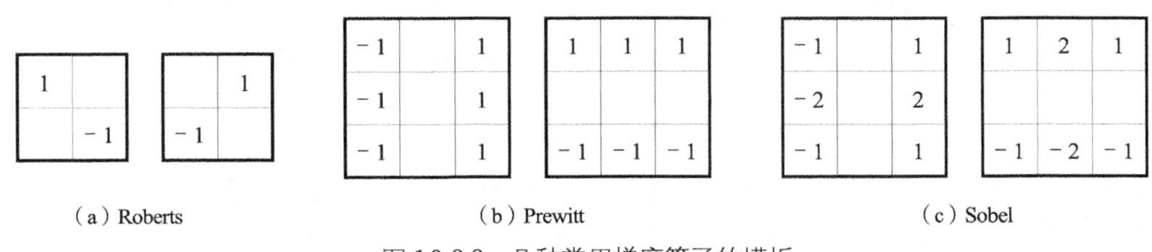

（a）Roberts　（b）Prewitt　（c）Sobel

图 10.2.2　几种常用梯度算子的模板

例 10.2.1　梯度图实例

图 10.2.3 为一组计算梯度图的实例。图 10.2.3（a）为一幅原始图像，它包含各种朝向的边缘。图 10.2.3（b）为用图 10.2.2（c）中的水平模板取得的水平梯度图，它对垂直边缘有较强的响应。图 10.2.3（c）为用图 10.2.2（c）中的垂直模板取得的垂直梯度图，它对水平边缘有较强的响应。图 10.2.3（b）与图 10.2.3（c）中的灰色部分对应梯度较小的区域，深色或黑色对应负梯度较大的区域，浅色或白色对应正梯度较大的区域。对比两图中的三角架，因为三角架主要偏向竖直线条，所以图 10.2.3（b）中的正负梯度值都比图 10.2.3（c）中的大。图 10.2.3（d）为根据式（10.2.2）得到的索贝尔算子梯度图。图 10.2.3（e）和图 10.2.3（f）分别为根据式（10.2.4）和式（10.2.5）得到的索贝尔算子近似梯度图。在这 3 幅图中已对梯度进行了二值化，白色表示大梯度，黑色表示小梯度。这 3 幅图虽然从总体上看相当类似，但以 2 为范数的梯度比以 1 和∞为范数的梯度更为灵敏，例如，图 10.2.3（e）中塔形建筑物的左轮廓和图 10.2.3（f）中塔形建筑物旁的穹顶都未检测出来。

10.2.3　二阶导数算子

由图 10.2.1 可见，利用二阶导数也可以检测边缘。用二阶导数算子检测阶梯状边缘需将算子与图像卷积并确定**过零点**。

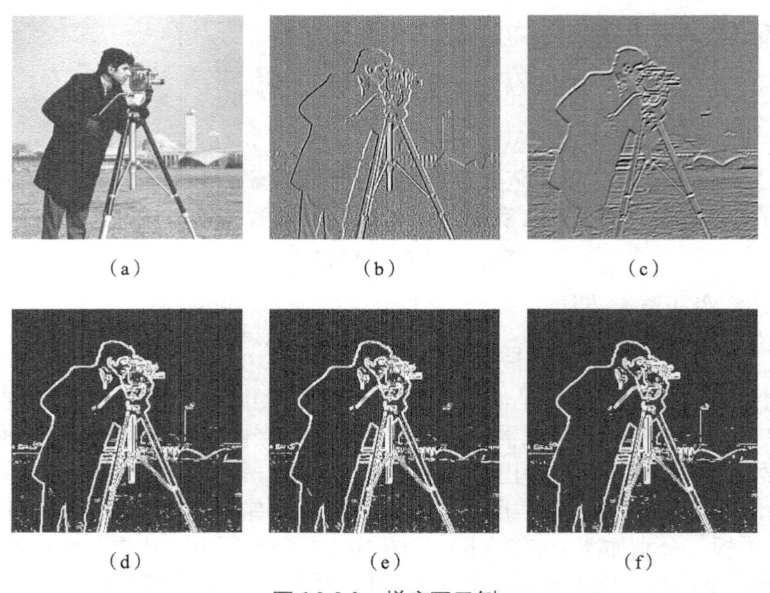

（a）（b）（c）

（d）（e）（f）

图 10.2.3 梯度图示例

1. 拉普拉斯算子

拉普拉斯算子是一种常用的**二阶导数算子**，在实际应用中，可根据二阶导数算子过零点的性质来确定边缘的位置。对于一个连续函数 $f(x,y)$，它在位置 (x,y) 的拉普拉斯值定义为

$$\nabla^2 f = \frac{\partial^2 f}{\partial x^2} + \frac{\partial^2 f}{\partial y^2} \tag{10.2.6}$$

在图像中，计算函数的拉普拉斯值也可借助各种模板来实现。这里对模板的基本要求是对应中心像素的系数应是正的，而对应中心像素邻近像素的系数应是负的，且它们的和应该为 0。常用的两种模板分别如图 10.2.4（a）和图 10.2.4（b）所示，它们均满足上面的条件。因为拉普拉斯算子计算二阶导数，所以对图像中的噪声相当敏感。另外它常产生双像素宽的边缘，且也不能提供边缘方向的信息。由于以上原因，拉普拉斯算子很少直接用于检测边缘，而主要用于已知边缘像素后，确定该像素是在图像边缘的暗区还是明区一边。

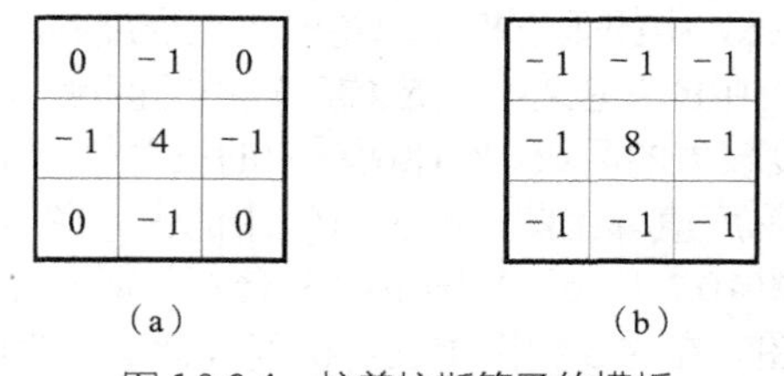

0	−1	0
−1	4	−1
0	−1	0

（a）

−1	−1	−1
−1	8	−1
−1	−1	−1

（b）

图 10.2.4 拉普拉斯算子的模板

例 10.2.2 二阶导数算子检测边缘示例

图 10.2.5 为用二阶导数算子检测边缘的简单示例。图 10.2.5（a）为一幅含有字母 S 的二值图。图 10.2.5（b）为用图 10.2.4（a）所示的模板与图 10.2.5（a）卷积得到的结果。图 10.2.5（b）中的黑色对应最大负值，白色对应最大正值，灰色对应零值。注意对应字母边缘内侧有一条白色边界，对应字母外侧有一条黑色边界（如果把它们看成边缘，则得到双像素宽的边缘）。如果将图 10.2.5（b）中的所有负值都置为黑，将所有正值都置为白，然后将过零点检测出来作为边缘，就得到图 10.2.5（c），其中白色表示真正边缘。

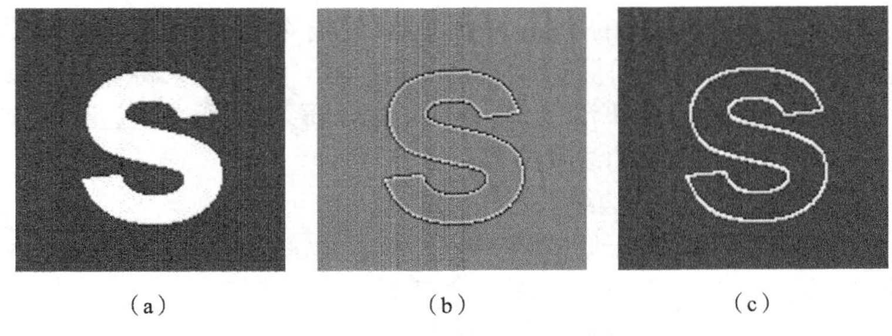

图 10.2.5　拉普拉斯图示例

2. 马尔算子

马尔算子是在拉普拉斯算子的基础上实现的。拉普拉斯算子对噪声比较敏感，为了减少噪声影响，可先对待检测图进行平滑，然后运用拉普拉斯算子。由于在成像时，一个给定像素点对应场景点的周围点对该点的光强贡献呈高斯分布，所以进行平滑的函数可采用高斯加权平滑函数。

马尔边缘检测的思路源于对哺乳动物视觉系统的生物学研究。这种方法分别处理不同分辨率的图像，在每个分辨率上，都通过二阶导数算子计算过零点以获得边缘图。这样在每个分辨率上进行如下计算。

（1）用一个 2-D 的高斯平滑模板与源图像卷积。

（2）计算卷积后图像的拉普拉斯值。

（3）检测拉普拉斯图像中的过零点作为边缘点。

高斯加权平滑函数可定义为

$$h(x,y)=\exp\left(-\frac{x^2+y^2}{2\sigma^2}\right) \tag{10.2.7}$$

式（10.2.7）中，σ高斯分布的均方差与平滑程度成正比。这样对原始图$f(x,y)$的平滑结果为

$$g(x,y)=h(x,y)\otimes f(x,y) \tag{10.2.8}$$

式（10.2.8）中，$\otimes$ 代表卷积。对这样平滑后的图像再运用拉普拉斯算子，如果令 r 是离原点的径向距离，$r^2=x^2+y^2$，以对 r 求二阶导数来计算拉普拉斯值可得到

$$\nabla^2 g=\nabla^2[h(x,y)\otimes f(x,y)]=\nabla^2 h(x,y)\otimes f(x,y)=\left(\frac{r^2-\sigma^2}{\sigma^4}\right)\exp\left(-\frac{r^2}{2\sigma^2}\right)\otimes f(x,y) \tag{10.2.9}$$

其中

$$\nabla^2 h(x,y)=h''(r)=\left(\frac{r^2-\sigma^2}{\sigma^4}\right)\exp\left(-\frac{r^2}{2\sigma^2}\right) \tag{10.2.10}$$

也称为**高斯-拉普拉斯（LOG）滤波器**。它是一个轴对称函数，它的一个剖面如图 10.2.6（a）所示，这个函数的转移函数（傅里叶变换）剖面如图 10.2.6（b）所示。

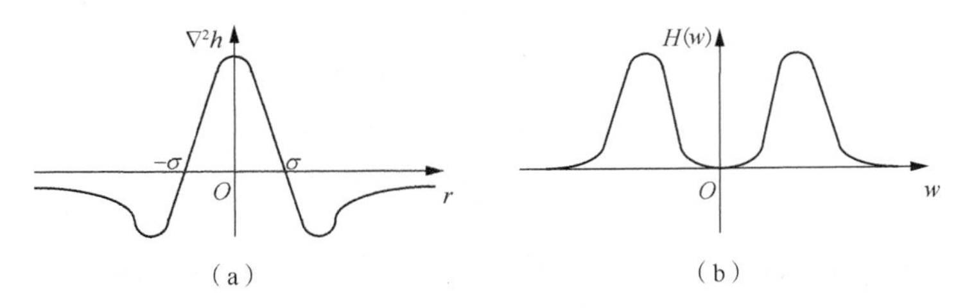

图 10.2.6　$\nabla^2 h$的剖面和对应的转移函数

根据图 10.2.6（a）中$\nabla^2 h$ 曲线的形状，人们称该曲线的形状为“墨西哥草帽”，它是各向同性的（根据旋转对称性）。可以证明马尔算子的平均值为 0，所以如果将它与图像卷积并不会改变图像的整体动态范围。因为$\nabla^2 h$ 的平滑性质能减小噪声的影响，所以当边缘模糊或噪声较大时，利用$\nabla^2 h$ 检测过零点能提供较可靠的边缘位置。

例 10.2.3　借助导数检测 2-D 边缘

需要指出，在 1-D 时，用计算一阶导数的极值和二阶导数的过零点得到的边缘是一致的。但在 2-D 时，因为会有两个一阶（偏）导数和 3 种二阶（偏）导数，所以情况发生了变化。图 10.2.7 给出了一个理想的边缘直角，以及分别用一阶（偏）导数和二阶（偏）导数计算出的实际边缘。这里将两个一阶（偏）导数结合成梯度矢量，边缘根据其幅度来检测。二阶（偏）导数的计算按拉普拉斯算子进行，边缘根据其过零点值来检测。可以看出，两种导数返回的边缘是不一样的，而且与理想边缘也不一致。这种情况对弯曲的边缘总会发生。借助梯度幅度得到的边缘会落在直角内，而借助拉普拉斯算子过零点得到的边缘会落在直角外，但通过直角的顶点。相对来说，后者检测到的边缘与理想边缘不相同的部分比前者检测到的边缘与理想边缘不相同的部分更多，所以在 2-D 时，一般首选用梯度幅度来检测边缘。❑

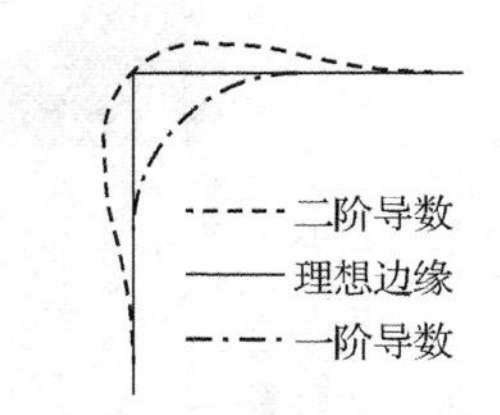

图 10.2.7　一阶导数和二阶导数与理想边缘的不同

3．坎尼算子

坎尼（Canny）把边缘检测问题转换为检测单位函数极大值的问题来考虑。他利用高斯模型，借助图像滤波的概念指出一个好的边缘检测算子应具有的 3 个指标如下。

① 低失误概率，既要少将真正的边缘丢失，也要少将非边缘判为边缘。

② 高位置精度，检测出的边缘应在真正的边界上。

③ 单像素边缘，即对每个边缘有唯一的响应，得到的边界为单像素宽。

考虑上述 3 个指标，坎尼提出了判定边缘检测算子的 3 个准则：**信噪比准则**、**定位精度准则**和**单边缘响应准则**。

（1）信噪比准则

信噪比 SNR 定义为

$$\mathrm{SNR}=\frac{\left|\int_{-W}^{+W} G(-x)h(x)\mathrm{d}x\right|}{\sigma\sqrt{\int_{-W}^{+W} h^2(x)\mathrm{d}x}} \tag{10.2.11}$$

式（10.2.11）中，$G(x)$代表边缘函数；$h(x)$代表带宽为 W 的滤波器的脉冲响应；σ代表高斯噪声的均方差。信噪比越大，提取边缘时的失误概率越低。

（2）定位精度准则

边缘定位精度 L 定义为

$$L=\frac{\left|\int_{-W}^{+W} G'(-x)h'(x)\mathrm{d}x\right|}{\sigma\sqrt{\int_{-W}^{+W} h'^2(x)\mathrm{d}x}} \tag{10.2.12}$$

式（10.2.12）中，$G'(x)$和 $h'(x)$分别代表 $G(x)$和 $h(x)$的导数。L 越大，表明定位精度越高（检测出的边缘在其真正位置上）。

（3）单边缘响应准则

单边缘响应与算子脉冲响应的导数的零交叉点平均距离 $D_{zca}(f')$有关。其定义为

$$D_{\text{zca}}(f') = \pi \left\{ \frac{\int_{-\infty}^{+\infty} h'^2(x)\mathrm{d}x}{\int_{-W}^{+W} h''(x)\mathrm{d}x} \right\}^{1/2} \tag{10.2.13}$$

式（10.2.13）中，$h''(x)$代表 $h(x)$的二阶导数。如果式（10.2.13）满足，则对每个边缘可以有唯一的响应，得到的边界为单像素宽。

满足上面 3 个准则的算子称坎尼算子。上述 3 个准则有一定的关系。例如，准则（1）和准则（2）之间由非确定性准则相连。如果提高了检测能力（用信噪比 SNR 来衡量），定位精度就会下降。反过来，改进对边缘位置检测的精度，失误率就有可能提高。坎尼研究了一个线性滤波器，在阶跃边缘和加性高斯噪声的情况下，可以优化 SNR 和位置精度的乘积。不过，这个滤波器并不能保证在有噪声时，很好地满足准则（3）。为此，还需借助条件优化的方法，其中条件就是在对阶跃边缘满足准则（1）和准则（2）的情况下有唯一的响应。这样得到的滤波器比较复杂，但可用高斯函数的一阶微分来近似。用高斯函数的一阶微分来近似计算导致的滤波器性能下降，对准则（1）和准则（2）都是 20%，而对准则（3）是 10%。由高斯函数的一阶微分得到的边缘检测算子也就是 1-D 的马尔边缘检测算子。

10.2.4　边界闭合

在有噪声时，用各种算子检测到的边缘像素常常是孤立的或分小段连续的。为组成区域的封闭边界以将不同区域分开，需要将边缘像素连接起来。前述的各种边缘检测算子都是并行工作的，如果边界闭合也能并行完成，则分割基本上可以并行实现。下面介绍一种利用像素梯度的幅度和方向进行**边界闭合**的简单方法。

边缘像素连接的基础是它们之间有一定的相似性。用梯度算子处理图像可得到像素两方面的信息：①梯度的幅度，见式（10.2.2）～式（10.2.5）；②梯度的方向，见式（10.2.3）。根据边缘像素梯度在这两方面的相似性，可把它们连接起来。具体说来，如果像素(s, t)在像素(x, y)的邻域且它们的梯度幅度和梯度方向分别满足以下两个条件（其中 T 是幅度阈值，A 是角度阈值）。

$$|\nabla f(x,y) - \nabla f(s,t)| \leqslant T \tag{10.2.14}$$

$$|\varphi(x,y) - \varphi(s,t)| \leqslant A \tag{10.2.15}$$

就可将在(s, t)的像素与在(x, y)的像素连接起来。如果对所有边缘像素都进行这样的判断和连接，就有希望得到闭合的边界。对方向检测算子，边缘的方向是其输出之一，检测出边缘方向的模板的输出值，也给出了边缘沿该方向的边缘值。因为它们对应梯度算子给出的方向和幅度，所以也可参照上述方法获得区域的封闭边界。

例 10.2.4　根据梯度信息实现边界闭合

图 10.2.8（a）和图 10.2.8（b）分别为对图 10.2.3（a）求梯度得到的幅度图和方向角图，图 10.2.8（c）为根据式（10.2.14）和式（10.2.15）进行边界闭合得到的边界图。

注意这里是否将边缘点连接起来的决定可以并行地给出，即一像素是否与它邻域中的另一像素连通并不需要在其他判断后做出。在这个意义上，边界连接可并行地完成。将这个方法推广，可用于连接相距较近的间断边缘段和消除独立的（常由噪声干扰产生的）短边缘段。

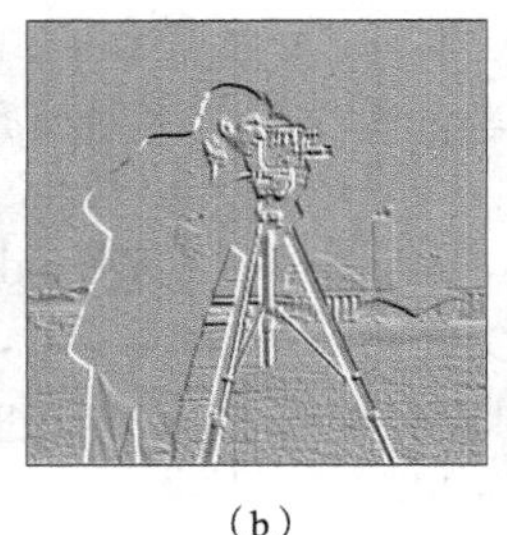

（a）　　（b）　　（c）

图 10.2.8　根据梯度实现边界闭合

10.3　串行边界技术

在并行方法中，检测边缘和连接边界点这两个步骤是对各个图像点分别独立进行的，由于只利用了局部的信息，所以在图像受噪声影响较大时，得到的效果较差。为此也可采用先检测边缘，再串行连接成闭合边界的方法，这就是**串行边界技术**。在串行连接中考虑了图像边界的全局信息，常可取得较鲁棒的结果。本节介绍两种将边缘检测和边界连接两个工作互相结合并顺序进行的方法。

10.3.1　图搜索

边界点和边界段都可以用**图**结构来表示，在图中搜索对应最小代价的通道也可以找到闭合边界。这种方法是一种利用全局信息的方法（考虑了先前检测到的边缘），它在图像中有较强噪声时效果仍较好。当然这种方法比较复杂，计算量也较大。

先介绍一些有关“图”的基本概念。一个图可表示为 $G = [N, A]$，其中 N 是一个有限非空的节点集，A 是一个无序节点对的集。集 A 中的每个节点对(n_i, n_j)称为一段弧（$n_i \in N$，$n_j \in N$）。如果图中的弧是有向的，即从一个节点指向另一个节点，则该弧被称为有向弧，该图称为有向图。当弧是从节点 n_i 指向 n_j 时，那么称 n_j 是父节点 n_i 的子节点。有时父节点也叫祖先，子节点也叫后裔。确定一个节点的各个子节点的过程称为对该节点的展开或扩展。对每个图还可定义层的概念。第 0 层（最上层）只含一个节点，称为起始节点。最底层的节点称为目标节点。对任一段弧(n_i, n_j)都可定义一个代价（或费用），记为 $c(n_i, n_j)$。如果有一系列节点 $n_1, n_2, \cdots, n_K$，其中每个节点 n_i 都是节点 n_{i-1} 的子节点，则这个节点系列称为从 n_1 到 n_K 的一条通路（路径）。这条通路的总代价为

$$C = \sum_{i=2}^{K} c(n_{i-1}, n_i) \tag{10.3.1}$$

定义图中的**边缘元素**是两个互为 4-近邻的像素间的边界，如图 10.3.1（a）中像素 p 和 q 之间的竖线以及图 10.3.1（b）中像素 q 和 r 之间的横线所示。目标边界是由一系列边缘元素构成的。

现在用图 10.3.2 来解释如何根据前面所述的概念来检测边界。图 10.3.2（a）为图像的一个区域，其中括号内的数字代表各像素的灰度值。现设每个由像素 p 和 q 确定的边缘元素对应一个**代价函数**，即

$$c(p,q) = H - [f(p) - f(q)] \tag{10.3.2}$$

式（10.3.2）中，H 为图像中的最大灰度值（在图 10.3.2（a）中为 7）；$f(p)$和 $f(q)$为像素 p 和 q 的灰度值。这个代价函数的取值与像素间的灰度值的差成反比，灰度值的差小，则代价大，灰度值的差大，则代价小。按前面介绍的梯度概念，代价大对应梯度小，代价小对应梯度大。根据

式（10.3.2）的代价函数，利用图搜索技术从上向下可检测出图 10.3.2（b）所示的对应大梯度的边界段。

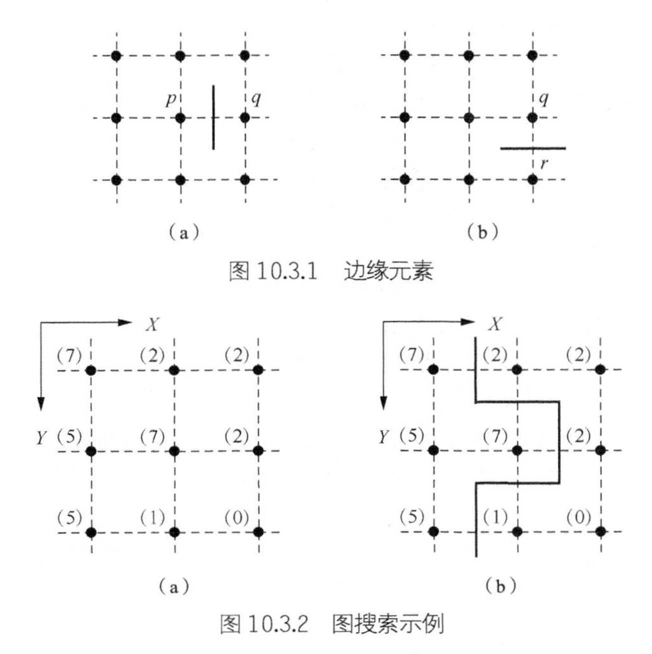

图 10.3.1 边缘元素

图 10.3.2 图搜索示例

图 10.3.3 为解决这个问题的**搜索图**。每个节点（在图 10.3.3 中用长方框表示）对应一个边缘元素。每个长方框中的两对数分别代表边缘元素两边的像素坐标。有阴影的长方框代表目标节点。如果 2 个边缘元素是前后连接的，则对应的前后 2 个节点之间用箭头连接。每个边缘元素的代价数值都由式（10.3.2）计算，并标在图中指向该元素的箭头上。这个数值代表如果用这个边缘元素作为边界的一部分所需的代价。每条从起始节点到目标节点的通路都是一个可能的边界。图 10.3.3 中的粗线箭头表示根据式（10.3.1）计算出的最小代价通路。

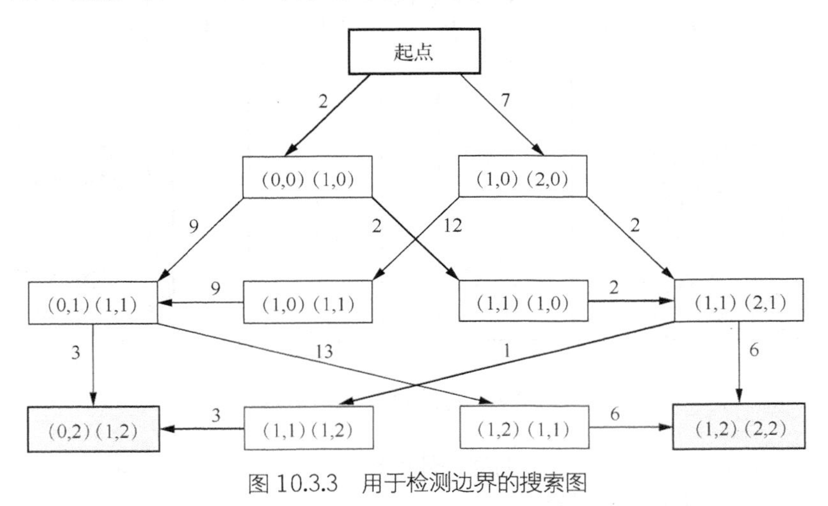

图 10.3.3 用于检测边界的搜索图

10.3.2 动态规划

在一般情况下，求最小代价所需的计算量常常是很大的。如果不利用所需解决问题的一些特性知识，对节点的扩展次序将完全是任意的。由于每个节点都要展开，需扩展的节点数常常很大，在许多情况下，为加快运算速度常常只求亚最优。下面介绍一个借助有关具体问题的启发性知识减少搜索的方法，该方法称为**动态规划**的方法。令 $r(n)$为从起始节点 s 出发经过节点 n 到达目标节点的最小代价通路的估计代价。这个估计代价可以表示成从起始节点 s 到节点 n 的最小代价通路的估计代价 $g(n)$与从节点 n 到目标节点的通路的估计代价 $h(n)$之和，即

$$r(n) = g(n) + h(n) \tag{10.3.3}$$

这里 $g(n)$可取目前从 s 到 n 的最小代价通路（代价的计算可参照前面的方法），$h(n)$可借助某些启发性知识（如根据到达某节点的代价确定是否展开该节点）得到。根据式（10.3.3）进行图搜索的算法由以下几个步骤构成。

（1）将起始节点标记为 OPEN 并置 $g(s) = 0$。

（2）如果没有节点 OPEN，则失败退出，否则继续。

（3）将根据式（10.3.3）计算出的估计代价 $r(n)$为最小的 OPEN 节点标记为 CLOSE。

（4）如果 n 是目标节点，则找到通路（可由 n 借助指针上溯至 s）退出，否则继续。

（5）展开节点 n，得到它的所有子节点（如果没有子节点，则返回步骤（2））。

（6）如果某个子节点 n_i 还没有标记，则置 $r(n_i) = g(n)+c(n, n_i)$，标记它为 OPEN 并将指向它的指针返回节点 n。

（7）如果子节点 n_i 已标记为 OPEN 或 CLOSE，根据 $g'(n_i) = \min[g(n_i), g(n)+c(n, n_i)]$更新它的值。将其 g' 值减小的 CLOSE 子节点标记为 OPEN，并将原指向所有其 g' 值减小的子节点的指针重指向 n。返回步骤（2）。

上述算法通常并不能保证发现全局最小代价通路。它的主要优点是借助启发性知识加快了搜索速度。但已经证明，如果 $h(n)$是从节点 n 到目标节点的最小代价通路的代价下界，则上述算法确实可以发现最小代价通路。

以上算法实际上是将边缘点的检测融进代价函数的计算，从而把边缘检测和边界连接结合起来。它可用于连接给定起点和终点之间的边缘段。在图像分割中需检测的区域边界通常是闭合的，此时除需确定起始点外，还要解决判断搜索结束的问题。当边界包围的区域比较紧凑（偏心率较小）时，可以变换图像极坐标来同时解决确定起始点和判断搜索结束这两个问题。这种方法可看作将动态搜索技术用于状态空间而得到的，其主要步骤如下（见图 10.3.4）。

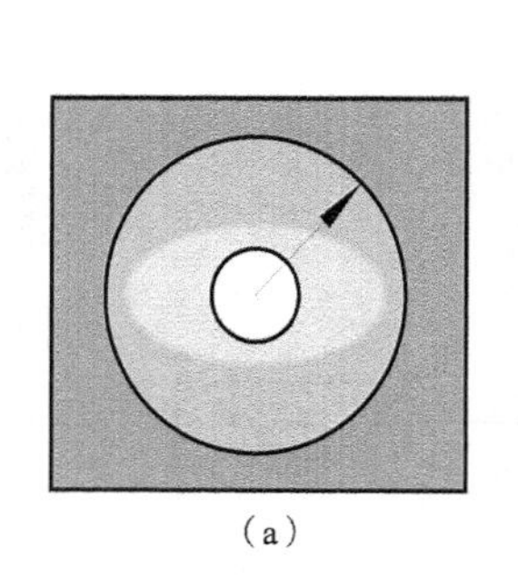
（a）

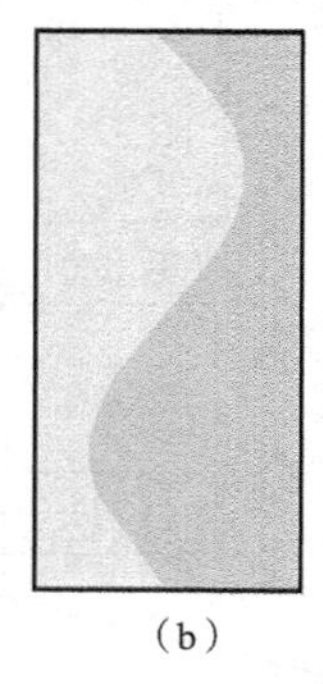
（b）

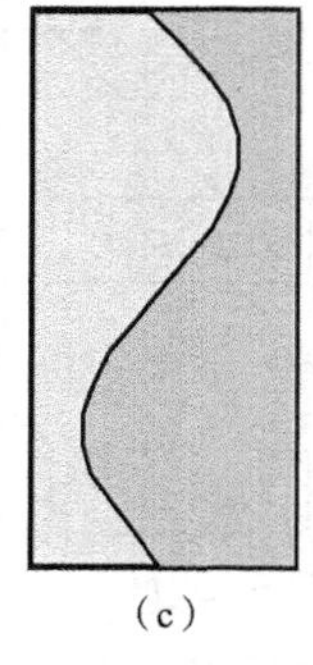
（c）

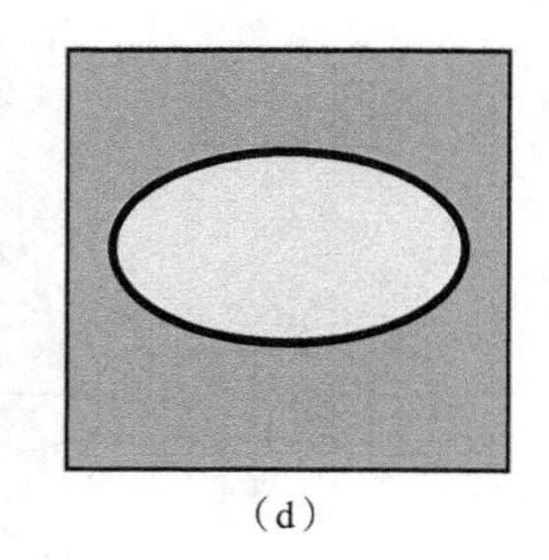
（d）

图 10.3.4 边界检测算法的步骤

（1）在原图像中确定一个包含目标的**感兴趣区域**（ROI）。图 10.3.4（a）中的浅色椭圆为目标区域，ROI 是两个粗线圆中间的部分。

（2）将得到的 ROI 借助极坐标变换（即用图 10.3.4（a）中的箭头旋转扫描）转换成一个矩形区域，如图 10.3.4（b）所示。

（3）在矩形区域顶端选一个起点，利用动态搜索技术逐行向下搜索（如图 10.3.4（c）中的粗

曲线所示），直至到达矩形区域底端。搜索中要保持各节点的连通性，边界的闭合性由起点和终点的横坐标保证。

（4）将动态搜索得到的通路反极坐标变换回去，就得到如图 10.3.4（d）所示的目标闭合边界。

10.4　并行区域技术

并行区域技术是指并行的直接检测区域的分割方法，最常见的是**取阈值技术**，其他同类方法如像素特征空间分类可看作是取阈值技术的推广。另外，对灰度图取阈值后得到的图像中各个区域已能区分开，但要把目标从中提取出来，还需要把各区域识别标记出来。下面介绍基本的阈值选取方法（对区域的目标标记方法参见 11.1 节），以及将它们结合的聚类方法。

10.4.1　原理和分类

在利用取阈值的方法分割灰度图像时，一般都对图像有一定的假设。换句话说，是基于一定的图像模型的。最常用的**取阈值分割模型**可描述为：假设图像由具有单峰灰度分布的目标和背景组成，在目标或背景内部的相邻像素间的灰度值是高度相关的，但目标和背景交界处两边的像素在灰度值上有很大的差别。如果一幅图像满足这些条件，则它的灰度直方图基本上可看作是由分别对应目标和背景的两个单峰直方图混合而成。此时如果这两个分布大小（数量）接近且均值相距足够远，均方差也足够小，则直方图应是双峰的。对这类图像常可用取阈值方法来较好地分割。

最简单的利用取阈值方法来分割灰度图像的步骤如下。首先对一幅灰度取值在 $g_{\min}$～$g_{\max}$ 的图像确定一个**灰度阈值** T（$g_{\min} < T < g_{\max}$），然后将图像中每像素的灰度值与阈值 T 比较，并将对应的像素根据比较结果（分割）划为两类，即像素的灰度值大于阈值的为一类，像素的灰度值小于阈值的为另一类（灰度值等于阈值的像素可归入这两类之一）。这两类像素一般对应图像中的两类区域。在以上步骤中，确定阈值是关键，如果能确定一个合适的阈值，就可以方便地将图像分割开来。

如果图像中有多个灰度值不同的区域，那么可以选择一系列的阈值来将每像素分到合适的类别中。只用一个阈值分割称为**单阈值技术**，用多个阈值分割称为**多阈值技术**。不管用何种方法选取阈值，取单阈值分割后的图像均可定义为

$$g(x,y)=\begin{cases}1 & f(x,y)>T\\ 0 & f(x,y)\leqslant T\end{cases} \tag{10.4.1}$$

例 10.4.1　单阈值分割示例

图 10.4.1 为单阈值分割的示例。图 10.4.1（a）为一幅含有多个不同灰度值区域的图像；图 10.4.1（b）为它的直方图，其中 z 表示图像灰度值，T 为用于分割的阈值；图 10.4.1（c）为分割的结果，大于阈值的像素以白色显示，小于阈值的像素以黑色显示。

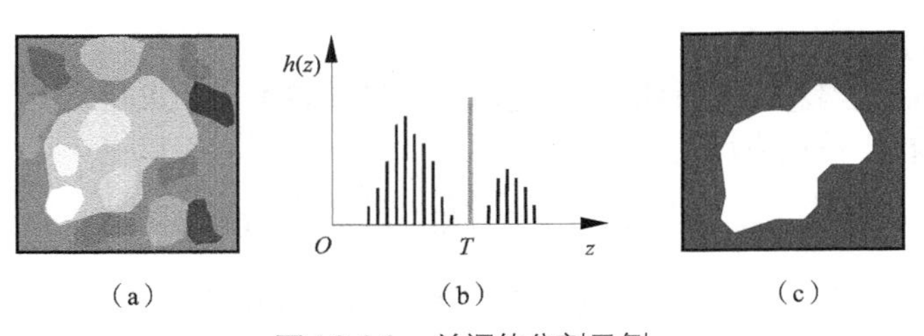

图 10.4.1　单阈值分割示例

在一般的多阈值情况下，取阈值分割可表示为

$$g(x,y)=k \qquad T_k<f(x,y)\leqslant T_{k+1} \qquad k=0,\ 1,\ 2,\ \cdots,\ K \tag{10.4.2}$$

式（10.4.2）中，$T_0, T_1, \cdots, T_K$是一系列分割阈值，k 表示赋予分割后，图像各区域的不同标号。

例 10.4.2　多阈值分割示例

图 10.4.2 为多阈值分割的示例。图 10.4.2（a）代表一幅含有多个不同灰度值区域的图像；图 10.4.2（b）表示分割的 1-D 示意图，其中用多个阈值把（连续灰度值的）$f(x)$分成若干个灰度值段（见 $g(x)$轴）；图 10.4.2（c）代表分割的结果，注意这里由于是多阈值分割，所以结果与例 10.4.1 不同，它仍包含多个区域（根据阈值数的不同，分割得到的区域数也不同）。

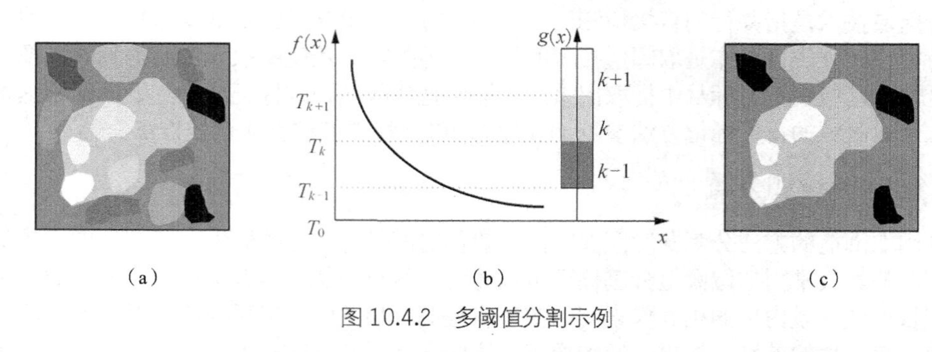

图 10.4.2　多阈值分割示例 □

由上述讨论可知，取阈值分割方法的关键问题是选取合适的阈值。阈值一般可写成如下形式。

$$T = T\left[\, x, y, f(x,y), q(x,y) \,\right] \tag{10.4.3}$$

式（10.4.3）中，$f(x, y)$是在像素点(x, y)处的灰度值；$q(x, y)$是该点邻域的某种局部性质。换句话说，T 在一般情况下，可以是(x, y)，$f(x, y)$和 $q(x, y)$的函数。借助式（10.4.3），可将**取阈值分割方法分类**（即对使用阈值技术进行分割的方法分类），它们对应的阈值有 3 类。

（1）**全局阈值**。仅根据各个图像像素的本身性质 $f(x, y)$来选取而得到的阈值。

（2）**局部阈值**。根据像素的本身性质 $f(x, y)$和像素周围局部区域性质 $q(x, y)$来选取得到的阈值。

（3）**动态阈值**。根据像素的本身性质 $f(x, y)$，像素周围局部区域性质 $q(x, y)$和像素位置坐标(x, y)来选取得到阈值（与此对应，可将前两种阈值称为**固定阈值**）。

以上对取阈值分割方法分类的思想是通用的。近年来，许多取阈值分割方法借用了神经网络、模糊数学、遗传算法、信息论等工具，但这些方法仍可归纳到以上 3 种方法中。

10.4.2　全局阈值的选取

图像的灰度直方图是对图像各像素灰度值的一种统计度量（参见 3.3 节）。最简单的阈值选取方法就是根据直方图来进行的。根据前面对图像模型的描述，如果将双峰直方图两峰之间的谷对应的灰度值作为阈值，就可以将目标和背景分开。谷的选取有多种方法，得到的阈值也不同，下面介绍 3 种典型的方法。

1．极小值点阈值

如果将直方图的包络看作一条曲线，则选取直方图的谷可借助求曲线极小值的方法。设用 $h(z)$ 代表直方图，那么极小值点应满足

$$\frac{\partial h(z)}{\partial z} = 0 \quad 和 \quad \frac{\partial^2 h(z)}{\partial z^2} > 0 \tag{10.4.4}$$

与这些极小值点对应的灰度值可用作分割阈值，称为**极小值点阈值**。

2．最优阈值

有时目标和背景的灰度值有部分交错，用一个全局阈值并不能将它们绝然分开。这时常希望减小误分割的概率，而选取**最优阈值**是一种常用的方法。设一幅图像仅包含 2 类主要的灰度值区域（目标和背景），它的直方图可看成灰度值概率密度函数 $p(z)$的一个近似。这个密度函数实际上

是目标和背景的 2 个单峰密度函数之和。如果已知密度函数的形式，就有可能选取一个最优阈值把图像分成 2 类区域而使误差最小。

设有一幅混有加性高斯噪声的图像，它的混合概率密度为

$$p(z) = P_1 p_1(z) + P_2 p_2(z) = \frac{P_1}{\sqrt{2\pi}\sigma_1}\exp\left[-\frac{(z-\mu_1)^2}{2\sigma_1^2}\right] + \frac{P_2}{\sqrt{2\pi}\sigma_2}\exp\left[-\frac{(z-\mu_2)^2}{2\sigma_2^2}\right] \tag{10.4.5}$$

式（10.4.5）中，μ_1 和 μ_2 分别是背景和目标区域的平均灰度值；σ_1 和 σ_2 分别是关于均值的均方差；P_1 和 P_2 分别是背景和目标区域灰度值的先验概率。因为根据概率定义有 $P_1 + P_2 = 1$，所以混合概率密度中有 5 个未知的参数。如果能求得这些参数，就可以确定混合概率密度。

现在来看图 10.4.3。假设 $\mu_1 < \mu_2$，需定义一个阈值 T，使得灰度值小于 T 的像素分割为背景，而使得灰度值大于 T 的像素分割为目标。这时错误地将一个目标像素划分为背景的概率和将一个背景像素错误地划分为目标的概率分别如下。

$$E_1(T) = \int_{-\infty}^{T} p_2(z)\mathrm{d}z \tag{10.4.6}$$

$$E_2(T) = \int_{T}^{\infty} p_1(z)\mathrm{d}z \tag{10.4.7}$$

总的误差概率为

$$E(T) = P_2 E_1(T) + P_1 E_2(T) \tag{10.4.8}$$

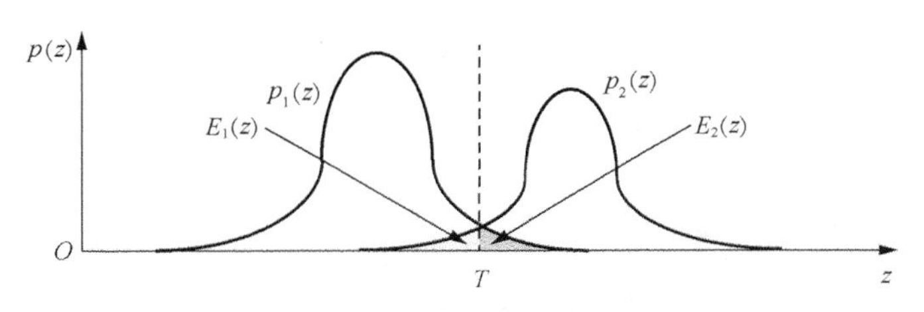

图 10.4.3　最优阈值选取示例

为求得使该误差最小的阈值可将 $E(T)$ 对 T 求导并令导数为 0，这样得到

$$P_1 p_1(T) = P_2 p_2(T) \tag{10.4.9}$$

将这个结果用于高斯密度（将式（10.4.5）代入）可得到二次式

$$\begin{cases} A = \sigma_1^2 - \sigma_2^2 \\ B = 2\left(\mu_1\sigma_2^2 - \mu_2\sigma_1^2\right) \\ C = \sigma_1^2\mu_2^2 - \sigma_2^2\mu_1^2 + 2\sigma_1^2\sigma_2^2\ln(\sigma_2 P_1/\sigma_1 P_2) \end{cases} \tag{10.4.10}$$

该二次式在一般情况下有两个解。如果两个区域的方差相等，则只有一个最优阈值

$$T_{\text{optimal}} = \frac{\mu_1 + \mu_2}{2} + \frac{\sigma^2}{\mu_1 - \mu_2}\ln\left(\frac{P_2}{P_1}\right) \tag{10.4.11}$$

进一步，如果两种灰度值的先验概率相等（或方差为 0），则最优阈值就是两个区域中平均灰度值的中值。

一幅图像的混合概率密度函数 $p(z)$ 的参数可根据最小均方误差的方法借助直方图得到。例如，$p(z)$ 和实测得到的直方图 $h(z)$ 之间的均方误差为（n 为直方图的灰度级数）

$$e_{\text{ms}} = \frac{1}{n}\sum_{i=1}^{n}\left[p(z_i) - h(z_i)\right]^2 \tag{10.4.12}$$

通过最小化，这个误差就可以确定函数$p(z)$的各个参数。

3．最大凸残差阈值

在实际应用中，含有目标和背景两类区域的图像的直方图并不一定总是呈现双峰形式，特别是当图像中目标和背景面积相差较大时，直方图的一个峰会淹没在另一个峰旁边的缓坡里，直方图基本成为单峰形式。为解决这类问题，可以分析直方图凹凸性，以确定合适的阈值来分割图像。

图像的直方图（包括部分坐标轴）可看作平面上的一个区域，对该区域可计算其凸包并求其最大凸残差（参见11.2.3节），由于凸残差的最大值常出现在直方图高峰的肩处，所以可计算**最大凸残差阈值**来分割图像。

图10.4.4为解释上述方法的图示。这里可认为直方图的包络（粗曲线）及相应的左边缘（粗直线）、右边缘（已退化为点）和底边（粗直线）一起围出了一个2-D平面区域。计算这个区域的凸包（见图10.4.4中各前后相连的细直线段）并检测凸残差最大处可得到一个分割阈值T，利用这个阈值就可以分割图像。这样确定的阈值仍是一种依赖像素本身性质的阈值。

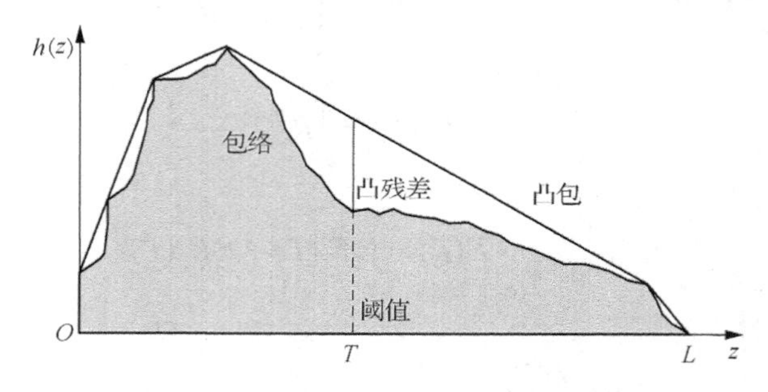

图10.4.4　分析直方图凹凸性来确定分割阈值

10.4.3　局部阈值的选取

在实际应用中，图像常受到噪声等的影响，从而有可能使原本分离的峰之间的谷被填充。根据前面介绍的图像模型，如果直方图上对应目标和背景的峰相距很近或者大小差很多，要检测它们之间的谷就很困难了。因为此时直方图基本是单峰的，虽然该峰的一侧会有缓坡，或该峰的一侧没有另一侧陡峭。为解决这类问题，除利用像素自身性质外，还可以利用一些像素邻域的局部性质。下面分别介绍借助直方图变换和灰度-梯度散射图的两种方法。

1．直方图变换

直方图变换的基本思想是利用一些像素邻域的局部性质变换原来的直方图，以得到一个新的直方图。这个新的直方图与原直方图相比，或者峰之间的谷更深了，或者谷转变成峰，从而更易检测了。这里常用的一个像素邻域局部性质是该像素的梯度值，它可借助前面的梯度算子作用于像素邻域得到。

图 10.4.5（b）为图像中一段边缘的剖面（横轴为空间坐标，竖轴为灰度值），这段剖面可分成I，II，III 3部分。根据这段剖面得到的灰度直方图如图10.4.5（a）所示（横轴为灰度值统计值，3段点画线分别给出边缘剖面中3部分各自的统计值）。对图10.4.5（b）的边缘的剖面求梯度得到图10.4.5（d）所示的曲线，可见对应目标或背景区内部的梯度值小，而对应目标和背景过渡区的梯度值大。如果统计梯度值的分布，可得到图10.4.5（c）所示的梯度直方图，它的两个峰分别对应目标和背景的内部区域，而谷对应两个内部区域边界的部分。变换的直方图就是根据这些特点得到的，一般可分为两类：具有低梯度值像素的直方图和具有高梯度值像素的直方图。

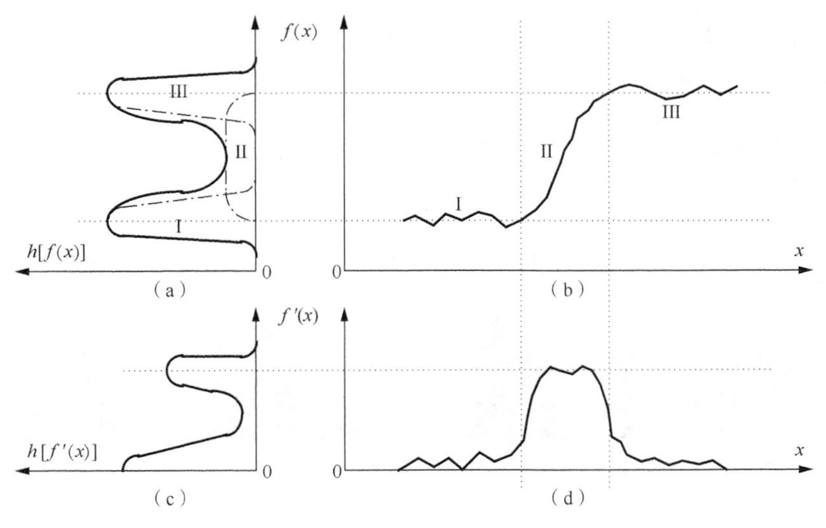

图 10.4.5　边缘及梯度的直方图

（1）具有低梯度值像素的直方图。根据前面描述的图像模型，目标和背景内部的像素具有较低的梯度值，而它们边界上的像素具有较高的梯度值。如果设法做出仅具有低梯度值的像素的直方图，那么这个新直方图中对应内部点的峰应基本不变，但因为减少了一些边界点，所以谷应比原直方图要深。

更一般地，还可计算一个**加权直方图**，其中赋给具有低梯度值的像素权重大一些。例如，设一个像素点的梯度值为 g，则在统计直方图时，可给它加权 $1/(1+g)^2$。这样一来，如果像素的梯度值为 0，则它得到最大的权重（1）；如果像素具有很大的梯度值，则它得到的权重会变得微乎其微。在这样加权的直方图中，边界点贡献小而内部点贡献大，峰高度基本不变而谷变深，所以峰谷差距加大（见图 10.4.6（a），虚线为原直方图）。

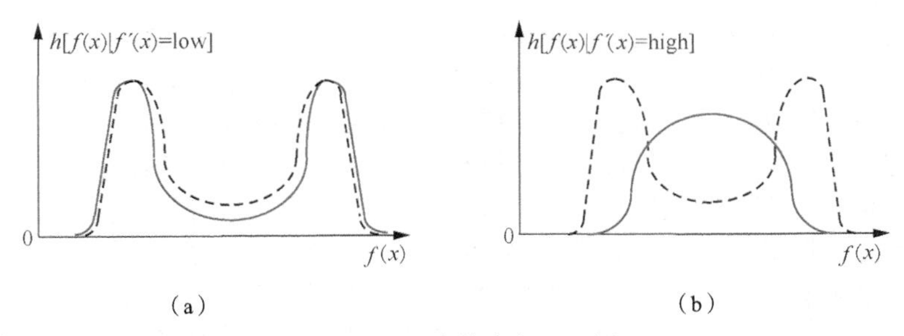

图 10.4.6　变换直方图示例

（2）具有高梯度值像素的直方图与第 1 类直方图相反。具有高梯度值像素的直方图在对应目标和背景的边界像素灰度级处有一个峰（见图 10.4.6（b），虚线为原直方图）。这个峰主要由边界像素构成，对应这个峰的灰度值就可选作分割用的阈值。

更一般地，也可计算一个**加权直方图**，不过这里赋给具有高梯度值的像素权重大一些。例如，可用每像素的梯度值 g 作为赋给该像素的权值。这样在统计直方图时，梯度值为 0 的像素不必考虑，而具有大梯度值的像素将得到较大的权重。

上述方法也等效于将对应每个灰度级的梯度值加起来，如果对应目标和背景边界处的像素的梯度大，则在梯度直方图对应目标像素和背景像素之间的灰度级处会出现一个峰。该方法可能会遇到的一个问题是：如果目标和背景的面积比较大，但边界像素比较少，则许多个小梯度值的和可能会大于少量大梯度值的和，而使原来预期的峰呈现不出来。为解决这个问题，可以对每种灰度级像素的梯度求平均值来代替求和。这个梯度平均值对边界像素点来说，一定会比内部像素点的梯度平均值要大。

例 10.4.3　变换直方图实例

图 10.4.7 为一组变换直方图实例。

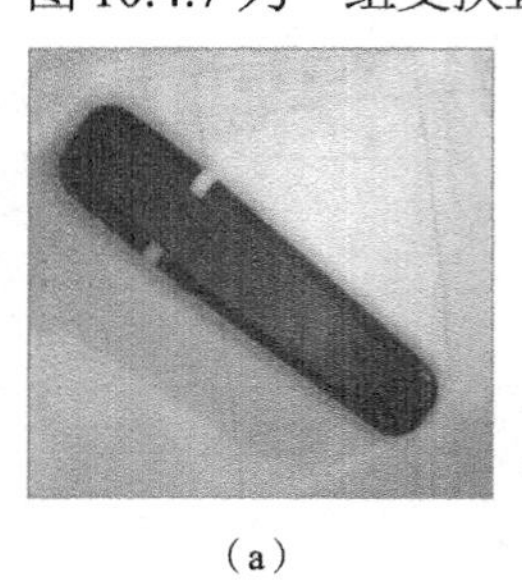
（a）

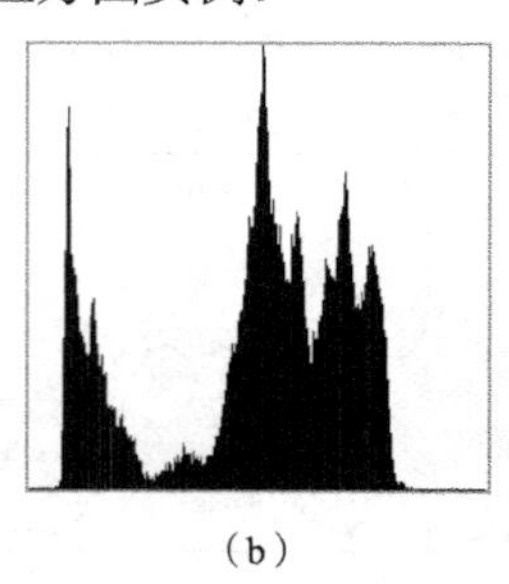
（b）

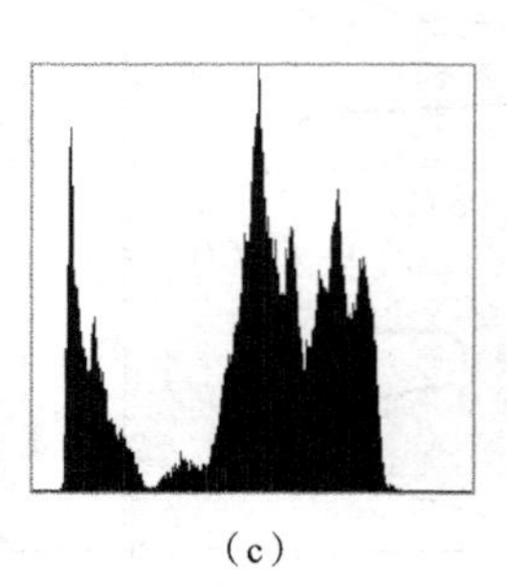
（c）

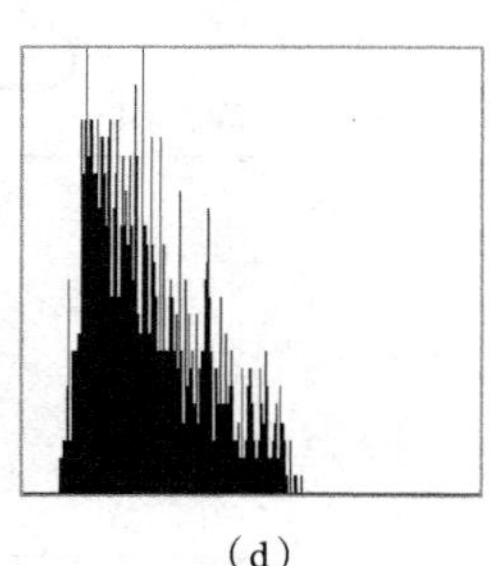
（d）

图 10.4.7　变换直方图实例

图 10.4.7（a）为原始图像，图 10.4.7（b）为其直方图，图 10.4.7（c）和图 10.4.7（d）分别为具有低梯度值像素和高梯度值像素的直方图。比较图 10.4.7（b）和图 10.4.7（c）可见，在低梯度值像素直方图中，谷更深了，而对比图 10.4.7（b）和图 10.4.7（d）可见，高梯度值像素直方图的单峰基本对应原来的谷。 ❑

2．灰度-梯度散射图

以上介绍的直方图变换法都可以靠建立一个 2-D 的**灰度-梯度散射图**并计算对灰度值轴不同权重的投影而得到。这个散射图也有称 **2-D 直方图**的，其中一个轴是灰度值轴，一个轴是梯度值轴，而其统计值是同时具有某一个灰度值和梯度值的像素数。例如，当计算仅具有低梯度值像素的直方图时，实际上是对散射图用了一个阶梯状的权函数进行投影，其中给低梯度值像素的权为 1，给高梯度值像素的权为 0。

图 10.4.8（a）为一幅基本满足 10.4.1 节介绍的取阈值分割模型的图像。它是将图 10.4.7（a）求反得到的，以符合一般图像中背景暗而目标亮的习惯（其直方图仍可参见图 10.4.7（b），只是左右对调）。对该图像做出的灰度值和梯度值散射图如图 10.4.8（b）所示，其中越亮代表满足条件的点越多。这两个图是比较典型的，可借助图 10.4.8（c）来解释。散射图中一般会有两个接近灰度值轴（低梯度值），但沿灰度值轴又互相分开一些的大聚类，它们分别对应目标和背景内部的像素。这两个聚类的形状与这些像素相关的程度有关。如果相关性很强或梯度算子对噪声不太敏感，则这些聚类会很集中且很接近灰度值轴。反之，如果相关性较弱，或梯度算子对噪声很敏感，则这些聚类会比较远离灰度值轴。散射图中还会有较少的对应目标和背景边界上像素的点。这些点的位置沿灰度值轴方向处于前两个聚类中间，但由于有较大的梯度值而与灰度值轴有一定的距离。这些点的分布与边界的形状以及梯度算子的种类有关。如果边界是斜坡状的，且使用了一阶微分算子，那么边界像素的聚类将与目标和背景的聚类相连。这个聚类将以与边界坡度成正比地远离灰度值轴。

根据以上分析，在散射图上同时考虑灰度值和梯度值将各个聚类分开就可得到分割结果。

10.4.4　动态阈值的选取

当图像中有不同的阴影（如由于照度影响），或各处的对比度不同时，如果只用一个固定的全局阈值对整幅图进行分割，则由于不能兼顾图像各处的情况而使分割效果受到影响。有一种解决办法是用与坐标相关的一系列阈值来对图像进行分割。这种与坐标相关的阈值也叫**动态阈值**，这种取阈值分割方法也叫**变化阈值**法。它的基本思想是首先将图像分解成一系列子图像，这些子图像可以互相重叠，也可以只相邻。如果子图像比较小，则由阴影或对比度的空间变化带来的问题就会比较小，可对每个子图像计算一个阈值。此时所需阈值可用任意一种固定阈值法（如 10.4.2 节和 10.4.3 节介绍的任意一种方法）选取。通过对这些子图像所得阈值的插值（参见 2.5.3 节）就可得到分割图像中每像素所需的阈值。分割就是将每像素都与与之对应的阈值相比较实现的。这里对应每像素的阈值组成图像（幅度值）上的一个曲面，这个曲面也可叫**阈值曲面**。

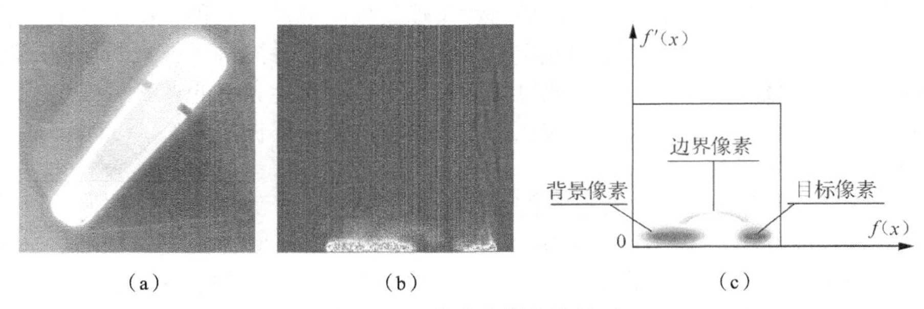

图 10.4.8　灰度和梯度散射图

总结上述方法的基本步骤如下。

（1）将整幅图像分成一系列互相之间有 50%重叠的子图像。

（2）做出每个子图像的直方图。

（3）分别检测各个子图像的直方图是否为双峰的，如是，则采用前面介绍的最优阈值法确定一个阈值，否则不进行处理。

（4）对直方图为双峰的子图像得到的阈值进行插值得到所有子图像的阈值。

（5）对各子图像的阈值进行插值得到所有像素的阈值（阈值曲面），然后分割图像。

例 10.4.4　依赖坐标的阈值分割

图 10.4.9 为用依赖坐标的阈值选取方法分割图像的示例。图 10.4.9（a）为一幅由于侧面光照而具有灰度梯度的图像，图 10.4.9（b）为用全局取阈值分割得到的结果。由于光照不匀，用一个阈值分割全图不可能都合适，如图 10.4.9（b）左下角的围巾和背景没能分开。对于这个问题，可用对全图各部分分别取阈值的方法来解决。图 10.4.9（c）为所用的分区网格，图 10.4.9（d）为对各分区阈值进行插值后得到的阈值曲面图，用这个阈值曲面分割图 10.4.9（a）就得到图 10.4.9（e）所示的结果图。

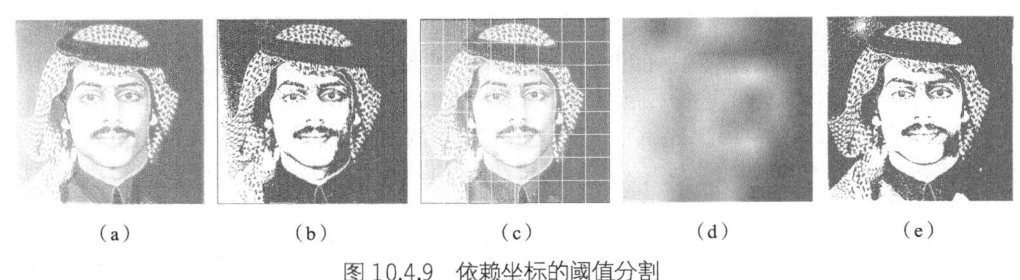

图 10.4.9　依赖坐标的阈值分割 □

10.5　串行区域技术

串行分割方法的特点是将处理过程分解为顺序的多个步骤，其中后续步骤的处理要根据前面步骤的结果进行判断而确定。判断是要根据一定的准则来进行的。一般说来，如果准则是基于图像灰度特性的，则该方法可用于分割灰度图像；如果准则是基于图像的其他特性（如纹理）的，则该方法也可用于分割相应特性图像。下面介绍两种基本的**串行区域技术**。

10.5.1 区域生长

区域生长的基本思想是将具有相似性质的像素集合起来构成区域。具体先对每个需要分割的区域找一个**种子像素**作为生长的起点，然后将种子像素周围邻域中与种子像素有相同或相似性质的像素（根据某种事先确定的**生长准则**或**相似准则**来判定）合并到种子像素所在的区域。将这些新像素当作新的种子像素继续进行上面的过程，直到再没有满足条件的像素可被包括进来。这样一个区域就长成了。参照 10.1.1 节，可知在生长过程中，要始终保持 $P(R_i) = \text{TRUE}$。

例 10.5.1 区域生长的示例

图 10.5.1 为已知种子点进行区域生长的示例。图 10.5.1（a）为需分割的图像，设已知有两个种子像素（标为灰色方块），现要进行区域生长。这里所采用的判断准则是：如果考虑的像素与种子像素在灰度值上差的绝对值小于某个阈值 T，则将该像素包括进种子像素所在区域。图 10.5.1（b）为 $T = 3$ 时的区域生长结果，整幅图被较好地分成两个区域；图 10.5.1（c）为 $T = 2$ 时的区域生长结果，有些像素无法判定；图 10.5.1（d）为 $T = 7$ 时的区域生长结果，整幅图都被分在一个区域中了。由此例可见，阈值的选择是很重要的。

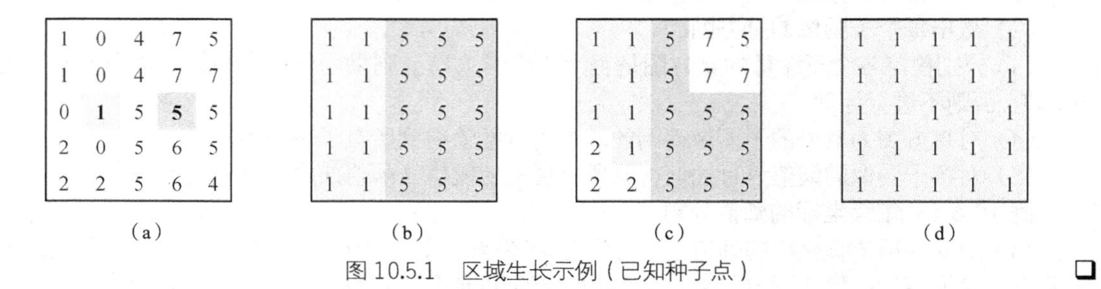

图 10.5.1 区域生长示例（已知种子点） □

在实际应用区域生长法时，需要解决 3 个问题。

（1）选择或确定一组能正确代表所需区域的种子像素。

（2）确定在生长过程中能将相邻像素包括进来的准则。

（3）制定让生长停止的条件或规则。

种子像素的选取常可借助具体问题的特点。例如，在军用红外图像中检测目标时，由于一般目标辐射较大，所以可选用图中最亮的像素作为种子像素。如果对具体问题没有先验知识，则常可借助生长所用准则对每像素进行相应计算。如果计算结果呈现聚类的情况，则接近聚类重心的像素可取为种子像素。以图 10.5.1（a）为例，由对它所做的直方图可知，具有灰度值为 1 和 5 的像素最多且处在聚类的中心。因为生长准则基于灰度值的差，所以各选一个具有聚类中心灰度值的像素作为种子。

生长准则的选取不仅依赖于具体问题本身，也和所用图像数据的种类有关。例如，图像是彩色的，则仅用单色的准则效果就会受到影响。另外，还需考虑像素间的连通性和邻近性，否则有时会出现无意义的分割结果。

一般生长过程在进行到没有满足生长准则需要的像素时停止。但常用的基于灰度、纹理、彩色的准则大都基于图像中的局部性质，并没有充分考虑生长的“历史”。为增加区域生长的能力，常需考虑一些与尺寸、形状等图像全局性质有关的准则。在这种情况下，常需对分割结果建立一定的模型。

10.5.2　分裂合并

前面介绍的生长方法是从单个种子像素开始，通过不断接纳新像素最后得到整个区域。另一种分割的想法可以是从整幅图像开始，通过不断分裂得到各个区域。在实际应用中，常先把图像分成任意大小且不重叠的区域，然后再合并或分裂这些区域以满足分割的要求。下面借助图 10.5.2 介绍利用**图像四叉树**表达法（参见 11.3.3 节）的迭代分裂合并算法。

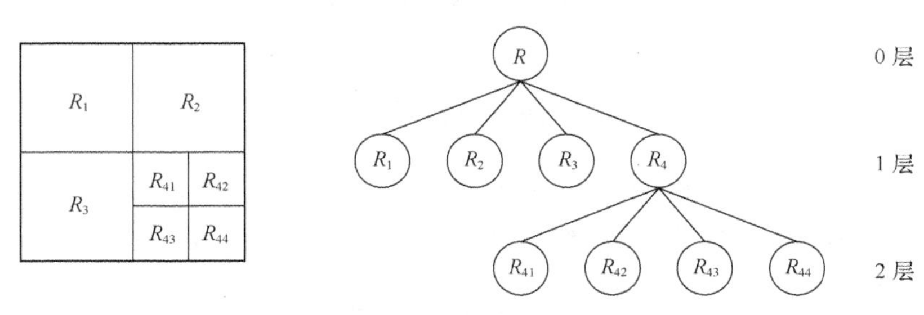

图 10.5.2　图像的四叉树表达法

根据图 10.5.2，令 R 代表整个正方形图像区域。在实际应用中，可把 R 连续地分裂成越来越小的 1/4 的正方形子区域 R_i，并且始终使 $P(R_i) = \text{TRUE}$（参见 10.1.1 节）。换句话说，如果 $P(R) = \text{FALSE}$，就将图像分成 4 等分。如果 $P(R_i) = \text{FALSE}$，就将 R_i 分成 4 等分。以此类推，直到 R_i 为单像素不能再等分。

如果仅仅允许使用分裂操作，最后有可能出现相邻的两个区域具有相同的性质，但并没有合成一体的情况。为解决这个问题，在每次分裂后，允许其后继续分裂或也可合并。这里只合并那些相邻且合并后组成的新区域满足逻辑谓词 P 的区域。换句话说，如果能满足 $P(R_i \cup R_j) = \text{TRUE}$，则将 R_i 和 R_j 合并起来。

总结一下，基本的**分裂合并**算法步骤如下。

（1）对任意一个区域 R_i，如果 $P(R_i) = \text{FALSE}$，就将其分裂成不重叠的 4 等份。

（2）对相邻的两个区域 R_i 和 R_j，如果 $P(R_i \cup R_j) = \text{TRUE}$，就将它们合并起来。

（3）如果进一步的分裂或合并都不可能了，则结束。

上述基本算法可有一些改进变型。例如，可将原始图像先分裂成一组正方块，进一步的分裂仍可按上述方法进行，但先仅合并在四叉树表达中属于同一个父节点且满足逻辑谓词 P 的 4 个区域。如果这种类型的合并不再可能了，则在整个分割过程结束前，再最后按满足上述第（2）步的条件进行一次合并，注意此时合并的各个区域有可能彼此尺寸不同。这个方法的主要优点是在最后一步合并前，分裂和合并用的都是同一个四叉树。

例 10.5.2　分裂合并法示例

图 10.5.3 为使用分裂合并法分割图像的步骤。设图中阴影区域为目标，白色区域为背景，它们都具有常数灰度值。因为对于整个图像 R，$P(R) = \text{FALSE}$（这里令 $P(R) = \text{TRUE}$ 代表在 R 中的所有像素都具有相同的灰度值），所以先将其分裂成图 10.5.3（a）所示的 4 个正方形区域。由于左上角区域满足 P，所以不必继续分裂。其他 3 个区域继续分裂得到图 10.5.3（b）。此时除包括目标下部的两个子区域外，其他区域都可分目标和背景合并。对那两个子区域继续分裂可得到图 10.5.3（c）。因为此时所有区域都已满足 P，所以最后一次合并就可得到图 10.5.3（d）所示的分割结果。

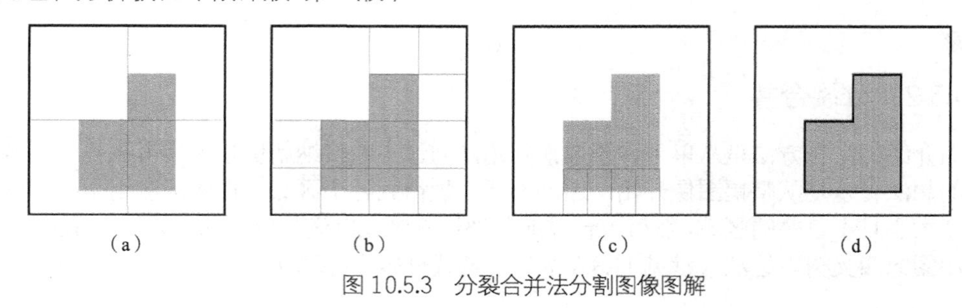

图 10.5.3 分裂合并法分割图像图解 ❑

总结和复习

下面简单小结本章各节，并有针对性地介绍一些可供深入学习的参考文献。进一步复习还可通过思考题和练习题进行，标有星号（*）的题在书末提供了参考解答。

【小结和参考】

10.1 节给出了图像分割的严格定义，并借助这个定义，对各种分割技术进行了分类。事实上，对分割技术的分类也用到了分割的基本思想。该节介绍的分割技术分类框架具有通用的意义，可适用于所有分割算法。第 10 章将对近年使用较多的分割技术按此分类进一步介绍。图像分割是图像分析的基本技术，已有 50 多年的历史（[章 2014b]、[Zhang 2015b]），有一些专门的图书，如[章 2001b]、[Zhang 2006]；在各种图像技术和计算机视觉技术的图书中也都有专门章节介绍，如[Sonka 2008]、[Russ 2015]、[章 2018c]等。图像分割既可提取具体目标，也可提取目标类[Xue 2011]。图像分割技术发展了很多年，算法数量很大，对它们优劣的评价研究也是图像分割的重要内容，可参见[Zhang 1996]、[Zhang 2015a]。

10.2 节介绍基于区域间的灰度不连续性和采用并行处理策略的图像分割技术。这类方法的基础是边缘检测，一般利用各种局部差分算子进行（但另有一种 SUSAN 算子利用了积分性质[Smith 1997]）。该节介绍了几种基本和典型的边缘检测算子，其中 Marr 算子得益于对人的视觉机理的研究，具有一定的生物学和生理学意义[Marr 1982]，而对坎尼算子的详细讨论可见[Canny 1986]。边缘检测算子的种类很多，如方向微分算子基于特定方向上的微分来检测边缘[Kirsch 1971]，有一种包括 12 个 5×5 模板的方向算子可见文献[Nevitia 1980]。在将不同方向的差分值结合时，可使用不同的范数，范数是通常欧氏空间中矢量长度概念的推广[胡 2000]。

10.3 节介绍基于区域间的灰度不连续性，但采用串行处理策略的图像分割技术。这类方法仍借助检测边缘进行，但因为利用了图像中的全局信息，对噪声等比较鲁棒。其中根据式（10.3.3）进行图搜索的算法（称为 A^*算法）在人工智能图书中都有介绍，如[Nilsson 1980]。其他常用方法包括主动轮廓模型[Kass 1988]。使用对图像进行极坐标变换后，进行搜索的算法时有两点要注意。其一是 ROI 的确定。一般对形状较规则的凸体，用自动的方法比较方便地获得 ROI，但在其他情况下，常需要人工辅助。其二是需要根据目标的偏心率来确定极坐标变换的采样密度（参见文献[Zhang 1993b]），否则会由于连通性的限制而出现搜索错误。

10.4 节介绍基于区域内的灰度一致性和采用并行处理策略的图像分割技术。这类方法中使用最广的是各种取阈值的技术。由直方图凹凸性确定阈值方法的一种变型是先将直方图函数取对数，计算指数凸包（Exponential Hull），然后借助凹凸性分析确定阈值[Whatmough 1991]。上述方法的一种改型曾用于 3-D 图像分割[Zhang 1990]。阈值选取的具体方法很多，文献[Jähne 1999]、[Sonka 2008]、[Russ 2015]中都有专门介绍；文献[Zhang 1991]和[章 1996c]介绍了一类非常有特色的基于过渡区的确定阈值的方法，文献[章 2015c]和[Zhang 2018]对与此相关的研究进展进行了全面的统计和回顾；文献[Zhang 1992b]和[Xue 2012]分别对一些阈值选取方法的性能进行了系统比较。最后，该节还给出了对各种取阈值技术的统一分类方案。另外，基于细胞神经网络的分割方法也利用并行处理策略借助区域内的状态一致性来进行[王 2011b]。

10.5 节介绍基于区域内的灰度一致性，但采用串行处理策略的图像分割技术。本节介绍的两种方法均是最基本的方法，其思路被许多其他方法采纳。这类方法的特点是通常比较复杂，但效果比较好。近年来新提出的分割方法中有许多属于这一类[Zhang 2014c]，一种已得到广泛使用的典型方法利用了分水岭和地形学的概念[章 2018c]。

【思考题和练习题】

10.1　对图题 10.1 中的图像分别用罗伯特交叉算子、蒲瑞维特算子和索贝尔算子进行边缘检测，设使用 1 范数和 ∞ 范数，分别计算各算子的输出值。

3	1	3
1	2	1
3	1	3

图题 10.1

10.2　对图题 10.2 中的图像用索贝尔梯度算子进行边缘检测，分别使用 1，2 和∞范数，计算算子 3 种情况下的输出值。

2	1	2
2	3	3
3	1	3

图题 10.2

10.3　对图题 10.2 中的图像分别用索贝尔梯度算子的两个模板进行计算，给出根据式(10.2.3)得到的梯度方向直方图。

10.4　证明式（10.2.6）定义的拉普拉斯算子是各向同性（即不随旋转而变化）的。

10.5　计算拉普拉斯值时，除可以使用式（10.2.6）外，还可以令 $r^2 = x^2 + y^2$，以对 r 求二阶导数来计算拉普拉斯值。

$$\nabla^2 h = \left(\frac{r^2 - \sigma^2}{\sigma^4}\right)\exp\left(-\frac{r^2}{2\sigma^2}\right)$$

试讨论这种方法的效果，并与式（10.2.6）比较。

10.6　对图 1.3.1（a）所示的图像用索贝尔梯度算子进行边缘检测，分别给出梯度方向和梯度幅度图像，再参照式（10.2.14）和式（10.2.15）进行边界闭合。

*10.7　设有局部图像如图题 10.7，给出用图搜索法得到的对应大梯度的（从上到下的）边界段。

10.8　画出图题 10.7 对应的检测边界的搜索图，计算得到边界段的总代价。

10.9　一幅图像背景均值为 10，方差为 100，在背景上有一些不重叠的均值为 100，方差为 300 的小目标，设所有目标合起来占图像总面积的 25%，计算最优的分割阈值。

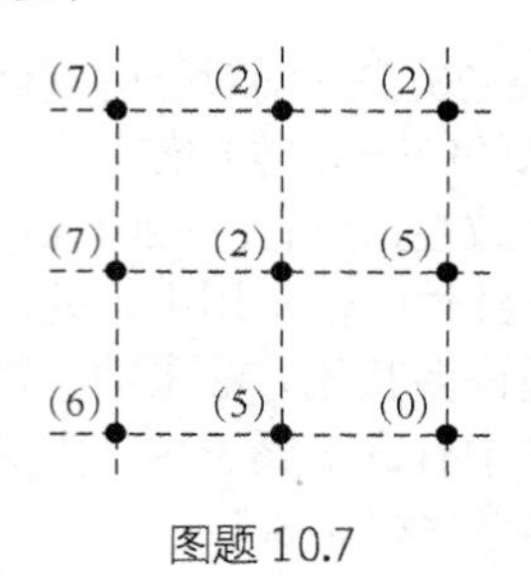

图题 10.7

10.10 设一幅图像具有图题 10.10 所示的灰度分布，其中 $p_1(z)$对应目标，$p_2(z)$对应背景。

（1）如果 $P_1 = P_2$，则分割目标和背景的最佳阈值是多少？

（2）如果 $P_1 = 2P_2$，则分割目标和背景的最佳阈值是多少？

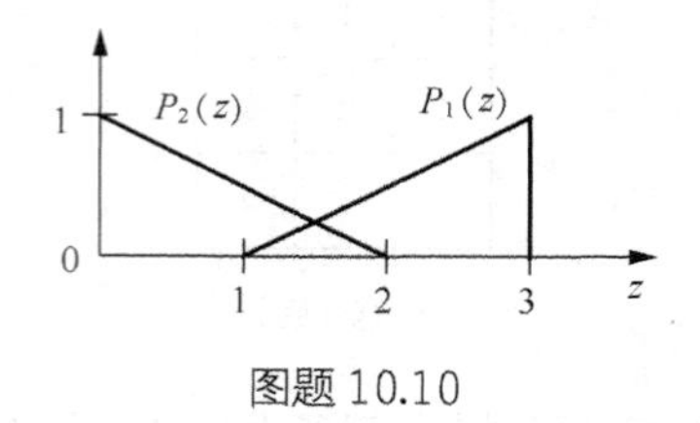

图题 10.10

*10.11 试用图解法给出用分裂合并法分割图题 10.11 所示图像的各个步骤图。

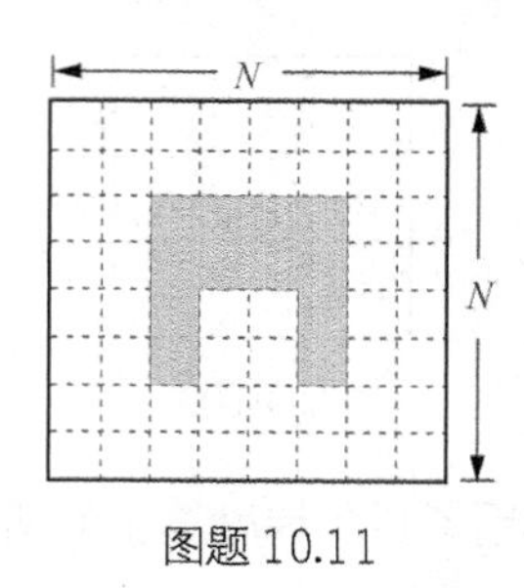

图题 10.11

10.12 运用区域生长的方法来分割图题 10.11 所示的图像，列出分割过程的主要步骤，分析影响分割效果的因素。

第11章 目标表达和描述

分割图像可得到图像中感兴趣的目标区域。接下来，需要先将目标标记出来，这时主要考虑目标像素的连通性。在此基础上，可以对目标采取合适的数据结构来表达，并采用恰当的形式描述它们的特性。这些工作都是图像分析的重要步骤。

一般对图像中的目标常采用不同于对原始图像整体的表达形式来表示。好的**目标表达**方法应具有节省储存空间、易于计算特征等优点。与图像分割时类似，图像中的区域可用其内部（如组成区域的像素集合）表示，也可用其外部（如组成区域边界的像素集合）表示。一般来说，如果比较关心区域的反射性质，如灰度、颜色、纹理等，常选用内部表达法；如果比较关心区域的形状等，则常选用外部表达法。

选定了表达方法，还需要描述目标，使计算机充分利用获得的分割结果。目标表达是直接具体地表示目标自身，**目标描述**则是较抽象地表示目标特性。好的描述应能反映目标本质的独特之处，并在尽可能区别不同目标的基础上，对目标的尺度、平移、旋转等变化不敏感，这样的描述比较通用。从描述的着眼点看，描述也可分为对边界的描述和对区域的描述。

本章各节内容安排如下。

11.1 节介绍对分割后的目标进行标记的两种方法。

11.2 节介绍基于边界对目标进行外部表达的方法。

11.3 节介绍基于区域对目标进行内部表达的方法。

11.4 节介绍对目标边界的描述方法。

11.5 节介绍对目标区域的描述方法。

11.1 目标标记

图像分割后，一般得到多个区域（尤其采用取阈值分割方法时），其中常有多个目标区域，需要通过标记把它们分别提取出来，这就是**目标标记**。要标记一幅分割后（二值）图像中的各区域，一种简单而有效的方法是去检查图像里各个像素与其相邻像素的连通性。下面介绍两种实用的算法。

1．像素标记

像素标记是一种逐像素判断的方法。假设对一幅二值图像从左向右、从上向下扫描（起点在图像的左上方）。要标记当前正被扫描的像素需要检查它与在它之前扫描到的若干个近邻像素的连通性。例如，当前正被扫描像素的灰度值为 1，则将它标记为与之相连通的目标像素，如果它与两个或多个目标相连通，则可以认为这些目标实际属于同一个，并把它们连接起来；如果发现了从为0的像素到一个孤立的为1的像素的过渡，就赋一个新的目标标记。

现在先考虑4-连通的情况。根据上述讨论可按如下步骤标记。首先扫描图像，如果当前像素的值是0，就移到下一个扫描位置。如果当前像素的值是1，则检查它左边和上边的两个近邻像素（根据所用的扫描次序，在到达当前像素时，这两个近邻像素已被处理过了）。如果它们都是0，就给当前像素一个新的标记（根据已有信息，直到目前这是该连通区域第一次被扫描到）。如果上述两个近邻像素只有一个值为1，就把那个像素的标记赋给当前像素；如果它们的值都为1且具有相同的标记，就将该标记赋给当前像素。如果它们的值都为1，但具有不同的标记，就将其中的一个标记赋给当前像素并做个记号表明这两个标记等价（两个近邻像素通过当前像素连通）。在扫描终结时，所有值为1的点都已标记，但有些标记是等价的。这时所需做的就是将所有等价的标记对分别归入不同的等价组，对各个组赋一个唯一的标记。然后第二次扫描图像，将每个标记用它所在等价组的标记代替。

给8-连通的区域标记，也可采用相同的方式，只是不仅对当前像素左边和上边的两个近邻像素，而且上对角的两个近邻像素也要检查（同样，所用的扫描次序保证到达当前像素时，这4像素已被处理过了）。假如当前像素的值是0，就移到下一个扫描位置。假如当前像素的值是1并且上述4个相邻像素值都是0，给当前像素赋一个新的标记。如果只有一个相邻像素值为1，就把该像素的标记赋给当前像素。如果两个或多个相邻像素值为1，就将其中一个的标记赋给当前像素并做个记号表明它们等价。在扫描结束后，将所有等价的标记分别归入不同的等价组，对每个组赋一个唯一的标记。然后第二次扫描图像，将每个标记用它所在等价组的标记代替。

2．游程连通性分析

除了逐像素判断外，也可以分析由连续扫描线（1-D）得到的游程的连通性来标记目标。**游程连通性分析**的示例如图11.1.1所示。

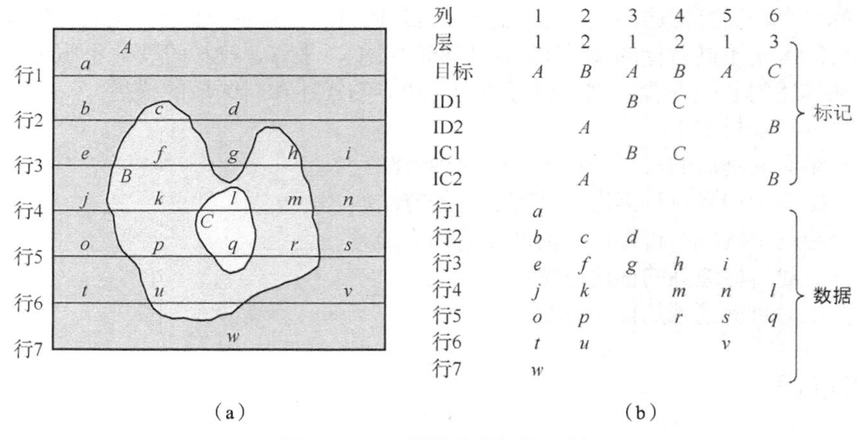

图11.1.1 游程连通标记示例

在图11.1.1（a）中，A，B，C分别表示图像中3个不同的区域，各个游程分别记为$a, b, c, \cdots$。在标记过程中要建立一个表，如图11.1.1（b）所示，将第一行扫描线的第一个游程a放入表中列1。第一个游程a对应的目标记为A。下一行扫描线的第一个游程是b，它与a的颜色（灰度）相同并与a连通，因而b属于目标A，可放在列1游程a的底下。因为再下一个游程c具有与a不同的颜色，所以被放在一个对应新目标B的新列。接下来的游程d具有与a相同的颜色并与a连通。因为b和d都与a连通，所以说明产生了分叉。为此对目标A再开一列将d放进去。这列的分叉标志ID1记为B，以表明是B引出这个分叉的。列2的分叉标志ID2记为A，以表明B在A中引出分叉。与此类似，只要给定行的两个或多个游程与前一行的同色游程相连通，就产生交会。

例如，在游程 u 就产生与游程 p 和 r 的交会，此时将列 4 的交会标志 IC1 记为 C，而将列 6 的交会标志 IC2 记为 B。同样，游程 w 将列 2 的交会标志 IC2 记为 A，而将列 5 的各游程标记为属于目标 A。

如上所述，只需扫描一次图像就能将其中全部具有闭合边界的目标都标记出来。图 11.1.1（b）所示的表格给出与各个目标有关的数据，其中分叉和交会标志给出目标的层次结构。因为 B 在 A 中既引起分叉，也引起交会，且 C 与 B 有相似的联系，所以目标 A，B，C 分别赋给第 1 层、第 2 层、第 3 层。

11.2　基于边界的表达

利用基于边界的分割方法分割图像可得到目标边界上的一系列像素点，它们构成目标的轮廓线，**基于边界的表达**就是要基于这些边界点表达边界。下面先概括基于边界表达的技术类别，再具体介绍几种常用的基于边界的表达形式。

11.2.1　技术分类

对基于边界表达技术的一个分类方案如图 11.2.1 所示，相关技术可分成 3 类。

（1）**参数边界**。将目标的轮廓线表示为参数曲线，其上的点有一定的顺序。

（2）**边界点集合**。将目标的轮廓线表示为边界点的集合，各点间没有顺序。

（3）**曲线逼近**。利用几何基元（如直线段或样条）近似地逼近目标的轮廓线。

在每类中都有许多种方法，下面介绍几种常用的，包括**链码**、**边界段**、**多边形逼近**、**边界标记**和**地标点**，如图 11.2.1 所示。

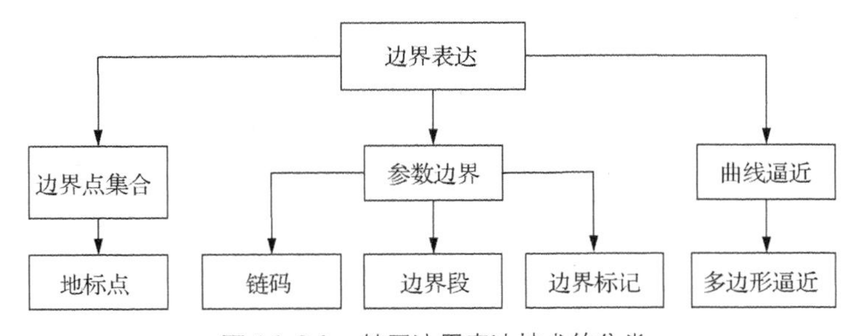

图 11.2.1　基于边界表达技术的分类

11.2.2　链码

链码是对边界点的一种编码表示方法。

1．链码表达

链码表达的特点是利用一系列具有特定长度和方向的相连的直线段来表示目标的边界。因为每个线段的长度固定而方向数目取为有限，所以只有边界的起点需用（绝对）坐标表示，其余点都可只用接续方向来代表偏移量。由于表示一个方向数比表示一个坐标值所需比特数少，而且对每一个点又只需一个方向数就可以代替两个坐标值，所以链码表达可大大减少边界表示所需的数据量。因为数字图像一般是按固定间距的网格采集的，所以最简单的链码是跟踪边界并赋给每两个相邻像素的连线一个方向值。常用的有 4-方向和 8-方向链码，其方向定义分别如图 11.2.2（a）和图 11.2.2（b）所示。它们的共同特点是直线段的长度固定，方向数有限。图 11.2.2（c）和图 11.2.2（d）分别是用 4-和 8-方向链码表示区域边界的例子。

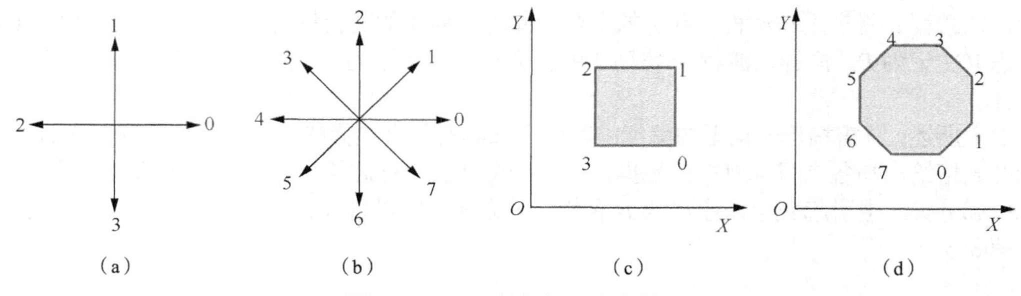

图 11.2.2　4-方向和 8-方向链码

在实际应用中，直接对分割所得的目标边界编码有可能出现两个问题：①这样得到的码串常常很长；②噪声等干扰会导致小的边界变化，而使链码发生与目标整体形状无关的较大变动。常用的改进方法是对原边界以较大的网格重新采样，并把与原边界点最接近的大网格点定为新的边界点。这样获得的新边界具有较少的边界点，而且其形状受噪声等干扰的影响也较小。对这个新边界可用较短的链码表示。这种方法也可用于消除目标尺度变化对链码带来的影响。

2．链码归一化

使用链码时，起点的选择常常是很关键的。对同一个边界，如用不同的边界点作为链码起点，得到的链码是不同的。为解决这个问题，可把**链码起点归一化**，下面介绍具体的做法。给定一个从任意点开始产生的链码，可把它看作一个由各个方向数接续构成的自然数。将这些方向数依照一个方向循环以使它们构成的自然数的值最小。然后将这样转换后对应的链码起点作为这个边界的归一化链码的起点，如图 11.2.3 所示。

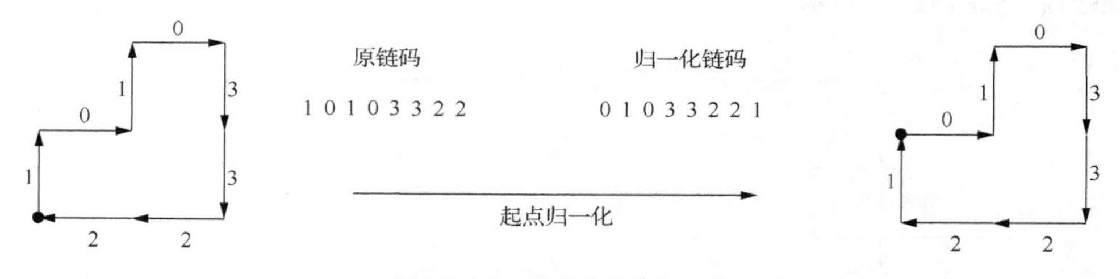

图 11.2.3　链码的起点归一化

用链码表示给定目标的边界时，如果目标旋转，则链码会发生变化。为解决这个问题，可利用链码的一阶差分来重新构造一个序列（一个表示原链码各段之间方向变化的新序列）。这就是**链码旋转归一化**。这个差分可用相邻两个方向数（按反方向）相减得到。图 11.2.4 上面一行为原链码（括号中为最右一个方向数循环到左边），下面一行为两两相减得到的差分码。左边的目标在逆时针旋转 90° 后成为右边的形状，原链码发生了变化，但差分码并没有变化。

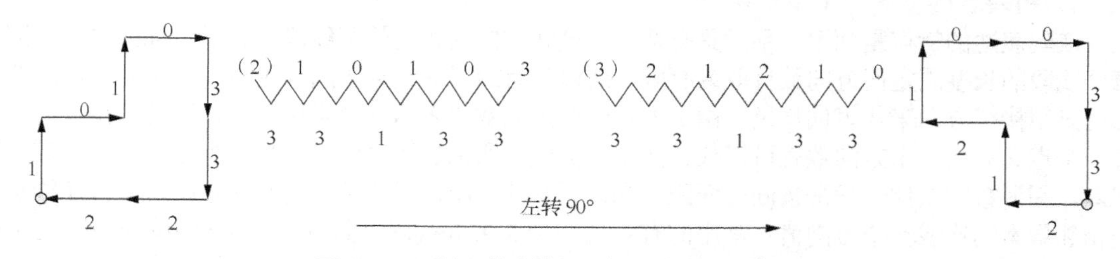

图 11.2.4　链码的旋转归一化（利用一阶差分）

11.2.3 边界段和凸包

链码对边界的表达是逐点进行的，而一种更节省表达数据量的方法是把边界分解成若干段分别表示。要将边界分解为多个边界段，可以借助**凸包**概念来进行。凸包的示例如图 11.2.5 所示。图 11.2.5（a）为一个五角形，称为集合 S，将它的 5 个顶点连起来得到一个五边形 H，如图 11.2.5（b）所示。五角形 S 是一个凹形，五边形 H 是一个凸形，也是包含 S 的最小凸形，称为凸包。

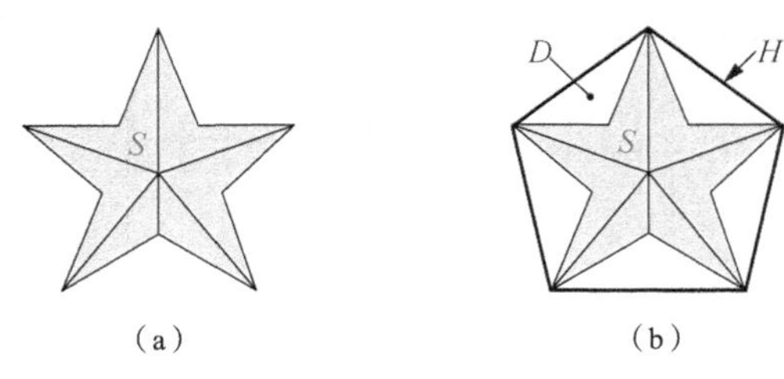

图 11.2.5 区域的凸包

确定目标的凸包，就可以将边界分段。图 11.2.6（a）是一个任意的集合 S，它的凸包 H 如图 11.2.6（b）中的黑线框内部分所示。一般常把 $H-S$ 叫作 S 的**凸残差**，并用 D，即图 11.2.6（b）中黑线框内各白色部分表示。当把 S 的边界分解为**边界段**时，能分开 D 的各部分的点就是合适的边界分段点。换句话说，这些分段点可借助 D 来唯一地确定。具体做法是，跟踪 H 的边界，每个进入 D 或从 D 出去的点就是一个分段点，如图 11.2.6（c）所示的结果。这种方法不受区域尺度和取向的影响。

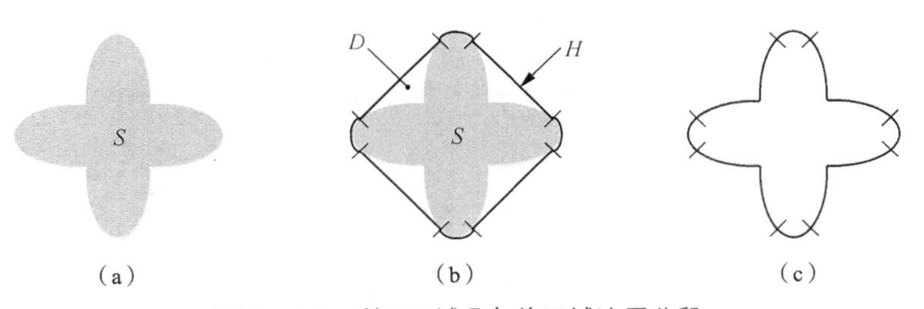

图 11.2.6 利用区域凸包将区域边界分段

11.2.4 边界标记

在边界的表达方法中，利用**标记**的方法是一种对边界的 1-D 泛函表达方法。产生**边界标记**的方法很多，但不管用何种方法产生标记，其基本思想都是借助不同的投影技术把 2-D 的边界用 1-D 的较易描述的函数形式来表达。如果本来对 2-D 边界的形状感兴趣，则通过这种方法可把 2-D 形状描述的问题转化为分析 1-D 波形的问题。不过要注意，投影并不是一种能保持信息的变换，将 2-D 平面上的区域边界变换为 1-D 的曲线是有可能丢失信息的。

下面介绍 4 种边界标记。

1. 距离为角度的函数

这种标记先对给定的目标求出质心，然后做出边界点与质心的**距离为角度的函数**。图 11.2.7（a）和图 11.2.7（b）分别为对圆形和方形目标用这种方法得到的标记。

在图 11.2.7（a）中，r 是常数；而在图 11.2.7（b）中，$r = A\sec\theta$。这种标记不受目标平移的影响，但会随着目标的旋转或放缩而变化。放缩造成的影响是标记的幅度值发生变化，这个问题可用把最大幅度值归一化到单位值来解决。解决旋转影响可有多种方法。如果能规定一个不随目标朝向变化而产生标记的起点，就可消除旋转变化的影响。例如，可选择与质心最远的点作为产生标记的起点，如果只有一个这样的点，则得到的标记与目标朝向无关。更稳健的方法是先获得区域的等效椭圆，再在其长轴上取最远的点作为产生标记的起点。由于等效椭圆是由区域中的所有点所确定的，所以计算量较大，但也比较稳定可靠。

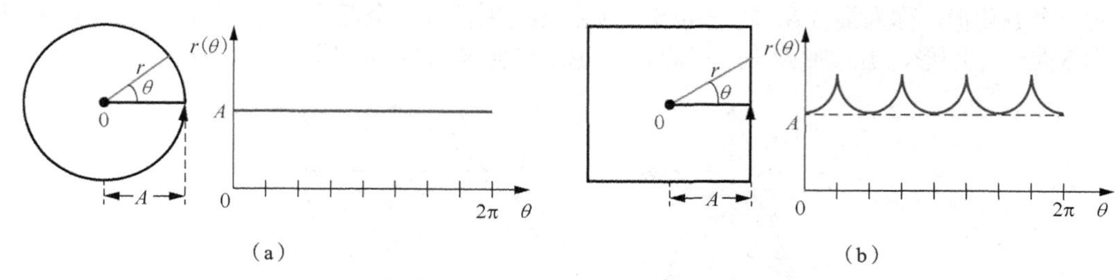

图 11.2.7 两个距离为角度函数的标记

2. ψ-s 曲线

如果沿边界围绕目标一周，在每个位置做出该点切线，该切线与一个参考方向（如横轴）之间的角度值就给出一种标记。**ψ-s 曲线**（切线角为弧长的函数）就是根据这种思路得到的，其中 s 为绕过的边界长度，ψ 为参考方向与切线的夹角。图 11.2.8（a）和图 11.2.8（b）分别为对圆形和方形目标用这种方法得到的标记。

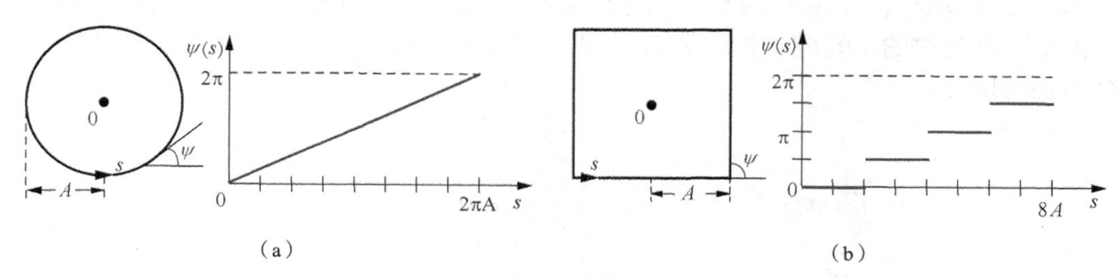

图 11.2.8 两个切线为弧长函数的标记

由图 11.2.8 可见，ψ-s 曲线中的水平直线段对应边界上的直线段（ψ 不变），ψ-s 曲线中的倾斜直线段对应边界上的圆弧段（ψ 以常数值变化）。在图 11.2.8（b）中，ψ 的 4 个水平直线段对应方形目标的 4 条边。

3. 斜率密度函数

斜率密度函数可看作将 ψ-s 曲线沿 ψ 轴投影的结果。这种标记就是切线角的直方图 $h(\theta)$。由于直方图是数值集中情况的一种测度，所以斜率密度函数对具有常数切线角的边界段会有比较强的响应（峰），而在切线角有较快变化的边界段对应较深的谷。图 11.2.9（a）和图 11.2.9（b）分别为对圆形和方形目标用这种方法得到的标记，其中对圆形目标的标记与距离为角度函数的标记有相同的形式，但对方形目标的斜率密度函数标记与距离为角度函数的标记的形式很不相同。

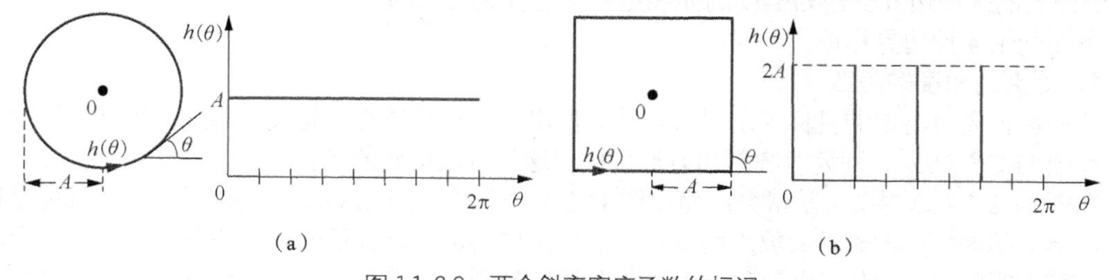

图 11.2.9 两个斜率密度函数的标记

4．距离为弧长的函数

基于边界的标记可从一个点开始沿边界围绕目标逐渐做出来。如果将各个边界点与目标质心的距离作为边界点序列的函数，就得到一种标记，这种标记称为**距离为弧长的函数**。图 11.2.10（a）和图 11.2.10（b）分别为对圆形和方形目标用这种方法得到的标记。对图 11.2.10（a）所示的圆形目标，r 是常数；对图 11.2.10（b）所示的方形目标，r 随 s 周期变化。与图 11.2.7 相比，对圆形目标，两种标记一致；而对方形目标，两种标记有差别。

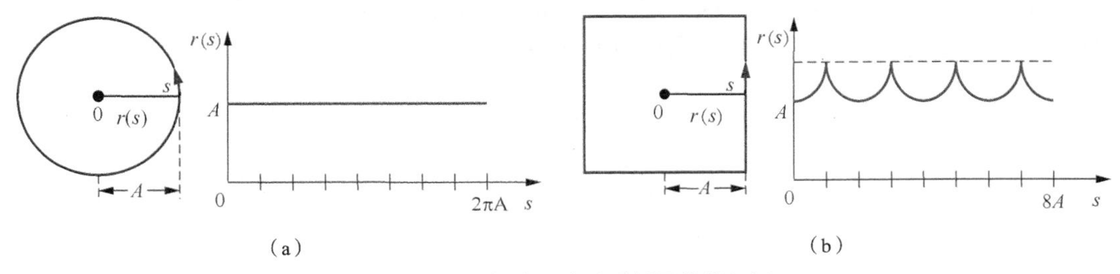

图 11.2.10　两个距离为弧长函数的标记

11.2.5　多边形

在实际应用中，数字边界常由于噪声、采样等的影响而有许多较小的不规则处。这些不规则处常对链码和边界段表达产生较明显的干扰影响。一种抗干扰性能更好，且更节省表达所需数据量的方法是用多边形近似逼近边界。**多边形**是一系列线段的封闭集合，它可用来将大多数实用的曲线逼近到任意的精度。在数字图像中，如果多边形的线段数与边界的点数相等，则多边形可以完全准确地表达边界。在实际应用中，多边形表达的目的常是要用尽可能少的线段来代表边界并保持边界的基本形状，这样就可以用较少的数据和较简洁的形式来表达和描述边界。下面介绍两种用串行策略实现的多边形获取方法。

1．基于聚合的最小均方误差线段逼近法

这种方法沿边界依次连接像素。先选一个边界点为起点，用直线依次连接该点与相邻的边界点。分别计算各直线与边界的（逼近）拟合误差，把误差超过某个限度前的线段确定为多边形的一条边并将误差置零。然后以线段另一端点为起点继续连接边界点，直至完全绕边界一周。这样就得到一个边界的近似多边形。

图 11.2.11 为基于聚合的多边形逼近的示例。原边界是由点 a，b，c，d，e，f，g，h 等表示的多边形。现在先从点 a 出发，依次做直线 ab，ac，ad，ae 等。对从 ac 开始的每条线段计算前一边界点与线段的距离作为拟合误差。在图 11.2.11 中设 bi 和 cj 没有超过预定的误差限度，而 dk 超过该限度，所以选 d 为紧接点 a 的多边形顶点。再从点 d 出发继续如上进行，最终得到的近似多边形的顶点为 $adgh$。

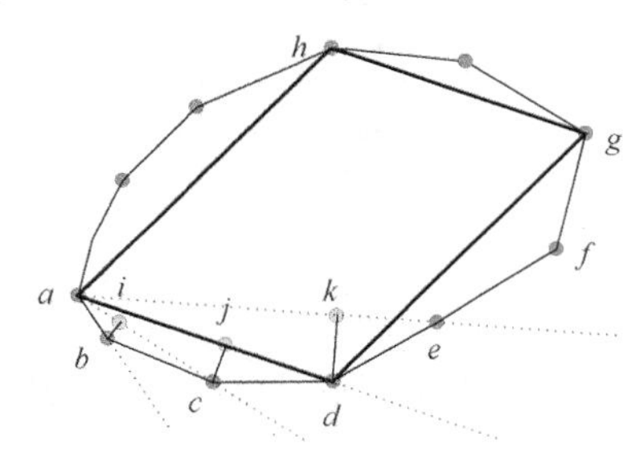

图 11.2.11　聚合逼近多边形

2．基于分裂的最小均方误差线段逼近法

这种方法先连接边界上相距最远的 2 个像素（即把边界分成两部分），然后根据一定准则进一步分解边界，构成多边形逼近边界，直到拟合误差满足一定限度。

图 11.2.12 为以边界点与现有多边形的最大距离为准则分裂边界的例子。与图 11.2.11 中的相同，原边界是由点 *a*，*b*，*c*，*d*，*e*，*f*，*g*，*h* 等表示的多边形。第一步先做 *ag*，计算 *di* 和 *hj*（点 *d* 和点 *h* 分别在直线 *ag* 两边且距直线 *ag* 最远）。在图 11.2.12 中，设上述各个距离均超过限度，所以分解边界为 4 段：*ad*，*dg*，*gh*，*ha*。进一步计算 *b*，*c*，*e*，*f* 等各边界点与各相应直线的距离，图,11.2.12 设均未超过限度（如 *fk*），则多边形 *adgh* 为所求。

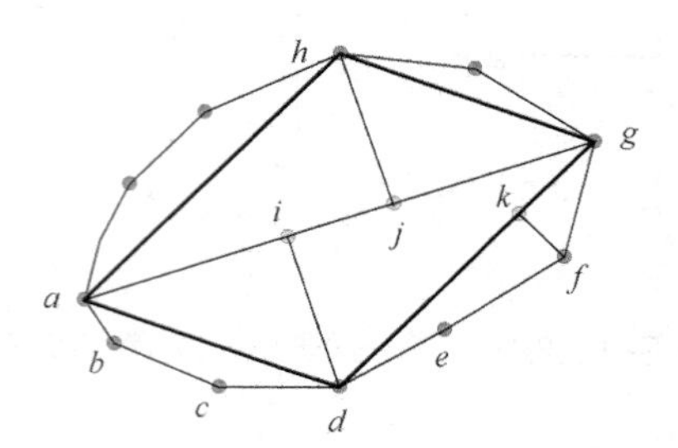

图 11.2.12　分裂逼近多边形

11.2.6　地标点

利用**地标点**（也称标志点）的表达方法也很常用。它一般是一种近似表达方法，当将边界转换为地标点后，常不能将其恢复回去。图 11.2.13 为几个示例，其中地标点 $\boldsymbol{S}_i = (S_{x,i}, S_{y,i})$。图 11.2.13（a）为用地标点对多边形轮廓的准确表达，图 11.2.13（b）和图 11.2.13（c）为用地标点对另一个轮廓的近似表达，两图所用的地标点数不同，近似的程度也不同。一般来说，使用的地标点越多，近似的程度越好，当然地标点的位置选择也很重要。

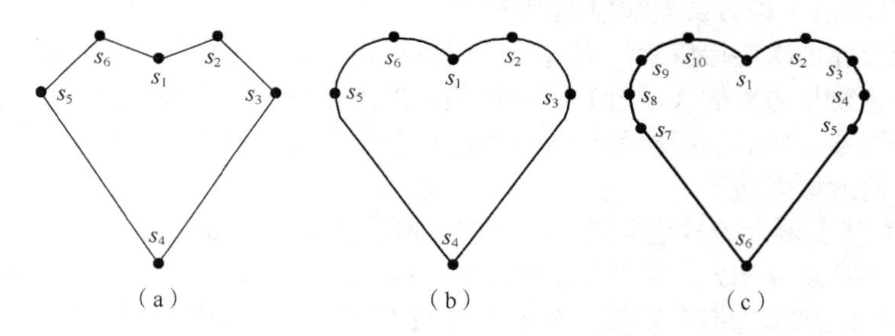

图 11.2.13　地标点表达示例

地标点的坐标可写入一个 $n \times 2$ 的矩阵，每行包含一个地标点的 x–和 y–实坐标，即

$$\boldsymbol{S}_\text{v} = \begin{bmatrix} S_{x,1} & S_{y,1} \\ S_{x,1} & S_{y,2} \\ \vdots & \vdots \\ S_{x,n} & S_{y,n} \end{bmatrix} \tag{11.2.1}$$

例如，对具有顶点 $S_1 = (1, 1)$，$S_2 = (1, 2)$，$S_3 = (2, 1)$的三角形，其地标点表达结果为$\boldsymbol{S}_\text{v} = \begin{bmatrix} 1 & 1 \\ 1 & 2 \\ 2 & 1 \end{bmatrix}$。

11.3 基于区域的表达

利用基于区域的分割方法分割图像可得到目标区域的所有像素点，**基于区域的表达**就要利用这些像素点表达区域。下面先概括基于区域表达的技术类别，再具体介绍几种常用的基于区域的表达形式。

11.3.1 技术分类

对基于区域表达技术的一个分类方案如图 11.3.1 所示，相关技术可分成 3 类。

（1）**区域分解**。将目标区域分解为一些简单的单元形式（如多边形等），再用这些简单形式的某种集合来表达。

（2）**围绕区域**。将目标区域周围用一些预先定义的几何基元（如外接圆、外包围矩形等）填充来表达，也称**环绕区域**。

（3）**内部特征**。利用一些由目标区域内部像素构成的集合来表达（如骨架）。

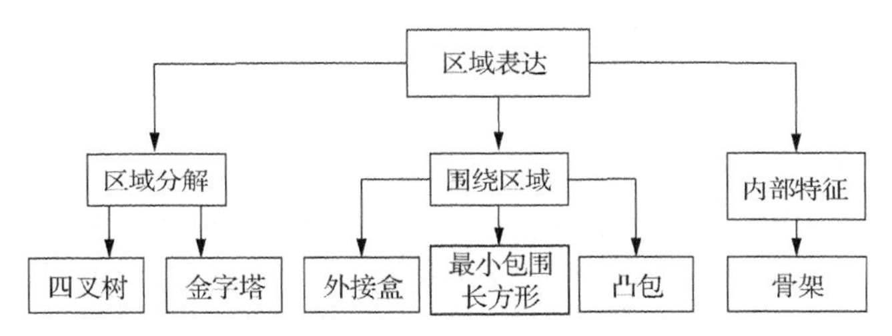

图 11.3.1　基于区域表达技术的分类

在每类中都有许多种方法，如图 11.3.1 所示。下面先介绍**空间占有数组**，这也是其他各种方法的基础，然后介绍**四叉树**、**金字塔**、**围绕区域**（包括**外接盒**、**最小包围长方形**、**凸包**）和**骨架**。

11.3.2 空间占有数组

利用**空间占有数组**表达图像中的区域很方便、很简单，并且也很直观。具体方法是，对图像 $f(x, y)$中的任一点(x, y)，如果它在给定的区域内，就取$f(x, y)$为 1，否则取$f(x, y)$为 0。这种表达的物理意义很明确，所有 $f(x, y)$为 1 的点组成的集合代表了所要表示的区域。这种方法的缺点是需占用较大的空间，因为这是一种逐点表达的方法。区域的面积越大，表示这个区域所需的比特数越大。图 11.3.2 为用空间占有数组表示一个 2-D 区域的示例。由图 11.3.2 可见，图像像素与数组元素是一一对应的。

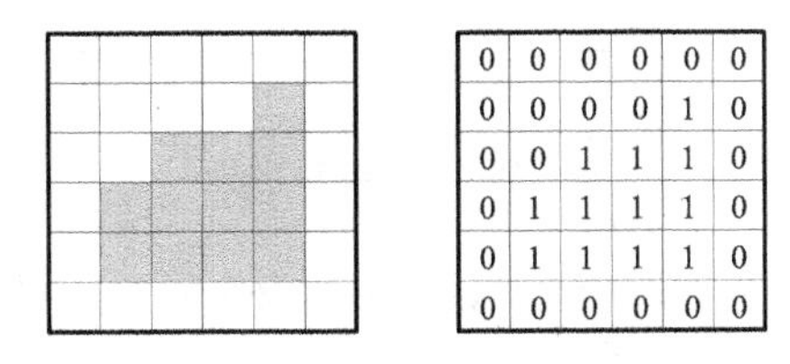

图 11.3.2　空间占有数组表达示例

11.3.3 四叉树

四叉树表达方法利用金字塔式的数据结构表达图像。在这种表达中（例子见图 11.3.3），所有的节点可分成3类：目标节点（用白色表示）、背景节点（用深色表示）、混合节点（用浅色表示）。四叉树的树根对应整幅图，树叶对应各单像素或具有相同特性的像素组成的方阵。这种结构特点使得四叉树被常常用在“粗略信息优先”的显示中。当图像是方形的，且像素点数是2的整数次幂时，四叉树方法最适用。

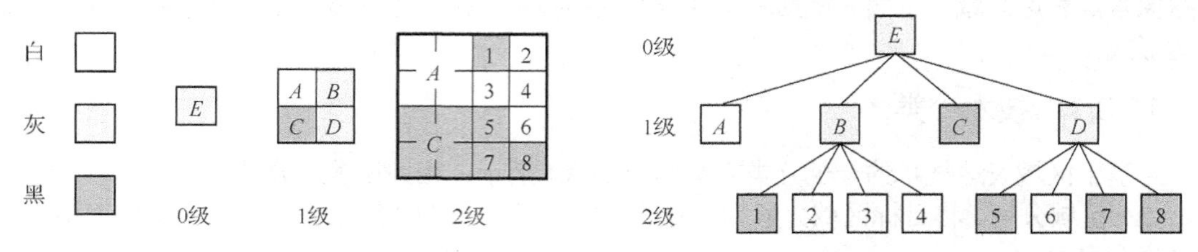

图 11.3.3 四叉树表达图示

四叉树一般由多级构成，数根在0级，分1次叉多1级。对一个有n级的四叉树，其节点总数N最多为（对实际图像，因为总有目标，所以一般要小于这个数）

$$N=\sum_{k=0}^{n}4^k=\frac{4^{n+1}-1}{3}\approx\frac{4}{3}4^n \tag{11.3.1}$$

11.3.4 金字塔

金字塔是一种与四叉树密切相关的数据结构，可借助**图**来解释。图$G=[V,E]$由顶点（节点）集合V和边（弧）集合E组成。对每个顶点对$(v_1, v_2)\in V\times V$，都有一条边$e\in E$将它们连起来。顶点v_1和v_2称为e的终端顶点。

金字塔结构由各层内的邻域关系和各层间的“父子”关系确定。每个不在最底层的单元在下面一层都有一组“儿子”，它们可看作该单元的输入。另一方面，每个不在顶层的单元在它上一层有一组“父亲”。在同一层，每个单元有一组“兄弟”（也称邻居）。

图11.3.4（a）为金字塔结构的示意图，图11.3.4（b）为一个单元与其他单元的各种联系。

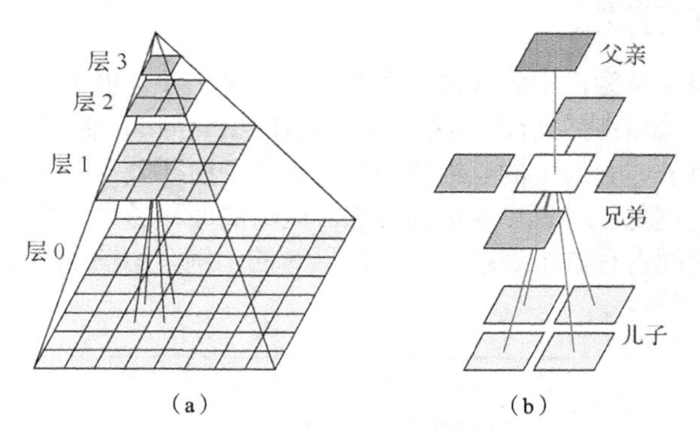

图 11.3.4 金字塔结构

金字塔结构可用水平图和垂直图描述，金字塔的每个水平层可用一个邻域图来描述。

一个顶点$p\in V_i$的水平邻域可用下式定义。

$$H(p)=\{p\}\cup\{q\in V_i\,|\,(p,q)\in E_i\} \tag{11.3.2}$$

金字塔的垂直结构可用一个**二分图**来描述。令$R_i=\{(V_i\cup V_{i+1}), L_i\}$和$L_i\subseteq(V_i\times V_{i+1})$，对一个单元$q\in V_{i+1}$，它的儿子集合为

$$\mathrm{SON}(q)=\{p\in V_i\,|\,(p,q)\in L_i\} \tag{11.3.3}$$

类似地，对一个单元 $p \in V_i$，它的父亲集合为

$$\text{FATHER}(p) = \{ q \in V_{i+1} \mid (p,q) \in L_i \} \tag{11.3.4}$$

一个有 N 层的金字塔结构可用 N 个邻域图和 $N-1$ 个二分图来描述。

有两个概念可用来描述金字塔结构：缩减率和缩减窗。**缩减率** r 确定从一层到另一层单元数的减少速度。**缩减窗**（一般是个 $n \times n$ 的方窗）将一个当前层的单元与下一层的一组单元联系起来。一般可用（$n \times n$）/r 描述一个金字塔结构，常用的为（2 × 2）/4 金字塔。因为（2 × 2）/4 = 1，所以在这个金字塔结构中，没有重复（每个单元只有一个父亲）。

四叉树很像一个（2 × 2）/4 的金字塔结构，主要区别是四叉树没有相同层间的邻居联系。具有重复的缩减窗的金字塔结构（如（4 × 4）/4）的共同点是（$n \times n$）/$r > 1$。如果一个金字塔结构满足（$n \times n$）/$r < 1$，则表明有些单元没有父亲。

11.3.5　围绕区域

有许多基于**围绕区域**或**环绕区域**的表达方法，其共同点是用一个将目标包含在内的区域来近似表达目标。常用的表达方法有以下 3 种。

（1）**外接盒**。是包含目标区域的最小长方形（朝向特定的参考方向）。一般长方形朝向坐标轴，图 11.3.5（a）为表达示例。

（2）**最小包围长方形**（MER）。也称**围盒**。它定义为包含目标区域的（可朝向任何方向）最小长方形。图 11.3.5（b）为表达示例。

（3）**凸包**。是包含目标区域的最小凸多边形（参见 11.2.3 节）。图 11.3.5（c）为对图 11.3.5（a）和图 11.3.5（b）中同一个目标的凸包表达示例。

图 11.3.5 分别为用 3 种围绕区域方法表达同一个目标区域的结果。对比这些结果可见，凸包表达区域可能比用最小包围长方形表达区域更精确，而用最小包围长方形表达区域可能比用外接盒表达区域精确。

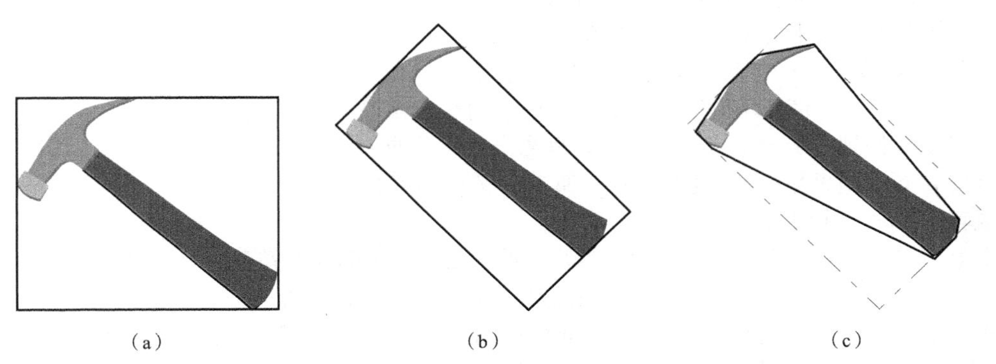

图 11.3.5　对同一个区域的 3 种围绕区域表达技术

例 11.3.1　外接盒尺寸和形状随目标旋转的变化

外接盒定义为包含目标区域的最小长方形，且四边总平行于坐标轴，所以当目标旋转时，可以得到其尺寸和形状都不同的一系列外接盒。图 11.3.6（a）所示为对同一目标在其处于不同朝向（与横轴夹角为 0°～90°，间隔为 10°）时得到的外接盒，图 11.3.6（b）和图 11.3.6（c）分别为各个对应外接盒的尺寸（归一化尺寸比）和形状（归一化长短边比）的变化情况。

11.3.6　骨架

骨架是把一个平面区域按一定规则简化得到的，具有与区域等价的表达能力。

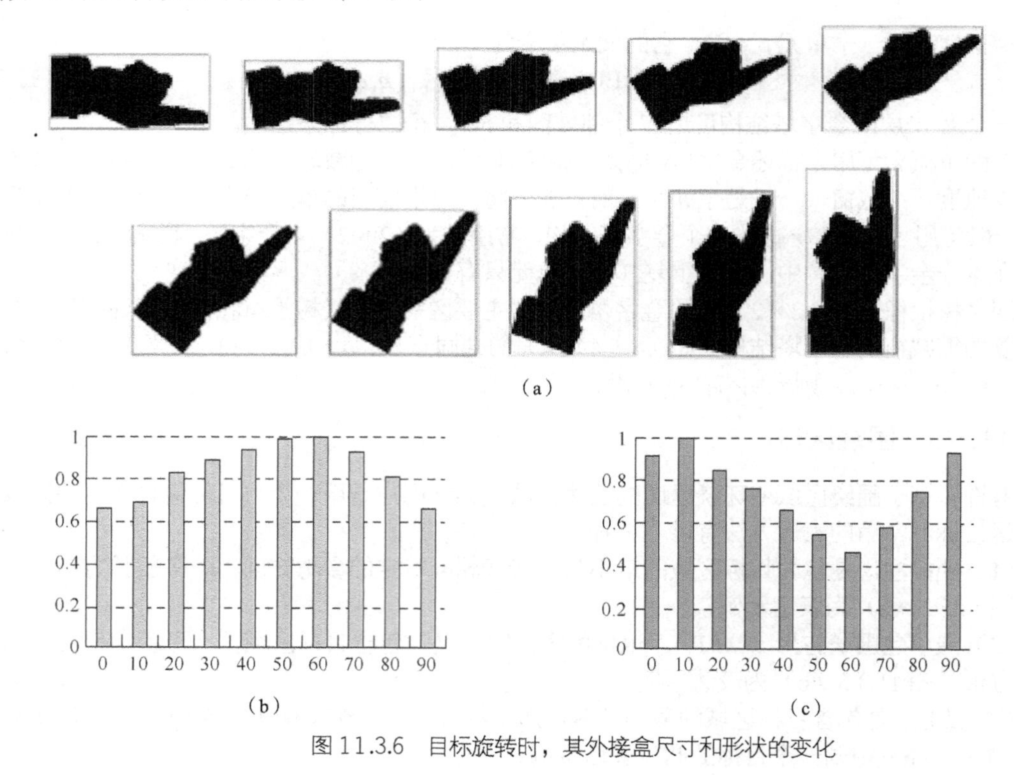

图 11.3.6 目标旋转时，其外接盒尺寸和形状的变化 □

1．骨架的定义和特点

抽取目标的骨架是一种重要的表达目标形状结构的方法，常称为目标的**骨架化**。抽取骨架的方法有多种思路，其中一种比较有效的技术是**中轴变换**（MAT）。具有边界 B 的区域 R 的 MAT 如图 11.3.7 所示。对每个 R 中的点 p，可在 B 中搜寻与它距离（可使用不同的距离定义）最小的点。如果对一个点 p 能找到多于一个这样的点（即有两个或以上的 B 中的点与 p 同时距离最小），就可认为 p 属于 R 的中线或骨架，或者说 p 是一个骨架点。

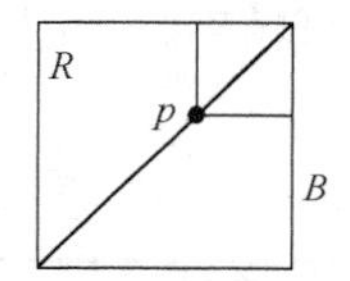

图 11.3.7 区域 R、边界 B、骨架点 p

由上述讨论可知，骨架可用一个区域点与两个边界点的最小距离来定义，即写成

$$d_s(p,B)=\inf\{d(p,z)\mid z\subset B\} \tag{11.3.5}$$

其中距离量度 d 可以是欧氏的、城区的或棋盘的。因为最近距离取决于所用的距离量度，所以 MAT 的结果也和所用的距离量度有关。

从理论上讲，因为每个骨架点都保持了其与边界点距离最小的性质，所以如果用以每个骨架点为中心的圆的集合（利用合适的量度），就可恢复出原始的区域来。具体就是以每个骨架点为圆心，以前述最小距离 d 为半径作圆周，如图 11.3.8（a）所示。这些圆的包络构成了区域的边界，如图 11.3.8（b）所示。最后，如果填充区域内的圆周能重新得到区域，或者如果以每个骨架点为圆心，以所有小于等于最小距离的长度为半径作圆，这些圆的并集就覆盖了整个区域。

例 11.3.2 区域和骨架示例

图 11.3.9 为一些区域及其用欧氏距离算出的骨架。由图 11.3.9（a）和图 11.3.9（b）可知，对较细长的物体而言，其骨架常能提供较多的形状信息，而对较粗短的物体，骨架提供的信息较少。注意，有时用骨架表示区域受噪声的影响较大，例如，比较图 11.3.9（c）和图 11.3.9（d），其中，

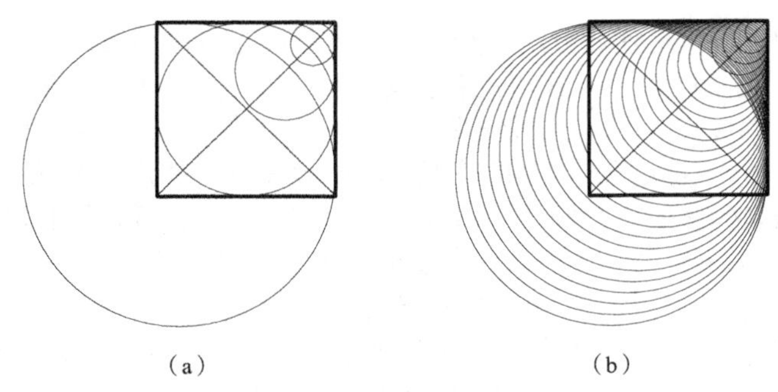

图 11.3.8　用圆的并集重建区域

图 11.3.9（d）中的区域与图 11.3.9（c）中的区域只有一点差别（可认为由噪声产生），但两者的骨架相差很大。

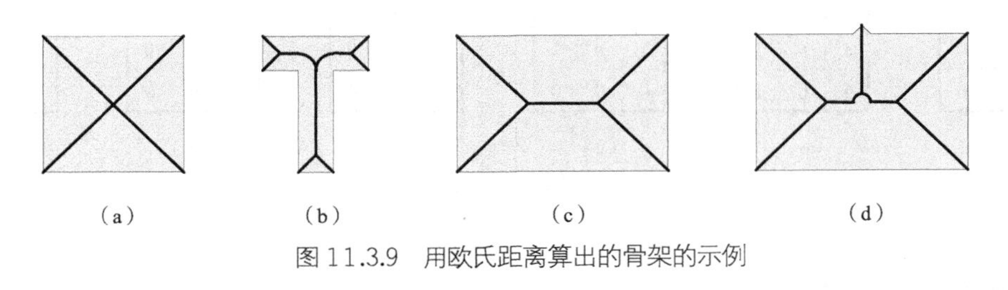

图 11.3.9　用欧氏距离算出的骨架的示例 □

2. 计算骨架的一种实用方法

根据式（11.3.5）求取区域骨架需要计算所有边界点到所有区域内部点的距离，因而计算量很大。在实际应用中都是采用逐次消去边界点的迭代细化算法，在这个过程中有 3 个限制条件需要注意：①不消除线段端点；②不中断原来连通的点；③不过多（深入地）侵蚀区域。

下面介绍一种实用的计算二值目标区域骨架的算法。设已知目标点标记为 1，背景点标记为 0。定义边界点是本身标记为 1 而其 8-连通邻域中至少有一个点标记为 0 的点。算法考虑以边界点为中心的 8-邻域，记中心点为 p_1，其邻域的 8 个点顺时针绕中心点分别记为 $p_2, p_3, \cdots, p_9$，其中 p_2 在 p_1 上方，如图 11.3.10 所示。

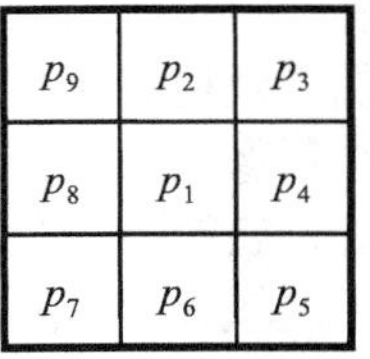

图 11.3.10　骨架计算模板

算法包括对边界点进行以下两步操作。

（1）标记同时满足下列条件的边界点。

（1.1）$2 \leqslant N(p_1) \leqslant 6$。

（1.2）$S(p_1) = 1$。

（1.3）$p_2 \cdot p_4 \cdot p_6 = 0$。

（1.4）$p_4 \cdot p_6 \cdot p_8 = 0$。

这里 $N(p_1)$是 p_1 的非零邻点数，$S(p_1)$是以 $p_2, p_3, \cdots, p_9, p_2$ 为序时，这些点的值从 $0 \rightarrow 1$ 变化的次数。检验完毕全部边界点后，除去所有标记了的点。

（2）标记同时满足下列条件的边界点。

（2.1）$2 \leqslant N(p_1) \leqslant 6$；

（2.2）$S(p_1) = 1$；

（2.3）$p_2 \cdot p_4 \cdot p_8 = 0$；

（2.4）$p_2 \cdot p_6 \cdot p_8 = 0$。

这里前两个条件同第（1）步，仅后两个条件不同。同样检验完毕全部边界点后，将所有标记了的点除去。

以上两步操作构成一次迭代。算法反复迭代，直至没有点再满足标记条件，这时剩下的点组成区域的骨架。如图 11.3.11 所示，在以上各标记条件中，条件（1.1）或条件（2.1）除去了 p_1 只有一个标记为 1 的 8-邻域点（即 p_1 为线段端点的情况，如图 11.3.11（a）所示）以及 p_1 有 7 个标记为 1 的邻点（即 p_1 过于深入区域内部的情况，如图 11.3.11（b）所示）；条件（1.2）或条件（2.2）除去了对宽度为单像素的线段进行操作的情况（见图 11.3.11（c）和图 11.3.11（d）），以避免将骨架割断；条件（1.3）和条件（1.4）同时满足的条件为：p_1 为边界的右或下端点（$p_4 = 0$ 或 $p_6 = 0$）或左上角点（$p_2 = 0$ 和 $p_8 = 0$）。此时 p_1 不是骨架点（前一种情况见图 11.3.11（e））。类似地，条件（2.3）和条件（2.4）同时满足的条件为：p_1 为边界的左或上端点（$p_2 = 0$ 或 $p_8 = 0$）或右下角点（$p_4 = 0$ 和 $p_6 = 0$）。此时 p_1 不是骨架点（前一种情况见图 11.3.11（f））。最后注意到，如 p_1 为边界的右上端点，则有 $p_2 = 0$ 和 $p_4 = 0$，如 p_1 为边界的左下端点，则有 $p_6 = 0$ 和 $p_8 = 0$，它们都同时满足条件（1.3）和条件（1.4）条件以及条件（2.3）和条件（2.4）。

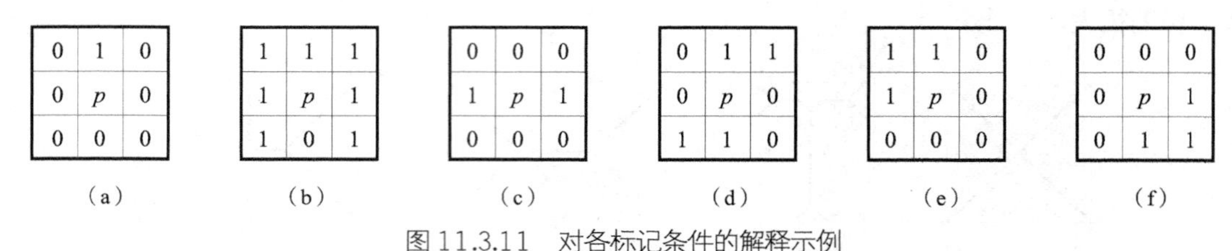

图 11.3.11　对各标记条件的解释示例

11.4　基于边界的描述

基于边界的描述利用目标边界上的像素集合来描述目标区域的特点，特别是形状特性。

11.4.1　简单边界描述符

下面先介绍几种简单常用的边界描述符。

1．边界长度

边界长度代表一种简单的边界全局特征，它是包围区域的轮廓的周长。在数字图像中，边界是有一定宽度的，即一个区域不仅有内部和外部，在其轮廓上还有边界像素。现在考虑区域由内部像素及边界像素构成的情况（也有人将边界像素算到区域外部）。区域 R 的边界 B 是由 R 的所有边界像素按 4-方向或 8-方向连接组成的，区域的其他像素称为区域的内部像素。对一个区域 R 来说，它的每一个边界像素 p 都应满足两个条件：①p 本身属于区域 R；②p 的邻域中有像素不属于区域 R。仅满足第一个条件，不满足第二个条件的是区域的内部像素，而仅满足第二个条件，不满足第一个条件的是区域的外部像素。

这里需注意，如果区域 R 的内部像素是用 8-方向连通来判定的，则得到的边界为 4-方向连通的。而如果区域 R 的内部像素是用 4-方向连通来判定的，则得到的边界为 8-方向连通的。

可分别定义 4-方向连通边界 B_4 和 8-方向连通边界 B_8 如下。

$$B_4 = \{(x, y) \in R \mid N_8(x, y) - R \neq 0\} \tag{11.4.1}$$

$$B_8 = \{(x, y) \in R \mid N_4(x, y) - R \neq 0\} \tag{11.4.2}$$

式（11.4.1）和式（11.4.2）右边第一个条件表明边界像素本身属于区域 R，第二个条件表明边界像素的邻域中有不属于区域 R 的点。如果边界已用单位长链码表示，则水平和垂直码的数量加上 $\sqrt{2}$ 乘以对角码的数量就是边界长度（更精确的计算公式见 14.4.3 节）。将边界上的所有点从 0 排到 K-1（设共有 K 个边界点），这两种边界的长度可统一用下式计算。

$$\|B\| = \#\{k \mid (x_{k+1}, y_{k+1}) \in N_4(x_k, y_k)\} + \sqrt{2}\#\{k \mid (x_{k+1}, y_{k+1}) \in N_D(x_k, y_k)\} \qquad (11.4.3)$$

式（11.4.3）中，#表示数量；k+1 按照模为 K 计算。式（11.4.3）右边第一项对应 2 个像素间的（水平或垂直）直线段，第二项对应 2 个像素间的对角线段。

2．边界直径

边界直径是边界上相隔最远的两点之间的距离，即这两点之间的直连线段长度。有时这条直线也称为**边界主轴**或长轴（与此垂直且最长的与边界相交的两个交点间的线段也叫边界的短轴）。它的长度和取向对描述边界都很有用。边界 B 的直径 $\mathrm{Dia}_d(B)$可由下式计算。

$$\mathrm{Dia}_d(B) = \max_{i,j}[D_d(b_i, b_j)] \qquad b_i \in B,\ \ b_j \in B \qquad (11.4.4)$$

式（11.4.4）中，$D_d(\cdot)$可以是任意一种距离量度。常用的距离量度主要有 3 种，即 $D_E(\cdot)$、$D_4(\cdot)$和 $D_8(\cdot)$距离。如果 $D_d(\cdot)$用不同距离量度，则得到的 $\mathrm{Dia}_d(B)$会不同。

图 11.4.1 为用 3 种不同的距离量度得到的同一个目标边界的 3 个直径值。由这个示例可见距离量度对距离值的影响。

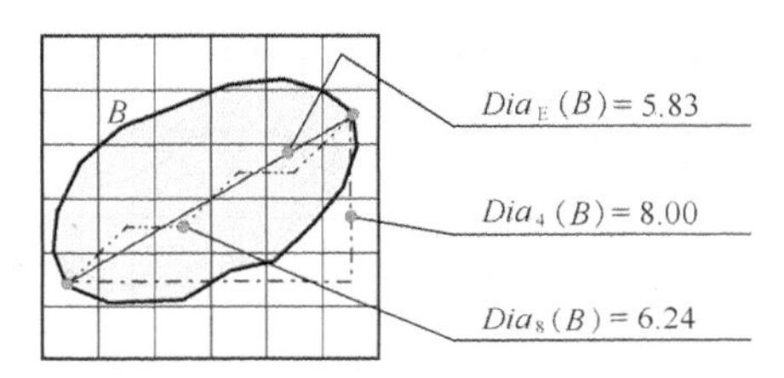

图 11.4.1　边界直径和测量

3．曲率

曲率是**斜率**的改变率，它描述了目标边界上各点沿着边界方向变化的情况。在一个边界上，点的曲率的符号描述了边界在该点的凹凸性。如果曲率大于 0，则曲线凹向朝着该点法线的正向。如果曲率小于 0，则曲线凹向朝着该点法线的负方向。如沿顺时钟方向跟踪边界，当在一个点的曲率大于 0 时，该点属于凸段的一部分，否则为凹段的一部分。在实际应用中，曲率序列的极值点或统计值常用来简洁地描述边界的显著特性

在离散图像的边界上计算某点的曲率常会因边界粗糙不平而变得不可靠。但如果边界用（多边形）线段逼近（参见 11.2.5 节）后，则计算该边界的线段交点处（即多边形顶点）的曲率会比较方便可靠。

11.4.2　形状数

形状数是基于链码的一种边界形状描述符。根据链码的起点位置不同，一个用链码表达的边界可以有多个一阶差分。一个边界的形状数是这些差分中其值最小的一个序列。换句话说，形状数是值最小的（链码的）差分码（参见 11.2.2 节）。例如，图 11.2.3 中归一化前的图形基于 4-方向的链码为 10103322，差分码为 33133030，形状数为 03033133。

每个形状数都有一个对应的**阶**，这里阶定义为形状数序列的长度（即链码数或码串的长度）。对闭合曲线，阶总是偶数。对凸形区域，阶也对应边界外包矩形的周长。图 11.4.2 为阶分别为 4、6 和 8 的所有可能边界形状及它们的形状数。随着阶的增加，对应的可能边界形状及它们的形状数都会很快增加。

在实际应用中，对已给边界由给定阶计算边界形状数有以下几个步骤（见图 11.4.3）。

（1）从所有满足给定阶数要求的矩形中选取出其长短轴比例最接近图 11.4.3（a）所示已给边界的矩形（即 11.3.5 节中的围盒），如图 11.4.3（b）所示。

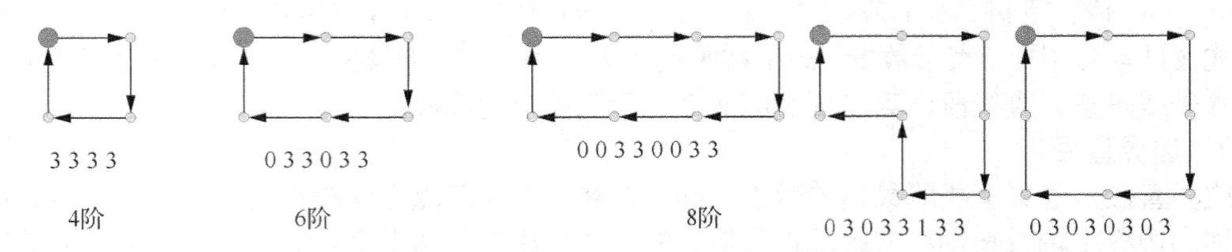

图 11.4.2　阶分别为 4、6 和 8 的所有形状

（2）根据给定阶数将选出的矩形划分为图 11.4.3（c）所示的多个等边正方形。

（3）求出与边界最吻合的多边形，例如，将面积的 50%以上包在边界内的正方形划入区域内部得到图 11.4.3（d）。

（4）根据选出的多边形，以图 11.4.3（d）中的黑点为起点计算其链码得到图 11.4.3（e）。

（5）求出链码的差分码或微分码，如图 11.4.3（f）所示。

（6）循环差分码使其数串的值最小，从而得到已给边界的形状数，如图 11.4.3（g）所示。

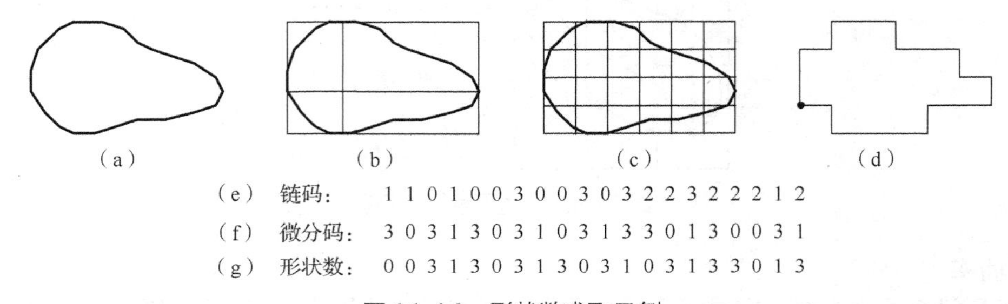

（e）　链码：　1 1 0 1 0 0 3 0 0 3 0 3 2 2 3 2 2 2 1 2

（f）　微分码：　3 0 3 1 3 0 3 1 0 3 1 3 3 0 1 3 0 0 3 1

（g）　形状数：　0 0 3 1 3 0 3 1 3 0 3 1 0 3 1 3 3 0 1 3

图 11.4.3　形状数求取示例

由上述计算边界形状数的步骤可见，变化阶数，可以得到对应不同尺度的边界逼近多边形，也即得到对应不同尺度的形状数。换句话说，利用形状数可对区域边界进行不同尺度的描述。形状数不随边界的旋转和尺度的变化而改变。给定一个区域边界，与它对应的每个阶的形状数是唯一的。

11.4.3　边界矩

目标的边界可看作由一系列曲线段组成，对任意一个给定的曲线段都可把它表示成一个 1-D 函数 $f(r)$，这里 r 是个任意变量，可取遍曲线段上的所有点。进一步可把 $f(r)$的线下面积归一化成单位面积并把它看成是一个直方图，则 r 变成一个随机变量，$f(r)$是 r 的出现概率。例如，可将图 11.4.4（a）所示的包含 L 个点的边界段表达成图 11.4.4（b）所示的一个 1-D 函数 $f(r)$。可通过用矩来定量描述曲线段，从而进一步描述整个边界。这种描述方法对边界的旋转不敏感。

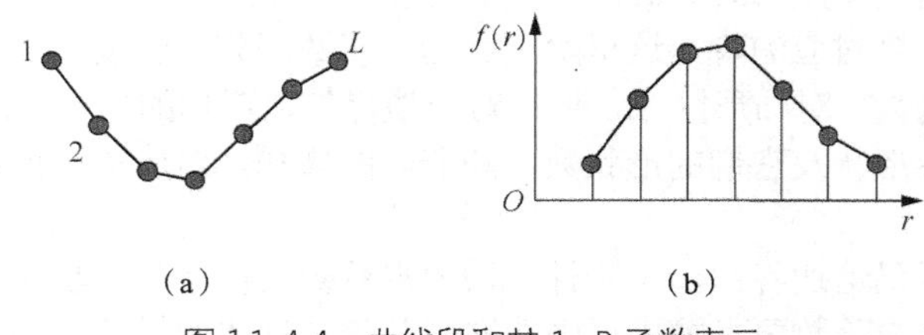

图 11.4.4　曲线段和其 1-D 函数表示

如用 m 表示 $f(r)$的均值，则有

$$m=\sum_{i=1}^{L} r_i f(r_i) \tag{11.4.5}$$

则 $f(r)$对均值的 n 阶矩为

$$\mu_n(r)=\sum_{i=1}^{L}(r_i-m)^n f(r_i) \tag{11.4.6}$$

这里μ_n 与 $f(r)$的形状有直接联系，如μ_2 描述了曲线相对于均值的分布情况，μ_3 描述了曲线相对于均值的对称性。这些**边界矩**描述了曲线的特性，并与曲线在空间的绝对位置无关。

利用矩可把对曲线的描述转化成对 1-D 函数的描述。这种方法的优点是容易实现并且有物理意义。除了边界段，标记也可用这种方法描述。

11.5 基于区域的描述

基于区域的描述利用组成区域的所有像素来描述区域的不同特性。

11.5.1 简单区域描述符

下面先介绍一些简单常用的区域描述符。

1．区域面积

区域面积是区域的一个基本特性，它描述区域的大小。对区域 R 来说，设正方形像素的边长为单位长，则其面积 A 的计算公式如下。

$$A=\sum_{(x,y)\in R} 1 \tag{11.5.1}$$

可见这里计算区域面积就是对属于区域的像素进行计数。已经证明，利用对像素计数的方法来求取区域面积，不仅最简单，而且是对原始模拟区域面积的无偏和一致的最好估计。

例 11.5.1 几个面积计算方法

图 11.5.1 为用不同的面积计算方法来计算同一个目标区域的示意图，以及用不同方法得到的 3 个结果（这里设像素边长为 1）。其中，图 11.5.1（a）方法对应式（11.5.1），对像素数计数；图 11.5.1（b）和图 11.5.1（c）的方法都借助了几何中对三角形面积的计算公式，即底乘高再除以 2。在图 11.5.1（b）中取 d 为 2 像素中心间的距离；在图 11.5.1（c）中取 n 为方形像素的边长。两种方法测量计算都较简单，但都和实际情况有较大的误差。

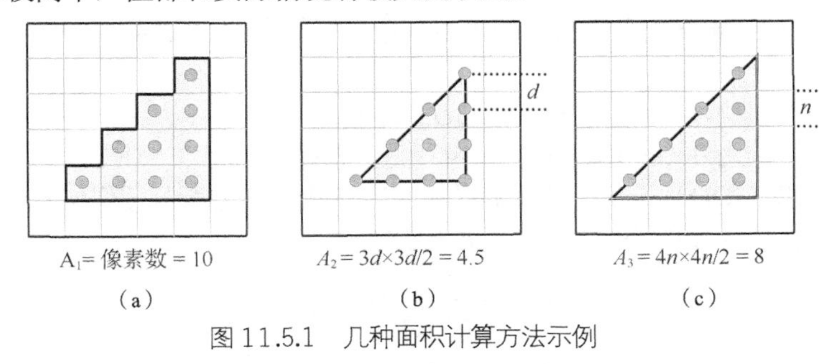

图 11.5.1 几种面积计算方法示例 □

2．区域质心

区域质心是一种全局描述符，区域质心的坐标是根据所有属于区域的点计算出来的（此时认为每像素都有相同的质量），即

$$\bar{x}=\frac{1}{A}\sum_{(x,y)\in R} x \tag{11.5.2}$$

$$\bar{y} = \frac{1}{A} \sum_{(x,y)\in R} y \qquad (11.5.3)$$

如果已有了对区域边界的链码表达（参见 11.2.2 节），则也可直接从该表达计算区域质心。设边界点序列的坐标依次为(x_0, y_0)，…，(x_i, y_i)，(x_{i+1}, y_{i+1})，…，(x_n, y_n)，其中$(x_0, y_0) = (x_n, y_n)$，且 $1 \leqslant i \leqslant n$，$n$ 为边界长度。区域质心的坐标计算如下。

$$\bar{x} = \frac{1}{A}\sum_{i=1}^{n}(x_i + x_{i-1})^2(y_i - y_{i-1}) \qquad (11.5.4)$$

$$\bar{y} = \frac{1}{A}\sum_{i=1}^{n}(x_i - x_{i-1})(y_i + y_{i-1})^2 \qquad (11.5.5)$$

顺便指出，该区域的面积也可直接

$$A = \frac{1}{2}\sum_{i=1}^{n}(x_i + x_{i-1})(y_i - y_{i-1}) \qquad (11.5.6)$$

尽管区域中各点的坐标总是整数，但如上计算出来的区域质心坐标常常不为整数。在区域本身的尺寸与各区域之间的距离相比很小时，可将一个区域用位于其质心坐标的质点来近似代表。

顺便指出，对于非规则物体，其质心坐标和几何中心坐标常不相同。在图 11.5.2 中，目标的质心用方形点（浅黄色）表示，对密度加权得到的目标质心（此时认为各像素具有不同的质量，正比或反比于像素的密度/灰度）用五角形点（深黄色）表示，而由目标外接圆确定的几何中心用圆形点（红色）表示。

3．区域密度特征

描述分割区域常是为了描述原目标的特性，包括反映目标灰度、颜色等的特性，这就需要用到**区域密度特征**（或**区域灰度特征**）。目标的灰度特性与几何特性不同，它需要结合原始灰度图和分割图来得到。常用的区域灰度特征有目标灰度（或各种颜色分量）的最大值、最小值、中值、平均值、方差以及高阶矩等统计量，它们多可借助灰度直方图得到。

图 11.5.2　非规则物体的质心和中心

下面给出几种典型的灰度特征描述符。

（1）**透射率**（T）是穿透目标的光的比例，有

$$T = \text{穿透目标的光} \ / \ \text{入射的光} \qquad (11.5.7)$$

（2）**光密度**（OD）定义为入射目标的光与穿透目标的光的比(透射率的倒数)，并取以 10 为底的对数，即

$$\text{OD} = \lg(1/T) = -\lg T \qquad (11.5.8)$$

光密度的数值范围为 0（100%透射）～∞（完全无透射）。

（3）**积分光密度**（IOD）是一种常用的区域灰度参数，它是所测图像或图像区域中各像素的光密度总和。对一幅 $M \times N$ 的图像 $f(x, y)$，其 IOD 为

$$\text{IOD} = \sum_{x=0}^{M-1}\sum_{y=0}^{N-1} f(x, y) \qquad (11.5.9)$$

设图像的直方图为 $H(\cdot)$，图像灰度级数为 G，则根据直方图的定义，有

$$\text{IOD} = \sum_{k=0}^{G-1} kH(k) \qquad (11.5.10)$$

即积分光密度是直方图中各灰度统计值的加权和。

上述各密度特征描述符的统计值，如平均值、中值、最大值、最小值、方差等，也可作为密度特征描述符。

11.5.2 拓扑描述符

拓扑学（Topology）研究图形不受畸变变形（不包括撕裂或粘贴）影响的性质。区域的拓扑性质对区域的全局描述很有用，这些性质既不依赖距离，也不依赖基于距离测量的其他特性。

对一个给定平面区域来说，区域内的孔数 H 和区域内的连通组元数 C 都是常用的拓扑性质，它们可被进一步用来定义**欧拉数** E，有

$$E = C - H \tag{11.5.11}$$

欧拉数是一个区域的拓扑描述符，它是一个全局特征参数，描述的是区域的连通性。图 11.5.3 所示的 4 个字母区域的欧拉数依次为−1，2，1 和 0。

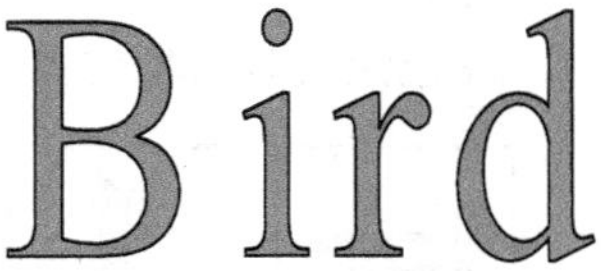

图 11.5.3 拓扑描述示例

如果一幅图像包含 N 个不同的连通组元，假设每个连通组元（C_i）包含 H_i 个孔（即能使背景多出 H_i 个连通组元），那么图像的欧拉数可用下式计算。

$$E = \sum_{i=1}^{N}(1 - H_i) = N - \sum_{i=1}^{N} H_i \tag{11.5.12}$$

对一幅二值图像 A，可以定义两个欧拉数，分别记为 $E_4(A)$和 $E_8(A)$。它们的区别就是所用的连通性。4-连通欧拉数 $E_4(A)$定义为 4-连通的目标数 $C_4(A)$减去 8-连通的孔数 $H_8(A)$，即

$$E_4(A) = C_4(A) - H_8(A) \tag{11.5.13}$$

8-连通欧拉数 $E_8(A)$定义为 8-连通的目标数 $C_8(A)$减去 4-连通的孔数 $H_4(A)$，即

$$E_8(A) = C_8(A) - H_4(A) \tag{11.5.14}$$

表 11.5.1 给出一些简单结构目标区域的欧拉数。

表 11.5.1 一些简单结构目标区域的欧拉数

序号	A	$C_4(A)$	$C_8(A)$	$H_4(A)$	$H_8(A)$	$E_4(A)$	$E_8(A)$
1		1	1	0	0	1	1
2		5	1	0	0	5	1
3		1	1	1	1	0	0
4		4	1	1	0	4	0
5		2	1	4	1	1	−3
6		1	1	5	1	0	−4
7		2	2	1	1	1	1

11.5.3 不变矩

现在考虑在图像平面上一个区域的矩。如果数字图像函数 $f(x, y)$分段连续且只在 XY 平面上的有限个点不为 0，则可证明它的各阶矩存在。**区域矩**是用所有属于区域内的点计算出来的，因而不太受噪声等的影响。$f(x, y)$的 $p+q$ 阶矩定义为

$$m_{pq} = \sum_x \sum_y x^p y^q f(x, y) \tag{11.5.15}$$

可以证明，m_{pq} 唯一地被 $f(x, y)$确定，反之，m_{pq} 也唯一地确定了 $f(x, y)$。$f(x, y)$的 $p + q$ 阶**中心矩**定义为

$$M_{pq} = \sum_x \sum_y (x - \bar{x})^p (y - \bar{y})^q f(x, y) \tag{11.5.16}$$

式（11.5.16）中，$\bar{x} = m_{10}/m_{00}$，$\bar{y} = m_{01}/m_{00}$ 为$f(x, y)$的质心坐标（式（11.5.2）和式（11.5.3）计算的是二值图像的质心坐标，这里$\bar{x}$和$\bar{y}$的定义也可用于灰度图像）。$f(x, y)$的归一化的中心矩可表示为

$$N_{pq} = \frac{M_{pq}}{M_{00}^{\gamma}} \qquad 其中\ \gamma = \frac{p+q}{2} + 1, \quad p+q = 2, 3, \cdots \tag{11.5.17}$$

例 11.5.2　中心矩的计算

图 11.5.4 为一些用于计算矩的简单示例图像。图像尺寸均为 8×8 个像素，像素尺寸均为 1×1，深色像素为目标像素（值为 1），白色像素为背景像素（值为 0）。

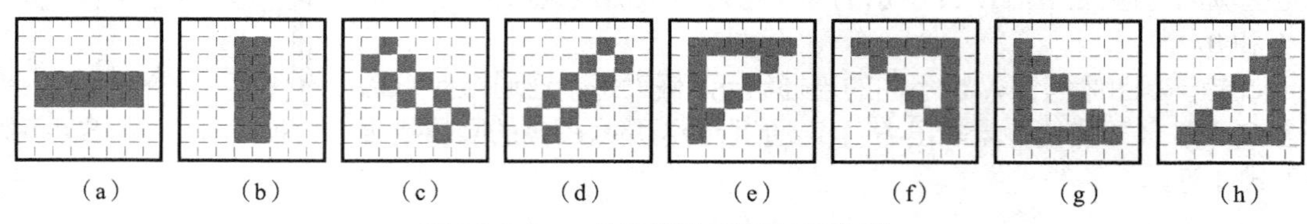

图 11.5.4　一些用于计算矩的示例图像

表 11.5.2 为由图 11.5.4 中的各个图像计算出的 3 个二阶中心矩和 2 个三阶中心矩（相对于目标重心的矩）的值（取了整）。这里设每像素看作其质量在其中心的质点。由于取图像中心为坐标系统的原点，所以含有某个方向奇数次的中心矩有可能有负值出现。

表 11.5.2　　由图 11.5.4 所示示例图像计算出的中心矩的值

序号	中心矩	(a)	(b)	(c)	(d)	(e)	(f)	(g)	(h)
1	M_{02}	3	35	22	22	43	43	43	43
2	M_{11}	0	0	−18	18	21	−21	−21	21
3	M_{20}	35	3	22	22	43	43	43	43
4	M_{12}	0	0	0	0	−19	19	−19	19
5	M_{21}	0	0	0	0	19	19	−19	−19

对照图 11.5.4 和表 11.5.2 可见，对沿 X 或 Y 方向对称的目标，其矩可根据对称性获得。 □

以下 7 个对平移、旋转和尺度变换都不敏感的**不变矩**是由归一化的二阶和三阶中心矩得到的。

$$T_1 = N_{20} + N_{02} \tag{11.5.18}$$

$$T_2 = (N_{20} - N_{02})^2 + 4N_{11}^2 \tag{11.5.19}$$

$$T_3 = (N_{30} - 3N_{12})^2 + (3N_{21} - N_{03})^2 \tag{11.5.20}$$

$$T_4 = (N_{30} + N_{12})^2 + (N_{21} + N_{03})^2 \tag{11.5.21}$$

$$\begin{aligned} T_5 = &(N_{30} - 3N_{12})(N_{30} + N_{12})[(N_{30} + N_{12})^2 - 3(N_{21} + N_{03})^2] \\ &+ (3N_{21} - N_{03})(N_{21} + N_{03})[3(N_{30} + N_{12})^2 - (N_{21} + N_{03})^2] \end{aligned} \tag{11.5.22}$$

$$T_6 = (N_{20} - N_{02})[(N_{30} + N_{12})^2 - (N_{21} + N_{03})^2] + 4N_{11}(N_{30} + N_{12})(N_{21} + N_{03}) \tag{11.5.23}$$

$$\begin{aligned} T_7 = &(3N_{21} - N_{03})(N_{30} + N_{12})[(N_{30} + N_{12})^2 - 3(N_{21} + N_{03})^2] \\ &+ (3N_{12} - N_{30})(N_{21} + N_{03})[3(N_{30} + N_{12})^2 - (N_{21} + N_{03})^2] \end{aligned} \tag{11.5.24}$$

例 11.5.3　不变矩计算实例

图 11.5.5 所示为一组由同一幅图像得到的不同变型，借此验证式（11.5.18）～式（11.5.24）定义的 7 个矩的不变性。图 11.5.5（a）所示为计算用的原始图，图 11.5.5（b）所示为将原始图旋转 45°得到的结果，图 11.5.5（c）所示为将原始图的尺度缩小一半得到的结果，图 11.5.5（d）所

示为原始图的镜面对称图像。对这些图根据式（11.5.15）～式（11.5.21）计算出的 7 个矩的数值没有明显差别，可见不管是目标旋转还是尺度放缩，借助不变矩均可检测到。

（a）

（b）

（c）

（d）

图 11.5.5 同一幅图像的不同变型 □

总结和复习

下面简单小结本章各节，并有针对性地介绍一些可供深入学习的参考文献。进一步复习还可通过思考题和练习题进行，标有星号（*）的题在书末提供了参考解答。

【小结和参考】

11.1 节介绍的两种目标标记方法均是逐像素进行判断的[Jain 1989]。另外，还有其他的目标标记方法，见[Marchand 2000]。

11.2 节介绍了基于边界像素表达区域的方法。其中，多边形是一种近似的方法，但可用来将大多数实用的曲线逼近到任意的精度[Zimmer 1997]。标记的方法是一种通用的方法，从更广泛的意义上说，标记可由广义的投影产生。这里的投影可以是水平的、垂直的、对角线的，甚至是放射的、旋转的，等等，见[Haralick 1992]。

11.3 节介绍了一些利用区域所有像素表达区域的方法（更多方法见[章 2018c]）。其中，区域四叉树表达可看作一种变分辨率表达，而金字塔是一种与四叉树密切相关的数据结构，对其优点的总结可见[Kropatsch 2001]。对二值目标区域求骨架算法的详细介绍可见[Zhang 1984]。

11.4 节介绍了一些边界描述符。其中，计算两种连通边界长度的统一公式可见[Haralick 1992]。更多的边界描述符还可见[Sonka 2014]、[章 2018c]。

11.5 节介绍了一些区域描述符，更多方法可见[章 2018c]。其中，不变矩利用了区域中及边界上的所有像素，如果仅利用区域边界上的像素来计算不变矩，则需修正上述区域不变矩的计算公式 [姚 2000]。

【思考题和练习题】

11.1 设有图题 11.1 所示的一幅二值图像，试利用像素标记法将目标标记出来（考虑 4-连通）。

11.2 采用 8-方向链码对图题 11.2 所示的目标轮廓编码，给出得到的链码。

0	1	1	0	1
1	1	0	1	0
0	0	1	0	0
1	0	1	1	1
1	1	0	1	0

图题 11.1

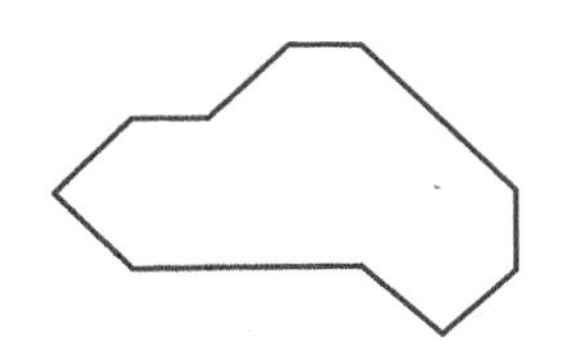

图题 11.2

*11.3　给出图题 11.3 中目标轮廓的链码以及起点归一化后的链码和旋转归一化后的链码。

11.4　设有图 11.2.2 所示的正八边形，试做出它的如 11.2.4 节介绍的 4 种边界标记。

11.5　给定一个正方形，将其左边与 Y 轴重合，下边与 X 轴重合放置。从原点出发沿逆时针方向跟踪正方形的轮廓，试做出运动方向与 X 轴夹角为运动距离函数的标记。

11.6　举例说明在哪些情况下，利用地标点表达方法只能近似表达目标轮廓。

*11.7　试画出用分裂合并法分割图题 11.7 所示图像时，对应分割结果的四叉树。

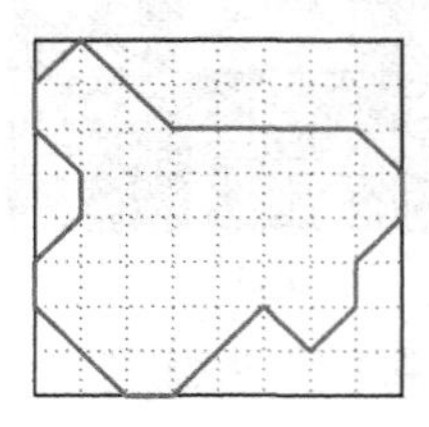

图题 11.3

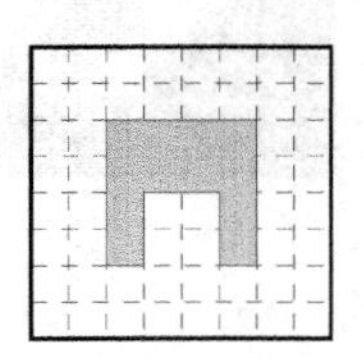

图题 11.7

11.8　对图题 11.8 中的各图，利用 11.3.6 节介绍的求骨架算法。

（1）判断算法第（1）步在点 p 操作时的标记条件，并给出标记结果。

（2）判断算法第（2）步在点 p 操作时的标记条件，并给出标记结果。

0	0	0
1	p	1
0	1	0

1	1	1
0	p	1
1	1	0

1	0	0
1	p	1
0	0	1

0	0	0
1	p	0
0	0	0

1	0	1
0	p	0
1	0	1

图题 11.8

11.9　试给出对应链码 12076453 的起点归一化链码和形状数。

11.10　试给出对应图题 11.3 中目标轮廓的形状数。

11.11　分别给出 26 个小写英文字母的欧拉数。

11.12　哪些描述符可用来区分一个正方形和一个正三角形？哪些描述符可用来区分一个正方形和一个圆形？哪些描述符可用来区分一个圆形和一个椭圆形？

第 12 章 特征提取和测量误差

为描述图像中目标的特性，常需要提取反映目标特性的特征，也称**特征提取**。图像中的目标具有各方面的特性，如纹理特性、形状特性、结构特性、运动特性等。对图像的**特征测量**是指对图像中对应这些特性的描述符或描述参数的测量。随着图像分析的广泛深入应用，对特征的准确测量越来越重要，也越来越得到重视。对目标特征的测量从根本上来说是要从数字化的数据中准确地估计出产生这些数据的模拟量的性质，因为这是一个估计过程，所以**测量误差**是不可避免的。另外，因为在这个过程中，还有许多影响特征测量精度的因素，所以还需要研究导致误差产生的原因并设法减小各种因素的影响。

本章各节内容的安排如下。

12.1 节讨论对区域纹理特征的提取和测量问题，分别介绍了 3 类基本方法，即统计法、结构法和频谱法中的典型技术。

12.2 节介绍区域形状特征描述符的计算，这些描述符主要涉及两种形状特性：紧凑性和复杂性（也常分别称为伸长性和不规则性）。

12.3 节介绍描述目标结构特征的两个拓扑参数——反映区域结构信息的交叉数和连接数。

12.4 节分析了图像特征测量中的几个误差问题，包括如何区分测量的准确度和精确度，概述了导致误差的主要因素，并结合直线长度的计算讨论了不同计算公式对测量结果的影响。

12.1 区域纹理特征及测量

纹理是物体表面的固有特征之一，因而也是图像区域一种重要的属性。纹理具有区域性质的特点，对单像素来说，讨论纹理是没有意义的。纹理是图像分析中的常用概念，但目前尚无对它正式的（或者说尚无一致的）定义。测量纹理特征的 3 种常用方法是统计法、结构法、频谱法。

12.1.1 统计法

在统计法中，利用对图像灰度的分布和关系的统计结果来描述纹理。这种方法比较适合描述自然纹理，常可提供纹理的平滑、稀疏、规则、周期等性质。

1. 共生矩阵

统计法描述纹理常借助区域灰度的**共生矩阵**来进行。设 S 为目标区域 R 中具有特定空间联系的像素对的集合，则共生矩阵 P 可定义为

$$P(g_1,g_2)=\frac{\#\{[(x_1,y_1),(x_2,y_2)]\in S \mid f(x_1,y_1)=g_1\ \&\ f(x_2,y_2)=g_2\}}{\#S} \tag{12.1.1}$$

式（12.1.1）等号右边的分子是具有某种空间关系，灰度值分别为 g_1 和 g_2 的像素对数，分母为像素对的总数（#代表数量）。这样得到的 P 是归一化的。

例 12.1.1　位置算子和共生矩阵

在纹理的统计描述中，为利用空间信息可借助**位置算子**以计算共生矩阵。设 W 是一个位置算子，$\boldsymbol{A}$ 是一个 $k \times k$ 矩阵，其中每个元素 a_{ij} 为具有灰度值 g_i 的点相对于由 W 确定的具有灰度值 g_j 的点出现的次数，这里有 $1 \leqslant i,j \leqslant k$。例如，对图 12.1.1（a）中只有 3 个灰度级的图像（$g_1 = 0$，$g_2 = 1$，$g_3 = 2$），定义 W 为“向右 1 像素和向下 1 像素”的位置关系，得到的矩阵 $\boldsymbol{A}$ 如图 12.1.1（b）所示。

$$
\begin{matrix}
0 & 0 & 0 & 1 & 2 \\
1 & 1 & 0 & 1 & 1 \\
2 & 2 & 1 & 0 & 0 \\
1 & 1 & 0 & 2 & 0 \\
0 & 0 & 1 & 0 & 1
\end{matrix}
\qquad
\boldsymbol{A} = \begin{bmatrix} A_{11} & A_{12} & A_{13} \\ A_{21} & A_{22} & A_{23} \\ A_{31} & A_{32} & A_{33} \end{bmatrix} = \begin{bmatrix} 4 & 2 & 1 \\ 2 & 3 & 2 \\ 0 & 2 & 0 \end{bmatrix}
$$

（a）　　　　　　　　（b）

图 12.1.1　借助位置算子计算共生矩阵

如果设满足 W 的像素对总数为 N，将 $\boldsymbol{A}$ 的每个元素都除以 N 就可估计满足 W 关系的像素对出现的概率，并得到相应的归一化共生矩阵。 ❑

例 12.1.2　借助极坐标定义的共生矩阵

像素对内部的空间联系也可借助极坐标的方式来定义。例如，可将关系用 $Q = (r, \theta)$表示，其中 r 对应两像素间的距离，θ对应两像素间的连线与横轴间的夹角。图 12.1.2（a）所示为一幅小图像，它的两个共生矩阵分别如图 12.1.2（b）和图 12.1.2（c）所示（这里还未归一化），其中图 12.1.2（b）对应 $Q = (1, 0)$，图 12.1.2（c）对应 $Q = (1, \pi/2)$。

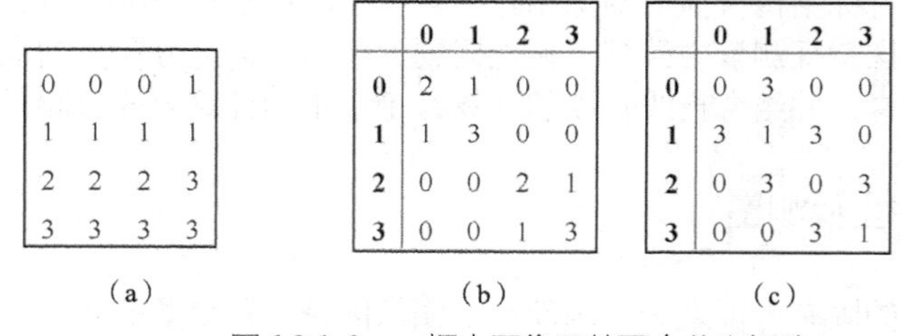

0	0	0	1
1	1	1	1
2	2	2	3
3	3	3	3

（a）

	0	**1**	**2**	**3**
0	2	1	0	0
1	1	3	0	0
2	0	0	2	1
3	0	0	1	3

（b）

	0	**1**	**2**	**3**
0	0	3	0	0
1	3	1	3	0
2	0	3	0	3
3	0	0	3	1

（c）

图 12.1.2　一幅小图像及其两个共生矩阵 ❑

例 12.1.3　图像及其共生矩阵实例

不同的图像由于纹理尺寸不同，其灰度共生矩阵可以有很大的差别，这可以说是借助灰度共生矩阵进一步计算纹理描述符的基础。图 12.1.3 为两组实例，其中 W 均定义为“向右 1 像素和向下 1 像素”的位置关系。图 12.1.3（a）和图 12.1.3（b）分别为一幅有较多细节的图像及其共生矩阵图，由于图 12.1.3（a）中的灰度沿水平方向和垂直方向均有较高频率的变化，即灰度变化分布比较均匀，所以图 12.1.3（b）所示的共生矩阵图中的大部分项均不为 0。图 12.1.3（c）和图 12.1.3（d）分别为一幅相似区域较大的图像及其共生矩阵图，由于图 12.1.3（c）中的灰度在较大范围内变化缓慢，所以图 12.1.3（d）所示的共生矩阵图中仅有主对角线上的元素取较大的值。两相比较可看出，共生矩阵的确可反映不同像素相对位置的空间信息，从而帮助描述和区分纹理。

(a)
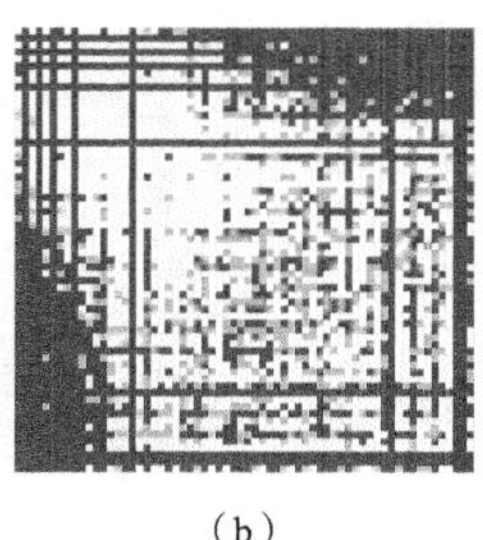
(b)

(c)
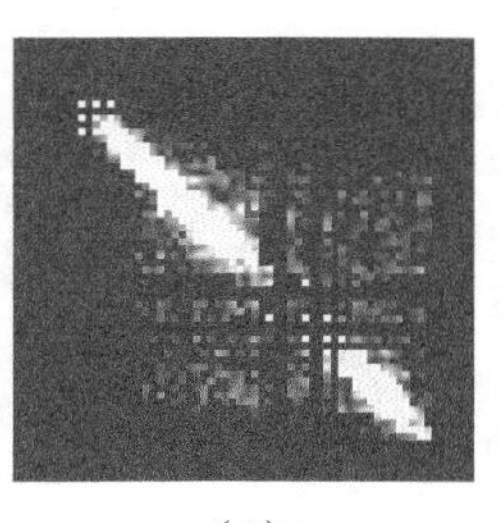
(d)

图 12.1.3 图像和其共生矩阵图 □

2. 基于共生矩阵的纹理描述符

在共生矩阵的基础上，可以定义**纹理描述符**，如果设

$$P_x(i)=\sum_{j=1}^{N}P(i,j) \qquad i=1,\ 2,\ \cdots,\ N \tag{12.1.2}$$

$$P_y(j)=\sum_{i=1}^{N}P(i,j) \qquad j=1,\ 2,\ \cdots,\ N \tag{12.1.3}$$

$$P_{x+y}(k)=\sum_{i=1}^{N}\sum_{j=1}^{N}P(i,j) \qquad k=i+j=2,\ 3,\ \cdots,\ 2N \tag{12.1.4}$$

$$P_{x-y}(k)=\sum_{i=1}^{N}\sum_{j=1}^{N}P(i,j) \qquad k=|i-j|=0,\ 1,\ \cdots,\ N-1 \tag{12.1.5}$$

则可得到以下 14 个纹理描述符。

（1）角二阶矩

$$W_1=\sum_{i=1}^{N}\sum_{j=1}^{N}P^2(i,j) \tag{12.1.6}$$

（2）对比度（反差）

$$W_2=\sum_{t=0}^{N-1}t^2\left\{\sum_{i=1}^{N}\sum_{j=1}^{N}P(i,j)\right\} \qquad |i-j|=t \tag{12.1.7}$$

（3）相关性

$$W_3=\frac{1}{\sigma_x\sigma_y}\left[\sum_{i=1}^{N}\sum_{j=1}^{N}ijP(i,j)-\mu_x\mu_y\right] \tag{12.1.8}$$

式（12.1.8）中，μ_x 和 σ_x 分别是 $P_x(i)$ 的均值和均方差，μ_y 和 σ_y 分别是 $P_y(j)$ 的均值和均方差。

（4）差分矩

$$W_4=\sum_{i=1}^{N}\sum_{j=1}^{N}(i-\mu)^2P(i,j)=\sum_{i=1}^{N}(i-\mu)^2P_x(i) \tag{12.1.9}$$

式（12.1.9）中，μ 是 $P(i,j)$ 的均值。

（5）逆差分矩（均匀性）

$$W_5=\sum_{i=1}^{N}\sum_{j=1}^{N}\frac{1}{1+(i-j)^2}P(i,j) \tag{12.1.10}$$

（6）和平均

$$W_6=\sum_{i=2}^{2N}iP_{x+y}(i) \tag{12.1.11}$$

（7）和方差

$$W_7 = \sum_{i=2}^{2N} \left(i - W_6\right)^2 P_{x+y}(i) \tag{12.1.12}$$

（8）和熵

$$W_8 = -\sum_{i=2}^{2N} P_{x+y}(i) \log\left[P_{x+y}(i)\right] \tag{12.1.13}$$

（9）熵

$$W_9 = -\sum_{i=1}^{N}\sum_{j=1}^{N} P(i,j) \log\left[P(i,j)\right] \tag{12.1.14}$$

（10）差方差

$$W_{10} = \sum_{i=0}^{N-1} \left(i - d\right)^2 P_{x-y}(i) \tag{12.1.15}$$

式（12.1.15）中，$d = \sum_{i=0}^{N-1} iP_{x-y}(i)$。

（11）差熵

$$W_{11} = -\sum_{i=0}^{N-1} P_{x-y}(i) \log\left[P_{x-y}(i)\right] \tag{12.1.16}$$

（12）相关信息测度 1

$$W_{12} = \frac{W_9 - E_1}{\max(E_x, E_y)} \tag{12.1.17}$$

式（12.1.17）中，$E_1 = -\sum_{i=1}^{N}\sum_{j=1}^{N} P(i,j) \log\left[P_x(i)P_y(j)\right]$，$E_x = -\sum_{i=1}^{N} P_x(i) \log\left[P_x(i)\right]$，$E_y = -\sum_{j=1}^{N} P_y(j)$ $\log\left[P_y(j)\right]$。

（13）相关信息测度 2

$$W_{13} = \sqrt{1 - \exp\left[-2(E_2 - W_9)\right]} \tag{12.1.18}$$

式（12.1.18）中，$E_2 = -\sum_{i=1}^{N}\sum_{j=1}^{N} P_x(i)P_y(j) \log\left[P_x(i)P_y(j)\right]$。

（14）最大相关系数

$$W_{14} = \text{矩阵}\boldsymbol{R}\text{的第2个最大特征值} \qquad R(i,j) = \sum_{k=1}^{N} \frac{P(i,k)P(j,k)}{P_x(i)P_y(j)} \tag{12.1.19}$$

3．基于能量的纹理描述符

利用模板（也称核）计算局部纹理能量可获得灰度变化的信息。设图像为 $f(x, y)$，一组模板分别为 $M_1, M_2, \cdots, M_N$，则卷积 $g_n = f \otimes M_n$（$n = 1, 2, \cdots, N$）给出各个像素邻域中表达纹理特性的纹理能量分量。如果模板尺寸为 $k \times k$，则对应第 n 个模板的纹理图像（的元素）为

$$T_n(x,y) = \frac{1}{k \times k} \sum_{i=-(k-1)/2}^{(k-1)/2} \sum_{j=-(k-1)/2}^{(k-1)/2} \left|g_n(x+i, y+j)\right| \tag{12.1.20}$$

这样对应每个像素位置(x, y)，都有一个纹理特征矢量$[T_1(x,y) \quad T_2(x,y) \quad \cdots \quad T_N(x,y)]^{\mathrm{T}}$。

常用的模板尺寸为 3×3、5×5 和 7×7 个像素。令 L 代表层（level），E 代表边缘（edge），S 代表形状（shape），W 代表波（wave），R 代表纹（ripple），O 代表震荡（oscillation），则可得到

各种 1-D 的模板。例如，对应 5 × 5 模板的 1-D 矢量（写成行矢量）形式为

$$
\begin{aligned}
\boldsymbol{L}_5 &= [\ 1 \quad 4 \quad 6 \quad 4 \quad 1] \\
\boldsymbol{E}_5 &= [-1 \quad -2 \quad 0 \quad 2 \quad 1] \\
\boldsymbol{S}_5 &= [-1 \quad 0 \quad 2 \quad 0 \quad -1] \\
\boldsymbol{W}_5 &= [-1 \quad 2 \quad 0 \quad -2 \quad 1] \\
\boldsymbol{R}_5 &= [\ 1 \quad -4 \quad 6 \quad -4 \quad 1]
\end{aligned}
\tag{12.1.21}
$$

式（12.1.21）中，$\boldsymbol{L}_5$ 给出中心加权的局部平均，$\boldsymbol{E}_5$ 检测边缘，$\boldsymbol{S}_5$ 检测点，$\boldsymbol{R}_5$ 检测波纹。

图像所用 2-D 模板的效果可以用对两个 1-D 模板（行模板和列模板）的卷积得到。对原始图像中的每像素都用在其邻域中获得的上述卷积结果来代替其值，就得到对应其邻域纹理能量的图。借助能量图，每像素都可用表达邻域中纹理能量的 N^2-D 特征量代替。

在许多实际应用中，常使用 9 个 5 × 5 的模板来计算**纹理能量**。可借助 $\boldsymbol{L}_5$，$\boldsymbol{E}_5$，$\boldsymbol{S}_5$ 和 $\boldsymbol{R}_5$ 这 4 个 1-D 矢量获得这 9 个模板。对 2-D 的模板，可由计算 1-D 模板的外积得到，例如

$$
\boldsymbol{E}_5^{\mathrm{T}}\boldsymbol{L}_5 = \begin{bmatrix} -1 \\ -2 \\ 0 \\ 2 \\ 1 \end{bmatrix} \times [1 \quad 4 \quad 6 \quad 4 \quad 1] = \begin{bmatrix} -1 & -4 & -6 & -4 & -1 \\ -2 & -8 & -12 & -8 & -2 \\ 0 & 0 & 0 & 0 & 0 \\ 2 & 8 & 12 & 8 & 2 \\ 1 & 4 & 6 & 4 & 1 \end{bmatrix} \tag{12.1.22}
$$

使用 4 个 1-D 矢量可得到 16 个 5 × 5 的 2-D 模板。将这 16 个模板用于原始图像可得到 16 个滤波图像。令 $F_n(i, j)$为用第 n 个模板在(i, j)位置滤波得到的结果，那么对应第 n 个模板的纹理能量图 E_n 为（c 和 r 分别代表行和列）。

$$
E_n(r,c) = \sum_{i=c-2}^{c+2} \sum_{j=r-2}^{r+2} \left| F_n(i,j) \right| \tag{12.1.23}
$$

每幅纹理能量图都是完全尺寸的图像，代表用第 n 个模板得到的结果。

一旦得到了 16 幅纹理能量图，就可进一步结合其中相对称的图对（将一对图用它们的均值图代替）得到 9 个最终图。例如，$\boldsymbol{E}_5^{\mathrm{T}}\boldsymbol{L}_5$ 测量水平边缘，$\boldsymbol{L}_5^{\mathrm{T}}\boldsymbol{E}_5$ 测量垂直边缘，它们的平均可测量所有边缘。这样得到的 9 幅纹理能量图分别为 $\boldsymbol{L}_5^{\mathrm{T}}\boldsymbol{E}_5/\boldsymbol{E}_5^{\mathrm{T}}\boldsymbol{L}_5$、$\boldsymbol{L}_5^{\mathrm{T}}\boldsymbol{S}_5/\boldsymbol{S}_5^{\mathrm{T}}\boldsymbol{L}_5$、$\boldsymbol{L}_5^{\mathrm{T}}\boldsymbol{R}_5/\boldsymbol{R}_5^{\mathrm{T}}\boldsymbol{L}_5$、$\boldsymbol{E}_5^{\mathrm{T}}\boldsymbol{E}_5$、$\boldsymbol{E}_5^{\mathrm{T}}\boldsymbol{S}_5/\boldsymbol{S}_5^{\mathrm{T}}\boldsymbol{E}_5$、$\boldsymbol{E}_5^{\mathrm{T}}\boldsymbol{R}_5/\boldsymbol{R}_5^{\mathrm{T}}\boldsymbol{E}_5$、$\boldsymbol{S}_5^{\mathrm{T}}\boldsymbol{S}_5$、$\boldsymbol{S}_5^{\mathrm{T}}\boldsymbol{R}_5/\boldsymbol{R}_5^{\mathrm{T}}\boldsymbol{S}_5$、$\boldsymbol{R}_5^{\mathrm{T}}\boldsymbol{R}_5$。这 9 幅纹理能量图也可看作一幅图，而在其中每个像素位置均有一个含 9 个纹理属性的矢量。

12.1.2　结构法

结构法的基本思想是认为复杂的纹理可由一些简单的**纹理基元**（基本纹理元素）以一定的有规律的形式重复排列组合而成。因为这里有两个关键，一是确定纹理基元；二是建立**排列规则**。所以也有人认为纹理具有两层结构，第一层与确定表现在灰度基元中的局部性质有关，第二层确定灰度基元的组织情况。总体来说，为了刻画纹理，需要刻画灰度纹理基元的性质，以及它们之间的空间联系。

1．纹理基元

纹理区域的性质与组成它的基元的性质和数量都有关。一般认为一个纹理基元是由一组属性刻画的相连通的像素集合。最简单的基元就是像素，其属性就是其灰度。比它复杂一点的基元是一组均匀灰度的相连的像素集合。这样一个基元可用尺寸、朝向、形状和平均灰度来描述。

如果一个小尺寸的图像区域包含的基元具有几乎不变的灰度，则该区域的主要属性是灰度；如果一个小尺寸的图像区域包含的基元灰度变化很多，则该区域的主要属性是纹理。这里的关键

就是这个小图像区域的尺寸、基元的种类以及各个不同基元的数量和排列。当不同基元的数量减少时，灰度特性将增强。事实上，如果这个小图像区域就是单像素或所有像素的灰度都一样，则该区域只有灰度性质；当小图像区域中不同灰度基元的数量增加时，纹理特性将有所增强。

设纹理基元为 $h(x, y)$，排列规则为 $r(x, y)$，可将纹理 $t(x, y)$ 表示为

$$t(x, y) = h(x, y) \otimes r(x, y) \tag{12.1.24}$$

其中

$$r(x, y) = \sum \delta(x - x_m, y - y_m) \tag{12.1.25}$$

式（12.1.25）中，x_m 和 y_m 是脉冲函数的位置坐标，它们在图像空间确定一个分布网格。式（12.1.24）和式（12.1.25）说明，纹理是由纹理基元根据一定的排列规则组成的。

2．排列规则

为用结构法描述纹理，在获得纹理基元的基础上，还要建立将它们排列的规则。如果能定义出一些排列基元的规则，就有可能将给定的纹理基元按照规定的方式组织成所需的纹理模式。这里的规则和方式可用**形式语法**来定义。

假设 S 为起始符号，且有如下 8 个重写规则（其中 a 表示模式，b 表示向下，c 表示向左）。

（1）$S \to aA$（变量 S 可用 aA 替换）。

（2）$S \to bA$（变量 S 可用 bA 替换）。

（3）$S \to cA$（变量 S 可用 cA 替换）。

（4）$A \to aS$（变量 A 可用 aS 替换）。

（5）$A \to bS$（变量 A 可用 bS 替换）。

（6）$A \to cS$（变量 A 可用 cS 替换）。

（7）$A \to c$（变量 A 可用常量 c 替换）。

（8）$S \to a$（变量 S 可用常量 a 替换）。

则结合使用不同的重写规则可生成不同的 2-D 模式。

例如，设 a 是一个圆盘模式（可看作一个纹理基元），如图 12.1.4（a）所示，如果依次使用规则（1）、（4）、（1）、（4）、（8），则可得到图 12.1.4（b）；如果依次使用规则（1）、（4）、（1）、（5）、（3）、（6）、（3）、（4）、（1）、（4）、（2）、（6）、（3）、（6）、（1）、（4）、（8），就得到图 12.1.4（c）。

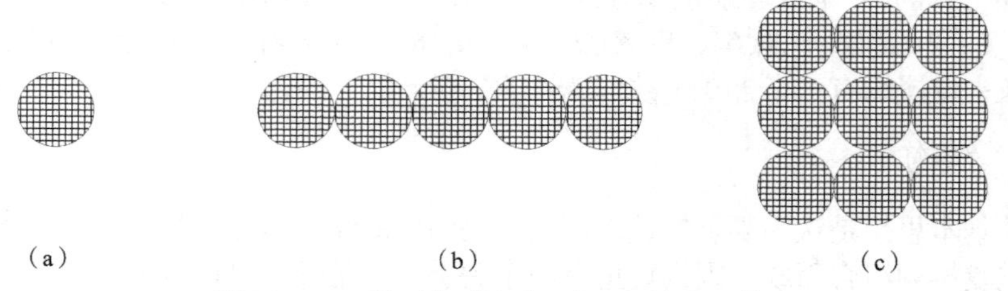

（a）　　（b）　　（c）

图 12.1.4　利用排列规则生成不同的 2-D 模式

3．局部二值模式

局部二值模式（LBP）是一种纹理分析算子，是一个借助局部邻域定义的纹理测度。它属于点样本估计方式，具有尺度不变性、旋转不变性和计算复杂度低等优点。

基本的 LBP 算子对图像中每一个像素的、由以其为中心、其周围 3 × 3 个像素所组成的邻域里的各个像素按顺序阈值化，将结果看作一个二进制数，并作为中心像素的标号。图 12.1.5 为基本 LBP 算子的示例，其中左边是一幅纹理图像，从中取出一个 3 × 3 的邻域，邻域中像素的顺序由括号内的编号表示，这些像素的灰度值由接下来的窗口表示，用 50 作为阈值得到的结果是一幅二值图，二进制的标号是 10111001，换成十进制是 185。由 256 个不同标号得到的直方图可进一

步用作区域的纹理描述符。

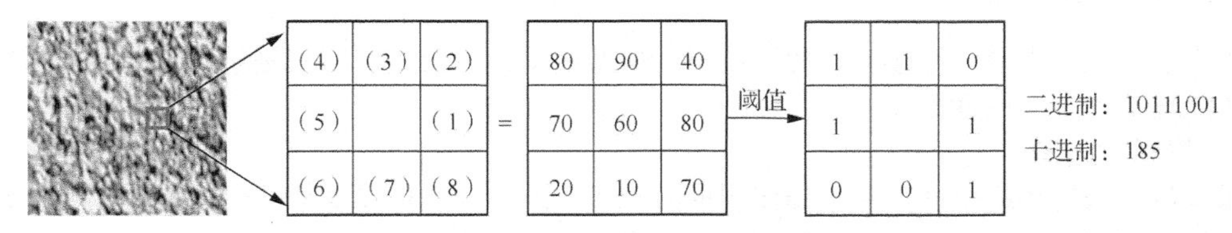

图 12.1.5 基本 LBP 算子

可以使用不同尺寸的邻域扩展基本 LBP 算子。邻域可以是圆形的，对非整数的坐标位置可使用双线性插值来计算像素值，以消除对邻域半径和邻域内像素数的限制。下面用(P, R)代表一个像素邻域，其中邻域中有 P 像素，圆半径为 R。图 12.1.6 为圆邻域的示例。

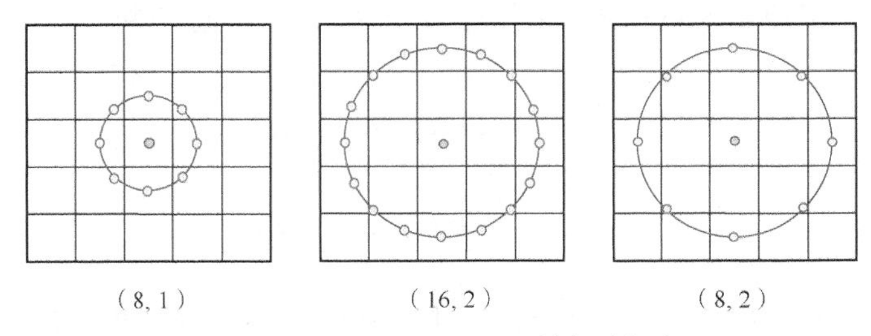

图 12.1.6 对应不同(P, R)的邻域集合

对基本 LBP 算子的另一种扩展是**均匀模式**。将一个邻域中的像素按顺序循环考虑，如果它包含最多两个从 0 到 1 或从 1 到 0 的过渡，则这个二值模式就是均匀的。例如，模式 00000000（0 个过渡）和模式 11111001（2 个过渡）都是均匀的；而模式 10111001（4 个过渡）和模式 10101010（7 个过渡）都不是均匀的，它们没有明显的纹理结构，可视为噪声。在计算 LBP 标号时，对每一个均匀模式使用一个单独的标号，对所有非均匀模式使用同一个标号，这样可增强其抗噪能力。例如，使用$(8, R)$邻域时，因为一共有 256 个模式，其中 58 个模式为均匀模式，所以一共有 59 个标号。综上所述，可用 $\text{LBP}^{(u)}{}_{P,R}$ 来表示一个均匀模式的 LBP 算子。

根据 LBP 的标号可以获得不同的局部基元，分别对应不同的局部纹理结构。图 12.1.7 为一些（有意义）示例，其中空心圆点代表 1，实心圆点代表 0。

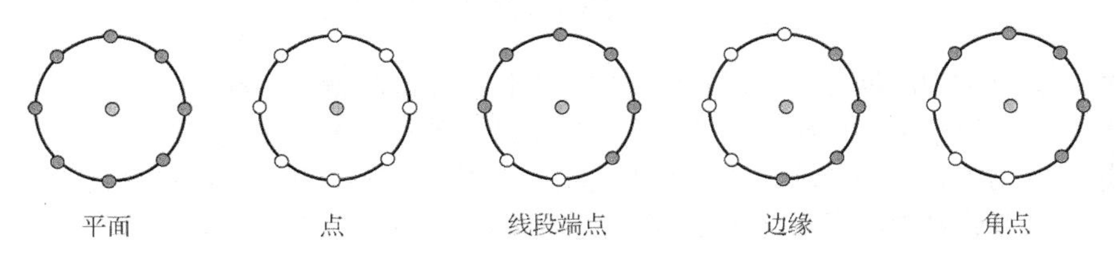

图 12.1.7 借助 LBP 标号获得的局部基元

如果计算出用 LBP 标号标记的图像 $f_\text{L}(x, y)$后，LBP 直方图可定义为

$$H_i = \sum_{x,y} I\{f_\text{L}(x,y) = i\}, \quad i = 0, \cdots, n-1 \tag{12.1.26}$$

式（12.1.26）中，n 是由 LBP 算子给出的不同标号数，而函数

$$I(z) = \begin{cases} 1 & z \text{ 为真} \\ 0 & z \text{ 为假} \end{cases} \tag{12.1.27}$$

12.1.3 频谱法

频谱法一般利用傅里叶频谱（通过傅里叶变换获得）的分布，特别是频谱中的高能量窄脉冲来描述纹理中的全局周期性质。

1. 傅里叶频谱

傅里叶频谱的频率特性可用来描述周期的或近乎周期的2-D图像模式的方向性。具体是借助傅里叶频谱中突起的峰值来确定纹理模式的主方向，而用这些峰在频域平面的位置来确定纹理模式的基本周期。

在实际的频谱特征检测中，为简便起见，可把频谱转化到极坐标系中。此时频谱可用函数$S(r, \theta)$表示，对每个确定的方向θ，$S(r, \theta)$是一个1-D函数$S_\theta(r)$；对每个确定的频率r，$S(r, \theta)$是一个1-D函数$S_r(\theta)$。对给定的θ，分析$S_\theta(r)$可得到频谱沿原点射出方向的行为特性；对给定的r，分析$S_r(\theta)$可得到频谱在以原点为中心的圆上的行为特性。进一步把这些函数对下标求和，可得到更为全局性的描述，即

$$S(r)=\sum_{\theta=0}^{\pi}S_\theta(r) \tag{12.1.28}$$

$$S(\theta)=\sum_{r=1}^{R}S_r(\theta) \tag{12.1.29}$$

式（12.1.29）中，R是以原点为中心的圆的半径。$S(r)$和$S(\theta)$构成整个图像或图像区域纹理频谱能量的描述，其中$S(r)$也称为环特征（对θ的求和路线是环状的），$S(\theta)$也称为楔特征（对r的求和路线是楔状的）。图12.1.8（a）和图12.1.8（b）为2个纹理区域和它们的频谱示意图，比较2条频谱曲线可以看出，2种纹理的朝向区别。另外还可从频谱曲线计算它们的最大值的位置等。

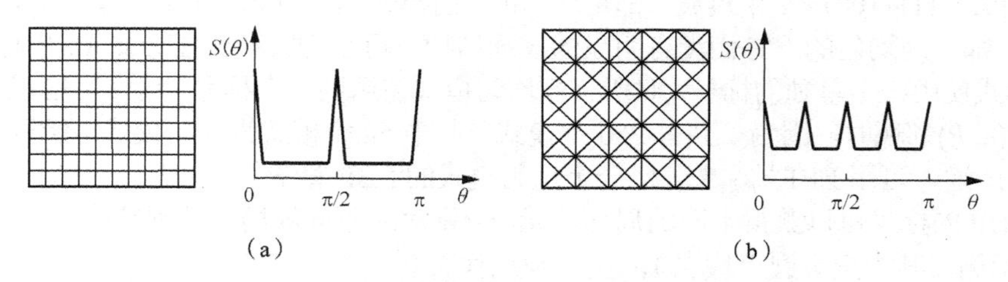

图12.1.8 纹理和频谱的对应示意图

如果纹理具有空间周期性，或具有确定的方向性，则能量谱在对应的频率处会有峰出现。以这些峰为基础，可组建模式识别所需的特征。确定特征的一种方法是先将傅里叶空间分块，再分块计算能量。常用的有两种分块形式，即夹角型和放射型。夹角型对应楔状或扇形滤波器，如图12.1.9（a）所示，放射型对应环状或环形滤波器，如图12.1.9（b）所示。

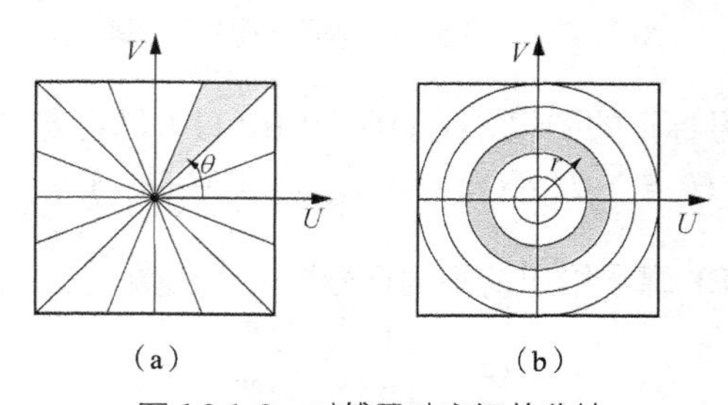

图12.1.9 对傅里叶空间的分块

夹角朝向的特征可定义如下（$|F|^2$ 是傅里叶功率谱）。

$$A(\theta_1,\theta_2)=\sum\sum|F|^2(u,v) \tag{12.1.30}$$

其中，求和限为

$$\begin{gathered}\theta_1 \leqslant \tan^{-1}(v/u)<\theta_2 \\ 0<u,\ \ v\leqslant N-1\end{gathered} \tag{12.1.31}$$

夹角朝向的特征表达了能量谱对纹理方向的敏感度。如果纹理在一个给定的方向θ上包含许多直线或边缘，$|F|^2$ 的值将会在频率空间中沿$\theta+\pi/2$ 的方向附近聚集。

放射状的特征定义如下。

$$R(r_1,r_2)=\sum\sum|F|^2(u,v) \tag{12.1.32}$$

其中，求和限为

$$\begin{gathered}r_1^2\leqslant u^2+v^2<r_2^2 \\ 0\leqslant u,\ \ v<N-1\end{gathered} \tag{12.1.33}$$

放射状的特征与纹理的粗糙度有关。光滑的纹理在小半径时有较大的 $R(r_1,\ r_2)$值，粗糙颗粒的纹理将在大半径时有较大的 $R(r_1, r_2)$值。

2．贝塞尔-傅里叶频谱

贝塞尔-傅里叶频谱的形式如下。

$$G(R,\theta)=\sum_{m=0}^{\infty}\sum_{n=0}^{\infty}\left(A_{m,n}\cos m\theta+B_{m,n}\sin m\theta\right)J_m\left(Z_{m,n}\frac{R}{R_v}\right) \tag{12.1.34}$$

式（12.1.34）中，$G(R,\ \theta)$是灰度函数（θ为角度）；$A_{m,n}$、$B_{m,n}$ 是贝塞尔-傅里叶系数；J_m 是第一种第 m 阶贝塞尔函数；$Z_{m,n}$ 是贝塞尔函数的零根；R_v 是视场的半径。

利用这种方法可得到以下重要的纹理特征。

（1）贝塞尔-傅里叶系数

即贝塞尔-傅里叶变换的系数 $A_{m,n}$ 和 $B_{m,n}$。

（2）灰度分布函数（灰度直方图）的矩

即贝塞尔-傅里叶频谱 $G(R, \theta)$的直方图的各阶矩。

（3）部分旋转对称系数

纹理是由离散的灰度构成的。一个 R-重（R-fold）对称的操作可以通过比较在 $G(R, \theta)$的灰度与在 $G(R, \theta+\Delta\theta)$的灰度来完成。由此可得到纹理的部分旋转对称系数如下。

$$C_R=\frac{\sum_{m=0}^{\infty}\sum_{n=0}^{\infty}\left(H_{m,n}R^2\cos m(2\pi/R)\right)J_m^2\left(Z_{m,n}\right)}{\sum_{m=0}^{\infty}\sum_{n=0}^{\infty}\left(H_{m,n}R^2\right)J_m^2\left(Z_{m,n}\right)} \tag{12.1.35}$$

式（12.1.35）中，$R=1,2,\cdots$；$H_{m,n}R^2=A_{m,n}R^2+B_{m,n}R^2$。

（4）部分平移对称系数

当将灰度沿半径对比（如将 $G(R, \theta)$与 $G(R+\Delta R, \theta)$对比）时，可发现部分平移对称性质。纹理的部分平移对称系数可定义为

$$C_T=\frac{\sum_{m=0}^{\infty}\sum_{n=0}^{\infty}H_{m,n}^2J_m^2\left(Z_{m,n}\right)-[A_{m,n}A_{m-1,n}+B_{m,n}B_{m-1,n}]J_m^2\left(Z_{m-1,n}\right)\frac{\Delta R}{2R_v}}{2\sum_{m=0}^{\infty}\sum_{n=0}^{\infty}H_{m,n}^2J_m^2\left(Z_{m,n}\right)} \tag{12.1.36}$$

它满足 $0<C_T<1$。

（5）粗糙度

粗糙度可以定义为围绕一像素(x, y)的 4 个邻域像素之间的灰度差。分析表明，粗糙度与部分旋转对称系数和部分平移对称系数有如下关系。

$$F_{\text{crs}} = 4 - 2(C_R + C_T) \tag{12.1.37}$$

（6）对比度

当一些变量的值都分布在这些值的均值附近时，称这种分布有较大的**峰态**。**对比度**可借助峰态σ^4定义为

$$F_{\text{con}} = \mu^4 / \sigma^4 \tag{12.1.38}$$

式（12.1.38）中，μ^4是灰度分布模式关于均值的 4 阶矩；σ^2是方差。

（7）不平整度

不平整度与粗糙度和对比度有如下关系。

$$F_{\text{rou}} = F_{crs} + F_{con} \tag{12.1.39}$$

（8）规则性

规则性是纹理元素在图像中变化（平移和旋转）的函数，其可定义为

$$F_{\text{reg}} = \sum_{t=1}^{m} C_R + \sum_{t=1}^{n} C_T \tag{12.1.40}$$

一幅具有高度旋转对称和高度平移对称的图像具有大的规则性。

12.2 区域形状特征及测量

《现代汉语词典》中对形状词条的解释是“物体或图形由外部的面或线条组合而呈现的外表”。一个目标的形状可定义为由该目标边界上的点组成的模式。描述形状定量的主要困难是缺少对形状精确和统一的定义。所以形状的性质常用不同的理论技术或描述符来描述。本节讨论两种重要的形状性质：**紧凑性**和**复杂性/复杂度**（也可分别称**伸长性/伸长度**和**不规则性**）。为描述这两种性质，人们已设计了多种描述符。

12.2.1 形状紧凑性

下面是几个常用的描述目标紧凑性的参数。

1. 外观比

外观比 R 常用来描述目标塑性形变后的形状（细长程度），它可定义为

$$R = \frac{L}{W} \tag{12.2.1}$$

式（12.2.1）中，L 和 W 分别是目标围盒的长和宽，也有人使用目标外接盒的长和宽（参见 11.3.5 节）。对方形或圆形目标，R 的值取到最小（为 1）；对比较细长的目标，R 的值大于 1 并随细长程度增加。

2. 形状因子

形状因子 F 是根据区域的周长$\|B\|$和区域的面积 A 计算出来的。

$$F = \frac{\|B\|^2}{4\pi A} \tag{12.2.2}$$

由式（12.2.2）可见，一个连续区域为圆形时，F 为 1，而当区域为其他形状时，F 大于 1，即 F 的值在区域为圆时达到最小。已证明对数字图像来说，如果轮廓长度是按 4-连通计算的，则对正八边形区域 F 取最小值；如果轮廓长度是按 8-连通计算的，则对正菱形区域 F 取最小值。

例 12.2.1　形状因子计算示例

在计算离散目标的形状因子时，需要考虑所用的距离定义。图 10.3.1 为一个圆目标。如果采用 4-连通的通路来近似目标边界并计算周长（见图 12.2.1（a）），则形状因子为 $(32)^2/(4\pi\times52)\approx1.567$。如果如图 12.2.1（b）所示那样，采用 8-连通的通路来近似目标边界并计算周长，则形状因子为 $(8+12\sqrt{2})^2/(4\pi\times46)\approx1.079$。如果如图 12.2.1（c）所示那样，采用 8-连通的通路来近似目标边界并计算周长，则形状因子为 $(16+8\sqrt{2})^2/(4\pi\times56)\approx1.060$。可见，最后一种情况对圆形状的近似最接近。

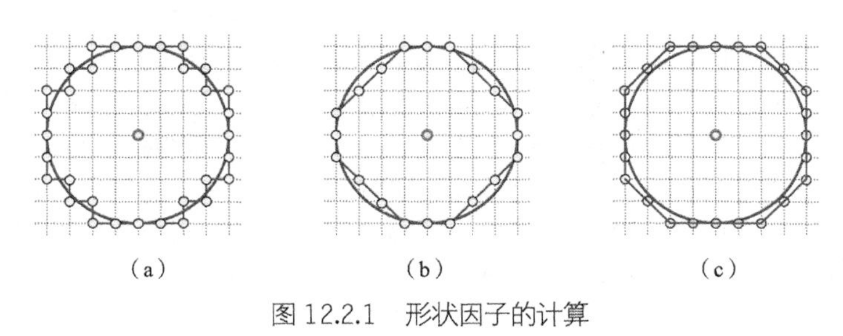

图 12.2.1　形状因子的计算　□

形状参数在一定程度上描述了区域的紧凑性，因为它没有量纲，所以对区域尺度的变化不敏感。除掉由于离散区域旋转带来的误差，它对旋转也不敏感。

例 12.2.2　形状参数和区域形状

区域的形状和形状参数有一定的联系，但又不是一一对应的。在有的情况下，仅靠形状参数 F 并不能把不同形状的区域区分开，图 12.2.2 为一组例子。因为图 12.2.2 中的 4 个区域每个都包括 5 像素，所以面积相同。它们的 4-连通的轮廓长度也相同，均为 12，因而它们具有相同的形状参数（$7.2/\pi$），但从图 12.2.2 中可以看出它们的形状明显互不相同。

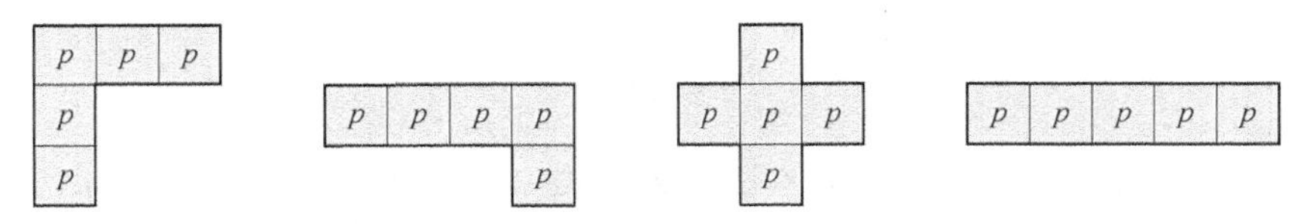

图 12.2.2　形状参数相同但形状不同的例子　□

3．偏心率

偏心率 E 也称为伸长度，它在一定程度上描述了区域的紧凑性。偏心率 E 有多种计算公式。一种常用的简单方法是计算区域的长轴（直径）与短轴的比值，不过这样计算得到的数值受物体形状和噪声的影响比较大。较好的方法是利用整个区域的所有像素，这样抗噪声等干扰的能力较强。下面介绍一种由转动惯量推导出来的偏心率计算方法。

刚体动力学告诉我们，一个刚体在转动时的惯性可用其转动惯量来度量。设一个刚体具有 N 个质点，它们的质量分别为 m_1，m_2，…，m_N，它们的坐标分别为(x_1, y_1, z_1)，(x_2, y_2, z_2)，…，(x_N, y_N, z_N)，那么这个刚体绕某一根轴线 L 的转动惯量 I 可表示为

$$I=\sum_{i=1}^{N} m_i d_i^2 \tag{12.2.3}$$

式（12.2.3）中，d_i 表示质点 m_i 与旋转轴线 L 的垂直距离。如果 L 通过坐标系原点，且其方向余弦为 α，β，γ，那么可把式（12.2.3）写成

$$I=A\alpha^2+B\beta^2+C\gamma^2-2F\beta\gamma-2G\gamma\alpha-2H\alpha\beta \tag{12.2.4}$$

式（12.2.4）中 $A=\sum m_i(y_i^2+z_i^2)$，$B=\sum m_i(z_i^2+x_i^2)$，$C=\sum m_i(x_i^2+y_i^2)$ 分别是刚体绕 X、Y、Z 坐标轴的转动惯量，$F=\sum m_i y_i z_i$，$G=\sum m_i z_i x_i$，$H=\sum m_i x_i y_i$ 称为惯性积。

式（12.2.4）可用一种简单的几何方式来解释。首先我们知道等式

$$Ax^2+By^2+Cz^2-2Fyz-2Gzx-2Hxy=1 \tag{12.2.5}$$

表示一个中心处在坐标系原点的二阶曲面（锥面）。如果用 r 表示从原点到该曲面的矢量，该矢量的方向余弦为α、β、γ，则将式（12.2.4）代入式（12.2.5）可得到

$$r^2(A\alpha^2+B\beta^2+C\gamma^2-2F\beta\gamma-2G\gamma\alpha-2H\alpha\beta)=r^2I=1 \tag{12.2.6}$$

由式（12.2.6）中的 $r^2I=1$ 可知，因为 I 总大于零，所以 r 必为有限值，即曲面是封闭的。考虑到这是一个二阶曲面，所以必是一个椭圆球，称之为惯量椭球。它有 3 个互相垂直的主轴。对匀质的惯量椭球，任意两个主轴共面的剖面是一个椭圆，称之为**惯量椭圆**。一幅 2-D 图像中的目标可看作一个面状均匀刚体，可如上计算一个对应的惯量椭圆，它反映了目标上各点的分布情况。

上述惯量椭圆可由其两个主轴的方向和长度完全确定。惯量椭圆两个主轴的方向可借助线性代数中求特征值的方法求得。设两个主轴的斜率分别是 k 和 l，则

$$k=\frac{1}{2H}\left[(A-B)-\sqrt{(A-B)^2+4H^2}\right] \tag{12.2.7}$$

$$l=\frac{1}{2H}\left[(A-B)+\sqrt{(A-B)^2+4H^2}\right] \tag{12.2.8}$$

进一步可解得惯量椭圆的两个半主轴长（p 和 q）分别为

$$p=\sqrt{2\Big/\left[(A+B)-\sqrt{(A-B)^2+4H^2}\right]} \tag{12.2.9}$$

$$q=\sqrt{2\Big/\left[(A+B)+\sqrt{(A-B)^2+4H^2}\right]} \tag{12.2.10}$$

目标区域的偏心率可由 p 和 q 的比值得到，即

$$E=\frac{p}{q} \tag{12.2.11}$$

容易看出，式（12.2.11）定义的偏心率不受平移、旋转和尺度变换的影响。因为它本身是在 3-D 空间中推导出来的，所以也可描述 3-D 图像中的目标。式（12.2.7）和式（12.2.8）还能给出对目标区域朝向的描述。

例 12.2.3　椭圆匹配法用于几何校正

利用对惯量椭圆的计算可进一步构造等效椭圆，借助等效椭圆间的匹配可以获得对两个图像区域间的几何失真进行校正所需的几何变换。这种方法的基本过程如图 12.2.3 所示。

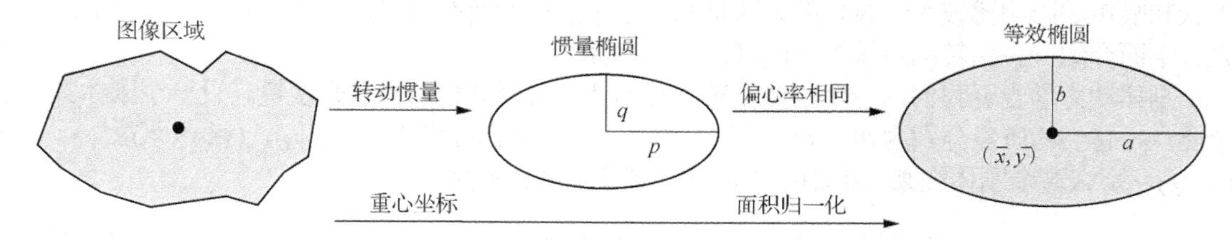

图 12.2.3　利用惯量椭圆构造等效椭圆

首先计算图像区域的转动惯量，得到惯量椭圆的两个半轴长。然后由两个半轴长得到惯量椭圆的偏心率，根据这个偏心率值（取 $p/q=a/b$）并借助区域面积对轴长进行归一化就可得到等效椭圆。在面积归一化中，设图像区域面积为 M，则取等效椭圆长半轴（设在式（12.2.4）中 $A<B$）

a 为

$$a=\sqrt{2\left[(A+B)-\sqrt{(A-B)^2+4H^2}\ \right]\Big/M} \qquad (12.2.12)$$

等效椭圆的中心坐标可借助图像区域的重心确定，等效椭圆的朝向与惯量椭圆的朝向相同。这里，椭圆的朝向可借助朝向角计算，椭圆的朝向角定义为其主轴与 X 轴正向的夹角。等效椭圆的朝向角 ϕ 可借助惯量椭圆两个主轴的斜率来确定。

$$\varphi=\begin{cases}\arctan k & 若\ A<B\\ \arctan l & 若\ A>B\end{cases} \qquad (12.2.13)$$

在进行几何校正时，先分别求出失真图和校正图的等效椭圆，再根据两个等效椭圆的中心坐标、朝向角和长半轴的长度分别获得所需的平移、旋转和尺度伸缩这 3 种基本变换的参数。 □

4．球状性

球状性 S 是一种描述 2-D 目标形状的参数，它定义为

$$S=r_{\mathrm{i}}/r_{\mathrm{c}} \qquad (12.2.14)$$

式（12.2.14）中，r_{i} 代表区域内切圆的半径；r_{c} 代表区域外接圆的半径。一般取两个圆的圆心都在区域的重心上，如图 12.2.4 所示。

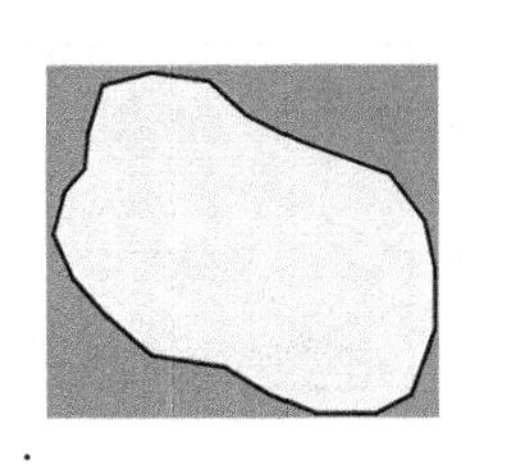

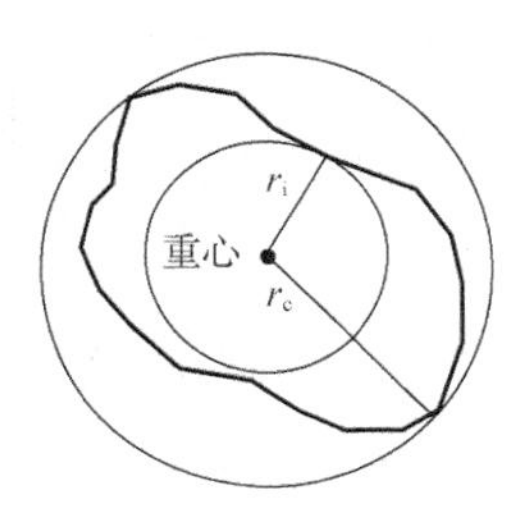

图 12.2.4　球状性定义示意图

球状性的值当区域为圆时达到最大（$S=1$），而当区域为其他形状时，有 $S<1$。它不受区域平移、旋转和尺度变化的影响。

5．圆形性

与前几个参数不同，圆形性 C 是一个用区域 R 的所有轮廓点定义的特征量。

$$C=\frac{\mu_R}{\sigma_R} \qquad (12.2.15)$$

式（12.2.15）中，μ_R 为从区域重心到轮廓点的平均距离，σ_R 为从区域重心到轮廓点的距离的均方差。

$$\mu_R=\frac{1}{K}\sum_{k=0}^{K-1}\left\|(x_k,y_k)-(\bar{x},\bar{y})\right\| \qquad (12.2.16)$$

$$\sigma_R^2=\frac{1}{K}\sum_{k=0}^{K-1}\left[\left\|(x_k,y_k)-(\bar{x},\bar{y})\right\|-\mu_R\right]^2 \qquad (12.2.17)$$

圆形性 C 当区域 R 趋向圆形时是单增趋向无穷的，它不受区域平移、旋转和尺度变化的影响。

6．描述符比较

下面用两个例子给出上述各个描述符之间的联系情况。

例 12.2.4　一些特殊形状物体的区域描述符的数值

表 12.2.1 给出了一些特殊形状物体 5 个区域描述符（R，F，E，S，C）的数值。

表 12.2.1　　一些特殊形状物体的区域描述符

物体形状	R	F	E	S	C
正方形（边长为 1）	1	4/π (≈ 1.273)	1	$\sqrt{2}/2$ (≈ 0.707)	9.102
正六边形（边长为 1）	1.1542	1.103	1.010	0.866	22.613
正八边形（边长为 1）	1	1.055	1	0.924	41.616
长为 2 宽为 1 的长方形	2	1.432	2	0.447	3.965
长轴为 2 短轴为 1 的椭圆	2	1.190	2	0.500	4.412

由表 12.2.1 可见，前述各个区域描述符的数值对不同物体的区别能力是各有特点的。 ❑

例 12.2.5　描述符的数字化计算

上面对各种描述符的讨论基本上是按连续空间考虑的。图 12.2.5 为对一个离散的正方形计算描述符时的示例情况，其中图 12.2.5（a）和图 12.2.5（b）分别对应计算形状因子中的 B 和 A；图 12.2.5（c）和图 12.2.5（d）分别对应计算球状性中的 r_i 和 r_c；图 12.2.5（e）对应计算圆形性中的 μ_R；图 12.2.5（f）～图 12.2.5（h）分别对应计算偏心率中的 A，B 和 H。

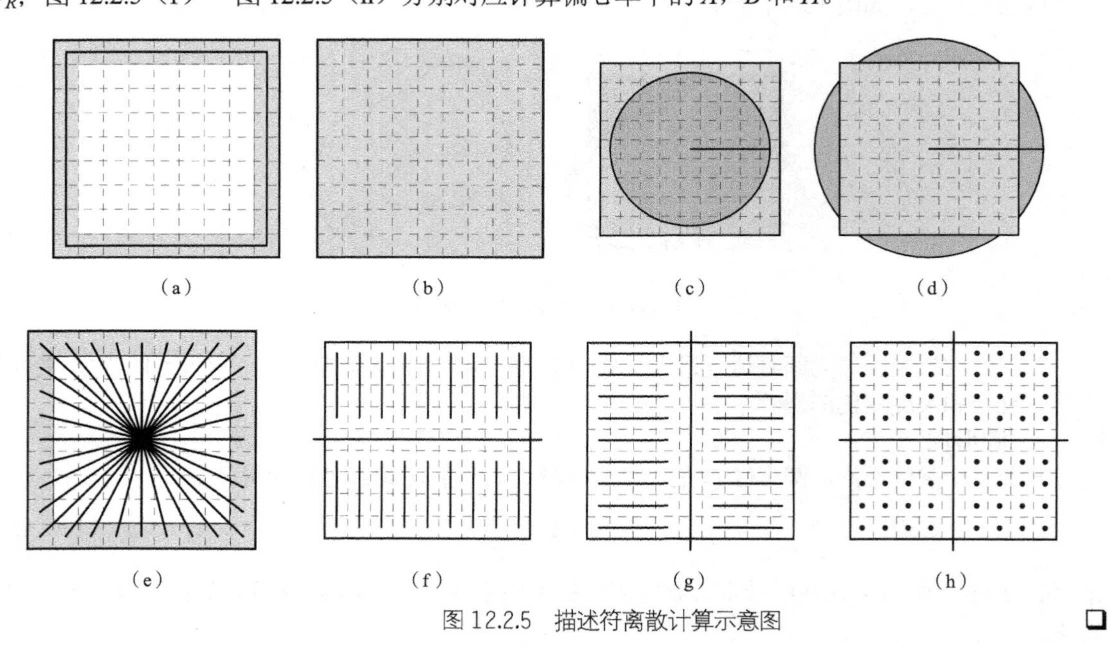

图 12.2.5　描述符离散计算示意图 ❑

12.2.2　形状复杂性

复杂性或**复杂度**也是一个重要的形状性质。在很多实际应用中，需要根据目标的复杂程度对目标进行分类。例如，在对神经元的形态分类中，其枝状树的复杂程度常起重要作用。因为形状的复杂性有时也很难直接定义，所以需把它与形状的其他性质（特别是几何性质）相联系。例如，有一个常用的概念是**空间覆盖度**，它与对空间的**填充能力**密切相关。空间填充能力表示生物体填满周围空间的能力，它定义了目标与周围背景的交面。如果一个细菌的形状越复杂，即空间覆盖度越高，它就更容易发现食物。又如，一棵树的树根能吸取的水也是与它对周围土地的空间覆盖度成比例的。

1．形状复杂度的简单描述符

需要指出的是，尽管形状复杂性的概念得到了广泛应用，但还没有对它的精确定义。人们常借助各种对目标形状的测度来描述复杂性的概念，下面给出一些简单描述符的例子（其中 B 和 A 分别代表目标的周长和面积）。

（1）**细度比例**。它是形状因子（见式（12.2.2））的倒数，即 $4\pi(A/B^2)$。

（2）**面积周长比**。A/B。

（3）**矩形度**。定义为 A/A_{MER}，其中 A_{MER} 代表围盒面积。矩形度反映目标的凹凸性。

（4）**与边界的平均距离**。定义为 A/μ_R^2（参见式（12.2.16））。

（5）**轮廓温度**。根据热力学原理，定义为 $T=\log_2[(2B)/(B–H)]$，其中 H 为目标**凸包**（参见 11.2.3 节）的周长。

2．利用对模糊图的直方图分析来描述形状复杂度

由于直方图没有利用像素的空间分布信息，所以一般的直方图测度并不能用作形状特征。例如，图 12.2.6（a）和图 12.2.6（b）为两个不同形状的目标，因为这两个目标的尺寸一样，所以这两个图有相同的直方图，分别如图 12.2.6（c）和图 12.2.6（d）所示。

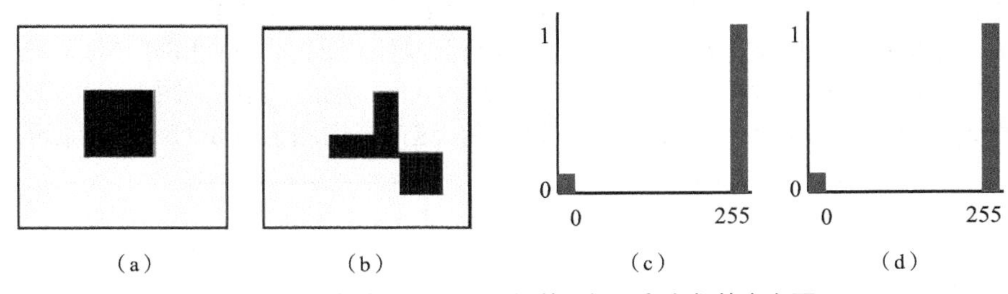

图 12.2.6　包含不同形状目标的两幅图和它们的直方图

现在用平均滤波器对图 12.2.6（a）和图 12.2.6（b）进行平滑，得到的结果分别如图 12.2.7（a）和图 12.2.7（b）所示。由于原来两图中的目标形状不同，所以对平滑后图像所做的直方图就不再一样了，分别如图 12.2.7（c）和图 12.2.7（d）所示。进一步，可从平滑后图像的直方图中提取信息来定义形状特征。

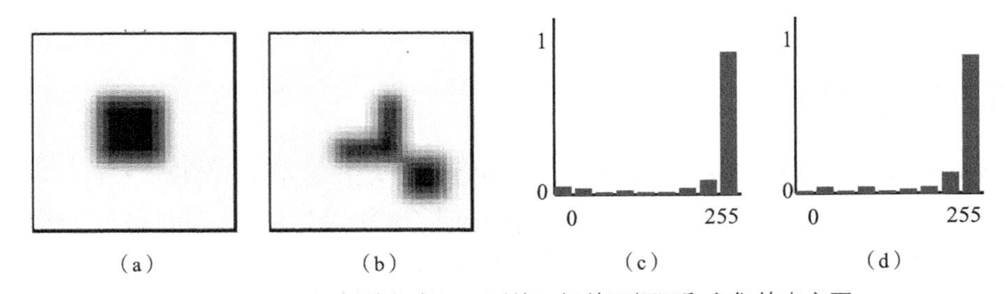

图 12.2.7　平滑后的包含不同形状目标的两幅图和它们的直方图

3．饱和度

目标的紧凑性和复杂性之间常有一定的关系，比较紧凑分布的目标的形状通常比较简单。

例如，**饱和度**在一定意义下反映了目标的紧凑性（紧致性），它考虑的是目标在其**围盒**中的充满程度。具体可用属于目标的像素数与整个围盒包含的像素数之比来计算。图 12.2.8 为用于讨论这个问题的两个目标以及它们的围盒。两个目标的外轮廓相同，但图 12.2.8（b）的目标中间有个洞。它们的饱和度分别为 81/140 = 57.8%和 63/140 = 45%。比较饱和度可知，图 12.2.8（a）中目标的像素比图12.2.8（b）中目标的像素分布更集中，或者说分布密度更大。如果对比这两个目标，则图12.2.8（b）中的目标也给人其形状更为复杂的感觉。

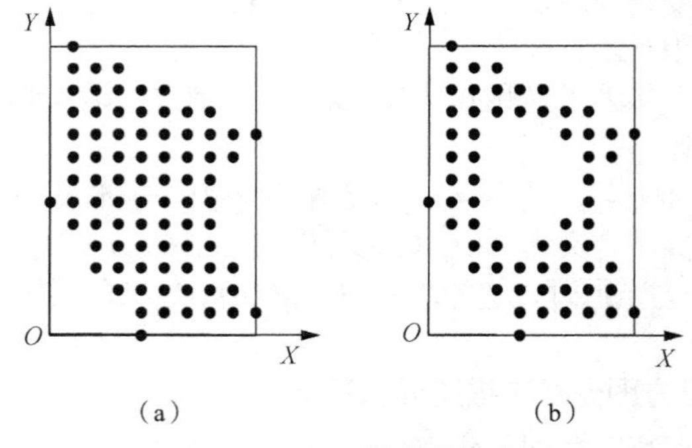

图 12.2.8　目标的饱和度

上面对饱和度的统计类似于对直方图的统计，因为没有反映空间分布信息，所以并没有提供一般意义上的形状信息。为此，可考虑计算目标的投影直方图。这里X-坐标直方图按列统计目标像素数得到，Y-坐标直方图按行统计目标像素数得到。对图12.2.8（a）和图12.2.8（b）统计得到的X-和Y-坐标直方图分别如图12.2.9（a）和图12.2.9（b）所示。其中，图12.2.9（b）的X-和Y-坐标直方图均非单调的直方图，中部均有明显的谷，这都是由图12.2.8（b）中目标的洞造成的。

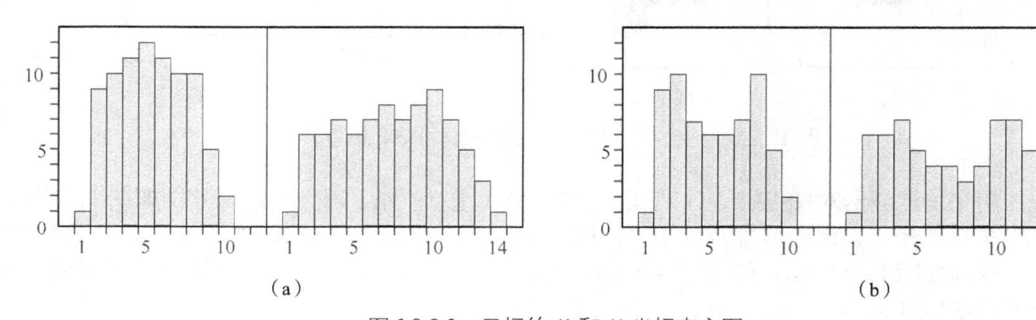

图 12.2.9　目标的X-和Y-坐标直方图

12.3　拓扑结构描述参数

拓扑参数通过表达区域内部各部分的相互作用关系来描述整个区域的结构。与几何参数不同，拓扑参数不依赖距离的概念。最基本的拓扑参数——欧拉数已在11.5.2节介绍。下面再介绍两个拓扑参数：交叉数和连接数。它们均反映了区域的结构信息。

考虑像素p的8个邻域像素$q_i(i=0, \cdots, 7)$，将它们从任何一个4-邻域的位置开始，绕p按顺时针方向排列。根据像素q_i为白或黑赋给它$q_i=0$或$q_i=1$，则可做出如下定义。

（1）**交叉数**$S_4(p)$表示在p的8-邻域中，4-连通组元的数目，可写为

$$S_4(p)=\prod_{i=0}^{7} q_i+\frac{1}{2}\sum_{i=0}^{7}\left|q_{i+1}-q_i\right| \tag{12.3.1}$$

（2）**连接数**$C_8(p)$表示在p的8-邻域中，8-连通组元的数目，可写为

$$C_8(p)=q_0 q_2 q_4 q_6+\sum_{i=0}^{3}\left(\bar{q}_{2i}-\bar{q}_{2i}\bar{q}_{2i+1}\bar{q}_{2i+2}\right) \tag{12.3.2}$$

式（12.3.2）中，$\bar{q}_i = 1 - q_i$。

借助上述定义，可根据 $S_4(p)$的数值区分一个 4-连通组元 C 中的各个像素 p。

（1）如果 $S_4(p) = 0$，则 p 是一个孤立点（即 $C = \{p\}$）。

（2）如果 $S_4(p) = 1$，则 p 是一个端点（边界点）或一个中间点（内部点）。

（3）如果 $S_4(p) = 2$，则 p 对保持 C 的 4-连通是必不可少的一个点。

（4）如果 $S_4(p) = 3$，则 p 是一个分叉点。

（5）如果 $S_4(p) = 4$，则 p 是一个交叉点。

上述各情况综合在图 12.3.1 中，其中图 12.3.1（a）为两个连通区域（每个方框代表一像素），各个小方框内的数字代表 $S_4(p)$的数值。将图 12.3.1（a）简化可得到图 12.3.1（b）所示的拓扑结构图，它是对图 12.3.1（a）中所有连通组元的**图表达**，表达了图 12.3.1（a）的拓扑性质。因为这是一个平面图，所以欧拉公式成立。即如果设 V 代表图结构中的节点集合，A 代表图结构中的节点连接弧集合，则图 12.3.1 中的孔数 $H = 1 + |A| - |V|$，这里$|A|$和$|V|$分别代表 A 集合和 V 集合中的元素数（此例中均为 5）。

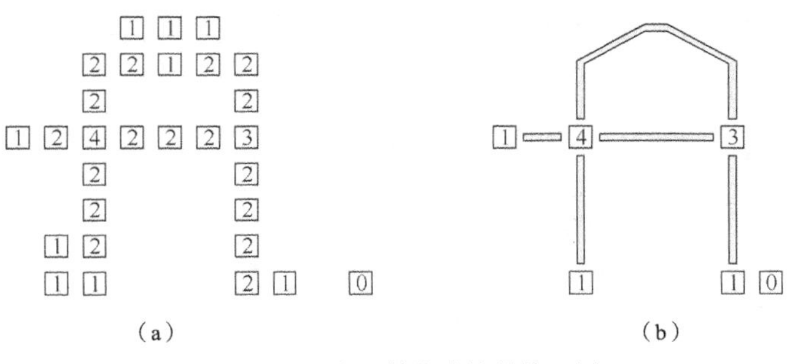

图 12.3.1　交叉数和连接数的示例

用图结构表达凸显了连通组元中的孔和端点，并给出了目标各部分间的联系。需要注意的是，不同形状的目标有可能映射成相同的拓扑图结构。

12.4　特征测量的准确度

前面对区域形状特征、纹理特征及运动特征的测量在实际应用中会有不确定性，并导致产生测量误差。为减小误差，需要考虑各种影响测量准确度的因素。下面先对比介绍准确度及相关的精确度概念，再概述导致误差的主要因素，并对其中的特征计算公式的影响给出一个示例。

12.4.1　准确度和精确度

准确度和精确度是两个密切相关，但又不同的概念。对图像测量中不确定性的度量常要用到准确度和精确度的概念。

1．准确度和精确度的定义

准确度或**准确性**也称**无偏性**，是指实际测量值和作为（参考）真值的客观标准值的接近程度。**精确度**或**精确性**也称**效能**，是根据重复性来定义的，这里重复性是指测量过程能重复进行并得到相同测量结果的能力。在很多情况下，前者需要借助一些（人们承认的）标准，而这些标准有时也需要由测量得到。

在讨论特征测量误差时，需要区分测量的准确度和测量的精确度。由于实际测量总会产生误差，所以对一个需测量的参数 A 来说，常需对它进行多次测量。如果多次测量的期望值就是参数

A 的真值，即 $E\{\tilde{A}\}=A$，则称 $\tilde{A}$ 是 A 的一个无偏估计。如果测量 N 次，当 N 趋向无穷时，测量结果逼近参数的真值，即 $\hat{A} \xrightarrow[N\to\infty]{} A$，则称 $\tilde{A}$ 是 A 的一个一致估计。上述无偏估计对应测量的准确度，而一致估计对应测量的精确度。

对科学应用来说，如果不能直接测量，则人们最期望的是得到无偏的估计。换句话说，无偏性是科学方法最重要的属性。在一个给定的实验中，使用正确的采样设计和测量方法有可能获得高的准确度。是否可获得高的精确度则依赖于感兴趣的目标，且在很多情况下，可由工作努力的程度控制。需要注意，仅仅高度精确但不准确的测量一般是没有实际用途的。

2．准确度和精确度的关系

当用估计器估计时，如果估计值很快收敛到一个稳定的值，并有很小的标准方差，则可认为估计器是有效能的，尽管此时也许估计本身是有偏的。但是，也有可能有一个无偏但没有效能的估计器，它的估计值收敛很慢，但很接近真值。例如，设需要估计图 12.4.1 中间图的十字的位置，这时可能会有两种过程情况。第一种过程得到的 8 个估计（如图 12.4.1 左图所示），这些估计不一致（分布无规律），但无偏（各个方向都有），其平均值如图中黑点所示。第二种过程得到的 8 个估计，如图 12.4.1 右图所示，这些估计相当一致，但不准确，很明显是有偏差的（其平均值如图中黑点所示）。

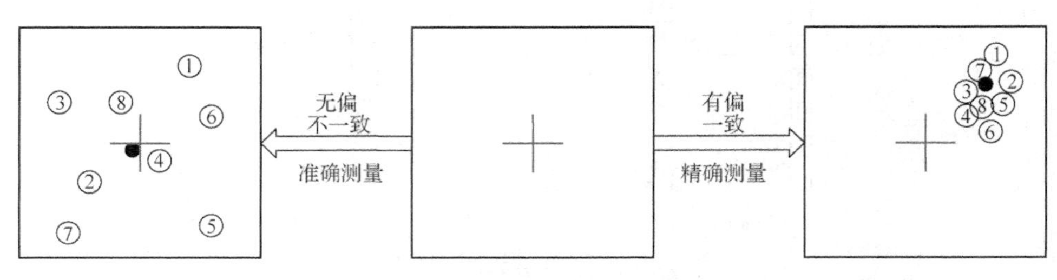

图 12.4.1　解释准确度和精确度的示例

准确度和精确度也可能同时获得，也可能同时很低。表 12.4.1 为以打靶为例的 4 种准确度和精确度不同组合的情况。对高的精确度，靶点相互间很接近，而对低的精确度，靶点散射得很分开。对高的准确度，靶点聚类的平均值与靶心位置很接近，而对低的准确度，靶点是有偏的。

表 12.4.1　准确度和精确度在打靶中的体现

	高精确度	低精确度
高准确度（无偏）		
低准确度（有偏）		

3. 系统误差和统计误差

系统误差和**统计误差**与准确度和精确度有密切的关系。例如，要抽样了解一幅图像中各点的灰度，如果采样不够随机，即不能保证每个点都有相同的机会被选上，那么将会有采样偏差，这对应准确度比较差。但如果使用没有校正好的测量仪器，那么将会有系统偏差，这对应精确度比较差。

回到图 12.4.1，其中各组测量数据值的重心用黑色圆点指示。统计误差描述重复测量得到的测量数据（相对于重心值）的散射程度（各个值的相对分布），具体可用分布的某种宽度测度来衡量。从统计误差的角度看，图 12.4.1 右图的情况要好一些。

另外，系统误差反映真值和测量数据的平均值之间的差别。当统计误差小，但系统误差大时，会得到高精确度、低准确度的结果（见图 12.4.1 右图的情况）。反过来，当统计误差大，但系统误差小时，每个测量值都与真值差别大，但它们的均值可能接近真值（见图 12.4.1 左图的情况）。

从原理上讲，进行多次相同的测量，就可以获得对统计误差的估计。但是，要控制系统误差则困难得多，它往往是不理解测量的设置和步骤造成的。未知或不能控制的参数常影响测量过程并导致系统误差。典型的例子包括校正误差以及由于温度变化且缺少温度控制而产生的参数漂移。

误差的产生导致测量的不确定性。与误差可分为系统误差和统计误差对应，测量的不确定性也可分为系统不确定性和统计不确定性。前者是对系统误差限度的一种估计，一般对设定的随机误差分布常取 95%置信度。后者是对随机误差限度的估计，一般取均值加减均方差。

12.4.2　影响测量准确度的因素

图像是客观世界的映射，对目标特征的测量是要从数字化的数据出发，准确地估计产生这些数据的原始模拟量的性质。在从场景到数据的整个图像处理和分析过程中，有许多因素会对测量的准确度产生影响。实际数据和测量数据产生差异的常见原因如下（图 12.4.2 给出图像分析过程的主要步骤以及误差的作用点）。

（1）场景中客观物体本身参数或特征的自然变化。

（2）图像采集过程中数字化（从连续到离散）的影响，又可分为空间采样和灰度量化的影响。

（3）不同的图像处理和分析手段（如编码、分割）。

（4）对特征不同的测量方法和计算公式。

（5）图像处理和分析过程中噪声等干扰的影响。

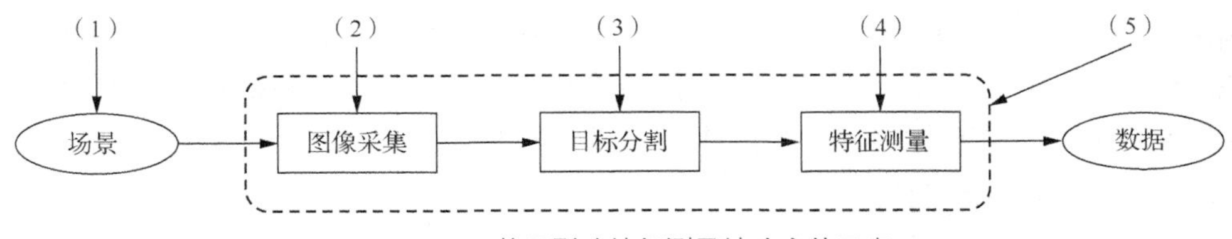

图 12.4.2　若干影响特征测量精确度的因素

12.4.3　采样密度选取

要准确测量给定目标，需要进行一定密度的采样。采样密度增加，属于目标的像素增加，对目标特征的测量会更准确。

例 12.4.1　低采样密度时的测量误差

以使用正方形像素为例，由于目标的真实边界与像素的边界不一定重合，采样密度低导致目标只包含较少数量的像素时，会产生较大的测量误差。图 12.4.3 为测量一个圆时的几种情况，图 12.4.3（a）中圆的上下左右正好与像素的边界重合，图 12.4.3（b）中圆向下移动了不到半像素，

图 12.4.3（c）中圆又向右移动了不到半像素。图 12.4.3 中已标出，3 种情况下得到的面积均不同。如果增加采样密度，这种数字化造成的影响会减小，但代价是采样量和数据量增加。

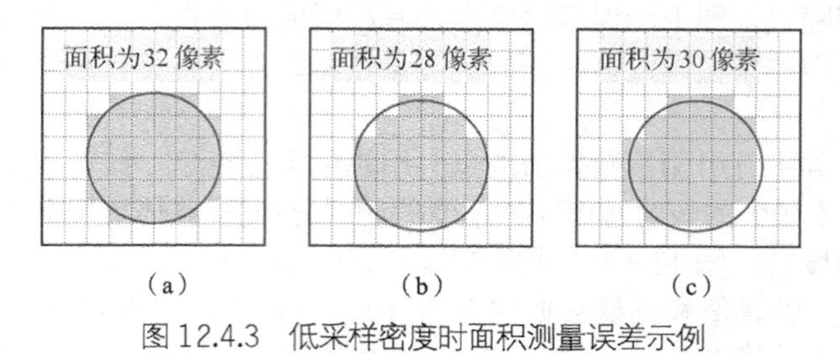

图 12.4.3 低采样密度时面积测量误差示例 □

如果要在采样量和准确度之间取得平衡，就需要合理选择采样密度。在对具体特征的测量中，合适的采样密度与实际要测量目标的尺寸相关联。以计算圆形物体的面积为例，其测量的相对误差ε由下式表示。

$$\varepsilon = \frac{|A_E - A_T|}{A_T} \times 100\% \tag{12.4.1}$$

式（12.4.1）中，A_E 为（测量）估计的面积；A_T 为真实的面积。通过统计试验可以得到对面积测量的相对误差ε与沿圆直径的采样密度 S 的关系，如图 12.4.4 所示。由图 12.4.4 可见，在双对数坐标中，相对误差近似一条单调递减的直线。

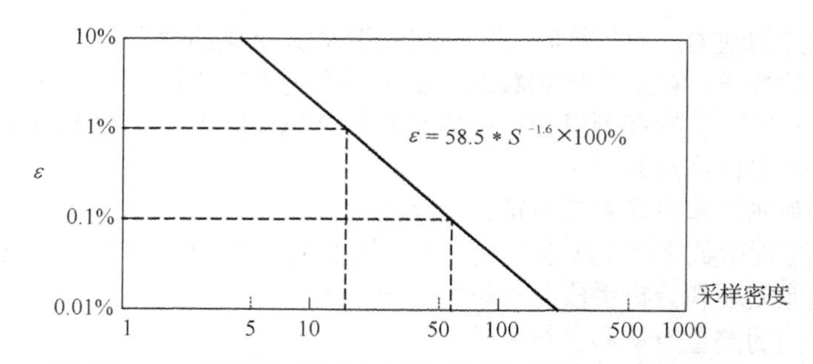

图 12.4.4 对圆形物体面积的测量误差与采样密度的关系曲线

由图 12.4.4 可知，需根据对测量误差的要求来选择采样密度。例如，要使对圆形物体面积测量的相对误差小于 1%，至少需要沿直径采取 10 个以上的样本；而如果要使这样一个测量的相对误差小于 0.1%，则至少需要沿直径采取 50 个以上的样本。

12.4.4 直线长度测量

特征测量是从离散化了的图像估计原来连续世界的情况。这里如何能估计得精确是一个复杂的问题，其中特征量的计算公式起着很重要的作用。下面以测量图像中两点间的距离（即**直线长度测量**）为例进行介绍。

设图像中的两点间有一条数字直线，并已用 8-方向链码表示。设 N_e 为**偶数链码**数，N_o 为**奇数链码**数，N_c 为**角点**（即链码方向发生变化的点）数，则整个链码的长度 L 可由下列通式计算。

$$L = A \times N_e + B \times N_o + C \times N_c \tag{12.4.2}$$

式（12.4.2）中，A，B，C 是加权系数。给定加权系数，计算公式就确定了。对这些系数，人们已进行了许多研究，其中一些结果归纳在表 12.4.2 中。

表 12.4.2　　多种直线长度计算公式

L	A	B	C	E/%	备注
L_1	1	1	0	16	有偏估计，总偏短
L_2	1.110 7	1.110 7	0	11	无偏估计
L_3	1	1.414	0	6.6	有偏估计，总偏长
L_4	0.948	1.343	0	2.6	线段越长，误差越小
L_5	0.980	1.406	−0.091	0.8	N=1 000 时成为无偏估计

表 12.4.2 给出 5 组 A，B，C 系数，如果将它们代入式（12.4.1）就可得到 5 个具体的直线长度计算公式，可用给 L 加序号来区别。对同一个链码用这 5 个计算公式得到的长度一般不同，序号较大的 L 对应的计算公式从统计角度来说产生的误差较小。在表 12.4.2 中，E 代表实际长度和估计长度的平均相对均方根误差（也是链码总数 N 的函数），它给出了使用这些公式时的误差量度。

表 12.4.2 中的 A，B，C 都是固定值，但实际上它们都是 N 的函数，对每个给定的 N，都有一组确定的 A，B，C 能使误差最小。

例 12.4.2　不同长度计算公式的比较

图 12.4.5 为一个以 L_5 为参考标准，用表 12.4.2 中的 5 个公式计算两点间直线长度的具体例子。注意，实际场景中的许多直线成像得到的离散直线都能以这 2 点为公共端点，图 12.4.5 中用点画线和虚线给出其中的 2 条，而图 12.4.5 中实线为链码。

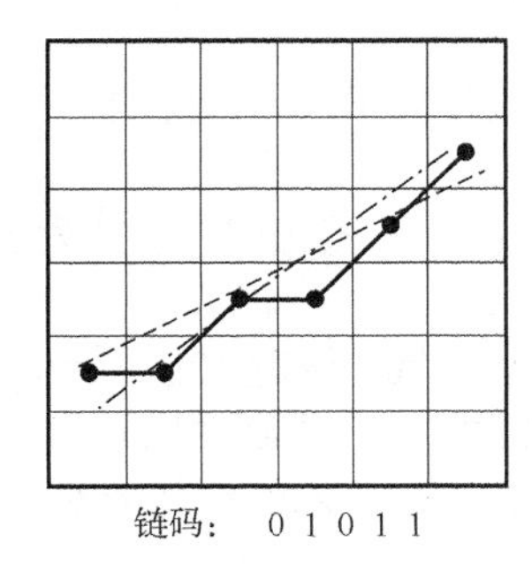

L_1 = 5.000　(15.326%)
L_2 = 5.554　(5.956%)
L_3 = 6.242　(5.718%)
L_4 = 5.925　(0.339%)
L_5 = 5.905　(0.0%)

图 12.4.5　用不同公式计算同一个链码长度的例子

图 12.4.5 中各公式产生的误差（列在右边括号内）可定义为（参照式（12.4.1））

$$\varepsilon=\frac{\left|L_i-L_5\right|}{L_5}\times 100\% \qquad i=1,\ 2,\ 3,\ 4,\ 5 \tag{12.4.3}$$

比较算得的长度和误差可以看出各计算公式的不同效果。 ❑

总结和复习

下面简单小结本章各节，并有针对性地介绍一些可供深入学习的参考文献。进一步复习还可通过思考题和练习题进行，标有星号（*）的题在书末提供了参考解答。

【小结和参考】

12.1 节介绍了 3 种描述纹理的方法，即统计法、结构法和频谱法。在结构法中，纹理被看作是一组纹理基元以某种规则的或重复的关系结合的结果[Shapiro 2001]。这种方法试图根据一些描述几何关系的放置/排列规则来描述纹理基元[Russ 2015]。利用结构法常可获得一些与视觉感受相关的纹理特征，如粗细度（coarseness）、对比度（contrast）、方向性（directionality）、线状性（line-likeness）、规则性（regularity）、粗糙度或凹凸性（roughness）等[Tamura 1978]。不过，目前并没有标准的（或者说大家公认的）纹理基元集合[Forsyth 2003]。另外，纹理也被看作一种对区域中密度分布的定量测量结果[Shapiro 2001]。该节仅介绍了基本的局部二值模式，对其的扩展可见[章 2018c]。

12.2 节介绍了常用的形状描述符，主要描述目标区域的紧凑性和复杂性两类形状性质。有关对偏心率和惯量椭圆计算的细节可见[章1997b]。还有一个类似矩形度的描述符是凹凸性[Marchand 2000]，可借助目标面积和目标凸包的面积之比来定义。当目标是凸体时，目标面积和目标凸包的面积相等，凹凸性的值为 1。

12.3 节介绍了两个反映区域拓扑结构信息的参数：交叉数和连接数。区域的拓扑结构信息在很大程度上与目标自身的形状信息和目标之间的空间关系密切相关。

12.4 节介绍了影响特征测量准确度和精确度的因素。该节仅以采样密度选取和直线长度测量公式为例，介绍了两个因素的影响，对其他因素的介绍见[章 2018c]。一般来说，对目标的测量精度与采样密度成正比[ASM 2000]。分析误差是特征测量的重要工作。误差是测量数据和真实数据的差，可写成：误差=测量数据-真实数据，其中真实数据常是对一个测量实验的期望结果[Webster 2000]。误差可分为系统误差和统计误差。系统误差是实验或测量过程中保持恒定的误差，统计误差也称随机误差，是一种引起实验结果发散的误差。系统误差和统计误差与准确度和精确度有密切的关系[Howard 1998]。从原理上讲，进行许多次相同的测量，可获得对统计误差的估计[Jähne 1999]。

【思考题和练习题】

12.1　对图 12.1.1（a）的图像，分别定义位置操作算子 W 为向右 1 像素和向下 1 像素，计算这两种情况下，图像的共生矩阵。

12.2　设一幅 7 × 7 的棋盘图像之左上角像素值为 0，其相邻像素值为 1，定义位置操作算子 W 为向下 1 像素，计算图像的共生矩阵。

12.3　设从一幅纹理图像中取出的一个 3 × 3 的邻域如图题 12.3 所示。以中心像素的灰度值作为阈值得到的二值图结果是什么样的？给出其二进制和十进制的标号。

12.4　如果一幅纹理图像中有一半区域有图 12.1.8(a)所示的纹理特性，另一半区域有图 12.1.8(b）所示的纹理特性，试画出该图像的频谱曲线。

12.5　设图题 12.5 中每个小正方形的边长为 1，如果周长沿外轮廓计算，求图中阴影部分区域的形状参数。

120	60	140
50	100	70
220	40	170

图题 12.3

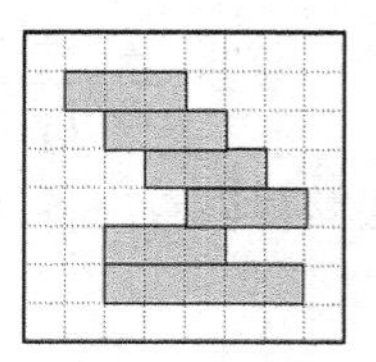

图题 12.5

*12.6　图题 12.6 的图形中，哪一个的偏心率最大？

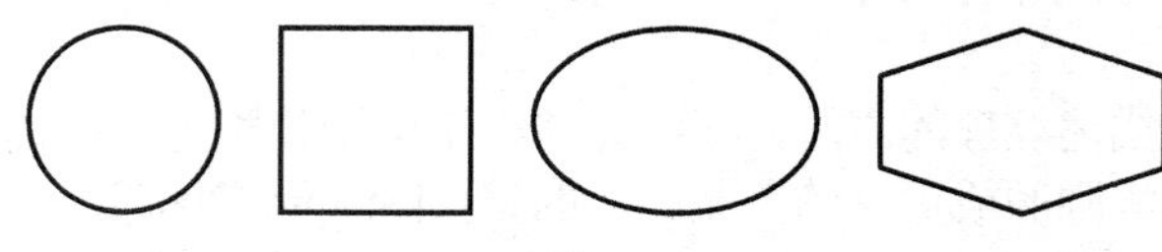

图题 12.6

12.7 （1）计算一个边长为 5 的正方形的球状性参数 S。

（2）计算一个长和宽分别为 9 和 16 的矩形的圆形性参数 C。

12.8 给定图题 12.8 中由离散点构成的八边形，计算其外观比、形状因子、偏心率、球状性和圆形性。

12.9 计算图题 12.9 中像素 p 的交叉数和连接数。

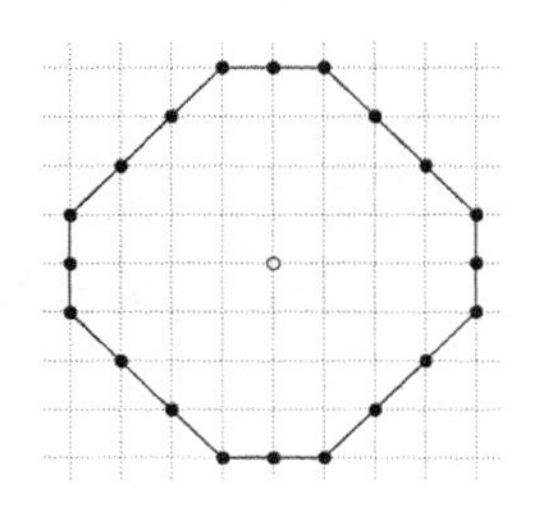

图题 12.8

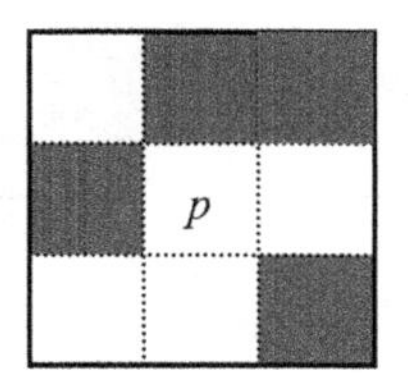

图题 12.9

12.10 对图 12.4.2 中的导致实际数据和测量数据产生差异的 5 种情况各举一个具体例子。

*12.11 图像中一个物体的真实面积为 5，数字化后用两种方法估计其面积，表题 12.11 为分别用这两种方法得到的两组估计值。试计算两种方法得到的估计值的均值和方差，并比较和讨论这两种估计方法的准确度和精确度。

表题 12.11

第 1 种方法	5.6	2.3	6.4	8.2	3.6	6.7	7.5	1.8	2.1	6.1
第 2 种方法	5.3	5.8	5.9	5.9	6.1	5.8	6.0	4.9	5.5	5.4

12.12 对图题 12.12 中的两个图中的线段，设每个网格的边长为 1，如以 L_5 为参考标准，分别计算用 L_3 公式和 L_4 公式计算链码长度产生的相对误差。

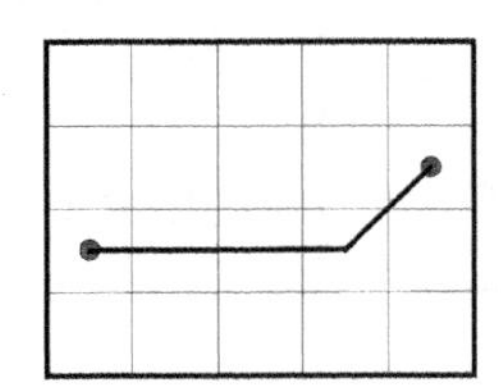

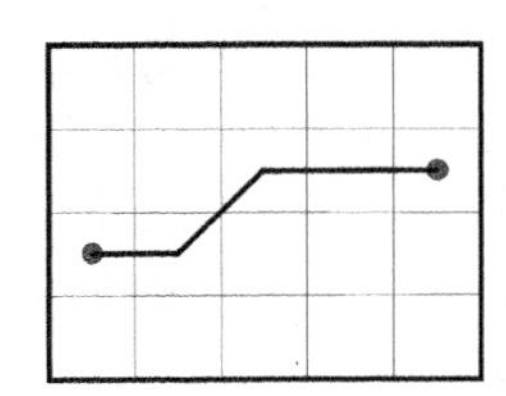

图题 12.12

第13章 彩色图像处理和分析

对彩色的视觉感知是人类视觉系统的固有能力。通过理论研究和大量实践，人们现在对颜色的物理本质已有了一定的掌握和了解。另外，随着技术的进展，近年来，彩色图像采集设备和处理设备得到广泛普及和应用。所以，彩色图像逐渐成为图像处理的重要对象。

彩色图像比黑白图像包含更多的信息。为了有效地表达和处理彩色信息，需要建立相应的彩色表达模型，并把握各种模型的特点，以便在不同的彩色图像应用中使用。在彩色图像处理和分析中，选择合适的彩色模型是很重要的。从应用的角度看，人们提出的众多彩色模型可分成两类。一类是面向诸如彩色显示器或彩色打印机之类的硬设备（可以与具体设备相关，也可以独立于具体设备）。另一类是面向视觉感知或者以彩色处理分析为目的的应用，如动画中的彩色图形、各种图像处理的算法等。

彩色图像增强技术可分成两大类。首先，人对彩色的分辨能力和敏感程度都要比灰度强。人可以辨别几千种不同的彩色，但只能辨别几十种不同的灰度。所以，可以将灰度图像变换/转化为彩色图像，以提高人们对图像内容的观察效率。这类图像增强技术常称为伪彩色增强技术。其次，彩色图像本身的结构更为复杂，可以并需要分别研究其不同性质，也就是对彩色图像的不同分量区别对待。与此相关的图像增强技术属于真彩色增强技术。

彩色图像是一种矢量图像，对其的处理和分析（如**彩色图像分割**）既与对灰度图像的处理和分析有类似的地方和传承的关系，也有其特殊的地方，需要采用新的方法或利用其自身特点。

本章各节内容的安排如下。

13.1 节介绍基于物理的面向硬设备的彩色模型，最重要的就是解释三基色模型，还讨论了包括各种基于三基色不同组合的模型。

13.2 节介绍基于感知的面向处理和分析的彩色模型。详细讨论了色调、饱和度、亮度模型及其与面向硬设备彩色模型的联系，还概括介绍了另外两种比较典型的模型。

13.3 节讨论利用彩色表达增强灰度图像的伪彩色增强技术。

13.4 节讨论增强彩色图像的真彩色增强技术，包括对彩色分量的分别增强和联合增强。

13.5 节讨论对彩色图像滤波消噪的方法，重点介绍中值滤波用到的矢量排序计算。

13.6 节讨论对分割彩色图像的技术，先讨论了彩色空间或模型的选取，然后介绍了一种分别分割彩色分量来实现彩色图像分割的方法。

13.1 基于物理的彩色模型

人类色觉的产生是一个复杂的过程，除了光源对眼睛的刺激外，还需要人眼对光辐射的接收和人脑对刺激的解释。人感受到的景物颜色主要取决于景物反射光的特性。如果景物比较均衡地反射各种光谱，则景物看起来是白色的或灰色的；而如果景物对某些光谱反射得较多，则景物看起来就呈现与这些光谱相对应的颜色。

在讨论色觉时，常用到彩色和颜色这两个概念。严格来说，彩色和颜色并不等同。颜色可分为无彩色和有彩色两大类。无彩色是指白色、黑色和介于其间的各种深浅程度不同的灰色。能够同样吸收所有波长光的表面，则看起来就是灰色的，反射的光多显浅灰色，反射的光少，则显深灰色，如果反射的光少于入射光的 10%，则看起来是黑色的。无彩色以白色为一端，通过一系列从浅到深排列的各种灰色，到达另一端的黑色。这些灰色可以组成一个黑白系列。彩色则是指除去上述黑白系列以外的各种颜色。不过人们通常所说的颜色一般多指彩色。

为正确有效地表达彩色信息，需要建立和选择合适的彩色表达模型。人们已提出多种**彩色模型**，但至今还没有一种彩色模型能满足所有彩色使用者的全部要求。因为彩色模型是建立在**彩色空间**中的，所以彩色模型和彩色空间密切相关。彩色空间可看作一个 3-D 的坐标系统，其中每个空间点都代表某一种特定的彩色。

13.1.1 三基色模型

根据人眼结构，人类视网膜中存在 3 种基本的颜色感知锥细胞，人对颜色的感知是 3 种细胞共同工作的结果。据此，所有颜色都可看作 3 个基本颜色，即**三基色**或**三原色**——**红**（R）、**绿**（G）和**蓝**（B）——的不同组合。这种理论有解剖学的基础。为了建立颜色的标准，国际照度委员会（CIE）早在 1931 年就规定 3 种基本色的波长分别为 R700 nm，G546.1 nm，B435.8 nm。当把红、绿、蓝三色光混合时，改变三者各自的强度比例可得到白色以及各种彩色，这可写为

$$C \equiv rR + gG + bB \tag{13.1.1}$$

式（13.1.1）中，C 代表某一特定色，$\equiv$ 表示匹配，R，G，B 表示三基色，r，g，b 代表比例系数，且有

$$r + g + b = 1 \tag{13.1.2}$$

借助三基色就可构建最典型和常用的彩色模型——**三基色模型**，即 **RGB 模型**。RGB 模型是一种与人的视觉系统结构密切相连的模型。

RGB 模型可以建立在笛卡儿坐标系统中，其中 3 个轴分别为 R、G、B，如图 13.1.1 所示。RGB 模型的空间是个正方体，原点对应黑色，离原点最远的顶点对应白色。在这个模型中，从黑到白的灰度值分布在从原点到离原点最远顶点之间的连线上，而立方体内其余各点对应不同的颜色，可用从原点指向该点的矢量表示。一般为方便起见，总将立方体归一化为单位立方体，这样所有 R、G、B 的值都在区间[0, 1]中。

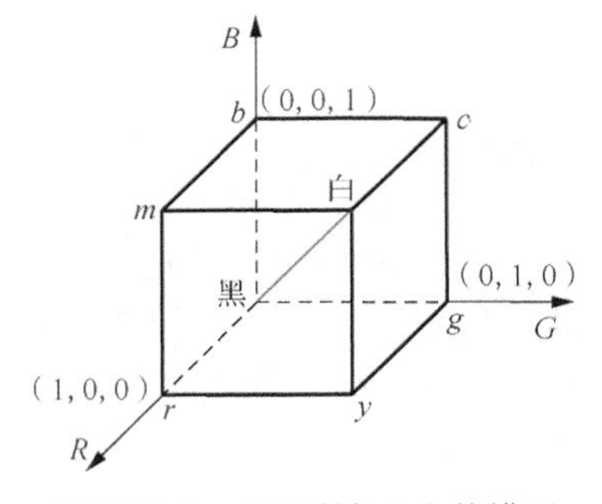

图 13.1.1 RGB 彩色立方体模型

根据这个模型，每幅彩色图像包括 3 个独立的基色平面，或者说可分解到 3 个平面上。反过来，如果一幅图像可表示为 3 个平面，使用这个模型就比较方便。

例 13.1.1 可靠 RGB 彩色

一般真彩色 RGB 图用 24bit 表示，R、G、B 各 8bit，即将 R、G、B 的值都量化成 256 级，这时它们的组合可构成 1 600 多万种颜色。显示这么多种颜色对显示系统的要求会很高，而实际中，常不需要区分或使用这么多种颜色。于是人们设计了**调色板图像**，从 1 600 多万种颜色中根据需要选取其一个彩色子集，以简化显示系统。

一个典型的彩色子集称为**可靠 RGB 彩色**，如图 13.1.2 所示。它可在不同系统上可靠地显示，也称其为所有系统可靠的彩色。

三基色模型是**面向硬设备的彩色模型**，也称基于物理的模型，非常适合在图像输出显示等场合使用。例如，电视摄像机和彩色扫描仪都是根据 RGB 模型工作的。

另外，还有一些在三基色模型基础上发展起来的、在不同领域应用的彩色模型。

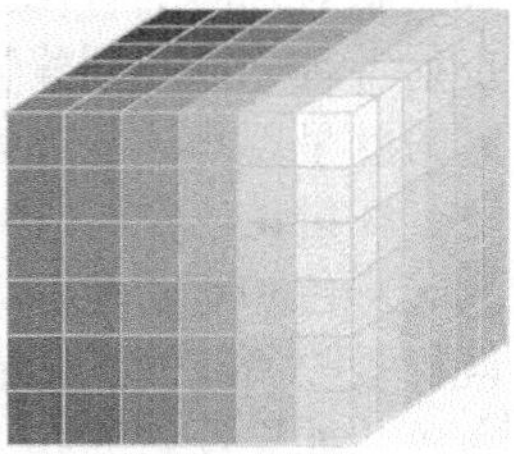

图 13.1.2 可靠 RGB 彩色

13.1.2 三基色相关模型

基于三基色的不同组合，还可构建一些相关彩色模型。

1. CMY 模型

利用三基色光叠加可产生光的三补色：**蓝绿**（C，即绿加蓝），**品红**（M，即红加蓝），**黄**（Y，即红加绿）。按一定的比例混合三基色光或将一个补色光与相对的基色光混合就可以产生白色光。需要指出，除了光的三基色外，还有颜料的三基色。因为颜料中的基色是指吸收一种光基色并反射其他两种光基色的颜色，所以颜料的三基色正好是光的三补色，而颜料的三补色正好是光的三基色。以一定的比例混合颜料的三基色或者将一个补色与相对的基色混合，可以得到黑色。

由三补色得到的 **CMY 模型**主要用于彩色打印，这 3 种补色可分别由从白光中减去 3 种基色得到。一种简单而近似的从 CMY 到 RGB 的转换为

$$R = 1 - C \tag{13.1.3}$$

$$G = 1 - M \tag{13.1.4}$$

$$B = 1 - Y \tag{13.1.5}$$

CMY 模型被广泛应用于打印机、印刷机等硬设备。

2. 归一化彩色模型

归一化彩色模型也是一种用 RGB 的不同组合来表达的彩色模型，它的 3 个分量分别如下。

$$l_1(R,G,B) = \frac{(R-G)^2}{(R-G)^2 + (R-B)^2 + (G-B)^2} \tag{13.1.6}$$

$$l_2(R,G,B) = \frac{(R-B)^2}{(R-G)^2 + (R-B)^2 + (G-B)^2} \tag{13.1.7}$$

$$l_3(R,G,B) = \frac{(G-B)^2}{(R-G)^2 + (R-B)^2 + (G-B)^2} \tag{13.1.8}$$

该模型对观察方向、物体几何、照明方向和亮度变化具有不变性。

3. 电视彩色模型

彩色电视系统采用的彩色模型也是基于 RGB 的组合，虽然借助了面向视觉感知的彩色模型的一些概念。在 PAL 制系统和 SECAM 制系统中使用的是 **YUV 模型**，其中 Y 代表亮度分量，U 和 V 分别正比于色差 $B-Y$ 和 $R-Y$，都称为色度分量。YUV 可由 PAL 制系统中的归一化（经过伽马校正）的 R'，G'，B' 经过下面计算得到（$R' = G' = B' = 1$ 对应基准白色），即

$$Y = 0.299R' + 0.587G' + 0.114B' \tag{13.1.9}$$

$$U = -0.147R' - 0.289G' + 0.436B' \tag{13.1.10}$$

$$V = 0.615R' - 0.515G' - 0.100B' \tag{13.1.11}$$

反过来，R'，G'，B' 也可由 Y, U, V 得到，即

$$R' = 1.000Y + 0.000U + 1.140V \tag{13.1.12}$$

$$G' = 1.000Y - 0.395U - 0.581V \tag{13.1.13}$$

$$B' = 1.000Y + 2.032U + 0.001V \tag{13.1.14}$$

在 NTSC 制系统中使用的是 **YIQ 模型**，其中 Y 仍然代表亮度分量，I 和 Q 分别是 U 和 V 分

量旋转33°后的结果。经旋转后，I对应在橙色和青色间的彩色，Q对应在绿色和紫色间的彩色。因为人眼对在绿色和紫色间的彩色的变化不如在橙色和青色间的彩色敏感，所以在量化时，Q分量所需的比特数可比I分量的少，而在传输时，Q分量所需的带宽可比I分量的窄。YIQ可由NTSC制系统中的归一化（经过伽马校正）的R'，G'，B'经过下面的计算得到（$R' = G' = B' = 1$对应基准白色），即

$$Y = 0.299R' + 0.587G' + 0.114B' \tag{13.1.15}$$

$$I = 0.596R' - 0.275G' - 0.321B' \tag{13.1.16}$$

$$Q = 0.212R' - 0.523G' + 0.311B' \tag{13.1.17}$$

反过来，R'，G'，B'也可由Y、I、Q得到，即

$$R' = 1.000Y + 0.956I + 0.620Q \tag{13.1.18}$$

$$G' = 1.000Y - 0.272I - 0.647Q \tag{13.1.19}$$

$$B' = 1.000Y - 1.108I + 1.700Q \tag{13.1.20}$$

需要指出，PAL制系统中的基准白色与NTSC制系统中的基准白色是略有不同的。借助NTSC制系统中的R'，G'，B'，还可以得到YUV模型的一个缩放和偏移的版本YC_BC_R（国际标准ITU-R BT.601建议的一部分），即

$$Y = 0.257R' + 0.504G' + 0.098B' + 16 \tag{13.1.21}$$

$$C_B = -0.148R' - 0.291G' + 0.439B' + 128 \tag{13.1.22}$$

$$C_R = 0.439R' - 0.368G' - 0.701B' + 128 \tag{13.1.23}$$

4．I_1、I_2、I_3模型

I_1、I_2、I_3模型也是对RGB的不同组合来构建的彩色模型，但其初衷并不是要用于哪种硬设备。它包括可由R，G，B经过线性变换得到的3个正交彩色特征。

$$I_1 = (R + G + B) / 3 \tag{13.1.24}$$

$$I_2 = (R - B) / 2 \tag{13.1.25}$$

$$I_3 = (2G - R - B) / 4 \tag{13.1.26}$$

当将上述3个特征用于彩色图像分割时，I_1是最佳特征，I_2是次佳特征。

I_1，I_2，I_3模型的一种变型是I_1、I'_2、I'_3模型，其中

$$I'_1 = I_1 = (R + G + B) / 3 \tag{13.1.27}$$

$$I'_2 = 2I_2 = R - B \tag{13.1.28}$$

$$I'_3 = 2I_3 = (2G - R - B) / 2 \tag{13.1.29}$$

13.2 基于感知的彩色模型

面向硬设备的彩色模型与人的视觉感知有一定距离且使用不太方便。例如，给定一个彩色信号，人们很难判定其中的R，G，B分量，这时使用面向视觉感知的彩色模型比较方便。

在**面向视觉感知的颜色模型**中，HSI（hue，saturation，intensity）是使用较多的基本模型，其他还有HCV（hue，chroma，value）模型、HSV（hue，saturation，value）模型、HSB（hue，saturation，brightness）模型、$L^*a^*b^*$模型等。这些模型既与人类颜色视觉感知比较接近，又独立于显示设备。

13.2.1 HSI模型

面向彩色处理最常用的模型是**HSI模型**，其中H表示**色调**，S表示**饱和度**，I表示**密度**。HSI模型的3个分量与人们描述颜色常用的3种基本特性量，即亮度、色调和饱和度相对应。亮度与

密度相对应，并与物体的反射率成正比，事实上，没有无彩色时，只有亮度一个维度的变化。彩色首先给人不同的色调感觉，色调是与混合光谱中主要光波长相联系的。彩色中掺入的白色越多越明亮，掺入的黑色越多暗淡。饱和度与一定色调的纯度有关，纯光谱色是完全饱和的，随着白光的加入，饱和度逐渐减少。色调和饱和度合起来称为色度。不同颜色可用亮度和色度共同表示和刻画。

1．HSI 模型的特点

HSI 模型在许多处理中有其独特的优点。

（1）在 HSI 模型中，亮度分量与色度分量是分开的，I 分量与图像的彩色信息无关。

（2）在 HSI 模型中，色调 H 和饱和度 S 的概念互相独立（前面介绍的 YUV 和 YIQ 模型虽也将亮度分量与色度分量分开，但两个色度分量是相关的）并与人的感知紧密相连。这些特点使得 HSI 模型非常适合基于人的视觉系统对彩色感知特性进行处理分析的图像算法。

HSI 模型中的色度可借助以 R，G，B 为顶点的三角形来描述，如图 13.2.1（a）中的平面三角形所示。对其中的任意一个色点 P，其 H 的值对应指向该点的矢量与 R 轴的夹角。这个点的 S 与指向该点的矢量长度成正比，越长越饱和，处在三角形边上的点代表纯的饱和色。如果将 HSI 模型中的密度 I 也考虑上，则完整的 HSI 模型可用图 13.2.1（b）所示的双棱锥结构来表示，其中每个横截面都与图 13.2.1（a）中的平面三角形相似。这里 I 的值是沿一根通过各三角形中心并垂直于三角形平面的直线来测量的，它由与最下黑点的距离表示（常取黑点处的 I 为 0，白点处的 I 为 1）。如果色点在 I 轴上，则其 S 值为 0，而 H 没有定义，这些点也称为奇异点。奇异点的存在是 HSI 模型的一个缺点，而且在奇异点附近，R，G，B 值的微小变化会引起 H，S，I 值的明显变化。

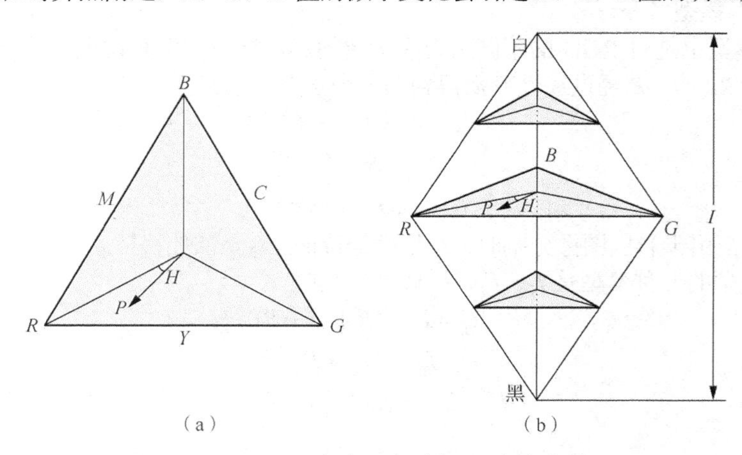

图 13.2.1　HSI 颜色三角形和 HSI 颜色实体

2．HSI 模型和 RGB 模型的转换

在 RGB 空间的彩色图像可以方便地转换到 HSI 空间。**从 RGB 到 HSI 的彩色转换**可表示为，对任何 3 个归一化到[0, 1]范围内的 R，G，B 值，其对应 HSI 模型中的 H，S，I 分量可由下面的公式计算。

$$H=\begin{cases}\arccos\left\{\dfrac{(R-G)+(R-B)}{2\sqrt{(R-G)^2+(R-B)(G-B)}}\right\} & B<G \\ 2\pi-\arccos\left\{\dfrac{(R-G)+(R-B)}{2\sqrt{(R-G)^2+(R-B)(G-B)}}\right\} & B>G\end{cases} \tag{13.2.1}$$

$$S = 1 - \frac{3}{(R+G+B)}\min(R,G,B) \tag{13.2.2}$$

$$I = (R+B+G)/3 \tag{13.2.3}$$

对 S 的计算也可使用下式。

$$S = \max(R,G,B) - \min(R,G,B) \tag{13.2.4}$$

式（13.2.1）中，H 是由 R、G、B 经非线性变换得到的。在饱和度较低的区域，H 值量化比较粗，特别是在饱和度为 0 的区域（黑白区域），H 值已没有意义。换句话说，$S = 0$ 时，对应灰色无彩色，这时 H 没有意义，可以定义 H 为 0。最后当 $I = 0$ 或 $I = 1$ 时，讨论 S 也没有意义。

另外，如果已知 HSI 空间色点的 H，S，I 分量，也可将其转换到 RGB 空间。**从 HSI 到 RGB 的彩色转换**可表示为，若设 S，I 的值在[0, 1]，R，G，B 的值也在[0, 1]，则从 HSI 到 RGB 的转换公式（分成 3 段以利用对称性）如下。

（1）H 在[0°, 120°]时

$$B = I(1-S) \tag{13.2.5}$$

$$R = I\left[1 + \frac{S\cos H}{\cos(60^\circ - H)}\right] \tag{13.2.6}$$

$$G = 3I - (B+R) \tag{13.2.7}$$

（2）H 在[120°, 240°]时

$$R = I(1-S) \tag{13.2.8}$$

$$G = I\left[1 + \frac{S\cos(H - 120?)}{\cos(180? - H)}\right] \tag{13.2.9}$$

$$B = 3I - (R+G) \tag{13.2.10}$$

（3）H 在[240°, 360°]时

$$G = I(1-S) \tag{13.2.11}$$

$$B = I\left[1 + \frac{S\cos(H - 240^\circ)}{\cos(300^\circ - H)}\right] \tag{13.2.12}$$

$$R = 3I - (G+B) \tag{13.2.13}$$

一幅“真”彩色 RGB 数字图像一般使用 24 bit，即 R，G，B 这 3 个分量各用 8 bit 表示。这样用 24 bit 可表示的颜色总数为 16777216。如果将其转换到其他彩色空间，也常保持总比特数不变，则颜色总数也不变。

例 13.2.1　彩色图像的 R，G，B 和 H，S，I 各分量的图示

彩色图像的各个分量也可以用灰度图形式表示，例如，浅色表示分量值较大，深色表示分量值较小。不过这种表达法仅表示各分量的幅度值，它们代表的频率或波长在这里反映不出来，需要另外指定。图 13.2.2 所示为一组用灰度图形式表示彩色图像的例子，其中图 13.2.2（a）～图 13.2.2（c）分别为一幅彩色图像的 R，G，B 分量（每个分量用 8 bit 表示），图 13.2.2（d）～图 13.2.2（f）分别为这幅彩色图像的 H，S，I 分量（每个分量也各用 8 bit 表示）。将前三幅图或后三幅图的 3 个分量组合起来都可得到相同的彩色图像。注意 H 和 S 分量图看起来与 I 分量图很不相同，表示 H，S，I 的 3 个分量之间的区别比表示 R，G，B 的 3 个分量之间的区别要大。也可以说，H，S，I 这 3 个分量相互之间比较独立，分别反映了彩色图像的不同性质。

图 13.2.2 彩色图像的 R，G，B 和 H，S，I 各分量图

13.2.2 其他彩色感知模型

还有一些类似的面向彩色处理的模型，简单介绍如下。

1. HSV 模型

HSV 模型比 HSI 模型更接近人类对颜色的感知。HSV 模型中的 H 代表色调，S 代表饱和度，V 代表亮度值。HSV 模型的坐标系统也是圆柱坐标系统，但一般用六棱锥（hexcone）来表示，如图 13.2.3 所示。

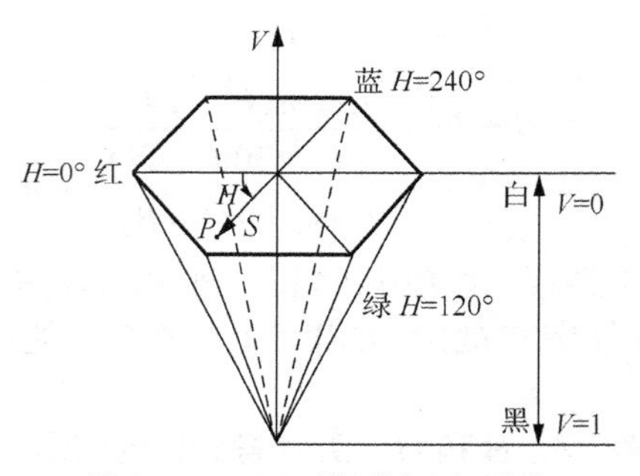

图 13.2.3 HSV 模型的坐标系统

在 RGB 空间中任一点的 R，G，B 值（均在[0, 255]区间）都可转换到 HSV 空间，得到相应的 H，S，V 值，即

$$H=\begin{cases}\arccos\left\{\dfrac{(R-G)+(R-B)}{2\sqrt{(R-G)^2+(R-B)(G-B)}}\right\} & B\leqslant G\\ 2\pi-\arccos\left\{\dfrac{(R-G)+(R-B)}{2\sqrt{(R-G)^2+(R-B)(G-B)}}\right\} & B>G\end{cases}\tag{13.2.14}$$

$$S = \frac{\max(R,G,B) - \min(R,G,B)}{\max(R,G,B)} \tag{13.2.15}$$

$$V = \frac{\max(R,G,B)}{255} \tag{13.2.16}$$

2. $L^*a^*b^*$模型

在对彩色的感知、分类和鉴别中，对彩色特性的描述应该是越准确越好。从图像处理的角度看，对彩色的描述应该与人对彩色的感知越接近越好。从视觉感知均匀的角度看，人感知到的两个颜色之间的距离应该与这两个颜色在表达它们的颜色空间中的距离越成比例越好。换句话说，如果在一个彩色空间中，人所观察到的任意两种彩色的区别程度与这两种彩色在该空间中位置之间的欧氏距离对应，则称该彩色空间为均匀彩色空间。**均匀彩色空间模型**本质上仍是面向视觉感知的彩色模型，只是在视觉感知方面更为均匀。

CIE 确定的 ***L*a*b*模型***就是一种均匀彩色空间模型，它可从 3 个刺激量 X，Y，Z 得到，即（各式中的下标 0 表示对应的参考白色）

$$L^* = \begin{cases} 116(Y/Y_0)^{1/3} - 16 & \text{当} \quad Y/Y_0 > 0.008856 \\ 903.3(Y/Y_0)^{1/3} & \text{当} \quad Y/Y_0 \leqslant 0.008856 \end{cases} \tag{13.2.17}$$

$$a^* = 500\left[f(X/X_0) - f(Y/Y_0)\right] \tag{13.2.18}$$

$$b^* = 200\left[f(Y/Y_0) - f(Z/Z_0)\right] \tag{13.2.19}$$

其中

$$f(t) = \begin{cases} t^{1/3} & \text{当} \quad t > 0.008856 \\ 7.787t + 16/116 & \text{当} \quad t \leqslant 0.008856 \end{cases} \tag{13.2.20}$$

$L^*a^*b^*$模型覆盖了全部的可见光色谱，并可以准确地表达各种显示、打印和输入设备中的彩色。它比较强调对绿色的表示（即对绿色比较敏感），接下来依次是红色和蓝色。

3. HSB 模型

HSB 模型的 3 个分量与 HIS 模型和 HSV 模型的 3 个分量很相似，但其理论基础有较大区别。HSB 模型源自对立色理论。对立色理论建立在人类视觉对对立色调（红和绿、黄和蓝）的观察事实（如果将对立色调的颜色叠加，则它们会互相抵消）。对一个给定频率的刺激，可以推出其中 4 种基本色调（红 r、绿 g、黄 y 和蓝 b）所占的比例，并建立色调响应方程。另外，也可以推出与某个光谱刺激中感受到的明度（brightness）相对应的无色调响应方程。根据这两种响应方程，可以获得色调系数函数和饱和度系数函数。色调系数函数表示每个频率的色调响应与所有色调响应的比，而饱和度系数函数表示每个频率的色调响应与所有无色调响应的比。HSB 模型能解释许多有关颜色的精神物理（psychophysical）现象。

从 RGB 模型出发，可以根据线性变换公式

$$I = wb = R + G + B \tag{13.2.21}$$

$$rg = R - G \tag{13.2.22}$$

$$yb = 2B - R - G \tag{13.2.23}$$

获得对立色空间的 3 个基本量。式中，I 是无色调的（w 和 b 在式（13.2.21）中分别表示白和黑）；rg 和 yb 分别对应对立的色调。

13.3 伪彩色增强

一般人的眼睛只能分辨几十种不同深浅的灰度级，但能分辨几千种不同的颜色。因此在图像处理中，常可借助彩色来增强图像，以得到对人眼来说增强了的视觉效果。一般采用的彩色增强

方法可分为**伪彩色**增强方法和**真彩色**或**全彩色**增强方法。虽然只有一字之差，但它们依据的原理有很大不同。

对原来灰度图像中不同灰度值的区域赋予不同的彩色，以更明显地区分它们是一种常用的彩色增强方法。因为这里原图是无彩色的，所以人工赋予的彩色常称为伪彩色。这个赋色过程实际是一种着色过程。从图像处理的角度看，输入是灰度图像，输出是（伪）彩色图像。

顺便指出，还有一种**假彩色**增强方法，指的是将彩色图像中像素的彩色利用线性或非线性函数从一个彩色空间映射到另一个彩色空间，以增强图像的方法（更多细节可参见13.4.3小节）。

以下讨论3种根据图像灰度的特点而赋予伪彩色的**伪彩色增强**方法。

1. 亮度切割

一幅灰度图可看作一个2-D的亮度函数（即图像亮度是2-D平面坐标的函数）。如果用一个平行于图像坐标平面 *XY* 的平面去切割图像亮度函数，就可把亮度函数分成两个灰度值大小不同的区间，对这两个区间可赋予不同的颜色。这种伪彩色增强方法称为**亮度切割**。图13.3.1所示为一个切割的剖面示意图（横轴为坐标轴，纵轴为灰度值轴）。

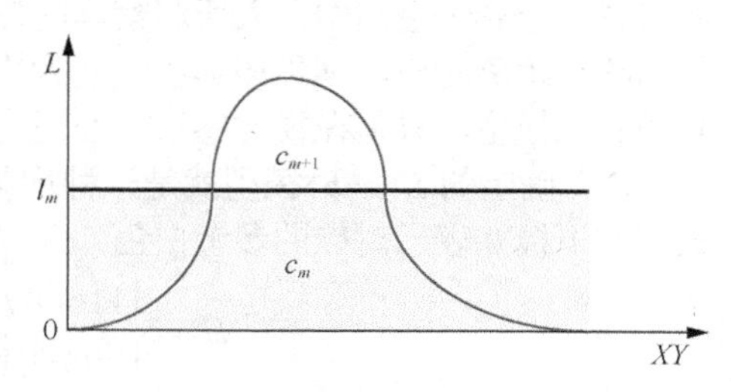

图13.3.1 亮度切割示意图

根据图13.3.1，对每一个输入灰度值，当它在切割灰度值 l_m 之上时，赋予某一种颜色，它在 l_m 之下时，赋予另一种颜色。通过这种变换，原来的多灰度值图像变成了一幅只有两种彩色的图像，从视觉上看，灰度值大于 l_m 和小于 l_m 的像素很容易被区分开了。上下平移切割灰度值可得到不同的区分结果。

上述方法还可推广总结如下：设在灰度级 $l_1, l_2, \cdots, l_M$ 处定义了 M 个平面（分别对应灰度值 $l_1, l_2, \cdots, l_M$），让 l_0 代表黑（$f(x, y) = 0$），l_L 代表白（$f(x, y) = L$），在 $0 < M < L$ 的条件下，M 个平面将把图像灰度值分成 $M + 1$ 个区间，对每个灰度值区间内的像素可赋一种颜色，即

$$f(x,y) = c_m \qquad \text{如} \quad \begin{matrix} f(x,y) \in R_m \\ m = 0, 1, \cdots, M \end{matrix} \tag{13.3.1}$$

式（13.3.1）中，R_m 为切割平面限定的灰度值区间；c_m 是所赋的颜色。利用式（13.3.1）可获得对图像亮度分级赋值的结果。

2. 从灰度到彩色的变换

在这种方法中，每个原始图像中像素的灰度值可用3个独立的变换来处理，从而将不同的灰度映射为不同的彩色。图13.3.2为**伪彩色变换函数**的例子，其中横轴代表原始灰度值，纵轴分别代表变换后的彩色值。由这些曲线可知，变换后，原始图中灰度值偏小的像素将主要呈现绿色，灰度值偏大的像素主要呈现红色。另外，根据式（13.2.2），原始图中灰度值适中像素的饱和度会较低（此时 *R*，*G*，*B* 取值均较大）。

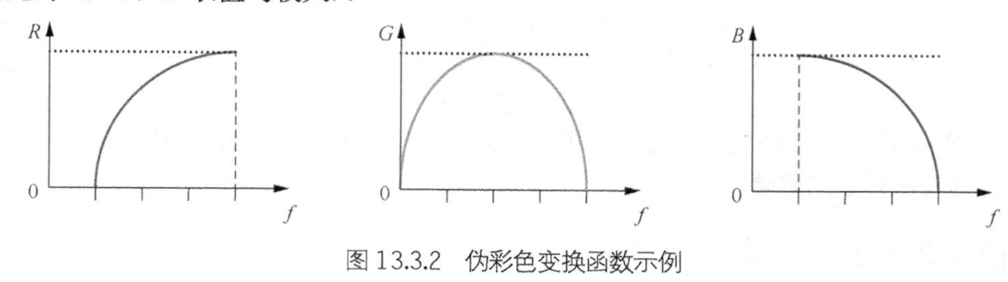

图13.3.2 伪彩色变换函数示例

如果将上述3个变换的结果分别输入彩色电视屏幕的3个电子枪，就可得到其颜色内容由3个变换函数调制的混合图像，如图13.3.3所示。

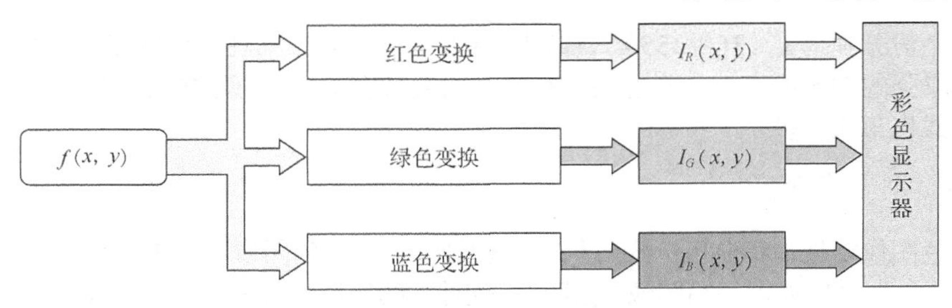

图 13.3.3 伪彩色变换过程示意图

因为前面讨论的亮度切割方法可看作使用一个分段线性函数实现**从灰度到彩色的变换**，所以可看作本方法的一个特例。但本方法还可以使用光滑的、非线性的变换函数，所以更加灵活。在实际应用中，变换函数常用取绝对值的正弦函数，其特点是在接近峰值处比较平缓，在接近低谷处比较尖锐。变换每个正弦波的相位和频率，可以改变相应灰度值对应的彩色。例如，当 3 个变换具有相同的相位和频率时，输出的图仍是灰度图。当 3 个变换之间的相位发生一点小变化时，其灰度值对应正弦函数峰值处的像素受到的影响很小（特别是在频率比较低、峰比较宽时），但其灰度值对应正弦函数低谷处的像素受到的影响较大。特别是在 3 个正弦函数都为低谷处，相位变化导致幅度变化更大。换句话说，在 3 个正弦函数的数值变化比较剧烈处，像素灰度值受到彩色变化的影响比较明显。这样，不同灰度值范围的像素就得到了不同的伪彩色增强效果。

3．频域滤波

彩色增强也可在频域借助各种滤波器进行（各种滤波器已在第 4 章介绍）。**频域滤波**的基本思想是根据图像中各区域的不同频率含量给区域赋予不同的颜色。一种用于伪彩色增强的频域滤波基本框图如图 13.3.4 所示。输入图像的傅里叶变换通过 3 个不同的滤波器（可分别使用低通、带通（或带阻）和高通滤波器）被分成不同的频率分量。对每个范围内的频率分量先分别进行傅里叶反变换，其结果可进一步处理（如直方图均衡化或规定化）。将各通路的图像分别输进彩色显示器的红、绿、蓝输入口，就能得到增强后的图像。

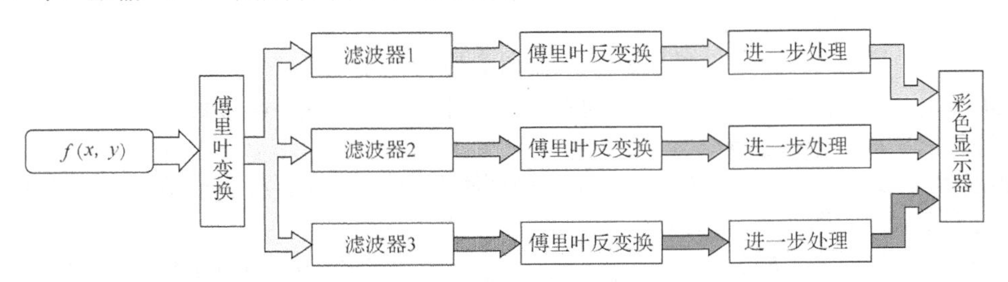

图 13.3.4 用于伪彩色增强的频域滤波框图

13.4 真彩色增强

在**真彩色增强**中，被增强的图像原来就是彩色的，增强后的图像也是彩色的。由于用矢量的彩色代替了标量的灰度，所以在理论上，真彩色增强要比灰度增强复杂。

一般真彩色 RGB 图可用 24 bit 表示，R，G，B 各 8 bit，即每像素在 R，G，B 分量图中各取 256 个值。也可将 R，G，B 都归一化到[0, 1]范围，这样，相邻值之间的差是 1/255。一幅真彩色 RGB 图也可用 H，S，I 各 8 bit 的 3 个分量图表示。这里不同的是，色调（H）图中的像素值是用角度作单位的，当用 8 bit 表示时，256 个值分布在[0°, 360°]，所以相邻值的差是（360/255）°，或者说 256 个值分别为 n（360/255）°，其中 $n = 0, 1, \cdots, 255$，但色调对应的度数不是连续的。

因为被增强的图像原来就是彩色的，其幅度用矢量表示，含有较多的信息，所以真彩色增强的策略和方式也都比较多。

13.4.1 处理策略

对真彩色图像的处理策略可分为两种。一种是将一幅彩色图像看作 3 幅分量图像的组合体，在处理过程中，先单独处理每幅图像（按照对灰度图像处理的方法），再将处理结果合成为彩色图像。另一种是将一幅彩色图像中的每像素看作具有 3 个属性值，即像素属性现在为一个矢量，需利用对矢量的表达方法处理。如果用 $\boldsymbol{C}(x, y)$表示一幅彩色图像或一个彩色像素，则有 $\boldsymbol{C}(x, y) = [R(x, y) \quad G(x, y) \quad B(x, y)]^{\mathrm{T}}$。

上面后一种方法需要将原来处理一个标量属性的方法推广到处理一个矢量属性，以将处理灰度图像的方法推广到处理彩色图像。为此，对处理的方法和处理的对象都有一定的要求。首先，采用的处理方法应该既能用于标量，又能用于矢量。其次，对一个矢量中每个分量的处理要与其他分量独立。对图像进行简单的邻域平均是满足这两个条件的一个示例。对一幅灰度图像，邻域平均的具体操作就是将一个中心像素的由模板覆盖的像素值加起来再除以模板覆盖的像素数。对一幅彩色图像，邻域平均既可对各个属性矢量进行（矢量运算），也可分别对各个属性矢量的每个分量进行（如同对灰度图像采用标量运算）后再合起来。这可表示为

$$\sum_{(x,y)\in N} \mathbf{C}(x, y) = \sum_{(x,y)\in N} \left[R(x, y) + G(x, y) + B(x, y\right] = \left\{\sum_{(x,y)\in N} R(x, y) + \sum_{(x,y)\in N} G(x, y) + \sum_{(x,y)\in N} B(x, y)\right\} \tag{13.4.1}$$

需要注意，并不是任何处理操作都满足上述过程，只有线性处理操作两种结果才会等价。

13.4.2 彩色单分量增强

对灰度图像 $f(x, y)$的增强可用 $g(x, y) = T[f(x, y)]$表示，其中 T 代表变换，$g(x, y)$为增强结果。类似地，对彩色图像的增强可表示为

$$g_i(x, y) = T_i[f_i(x, y)] \quad i = 1, 2, 3 \tag{13.4.2}$$

式（13.4.2）中，$[T_1, T_2, T_3]$给出对 $f_i(x, y)$进行变换产生 $g_i(x, y)$的映射函数集合，这里需要将 3 个变换合并进行以完成一个增强操作。

如果考虑实时的应用，在 RGB 彩色空间进行图像增强操作比较有利。在 RGB 空间增强饱和度可由对每像素进行下列变换得到：

$$\begin{bmatrix} R' \\ G' \\ B' \end{bmatrix} = \frac{\max\{R, G, B\}}{\max\{R, G, B\} - \min\{R, G, B\}} \begin{bmatrix} R - \min\{R, G, B\} \\ G - \min\{R, G, B\} \\ B - \min\{R, G, B\} \end{bmatrix} \tag{13.4.3}$$

式（13.4.3）中，R'，G'，B'分别为对原始 R，G，B 增强后的分量值。

在 RGB 空间对亮度的增强可借助电视技术中的亮度分量 Y 进行。参见 13.1.2 节，PAL 制系统和 NTSC 制系统中的亮度分量都由下式表示。

$$Y = 0.299R + 0.587G + 0.114B \tag{13.4.4}$$

按这种方式产生的亮度图像 $Y(x, y)$可用灰度图像增强中的技术来处理，结果得到的是增强的图像 $Y'(x, y)$。如果定义它们的比例为（考虑需对每像素分别加工）$K(x, y)$，即

$$K(x, y) = \frac{Y'(x, y)}{Y(x, y)} \tag{13.4.5}$$

则增强后的彩色矢量中的 3 个分量可将原始 RGB 数据分别与 $K(x,y)$相乘来实现。即

$$\begin{bmatrix} R'(x,y) \\ G'(x,y) \\ B'(x,y) \end{bmatrix} = \begin{bmatrix} K(x,y) \bullet R(x,y) \\ K(x,y) \bullet G(x,y) \\ K(x,y) \bullet B(x,y) \end{bmatrix} \tag{13.4.6}$$

在这种变换中，只有图像亮度发生了变化，饱和度 S 和色调 H 均保持不变。

参照例 13.2.1，一幅彩色图像既可以分解为 R，G，B 这 3 个分量图，也可以分解为 H，S，I 这 3 个分量图。如果要用线性变换来增强（设变换直线斜率为 k）一幅图像的亮度，使用

$$g_i(x,y) = kf_i(x,y) \quad i = 1, 2, 3 \tag{13.4.7}$$

则在 RGB 空间需要用式（13.4.7）变换 3 个分量，但在 HSI 空间只需要对亮度分量进行式（13.4.7）的变换。换句话说，对 H、S、I 这 3 个分量的变换可分别表示为

$$g_1(x,y) = kf_1(x,y) \tag{13.4.8}$$

$$g_2(x,y) = f_2(x,y) \tag{13.4.9}$$

$$g_3(x,y) = f_3(x,y) \tag{13.4.10}$$

在上面的讨论中，每一个变换仅仅依赖于彩色空间的一个分量。由于人眼对 H，S，I 这 3 个分量的感受是比较独立的，所以在 HSI 空间有可能只使用上述 3 个变换之一就可以了。如果只需考虑一个分量，那么第 3 章讨论的对灰度图的空域增强方法和第 4 章讨论的对灰度图的频域增强方法都可以直接使用。一种简便常用的增强真彩色方法的基本步骤如下。

（1）将 R，G，B 分量图转化为 H，S，I 分量图。

（2）利用对灰度图增强的方法增强其中的一个分量图。

（3）再将一个增强了的分量图和两个原来的分量图一起转换为用 R，G，B 分量图来显示。

下面分别讨论对亮度、饱和度、色调的增强方法。

1．亮度增强

如果在上述增强的第（2）个步骤选用了亮度分量图（如利用直方图均衡化方法或灰度变换增强方法，见第 3 章），得到的结果将是**亮度增强**的结果，一般图中的可视细节亮度会增加。增强亮度的方法并不改变原图的彩色内容，但增强后的图看起来还可能会有些色感不同。这是因为尽管色调和饱和度没有变化，但亮度分量得到了增强，会使得人对色调或饱和度的感受有所不同。事实上，人对给定光谱能量分布的色彩的感知与视觉环境和人对场景/背景的适应状态都密切相关，当一幅图像的整体亮度发生变化时，人会感到色度也发生了变化，尽管色调本身并没有变化。

2．饱和度增强

图像的**饱和度增强**与图像的亮度增强有相似的地方。例如，图像中每像素的饱和度分量乘以一个大于 1 的常数可使图像的彩色更鲜明，而如果乘以一个小于 1 的常数，则会使图像的彩色感减少。如果仅改变彩色图像的饱和度，则彩色图像的色调并没有改变。

例 13.4.1　饱和度增强示例

图 13.4.1 所示为一组饱和度增强的示例图像，图 13.4.1（a）所示为一幅原始彩色图像；图 13.4.1（b）所示为仅增加饱和度分量得到的结果，图像彩色更为饱和，且有反差增加、边缘清晰的感觉；图 13.4.1（c）所示为减小饱和度得到的结果，原来饱和度较低的部分已成为灰色，整个图像比较平淡。

3．色调增强

与增强图像的饱和度不同，**色调增强**有其自身的特殊性。改变图像色调值得到的结果常可看作用假彩色表达的彩色图像（参见 13.4.3 节）。根据 HSI 模型的表示方法，色调对应一个角度且其值是循环的。如果对每像素的色调值加一个常数（角度值），将会使每个目标的颜色在色谱上移动。当这个常数比较小时，一般仅会使彩色图像的色调变“暖”或变“冷”；而当这个常数比较大

时，则有可能会使对彩色图像的感受发生比较激烈的变化，甚至有可能使得增强后图像中的色调完全失去了原有的含义。

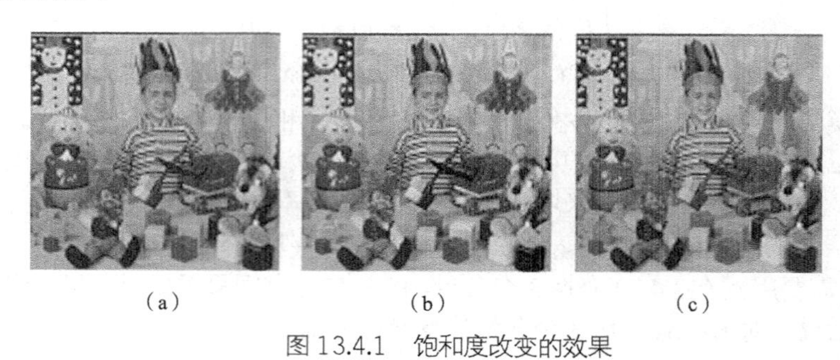

（a）（b）（c）

图 13.4.1 饱和度改变的效果 □

例 13.4.2 色度增强示例

图 13.4.2 的一组图像所示为色度（饱和度或色调）增强的效果。图 13.4.2（a）所示为一幅原始图像；图 13.4.2（b）和图 13.4.2（c）分别为饱和度增加和减少得到的图像，其效果可参见前面对图 13.4.1（b）和图 13.4.1（c）的讨论；图 13.4.2（d）为将色调分量减去一个较小数值后的结果，红色有些变紫而蓝色有些变绿；图 13.4.2（e）为对色调分量加了一个较大值后的结果，此时图像基本反色，类似图像求反（参见 3.1.2 节）。

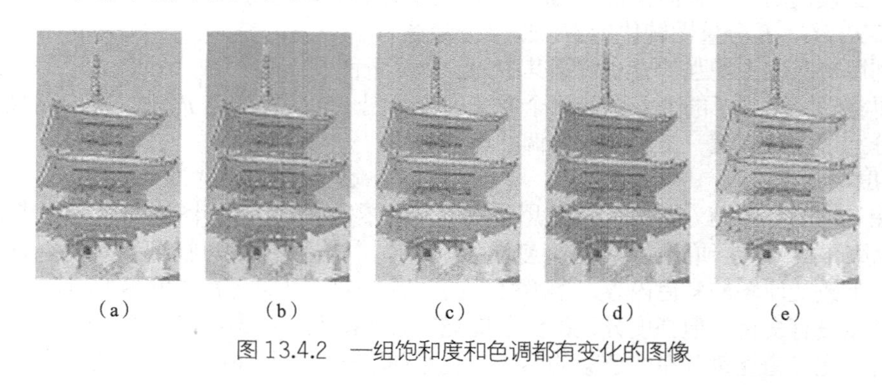

（a）（b）（c）（d）（e）

图 13.4.2 一组饱和度和色调都有变化的图像 □

13.4.3 全彩色增强

彩色单分量增强的优点是将亮度、饱和度和色调分解开来，增强的操作比较容易进行；但缺点是总会产生整体彩色感知（尤其是视觉感知色调）的变化，且变化的效果不易控制，常造成明显的彩色失真。所以，在有的增强应用中，要全面考虑彩色矢量的所有分量。下面举两个例子。

1. 彩色切割增强

在彩色空间，任意一种颜色总占据空间的一个位置。对自然图像中对应同一个物体或物体部分的像素，它们的颜色在彩色空间中应该是聚集在一起的。彩色空间是一个 3-D 空间，对 RGB 空间，3 个坐标轴分别为 R，G，B；对 HSI 空间，3 个坐标轴分别为 H，S，I。考虑图像中对应一个物体的区域 W，如果能在彩色空间将其对应的聚类确定出来，让与这个聚类对应的像素保持原来的颜色（或赋予增强的颜色），而让图像中这个聚类以外的其他像素取某个单一的颜色（如取白色或黑色），就能将该物体与其他物体区别开来或突出出来，达到增强的目的。因为这种方法与 13.3 节中伪彩色增强中的亮度切割方法有类似之处，所以可称为**彩色切割**。

下面以采用 RGB 彩色空间为例来具体介绍，采用其他彩色空间方法也类似。与区域 W 对应的 3 个彩色分量分别为 $R_W(x, y)$，$G_W(x, y)$，$B_W(x, y)$。首先计算它们各自的平均值（即彩色空间的聚类中心坐标），有

$$m_{\mathrm{R}} = \frac{1}{\#W} \sum_{(x,y)\in W} R_W(x,y) \tag{13.4.11}$$

$$m_{\mathrm{G}} = \frac{1}{\#W} \sum_{(x,y)\in W} G_W(x,y) \tag{13.4.12}$$

$$m_{\mathrm{B}} = \frac{1}{\#W} \sum_{(x,y)\in W} B_W(x,y) \tag{13.4.13}$$

上面 3 式中，$\#W$ 代表区域 W 中的像素数。然后确定各个彩色分量的分布宽度 d_R，d_G，d_B。根据平均值和分布宽度可确定对应区域 W 的彩色空间中的彩色包围矩形$\{m_R - d_R/2 : m_R + d_R/2; m_G - d_G/2 : m_G + d_G/2; m_B - d_B/2 : m_B + d_B/2\}$。这个矩形确定了与区域 W 对应的聚类的范围。在实际应用中，平均值和分布宽度常需借助交互来获得。

2. 彩色滤波增强

上述操作是基于点的操作，也可以采用模板操作来增强彩色图像，采用模板操作来进行彩色图像的增强称为**彩色滤波**。这里为保证结果不偏色，需同时处理各个分量。

以邻域平均为例，设彩色像素 $\boldsymbol{C}(x, y)$的邻域为 W，则**彩色图像平滑**的结果如下。

$$\boldsymbol{C}_{\mathrm{ave}}(x,y) = \frac{1}{\#W} \sum_{(x,y)\in W} \boldsymbol{C}(x,y) = \frac{1}{\#W} \begin{bmatrix} \sum_{(x,y)\in W} R(x,y) \\ \sum_{(x,y)\in W} G(x,y) \\ \sum_{(x,y)\in W} B(x,y) \end{bmatrix} \tag{13.4.14}$$

可见，对矢量的平均结果可由对其各个分量用相同方法平均再结合起来得到。换句话说，可以将一幅彩色图像分解为 3 幅灰度图像，用同样的模板对 3 幅灰度图像分别进行邻域平均再组合起来。上述方法对加权平均也适用。事实上，各种线性滤波方式都可以如此进行，但对各种非线性滤波方式情况就会变得很复杂。

需要指出的是，上述操作虽然看起来对 3 个彩色通道是对称的，但在实际应用中，由于在同一像素处，3 个彩色通道的值不同，所以滤波结果图像有可能产生彩色失真。该问题可先将 RGB 图像变换到 HSI 彩色空间中，然后对图像的色度（色调和饱和度）进行滤波来部分地解决。

令色度用复函数定义，将色调 $h(x, y)$看作相位，饱和度 $s(x, y)$看作绝对值。色度 $c(x, y)$可表示为

$$c(x,y) = s(x,y)\exp[\mathrm{j}h(x,y)] \tag{13.4.15}$$

其实部（R）和虚部（I）可借助欧拉公式计算。

$$R\left[c(x,y)\right] = s(x,y)\cos[h(x,y)] \tag{13.4.16}$$

$$I\left[c(x,y)\right] = s(x,y)\sin[h(x,y)] \tag{13.4.17}$$

这样色度 $c(x, y)$可定义为

$$c(x,y) = R\left[c(x,y)\right] + \mathrm{j}I\left[c(x,y)\right] = s(x,y)\cos[h(x,y)] + \mathrm{j}s(x,y)\sin[h(x,y)] \tag{13.4.18}$$

考虑到上面对色度的复数定义，可对色度进行邻域平均。在算子窗中的色度借助矢量加法计算。对一个尺寸为 $n \times m$ 像素的算子模板，其中 n 和 m 均为奇数，平均色度 $c_\mu(x, y)$为

$$c_\mu(x,y) = \frac{1}{n \bullet m} \sum_{k=-(n-1)/2}^{(n-1)/2} \sum_{l=-(m-1)/2}^{(m-1)/2} R[c(x-k, y-l)] + \mathrm{j}\frac{1}{n \bullet m} \sum_{k=-(n-1)/2}^{(n-1)/2} \sum_{l=-(m-1)/2}^{(m-1)/2} I[c(x-k, y-l)] \tag{13.4.19}$$

利用式（13.4.19），邻域平均结果的彩色失真比在RGB空间要减少些。但是，在彩色过渡的地方计算色度均值有可能产生中间的彩色。例如，在红和绿的交界处进行平均将会产生黄色，而这样产生的黄色会使感知不太自然。

3．假彩色增强

假彩色增强与伪彩色增强不同，因其输入和输出均为彩色图像，所以属于全彩色增强。在假彩色增强中，原始彩色图像中每像素的彩色值都被线性或非线性地逐个映射到彩色空间的不同位置。这种方法常可获得原来图像中没有的彩色，从而有可能凸显某些感兴趣的目标。例如，蓝色的香蕉将比黄色的香蕉更能吸引观察者的注意力。根据需要，可以使原始彩色图像中一些感兴趣的部分呈现与原来完全不同的，且与人们的预期也很不相同的（非自然）假颜色，从而使其更容易得到关注。例如，要从一排树木中提取出一棵树来介绍，可将这棵树的树叶变换成红色，以吸引观察者的注意力。另外，利用假彩色增强方法将一个目标的彩色从人眼不太敏感的波长范围映射到比较敏感的范围（如从黄到绿）将能提高对目标的辨识力。再如，要把可见光之外的光谱显示出来，对像素值的假彩色变换也是必不可少的。

如果用R_O、G_O、B_O分别代表原始图像中的R、G、B分量，用R_E、G_E、B_E分别代表增强图像中的R、G、B分量，则使用线性假彩色增强的方法可表示为

$$\begin{bmatrix} R_E \\ G_E \\ B_E \end{bmatrix} = \begin{bmatrix} m_{11} & m_{12} & m_{13} \\ m_{21} & m_{22} & m_{23} \\ m_{31} & m_{32} & m_{33} \end{bmatrix} \begin{bmatrix} R_O \\ G_O \\ B_O \end{bmatrix} \tag{13.4.20}$$

一种简单的线性假彩色增强方法将绿色映射为红色，将蓝色映射为绿色，将红色映射为蓝色。

$$\begin{bmatrix} R_E \\ G_E \\ B_E \end{bmatrix} = \begin{bmatrix} 0 & 1 & 0 \\ 0 & 0 & 1 \\ 1 & 0 & 0 \end{bmatrix} \begin{bmatrix} R_O \\ G_O \\ B_O \end{bmatrix} \tag{13.4.21}$$

假彩色增强可利用人眼对不同波长的光有不同敏感度的特性。例如，将红褐色的墙砖转换为绿色（人眼对绿光的敏感度最高），能提高对其细节的辨识力。在实际应用中，如果图像采集时使用了对可见光和相近光谱（如红外或紫外）都敏感的传感器，那么为区别显示各种光谱，增强像素值的假彩色是必不可少的。

13.5 彩色图像消噪

消除图像中的噪声常能明显改善图像的视觉效果。对图像滤波是消除噪声的重要手段。为此，除可采用13.4.1节讨论的彩色邻域平均等线性方法外，还可使用中值滤波等非线性方法。

1．彩色图像中的噪声

用于灰度图像的噪声模型也可用于彩色图像。因为彩色图像有3个通道，所以受到噪声影响的可能性比灰度图像要大。在许多情况下，各个彩色分量中的噪声特性是相同的，但也有可能各个彩色分量受噪声的影响是不同的，例如，某个分量的通道工作不正常。另外，各个通道所受照明情况不同，也会导致不同通道有不同的噪声水平，例如，使用了红色滤光器，则红色通道的噪声会比其他两个通道强，从而使红色分量图的质量受到更大影响。

假设R，G，B通道都受到噪声影响，它们合成的彩色图像中的噪声看起来会比单个通道中的噪声要弱一些（因为3个通道叠加构成彩色图像，所以相当于进行了一次相加平均）。如果将有随机噪声的RGB图像转换为HSI图像，则由于余弦计算和最小值计算的非线性，色调图和饱和度图中的噪声会更明显些；亮度图中的噪声由于相加计算的平均作用而有所平滑。假设R，G，B通道中只有一个受到噪声影响，则将RGB图像转换为HSI图像后，H，S，I通道都会受到噪

声影响。

2．矢量数据排序

中值滤波（以及更一般的百分比滤波）都是基于数据排序的。由于彩色图像是矢量图像，而矢量既有大小，又有方向，所以排序彩色图像中像素值的方法不能由排序灰度图像的方法直接推广得到。不过，虽然现在还没有无歧义的、通用的和广泛接受的矢量像素排序方法，但还是可以定义一类**亚/次排序**方法，包括**边缘排序**、**条件排序**、**简化/合计排序**等。

在边缘排序中，需独立排序每个分量，而最终的排序是根据所有分量的同序值构成的像素值来进行的。在条件排序中，选取其中一个分量进行标量排序（该分量的值相同时，还可考虑第二个分量），将像素值（包括其他分量的值）根据该顺序排序（称为共存（concomitant））。在简化/合计排序中，将所有像素值（矢量值）用给定的简化函数组合转化为标量再排序。不过要注意，简化/合计的排序结果不能像标量排序结果那样解释，因为对矢量并没有绝对的最大或最小。如果采用相似函数或距离函数作为简化函数，并将结果按上升序排序，则排序结果中，排在最前面的与参加排序的数据集合的“中心”最近，排在最后的则是“外野点”。

例 13.5.1　亚排序方法示例

给定一组彩色像素，设有 N=7 个：$\boldsymbol{f}_1 = [7, 1, 1]^T$，$\boldsymbol{f}_2 = [4, 2, 1]^T$，$\boldsymbol{f}_3 = [3, 4, 2]^T$，$\boldsymbol{f}_4 = [6, 2, 6]^T$，$\boldsymbol{f}_5 = [5, 3, 5]^T$，$\boldsymbol{f}_6 = [3, 6, 6]^T$，$\boldsymbol{f}_7 = [7, 3, 7]^T$。根据边缘排序，得到（⇒指示排序结果）

$\{7, 4, 3, 6, 5, 3, 7\} \Rightarrow \{3, 3, 4, 5, 6, 7, 7\}$

$\{1, 2, 4, 2, 3, 6, 3\} \Rightarrow \{1, 2, 2, 3, 3, 4, 6\}$

$\{1, 1, 2, 6, 5, 6, 7\} \Rightarrow \{1, 1, 2, 5, 6, 6, 7\}$

即得到的排序矢量为$\boldsymbol{f}_1 = [3, 1, 1]^T$，$\boldsymbol{f}_2 = [3, 2, 1]^T$，$\boldsymbol{f}_3 = [4, 2, 2]^T$，$\boldsymbol{f}_4 = [5, 3, 5]^T$，$\boldsymbol{f}_5 = [6, 3, 6]^T$，$\boldsymbol{f}_6 = [7, 4, 6]^T$，$\boldsymbol{f}_7 = [7, 6, 7]^T$。这样中值矢量为$[5, 3, 5]^T$。

根据条件排序，如果选第 3 个分量用于排序（接下来选第 2 个分量），得到的排序矢量为$\boldsymbol{f}_1 = [7, 1, 1]^T$，$\boldsymbol{f}_2 = [4, 2, 1]^T$，$\boldsymbol{f}_3 = [3, 4, 2]^T$，$\boldsymbol{f}_4 = [5, 3, 5]^T$，$\boldsymbol{f}_5 = [6, 2, 6]^T$，$\boldsymbol{f}_6 = [3, 6, 6]^T$，$\boldsymbol{f}_7 = [7, 3, 7]^T$。这样中值矢量为$[5, 3, 5]^T$。

根据简化/合计排序，如果用距离函数作为简化函数，即 $r_i = \{[\boldsymbol{f} - \boldsymbol{f}_m]^T[\boldsymbol{f} - \boldsymbol{f}_m]\}^{1/2}$，其中 $\boldsymbol{f}_m = \{\boldsymbol{f}_1 + \boldsymbol{f}_2 + \boldsymbol{f}_3 + \boldsymbol{f}_4 + \boldsymbol{f}_5 + \boldsymbol{f}_6 + \boldsymbol{f}_7\}/7 = [5, 3, 4]^T$，可得到 $r_1 = 4.12$，$r_2 = 3.61$，$r_3 = 3$，$r_4 = 2.45$，$r_5 = 1$，$r_6 = 4.12$，$r_7 = 3.61$，得到的排序矢量为$\boldsymbol{f}_1 = [5, 3, 5]^T$，$\boldsymbol{f}_2 = [6, 2, 6]^T$，$\boldsymbol{f}_3 = [3, 4, 2]^T$，$\boldsymbol{f}_4 = [4, 2, 1]^T$，$\boldsymbol{f}_5 = [7, 3, 7]^T$，$\boldsymbol{f}_6 = [7, 1, 1]^T$，$\boldsymbol{f}_7 = [3, 6, 6]^T$。这样中值矢量为$[5, 3, 5]^T$。

在上面一组彩色像素的条件下，采用 3 种排序方式得到的中值矢量均为$[5, 3, 5]^T$，且是原始矢量之一，但实际上并不总是如此。例如，将原始彩色像素组中的第 1 个像素值改为$\boldsymbol{f}_1 = [7, 1, 7]^T$，则用边缘排序得到的中值矢量为$[5, 3, 6]^T$，不是原始矢量；用条件排序得到的中值矢量为$[6, 2, 6]^T$，虽然是原始矢量，但与前面条件下的结果不同，表明在像素值发生变化时，中值矢量也改变了；而用简化/合计排序得到的中值矢量仍为$[5, 3, 5]^T$，虽然也是原始矢量，但与前面条件下的结果比较可见，此时在像素值发生变化时，中值矢量并没有变。这里 3 种排序方式给出了不同的结果。 □

上述 3 种亚排序方法各有特点。例如，边缘排序的结果与原始数据常没有一对一的对应关系（如中值可以不是原始数据中的一个）。又如，条件排序对各个分量没有同等看待（仅考虑了 3 个分量中的一个分量），所以会有偏置带来的问题。

最后指出，在简化/合计排序的基础上，利用相似测度可得到一种称为“**矢量排序**”的方法。首先计算

$$R(\boldsymbol{f}_i) = \sum_{j=1}^{N} s(\boldsymbol{f}_i, \boldsymbol{f}_j) \tag{13.5.1}$$

式（13.5.1）中，N 为矢量数；s 为相似函数（也可借助距离定义）。根据 $R_i = R(\boldsymbol{f}_i)$的值可将对应矢量排序。该方法主要考虑了各矢量间的内部联系。根据矢量排序获得的**矢量中值滤波器**的输出是一组矢量中与其他矢量的距离和为最小的矢量，即在升序排列中，排在最前面的矢量。矢量中值滤波器采用的距离范数与噪声类型有关，如果噪声与信号相关，则应采用 L_2 范数；如果噪声与信号不相关，则应采用 L_1 范数。

上述矢量中值滤波器的一种具体形式如下。给定模板中要排序的一组 N 个矢量，令$\|\bullet\|_L$ 代表 L 范数，则矢量中值滤波器

$$V\{\boldsymbol{f}_1, \boldsymbol{f}_2, \cdots, \boldsymbol{f}_N\} = V\boldsymbol{f} \in \{\boldsymbol{f}_1, \boldsymbol{f}_2, \cdots, \boldsymbol{f}_N\} \tag{13.5.2}$$

满足

$$\sum_{i=1}^{N}\left\|V\boldsymbol{f} - \boldsymbol{f}_i\right\|_L \leqslant \sum_{i=1}^{N}\left\|\boldsymbol{f}_j - \boldsymbol{f}_i\right\|_L \quad j = 1, 2, \cdots, N \tag{13.5.3}$$

可见，用该滤波器操作得到的结果是在模板中选出能最小化与其他 $N-1$ 个矢量（在 L 范数下）的距离之和的矢量。

进一步，还可以考虑对每个矢量中值滤波器进行加权。在一般情况下，可以使用距离权重 w_i, $i = 1, \cdots, N$ 和分量权重 v_i, $i = 1, \cdots, N$。加权矢量中值滤波器的结果是矢量

$$\boldsymbol{f}WV \in \{\boldsymbol{f}_1, \boldsymbol{f}_2, \cdots, \boldsymbol{f}_N\} \tag{13.5.4}$$

满足（用$\otimes$表示逐点的乘法，即如果 $\boldsymbol{c} = \boldsymbol{a} \otimes \boldsymbol{b}$，那么对所有矢量分量有 $c_i = a_i \bullet b_i$）

$$\sum_{i=1}^{N} w_i \left\|v_i \otimes (\boldsymbol{f}V - \boldsymbol{f}_i)\right\|_L \leqslant \sum_{i=1}^{N} w_i \left\|v_i \otimes (\boldsymbol{f}_j - \boldsymbol{f}_i)\right\|_L \quad j = 1, 2, \cdots, N \tag{13.5.5}$$

如果有若干个矢量满足式（13.5.1），就选择最接近窗中心的矢量。上述操作的特点是不会新增彩色矢量，即不会产生原来图像中没有的像素值。

3. 彩色中值滤波

因为中值滤波基于排序操作进行，所以在 3-D 彩色空间中无法唯一定义。如果对每个彩色分量使用一个标准的中值滤波器（进行标量中值滤波），然后组合彩色图像，则至少会出现两类彩色失真问题。首先，灰度中值滤波器的一个重要特性是它不产生原来图像中没有的像素值，但这个特性在对彩色图像的标量中值滤波中并不总能保证。另外一个相关联的问题是，在输出图中会产生彩色“**渗色**”的问题。如果一个脉冲噪声点只出现在一个彩色分量中，且处在接近边缘的位置，则使用中值滤波器能消除脉冲噪声点，但同时会将边缘向噪声点移动，如图 3.4.7 所示。对彩色图像，如果不是每个分量都受到相同噪声的影响，则上述滤波的结果将会导致组合的彩色图像中的边缘处出现原来图像中没有的、带有脉冲噪声点干扰的新颜色。图 13.5.1（a）为具有不同颜色块状物体的原始图；图 13.5.1（b）为用彩色中值滤波得到的结果，在一些物体的边界处出现了原图中没有的新颜色。

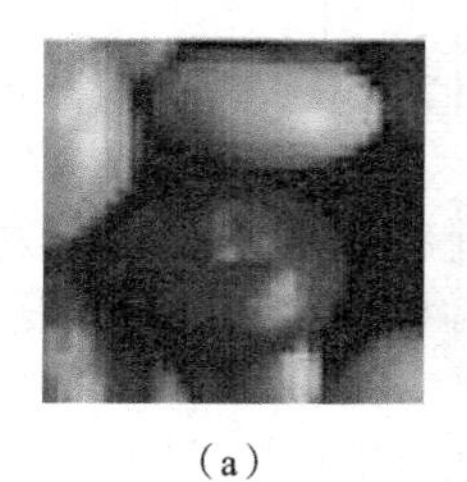
(a)

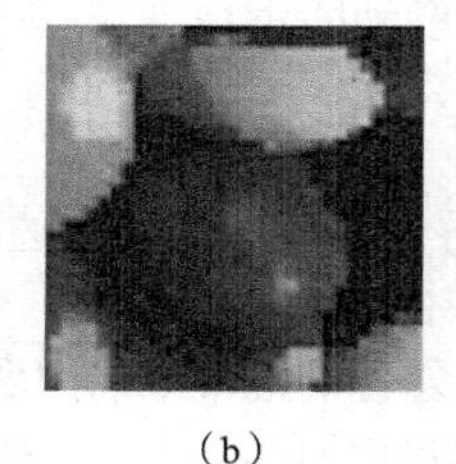
(b)

图 13.5.1　渗色现象示意

对该问题已有一个标准的解决方案，首先，可以将单分量的中值滤波描述成对一个距离测度进行最小化的问题，且这个测度可以简单地扩展到 3 个彩色分量（甚至任何数量的分量）的情况。

对单分量的测度可表示为

$$\text{median} = \min_i \sum_j |d_{ij}| \tag{13.5.6}$$

式（13.5.6）中，d_{ij} 是单分量（灰度级）空间中采样点 i 和 j 之间的距离。在彩色空间中，相应的测度可扩展为

$$\text{median} = \min_i \sum_j |\tilde{d}_{ij}| \tag{13.5.7}$$

式（13.5.7）中，$\tilde{d}_{ij}$ 是采样点 i 和 j 之间的推广距离，一般使用 2 范数来定义。

$$\tilde{d}_{ij} = \left[\sum_{k=1}^{3}\left(I_{i,k} - I_{j,k}\right)^2\right]^{1/2} \tag{13.5.8}$$

式（13.5.8）中，$I_{i,k}$ 和 $I_{j,k}$（$k = 1, 2, 3$）分别是 RGB 矢量 $\boldsymbol{I}_i$ 和 $\boldsymbol{I}_j$ 的彩色分量。

尽管这样获得的矢量中值滤波器不再分别处理各个彩色分量，但它并不保证完全消除彩色渗色问题。类似于标准的中值，它仍然用同一个窗口中的另一像素的灰度 I_j（而不是原始的灰度 I）来替换噪声灰度 I_n。所以，这种方法可以减弱彩色渗色的影响，但并不总能使其完全被消除掉。如果在图像中的任意一个点出现不同彩色交汇的情况，甚至在没有任何脉冲噪声时，这类算法都可能难以做出判断而导入一定量的彩色渗色。这种问题本质上是由数据维数增加导致的。

例 13.5.2　彩色中值滤波实例

利用前面介绍的 3 类矢量数据排序方法，用彩色中值滤波消除噪声的一组实例如图 13.5.2 所示。其中，图 13.5.2（a）为原始图像，图 13.5.2（b）为叠加了 10%的相关椒盐噪声的结果，图 13.5.2（c）为用一种基于边缘排序的中值滤波器得到的结果，图 13.5.2（d）为图 13.5.2（a）与图 13.5.2（c）的差图像，图 13.5.2（e）所示为用一种基于条件排序的中值滤波器得到的结果，图 13.5.2（f）所示为图 13.5.2（a）与图 13.5.2（e）的差图像，图 13.5.2（g）所示为用一种基于简化排序的中值滤波器得到的结果，图 13.5.2（h）所示为图 13.5.2（a）与图 13.5.2（g）的差图像。

图 13.5.2　彩色中值滤波实例

由图 13.5.2 可见，基于简化排序的效果相对好于基于条件排序的效果，而基于边缘排序的效果又略好于基于简化排序的效果。不过，各类排序方法都有许多具体技术，其消除噪声的效果常

随图像变化，这里只各选取了一种，并不能代表所有情况。 □

13.6 彩色图像分割

前面讨论图像分割技术时，基本均以灰度图像为例。近年来，彩色图像得到广泛应用，使**彩色图像分割**也得到更多重视。对彩色图像的分割有其特殊之处。要分割一幅彩色图像，首先要选好合适的彩色空间或模型；其次要采用适合于此空间的分割策略和方法。

13.6.1 彩色空间的选择

表达色彩的彩色空间有许多种，它们常是根据不同的应用目的提出的。一般彩色图像常用 R，G，B 三分量的值来表示。RGB 构成一个**彩色空间**，但 R，G，B 三分量之间常有很高的相关性，直接利用这些分量通常不能得到所需的效果。为了降低彩色特征空间中，各个特征分量之间的相关性，使所选的特征空间更方便于彩色图像分割方法的具体应用，在实际应用中，常需要将 RGB 图像变换到其他的彩色特征空间中。**色度、饱和度**和**亮度**（HSI）空间是常用的，其中 I 表示明暗程度，主要受光源强弱影响；H 表示不同彩色，如黄、红、绿；S 表示彩色的深浅，如深红、浅红。注意，**HSI 模型**比较接近人对彩色的视觉感知，且有两个重要的事实作为基础。首先，I 分量与彩色信息无关，其次 H 和 S 分量与人感受彩色的方式紧密相连。HSI 空间比较直观并且符合人的视觉特性，这些特点使得 HSI 模型非常适合基于人的视觉系统对彩色感知特性的图像处理。

在 HSI 空间中，H，S，I 三分量之间的相关性比 R，G，B 三分量之间要小得多。由于 HSI 彩色空间的表示比较接近人眼的视觉生理特性，人眼对 H，S，I 变化的区分能力要比对 R，G，B 变化的区分能力强。另外在 HSI 空间中，彩色图像的每一个均匀性彩色区域都对应一个相对一致的色调（H），这说明色调能够用来分割独立于阴影的彩色区域。

13.6.2 彩色图像分割策略

彩色图像可以分步分割。当对彩色图像的分割在 HSI 空间进行时，由于 H，S，I 三个分量是相互独立的，所以有可能将这个 3-D 分割问题转化为 3 个 1-D 分割。下面介绍一种序列分割不同分量的方法，其流程如图 13.6.1 所示。

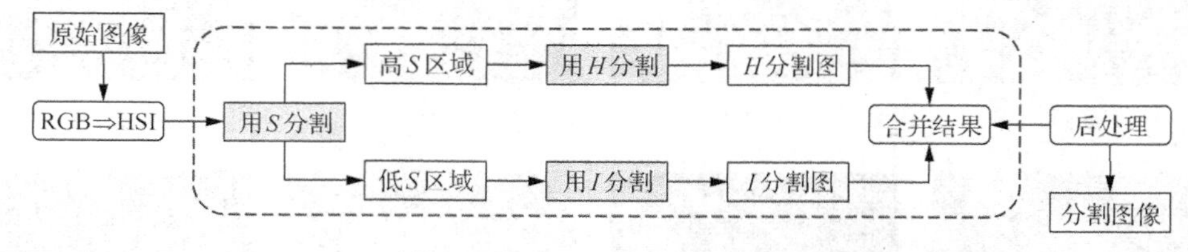

图 13.6.1 对彩色图像不同分量进行序列分割的算法流程图

从图 13.6.1 中可以清楚地看到，整个彩色图像分割过程的 3 个主要步骤如下。

（1）利用 S 分量来区分高饱和区和低饱和区。

（2）利用 H 分量对高饱和区进行分割。由于在高饱和彩色区，S 值较大，H 值量化较细，所以可采用色调 H 的阈值来分割。

（3）利用 I 分量对低饱和区进行分割。因为在低饱和彩色区 H 值量化较粗，所以无法直接用来分割，但由于比较接近灰度区域，因而可采用 I 分量来分割。

在以上这 3 个分割步骤中，可以采用不同的分割技术，也可以采取相同的分割技术。图 13.6.2 为一个分割实例。其中图 13.6.2（a）为原始彩色图像（其 H，S，I 3 个分量见图 13.2.2）。先对 S

图进行分割得到图 13.6.2（b），其中白色区域为高 S 区域，黑色区域为低 S 区域。然后对高 S 部分按 H 值进行阈值分割得到图 13.6.2（c），对低 S 部分按 I 值进行阈值分割得到图 13.6.2（d）。图 13.6.2（c）和图 13.6.2（d）中的白色区域对应没有参与分割的区域，其他不同的灰度区域代表进一步分割后得到的不同区域。综合图 13.6.2（c）和图 13.6.2（d）得到初步分割结果如图 13.6.2（e）所示。结合一些后处理得到图 13.6.2（f），最后将各分割区域的边界叠加在原图（这里采用了 G 分量图）上得到图 13.6.2（g）。为了比较，图 13.6.2（h）为直接在 RGB 空间进行 3-D 分割得到的一个结果，与图 13.6.2（g）比较，可看出彩色空间选择的重要性。

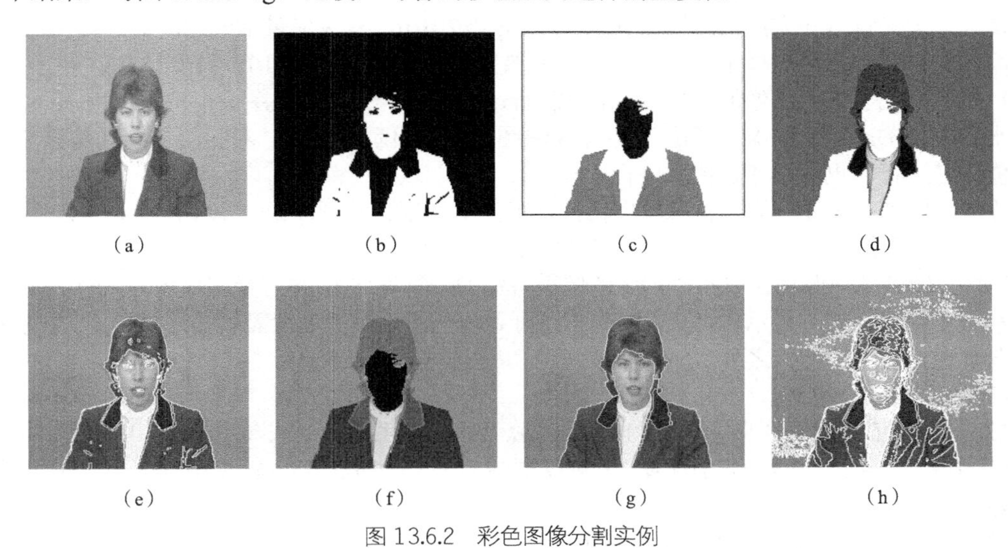

（a）（b）（c）（d）

（e）（f）（g）（h）

图 13.6.2　彩色图像分割实例

总结和复习

下面简单小结本章各节，并有针对性地介绍一些可供深入学习的参考文献。进一步复习还可通过思考题和练习题进行，标有星号（*）的题在书末提供了参考解答。

【小结和参考】

13.1 节介绍了彩色视觉中的三基色理论，即利用 3 个基本颜色——红、绿、蓝——可通过不同组合构成各种颜色。这是根据人眼结构得到的有关颜色视觉的一个基本理论，其他理论还可参见[Plataniotis 2000]。为表示各种颜色的分布和组合，可使用色度图，对色度图的介绍和讨论可见[章 2012b]。另外，三基色理论也是电视广播技术的基础，可参阅有关电视原理的图书。基于三基色理论，还可以获得多种基于物理的彩色模型。有关 I_1，I_2，I_3 模型的细节可见[Ohta 1980]，而对它的变型 I_1，I'_2，I'_3 模型的细节可见[Bimbo 1999]。根据三基色理论，还可以定义一种归一化的彩色模型 l [Gevers 1999]，该模型对观察方向、景物几何、照明方向和亮度变化不敏感。

13.2 节介绍了面向视觉感知的彩色模型。对 RGB 模型和 HSI 模型之间转换公式的推导和证明可见[Gonzalez 1992]和[章 2002b]。对 HSV 模型的进一步讨论以及对 RGB 模型和 HSV 模型之间转换公式的推导可见[Plataniotis 2000]。CIE 确定的 $L^*a^*b^*$模型基于对立色理论和参考白点[Wyszecki 1982]。较早对对立色理论的讨论可见[Hurvich 1957]。

13.3 节介绍的伪彩色增强可看作对灰度图像着色的过程，即对原来灰度图像中不同灰度值的区域赋予不同的颜色，以更明显地区分它们。伪彩色增强的输入是灰度图像，输出是彩色图像。对伪彩色图像增强技术的进一步讨论可参阅[MacDonald 1999]。假彩色或伪造彩色（false color）

与伪彩色字面意思很相近，但实际意义很不同，具体内容可见[Pratt 2007]。

13.4 节介绍了真彩色增强的两种策略，3 种分量分别增强或 3 种分量联合增强。真彩色增强通过对彩色图像的不同分量分别映射来改变原来彩色图像的视觉效果。真彩色增强的输入和输出均是彩色图像（矢量图像）。在真彩色增强中，常将 RGB 图转化为 HSI 图，以分开亮度分量和色度分量，然后分别对它们增强。对真彩色图像增强技术的更多讨论还可参见[MacDonald 1999]、[Pratt 2007]、[Gonzalez 2008]。对彩色图像中多种中值滤波器的综合讨论可见[Koschan 2008]。

13.5 节介绍了消除彩色图像中噪声的滤波方法，这里的关键是对彩色矢量的排序计算。对彩色图像处理中矢量排序方法的比较研究可见文献[刘 2010]。有关矢量中值滤波器的具体形式以及更一般的对彩色图像处理技术的全面讨论，可参见专门的图书[科 2010]。

13.6 节介绍了彩色图像的一种分割技术[Zhang 1998]。分割彩色图像也可以使用 10.4 节介绍的分水岭方法[Dai 2003]。彩色图像可看作 3 幅图像同时显示的结果，对其的分割既可以考虑对 3 幅图像同时进行，也可以考虑依次进行。

除彩色图像外，还有许多特殊的图像，如多光谱图像、纹理图像、深度图像、多视图像、运动图像、合成孔径雷达图像等也得到了广泛应用（有些在第 1 章介绍过）。这里特殊既可指与采集设备有关（如深度图像和合成孔径雷达图像需特殊的采集设备），也可指与显示方式有关（彩色图像可看作 3 幅图像同时显示的结果，运动图像可看作一系列图像连续显示的结果）。对这些特殊图像的分割也常有一些特殊之处。

【思考题和练习题】

13.1　假设在式（13.1.9）～式（13.1.11）以及式（13.1.15）～式（13.1.17）中，$R' = R = 0.3$，$G' = G = 0.2$，$B' = B = 0.5$，分别计算 YUV 模型中的 3 个分量和 YIQ 模型中的 3 个分量，讨论它们的差别。

13.2　推导从 YC_BC_R 模型转换到 RGB 模型的公式。

*13.3　给出 RGB 彩色立方体中下列点的 H，S，I 值。

（1）$R = 1$，$G = 1$，$B = 0$。

（2）$R = 1$，$G = 0$，$B = 1$。

（3）$R = 0$，$G = 1$，$B = 1$。

13.4　在 HSI 颜色实体图中画出下列各点的位置。

（1）$R = 1$，$G = 1$，$B = 1$。

（2）$R = 0$，$G = 1$，$B = 1$。

（3）$R = 0$，$G = 0$，$B = 1$。

（4）$R = 0$，$G = 0$，$B = 0$。

13.5　在 HSI 双棱锥结构中：

（1）标出亮度值为 0.5 且饱和度值为 0.25 的所有点的位置；

（2）标出亮度值为 0.5 且色调值为 0.5（将角度用弧度表示）的所有点的位置。

13.6　从灰度到彩色的变换可将每个原始图中像素的灰度值用 3 个独立的变换来处理，现已知红、绿、蓝 3 种变换函数及原图的统计直方图依次如图题 13.6 中的各图所示，问变换所得彩色图像中，哪种颜色成分会比较多？给出理由。

13.7　在单变量彩色增强中，亮度、饱和度、色调哪个分量的改变最容易让人感到图像内容发生变化，为什么？

13.8　试分析讨论用饱和度增强方法和用色调增强方法得到的结果图像中的反差与原图像中的反差相比各有什么变化。

*13.9　在一条自动装配线上，有 3 类形状相同的工件。为了方便检测，将工件用不同颜色标注。现只有一个单色摄像机，请给出几种用这个摄像机分别检测 3 种颜色的方法。

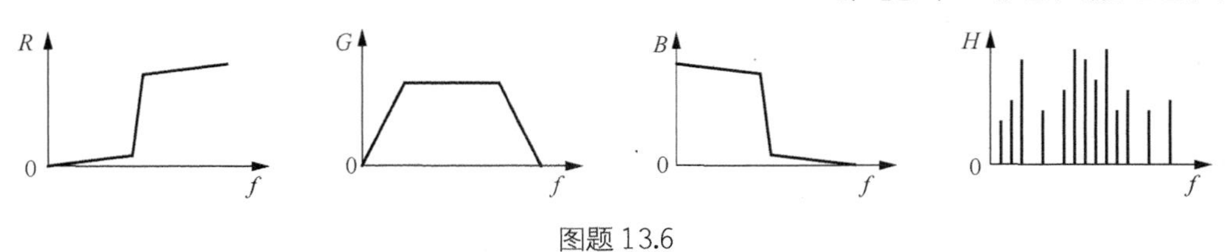

图题 13.6

13.10　如何对彩色图像进行求反操作？分别给出在 RGB 和 HSI 空间的变换曲线。

13.11　分析边缘排序、条件排序和简化/合计排序的原理，讨论：

（1）什么情况下，边缘排序和条件排序的结果不同？举一个具体的数值实例。

（2）什么情况下，边缘排序和简化/合计排序的结果不同？举一个具体的数值实例。

（3）什么情况下，条件排序和简化/合计排序的结果不同？举一个具体的数值实例。

13.12　试采用图 13.6.1 所示的算法流程分割不同的彩色图像。讨论该算法的特点。

第14章 视频图像处理和分析

目前一般用**视频**代表一类彩色序列运动图像，可以认为它描述了在一段时间内，3-D 景物投影到 2-D 图像平面上，而由 3 个分离的传感器以等时间间隔获得的场景辐射强度。

数字视频可借助使用 CCD 传感器的数字摄像机来获取。数字摄像机的输出在时间上分成离散的帧，而每帧在空间上与**静止图像**类似，都分成离散的行和列，每帧图像的基本单元仍用像素表示。如果结合考虑各帧图像，其基本单元是 3-D 的，称为体素。本章主要讨论数字视频图像，在不至引起混淆的情况下，数字视频图像均称为**视频图像**或视频。

从学习图像技术的角度，视频可看作对（静止）图像的扩展。除了原来图像的一些概念和定义仍然保留外，为表示视频还需要一些新的概念和定义。视频相对图像最明显的一个区别就是含有场景中的运动变化信息，这也是使用视频的主要目的。针对视频含有运动信息的特点，原来的图像处理和分析技术也需要做相应的扩展和推广。

本章各节内容安排如下。

14.1 节先介绍对视频的表达、模型、显示和格式等基本内容，再介绍一类典型的视频——彩色电视的制式。

14.2 节先讨论视频中相比静止图像多出的运动变化信息的检测问题。分别介绍了基于摄像机模型的运动信息检测和利用图像差运算的运动信息检测。

14.3 节以滤波手段为例，介绍对视频的一些处理方法。因为视频滤波要考虑运动信息，所以分别讨论运动检测滤波和运动补偿滤波，并以消除匀速直线运动模糊作为实例。

14.4 节介绍了一系列与视频图像压缩相关的国际标准，包括 Motion JPEG、H.261、MPEG-1、MPEG-2、MPEG-4、H.264/AVC 和 H.265/HEVC。

14.5 节讨论对视频中运动目标检测的背景建模方法，给出了基于单高斯模型、基于视频初始化、基于高斯混合模型和基于码本方法的原理和效果示例。

14.1 视频表达和格式

要讨论视频图像处理，首先要讨论视频的表示或表达，以及视频的格式和显示等。

视频可看作是对（静止）图像沿时间轴的扩展。因为视频由有规律间隔拍摄得到的图像组成的序列，所以视频相对于图像在时间上有了扩展。讨论视频时，一般均认为视频图像是彩色的，所以还要考虑由灰度到彩色的扩展（有些在第 13 章已涉及）。

下面仅介绍从一般的静止（灰度）图像向视频扩展的特殊之处。

1．视频表达函数

如果图像用函数 $f(x, y)$表示，则考虑到视频在时间上的扩展，视频可用函数 $f(x, y, t)$表示，它描述了在各个时间 t 投影到图像平面 XY 的 3-D 景物的某种性质（如辐射强度）。换句话说，视频表达了在空间和时间上都有变化的某种物理性质，或者说是在时间 t 投影到图像平面(x, y)处的时空 3-D 空间中的某种物理性质。进一步，如果将彩色图像用函数 $\boldsymbol{f}(x, y)$表示，则考虑到视频灰度向彩色的扩展，视频可用函数 $\boldsymbol{f}(x, y, t)$表示，它描述了在特定时间和空间的视频的颜色性质。实际的视频具有一个有限的时间和空间范围，性质值也是有限的。空间范围取决于摄像机的观测区域，时间范围取决于场景被摄取的持续时间，颜色性质则取决于场景或景物的特性。

在理想情况下，由于各种彩色模型都是 3-D 的，所以彩色视频都应该由 3 个函数（它们组成一个矢量函数）表示，每个函数描述一个彩色分量。这种格式的视频称为**分量视频**，只在专业的视频设备中使用，这是因为分量视频的质量较高，但其数据量也比较大。在实际应用中，常使用各种**复合视频**格式，其中的 3 个彩色信号被复用成一个单独的信号。构造复合信号时都考虑到这样一个事实，即色度分量具有比亮度分量小得多的带宽。将每个色度分量调制到一个位于亮度分量高端的频率上，并把已调色度分量加到原始亮度信号中，就可产生一个包含亮度和色度信息的复合视频。复合视频格式数据量小，但质量较差。为平衡数据量和质量，可采用 S-video 格式，其中包括一个亮度分量和由两个原始色度信号复合成的一个色度分量。复合信号的带宽比两个分量信号带宽的总和要小，因此能更有效地传输或存储。不过，由于色度和亮度分量会串扰，所以有可能出现伪影。

2．视频彩色模型

视频中常用的**彩色模型**是 **$\mathbf{YC_BC_R}$ 模型**，其中 Y 代表亮度分量，C_B 和 C_R 代表色度分量。亮度分量可借助彩色的 R，G，B 分量获得，有

$$Y = rR + gG + bB \tag{14.1.1}$$

式（14.1.1）中，r，g，b 为比例系数。色度分量 C_B 表示蓝色部分与亮度值的差，色度分量 C_R 表示红色部分与亮度值的差（所以它们也称为色差分量），即

$$C_B = B - Y \tag{14.1.2}$$

$$C_R = R - Y \tag{14.1.3}$$

另外还有 $C_G = G - Y$，但可由 C_B 和 C_R 得到。由 Y，C_B，C_R 到 R，G，B 的反变换可表示为

$$R = Y - 0.00001C_B + 1.402C_R \tag{14.1.4}$$

$$G = Y - 0.34413C_B - 0.71414C_R \tag{14.1.5}$$

$$B = Y - 1.772C_B + 0.00004C_R \tag{14.1.6}$$

在实用的 $\mathrm{YC_BC_R}$ 彩色坐标系统中，Y 的取值范围为[16, 235]；C_B 和 C_R 的取值范围均为[16, 240]。C_B 的最大值对应蓝色（$C_B = 240$ 或 $R = G = 0$，$B = 255$），最小值对应黄色（$C_B = 16$ 或 $R = G = 255$，$B = 0$）。C_R 的最大值对应红色（$C_R = 240$ 或 $R = 255$，$G = B = 0$），最小值对应蓝绿色（$C_B = 16$ 或 $R = 0$，$G = B = 255$）。

3．视频空间采样率

视频的**空间采样率**是指对亮度分量 Y 的采样率，一般色度分量（也称色差分量）C_B 和 C_R 的采样率只有亮度分量的二分之一。这样可使每行的像素数减半，但每帧的行数不变。这种格式被称为 4 : 2 : 2，即每 4 个 Y 采样点对应 2 个 C_B 采样点和 2 个 C_R 采样点。比这种格式数据量更低的是 4 : 1 : 1 格式，即每 4 个 Y 采样点对应 1 个 C_B 采样点和 1 个 C_R 采样点。不过在这种格式中，水平方向和垂直方向的分辨率不对称。另一种数据量相同的格式是 4 : 2 : 0 格式，仍然是每 4 个 Y 采样点对应 1 个 C_B 采样点和 1 个 C_R 采样点，但对 C_B 和 C_R 均在水平方向和垂直方向取二分之一的采样率。最后，对需要高分辨率的应用，还定义了 4 : 4 : 4 格式，即亮度分量 Y 的采样率与色

度分量 C_B 和 C_R 的采样率相同。上述 4 种格式中，亮度和色度采样点的对应关系如图 14.1.1 所示。

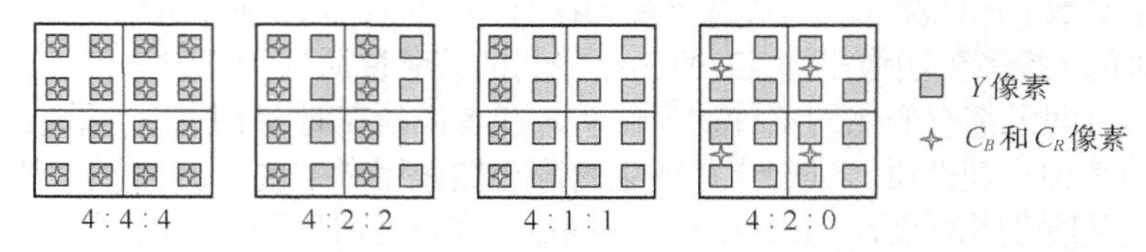

图 14.1.1　4 种采样格式（两个相邻行分别属于两个不同的场）示例

4．视频显示

用于视频显示的显示器的宽高比主要有 4 : 3 和 16 : 9 两种。另外，显示时，可有两种光栅扫描方式：逐行扫描和隔行扫描。**逐行扫描**方式以帧为单位进行，显示时，从左上角逐行扫描到右下角。**隔行扫描**方式以场为单位（一帧分为两场，顶场包含所有奇数行，底场包含所有偶数行）进行，场的垂直分辨率是帧的一半，顶场和底场交替显示，人类视觉系统的视觉暂留特性使人感知为一幅图。逐行扫描的清晰度很高，但数据量大；隔行扫描数据量只需一半，但有些模糊。各种标准电视制式以及许多高清电视系统都采用了隔行扫描。

视频在显示时还需要有一定的帧率，即相邻两帧出现的频率。根据人眼的视觉暂留特性，帧率需要高于 25f/s，低了会出现闪烁和不连续的感觉。

5．视频码率

视频的数据量由视频的时间分辨率、空间分辨率和幅度分辨率共同决定。设视频的帧率为 L（即时间采样间隔为 $1/L$），空间分辨率为 $M \times N$，幅度分辨率为 G（$G = 2^k$，对黑白视频 $k = 8$，对彩色视频 $k = 24$），则存储 1 s 视频图像所需的位数 b（也称为**视频码率**，单位是 bit/s）为

$$b = L \times M \times N \times k \tag{14.1.7}$$

视频的数据量也可由行数 f_y、每行样本数 f_x 和帧频 f_t 定义。这样，水平采样间隔为 $\Delta_x =$ 像素宽 $/f_x$，垂直采样间隔为 $\Delta_y =$ 像素高 $/f_y$，时间采样间隔为 $\Delta_t = 1/f_t$。如果用 K 表示用于视频中一像素值所用的比特数，则它对单色视频为 8，对彩色视频为 24，这样视频码率也可表示成

$$b = f_x f_y f_t K \tag{14.1.8}$$

6．视频格式

由于历史的原因和应用的不同，实际使用的视频有许多不同的格式。常用的**视频格式**如表 14.1.1 所示（常用的普通电视格式见表 14.1.2），其中帧率一列中 P 表示逐行，I 表示隔行。

表 14.1.1　常用的视频格式

应用及格式	名称	Y尺寸/像素	采样格式	帧率	原始码率/Mbit•s^{-1}
地面、有线、卫星 HDTV，MPEG-2，20～45 Mbit/s	SMPTE 296 M	1280 × 720	4:2:0	24P/30P/60P	265/332/664
	SMPTE 296 M	1920 × 1080	4:2:0	24P/30P/60I	597/746/746
视频制作，MPEG-2，15～50 Mbit/s	BT.601	720 × 480/576	4:4:4	60I/50I	249
	BT.601	720 × 480/576	4:2:0	60I/50I	166
高质量视频发布（DVD，SDTV）MPEG-2，4～8 Mbit/s	BT.601	720 × 480/576	4:2:0	60I/50I	124
中质量视频发布（VCD，WWW）MPEG-1，1.5 Mbit/s	SIF	352 × 240/288	4:2:0	30P/25P	30
ISDN/因特网视频会议，H.261/H.263，128～384 kbit/s	CIF	352 × 288	4:2:0	30P	37
有线/无线调制解调可视电话，H.263，20～64 kbit/s	QCIF	176 × 144	4:2:0	30P	9.1

例 14.1.1 BT.601 标准格式

国际电信联盟的无线电部（ITU-R）制订的 BT.601 标准（原称 CCIR 601）给出了宽高比为 4 : 3 和 16 : 9 的两种视频格式。采用 4 : 3 格式时，采样频率定为 13.5 MHz。对应 NTSC 制式的称为 525/60 系统，对应 PAL/SECAM 制式的称为 625/50 系统。525/60 系统有 525 行，每行的像素数为 858。625/50 系统有 625 行，每行的像素数为 864。在实际应用中，考虑到需要将一些行用于消隐，525/60 系统的有效行数为 480，625/50 系统的有效行数为 576，两种系统的每行有效像素数均为 720，其余为落在无效区的回扫点，如图 14.1.2 所示。

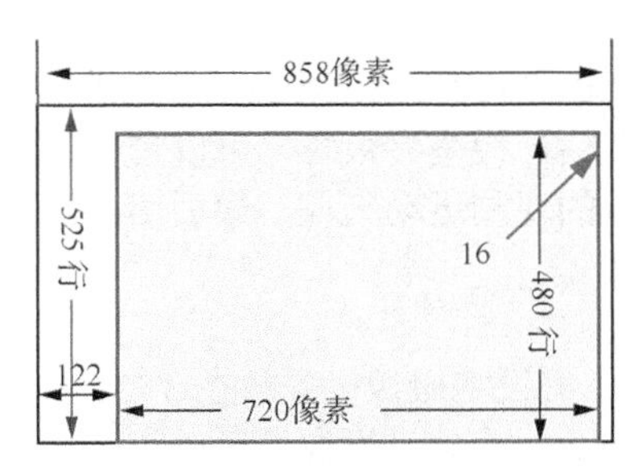

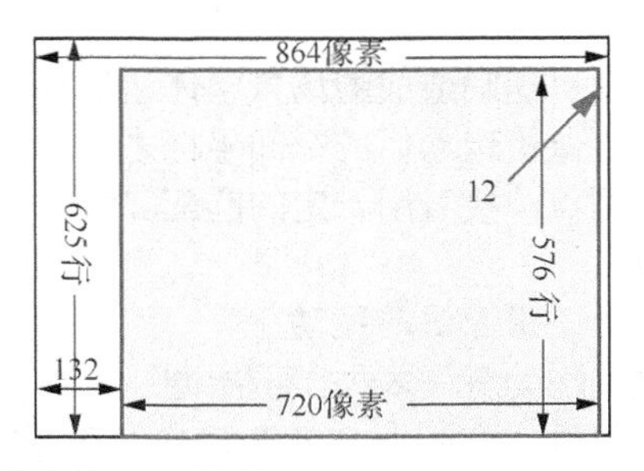

图 14.1.2 BT.601 标准中的 4 : 3 格式

7. 电视制式

彩色电视是一类特殊的视频。电视制式是对电视信号采用不同的编码标准形成的，各种电视制式的信号带宽、帧频（场频）、载频、分解率，以及颜色模型都可能不同。常用**彩色电视制式**包括 NTSC 制式（由美国开发，用于美国、加拿大和日本等国）、PAL 制式（由德国开发，用于德国、英国等西北欧国家，非洲、澳大利亚以及中国等国）和 SECAM 制式（由法国开发，用于法国、俄罗斯和东欧国家）。

NTSC 制式的帧速率为 29.97 fps（f/s），每帧 525 行 262 线，标准分辨率为 720 像素 × 480 像素。PAL 制式的帧速率为 25 fps，每帧 625 行 312 线，标准分辨率为 720 像素 × 576 像素。SECAM 制式同 PAL 制式，帧速率为 25 fps，每帧 625 行 312 线，标准分辨率为 720 像素 × 576 像素。

彩色电视系统采用的颜色模型均为一个亮度分量加两个色度分量（参见 13.1.2 节）。由于人眼对色度信号的分辨能力较低，所以在普通电视制式中，均对色度信号采用比对亮度信号更低的空间采样率，以降低视频数据量。

各种电视制式的空间采样率如表 14.1.2 所示。

表 14.1.2 普通电视制式的空间采样率

电视制式	亮度分量		色度分量		$Y:U:V$
	行数	像素/行	行数	像素/行	
NTSC	480	720	240	360	4 : 2 : 2
PAL	576	720	288	360	4 : 2 : 2
SECAM	576	720	288	360	4 : 2 : 2

14.2 运动信息检测

相对于静止图像，运动变化的信息是视频图像中特有的信息。检测视频图像中的运动信息（即确定是否有运动、哪些像素和区域有运动、运动的速度和方向情况如何）是许多视频图像处理和分析工作的基础。

在对图像的处理和分析中，人们常把图像分为前景（目标）和背景。同样在对视频的处理和分析中，也可把其每一帧（图像）分为前景和背景两部分。这样在视频运动检测中，就需要区分前景运动和背景运动。**前景运动**是指目标在场景中的自身运动，又称为**局部运动**；**背景运动**主要是由进行拍摄的摄像机的运动造成的帧图像内所有点的整体移动，又称为**全局运动**或**摄像机运动**。在两种情况下，视频都包含可检测到的运动信息，只是分布规律的特点不同。下面先介绍检测全局运动信息的方法，14.5 节再讨论检测目标局部运动信息的方法。

14.2.1 基于摄像机模型的检测

检测摄像机运动造成的场景整体运动变化可借助模型进行。模型用来建立相邻帧中，即摄像机运动前和摄像机运动后的空间坐标之间的联系。在估计模型参数时，可以首先从相邻帧中选取足够多的观测点，接着用一定的匹配算法求出这些点的观测运动矢量，最后用参数拟合的方法估计模型参数。

例 14.2.1 摄像机的运动

摄像机的运动有许多种，可借助图 14.2.1 来介绍。假设将摄像机安放在 3-D 空间坐标系原点，镜头光轴沿 Z 轴，空间点 $P(X, Y, Z)$成像在图像平面点 $p(x, y)$处。摄像机可以有分别沿 3 个坐标轴的移动，沿 X 轴的运动称为平移或**跟踪**运动，沿 Y 轴的运动称为**升降**运动，沿 Z 轴的运动称为**进退/推拉**运动。摄像机还可以有分别绕 3 个坐标轴的**旋转**运动，绕 X 轴的旋转运动称为**倾斜**运动，绕 Y 轴的运动称为**扫视**运动，绕 Z 轴的运动称为（绕光轴）旋转运动。最后，摄像机镜头的焦距也可以变化，称为**变焦**运动或缩放运动。缩放运动可分两种，即**放大镜头**，用于将摄像机对准/聚焦感兴趣的目标；以及**缩小镜头**，用于给出一个场景逐步由细到粗的全景展开过程。

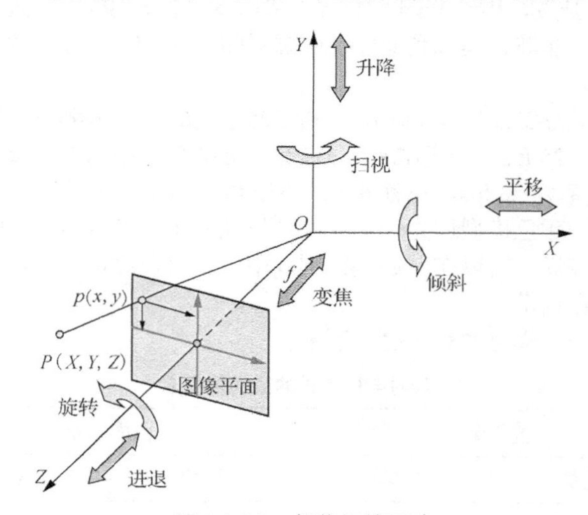

图 14.2.1 摄像机的运动

由例 14.2.1 可见，摄像机的运动共有 6 种类型：①扫视，即摄像机水平旋转；②倾斜，即摄像机垂直旋转；③变焦，即摄像机改变焦距；④跟踪，即摄像机水平（横向）移动；⑤升降，即摄像机垂直（横向）移动；⑥推拉，即摄像机前后（水平）移动。这 6 种运动可以结合构成 3 类操作：平移操作、旋转操作、缩放操作。

要描述这些类型的摄像机运动导致的空间坐标变化，仅考虑 2.5.1 节的基本坐标变换还不够，还需要使用 2.5.2 节的仿射变换。对于一般的应用，常采用线性的 **6 参数仿射模型**。

$$\begin{cases} u = k_0 x + k_1 y + k_2 \\ v = k_3 x + k_4 y + k_5 \end{cases} \tag{14.2.1}$$

仿射模型属于线性多项式参数模型，在数学上比较容易处理。为了提高全局运动模型的描述能力，还可以在 6 参数仿射模型的基础上进行一些扩展。例如，在模型的多项式中加入二次项 xy，可得到 **8 参数双线性模型**。

$$\begin{cases} u = k_0 xy + k_1 x + k_2 y + k_3 \\ v = k_4 xy + k_5 x + k_6 y + k_7 \end{cases} \tag{14.2.2}$$

基于双线性模型的全局运动矢量检测可按如下步骤进行。估计双线性模型的 8 个参数，需要求出一组（大于 4 个）运动矢量观测值（这样可得 8 个方程）。在获取运动矢量观测值时，考虑到全局运动中的运动矢量通常比较大，可以将整幅帧图像划分为一些正方形小块（如 16 × 16），然后用块匹配法求取块中的运动矢量。

因为对块中的运动，既要考虑大小，也要考虑方向，所以需用矢量表示。为表示瞬时运动矢量场，在实际应用中，常将每个运动矢量用（有起点）无箭头的线段（线段长度与矢量大小亦即运动速度成正比）来表示，并叠加在原始图像上。这里不使用箭头只是为了使表达简洁，减小箭头叠加到图像上对图像的影响。由于起点确定（一般取块的中心），所以方向是明确的。

例 14.2.2　基于双线性模型的全局运动检测

图 14.2.2 为一幅基于双线性模型的全局运动检测实例，其中在原始图像上叠加了用块匹配算法得到的运动矢量（起点在块的中心）来表达各个块中的运动情况。图 14.2.2 右边部分的运动速度较快，这是由于摄像机的缩放是以守门员所在的左方为中心的。因为原图中还存在一些局部目标的运动，所以在有局部运动的位置，用块匹配法计算出的运动矢量会与全局运动矢量不符（如图 14.2.2 中各个足球运动员所在位置附近）。另外，块匹配法在图像的低纹理区域可能会产生随机的误差数据，如在图中背景处（接近看台处）。这些误差造成了图中的异常数据点。

图 14.2.2　直接用块匹配算法得到的运动矢量值　□

14.2.2　基于差图像的检测

因为将两幅图像相减可获得它们之间的差别信息，所以用对图像求差的方法可以检测出图像中目标的运动信息，下面详细介绍。

1．差图像的计算

在序列图像中，逐像素比较可直接求取前后两帧图像之间的差别。假设照明条件在多帧图像间基本不变化，那么**差图像**的不为零处表明该处的像素发生了移动（需要注意，差图像为零处的像素也可能发生了移动）。换句话说，对时间上相邻的两幅图像求差可以将图像中运动目标的位置和形状变化突现出来。如图 14.2.3（a）所示，假设目标的灰度比背景的亮，则在差分的图像中，可以得到在运动前方为正值的区域，以及在运动后方为负值的区域。这样可以获得目标的运动矢量，也可得到目标上面某些部分的形状。如果对一系列图像依次两两求差，并把差分图像中值为正或负的区域进行逻辑或运算，就可以得到整个目标的形状。如图 14.2.3（b）所示，将长方形采集区域逐渐向下移动，依次划过椭圆目标的不同部分，再将各次结果组合起来，就得到完整的椭圆目标。

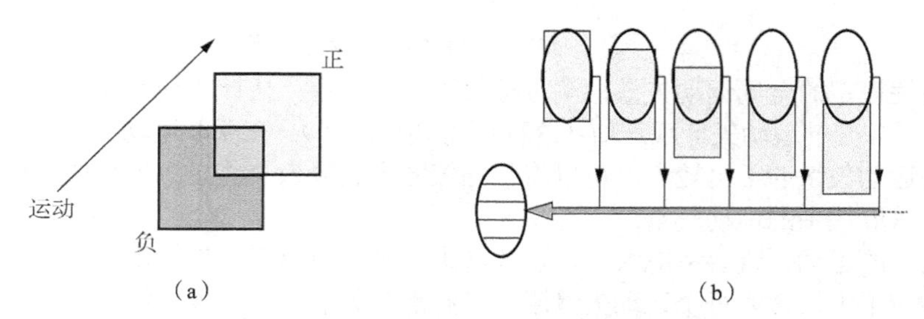

（a）（b）

图 14.2.3 利用差分图像提取目标

如果在图像采集装置和被摄场景之间有相对运动的情况下，采集一系列图像，则其中存在的运动信息可帮助确定图像中有变化的像素。设在时刻 t_i 和 t_j 采集到两幅图像 $f(x, y, t_i)$ 和 $f(x, y, t_j)$，则据此可得到差图像为

$$d_{ij}(x,y)=\begin{cases}1 & \left|f(x,y,t_i)-f(x,y,t_j)\right|>T_{\mathrm{g}}\\ 0 & 其他\end{cases} \tag{14.2.3}$$

式（14.2.3）中，T_{g} 为灰度阈值。差图像中为 0 的像素对应在前后两时刻间没有发生（由于运动而产生的）变化的地方。差图像中为 1 的像素对应两图之间发生变化的地方，这一般是由于目标运动产生的。不过差图像中为 1 的像素也可能源于不同的情况，例如，$f(x, y, t_i)$ 是一个运动目标的像素，$f(x, y, t_j)$ 是一个背景像素或反过来，但也可能 $f(x, y, t_i)$ 是一个运动目标的像素，$f(x, y, t_j)$ 是另一个运动目标的像素，甚至是同一个运动目标，但不同位置的像素（可能灰度不同）。

式（14.2.3）中的阈值 T_{g} 用来确定两时刻图像的灰度是否存在比较明显的差异。另一种灰度差异显著性的判别方法是使用如下的似然比。

$$\frac{\left[\dfrac{\sigma_i+\sigma_j}{2}+\left(\dfrac{\mu_i-\mu_j}{2}\right)^2\right]^2}{\sigma_i\cdot\sigma_j}>T_{\mathrm{s}} \tag{14.2.4}$$

式（14.2.4）中，各 μ 和 σ 分别是在时刻 t_i 和 t_j 采集到的两幅图像的对应观测窗口中的均值和方差；T_{s} 是显著性阈值。

在实际情况中，由于随机噪声的影响，没有发生像素移动的地方也会出现图像间差别不为零的情况。为把噪声的影响与像素的移动区别开来，可对差别图像取较大的阈值，即只有当差别大于特定的阈值时，才认为是像素发生了移动。另外在差图像中，由于噪声产生的为 1 的像素一般比较孤立，所以也可根据连通性分析将它们除去。但这样做有时也会将缓慢运动和尺寸较小的目标除去。

2. 累积差图像的计算

为克服上述随机噪声的问题，可以考虑利用多幅图像。如果在某一个位置的变化只偶尔出现，就可判断为噪声。设有一系列图像 $f(x, y, t_1), f(x, y, t_2), \cdots, f(x, y, t_n)$，并取第一幅图 $f(x, y, t_1)$ 作为参考图。将参考图与其后的每一幅图比较可得到**累积差图像**（ADI）。这里设该图像中各个位置的值是在每次比较中发生变化的次数总和。

图 14.2.4 给出一个示例。图 14.2.4（a）为在 t_1 时刻采集的图像，其中有一个矩形目标（这里用 4 行 3 列像素代表），设它每单位时间向右移 1 个像素。图 14.2.4（b）～图 14.2.4（d）分别为接下来在 t_2，t_3，t_4 时刻采集的图像。图 14.2.4（e）～图 14.2.4（g）分别为与 t_2，t_3，t_4 时刻对应的累积差图像。图 14.2.4（e）也就是前面讨论的普通差图像，左边一列标为 1 表示图 14.2.4（a）目标后沿和图 14.2.4（b）背景的差，右边一列 1 标为 1 对应图 14.2.4（a）背景和图 14.2.4（b）目标前沿的差。图 14.2.4（f）可由图 14.2.4（a）和图 14.2.4（c）的差加上图 14.2.4（e）得到，其中有两列标为 2，表示该位置已发生了 2 次变化。图 14.2.4（g）可由图 14.2.4（a）和图 14.2.4（d）的差加上图 14.2.4（f）得到，其中变化最多的位置已有 3 次变化。

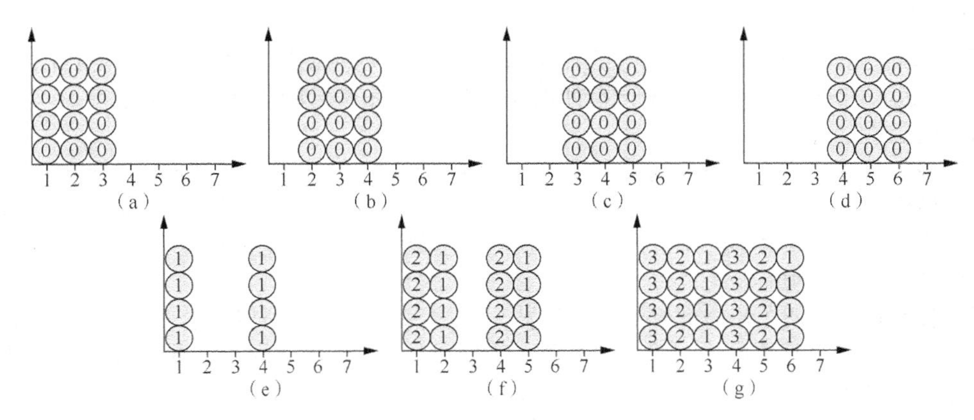

图 14.2.4　利用累积差图像确定目标移动

参照上述示例可知累积差图像 ADI 有 3 个功能。

（1）ADI 中相邻像素数值间的梯度关系可用来估计目标移动的速度矢量，这里梯度的方向就是速度的方向，梯度的大小与速度成正比。

（2）ADI 中像素的数值可帮助确定运动目标的尺寸和移动的距离。

（3）ADI 包含了目标运动的全部历史资料，有助于检测缓慢运动或尺寸较小目标的运动。

在实际应用中，可区分 3 种 ADI 图像：绝对 ADI（$A_k(x, y)$）、正 ADI（$P_k(x, y)$）和负 ADI（$N_k(x, y)$）。假设运动目标的灰度大于背景灰度，则对于 $k > 1$，可得到如下 3 种 ADI 的定义（取 $f(x, y, t_1)$ 为参考图）。即

$$A_k(x,y)=\begin{cases}A_{k-1}(x,y)+1 & \text{如果}\ \ \left|f(x,y,t_1)-f(x,y,t_k)\right|>T_g \\ A_{k-1}(x,y) & \text{其他}\end{cases} \tag{14.2.5}$$

$$P_k(x,y)=\begin{cases}P_{k-1}(x,y)+1 & \text{如果}\ \ \left[f(x,y,t_1)-f(x,y,t_k)\right]>T_g \\ P_{k-1}(x,y) & \text{其他}\end{cases} \tag{14.2.6}$$

$$N_k(x,y)=\begin{cases}N_{k-1}(x,y)+1 & \text{如果}\ \ \left[f(x,y,t_1)-f(x,y,t_k)\right]<-T_g \\ N_{k-1}(x,y) & \text{其他}\end{cases} \tag{14.2.7}$$

上述 3 种 ADI 图像的值都是对像素的计数结果，初始时均为 0。由这 3 种 ADI 图像的值可获得下列信息。

（1）正 ADI 图像中的非零区域面积等于运动目标的面积。

（2）正 ADI 图像中对应运动目标的位置，也就是运动目标在参考图中的位置。

（3）当正 ADI 图像中的运动目标移动到与参考图中的运动目标不重合时，正 ADI 图像停止

计数。

（4）绝对ADI图像包含了正ADI图像和负ADI图像中的所有目标区域。

（5）运动目标的运动方向和速度可分别根据绝对ADI图像和负ADI图像确定。

14.3 视频滤波

滤波在这里代表多种处理过程和手段（可以用于增强、恢复、滤除噪声等）。相对静止图像滤波，视频滤波还可考虑借助运动信息进行。运动检测滤波和运动补偿滤波都是常见的方式。

14.3.1 基于运动检测的滤波

因为视频比静止图像多了随时间变化的运动信息，所以对视频的滤波可在对静止图像滤波的基础上考虑运动带来的问题，即**基于运动检测的滤波**需要在运动检测的基础上进行。

1. 直接滤波

最简单的**直接滤波**方法是使用**帧平均**技术，将不同帧图像中同一位置的多个样本平均，可在不影响帧图像空间分辨率的情况下消除噪声，如例2.1.1。可以证明，在加性高斯噪声的情况下，帧平均技术对应计算最大似然估计，且可将噪声方差降为$1/N$（N是参与平均的帧数）。这种方法对场景中的固定部分很有效。

因为帧平均在本质上沿时间轴的1-D滤波，即进行时域平均，所以可看作一种时间滤波方法，而时间滤波器是时空滤波器的一种特殊类型。从原则上讲，使用时间滤波器可以避免空间上的模糊。不过与空域平均操作会导致空域模糊类似，时域平均操作在场景中有突然随时间变化的位置也会导致时域模糊。这里可采用与空域中的边缘保持滤波相对应的运动适应滤波，利用相邻帧之间的运动信息来确定滤波方向。运动适应滤波器可参照空域中的边缘保持滤波器来构建。例如，在某一帧的一个特定像素处，可假设接下来有5种可能的运动趋势：无运动、向X正方向运动、向X负方向运动、向Y正方向运动、向Y负方向运动。如果使用最小均方误差估计判断出实际的运动趋势，从而将运动造成的沿时间轴的变化与噪声导致的变化区别开来，就可仅在对应的运动方向上滤波而取得总体较好的滤波效果。

2. 利用运动检测信息

为确定滤波器中的参数，也可借助对运动的检测，使设计的滤波器适应运动的具体情况。滤波器可以是**有限脉冲响应**（FIR）滤波器或**无限脉冲响应**（IIR）滤波器，即

$$f_{\mathrm{FIR}}(x,y,t)=(1-\beta)f(x,y,t)+\beta f(x,y,t-1) \tag{14.3.1}$$

$$f_{\mathrm{IIR}}(x,y,t)=(1-\beta)f(x,y,t)+\beta f_{\mathrm{IIR}}(x,y,t-1) \tag{14.3.2}$$

其中

$$\beta=\max\left\{0,\ \ \frac{1}{2}-\alpha\left|g(x,y,t)-g(x,y,t-1)\right|\right\} \tag{14.3.3}$$

就是对运动进行检测得到的信号，而α是一个标量常数。这些滤波器都会在运动幅度很大（右边第2项会小于0）时关掉（β取0），以避免产生人为的误差。

由式（14.3.1）可知，FIR滤波器是一个线性系统，对输入信号的响应最终趋向于0（即有限）。由式（14.3.2）可知，IIR滤波器中存在反馈回路，因此对脉冲输入信号的响应是无限延续的。相对来说，FIR滤波器具有有限的噪声消除能力，特别是在仅进行时域滤波且参与滤波的帧数较少时。IIR滤波器具有更强的噪声消除能力，但其脉冲响应为无限长：导致输入信号为有限长时，输出信号会变成无限长。FIR滤波器比IIR滤波器更稳定、更容易优化，但设计更难。

14.3.2 基于运动补偿的滤波

运动补偿滤波器作用于运动轨迹上，需要利用运动轨迹上每像素处的准确信息。运动补偿的基本假设是像素灰度在确定的运动轨迹上保持不变。

1．运动轨迹和时空频谱

图像平面上的运动对应场景点在投影下的 2-D 移动或移动速率。在各帧图像中，场景中的点都在 XYT 空间沿曲线运动，该曲线称为**运动轨迹**。

例 14.3.1 运动轨迹描述符

国际标准 MPEG-7 推荐了一种紧凑的和可扩展的运动轨迹描述符。它由一系列关键点和一组在这些关键点间进行插值的函数构成。根据轨迹中的关键点坐标和插值函数形式，可以确定目标沿特定方向的运动情况。在实际应用中，关键点用 2-D 或 3-D 坐标空间中的坐标值表达，而插值函数分别对应各个坐标轴，即 $x(t)$对应水平方向的轨迹，$y(t)$对应垂直方向的轨迹，$z(t)$对应深度方向的轨迹。图 14.3.1 为 $x(t)$的一个示意图，图 14.3.1 中有 4 个关键点 t_0，t_1，t_2，t_3，另外在两两关键点之间有 3 个不同的插值函数。

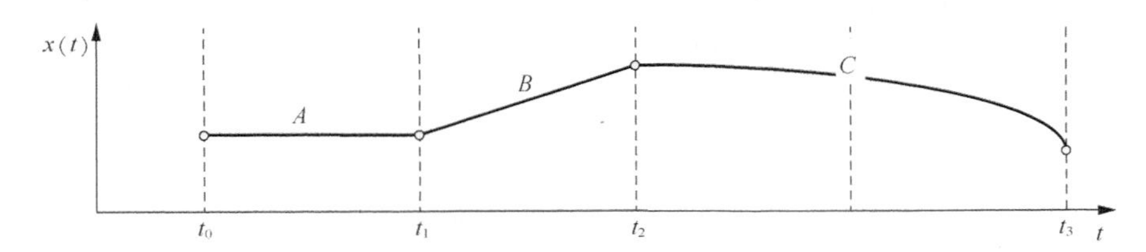

图 14.3.1 运动轨迹描述中关键点和插值函数示意图

插值函数的一般形式是二阶多项式

$$f(t)=f_p(t)+v_p(t-t_p)+a_p(t-t_p)^2/2 \tag{14.3.4}$$

式（14.3.4）中，p 代表时间轴上的一点；v_p 代表运动速度；a_p 代表运动加速度。对应图 14.3.1 中 3 段轨迹的插值函数分别为零次函数、一次函数和两次函数，A 段是 $x(t)=x(t_0)$，B 段是 $x(t)=x(t_1)+v(t_1)(t-t_1)$，$C$ 段是 $x(t)=x(t_2)+v(t_2)(t-t_2)+a(t_2)(t-t_2)^2/2$。可见，两个关键点之间的水平轨迹、垂直轨迹和深度轨迹插值函数可以是不同阶次的函数。 ❑

在一般情况下，一个点的运动轨迹可用一个矢量函数 $\boldsymbol{M}(t;x,y,t_0)$描述，它表示 t_0 时刻的参考点(x,y)在 t 时刻的水平和垂直坐标。一个解释性的示意图如图 14.3.2 所示，其中在 t'时刻，$\boldsymbol{M}(t';x,y,t_0)=(x',y')$。

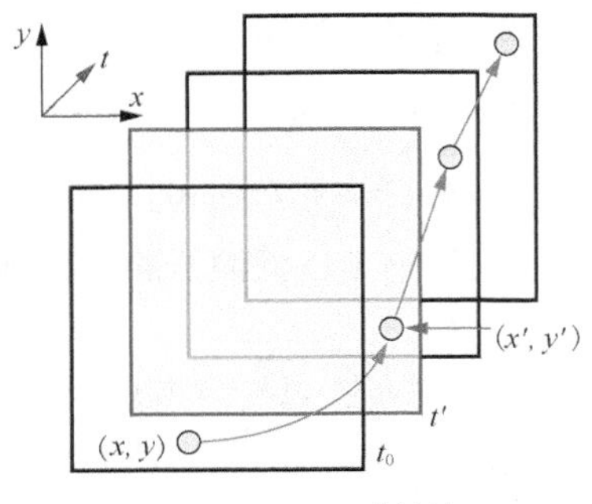

图 14.3.2 运动轨迹

给定场景中点的运动轨迹 $\boldsymbol{M}(t;x,y,t_0)$，在 t'时刻，(x',y')处沿轨迹的速度定义为

$$s(x',y',t')=\frac{\mathrm{d}\boldsymbol{M}}{\mathrm{d}t}(t;x,y,t_0)\bigg|_{t=t'} \tag{14.3.5}$$

下面考虑视频中仅有匀速全局运动的情况。当图像平面上有(s_x, s_y)的匀速运动时，帧-帧之间的灰度变化可表示为

$$f_M(x,y,t)=f_M(x-s_xt,y-s_yt,0)\approx f_0(x-s_xt,y-s_yt) \tag{14.3.6}$$

其中，s_x和 s_y 是运动矢量的两个分量，参考帧选在 $t_0=0$ 处，$f_0(x,y)$表示在参考帧内的灰度分布。

为了推导这种视频的**时空频谱**，先定义任意一个时空函数的傅里叶变换为

$$F_M(u,v,w)=\iiint f_M(x,y,t)\exp[-\mathrm{j}2\pi(ux+vy+wt)]\mathrm{d}x\mathrm{d}y\mathrm{d}t \tag{14.3.7}$$

再将式（14.3.6）代入式（14.3.7），得到

$$\begin{aligned}F_M(u,v,w)&=\iiint f_0(x-s_xt,y-s_yt)\exp[-\mathrm{j}2\pi(ux+vy+wt)]\mathrm{d}x\mathrm{d}y\mathrm{d}t\\&=F_0(u,v)\cdot\delta(us_x+vs_y+w)\end{aligned} \tag{14.3.8}$$

德尔塔函数表明时空频谱的定义域（支撑集）是满足下式的过原点平面（见图 14.3.3）。

$$us_x+vs_y+w=0 \tag{14.3.9}$$

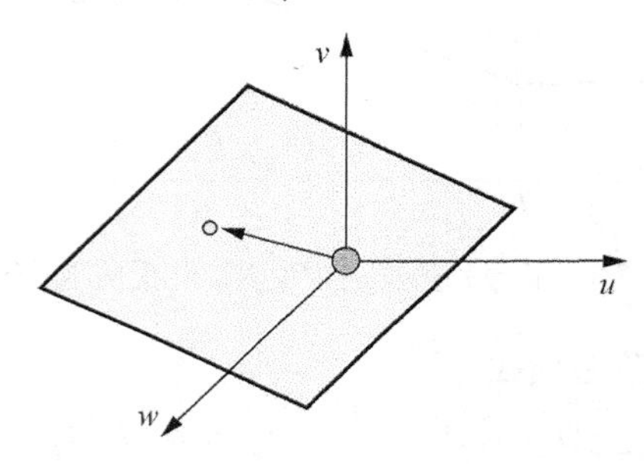

图 14.3.3　全局匀速运动的定义域

2．沿运动轨迹的滤波

沿运动轨迹的滤波是指在沿运动轨迹的每一帧上的每个点的滤波。先考虑沿任意运动轨迹的情况。定义在(x,y,t)处的滤波器的输出为

$$g(x,y,t)=\mathcal{F}\{f_1[q;M(q;x,y,t)]\} \tag{14.3.10}$$

式（14.3.10）中，$f_1[q;\boldsymbol{M}(q;x,y,t)]=f_M[\boldsymbol{M}(q;x,y,t),q]$表示沿过$(x,y,t)$的运动轨迹在输入图像中的 1-D 信号；$\mathcal{F}$代表沿运动轨迹的 1-D 滤波器（可以是线性的或非线性的）。

沿一个匀速运动轨迹的线性、空间不变滤波可表示为

$$\begin{aligned}g(x,y,t)&=\iiint h_1(q)\delta(z_1-s_xq,z_2-s_yq)f_M(x-z_1,y-z_2,t-q)\mathrm{d}z_1\mathrm{d}z_2\mathrm{d}q\\&=\int h_1(q)f_M(x-s_xq,y-s_yq,t-q)\mathrm{d}q=\int h_1(q)f_1(t-q;x,y,t)\mathrm{d}q\end{aligned} \tag{14.3.11}$$

式（14.3.11）中，$h_1(q)$是沿运动轨迹使用的 1-D 滤波器的脉冲响应。上述时空滤波器的脉冲响应也可表示为

$$h(x,y,t)=h_1(t)\delta(x-s_xt,y-s_yt) \tag{14.3.12}$$

对式（14.3.12）进行 3-D 傅里叶变换，可得到运动补偿滤波器的频率响应为

$$\begin{aligned}H(u,v,w)&=\iiint h_1(t)\delta(x-s_xt,y-s_yt)\exp[-\mathrm{j}2\pi(ux+vy+wt)]\mathrm{d}x\mathrm{d}y\mathrm{d}t\\&=\int h_1(t)\exp[-\mathrm{j}2\pi(us_x+vs_y+w)t]\mathrm{d}t=H_1(us_x+vs_y+w)\end{aligned} \tag{14.3.13}$$

将运动补偿滤波器的频率响应的定义域投影到 uw 平面，如图 14.3.4 中的阴影所示，图中斜线代表运动轨迹。图 14.3.4（a）对应 $s_x = 0$，即没有运动补偿时，仅有纯时间滤波的情况，图 14.3.4（b）代表有运动补偿且补偿正确时的情况，此时 s_x 与输入视频中的速度匹配。

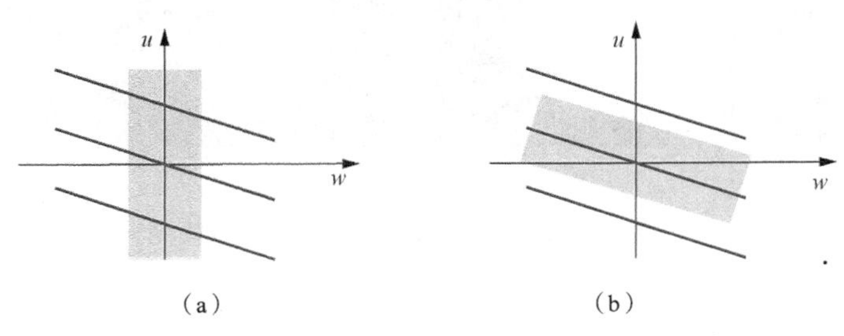

图 14.3.4　运动补偿滤波器的频率响应的定义域

14.3.3　消除匀速直线运动模糊

在有些实际应用中，滤波函数 $H(u, v)$ 可以解析地得到。消除**匀速直线运动模糊**就是一个典型的例子。考虑连续的情况，假设对平面匀速运动的景物采集一幅图像 $f(x, y)$，并设 $x_0(t)$ 和 $y_0(t)$ 分别是景物在 x 和 y 方向的运动分量，T 是采集时间长度。把其他因素都忽略，实际采集到的模糊图像 $g(x, y)$ 为

$$g(x, y) = \int_0^T f\left[x - x_0(t), y - y_0(t)\right] \mathrm{d}t \tag{14.3.14}$$

它的傅里叶变换可表示为

$$\begin{aligned} G(u,v) &= \int_{-\infty}^{\infty}\int_{-\infty}^{\infty} g(x,y)\exp[-\mathrm{j}2\pi(ux+vy)]\mathrm{d}x\mathrm{d}y \\ &= \int_0^T \left[\int_{-\infty}^{\infty}\int_{-\infty}^{\infty} f[x-x_0(t), y-y_0(t)]\exp[-\mathrm{j}2\pi(ux+vy)]\,\mathrm{d}x\mathrm{d}y\right]\mathrm{d}t \\ &= F(u,v)\int_0^T \exp\{-\mathrm{j}2\pi[ux_0(t)+vy_0(t)]\}\mathrm{d}t \end{aligned} \tag{14.3.15}$$

如果定义

$$H(u,v) = \int_0^T \exp\{-\mathrm{j}2\pi[ux_0(t)+vy_0(t)]\}\,\mathrm{d}t \tag{14.3.16}$$

就可将式（14.3.15）写成熟悉的形式，即

$$G(u,v) = H(u,v)F(u,v) \tag{14.3.17}$$

可见，如果知道了运动分量 $x_0(t)$ 和 $y_0(t)$，从式（14.3.16）就可以直接得到传递函数 $H(u, v)$。

例 14.3.2　消除匀速直线运动造成的模糊

图 14.3.5 为一个消除匀速直线运动造成模糊的示例。图 14.3.5（a）为一幅由于摄像机与被摄物体之间存在相对匀速直线运动造成模糊的 256 像素 ×256 像素图像。这里在拍摄期间，物体水平移动的距离为图像在该方向尺寸的 1/8，即 32 像素。图 14.3.5（b）为取移动距离为 32 进行恢复得到的结果，运动造成的模糊消除得较好。图 14.3.5（c）和图 14.3.5（d）分别为取移动距离为 24 和 40 进行恢复得到的结果，由于对运动估计得不准，所以恢复效果均不好。

（a） （b） （c） （d）

图 14.3.5 消除匀速直线运动造成的模糊 □

14.4 视频压缩国际标准

这里的视频既可指连续的视频图像（NTSC 制 30 fps，PAL 制 25 fps），也可指以其他方式连续采集的运动图像或序列图像。相应的标准已有多个，下面按制订顺序简单介绍。

1．Motion JPEG

由于 JPEG 的巨大成功和视频传输的需求（如在医学应用中，人们希望能在观测 X 光图片时，实时调整传输的分辨率），有些销售商也用 JPEG 的方法对运动视频/电视信号进行编码，这被称为**运动 JPEG**。尽管 JPEG 标准并不是设计出来用于运动视频的，但在某些限制条件下也可以使用。这样使用的一个限制是它对每一帧独立工作，所以它并不能减少各帧之间的冗余。不过也有些人认为 JPEG 仅进行帧内压缩是个优点，因为这样提供了一个快速访问视频中任意帧的方法。其他运动视频压缩技术在进行帧间压缩时，要周期性地传输一个参考帧。如果每 20 帧就要传输一个参考帧，人们就需要等 19 帧才能收到参考帧，这就相当于 0.33 s 的等待。而使用 JPEG 时，人们只需要等待对一帧的解码时间，即 0.04 s。

在基于网络的应用中，很少用 JPEG 来对运动视频编码，这是因为 JPEG 需要较多的带宽（Bandwidth Intensive）。考虑以中等分辨率（640 × 480，24 bit）在 PC 显示器上显示视频的问题，JPEG 的压缩对象为每帧 1 MB，即每秒 30 MB（240 Mbit）。这样，对满屏视频的下载、显示和加工将是非常耗时的工作。所以，人们还制定了一些真正面向运动（序列）灰度图像或彩色图像压缩的国际标准，以满足数字视频传输的需求。

2．H.261

这是由原 CCITT 于 1984 年开始工作并于 1990 年制定完成的运动灰度图像压缩标准。它主要为电视会议和可视电话等应用制定，也称为 $P \times 64$ 标准（$P = 1, 2, \cdots, 30$），因为其码流可以是 64，128，…，1 920 kbit/s。它允许通过 T1 线路（带宽为 1.544 Mbit/s）以小于 150 ms 的延迟传输运动视频。当 $P = 1, 2$ 时，码率小于 128 kbit/s，它仅能支持 QCIF（176×144）分辨率格式，用于可视电话。当 $P > 5$ 时，码率可大于 384 kbit/s，它能支持 CIF（352×288）分辨率格式，用于电视会议。

H.261 采用的编码器和解码器框架分别如图 14.4.1 和图 14.4.2 所示，它是典型的预测加变换的混合编码框架。该标准的制定对其后的一些序列图像压缩标准（如下面的 MPEG-1 和 MPEG-2）都有很大影响，它们基本上采用了相类似的框架。

H.261 在编码方面将前面介绍的基于 DCT 的压缩方法进行了扩展，并包含了减少帧间冗余的方法。具体来说，H.261 将一个图像序列分成许多组，对每组的第 1 帧和剩余帧分别采用（帧内和帧间）两种帧编码方式编码。

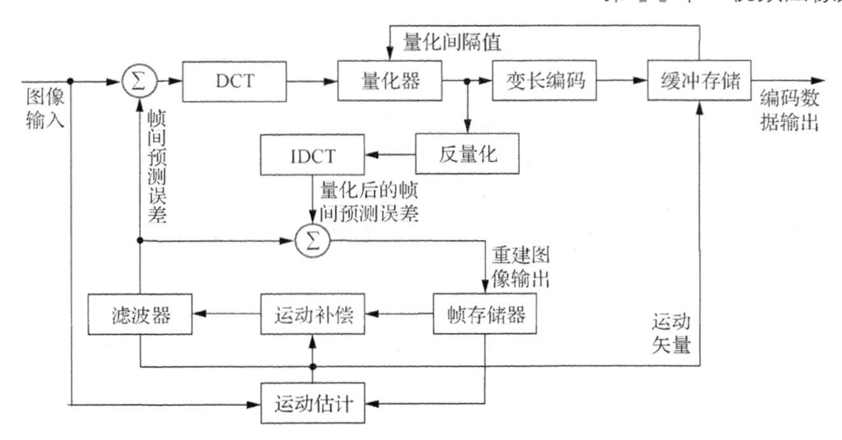

图 14.4.1　国际标准 H.261 编码器的基本框图

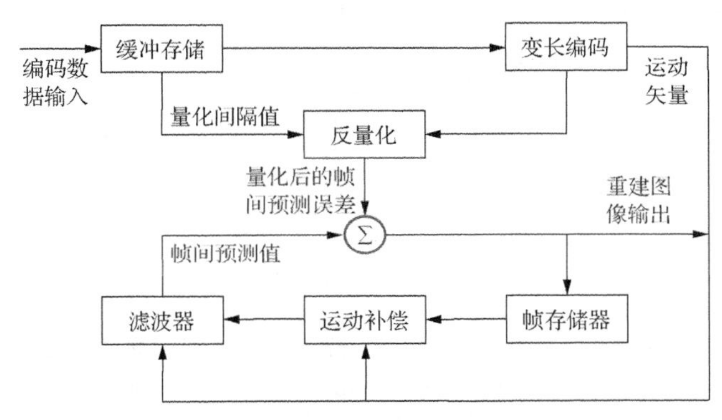

图 14.4.2　国际标准 H.261 解码器的基本框图

（1）对每组的第一帧图进行**帧内编码**，即采用类似于 JPEG 中的 DCT 方法，以减少**帧内冗余度**。这样得到的编码帧称为**初始帧** I-frame。

（2）对每组的剩余帧图进行**帧间编码**，即计算当前帧与下一帧间的相关，预测估计帧内目标的运动，以确定如何借助运动补偿来压缩下一帧，以减少**帧间冗余度**。这样得到的编码帧称为**预测帧** P-frame。

根据上面的编码方式，编（解）码序列的结构如图 14.4.3 所示。在每个 I-帧后面接续若干个 P-帧，对 I-帧独立编码，而对 P-帧则参照上一帧（单向预测）编码。

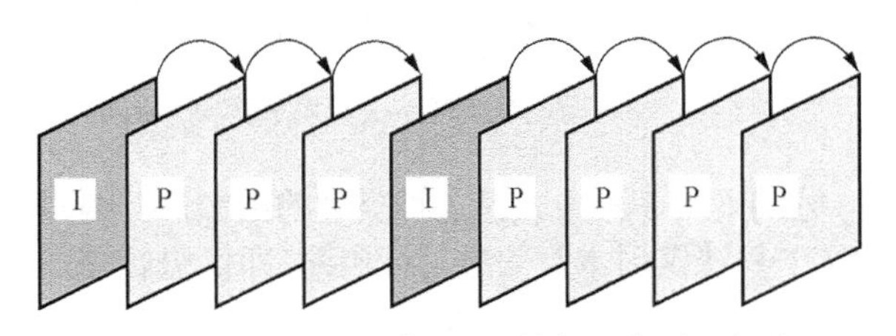

图 14.4.3　国际标准 H.261 编解码序列示意图

H.261 比较适合用于 ISDN、ATM 等宽带信道的视频应用。H.262 和 H.261 一样都是 H.320 的一部分，用于商业/公共（corporate）视频应用；H.263 适用于极低码率（低于 64 kbit/s）视频服务，可满足在 PSTN 和移动通信网等带宽有限的网络上应用。另外，为支持基于 IP 的多媒体业务制定了 H.323，为支持基于 IP 的移动电话业务制定了 H.324。它们的应用范围还包括基于 PC 的多媒体应用、便宜的语音/数据调制解调器、WWW 上的实时视频浏览器等。

3. MPEG-1

这是由 ISO 和原 CCITT 两个组织的**运动图像专家组**（MPEG）于 1988 年开始制定的第 1 个运动图像压缩标准，也有人称其为是第一个对“高质量”视频和音频进行混合编码的标准，它于 1993 年正式成为国际标准，编号为 ISO/IEC 11172。它是一种娱乐质量的视频压缩标准，主要用于存储和提取数字媒体上的压缩视频数据，在 CD-ROM 光盘视频（VCD）中广泛应用。

MPEG-1 标准包括 3 个部分：系统、视频、音频。系统部分确定对视频和音频编码的层次，描述了编码数据流的句法和语义规则。MPEG-1 系统的语义规则对解码器提出了要求，但并没有指定编码模型，或者说编码过程并没有限定，可用不同的方法实现，只要最后产生的数据流满足系统要求即可。在系统层，参考解码模型被指定为信息流的语义定义的一部分。

图 14.4.4 所示为 MPEG 编码器在功能层产生码流的示意图。视频编码器接收未编码数字图像，称为**视频表达单元**（VPUs）。类似地，在离散的时间间隔中，音频数字化器接收未编码的音频采样，称为**音频表达单元**（APUs）。注意，VPUs 的到达时间并不一定要与 APUs 的到达时间一致。

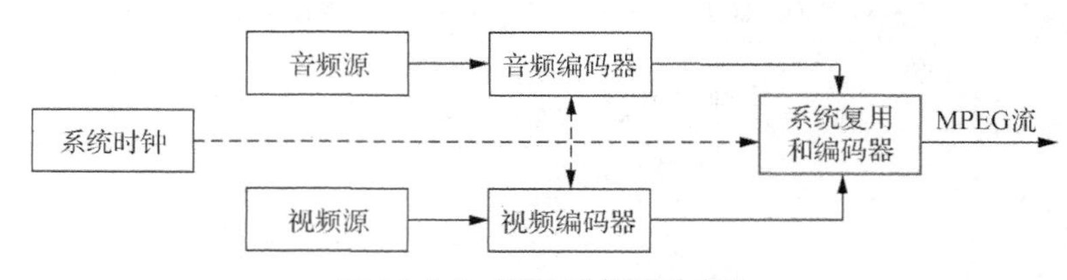

图 14.4.4　MPEG 数据流的产生

MPEG-1 标准采用的编码器和解码器的基本框图仍可分别参见图 14.4.1 和图 14.4.2，使用的有关压缩编码的技术与 H.261 基本相同。这个标准并没有指定具体的编码程序，而只是确定了一个标准的编码码流和对应的解码器，它压缩的码流基本上可达 1.5～2 M bit/s。

因为 MPEG-1 标准考虑的是逐行扫描的图像，所以每幅图像与 H.261 标准采用隔行扫描的帧图像不同。MPEG-1 标准也将一个图像序列分成许多组，但它将序列图像分成 3 种类型，其图像序列的结构如图 14.4.5 所示。

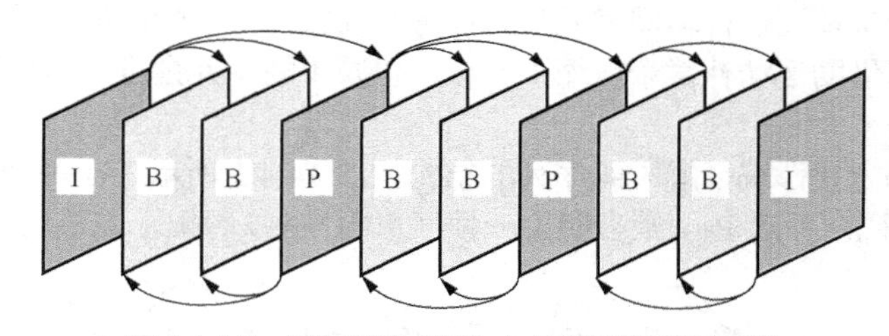

图 14.4.5　国际标准 MPEG–1 编解码序列示意图

在 MPEG-1 标准中，分别采用 3 种方式对 3 种类型的图像进行编码。

（1）I 图像。它借助 DCT 算法仅用本身信息进行压缩，即仅进行图像内编码，不参照其他图像。每个输入的视频信号序列将包含至少两个 I 图像。

（2）P 图像。它参照前一幅 I 图像或 P 图像并借助运动估计进行图像间（单向预测）编码。P 帧的压缩率约为 60 : 1。

（3）B 图像。也称**双向预测**图像，参照前一幅和后一幅 I 图像或 P 图像进行双向运动补偿。由于进行了双向预测，所以对 B 图像的压缩率最大。

因为 MPEG-1 允许在多帧之间联合编码，所以它的压缩率可达 50 : 1～200 : 1。MPEG-1 是非对称的，它用来进行压缩的计算复杂度（硬件）比解压要更多。这在信号从一个源产生但需要分配给许多接收者时比较适用。2000 年，市场上的 MPEG 芯片已可以在 1.2～1.5 Mbit/s 时，通过 200 : 1 的压缩率产生 VHS 质量的视频。它们也可在压缩率为 50 : 1 时，用 6 Mbit/s 的带宽提供广播质量。

4．MPEG-2

这是运动图像专家组于 1990 年开始制定的第 2 个运动图像压缩标准，1994 年完成，编号为 ISO/IEC 13818。这是一种用于视频传输的压缩标准，虽然基本结构与 MPEG-1 相同（与 MPEG-1 兼容），但通过扩充扩大了应用范围。它适用于从普通电视（5～10 Mbit/s）直到高清晰度电视（30～40 Mbit/s，原 MPEG-3 的内容）的带宽范围（后经扩展，最高可达 100 Mbit/s）。它的一个典型应用是数字视频光盘 DVD。

MPEG-2 标准采用的编码器和解码器的基本框图仍可分别参见图 14.3.1 和图 14.3.2，使用的有关压缩编码的技术与 H.261 也基本相同。但由于它主要用于场景变化很快的情况，所以规定每过 15 帧图一定要编一帧，不过并没有限定需用多少帧图来进行运动估计。

MPEG-2 包含 5 个档次（profile），即简单（simple）、主要（main）、SNR 可扩展（SNR scalable）、空间可扩展（spatially scalable）和高级（high）。简单档次不支持 B 图像，也不需要存储 B 图像。每个档次又分为 4 个等级（level），包括高等级、高等级 1440、主要等级和低等级。等级主要与视频的分辨率有关。例如，低等级对应的标准分辨率为 352 像素 × 288 像素，每秒 30 帧，也称**源输入格式**（SIF）；主要等级满足 CCIR/ITU-R 601 的质量（分辨率为 720 像素 × 576 像素，每秒 30 帧）；而高等级均用于 HDTV，其中高等级 1440 支持的分辨率为 1440 像素 × 1152 像素，每秒 60 帧；而高等级支持的最高分辨率为 1920 像素 × 1152 像素，每秒 60 帧。

MPEG-2 具有的不同档次和等级如表 14.4.1 所示。

表 14.4.1 MPEG-2 的档次和等级

	主要档次	SNR可扩展档次	简单档次	空间可扩展档次	高级档次
高等级（high level）	√				√
高等级 1440（high 1440 level）	√			√	√
主要等级（main level）	√	√	√		√
低等级（low level）	√	√			

MPEG-2 的主要档次最受关注，它可支持从最低的具有 MPEG-1 质量的等级、通过广播质量的主要等级，一直到 HDTV 质量的最高级。

MPEG-2 编码器的输入是数字视频，标准覆盖音频压缩、视频压缩以及传输。在传输部分，它定义了以下内容。

（1）**节目流**：一组具有共同时间联系的音频、视频和数据元素，一般用于发送、存储和播放。

（2）**传输流**：一组节目流或（音频、视频和数据）元素流，它们被以非特定的联系进行调制复用（multiplex）以用于传输。

与为计算机应用开发的 MPEG-1 相比，MPEG-2 可用于电视播放。MPEG-1 仅支持**渐进扫描**；MPEG-2 可支持**隔行扫描**（既有场的概念，也有帧的概念）。MPEG-2 对运动的估计包括场预测、帧预测、双场预测和 16 × 8 的运动补偿。

顺便指出，历史上曾有过 MPEG-3，MPEG-3 最初设计为支持 30 fps 的 1920 × 1080 格式的 HDTV，后来因为发现只需将 MPEG-1 和 MPEG-2 略加改进就可以将 HDTV 压到 20 Mbit/s 和 40 Mbit/s。所以 HDTV 成为 MPEG-2（High-1440 Level specification）的一部分。

5．MPEG–4

这是运动图像专家组为了适应在窄带宽（一般指 < 64 kbit/s）通信线路上对动态（可低于视

频）图像进行传输的要求，从1993年开始在MPEG-1和MPEG-2基础上制定的又一个运动图像压缩标准，主要面向低码率图像压缩。该标准的第1版和第2版已分别在1999年初和2000年初正式公布和使用，编号为ISO/IEC 14496。其后还做了进一步的改进。

MPEG-4标准从技术上讲的一个特点是引入了视觉对象/目标（分层目标区域）的概念，这里的视觉对象既可指自然的，也可指合成的（如各种动画图形）。它采用的主要技术是基于目标的编码和基于模型的编码。它的特点包括高压缩率、尺度可变、存取灵活等。

MPEG-4 建立在数字电视、交互图形和万维网（WWW）的成功之上，它提供了标准化的技术，以把这3个领域的生产、分配和内容访问集成起来。例如，第3代手机已将它用作传输标准。它还可以支持无线视频电话、网络多媒体表示、TV广播、DVD等，并支持通过有噪信道（如无线视频连接）的稳定视频传输。由于支持的功能和应用繁多，MPEG-4 相当复杂。由于它的处理对象比较广，所以MPEG-4在一定意义上可看作一个多媒体应用的标准。

6. H.264/AVC

这是由ITU-T的视频编码专家组和ISO/IEC的运动图像专家组在2001年联合组成的**联合视频编码组**（JVT）共同制定的一个面向未来IP和无线环境下的视频压缩的国际标准。该标准在2003年5月正式形成，其中ITU-T方面称为H.264，MPEG方面将其纳入MPEG-4的第10部分：先进视频编码（AVC）。它的目标是在提高压缩效率的同时，提供网络友好的视频表达方式，既支持"会话式"（如可视电话），也支持"非会话式"（如广播或流媒体）视频应用。

H.264/AVC标准以H.26L为基础，其基本的编码框架仍类似于H.261的编码框架，其中预测、变换、量化、熵编码等模块都没有发生根本的变化，但在每一个功能模块都引入了新的技术，从而实现了更高的压缩性能。另外，在算法结构上采用了分层处理，以适应不同的传输环境，提高传输效率。

H.264/AVC在编码方面的主要技术如下。

（1）多帧多模式运动预测

在 H.264/AVC 中，可以从当前帧的前几帧中选择一帧作为参考帧来对宏块进行运动预测。多参考帧预测对周期性运动和背景切换能够提供更好的预测效果，而且有助于恢复比特流。

对视频图像进行运动预测时，要将图像分成一组 16×16 的亮度宏块和两组 8×8 的色度宏块。在H.264/AVC中，对 16×16 的宏块还可以继续分解为4种子块，这称为宏块分解（Macro-Block Partition），如图14.4.6（a）所示；对 8×8 的宏块还可以继续分解为4种子块，这称为宏块子分解（Macro-Block Sub-Partition），如图14.4.6（b）所示。

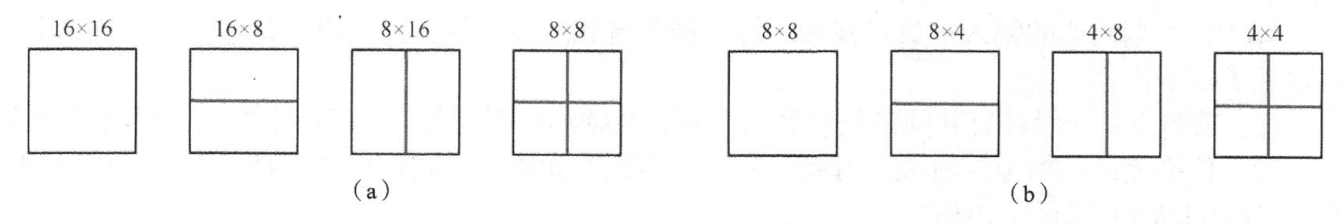

图14.4.6　宏块分解和宏块子分解

由于宏块尺寸类型较多，所以可以更灵活地与图像中物体的运动特性相匹配。一般尺寸大的分解子块适用于当前帧相对于参考帧变化小的区域和比较光滑的区域，尺寸小的分解子块适用于当前帧相对于参考帧变化大的区域和细节较多的区域。同时，最小宏块的尺寸比较小，可以较精确地划分运动物体，可减小运动物体边缘处的衔接误差，提高运动估计的精度和数据压缩效果，并能提高图像播放效果。

（2）整数变换

与上述许多标准不同，在 H.264/AVC 中使用了可分离的整数变换。一方面计算比较简单

（主要进行加法和移位），另一方面，整数变换的反变换还是整数变换，可避免舍入误差。

（3）熵编码

H.264/AVC 支持两种熵编码方式：①上下文适应变长编码（Context-Adaptive Variable Length coding，CAVLC）；②上下文适应二值算术编码（Context-Adaptive Binary Arithmetic Coding，CABAC）。CABAC 是可选项，其编码性能比 CAVLC 好，但计算复杂度也高。

（4）自适应环内消块效应滤波器

H.264/AVC 定义了自适应环内消块效应滤波器（Adaptive In-Loop De-Blocking Filter），以消除基于块的编码导致的块状失真。

由上可见，H.264/AVC 标准具有较好的使用功能和较高的压缩率是多方面改进的结果。据统计，H.264/AVC 与 MPEG-2 编码的视频流相比，要节省 64%的比特率，与 H.263 或 MPEG-4 的简单档次的视频流相比，平均可节省 40% ～ 50%的比特率。

7．H.265/HEVC

H.265/HEVC 也是由**联合视频组**（JVT）所制定的一个视频压缩的国际标准，是为了适应视频高清晰度高帧率的发展趋势而制订的。该标准在 2013 年初正式形成，其中 ITU-T 方面称为 H.265，MPEG 方面将其称为**高效视频编码**（HEVC）。

H.265/HEVC 标准采用了许多新技术，如高精度运动补偿插值、多视（MVP）预测方法、帧内亮度预测、帧内色度预测、去块效应滤波器等，算法复杂性有了大幅提升，基本上用（H.264）2 ～ 4 倍的计算复杂度换取了 50%左右的压缩效率提高。它可以实现利用 1 ～ 2 Mbit/s 的传输速度传送 720P（分辨率 1280 × 720）普通高清视频，也同时支持 4K（4096 × 2160）和 8K（8192 × 4320）超高清视频。事实上，它正是为了适应视频高清晰度高帧率的发展趋势制定的。

在 H.265/HEVC 中，宏块的尺寸扩展到了 64 × 64。这样可减少高分辨率视频压缩时的宏块数，避免宏块级参数信息占用的码字过多，而用于编码残差部分的码字过少的问题。另一方面，这样也可增加单个宏块所表示的图像内容信息，减少冗余。

H.265/HEVC 整体上包括 3 种基本单元：编码单元（Coding Unit，CU）、预测单元（Predict Unit，PU）、转换单元（Transform Unit，TU）。

14.5　背景建模

背景建模是一类检测前景运动目标的思路，可采用不同的技术手段实现。

14.5.1　基本原理

14.2.2 节介绍的差图像计算是一种简单快速的运动信息检测方法，但在很多情况下对运动目标的检测效果不够好。这是因为计算差图像时会将所有环境起伏（背景杂波）、光照改变、摄像机晃动等与目标运动一起检测出来（特别是在总以第 1 帧作为参考帧时，该问题更为严重），所以只有在非常严格控制的场合（如环境和背景均不变），才能将真正的目标运动分离出来。

比较合理的运动检测思路是并不将背景看成是完全不变的，而是计算和保持一个动态（满足某种模型）的背景帧。这就是**背景建模**的基本思路。背景建模是一个训练-测试的过程。先利用序列中开始的一些帧图像训练出一个背景模型，然后将这个模型用于对其后帧的测试，根据当前帧图像与背景模型的差异来检测运动。

有一种简单的背景建模方法是在对当前帧的检测中使用之前 N 个帧的均值或中值，以在 N 个帧的周期中确定和更新每像素的数值。一种具体算法主要包括如下步骤。

（1）先获取前 N 帧图像，在每像素处，确定这 N 帧的中值，作为当前的背景值。

（2）获取第 N+1 帧，计算该帧与当前背景在各像素位置的差（可对差阈值化以减少噪声）。

（3）使用平滑或形态学操作的组合来消除差图像中非常小的区域并填充大区域中的孔，保留下来的区域代表了场景中运动的目标。

（4）结合第 N+1 帧更新中值。

（5）返回到步骤（2），考虑下一帧。

这种基于中值维护背景的方法比较简单，计算量较小，但在场景中同时有多个目标或目标运动很慢时，效果并不是很好。

14.5.2 典型实用方法

下面介绍几种典型的基本背景建模方法，它们都将运动前景提取分为模型训练和实际检测两步，通过训练对背景建立数学模型，而在检测中利用所建模型消除背景获得前景。

1．基于单高斯模型的方法

基于**单高斯模型**的方法认为像素点的值在视频序列中服从高斯分布。具体就是针对每个固定的像素位置，计算 N 帧训练图像序列中，该位置像素值的均值μ和方差σ，从而唯一地确定出一个单高斯背景模型。在运动检测时，利用背景相减的方法计算当前帧图像中像素的值与背景模型的差，再将差值与阈值 T（常取 3 倍的方差）比较，即根据$|\mu_{\mathrm{T}}-\mu| \leqslant 3\sigma$，就可以判断该像素为前景或者背景。

这种模型比较简单，但对应用条件要求较严。例如，要求在较长时间内，光照强度无明显变化，同时检测期间，运动前景在背景中的阴影较小。它的缺点是对光照强度的变化比较敏感，会导致模型不成立（均值和方差均会变化）；在场景中有运动前景时，由于只有一个模型，所以不能将其与静止背景分离开，有可能造成较大的虚警率。

2．基于视频初始化的方法

在训练序列中，背景是静止的，但在有运动前景的情况下，如果能将各像素点上的背景值先提取出来，将静止背景与运动前景分离开来，然后进行背景建模，就有可能克服前述问题。这个过程也可看作在对背景建模前，对训练的视频进行初始化，从而将运动前景对背景建模的影响滤除。

具体进行**视频初始化**时，可对 N 帧含运动前景的训练图像，设定一个最小长度阈值 T_l，截取每个像素位置的长度为 N 的序列，得到像素值相对稳定的、长度大于 T_l 的若干个子序列$\{L_k\}$，$k = 1, 2, \cdots$，从中进一步选取长度较长且方差较小的序列作为背景序列。

通过这个初始化，把在训练序列中背景静止，但有运动前景的情况转化为在训练序列中，既使背景静止，也没有运动前景的情况。在把静止背景下，有运动前景时的背景建模问题转化为静止背景下，无运动前景的背景建模问题后，仍可使用前述基于单高斯模型的方法来进行背景建模。

3．基于高斯混合模型的方法

在训练序列中的背景也有运动的情况下，基于单高斯模型的方法效果也不好。此时，更鲁棒和有效的方法是对各像素分别用混合的高斯分布来建模，即引入高斯混合模型（GMM），对背景的多个状态分别建模，根据数据属于哪个状态来更新该状态的模型参数，以解决运动背景下的背景建模问题。

基于高斯混合模型的基本方法是依次读取各帧训练图像，每次都对每个像素点进行迭代建模。设一像素在某个时刻可用多个高斯分布的加权来（混合）建模。训练开始时，设一个初始标准差。当读入一幅新图像时，将用它的像素值来更新原有的背景模型。将各像素与此时的高斯函数比较，如果它落在均值的 2.5 倍方差范围内，就认为是匹配的，即认为该像素与该模型相适应，可用它的像素值来更新该模型的均值和方差。如果当前像素点模型数小于预期，则对这个像素点建立一个新的模型。如果有多个匹配出现，则可以选最好的。

如果没有找到匹配，将对应最低权重的高斯分布用一个具有新均值的新高斯分布替换。相对于其他高斯分布，新高斯分布此时具有较高的方差和较低的权重，有可能成为局部背景的一部分。如果已经判断了各个模型，并且它们都不符合条件，则将权重最小的模型替换为新的模型，新模型均值即为该像素点的值，这时再设定一个初始标准差。如此进行，直到把所有训练图像都训练过。

4．基于码本的方法

在基于码本的方法中，将每个像素点用一个码本表示，一个码本可包含一个或多个码字，每个码字代表一个状态。**码本**最初是借助对一组训练帧图像进行学习生成的。这里对训练帧图像的内容没有限制，可以包含运动前景或运动背景。接下来，通过一个时域滤波器滤除码本中代表运动前景的码字，保留代表背景的码字；再通过一个空域滤波器将那些被时域滤波器错误滤除的码字（代表较少出现的背景）恢复到码本中，减少在背景区域中出现零星前景的虚警。这样的码本代表了一段视频序列的背景模型的压缩形式。

14.5.3　效果示例

上述几种方法的一些测试结果如下。检测效果除可直观观察外，还可通过统计检测率（检测出的前景像素数占真实前景像素数的比值）和虚警率（检测出的本不属于前景的像素数占所有被检测为前景的像素数的比值）的平均值来定量进行比较。

1．静止背景中无运动前景

在最简单的情况下，训练序列中的背景是静止的，也没有运动前景。图 14.5.1 所示为一组实验结果图像。在所用的序列中，初始场景里只有静止背景，要检测的是其后进入场景的人。图 14.5.1（a）为人进入后的一个场景，图 14.5.1（b）为对应的参考结果，图 14.5.1（c）为用基于单高斯模型方法得到的检测结果。由图 14.5.1（c）可见，人体中部和头发部分有很多像素（均处于灰度较低且比较一致的区域）没有被检测出来，而背景也有一些零星的误检点。

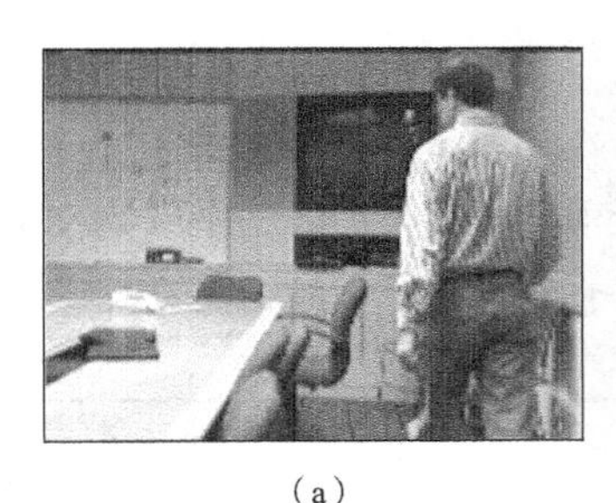
（a）

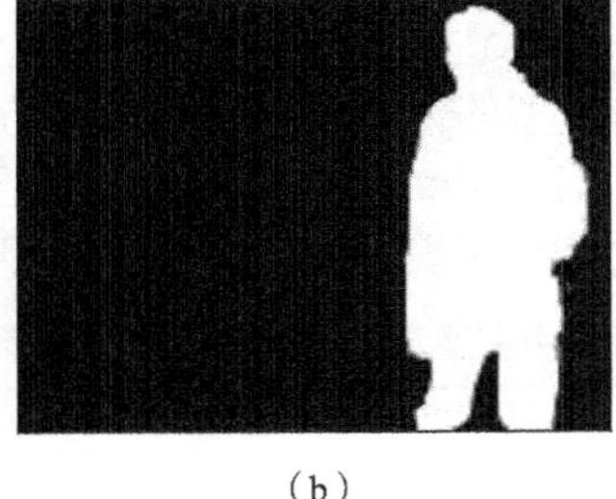
（b）

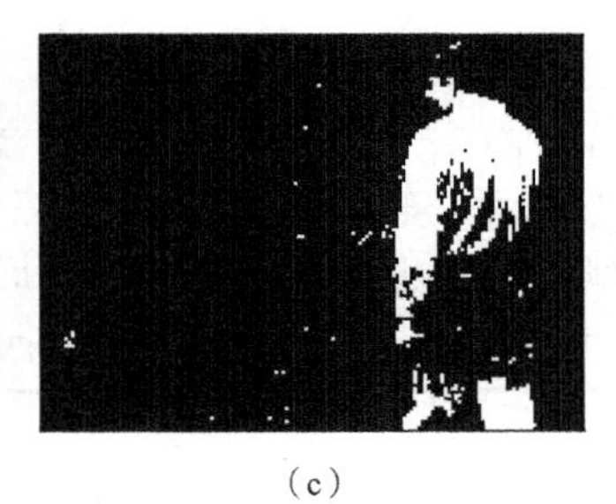
（c）

图 14.5.1　静止背景下无运动前景时的结果

2．静止背景中有运动前景

在稍复杂的情况下，训练序列中的背景是静止的，但有运动前景。图 14.5.2 所示为一组实验结果图像。在所用的序列中，初始场景里有人，后来离去，要检测的是离开场景的人。图 14.5.2（a）所示为人还没有离开时的一个场景，图 14.5.2（b）所示为对应的参考结果，图 14.5.2（c）所示为用基于视频初始化的方法得到的结果，图 14.5.2（d）所示为用基于码本的方法得到的结果。

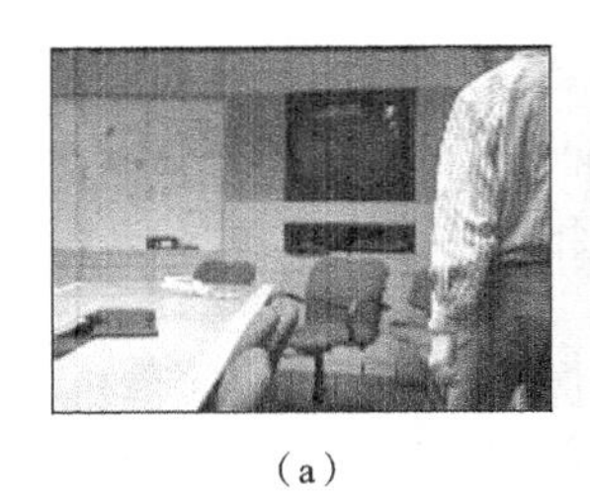
（a）

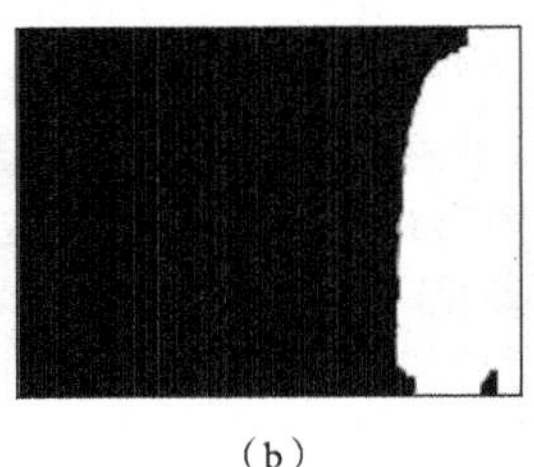
（b）

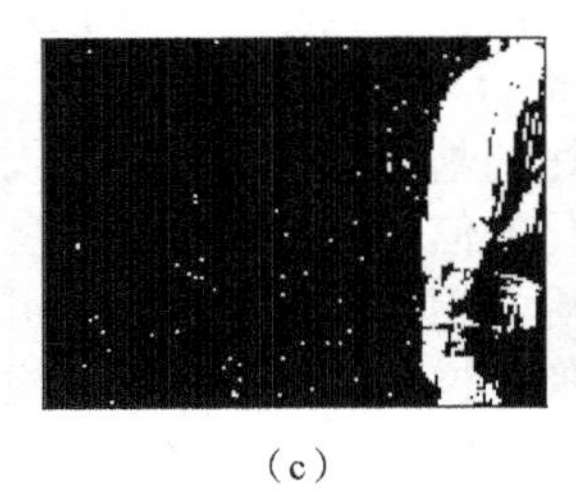
（c）

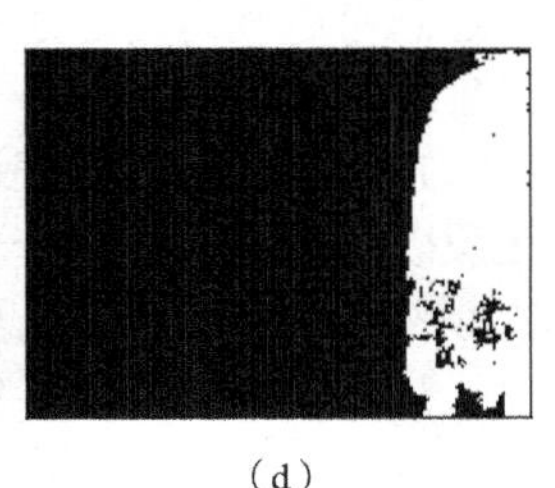
（d）

图 14.5.2　静止背景下有运动前景时的结果

两种方法比较，基于码本的方法比基于视频初始化的方法的检测率要高，而虚警率要低。这是由于基于码本的方法针对每个像素点建立了多个码字，从而提高了检测率；同时，检测过程中所用的空域滤波器又降低了虚警率。具体统计数据见表 14.5.1。

表 14.5.1　　静止背景中有运动前景时的背景建模统计结果

方法	检测率	虚警率
基于视频初始化	0.676	0.051
基于码本	0.880	0.025

3．运动背景中有运动前景

在更复杂的情况下，训练序列中的背景是运动的，而且有运动前景。图 14.5.3 所示为一组实验结果图像。在所用的序列中，初始场景中的树在晃动，要检测的是进入场景的人。图 14.5.3（a）所示为人进入后的一个场景，图 14.5.3（b）所示为对应的参考结果，图 14.5.3（c）所示为用基于高斯混合模型方法得到的结果，图 14.5.3（d）所示为用基于码本的方法得到的结果。

（a）
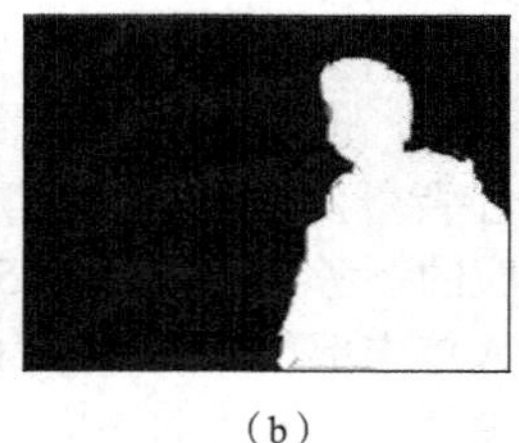
（b）
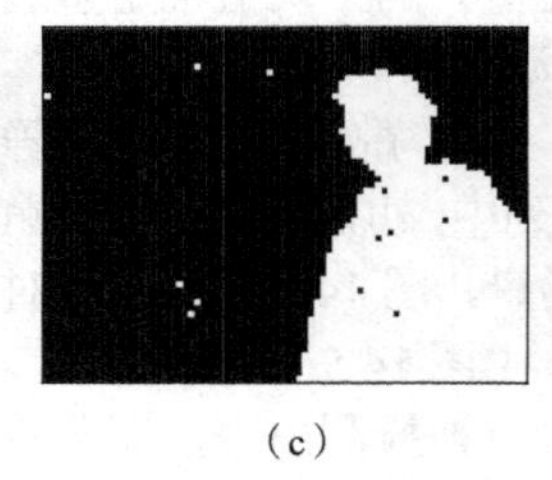
（c）
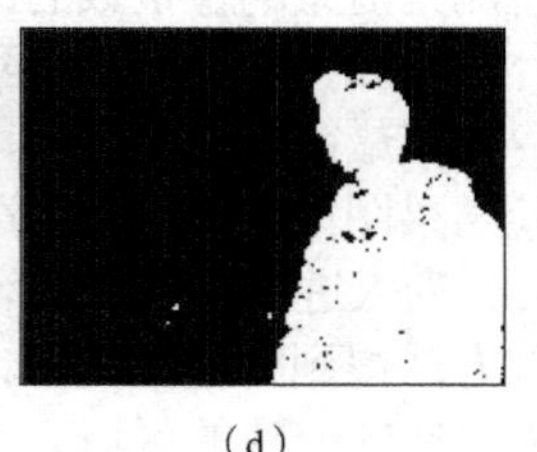
（d）

图 14.5.3　运动背景下有运动前景时的结果

两种方法比较，基于高斯混合模型的方法和基于码本的方法都针对背景运动设计了较多的模型，因而都有较高的检测率（前者的检测率比后者稍高）。由于前者没有与后者的空域滤波相对应的处理步骤，因此前者的虚警率比后者稍高。具体统计数据见表 14.5.2。

表 14.5.2　　运动背景中有运动前景时的背景建模统计结果

方法	检测率	虚警率
基于高斯混合模型	0.951	0.017
基于码本	0.939	0.006

总结和复习

下面简单小结本章各节，并有针对性地介绍一些可供深入学习的参考文献。进一步复习还可通过思考题和练习题进行，标有星号（*）的题在书末提供了参考解答。

【小结和参考】

14.1 节介绍视频表达的基本术语和常见格式。视频是对静止图像的扩展，除包含空间信息外，还反映了场景随时间变化的信息。视频中的信息内容很多，对其的表达相比图像有了更多要求，视频格式种类也更多。更多相关术语和内容还可参见[章 2015b]。

14.2 节介绍基于摄像机模型全局运动信息检测和基于图像差的运动像素检测原理。摄像机的运动是由各种特定操作导致的[Jeannin 2000]，而摄像机的运动导致了视频图像的变化，对摄像机运动建模可帮助在视频图像中进行运动检测。对视频中全局运动的一个具体估计算法可见[陈

2010b]。更多基于差图像运动信息检测方法的讨论可见[章 2015b]。运动检测还可借助光流场（如[Forsyth 2003]、[章 2012c]、[章 2012d]）、基于摄像机运动模型[俞 2001]、[Jeannin 2000]等。对运动分析的更多介绍可见[章 2012c]。

14.3 节介绍基于运动检测和运动补偿对视频的滤波。在检测出视频中的运动信息后，既可以隐式地利用检测到的运动信息而不显式地估计帧间的运动来进行图像滤波，也可以在各帧中考虑运动的轨迹（运动轨迹描述符可见文献[Jeannin 2000]）并在轨迹上的各点估计帧间的运动来进行图像滤波。前者称为基于运动检测（运动适应）的滤波，后者称为基于运动补偿的滤波。例如，对视频图像中由于采集时摄像机与景物有相对运动而导致的模糊，就可利用基于运动检测的方法进行滤波消除[章 2012b]。

14.4 节介绍运动图像压缩国际标准。有关该类标准的相关内容可查阅 MPEG 网站。在国际标准 H.261 和 H.264 之间还制定过两个国际标准，H.262 和 H.263。国际标准 H.261 之后的各个运动图像压缩国际标准都借鉴了 H.261 的混合编解码框架，也都使用了变换编码的方式。有关 H.265/HEVC 编码标准及其在电视监测领域的应用前景的综述可见[马 2016]。

14.5 节介绍运动目标检测中，典型的背景建模方式和效果。其中基于码本的方法是基于训练和学习的方法[Kim 2004]。由于实际情况中，背景和前景都有可能有各种运动方式，所以人们还在研究各种针对性的方法，如一种基于自适应亚采样来检测运动目标的技术可见文献[Paulus 2009]。对视频中运动目标的检测常采用连续跟踪的方法进行，如[Chen 2006]、[刘 2008]、[贾 2009]、[王 2010]、[Tang 2011]。

【思考题和练习题】

14.1　在图 14.1.1 中，如果一段采用 4 : 2 : 2 格式的视频序列的数据量为 15 MB，那么转换成另外 3 种格式时的数据量各是多少？

*14.2　设图像中一个目标各点的运动矢量均为[2, 4]，求它的六参数运动模型中各系数的值。

14.3　试比较式（14.2.3）与式（14.2.4）中的判断条件，它们各有什么特点？

14.4　图像中运动目标的特性可借助目标的尺寸、目标的灰度、目标的运动方向、目标的运动幅度等特征来表示，那么上述哪些特征可从累积差图像中计算出来？

14.5　当所观察的目标区域向右水平移动时，正 ADI 图像中的非零区域的位置如何变化？

14.6　设一个点在空间的运动分 5 个等间隔的阶段，在第 1 个阶段沿 X 轴方向匀减速运动，在第 2 个阶段沿与 Y 轴和 Z 轴角分线平行的方向匀速运动，在第 3 个阶段沿 Y 轴方向匀速运动，在第 4 个阶段沿 Z 轴方向匀减速运动，在第 5 个阶段沿与 X 轴和 Z 轴角分线平行的方向匀加速运动。试分别做出该点沿 3 个轴的运动轨迹的示意图。

14.7　如果匀速直线运动的方向与水平夹角为 60°，在该方向上速度为 1，写出对应的转移函数。

*14.8　对在 x 和 y 方向上的任意匀速直线运动，推导对应的转移函数。

14.9　设场景中有一物体沿 x 方向做直线运动，取权重系数 $a = 0.5$，计算[0, 10]间的双向预测值。

（1）如果物体的运动为匀速，速度 $v = 2$。

（2）如果物体的运动为匀加速，加速度 $a = 1$。

14.10　试调研并分析国际标准 H.265/HEVC 中采取的哪些技术对提高压缩率有帮助，具体是如何提高的。

14.11　为什么 14.5.1 节介绍的基于中值维护背景的方法在场景中同时有多个目标或目标运动很慢时，效果不是很好？

14.12　试归纳列出利用高斯混合模型计算和保持动态背景帧的主要步骤和工作。

第15章 数学形态学方法

数学形态学是指以形态为基础对图像进行分析的一类数学工具。数学形态学方法近年来在图像分析中起着越来越重要的作用。它的基本思想是用具有一定形态的结构元素，去量度和提取图像中的对应形状，以达到对图像分析和识别的目的。因为初期的数学形态学方法仅可应用于二值图像，所以需将灰度图像先进行二值化。后来灰度形态学得到发展，使得数学形态学方法不仅可用于二值图像，也可直接应用于各种灰度图像和彩色图像。

一般常认为数学形态学的基本运算有 4 个：膨胀（或扩张）、腐蚀（或侵蚀）、开启和闭合。有些人将击中-击不中变换也看作基本运算。基于这些基本运算可推导出各种数学形态学的组合运算，进一步还可构成各种进行图像处理和分析的实用算法。

本章各节的内容安排如下。

15.1 节介绍二值形态学的 4 个基本运算，即二值膨胀、二值腐蚀、二值开启和二值闭合。后面几节的内容都以此为基础。

15.2 节介绍击中-击不中变换以及基于击中-击不中变换得到的一些具有通用功能的二值形态学组合运算。

15.3 节介绍一些典型的二值形态学实用算法，包括噪声滤除、目标检测、边界提取、区域填充和连通组元提取，可以解决图像分析中的具体问题。

15.4 节将二值形态学推广到灰度形态学，先讨论了灰度图像的排序，然后介绍了灰度形态学的 4 个基本运算，即灰度膨胀、灰度腐蚀、灰度开启和灰度闭合。

15.5 节在灰度数学形态学基本运算的基础上，介绍了形态梯度、形态平滑、高帽变换和低帽变换等组合运算。

15.1 二值形态学基本运算

二值形态学中的运算对象是集合，但在实际运算中涉及两个集合时，并不把它们看作互相对等的。一般设 A 为图像集合，B 为结构元素，数学形态学运算是用 B 对 A 进行操作。需要指出，**结构元素**本身实际上也是一个图像集合。对每个结构元素，先要对它指定一个原点，它是结构元素参与形态学运算的参考点。注意原点可以包含在结构元素中，也可以不包含在结构元素中（即原点并不一定要属于结构元素），但两种情况下的运算结果常不相同。

二值形态学的 4 个基本运算是两两成对的，即膨胀和腐蚀、开启和闭合。在以下讨论中，用阴影代表值为 1 的区域，白色代表值为 0 的区域，运算是对图像中值为 1 的区域进行的。

15.1.1　膨胀和腐蚀

膨胀和腐蚀是形态学中最基本的运算，其他运算均以它们为基础。

1．膨胀

膨胀的算符为$\oplus$，A 用 B 来膨胀写作 $A \oplus B$，其定义为

$$A \oplus B=\{x \mid [(\hat{B})_x \bigcap A] \neq \varnothing\} \tag{15.1.1}$$

式（15.1.1）表明，用 B 膨胀 A 的过程是，先对 B 做关于原点的**映射**，再将其**映像**平移 x，这里 A 与 B 映像的交集不为空集。换句话说，用 B 来膨胀 A 得到的集合是 $\hat{B}$ 的位移与 A 中至少有一个非零元素相交时，B 的原点位置的集合。根据这个解释，式（15.1.1）也可写成

$$A \oplus B=\{x \mid [(\hat{B})_x \bigcap A] \subseteq A\} \tag{15.1.2}$$

式（15.1.2）可帮助人们借助卷积概念来理解膨胀操作。如果将 B 看作一个卷积模板，膨胀就是先对 B 做关于原点的映射，再将映像连续地在 A 上移动（保持 A 与 B 有交集）而实现的。

例 15.1.1　膨胀运算图解

图 15.1.1 为膨胀运算的一个示例，其中图 15.1.1（a）中的阴影部分为集合 A，图 15.1.1（b）中的阴影部分为结构元素 B（标有“+”处为原点），它的映像如图 15.1.1（c）所示，而图 15.1.1（d）中的两种阴影部分（其中深色为扩大的部分）合起来为集合 $A \oplus B$。由图 15.1.1 可见，膨胀将图像区域扩大了。

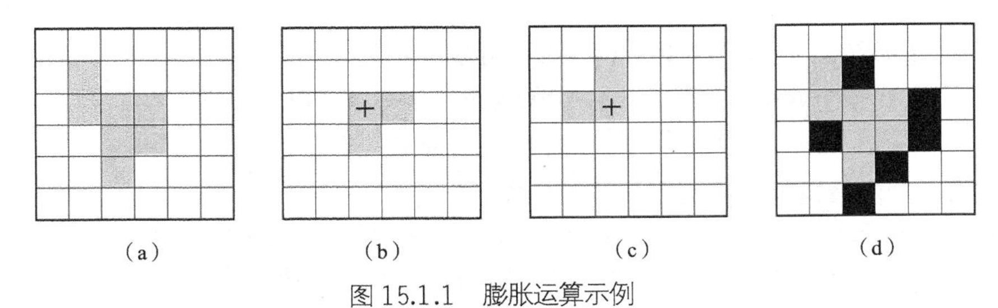

（a）　（b）　（c）　（d）

图 15.1.1　膨胀运算示例　❑

例 15.1.2　膨胀结合逻辑运算

将膨胀运算与逻辑运算结合使用，能获得中间镂空的标签。该方法可用于覆盖在全黑或全白的图像区域上方进行标注。具体做法是，先将需要使用的标签文字进行膨胀，再将结果与原文字进行 XOR 运算，这样得到的标签覆盖在全黑或全白的区域都能看得比较清楚。例如，图 15.1.2（a）为原始文字，图 15.1.2（b）为用上述方法得到的原文字的镂空标签。

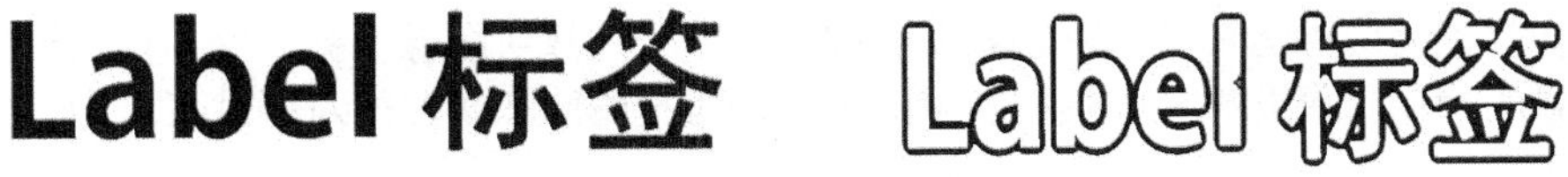

Label 标签　Label 标签

（a）　（b）

图 15.1.2　膨胀结合逻辑运算的实例　❑

2．腐蚀

腐蚀的算符为$\ominus$，A 用 B 来腐蚀写作 $A \ominus B$，其定义为

$$A \ominus B=\left\{x \mid (B)_x \subseteq A\right\} \tag{15.1.3}$$

式（15.1.3）表明 A 用 B 腐蚀的结果是所有 x 的集合，其中 B 平移 x 后仍在 A 中。换句话说，用

B 来腐蚀 A 得到的集合是 B 完全包括在 A 中时，B 的原点位置的集合。式（15.1.3）也可帮助人们借助相关概念来理解腐蚀操作。

例 15.1.3　腐蚀运算图解

图 15.1.3 为腐蚀运算的一个简单示例。其中，图 15.1.3（a）中的集合 A 和图 15.1.3（b）中的结构元素 B 都与图 15.1.1 中的相同，而图 15.1.3（c）中的深色阴影部分为 $A\ominus B$（浅色为原属于 A 现腐蚀掉的部分）。由图 15.1.3 可见，腐蚀将图像区域缩小了。

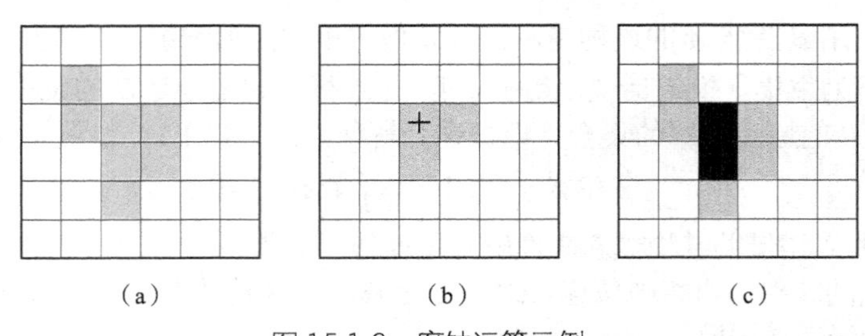

图 15.1.3　腐蚀运算示例 □

3．用向量运算实现膨胀和腐蚀

膨胀和腐蚀除前述比较直观的定义外，还有一些等价的定义。这些定义各有其特点，如膨胀和腐蚀操作都可以通过**向量运算**来实现，而且在实际应用中，用计算机完成膨胀和腐蚀运算更为方便。

如果将 A，B 均看作向量，则膨胀和腐蚀可分别表示为

$$A\oplus B=\left\{x \mid x=a+b \quad \text{对某些} \quad a\in A \quad \text{和} \quad b\in B\right\} \tag{15.1.4}$$

$$A\ominus B=\left\{x \mid (x+b)\in A \quad \text{对每一个} \quad b\in B\right\} \tag{15.1.5}$$

例 15.1.4　用向量运算实现膨胀和腐蚀操作示例

如图 15.1.1 所示，以图像左上角为{0, 0}，可将 A 和 B 分别表示为 $A = \{(1, 1), (1, 2), (2, 2), (3, 2), (2, 3), (3, 3), (2, 4)\}$ 和 $B = \{(0, 0), (1, 0), (0, 1)\}$。用向量运算进行膨胀得

$A\oplus B = \{(1, 1), (1, 2), (2, 2), (3, 2), (2, 3), (3, 3), (2, 4), (2, 1), (2, 2), (3, 2), (4, 2), (3, 3), (4, 3), (3, 4), (1, 2), (1, 3), (2, 3), (3, 3), (2, 4), (3, 4), (2, 5)\} = \{(1, 1), (2, 1), (1, 2), (2, 2), (3, 2), (4, 2), (1, 3), (2, 3), (3, 3), (4, 3), (2, 4), (3, 4), (2, 5)\}$

同理，用向量运算进行腐蚀得

$$A\ominus B = \{(2, 2), (2, 3)\}$$

可对照图 15.1.1 和图 15.1.3 验证这里的结果。 □

4．膨胀和腐蚀的对偶性

膨胀和腐蚀这两种运算是紧密联系在一起的，一个运算对图像目标的操作相当于另一个运算对图像背景的操作。借助集合补集和映像的定义，可把**膨胀和腐蚀的对偶性**表示为

$$(A\oplus B)^{\mathrm{c}} = A^{\mathrm{c}}\ominus \hat{B} \tag{15.1.6}$$

$$(A\ominus B)^{\mathrm{c}} = A^{\mathrm{c}}\oplus \hat{B} \tag{15.1.7}$$

例 15.1.5　膨胀和腐蚀的对偶性图解

膨胀和腐蚀的对偶性可借助图 15.1.4 来说明。图 15.1.4（a）和图 15.1.4（b）所示的分别为集合 A 和结构元素 B，图 15.1.4（c）和图 15.1.4（d）分别为 $A\oplus B$ 和 $A\ominus B$，图 15.1.4（e）和图 15.1.4（f）分别为 A^{c} 和 $\hat{B}$，图 15.1.4（g）和图 15.1.4（h）分别为 $A^{\mathrm{c}}\ominus\hat{B}$ 和 $A^{\mathrm{c}}\oplus\hat{B}$（其中深色点在膨胀结果中代表膨胀出来的点，在腐蚀结果中代表腐蚀掉的点）。比较图 15.1.4（c）和图 15.1.4（g）可验证式（15.1.6），比较图 15.1.4（d）和图 15.1.4（h）可验证式（15.1.7）。

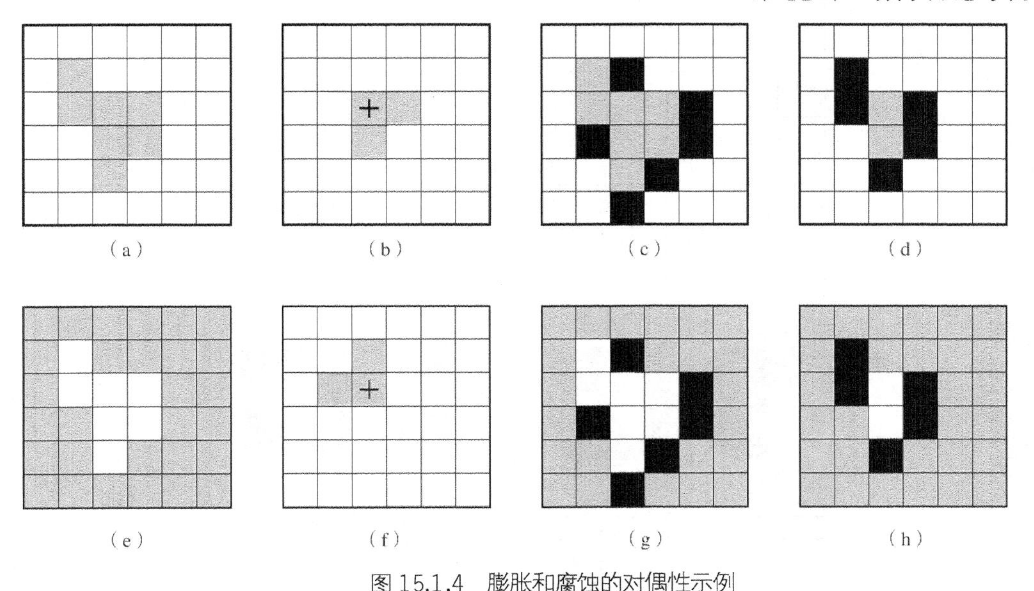

图 15.1.4　膨胀和腐蚀的对偶性示例 □

15.1.2　开启和闭合

开启和闭合是膨胀和腐蚀的简单组合，一般也看作形态学的基本运算。

1．开启和闭合定义

因为膨胀和腐蚀并不互为逆运算，所以它们可以级连结合使用。例如，可先对图像进行腐蚀，然后膨胀其结果，或先对图像进行膨胀，然后腐蚀其结果（这里使用同一个结构元素）。前一种运算称为**开启**，后一种运算称为**闭合**。它们也是数学形态学中的重要运算。

开启的运算符为○，A 用 B 来开启写作 $A \circ B$，其定义为

$$A \circ B = (A \ominus B) \oplus B \tag{15.1.8}$$

闭合的运算符为●，A 用 B 来闭合写作 $A \bullet B$，其定义为

$$A \bullet B = (A \oplus B) \ominus B \tag{15.1.9}$$

开启和闭合不受**原点**是否在结构元素之中的影响。

例 15.1.6　开启和闭合操作示例

图 15.1.5 所示为一个用同样的结构元素对同一个图像区域分别进行开启和闭合的示例，其中图 15.1.5（a）为集合 A，图 15.1.5（b）为结构元素。开启的第一步是腐蚀，图 15.1.5（c）所示为结构元素在不同位置腐蚀时的情况，腐蚀的结果如图 15.1.5（d）所示。由于集合 A 的中间连接段比结构元素直径细，所以完全腐蚀掉了。按图 15.1.5（e）对腐蚀的结果再进行膨胀得到最终开启的结果如图 15.1.5（f）所示。闭合的第一步是膨胀，图 15.1.5（g）所示为结构元素在不同位置膨胀时的情况，膨胀的结果如图 15.1.5（h）所示。由于 A 右边的凹进部分比结构元素直径细，所以膨胀的结果将它填充了。按图 15.1.5（i）对膨胀的结果再进行腐蚀得到最终闭合的结果如图 15.1.5（j）所示。注意，开启运算结束后，原集合 A 的凸角都变圆了，而闭合运算结束后，原集合 A 的凹角都变圆了。

开启和闭合两种运算都可以除去比结构元素小的特定图像细节，同时保证不产生全局的几何失真。开启运算可以把比结构元素小的凸刺滤掉，切断细长搭接而起到分离作用。闭合运算可以把比结构元素小的缺口或孔填充上，搭接短的间断而起到连通作用。

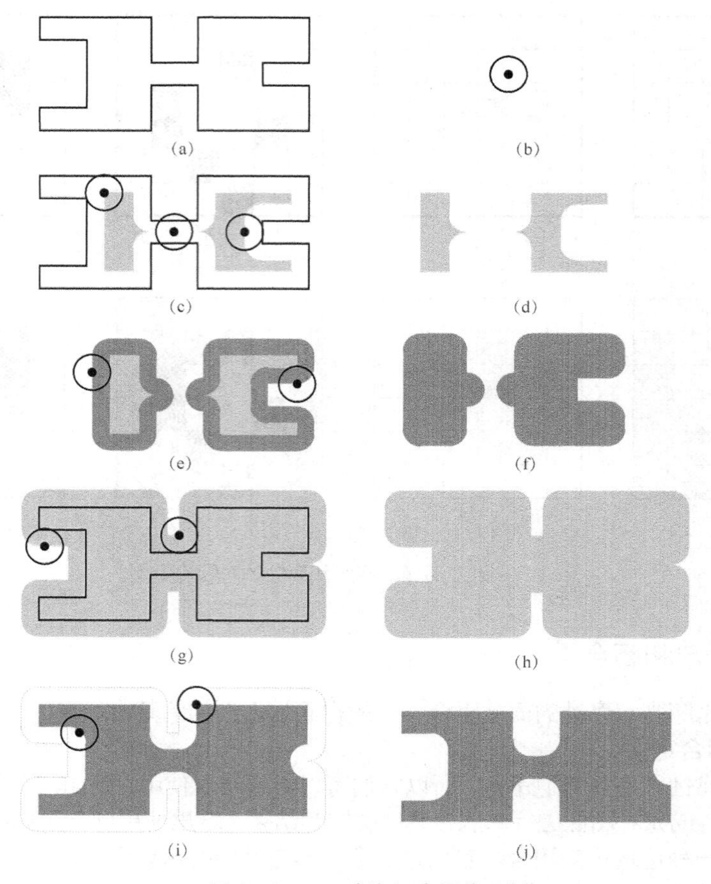

图 15.1.5 开启和闭合操作示例 □

例 15.1.7 开启和闭合实例

图 15.1.6（a）和图 15.1.6（b）分别为对同一幅图像进行开启和闭合的结果，已有明显差别。

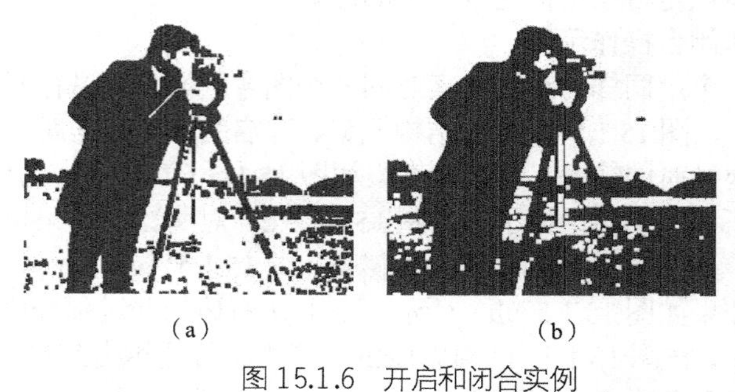

图 15.1.6 开启和闭合实例 □

2. 开启和闭合的对偶性

如同膨胀和腐蚀一样，开启和闭合也具有对偶性，**开启和闭合的对偶性**可表示为

$$(A \circ B)^{c} = A^{c} \bullet \hat{B} \tag{15.1.10}$$

$$(A \bullet B)^{c} = A^{c} \circ \hat{B} \tag{15.1.11}$$

这个对偶性可根据由式（15.1.6）和式（15.1.7）表示的膨胀和腐蚀的对偶性得到。

15.2　二值形态学组合运算

前面介绍了二值数学形态学的 4 种基本运算（膨胀、腐蚀、开启、闭合）。有人将击中-击不中变换也看作二值数学形态学的基本运算。例如，将击中-击不中变换与前 4 种基本运算结合，还可组成另一些形态分析的组合运算和基本算法，下面先介绍击中-击不中变换，再介绍由此得到的几个典型的组合运算。

15.2.1　击中-击不中变换

数学形态学中的**击中-击不中变换**是形状检测的一种基本工具。因为击中-击不中变换实际上对应两个操作，所以用到两个结构元素。设 A 为原始图像，E 和 F 是一对不相重合的集合（它们定义了一对结构元素），击中-击不中变换或**击中-击不中算子**用⇑表示，其定义为

$$A \Uparrow (E,F) = (A \ominus E) \cap (A^c \ominus F) = (A \ominus E) \cap (A \oplus F)^c \tag{15.2.1}$$

击中-击不中变换结果中的任一像素 z 都满足：$E + z$ 是 A 的一个子集，且 $F + z$ 是 A^c 的一个子集。反过来，满足上两条的像素 z 一定在击中-击不中变换的结果中。E 和 F 分别称为击中结构元素和击不中结构元素，如图 15.2.1 所示。其中，图 15.2.1（a）所示为击中结构元素，图 15.2.1（b）所示为击不中结构元素，图 15.2.1（c）所示为 4 个示例原始图像，图 15.2.1（d）为对它们进行击中-击不中变换得到的结果。由图 15.2.1 可见，击中-击不中变换具有位移不变性，即位移的结果不因位移的次序而异。需要注意，两个结构元素要满足 $E \cap F = \varnothing$，否则击中-击不中变换将会给出空集的结果。

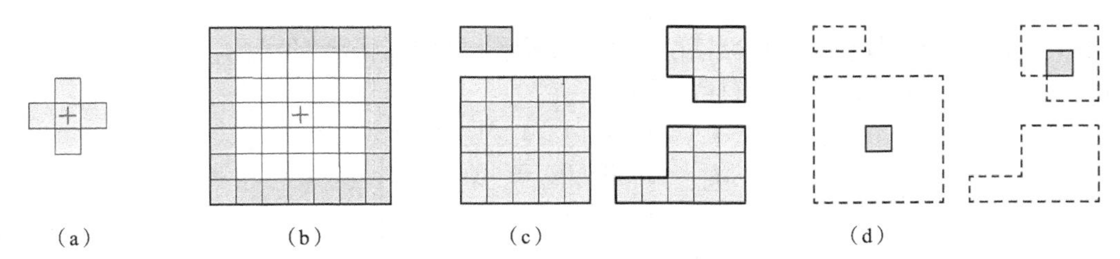

图 15.2.1　击中-击不中变换示例

例 15.2.1　击中-击不中变换中的结构元素

为更明确地了解击中-击不中变换中，两个结构元素的作用，可看图 15.2.2 所示的示例，这里考虑从图 15.2.2（a）中检测仅包含水平方向上有连续 3 像素的线段。

如果用对应待检测目标的 1×3 的模板 $M_1 = [1 \quad 1 \quad 1]$进行腐蚀，则可以消除小于待检测目标的所有其他区域并保留比模板大的区域，即在移动的模板是区域 R ($M_1 \subseteq R$)的一个子集时，比模板大的所有区域都会保留下来（这里仅标记了 1×3 的中心像素），如图 15.2.2（b）所示。此时，还需要第二个操作以消除大于待检测目标的所有其他区域。为此可考虑原始二值图像的背景，对背景用一个 3×5 的模板（其中对应目标的模板值为 0，对应背景的模板值为 1）

$$M_2 = \begin{bmatrix} 1 & 1 & 1 & 1 & 1 \\ 1 & 0 & 0 & 0 & 1 \\ 1 & 1 & 1 & 1 & 1 \end{bmatrix}$$

进行腐蚀来执行第二步操作。上述模板 M_2 也可看作待检测目标的一个负模板。

如上腐蚀后的背景包含所有具有 M_2 或更大背景（$M_2 \subseteq R$）的像素，如图 15.2.2（c）所示。

这对应小于等于待检测目标的区域。由于第一次腐蚀得到了所有大于等于待检测目标的区域，对用 M_1 腐蚀的图像与用 M_2 腐蚀的背景求交集就给出仅包含水平方向上有连续3像素的线段的中心像素，如图15.2.2（d）所示。

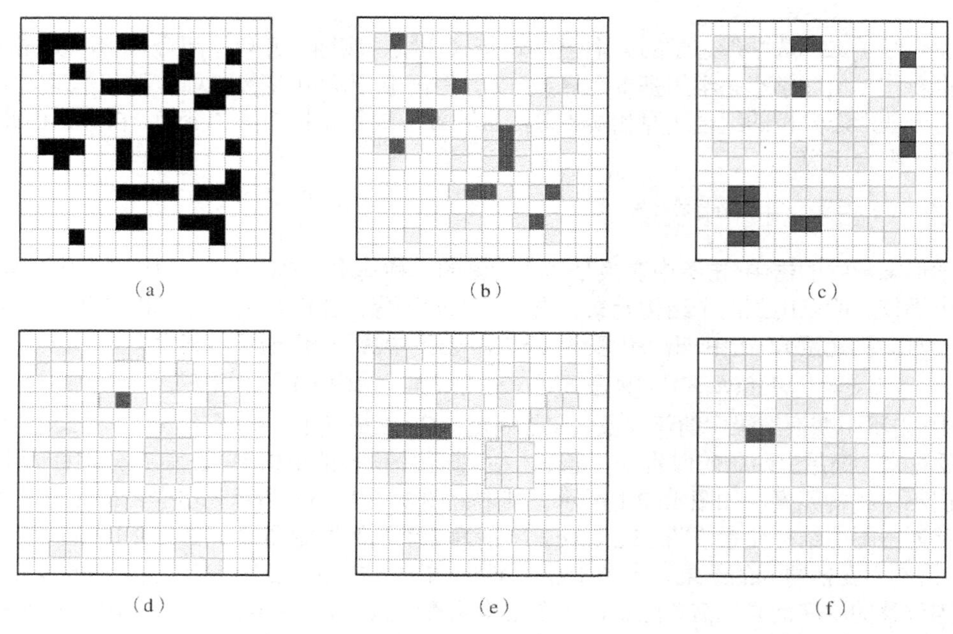

图15.2.2 利用击中-击不中算子提取包含水平方向上有连续3像素的线段

击中-击不中算子提供了一种灵活的手段，以检测已知特定形状的目标。击中-击不中算子的通用性可用另一个击不中模板来解释，考虑

$$M_3=\begin{bmatrix}1&1&1&1&1&1&1\\1&0&0&0&0&0&1\\1&1&1&1&1&1&1\end{bmatrix}$$

对背景用上述模板进行腐蚀将会保留所有二值图中模板 M_3 和目标的并集为0的像素，如图15.2.2（e）所示。这种情况只可能在处于 3×7 大背景的区域中包含水平方向上有连续1～5像素的线段，才可能。所以用 M_1 和 M_3 的击中-击不中运算给出所有在处于 3×7 大背景的区域中包含水平方向上有连续3～5像素的线段的中心像素，如图15.2.2（f）所示。

因为击中-击不中算子中的击中模板和击不中模板是不重合的，所以它们可结合进一个模板中，其中1对应击中（击中模板为1），0对应击不中（击不中模板为0），“x”代表不需确定。具体来说，为检测包含水平方向上有连续3～5像素的目标的击中-击不中模板为

$$M=\begin{bmatrix}0&0&0&0&0&0&0\\0&x&1&1&1&x&0\\0&0&0&0&0&0&0\end{bmatrix}$$

如果一个击中-击不中模板中没有不需确定的像素，它提取的目标形状由模板中为1的像素决定。如果一个击中-击不中模板中有不需要确定的像素，模板中为1的像素给出可检测的最小目标，而模板中为1的像素和不需要确定的像素的并集给出可检测的最大目标。

考虑另一个例子，击中-击不中模板

$$M_{\mathrm{I}}=\begin{bmatrix}0&0&0\\0&1&0\\0&0&0\end{bmatrix}$$

能检测出孤立的像素。操作 $R-(R \Uparrow M_{\mathrm{I}})$从二值图像中消除孤立的像素（这里负号表示集合差运算）。

只有在击不中模板包围击中模板时，击中-击不中算子才能检测目标。如果击中模板与击中-击不中模板的边缘相切，则仅能检测某些目标边界的部分。例如，下列模板仅能检测目标的右下角。

$$M_{\mathrm{C}}=\begin{bmatrix}x&1&0\\1&1&0\\0&0&0\end{bmatrix}$$ □

例 15.2.2　击中-击不中变换示例

如图 15.2.3 所示，●和○分别代表目标和背景像素，没有画出的像素为不需确定的像素。令 B 为图 15.2.3（a）所示的结构元素，箭头指向与结构元素中心（原点）对应的像素。如果给出图 15.2.3（b）所示的 A，则 $A \Uparrow B$ 的结果如图 15.2.3（c）所示。图 15.2.3（d）为进一步的解释，$A \Uparrow B$ 的结果中仍保留的目标像素对应在 A 中其邻域与结构元素 B 对应的像素。

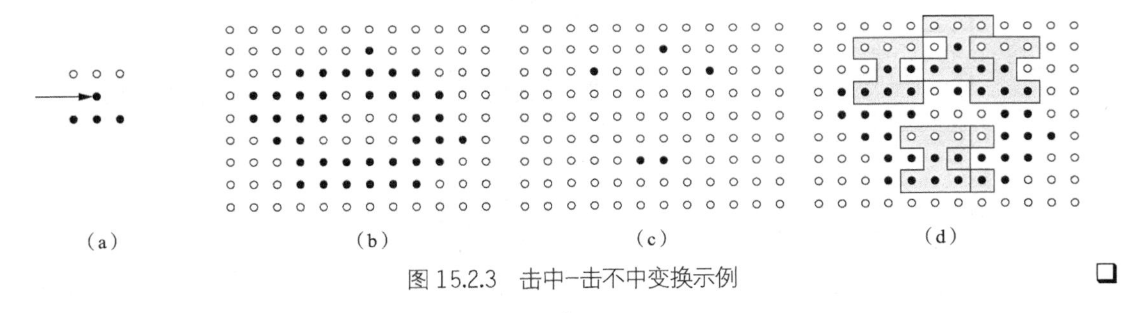

（a）　（b）　（c）　（d）

图 15.2.3　击中—击不中变换示例 □

15.2.2　组合运算

组合运算是指由基本运算结合而成的运算。下面几个组合运算主要借助击中-击不中变换构建。

1．细化

在有些操作（如求骨架）中，希望能腐蚀目标区域，但不要将其分裂成多个子区域。这里需要先检测出在目标区域边缘处的一些像素，将它们除去并不会将区域分裂成多个子区域。这个工作可用细化操作来完成。用结构元素 B 来**细化**集合 A 记作 $A \otimes B$，$A \otimes B$ 可借助击中-击不中变换定义如下。

$$A \oplus B = A-(A \Uparrow B) = A \bigcap (A \Uparrow B)^{\mathrm{c}} \tag{15.2.2}$$

在式（15.2.2）中，击中-击不中变换用来确定应细化掉的像素，然后从原始集合 A 中除去。在实际应用中，一般使用一系列小尺寸的模板。如果定义一个结构元素系列$\{B\}=\{B_1, B_2, \cdots, B_n\}$，其中 B_{i+1} 代表 B_i 旋转的结果，则细化也可定义为

$$A \otimes \{B\} = A-((\cdots((A \otimes B_1) \otimes B_2)\cdots) \otimes B_n) \tag{15.2.3}$$

换句话说，这个过程是先用 B_1 细化一遍，然后用 B_2 对前面结果细化一遍，如此继续，直到用 B_n 细化一遍。整个过程可再重复进行，直到没有变化产生为止。

下面一组 4 个结构元素（击中-击不中模板）可用来进行细化（x 表示取值不重要）。

$$B_1=\begin{bmatrix}0&0&0\\x&1&x\\1&1&1\end{bmatrix}\quad B_2=\begin{bmatrix}0&x&1\\0&1&1\\0&x&1\end{bmatrix}\quad B_3=\begin{bmatrix}1&1&1\\x&1&x\\0&0&0\end{bmatrix}\quad B_4=\begin{bmatrix}1&x&0\\1&1&0\\1&x&0\end{bmatrix}\tag{15.2.4}$$

图 15.2.4 所示为一组结构元素和一个细化示例。图 15.2.4（a）是一组常用于细化的结构元素，各元素的原点都在其中心，"x"表示所在像素的值可为任意，白色和灰色像素分别取值 0 和 1。如果将用结构元素 B_1 检测出来的点从目标中减去，目标将从上部得到细化，如果将用结构元素 B_2 检测出来的点从目标中减去，目标将从右上角得到细化，以此类推。图 15.2.4（b）所示为原始需细化的集合，其原点设在左上角。图 15.2.4（c）～图 15.2.4（k）为分别用各个结构元素依次细化的结果。用 B_4 进行第二次细化后得到的收敛结果如图 15.2.4（l）所示，最后细化的结果如图 15.2.4（m）所示。在许多应用（如求取骨架）中，需要腐蚀目标，但不将其分解成几部分。为此，首先需要检测出在目标轮廓上的一些点，这些点要满足在除去后，不会使得目标被分成两部分。使用上面的击中-击不中模板就能满足这个条件。

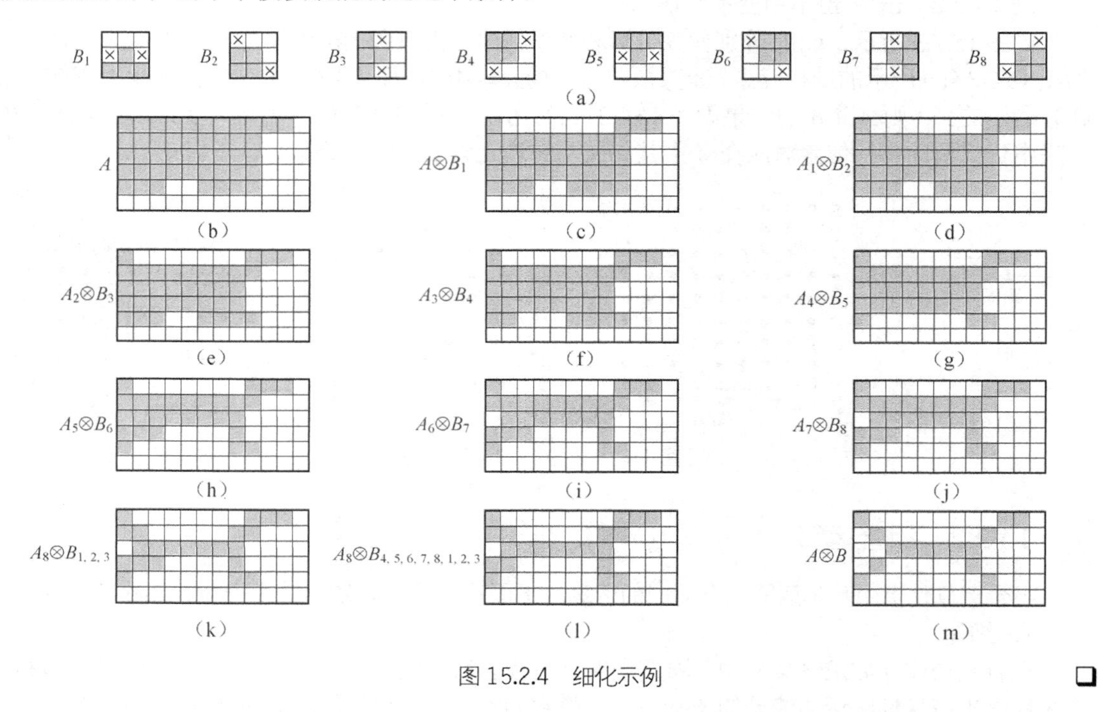

图 15.2.4 细化示例 ❑

由前面的讨论可见，用模板细化是一种局部操作，可以并行实现。具有位移不变性和非外延性的并行细化的结果可表示为

$$A\otimes\bigcup_i B_i=A-\left(\bigcup_i A\Uparrow B_i\right)\tag{15.2.5}$$

式（15.2.5）中，结构元素 B_i 检测需从图像中除掉的像素，而并集操作给出所有需除掉的像素的集合。

2．粗化

用结构元素 B 来**粗化**集合 A 记作 $A\odot B$。粗化从形态学角度来说与细化是对应的，它可用下式定义为

$$A\otimes B=A\bigcup(A\Uparrow B)\tag{15.2.6}$$

与细化类似，粗化也可定义为一系列操作，即

$$A \circledast \{B\} = ((\cdots((A \circledast B_1) \circledast B_2) \cdots) \circledast B_n) \tag{15.2.7}$$

粗化所用的结构元素可与细化的类似，如图 15.2.4（a）所示，只是将其中的 1 和 0 对换过来。在实际应用中，可先细化背景，然后求补以得到粗化的结果。换句话说，如果要粗化集合 A，可先构造 $C = A^c$，然后细化 C，最后求 C^c。

例 15.2.3 利用细化进行粗化

图 15.2.5 所示为利用细化进行粗化的例子。其中，图 15.2.5（a）所示为集合 A，图 15.2.5（b）所示为 $C = A^c$，图 15.2.5（c）所示为对 C 细化的结果，图 15.2.5（d）所示为对图 15.2.5（c）所示结果求补集得到的 C^c，最后在粗化后进行简单的后处理，以去除离散点得到结果如图 15.2.5（e）所示。

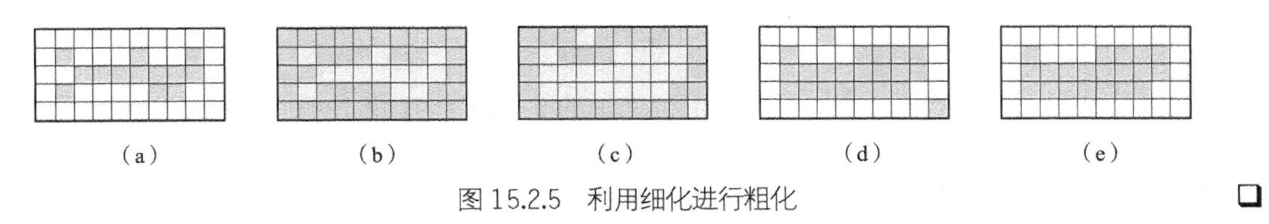

图 15.2.5 利用细化进行粗化 □

与并行细化对应的是并行粗化，具有位移不变性和外延性的并行粗化的结果可表示为

$$A \circledast \bigcup_i B_i = A \bigcup \left(\bigcup_i A \Uparrow B_i \right) \tag{15.2.8}$$

式（15.2.8）中，结构元素 B_i 检测需加到图像中的像素，并集操作给出加入所有像素后得到的集合。

3. 剪切

剪切是对细化和骨架提取操作的重要补充，或者说常用作细化和骨架提取的后处理手段。因为细化和骨架提取常会留下需要用后处理手段去除的多余**寄生组元**，所以需要用如剪切这样的方法进行后处理以消除。剪切可借助对前述几种方法的组合来实现。为解释剪切过程可考虑自动识别手写字符的方法，其方法一般要分析字符骨架的形状。这些骨架的特点是含有在腐蚀字符笔画时的不均匀性产生的寄生段。

图 15.2.6（a）为一个手写字符“a”的骨架。字符最左端的寄生段是一个典型的寄生组元例子。为解决这个问题，可以连续地消除它的端点，当然这个过程也会缩短或消除字符中的其他线段。因为这里假设寄生段的长度不超过 3 像素，所以仅可消除其长度不超过 3 像素的线段。对一个集合 A，用一系列能检测端点的结构元素细化 A，就可得到需要的结果。如果令

$$X_1 = A \otimes \{B\} \tag{15.2.9}$$

式（15.2.9）中，$\{B\}$代表图 15.2.6（b）和图 15.2.6（c）所示的用于细化的结构元素系列。因为这个系列有两种结构，每个系列通过旋转可得到 4 个结构元素，所以一共有 8 个结构元素。

根据式（15.2.9）对 A 细化 3 次得到图 15.2.6（d）所示的 X_1。下一步是将字符恢复以得到消除了寄生段的原始形状。为此，先构造一个包含 X_1 中所有端点的集合 X_2（见图 15.2.6（e））。

$$X_2 = \bigcup_{k=1}^{8} (X_1 \Uparrow B_k) \tag{15.2.10}$$

式（15.2.10）中，B_k 是前述的端点检测器。接下来是用 A 作为限制将端点膨胀 3 次，即

$$X_3 = (X_2 \otimes H) \bigcap A \tag{15.2.11}$$

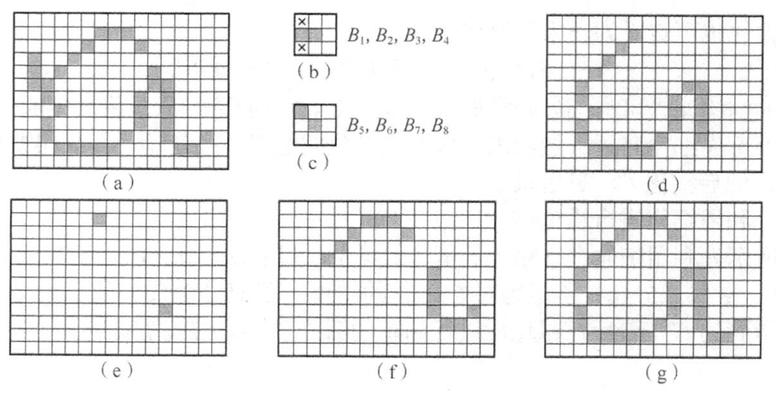

图 15.2.6 剪切示例

式（15.2.11）中，H 是一个所有像素值全为 1 的 3 × 3 结构元素。如同在区域填充或连通组元提取时，这样的条件膨胀可防止在感兴趣区域外产生值为 1 的元素（见图 15.2.6（f））。最后将 X_1 和 X_3 求并集可得到图 15.2.6（g）所示的最后结果 X_4，即

$$X_4 = X_1 \bigcup X_3 \tag{15.2.12}$$

上面的剪切包括循环地使用一组用来消除噪声像素的结构元素进行迭代。一般算法仅循环使用一两次这组结构元素，否则有可能导致图像发生不期望的改变。

15.3 二值形态学实用算法

利用前面介绍的各种二值数学形态学基本运算，还可通过不同的结合得到一系列二值数学形态学实用算法。以下具体介绍几种实用算法。

1．噪声滤除

二值图像中常有一些小孔或小岛。这些小孔或小岛一般是由系统噪声、预处理或阈值选取造成的。**椒盐噪声**就是一种典型的，造成二值图中出现小孔或小岛的噪声。将开启和闭合结合起来可构成形态学噪声滤除器以消除这类噪声。例如，用包括一个中心像素和它的 4-邻域的像素构成的结构元素去开启图像就能消除椒噪声，而去闭合图像能消除盐噪声。

图 15.3.1 为**噪声滤除**的图例。图 15.3.1（a）所示为一个长方形的目标 A，由于噪声的影响，在目标内部有一些噪声孔，在目标周围有一些噪声块。现在用图 15.3.1（b）所示的结构元素 B 通过形态学操作来滤除噪声。这里结构元素应当比所有的噪声孔和块都要大。先用 B 对 A 进行腐蚀得到图 15.3.1（c），再用 B 对腐蚀结果进行膨胀得到图 15.3.1（d），这两个操作的串行结合就是开启操作，它将目标周围的噪声块消除掉了。现在再用 B 对图 15.3.1（d）进行膨胀得到图 15.3.1（e），然后用 B 对膨胀结果进行腐蚀得到图 15.3.1（f），这两个操作的串行结合就是闭合操作，它将目标内部的噪声孔消除掉了。整个过程是先开启后闭合，可以写为

$$\{[(A \ominus B) \oplus B] \oplus B\} \ominus B = (A \circ B) \bullet B \tag{15.3.1}$$

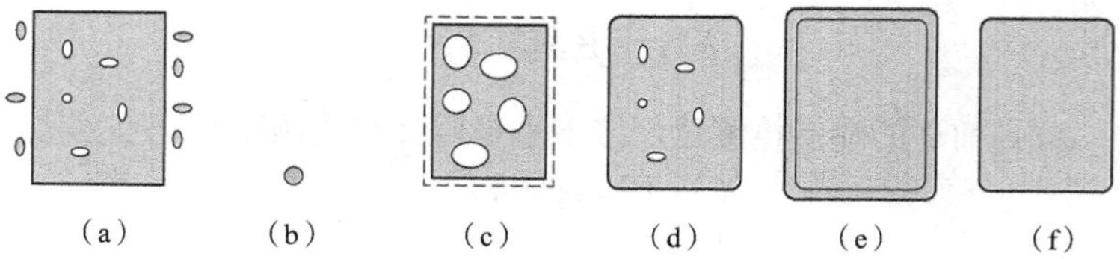

（a）　（b）　（c）　（d）　（e）　（f）

图 15.3.1 噪声滤除示例

比较图 15.3.1（a）和 15.3.1（f），可以看出目标区域内外的噪声都消除掉了，而目标本身除原来的 4 个直角变为圆角外，没有太大的变化。

2．目标检测

图 15.3.2 所示为如何使用击中-击不中变换来确定一定尺寸方形区域的位置。图 15.3.2（a）所示为原始图像，包括 4 个分别为 3 × 3，5 × 5，7 × 7 和 9 × 9 的实心正方形。图 15.3.2（b）的 3 × 3 实心正方形 E 和图 15.3.2（c）的 9 × 9 方框 F（边宽为 1 像素）合起来构成结构元素 $B = (E, F)$。在这个例子中，击中-击不中变换设计成击中覆盖 E 的区域并“漏掉”区域 F。最终得到的**目标检测**结果如图 15.3.2（d）所示。

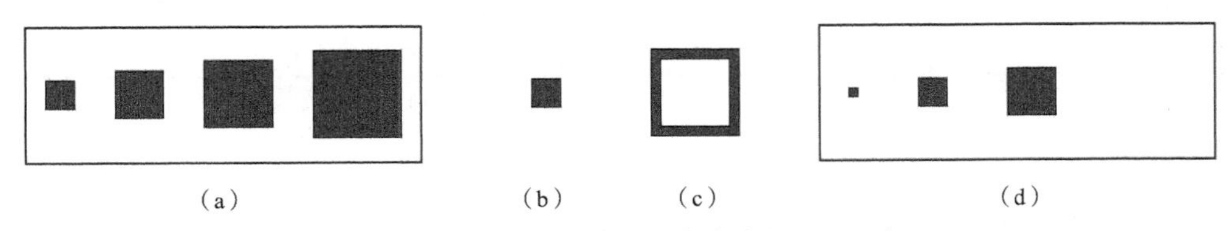

图 15.3.2　用击中–击不中变换确定方形区域

3．边界提取

设有一个集合 A，它的边界记为$\beta(A)$。先用一个结构元素 B 腐蚀 A，再求取腐蚀结果和 A 的差集，就可将**边界提取**出来得到$\beta(A)$，即

$$\beta(A) = A - (A \ominus B) \qquad (15.3.2)$$

图 15.3.3（a）所示为一个二值目标 A，图 15.3.3（b）所示为一个结构元素 B，图 15.3.3（c）所示为用 B 腐蚀 A 的结果 $A \ominus B$，图 15.3.3（d）为用图 15.3.3（a）减去图 15.3.3（c）后最终得到的边界$\beta(A)$。注意，当 B 的原点处于 A 的边缘时，B 的一部分将会在 A 的外边，此时一般设 A 之外都为 0。另外要注意，这里结构元素是 8-连通的，得到的边界是 4-连通的。

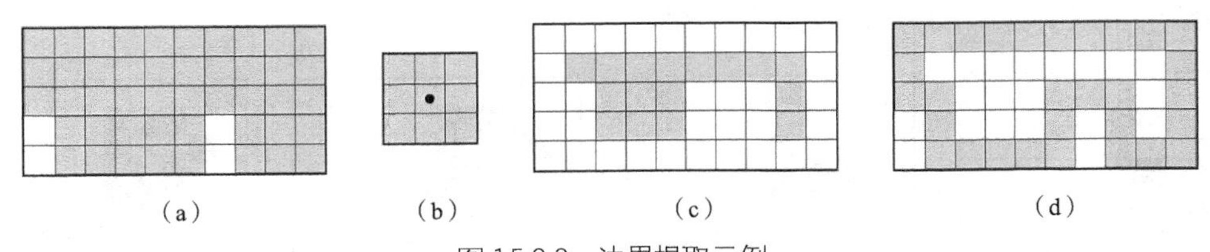

图 15.3.3　边界提取示例

4．区域填充

区域及其边界可以互求。已知区域按式（15.3.2）可求得其边界，反过来，已知边界通过填充也可得到区域。图 15.3.4 所示为**区域填充**的一个例子，其中图 15.3.4（a）为一个区域边界点的集合 A，它的补集如图 15.3.4（b）所示，可用结构元素（见图 15.3.4（c））对它膨胀、求补和求交来填充区域。首先为边界内一个点赋 1（如图 15.3.4（d）中的深色），然后根据下列迭代公式填充（图 15.3.4（e）和图 15.3.4（f）所示为其中两个中间步骤时的情况）。

$$X_k = \left(X_{k-1} \oplus B\right) \bigcap A^c \quad k = 1, 2, 3, \cdots \qquad (15.3.3)$$

当 $X_k = X_{k-1}$ 时，停止迭代（在本例中，$k = 7$，见图 15.3.4（g））。这时 X_k 和 A 的交集就包括填充了的区域内部和它的边界，如图 15.3.4（h）所示。式（15.3.3）中的膨胀过程如果不控制，就会超出边界，但是每一步与 A^c 的交集将其限制在感兴趣的区域。这种膨胀过程可称为条件膨胀过程。注意这里结构元素是 4-连通的，原被填充的边界是 8-连通的。

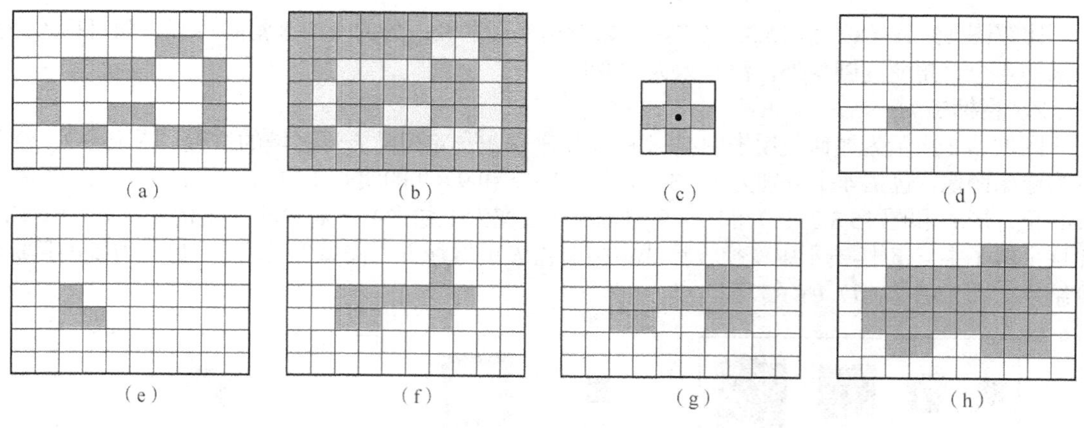

图 15.3.4　区域填充示例

5．连通组元提取

设 Y 代表在集合 A 中的一个连通组元，并设已知 Y 中的一个点，那么可用下列迭代公式得到 Y 的全部元素。

$$X_k = (X_{k-1} \oplus B) \bigcap A \qquad k = 1, 2, 3, \cdots \tag{15.3.4}$$

$X_k = X_{k-1}$ 时，停止迭代，这时可取 $Y = X_k$。

式（15.3.4）与式（15.3.3）相比，除去用 A 代替 A^c 以外，完全相同。因为这里需要提取的元素已标记为 1，在每步迭代中，与 A 求交集可以除去以标记为 0 的元素为中心的膨胀。图 15.3.5 所示为**连通组元提取**的例子，这里所用结构元素与图 15.3.3 中的相同。图 15.3.5（a）中的浅阴影像素（即连通组元）的值为 1，但此时还未被算法发现。图 15.3.5（a）中的深阴影像素的值为 1，且认为已知是 Y 中的点，并作为算法起点。图 15.3.5（b）和图 15.3.5（c）分别为第一次和第二次迭代的结果，图 15.3.5（d）所示为最终结果。

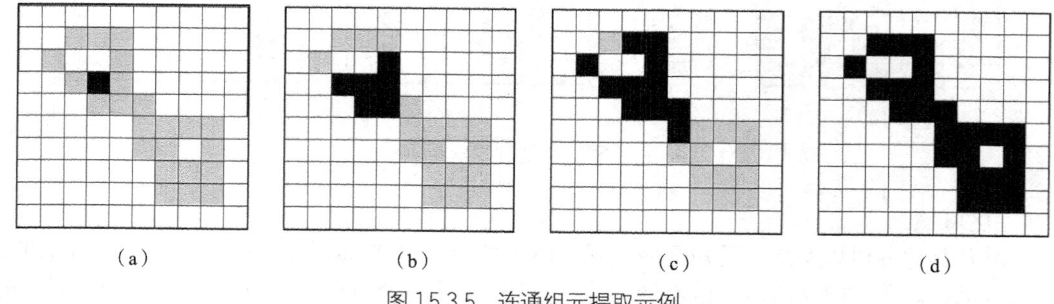

图 15.3.5　连通组元提取示例

15.4　灰度形态学基本运算

因为初期的数学形态学方法仅可应用于二值图像，所以需先将灰度图像进行二值化（如采用第 9 章的取阈值方法）。后来人们研究了**灰度形态学**，使得数学形态学方法不仅可用于二值图像，也可应用于各种灰度图像和彩色图像。这里仅介绍灰度数学形态学中的 4 个基本运算。

15.4.1　灰度图像排序

对灰度图像讨论数学形态学的方法时，不仅要考虑像素的空间位置，还要考虑像素灰度的大小。为考虑像素灰度的大小需要对**图像灰度排序**。为简单直观起见，下面以 1-D 的信号为例，所有结论很容易推广到 2-D 图像。

定义一个信号 $f(x)$ 的支撑区（support）或定义域为

$$D[f]=\{x:f(x)>-\infty\} \tag{15.4.1}$$

如果对所有的 x 都有 $g(x)\leqslant f(x)$，就说明 $g(x)$ 在 $f(x)$ 的下方，并记为 $g \prec f$。根据无穷小的概念，当且仅当 $D[g]\subset D[f]$ 且 x 属于两个信号的共同支撑区，即当 $x\in D[g]$ 时，有 $g \prec f$。图 15.4.1 为几个图例，其中在图 15.4.1（a）中，$g \prec f$；在图 15.4.1（b）中，$g(x)$ 不在 $f(x)$ 的下方，因为有点 x 在 $g(x)$ 的支撑区中，但此时 $g(x) > f(x)$；在图 15.4.1（c）中，$g(x)$ 也不在 $f(x)$ 的下方，但此次是因为 $D[g]$ 不是 $D[f]$ 的子集。

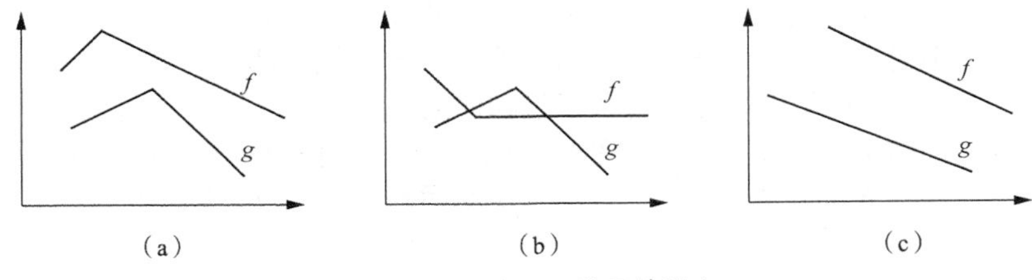

图 15.4.1 对 1-D 信号的排序

对应二值信号情况下的交集和并集操作，可以对灰度信号定义**最小操作** min 和**最大操作** max。两个信号 $f(x)$ 和 $g(x)$ 的最小值 $(f\wedge g)(x)$ 可如下逐点确定，即

$$(f\wedge g)(x)=\min\{f(x),g(x)\} \tag{15.4.2}$$

这里需要注意，对任意的数值 a，有 $\min\{a,-\infty\}=-\infty$。相对于支撑区，如果 $x\in D[f]\cap D[g]$，那么 $(f\wedge g)(x)$ 是两个有限值 $f(x)$ 和 $g(x)$ 的最小值，否则 $(f\wedge g)(x)=-\infty$。

两个信号 $f(x)$ 和 $g(x)$ 的最大值 $(f\vee g)(x)$ 可如下逐点确定，即

$$(f\vee g)(x)=\max\{f(x),g(x)\} \tag{15.4.3}$$

其中对任意的数值 a，有 $\max\{a,-\infty\}=a$。如果 $x\in D[f]\cap D[g]$，那么 $(f\vee g)(x)$ 是两个有限值 $f(x)$ 和 $g(x)$ 的最大值，否则 $(f\vee g)(x)=-\infty$；如果 $x\in D[f]-D[g]$，那么 $(f\vee g)(x)=f(x)$；如果 $x\in D[g]-D[f]$，那么 $(f\vee g)(x)=g(x)$；最后如果 x 不在任何一个支撑区中，即 $x\notin D[f]\cup D[g]$，那么 $(f\vee g)(x)=-\infty$。

图 15.4.2 所示为几个图例，图 15.4.2（a）所示为两个信号 $f(x)$ 和 $g(x)$，图 15.4.2（b）所示为 $(f\vee g)(x)$，图 15.4.2（c）所示为 $(f\wedge g)(x)$。

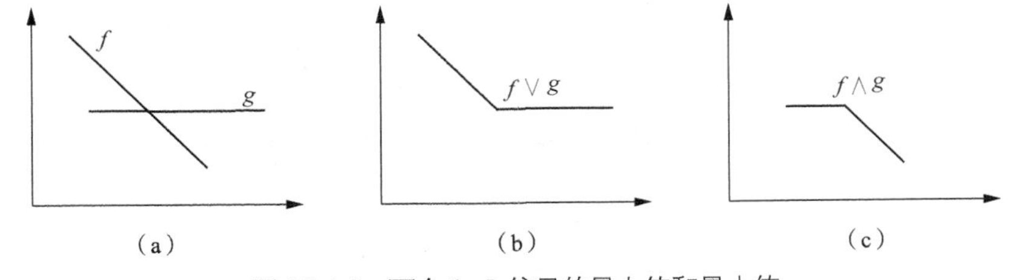

图 15.4.2 两个 1-D 信号的最大值和最小值

与二值集合关于原点在平面上的旋转相对应的灰度操作也称为**映射**，对图像 h 通过原点的映射定义为

$$\hat{h}(x)=-h(-x) \tag{15.4.4}$$

上述映射可先将图像相对竖轴反转（镜象），然后对横轴反转得到。它也等价于将图像围绕原

点转180°。

15.4.2 灰度膨胀和腐蚀

灰度膨胀和腐蚀可借助二值膨胀和腐蚀采用类比方法推广得到。与二值数学形态学中不同的是，这里运算的操作对象不再看作集合，而看作图像函数。以下设$f(x, y)$是输入图像，$b(x, y)$是结构元素，它本身也是一幅子图像。

1．灰度膨胀

用结构元素b对输入图像f进行**灰度膨胀**，记为$f \oplus b$，其定义为

$$(f \oplus b)(s,t)=\max\{f(s-x,t-y)+b(x,y) \mid (s-x),(t-y)\in D_f \text{ 和 } (x,y)\in D_b\} \quad (15.4.5)$$

式（15.4.5）中，D_f和D_b分别是f和b的定义域。这里限制$(s-x)$和$(t-y)$在f的定义域之内，类似于在二值膨胀定义中要求两个运算集合至少有一个（非零）元素相交。式（15.4.5）与2-D卷积的形式很类似，区别是这里用最大操作替换了卷积中的求和（或积分），用加法替换了卷积中的相乘。膨胀灰度图像的结果是，比背景亮的部分得到扩张，比背景暗的部分受到收缩。

下面先用1-D函数简单介绍式（15.4.5）的含义和运算操作机理。考虑1-D函数时，式（15.4.5）可简化为

$$(f \oplus b)(s)=\max\{f(s-x)+b(x) \mid (s-x)\in D_f \text{ 和 } x\in D_b\} \quad (15.4.6)$$

如同在卷积中，$f(-x)$是对应x轴原点的映射。对正的s，$f(s-x)$移向右边；对负的s，$f(s-x)$移向左边。要求$(s-x)$在f的定义域内和要求x的值在b的定义域内是为了让f和b重合。

例15.4.1 灰度膨胀示例

图15.4.3所示为让b反转平移进行灰度膨胀的例子，其中图15.4.3（a）和图15.4.3（b）分别为f和b，图15.4.3（c）同时图示了运算过程中的两种情况，图15.4.3（d）所示为最终的膨胀结果。

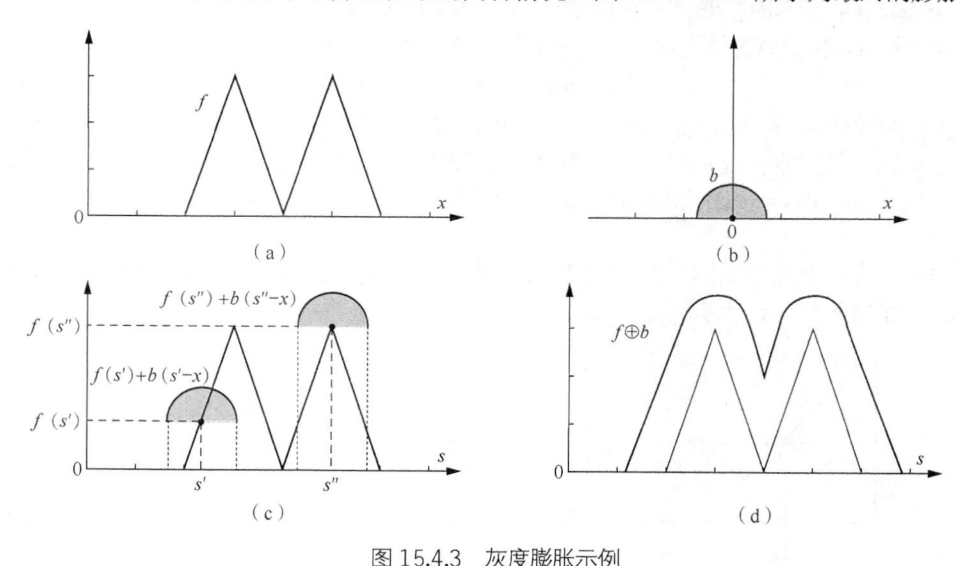

图15.4.3 灰度膨胀示例 □

注意，与15.1节介绍二值膨胀时不同，在式（15.4.5）和式（15.4.6）中，让f而不是让b反转平移。这是因为膨胀具有**互换性**，而腐蚀不具有互换性。为了让膨胀和腐蚀的表达形式互相对应，这里采用了式（15.4.5）和式（15.4.6）中的表示。但由例15.4.1可以看出，如果让b反转平移进行膨胀，其结果也完全一样。

因为膨胀的计算是在由结构元素确定的邻域中选取$f+b$的最大值，所以对灰度图像的膨胀操

作有两类效果：①如果结构元素的值都为正的，则输出图像会比输入图像亮；②如果输入图像中暗细节的尺寸比结构元素小，则其视觉效果会被减弱，减弱的程度取决于这些暗细节周围的灰度值以及结构元素的形状和幅值。

例 15.4.2　灰度膨胀算法效果示例

图 15.4.4 所示为灰度膨胀算法效果的一个示例。图 15.4.4（a）所示为一个 5×5 的图像 A，图 15.4.4（b）所示为一个 3×3 的结构元素 B，它的原点在其中心元素处。开始时，将 B 的原点重叠在 A 的中心元素上（实际上也可从任一位置开始），将 A 的中心元素在 B 的模板范围内移动（见图 15.4.4（c）），依次与 B 的每个元素相加，并将结果放在对应的位置，就得到如图 15.4.4（d）所示的结果。如再将 B 的原点移到 A 中心元素右边的元素（见图 15.4.4（e））并重复以上运算，可得图 15.4.4（f）。类似地，对 A 中心元素的其他 7 个相邻元素进行相同的操作，最后一共得到对应 A 中心像素的 9 个平移相加结果。取这 9 个结果中的最大值作为对 A 中心元素进行膨胀的结果，如图 15.4.4（g）所示。如上，继续对 A 的所有元素（除边缘元素）进行膨胀，就可得到对 A 膨胀的最终图像，如图 15.4.4（h）所示。

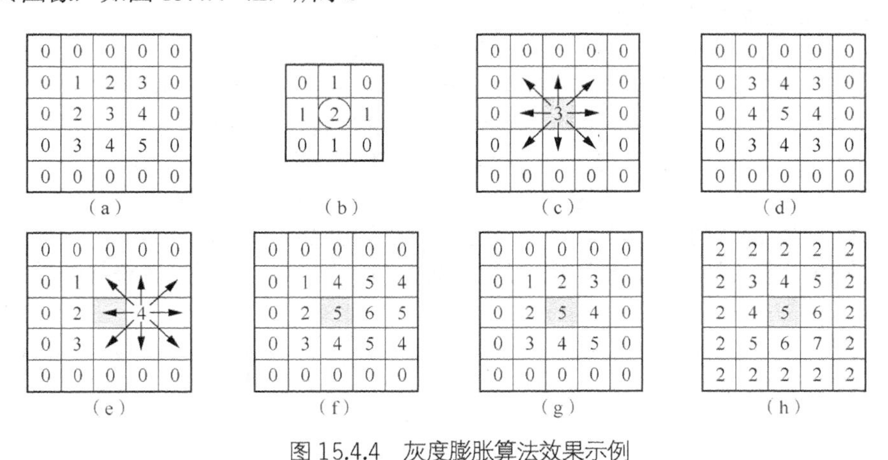

图 15.4.4　灰度膨胀算法效果示例　❑

2．灰度腐蚀

用结构元素 b 对输入图像 f 进行**灰度腐蚀**，记为 $f\ominus b$，其定义为

$$(f\ominus b)(s,t)=\min\{f(s+x,t+y)-b(x,y)\mid (s+x),(t+y)\in D_f \text{ 和 } (x,y)\in D_b\} \quad (15.4.7)$$

式（15.4.7）中，D_f 和 D_b 分别是 f 和 b 的定义域。这里限制 $(s-x)$ 和 $(t-y)$ 在 f 的定义域之内，类似于二值腐蚀定义中，要求结构元素完全包括在被腐蚀集合中。式（15.4.7）与 2-D 相关很类似，区别是这里用最小操作替换了相关中的求和（或积分），用减法替换了相关中的相乘。腐蚀灰度图像的结果是，比背景暗的部分得到扩张，比背景亮的部分受到收缩。

为简单起见，如在讨论膨胀时一样，下面用 1-D 函数简单介绍式（15.4.7）的含义和运算操作机理。用 1-D 函数时，式（15.4.7）可简化为

$$(f\ominus b)(s)=\min\{f(s+x)-b(x)\mid (s+x)\in D_f \text{ 和 } x\in D_b\} \quad (15.4.8)$$

如同在相关计算中，对正的 s，$f(s+x)$ 移向右边；对负的 s，$f(s+x)$ 移向左边。要求 $(s+x)$ 在 f 的定义域内和要求 x 的值在 b 的定义域内是为了把 b 完全包含在 f 的平移范围内。

例 15.4.3　灰度腐蚀示例

图 15.4.5（a）和图 15.4.5（b）分别为用图 15.4.1 中的结构元素对输入图像进行腐蚀运算过程中的两种情况（让 b 平移）和最终的腐蚀结果。

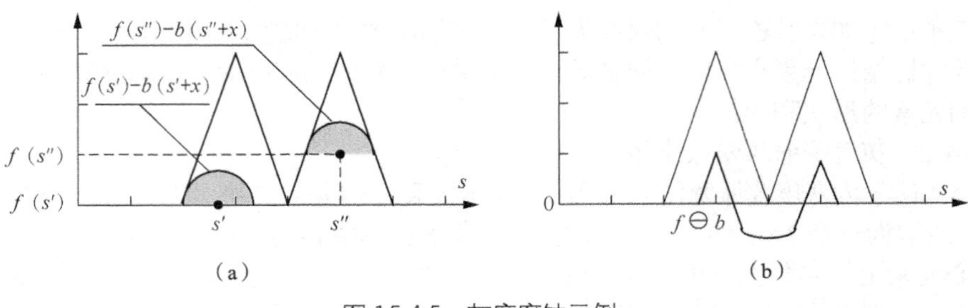

图 15.4.5　灰度腐蚀示例 ❑

因为腐蚀的计算是在由结构元素确定的邻域中选取$f-b$的最小值，所以对灰度图像的腐蚀操作有两类效果：①如果结构元素的值都为正的，则输出图像会比输入图像暗；②如果输入图像中亮细节的尺寸比结构元素小，则其视觉效果会被减弱，减弱的程度取决于这些亮细节周围的灰度值以及结构元素的形状和幅值。

例 15.4.4　灰度腐蚀算法效果示例

图 15.4.6（a）所示为一个 5 × 5 的图像A，图 15.4.6（b）所示为一个 3 × 3 的结构元素B，它的原点在其中心元素处。开始时，将B的原点重叠在A的中心元素上（见图 15.4.6（c）），依次从A的中心元素减去B的各个元素，并将结果放在对应的位置，如图 15.4.6（d）所示。然后将B的原点移到A的中心元素右边的元素，如图 15.4.6（e）所示，并重复以上运算，结果如图 15.4.6（f）所示。类似地，对A中心元素的其他 7 个相邻元素进行相同的操作，最后一共得到 9 个平移相减结果。取这 9 个结果的最小值作为对A中心元素进行腐蚀的结果，如图 15.4.6（g）所示。如上，继续对A的所有元素（除边缘元素）依次进行腐蚀，就可得到对A腐蚀的最终图像，如图 15.4.6（h）所示。

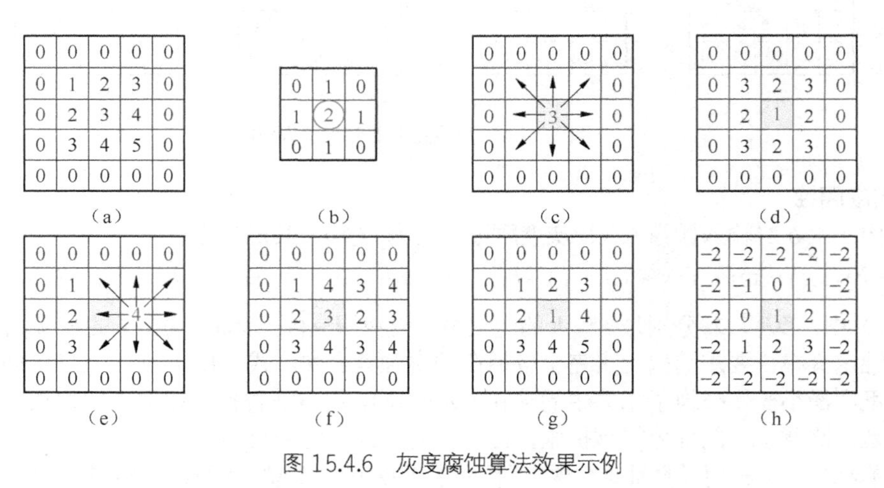

图 15.4.6　灰度腐蚀算法效果示例 ❑

例 15.4.5　灰度膨胀和腐蚀实例

图 15.4.7（a）和图 15.4.7（b）分别为用图 15.4.7（c）所示的灰度结构元素对同一幅常用图像（cameraman）各进行一次灰度膨胀和腐蚀操作得到的结果。

对图 15.4.8（a）各进行一次灰度膨胀和腐蚀操作得到的结果如图 15.4.8（b）和图 15.4.8（c）所示。

3．膨胀和腐蚀的对偶性

膨胀和腐蚀相对于函数的补（补函数）和映射也是对偶的，**灰度膨胀和腐蚀的对偶性**可写为

(a)

(b)

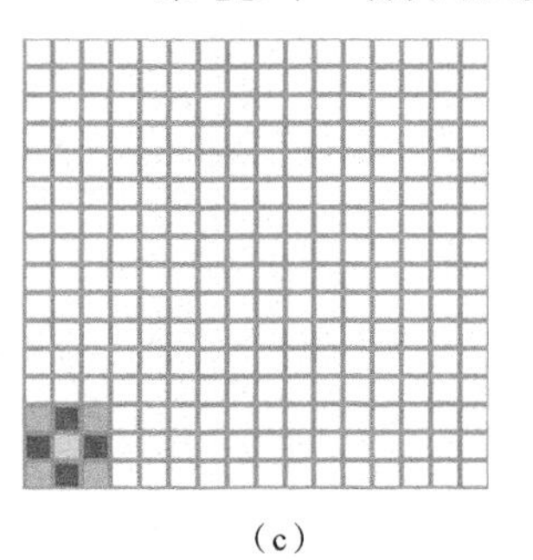
(c)

图 15.4.7 灰度膨胀和腐蚀实例（之一）

(a)

(b)

(c)

图 15.4.8 灰度膨胀和腐蚀实例（之二） □

$$(f \oplus b)^{c} = f^{c} \ominus \hat{b} \tag{15.4.9}$$

$$(f \ominus b)^{c} = f^{c} \oplus \hat{b} \tag{15.4.10}$$

这里函数的补定义为 $f^{c}(x, y) = -f(x, y)$，函数的映射定义为 $\hat{b}(x, y) = b(-x, -y)$。

15.4.3 灰度开启和闭合

灰度数学形态学中关于开启和闭合的表达与它们在二值数学形态学中的对应运算是一致的。用 b **灰度开启** f 记为 $f \circ b$，其定义为

$$f \circ b = (f \ominus b) \oplus b \tag{15.4.11}$$

用 b **灰度闭合** f 记为 $f \bullet b$，其定义为

$$f \bullet b = (f \oplus b) \ominus b \tag{15.4.12}$$

开启和闭合相对于函数的补和映射也是对偶的，**灰度开启和闭合的对偶性**可写为

$$\left(f \circ b\right)^{c} = f^{c} \bullet \hat{b} \tag{15.4.13}$$

$$\left(f \bullet b\right)^{c} = f^{c} \circ \hat{b} \tag{15.4.14}$$

因为 $f^{c}(x, y) = -f(x, y)$，所以，式（15.2.13）和式（15.2.14）也可写成

$$-\left(f \circ b\right) = -f \bullet \hat{b} \tag{15.4.15}$$

$$-\left(f \bullet b\right) = -f \circ \hat{b} \tag{15.4.16}$$

灰度开启和闭合也都可以有简单的几何解释，下面借助图 15.4.9 来讨论。

图 15.4.9（a）所示为一幅图像 $f(x, y)$ 在 y 为常数时的一个剖面 $f(x)$，其形状为一连串的山峰山谷。现设结构元素 b 是球状的，投影到 x 和 $f(x)$ 平面上是个圆。下面分别讨论开启和闭合的情况。

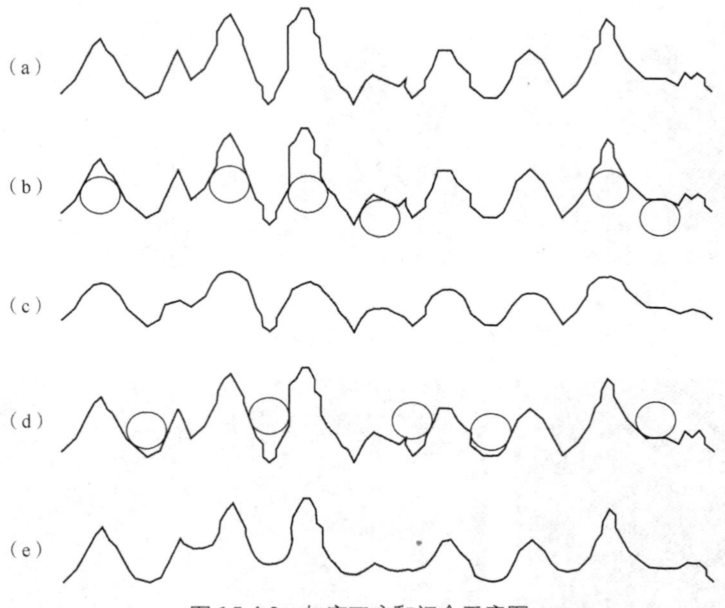

图 15.4.9 灰度开启和闭合示意图

用 b 开启 f，即 $f \circ b$，可看作将 b 贴着 f 的下沿从一端滚到另一端。图 15.4.9（b）所示为 b 在开启中的几个位置，图 15.4.9（c）所示为开启操作的结果。从图 15.4.9（c）可以看出，所有直径小于 b 的山峰，其高度和尖锐程度都减弱了。换句话说，当 b 贴着 f 的下沿滚动时，f 中没有与 b 接触的部位都落到与 b 接触。在实际应用中，常用开启操作消除与结构元素相比尺寸较小的亮细节，而保持图像整体灰度值和大的亮区域基本不受影响。具体而言就是，第一步的腐蚀去除了小的亮细节，并同时减弱了图像亮度，第二步的膨胀增加（基本恢复）了图像亮度，但又不重新引入前面去除的细节。

用 b 闭合 f，即 $f \bullet b$，可看作将 b 贴着 f 的上沿从一端滚到另一端。图 15.4.9（d）为 b 在闭合中的几个位置，图 15.4.9（e）为闭合操作的结果。从图 15.4.9（e）可以看出，山峰基本没有变化，而所有直径小于 b 的山谷得到了填充。换句话说，当 b 贴着 f 的上沿滚动时，f 中没有与 b 接触的部位都填充到与 b 接触。在实际应用中，常用闭合操作消除与结构元素相比尺寸较小的暗细节，而保持图像整体灰度值和大的暗区域基本不受影响。具体说来，第一步的膨胀去除了小的暗细节并同时增强了图像亮度，第二步的腐蚀减弱（基本恢复）了图像亮度，但又不重新引入前面去除的细节。

15.5 灰度形态学组合运算

利用上节介绍的灰度数学形态学基本运算，可通过组合得到一系列灰度数学形态学组合运算。

1. 形态梯度

膨胀和腐蚀常结合使用以计算形态学梯度。一幅图像的**形态梯度**记为 g，有

$$g=(f\oplus b)-(f\ominus b) \tag{15.5.1}$$

例 15.5.1 形态梯度计算示例

图 15.5.1 所示为式（15.5.1）应用于二值图像的示例（使用 8-邻域结构元素），其中图 15.5.1（a）为图像 f，图 15.5.1（b）所示为 $f\oplus b$，图 15.5.1（c）所示为 $f\ominus b$，图 15.5.1（d）所示为形态梯度。$f\oplus b$ 将 f 中的亮区域扩展一像素的宽度，$f\ominus b$ 将 f 中的亮区域又收缩掉一像素的宽度，

所以 g 给出的边界有 2 个像素宽。

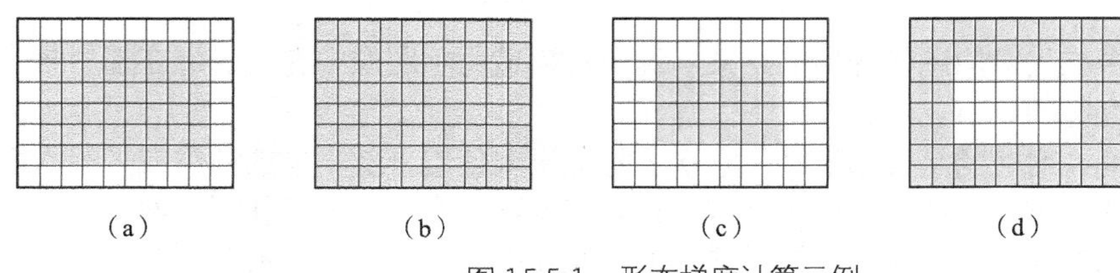

图 15.5.1 形态梯度计算示例 □

形态梯度的操作能加强图像中比较尖锐的灰度过渡区。与各种空间梯度算子（参见 10.2.2 节）不同的是，用对称的结构元素得到的形态梯度受边缘方向的影响较小，但一般计算形态梯度所需的计算量要大些。

例 15.5.2 形态梯度计算实例

图 15.5.2（a）和图 15.5.2（b）分别为对图 1.3.1 中两幅图像进行形态梯度计算的结果。为与梯度算子比较，图 15.5.2（c）为第二幅图像用索贝尔梯度算子计算后得到的梯度（幅度）图像。

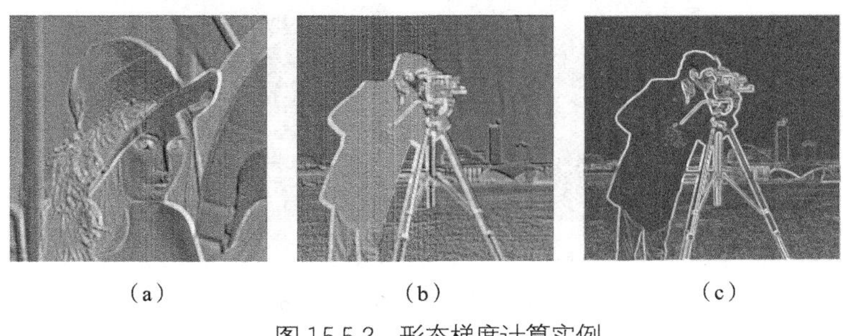

图 15.5.2 形态梯度计算实例 □

2. 形态平滑

先开启图像，然后闭合就是一种平滑图像的方法，设**形态平滑**的结果为 g，则

$$g = (f \circ b) \bullet b \tag{15.5.2}$$

式（15.5.2）中两种操作的综合效果是去除或减弱亮区和暗区的各类噪声，其中开启去除或减弱亮区小于结构元素的细节，闭合去除或减弱暗区小于结构元素的细节。

例 15.5.3 形态平滑实例

图 15.5.3 所示为用 4-邻域构成的灰度结构元素对图 1.3.1（b）所示图像进行形态平滑的结果。平滑后，三角架上的波纹看不出来了，表面变得更加光滑了。

图 15.5.3 形态平滑实例 □

3. 高帽变换和低帽变换

高帽变换名称的来源是由于它使用上部平坦的柱体或平行六面体（像一顶高帽）作为结构元

素。将对一幅图像 f 用结构元素 b 进行高帽变换得到的结果记为 T_h，则

$$T_h = f - (f \circ b) \tag{15.5.3}$$

即从原图像中减去对原图像开启的结果。这个变换适用于图像中有亮目标在暗背景上的情况，能加强图像中亮区的细节。

与高帽变换对应的是**低帽变换**，它从名称上讲要使用下部平坦的柱体或平行六面体（类似于将一顶高帽的帽顶冲下放置）作为结构元素。在实际应用中，仍可使用上部平坦的柱体或平行六面体（与高帽变换相同）作为结构元素，但将操作改为先用结构元素对原图像进行闭合，再从结果中减去原图像。将一幅图像 f 用结构元素 b 进行低帽变换得到的结果记为 T_b，则

$$T_b = (f \bullet b) - f \tag{15.5.4}$$

这个变换适用于图像中有暗目标在亮背景上的情况，能加强图像中暗区的细节。

例 15.5.4　高帽变换实例

设用 8-邻域构成的灰度结构元素作为高帽，用它对图 1.3.1 中的两幅图像进行高帽变换得到的结果如图 15.5.4 所示。对比图 1.3.1（b），图 15.5.4（b）中相机上的金属件更加炫光。

（a）　　　　　　　　（b）

图 15.5.4　高帽变换实例　□

总结和复习

下面简单小结本章各节，并有针对性地介绍一些可供深入学习的参考文献。进一步复习还可通过思考题和练习题进行，标有星号（*）的题在书末提供了参考解答。

【小结和参考】

15.1 节介绍二值数学形态学的 4 种基本运算，其中开启和闭合是借助膨胀和腐蚀来定义的。开启和闭合具有从图像中提取与其结构元素相匹配的形状的能力，这可分别由开启特性定理和闭合特性定理得到[Haralick 1992]。原点不包含在结构元素中的运算结果可见[章 2018c]。

15.2 节介绍也称为基本运算的击中-击不中变换以及基于击中-击不中变换的二值数学形态学的组合运算。更多的内容和细节还可见 [Mahdavieh 1992]、[Gonsalez 2018]。

15.3 节介绍几个典型的二值数学形态学的基本算法。相比 15.2 节介绍的具有基本功能的组合运算，这些算法不强调通用功能，而更侧重解决实际应用中的具体问题。更多的实用算法还可见[Ritter 2001]、[章 2018c]。

15.4 节从二值数学形态学向灰度数学形态学推广。数学形态学的 4 种基本运算也是膨胀、腐蚀、开启和闭合。人们对灰度数学形态学的研究早在 20 世纪 70 年代末 20 世纪 80 年代初就已开始[Nakagawa 1978]、[Sternberg 1982]，多年来已有很多成果，有些可见[章 2018c]。在灰度图像数学形态学中，结构元素的种类可更多，见[Dougherty 1994]。

15.5 节以灰度数学形态学基本运算为基础，介绍了灰度数学形态学的组合运算。有关灰度数学形态学基本算法的更多内容和细节还可见[Mahdavieh 1992]、[Gonsalez 2018]、[章 2018c]。

【思考题和练习题】

15.1　设图像集合 A 和结构元素 B 分别如图题 15.1（a）、图题 15.1（b）所示。

（1）画出用 B 膨胀 A 的结果图。

（2）画出用 B 腐蚀 A 的结果图。

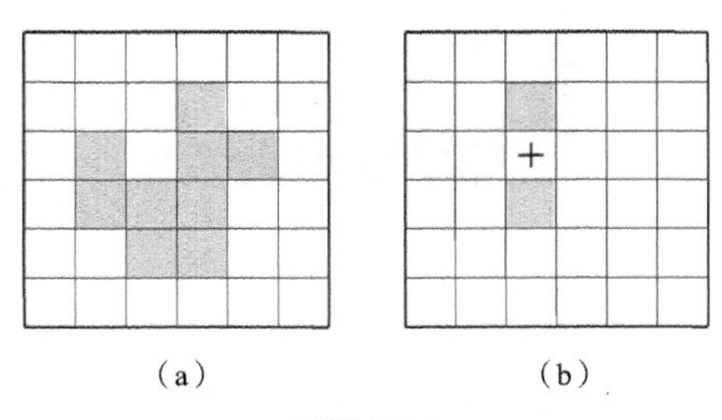

图题 15.1

*15.2　分别画出下述操作的示意图。

（1）用 1 个半径为 $r/4$ 的圆形结构元素膨胀 1 个半径为 r 的圆。

（2）用 1 个半径为 $r/4$ 的圆形结构元素膨胀 1 个 $r \times r$ 的正方形。

（3）用 1 个半径为 $r/4$ 的圆形结构元素膨胀 1 个侧边长为 r 的等腰三角形。

15.3　将题 15.2 中（1），（2），（3）中的膨胀改为腐蚀，画出操作的示意图。

15.4　试证明表示膨胀和腐蚀对偶性的式（15.1.6）和式（15.1.7）成立。

15.5　设图像集合 A 如图题 15.5 所示，结构元素 B 包括一像素及其 4-邻域像素。

（1）画出用 B 开启 A 的结果图。

（2）画出用 B 闭合 A 的结果图。

15.6　试证明表示开启和闭合对偶性的式（15.1.10）和式（15.1.11）成立。

*15.7　对图题 15.7 所示的原始图像 A，分别使用包括一像素及其 4-邻域像素的结构元素 B 进行腐蚀、膨胀、闭合和开启运算，给出运算结果，并验证 $A \ominus B \subset A \subset A \oplus B$。

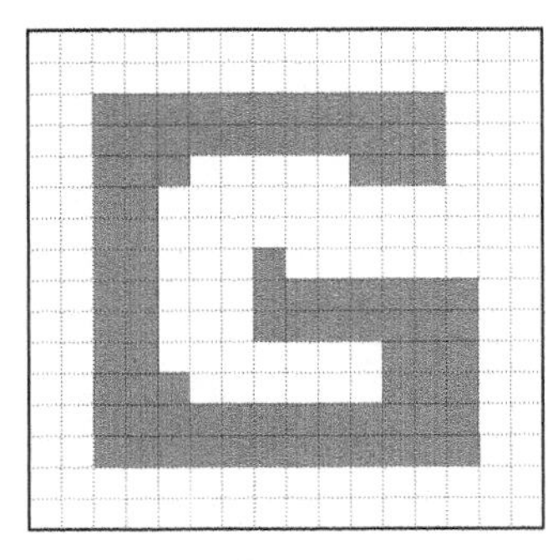

图题 15.5

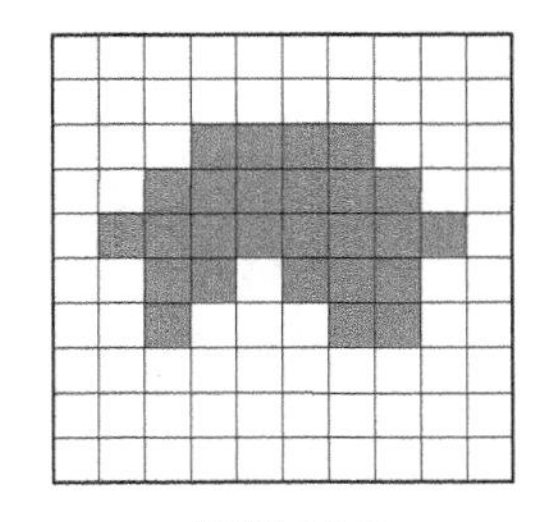

图题 15.7

15.8　设有图题 15.8（a）所示的原始图像，分别给出用图题 15.8（b）和题 15.8（c）所示模板（中心 3 像素对应击中；周围像素对应击不中）得到的“击中-击不中”变换结果。

15.9　画出对图 15.2.4（m）进行粗化的各个步骤，并将最终结果与图 15.2.4（a）对比。

15.10　画出对图 15.2.5（e）进行细化的各个步骤，并将最终结果与图 15.2.5（a）对比。

15.11　图 15.4.1 为两个 1-D 信号的最大值和最小值。如果考虑两个 2-D 图像，那么应如何表示？此时式（15.4.2）和式（15.4.3）应如何写？

（a）（b）（c）

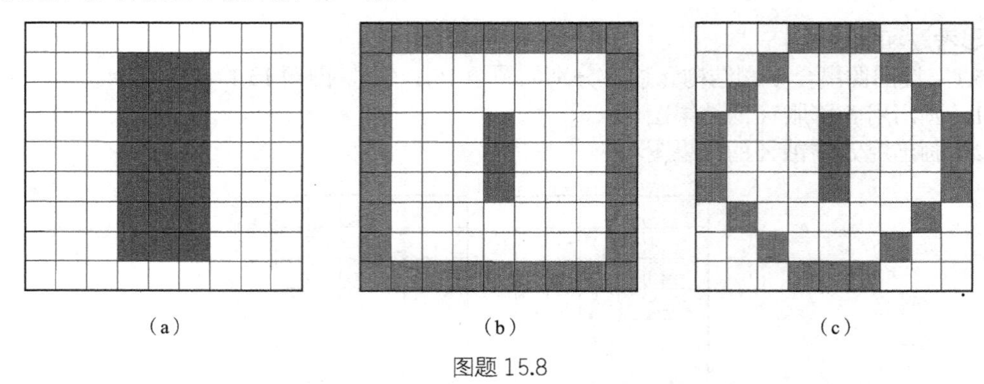

图题 15.8

15.12 使用图题 15.12 所示的结构元素，对图 15.4.6（a）所示的图像分别进行高帽变换和低帽变换，并比较两个结果。

1	1	1
1	4	1
1	1	1

图题 15.12

部分思考题和练习题的参考解答

第1章　绪论

1.1　共同处是均代表了电磁辐射的强度，不同处是电磁辐射的波长不同。

1.9　约需 19.66 MB 的存储器。

第2章　图像采集

2.1　用 50mm 焦距镜头时，成像尺寸为 1.005 mm；用 135 mm 焦距镜头时，成像尺寸为 27.37 mm。

2.6　上下框格式时的画面高度为 810 mm，全扫描格式时的画面宽度为 1440 mm。

第3章　空域图像增强

3.4　10 s。

3.8　根据映射对应关系，有 $I(0) = 0$，$I(1) = 3$，$I(2) = 7$。

第4章　频域图像增强

4.4　$\sqrt{2}-1$。

4.11　频域的等价滤波器为

$$H(u,v)=\frac{1}{2}\left[\cos(2\pi u/N)+\cos(2\pi v/N)\right]$$

该滤波器以 N 为周期，在 $u = 0$，$v = 0$ 时取到最大值，在一个周期内随着频率值的增加，其幅值逐渐减小，这表明该滤波器的功能相当于一个低通滤波器。

第5章　图像恢复

5.3　均值不变，方差增加到 4 倍。

5.9　对图 7.1.2 中的模型 $g(x,y)=f(x,y)*h(x,y)+n(x,y)$ 取傅里叶变换，有 $G(u,v)=F(u,v)H(u,v)+N(u,v)$，两边求模的平方（注意 f 与 n 不相关），有

$$|G(u,v)|^2=|F(u,v)|^2|H(u,v)|^2+|N(u,v)|^2$$

第6章　图像投影重建

6.3　$\theta=30°$：12　46　121　159　121　46　12；$\theta=90°$：0　69　85　209　85　69　0。

6.11　要解的方程数与发射源数和接收器数都有关，但关系不定。要解的方程数与射线条数和网格总数都成正比。

第 7 章　图像编码基础

7.1　（D）。注意（C）从定性角度讲合理，但不够定量。

7.10　设要提取第 n 个位面，则有通式

$$T_n(r)=\begin{cases}0 & \text{int}[r/2^n]\text{为偶数或}0\\255 & \text{int}[r/2^n]\text{为奇数}\end{cases}$$

第 8 章　图像编码技术和标准

8.3　12.0 和 27.0。

8.5　将 $L=4$ 代入式（8.1.17），得到 $s_0=0$，$s_1=(t_1+t_2)/2$，$s_2=\infty$。将它们代入式（8.1.16），得到两个积分方程。第 1 个积分方程为（设 $s_1\leqslant A$）

$$\int_{s_0}^{s_1}(s-t_1)p(s)\mathrm{d}s=0\Rightarrow\int_0^{(t_1+t_2)/2}(s-t_1)\mathrm{d}s=\left[\frac{s^2}{2}-t_1 s\right]_0^{(t_1+t_2)/2}=(t_1+t_2)(t_2-3t_1)=0$$

其两个解分别为 $t_1=-t_2$ 和 $t_2=3t_1$。因为 t_1 和 t_2 都应为正值，所以只有第 2 个解合理。

第 2 个积分方程为（因为 $s_1\leqslant A$，所以从 A 到 ∞ 的积分为 0）

$$\int_{s_1}^{s_2}(s-t_2)p(s)\mathrm{d}s=0\Rightarrow\int_{(t_1+t_2)/2}^{A}(s-t_2)\mathrm{d}s=\left[\frac{s^2}{2}-t_2 s\right]_{(t_1+t_2)/2}^{A}=4A^2-8At_2-(t_1+t_2)^2-4t_2(t_1+t_2)=0$$

将前面的第 2 个解 $t_2=3t_1$ 代入上式，得到两个解分别为 $t_1=A/2$ 和 $t_1=A/4$。因为由 $t_1=A/2$ 得到 $s_1=A$，而这样第 2 个积分方程上下限都为 A，方程无意义，所以只有 $t_1=A/4$ 是真正的解。进一步得到：判别值 $s_0=0$，$s_1=(t_1+t_2)/2$，$s_2=\infty$；重建值 $t_1=A/4$，$t_2=3A/4$。结果如图解 8.5 所示。

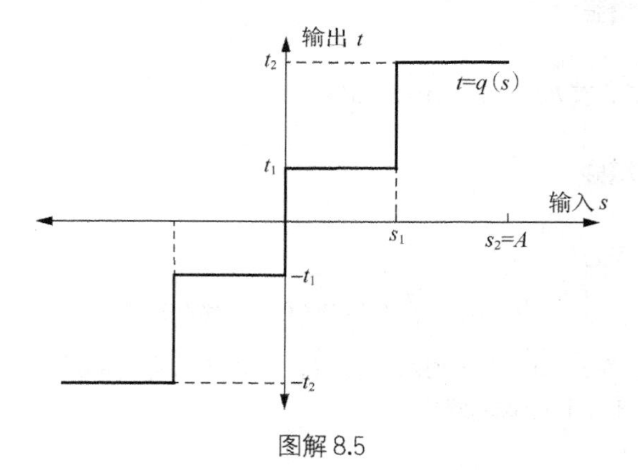

图解 8.5

第 9 章　图像信息安全

9.3　①如安全性，主要是指水印不易被复制、篡改和伪造的能力，以及不易被非法检测和解码消除的能力。如低复杂性，是指使用水印（嵌入和检测水印）的计算复杂度低，计算速度快。②如唯一性，是指从对水印的检测或判断结果可以得到对所有权具有唯一性的判断。③如通用性，是指同样的水印技术是否可适用于不同的数字产品，包括音频、图像和视频等。④如嵌入有效性，是指在嵌入水印后，马上检测并检测到水印的概率。⑤如虚警率，是指从实际不含水印的载体中检测到水印响应的概率。

9.5　前 3 个。

第 10 章　图像分割

10.7　对应大梯度的边界段如图解 10.7 所示。

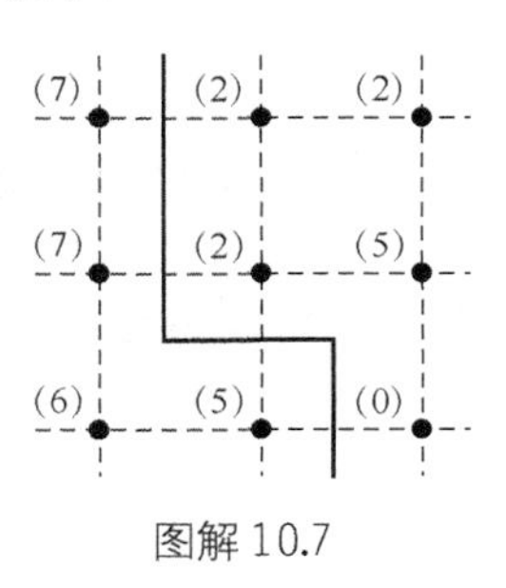

图解 10.7

10.11　各个步骤图如图解 10.11 所示。

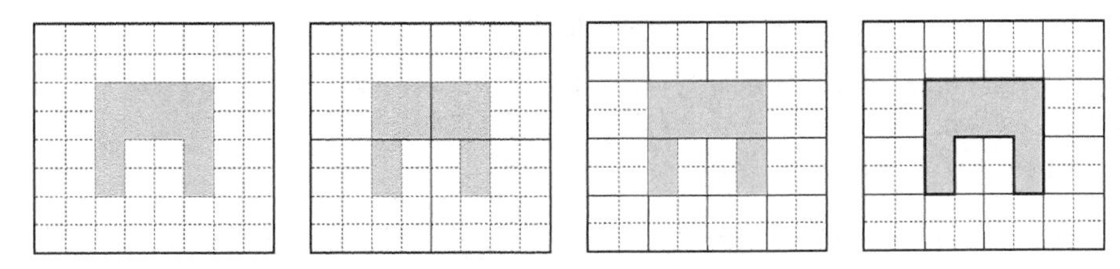

图解 10.11

第 11 章　目标表达和描述

11.3　从最高点开始的顺时针链码为 77000076565355433212321，起点归一化后的链码为 00007656535544332 1232177，旋转归一化后的链码为 70100777176207707711 77。

11.7　对应分割结果的四叉树如图解 11.7 所示（有阴影的节点为对应目标的节点）。

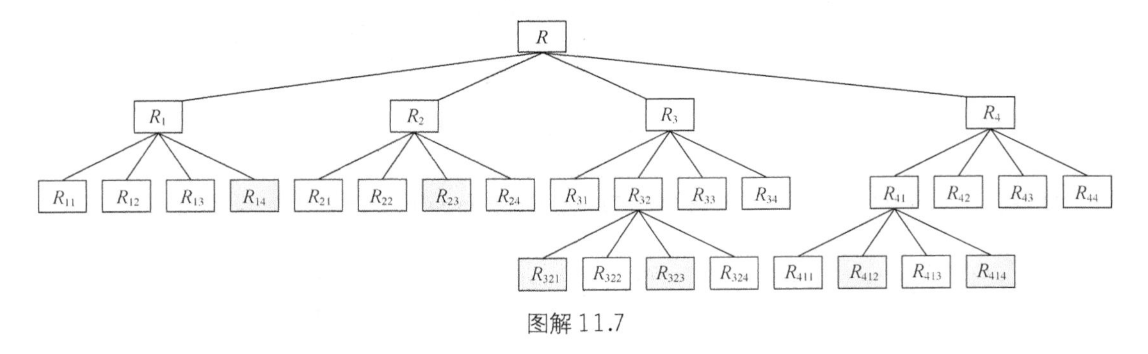

图解 11.7

第 12 章　特征提取和测量误差

12.6　六边形。

12.11　第一种方法的均值为 5.0，方差为 5.1。第二种方法的均值为 5.7，方差为 0.13。因为第一种方法的均值等于真实值 5，而第二种方法的均值大于真实值，所以第一种方法的准确度要高于第二种方法。但是第二种方法的方差要远小于第一种方法，所以第二种方法的精确度要高于第一种方法。

第13章 彩色图像处理和分析

13.3 （1）$H=60°$，$S=1$，$I=2/3$。

（2）$H=300°$，$S=1$，$I=2/3$。

（3）$H=180°$，$S=1$，$I=2/3$。

13.9 第1种方法是可在摄影机前加上与标注颜色对应的滤色镜，增强对应颜色转化得到的灰度，以与其他颜色区别。

第2种方法是设计与标注颜色转换得到的灰度对应的增强滤波器，将对应的灰度分别增强为差距较大的3种灰度，以便于检测。

第14章 视频图像处理和分析

14.2 六参数运动模型为

$$\begin{cases} u = k_0 x + k_1 y + k_2 \\ v = k_3 x + k_4 y + k_5 \end{cases}$$

因为各点运动情况相同，可仅考虑原点及（1, 0）和（0, 1）三点的值，依次代入得到6个方程，解得$k_2=2$，$k_5=4$，$k_0=k_1=k_3=k_4=0$。

14.8 设$x_0(t)=ct/T$，$y_0(t)=rt/T$，则有

$$H(u,v)=\int_0^T \exp\left[-\mathrm{j}2\pi\left(u\frac{ct}{T}+v\frac{rt}{T}\right)\right]\mathrm{d}t=\frac{T}{\pi(uc+vr)}\sin\left[\pi(uc+vr)\right]\exp\left[-\mathrm{j}\pi(uc+vr)\right]$$

第15章 数学形态学方法

15.2 操作过程和结果分别如图解15.2（a）～（c）所示。

（1）膨胀后是一个半径为$r+r/4$的圆，如图解15.2（a）所示。

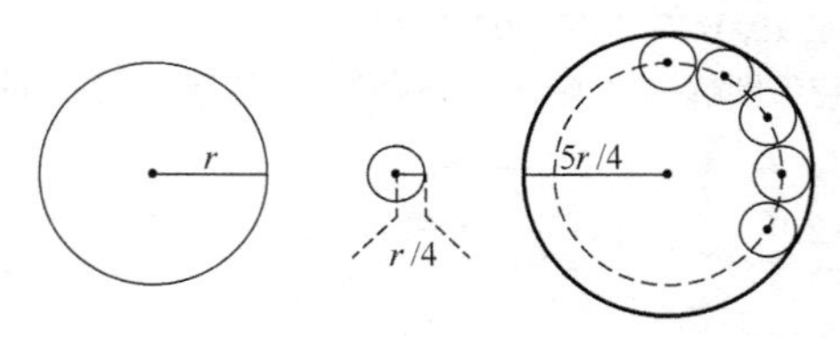

图解15.2（a）

（2）膨胀后为一个边长为$r+r/2$的有倒角的正方形，如图解15.2（b）所示。

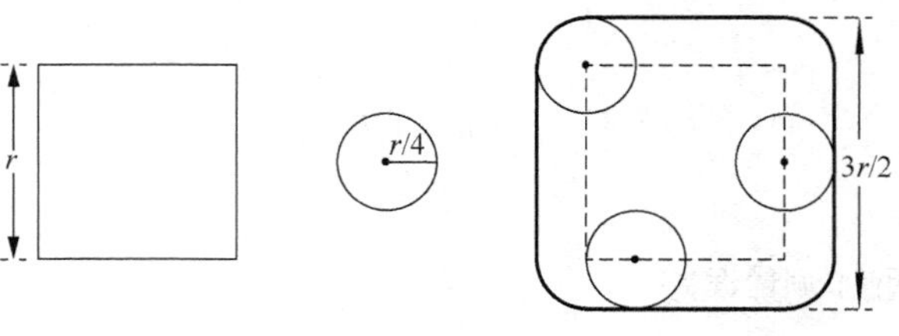

图解15.2（b）

（3）膨胀后为1个边长为$r+r/2$的有倒角的等腰三角形，如图解15.2（c）所示。

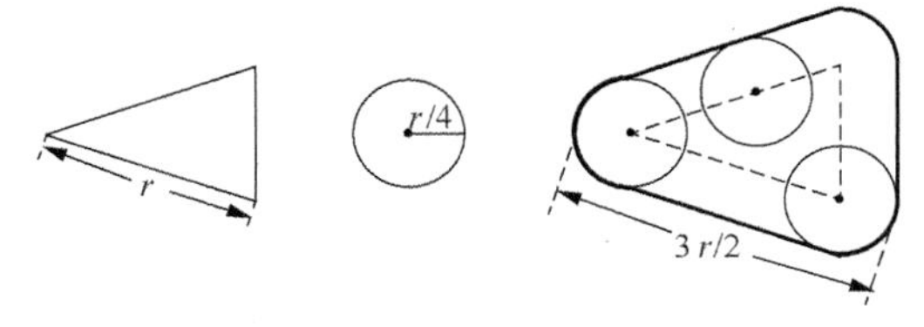

图解 15.2（c）

15.7　4 种基本运算的结果依次如图解 15.7 所示。从图中可看出，$A \ominus B \subset A \subset A \oplus B$。

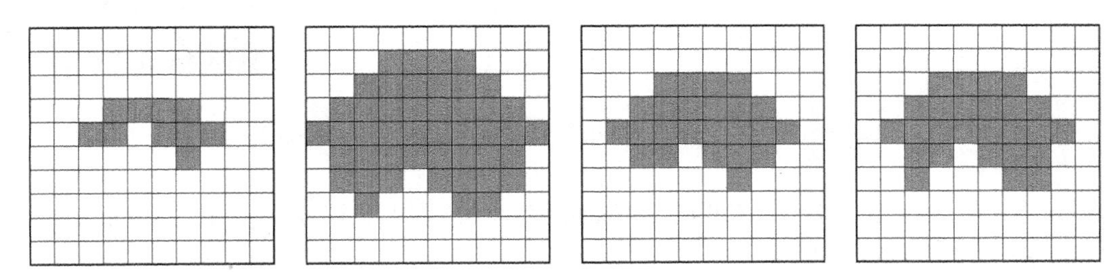

图解 15.7

参考文献

[卜 2013] 卜莎莎，章毓晋．基于局部约束线性编码的单帧和多帧图像超分辨率重建．吉林大学学报（工学版），43（增刊）：365～370．

[陈 2010a] 陈权崎，章毓晋．一种改进的基于样本的稀疏表示图像修复方法．第十五届全国图象图形学学术会议论文集，61～66．

[陈 2010b] 陈正华，章毓晋．基于运动矢量可靠性分析的视频全局运动估计．清华大学学报，50（4）：623～627．

[董 1994] 董士海，等．图象格式编程指南．北京：清华大学出版社．

[葛 1999] 葛菁华，章毓晋．计算机辅助教学课件中习题的设计和编制．教学研究与实践，（1）：54～59．

[顾 2008] 顾巧论，高铁杠．数字图像可逆认证技术研究综述．中国电子科学研究院学报，3（6）：563～567．

[胡 2000] 胡国定，等．简明数学词典．北京：科学出版社．

[贾 2009] 贾慧星，章毓晋．基于梯度方向直方图特征的多核跟踪．自动化学报，35（10）：1283～1289．

[蒋 2014] 蒋学华，等．电路原理．北京：清华大学出版社．

[晶 1998] 晶辰工作室．最流行图像格式实用参考手册．北京：电子工业出版社．

[科 2010] 科斯汗，阿比狄（美）．彩色数字图像处理．章毓晋（译）．北京：清华大学出版社．

[李 2001] 李娟，章毓晋．MPEG-21 与电子商务．中国图象图形学报，6B（7）：77～79．

[刘 2008] 刘惟锦，章毓晋．基于 Kalman 滤波和边缘直方图的实时目标跟踪．清华大学学报，48（7）：1104～1107．

[刘 2010] 刘锴，章毓晋．彩色图像处理中矢量排序方法的比较．第十五届全国图象图形学学术会议论文集，51～56．

[刘 2017] 刘晨阳，章毓晋．一种基于行特征的多字号打印机鉴别算法．广西大学学报（自然科学版），42（5）：1643～1648．

[马 2013] 马奎斯（美）．实用 MATLAB 图像和视频处理．章毓晋（译）．北京：清华大学出版社．

[马 2016] 马欣．H.265/HEVC 编码标准及在电视监测领域的应用前景．广播与电视技术，43（4）：109～113．

[帕 2022] 帕雷克（印）．MATLAB 图像、音频和视频处理基础——模式识别应用．章毓晋（译）．北京：清华大学出版社．

[日 1982] 日本电视学会．图像与噪声．郭奕康（译）．北京：人民邮电出版社．

[数 2000] 数学手册编写组．数学手册．北京：人民教育出版社．

[谭 2013] 谭华春，朱湧，赵亚男，谢湘，陈涛，章毓晋．图像去雾的大气光幕修补改进算法．吉林大学学报（工学版），43（增刊）：389～393．

[王 1994] 王熙法．C 语言图象程序设计．合肥：中国科学技术大学出版社．

[王 2005] 王志明，章毓晋，吴建华．一种改进的利用人眼视觉特性的小波域数字水印技术．南昌大学学报（理科版），29（4）：400～403．

[王 2010] 王宇雄，章毓晋，王晓华. 4-D 尺度空间中基于 Mean-Shift 的目标跟踪. 电子与信息学报，32（7）：1626～1632.

[王 2011a] 王怀颖，章毓晋，杨立瑞，李东．基于 CBS 的人体安检图像组合增强方法．核电子学与探测技术，31（1）：17～21.

[王 2011b] 王怀颖，杨立瑞，章毓晋. 基于 CNN 的康普顿背散射图像中违禁品分割方法. 电子学报，39（3）：549～554.

[王 2012] 王怀颖，章毓晋，杨立瑞，陈力，李东．X 射线康普顿背散射安检图像混合滤波器设计．计量学报，33（1）：87～90.

[王 2016] 王伟，曾凤，汤敏，等．数字图像反取证技术综述．中国图象图形学报，21（12）：1563～1573.

[闫 2014] 闫镔，李磊．CT 图像重建算法．北京：科学出版社.

[姚 2000] 姚玉荣，章毓晋．利用小波和矩进行基于形状的图像检索．中国图象图形学报，5A（3）：206～210.

[俞 2001] 俞天力，章毓晋．基于全局运动信息的视频检索技术．电子学报，29（12A）：1794～1798.

[曾 2010] 曾更生．医学图像重建．北京：高等教育出版社.

[张 2003a] 张贵仓，王让定，章毓晋．基于迭代混合的数字图象隐藏技术．计算机学报，26（5）：569～574.

[张 2003b] 张贵仓，章毓晋，李睿．图象混合信息隐藏技术的研究．西北师范大学学报，39（4）：335～338.

[章 1996a] 章毓晋．中国图象工程：1995．中国图象图形学报，1（1）：78～83.

[章 1996b] 章毓晋．中国图象工程：1995（续）．中国图象图形学报，1（2）：170～174.

[章 1996c] 章毓晋．过渡区和图像分割．电子学报，24（1）：12～17.

[章 1997a] 章毓晋．中国图象工程：1996．中国图象图形学报，2（5）：336～344.

[章 1997b] 章毓晋．椭圆匹配法及其在序列细胞图像 3-D 配准中的应用．中国图象图形学报，2（8，9）：574～577.

[章 1998] 章毓晋．中国图象工程：1997．中国图象图形学报，3（5）：404～414.

[章 1999a] 章毓晋．中国图象工程：1998．中国图象图形学报，4A（5）：427～438.

[章 1999b] 章毓晋．图象工程（上册）：图象处理和分析．北京：清华大学出版社.

[章 2000a] 章毓晋．中国图象工程：1999．中国图象图形学报，5A（5）：359～373.

[章 2000b] 章毓晋．MPEG-21——刚开始制订的国际标准．中国图象图形学报，5B（9-10）：12～13.

[章 2001a] 章毓晋．中国图象工程：2000．中国图象图形学报，6A（5）：409～424.

[章 2001b] 章毓晋．图像分割．北京：科学出版社.

[章 2001c] 章毓晋，等．“图象处理和分析”计算机辅助多媒体教学课件．北京：高等教育出版社，高等教育电子音像出版社.

[章 2001d] 章毓晋，等．“图象处理和分析”网络课程的总体设计与原型实现．信号与信息处理技术（北京：电子工业出版社），452～455.

[章 2002a] 章毓晋．中国图象工程：2001．中国图象图形学报，7A（5）：417～433.

[章 2002b] 章毓晋．图象工程（附册）——教学参考及习题解答．北京：清华大学出版社.

[章 2003] 章毓晋．中国图象工程：2002．中国图象图形学报，8A（5）：481～498.

[章 2004a] 章毓晋．中国图像工程：2003．中国图象图形学报，9（5）：513～531.

[章 2004b] 章毓晋，等．图象处理和分析网络课程．北京：高等教育出版社，高等教育电子音像出版社.

[章 2004c] 章毓晋．数字图像直方图处理中的映射规则——评“用于数字图像直方图处理的一种二值映射规则”一文．中国图象图形学报，9A（10）：1265～1268.

[章 2005] 章毓晋．中国图像工程：2004．中国图象图形学报，10（5）：537～560.

[章 2006a] 章毓晋．中国图像工程：2005．中国图象图形学报，11（5）：601～623.

[章 2006b] 章毓晋．图像工程（上册）：图像处理，第 2 版．北京：清华大学出版社.

[章 2007] 章毓晋．中国图像工程：2006．中国图象图形学报，12（5）：753～775.

[章 2008a] 章毓晋．中国图像工程：2007．中国图象图形学报，13（5）：825～852.

[章 2008b] 章毓晋，赵雪梅."图像处理"网络课件的研制．第十四届全国图象图形学学术会议论文集，790～794.
[章 2009] 章毓晋．中国图像工程：2008．中国图象图形学报，14（5）：809～837.
[章 2010] 章毓晋．中国图像工程：2009．中国图象图形学报，15（5）：689～722.
[章 2011] 章毓晋．中国图像工程：2010．中国图象图形学报，16（5）：693～702.
[章 2012a] 章毓晋．中国图像工程：2011．中国图象图形学报，17（5）：603～612.
[章 2012b] 章毓晋．图像工程（上册）：图像处理，第3版．北京：清华大学出版社.
[章 2012c] 章毓晋．图像工程（中册）：图像分析，第3版．北京：清华大学出版社.
[章 2012d] 章毓晋．图像工程（下册）：图像理解，第3版．北京：清华大学出版社.
[章 2013] 章毓晋．中国图像工程：2012．中国图象图形学报，18（5）：483～492.
[章 2014a] 章毓晋．中国图像工程：2013．中国图象图形学报，19（5）：649～658.
[章 2014b] 章毓晋．图像分割50年回顾．机器视觉，(6)：12-20.
[章 2015a] 章毓晋．中国图像工程：2014．中国图象图形学报，20（5）：585～598.
[章 2015b] 章毓晋．英汉图像工程辞典，第2版．北京：清华大学出版社.
[章 2015c] 章毓晋．图像分割中基于过渡区技术的统计调查．计算机辅助设计与图形学学报，27（3）：379～387.
[章 2016] 章毓晋．中国图像工程：2015．中国图象图形学报，21（5）：533～543.
[章 2017] 章毓晋．中国图像工程：2016．中国图象图形学报，22（5）：563～574.
[章 2018a] 章毓晋．中国图像工程：2017．中国图象图形学报，23（5）：617～628.
[章 2018b] 章毓晋．图像工程（上册）：图像处理，第4版．北京：清华大学出版社.
[章 2018c] 章毓晋．图像工程（中册）：图像分析，第4版．北京：清华大学出版社.
[章 2018d] 章毓晋．图像工程（下册）：图像理解，第4版．北京：清华大学出版社.
[章 2018e] 章毓晋．图像工程问题解析．北京：清华大学出版社.
[章 2019] 章毓晋．中国图像工程：2018．中国图象图形学报，24（5）：665～676.
[章 2020] 章毓晋．中国图像工程：2019．中国图象图形学报，25（5）：864～878.
[章 2021a] 章毓晋．中国图像工程：2020．中国图象图形学报，26（5）：978～990.
[章 2021b] 章毓晋．中国图像工程25年．中国图象图形学报，26（10）：2326～2336.
[章 2021c] 章毓晋．英汉图像工程辞典，第3版．北京：清华大学出版社.
[章 2022] 章毓晋．中国图像工程：2021．中国图象图形学报，27（4）：1009～1022.
[章 2023] 章毓晋．中国图像工程：2022．中国图象图形学报，28（4）：879～892.
[章 2024] 章毓晋．中国图像工程：2023．中国图象图形学报，29（5）：1309～1320.
[郑 2006] 郑方，章毓晋．数字信号与图像处理．北京：清华大学出版社.
[Alleyrand 1992] Alleyrand M R. Handbook of Image Storage and Retrieval Systems. Multiscience Press.
[ASM 2000] ASM International. Practical Guide to Image Analysis. ASM International.
[Barni 2001] Barni M, Bartolini F, Piva A. Improved wavelet-based watermarking through pixel-wise masking. IEEE-IP, 10(5):783～791.
[Barni 2003a] Barni M, *et al.* What is the future for watermarking? (Part 1). IEEE Signal Processing Magazine, 20(5): 55～59.
[Barni 2003b] Barni M, *et al.* What is the future for watermarking? (Part 2). IEEE Signal Processing Magazine, 20(6): 53～58.
[Basseville 1989] Basseville M. Distance measures for signal processing and pattern recognition. Signal Processing, 18: 349～369.
[Bertero 1998] Bertero M, Boccacci P. Introduction to Inverse Problems in Imaging. IOP Publishing Ltd.

[Bimbo 1999] Bimbo A. Visual Information Retrieval. Morgan Kaufmann, Inc.

[Bracewell 1986] Bracewell R M. The Hartley Transform. Oxford University Press.

[Bracewell 1995] Bracewell R N. Two-Dimensional Imaging. Prentice Hall.

[Branden 1996] Branden C J, Farrell J E. Perceptual quality metric for digitally coded color images. Proc. EUSIPCO-96, 1175～1178.

[Canny 1986] Canny J. A computational approach to edge detection. IEEE-PAMI, 8: 679～698.

[Censor 1983] Censor Y. Finite series-expansion reconstruction methods. Proceedings of IEEE, 71: 409～419.

[Chan 2005] Chan T F, Shen J. Image Processing and Analysis —— Variational, PDE, Wavelet, and Stochastic Methods. USA Philadelphia: Siam.

[Chen 2006] Chen W, Zhang Y J. Tracking ball and players with applications to highlight ranking of broadcasting table tennis video. Proc. CESA'2006, 2: 1896～1903.

[Chui 1992] Chui C K. An introduction to WAVELETS. Academic Press.

[Committee 1996] Committee on the Mathematics and Physics of Emerging Dynamic Biomedical Imaging. Mathematics and Physics of Emerging Biomedical Imaging. National Academic Press.

[Cosman 1994] Cosman P C, *et al.* Evaluating quality of compressed medical images: SNR, subjective rating, and diagnostic accuracy. Proceedings of IEEE, 82: 919～932.

[Cox 2002] Cox I J, Miller M L, Bloom J A. Digital Watermarking. The Netherlands, Amsterdam: Elsevier Science.

[Deans 2000] Deans S R. Radon and Abel transforms. In: Poularikas A D, ed. The Transforms and Applications Handbook, 2nd ed. CRC Press, (Chapter 8).

[Dougherty 1994] Dougherty E R, Astola J. An Introduction to Nonlinear Image Processing. SPIE Optical Engineering Press.

[Duan 2010] Duan F, Zhang Y J. A highly effective impulse noise detection algorithm for switching median filters. IEEE Signal Processing Letters, 17(7): 647-650.

[Forsyth 2003] Forsyth D, Ponce J. Computer Vision: A Modern Approach. Prentice Hall.

[Gao 2008] Gao T G, Gu Q L. Reversible Watermarking Algorithm Based on Wavelet Lifting Scheme. International Journal of Wavelets, Multiresolution and Information Processing, 6(4):643-652.

[Gevers 1999] Gevers T, Smeulders A. Color-based object recognition. PR, 32(3): 453～464.

[Gonzalez 1987] Gonzalez R C, Wintz P, Digital Image Processing. 2nd ed. Addison-Wesley.

[Gonzalez 1992] Gonzalez R C, Woods R E. Digital Image Processing. 3rd ed. Addison-Wesley.

[Gonzalez 2002] Gonzalez R C, Woods R E. Digital Image Processing, 2nd ed. Prentice Hall.

[Gonzalez 2008] Gonzalez R C, Woods R E. Digital Image Processing, 3rd ed. Prentice Hall.

[Gonzalez 2018] Gonzalez R C, Woods R E. Digital Image Processing, 4th ed. Pearson.

[Gordon 1974] Gordon R. A tutorial on ART (Algebraic Reconstruction Techniques). IEEE-NS, 21: 78～93.

[Goswami 1999] Goswami J C, Chan A K. Fundamentals of Wavelets – Theory, Algorithms, and Applications. John Wiley & Sons, Inc.

[Haralick 1992] Haralick R M, Shapiro L G. Computer and Robot Vision, Vol.1. Addison-Wesley.

[Hartley 2004] Hartley R, Zisserman A. Multiple View Geometry in Computer Vision, 2nd ed. Cambridge University Press.

[Herman 1980] Herman G T. Image Reconstruction from Projection – The Fundamentals of Computerized Tomography. Academic Press, Inc.

[Herman 1983] Herman G T. The special issue on computerized tomography. Proceedings of IEEE, 71: 291～292.

[Howard 1998] Howard C V, Reed M G. Unbiased Stereology – Three-Dimensional Measurement in Microscopy. Springer.

[Huang 1965] Huang T S. PCM Picture transmission. IEEE Spectrum, 2: 57～63.

[Hurvich 1957] Hurvich L M, Jameson D. An opponent process theory of colour vision. Psychological Review, 64(6): 384～404.

[Jähne 1999] Jähne B, Hauβecker H, Geiβler P. Handbook of Computer Vision and Applications: Volume 2: Signal Processing and Pattern Recognition. Academic Press.

[Jain 1989] Jain A K. Fundamentals of Digital Image Processing. Prentice-Hall.

[Jeannin 2000] Jeannin S, Jasinschi R, She A, *et al*. Motion descriptors for content-based video representation. Signal Processing: Image Communication, 16(1-2): 59～85.

[Jia 1998] Jia B, Zhang Y J, Zhang N, Lin X G. Study of a fast trinocular stereo algorithm and the influence of mask size on matching, Proc. ISSPR, 1: 169～173.

[Kak 1988] Kak A C, Slaney M. Principles of Computerized Tomographic Imaging. IEEE Press.

[Kass 1988] Kass M, Witkin A, Terzopoulos D. Snakes: Active contour models. International Journal of Computer Vision, 1(4): 321～331.

[Kim 2004] Kim K, Chalidabhongse T H, Harwood D, Davis L S. Background modeling and subtraction by codebook construction. Proc. ICIP, 5: 3061～3064.

[Kirsch 1971] Kirsch R. Computer determination of the constituent structure of biological images. Computer Biomedical Research, 4: 315～328.

[Koschan 2008] Koschan A, Abidi M. Digital Color Image Processing. Wiley Interscience.

[Kropatsch 2001] Kropatsch W G, Bischof H (editors). Digital Image Analysis – Selected Techniques and Applications. Springer.

[Kutter 2000] Kutter M, Hartung F. Introduction to watermarking techniques. In: Katzenbeisser S, Petitcolas F A P, Eds. Information Hiding Techniques for Steganography and Digital Watermarking. USA Boston: Artech House, Inc. (Chapter 5).

[Langdon 1981] Langdon G C, Rissanen J. Compression of black-white images with arithmetic coding. IEEE-Comm, 29: 858～867.

[Lau 2001] Lau D L, Arce G R. Digital Halftoning. In: Mitra S K, Sicuranza G L, eds. Nonlinear Image Processing. Academic Press (Chapter 13).

[Lewitt 1983] Lewitt R M. Reconstruction algorithms: transform methods. Proceedings of IEEE, 71: 390～408.

[Li 2003] Li R, Zhang Y J. A hybrid filter for the cancellation of mixed Gaussian noise and impulse noise, Proc. 4th IEEE PCM, 1: 508～512.

[Libbey 1994] Libbey R L. Signal and Image Processing Sourcebook. Van Nostrand Reinhold.

[MacDonald 1999] MarDonald L W, Luo M R. Colour Imaging — Vision and Technology. John Wiley & Sons LTD

[Mahdavieh 1992] Mahdavieh Y, Gonzalez R C. Advances in Image Analysis. DPIE Optical Engineering Press

[Mallat 1989a] Mallat S G. Multifrequency channel decompositions of images and wavelet models. IEEE-ASSP, 37(12): 2091～2110.

[Mallat1989b] Mallat S G. A theory for multiresolution signal decomposition: the wavelet representation. IEEE-PAMI, 11(7): 647～693.

[Marchand 2000] Marchand-Maillet S, Sharaiha Y M. Binary Digital Image Processing — A Discrete Approach. Academic Press.

[Marr 1982] Marr D. Vision. W.H. Freeman.

[Mitra 2001] Mitra S K, Sicuranza G L, eds. Nonlinear Image Processing. Academic Press.

[Moretti 2000] Moretti B, Fadili J M, Ruan S, et al. Phantom-based performance evaluation: Application to brain segmentation from magnetic resonance images. Medical Image Analysis, 4(4): 303～316.

[Nakagawa 1978] Nakagawa Y, Rosenfeld A. A note on the use of local min and max operators in digital image processing. IEEE-SMC, 8: 632～635.

[Nevitia 1980] Nevitia R, Babu K.R. Linear feature extraction and description. CGIP, 13: 256～289.

[Nikolaidis 2001] Nikolaidis N, Pitas I. 3-D Image Processing Algorithms. John Wiley & Sons, Inc.

[Nilsson 1980] Nilsson N J. Principles of Artificial Intelligence. Palo Alto: Tioga Publishing Co.

[Ohta 1980] Ohta Y. I., Kanade T., Sakai T. Color information for region segmentation. CGIP, 13:222–241.

[Park 2003] Park S C, Park M K, Kang M G. Superresolution image reconstruction: A technical overview. IEEE Signal Processing Magazine, 20(3): 21～36.

[Paulus 2009] Paulus C, Zhang Y J. Spatially adaptive subsampling for motion detection. Tsinghua Science and Technology, 14(4): 423～433.

[Petitcolas 2000] Petitcolas F A P. Introduction to information hiding. In: Katzenbeisser S, Petitcolas F A P, Eds. Information Hiding Techniques for Steganography and Digital Watermarking. USA Boston: Artech House, Inc. (Chapter 1).

[Plataniotis 2000] Plataniotis K N, Venetsanopoulos A N. Color Image Processing and Applications. Springer.

[Poynton 1996] Poynton C A. A Technical Introduction to Digital Video. John Wiley & Sons Inc.

[Pratt 2007] Pratt W K. Digital Image Processing: PIKS Scientific inside (4th Ed.). USA Hoboken: Wiley Interscience.

[Ritter 2001] Ritter G X, Wilson J N. Handbook of Computer Vision Algorithms in Image Algebra. CRC Press.

[Russ 2015] Russ J C, Neal F B. The Image Processing Handbook, 7th Edition, USA New York: CRC Press.

[Salomon 2000] Salomon D. Data Compression: The Complete Reference. 2nd ed. Springer – Verlag.

[Shapiro 2001] Shapiro L, Stockman G. Computer Vision. Prentice Hall.

[Shepp 1974] Shepp L A and Logan B F. The Fourier reconstruction of a head section. IEEE-NS, 21: 21～43.

[Siau 2002] Siau K. Advanced Digital Signal Processing and Noise Reduction, 2nd ed. John Wiley & Sons, Inc.

[Smith 1997] Smith, S.M, Brady, J M. SUSAN – A new approach to low level image processing. International Journal of Computer Vision, 23(1): 45～78.

[Snyder 2004] Snyder W E, Qi H. Machine Vision. Cambridge University Press.

[Sonka 2008] Sonka M, Hlavac V, Boyle R.Image Processing, Analysis, and Machine Vision. 3rd Ed, Thomson.

[Sonka 2014] Sonka M, Hlavac V, Boyle R. Image Processing, Analysis, and Machine Vision. 4th Ed, Cengage Learning.

[Sternberg 1982] Sternberg S R. Pipeline architectures for image processing, in Multi-computers and Image Processing, Academic Press.

[Sweldens 1996] Sweldens W. The lifting scheme: A custom-design construction of biorthogonal wavelets. Journal of Appl. and Comput. Harmonic Analysis, 3(2): 186～200.

[Tamura 1978] Tamura H, Mori S, Yamawaki T. Texture features corresponding to visual perception. IEEE-SMC, 8(6): 460～473.

[Tang 2011] Tang D, Zhang Y J. Combining mean-shift and particle filter for object tracking. Proc. 6th ICIG, 771～776

[Tekalp 1995] Tekalp A M. Digital Video Processing. Prentice Hall.

[Toft 1996] Toft P. The Radon Transform: Theory and Implementation. PhD thesis, Technical Univ. of Denmark.

[Walsh 1923] Walsh J. A closed set of normal orthogonal functions. American Journal of Mathematics, 45(1): 5～24.

[Wang 2011] Wang Y X, Zhang Y J. Image inpainting via weighted sparse non-negative matrix factorization. Proceedings of the 18th International Conference on Image Processing, 3470～3473.

[Webster 2000] Webster J G. Measurement, Instrumentation, and Sensors Handbook. CRC Press.

[Wei 2005] Wei Y C, Wang G, Hsieh J. Relation between the filtered backprojection algorithm and the backprojection algorithm in CT. IEEE Signal Processing Letters, 12(9): 633～636.

[Whatmough 1991] Whatmough R J. Automatic threshold selection from a histogram using the exponential hull. CVGIP-GMIP, 53(6): 592～600.

[Wyszecki 1982] Wyszecki G, Stiles W S. Color Science, Concepts and Methods, Quantitative Data and Formulas. John Wiley.

[Xue 2011] Xue F, Zhang Y J. Image class segmentation via conditional random field over weighted histogram classifier. Proceedings of the 6th International Conference on Image and Graphics, 477～481.

[Xue 2012] Xue J H, Zhang Y J. Ridler and Calvard's, Kittler and Illingworth's and Otsu's methods for image thresholding. Pattern Recognition Letters, 33(6): 793～797.

[Zhang 1984] Zhang T Y, Suen C Y. A fast parallel algorithm for thinning digital patterns. Comm. ACM, 27: 236～239.

[Zhang 1990] Zhang Y J, Gerbrands J, Back E. Thresholding three-dimensional image. SPIE, 1360: 1258～1269.

[Zhang 1991] Zhang Y J, Gerbrands J. Transition region determination based thresholding. PRL, 12: 13～23.

[Zhang 1992a] Zhang Y J. Improving the accuracy of direct histogram specification. IEE Electronics Letters, 28(3): 213～214.

[Zhang 1992b] Zhang Y J, Gerbrands J. Comparison of thresholding techniques using synthetic images and ultimate measurement accuracy. Proc. 11th ICPR, 3: 209～213.

[Zhang 1993b] Zhang Y J. Segmentation evaluation and comparison: a study of several algorithms. SPIE, 2094: 801～812.

[Zhang 1996] Zhang Y J. A survey on evaluation methods for image segmentation. PR, 29(8): 1335～1346.

[Zhang 1999a] Zhang Y J, Li Q, Ge J H. A computer assisted instruction courseware for "Image Processing and Analysis". Proc. ICCE'99, 371～374.

[Zhang 1999b] Zhang Y J, Xu Y. Effect investigation of the CAI software for "Image Processing and Analysis", Proc. ICCE'99, 858～859.

[Zhang 1999c] Zhang N, Zhang Y J, Liu Q D, et al. Method for estimating lossless image compression bound. IEE EL-35(22): 1931～1932.

[Zhang 2001] Zhang Y J, Chen T, Li J. Embedding watermarks into both DC and AC components of DCT. SPIE 4314: 424-435.

[Zhang 2002] Zhang Y J, Liu W J. A new web course — "Fundamentals of Image Processing and Analysis". Proc. 6th GCCCE, 1: 597～602.

[Zhang 2004] Zhang Y J. On the design and application of an online web course for distance learning, International Journal of Distance Education Technologies, 2(1): 31～41.

[Zhang 2005] Zhang Y J. Better use of digital images in teaching and learning. In: C Howard, J V Boettcher, L Justice *et al.* eds. Encyclopedia of Distance Learning, Idea Group Reference, 1: 152～158.

[Zhang 2006] Zhang Y J (ed.). Advances in Image and Video Segmentation. IRM Press, USA.

[Zhang 2007] Zhang Y J. A teaching case for a distance learning course: Teaching digital image processing. Journal of Cases on Information Technology, 9(4): 30～39.

[Zhang 2008] Zhang Y J. On the design and application of an online web course for distance learning. Handbook of

Distance Learning for Real-Time and Asynchronous Information Technology Education, Chapter 12 (228～238).

[Zhang 2009] Zhang Y J. Teaching and learning image courses with visual forms. Encyclopedia of Distance Learning, 2nd ed., 4: 2044～2049.

[Zhang 2011] Zhang Y J. A net courseware for "Image Processing". Proc.6th International Multi-Conference on Computing in the Global Information Technology, 143～147.

[Zhang 2014a] Zhang Y J. Image inpainting as an evolving topic in image engineering. Encyclopedia of Information Science and Technology, 3rd ed., Chapter 122 (1283～1293).

[Zhang 2014b] Zhang Y J. A review of image segmentation evaluation in the 21st century. Encyclopedia of Information Science and Technology, 3rd ed., Chapter 579 (5857～5867).

[Zhang 2014c] Zhang Y J. Half century for image segmentation. Encyclopedia of Information Science and Technology, 3rd ed., Chapter 584 (5906～5915).

[Zhang 2018a] Zhang Y J. Development of Image Engineering in the Last 20 Years. Encyclopedia of Information Science and Technology, 4th Edition, Chapter 113 (1319～1330).

[Zhang 2018b] Zhang Y J. An Overview of Image Engineering in Recent Years. Proceedings of the 21st IEEE International Conference on Computational Science and Engineering, 119～122.

[Zimmer 1997] Zimmer Y, Tepper R, Akselrod S. An improved method to compute the convex hull of a shape in a binary image. PR, 30: 397～402.

索　引

1-D 游程编码（1-D run length coding）154

$1/f$ 噪声（$1/f$ noise）95

1 范数（norm 1）154

2-D 傅里叶变换（2-D Fourier Transform）70

2-D 图像（2-D image）5

2-D 直方图（2-D histogram）218

2 范数（norm 2）205

3-D 图像（3-D image）5，7

4-点映射（four-point mapping）26

4-邻接（4- adjacency）35

4-邻域（4-neighborhood）35

6-参数仿射模型（6-coefficient affine model）296

8-参数仿射模型（8-coefficient affine model）296

8-邻接（8- adjacency）35

8-邻域（8-neighborhood）35

BMP（Bit Map）17

CMY 模型（CMY model）272

G3（G3）173

G4（G4）173

GIF（Graphics Interchange Format）17

H.261（H.261）304

H.264/AVC（H.264/Advanced Video Coding）308

H.265/HEVC（H.265/High Efficiency Video Coding）309

HSB 模型（HSB model）277

HSI 模型（HSI model）273，288

HSV 模型（HSV model）276

I_1，I_2，I_3 模型（I_1, I_2, I_3 model）273

JBIG 标准（JBIG standard）174

JBIG-2 标准（JBIG-2 standard）174

Johnson 噪声（Johnson noise）95

JPEG（Joint Photographic Expert Group）174

JPEG-2000 标准（JPEG-2000 standard）176

JPEG-LS 标准（JPEG-LS standard）177

JPEG 标准（JPEG standard）174

$L^*a^*b^*$模型（$L^*a^*b^*$ model）277

MPEG-1 标准（MPEG-1 standard）306

MPEG-2 标准（MPEG-2 standard）307

MPEG-4 标准（MPEG-4 standard）308

RGB 模型（RGB model）271

Shepp-Logan 头部模型（Shepp-Logan head model）125

TIFF（Tagged Image File Format）18

X 射线图像（X ray image）3

YC_BC_R 模型（YC_BC_R model）293

YIQ 模型（YIQ model）272

YUV 模型（YUV model）272

γ射线图像（γray image）2

ψ-s 曲线（ψ-s curve）230

∞范数（norm ∞）205

B

巴特沃斯低通滤波器（Butterworth low-pass filter）76

巴特沃斯高通滤波器（Butterworth high-pass filter）78

巴特沃斯陷波带阻滤波器（Butterworth notch reject filter）84

靶区域（target region）107

百分比滤波器（percentile filter）65，998

半调输出（half toning）15

饱和度（saturation）261，273

饱和度增强（saturation enhancement）281

保真度（逼真度）准则（fidelity criteria）140
贝塞尔-傅里叶频谱（Bessel-Fourier spectrum）255
背景（background）202
背景建模（background modeling）309
背景运动（background motion）296
闭合（closing）317
边界闭合（boundary closing）209
边界标记（boundary signature）227，229
边界长度（length of boundary）238
边界直径/边界主轴（diameter of boundary）239
边界点集合（boundary point set）227
边界段（boundary segments）227，229
边界矩（boundary moment）241
边界提取（boundary extraction）325
边缘检测（edge detection）
边缘排序（edge ordering）285
边缘像素连接（edge pixel connection）209
边缘元素（edge element）210
编码（coding）137
编码冗余（coding redundancy）139，144
编码效率（coding efficiency）143
变化阈值（variable threshold）219
变换编码（transform coding）163
变换函数（transformation function）47
标记（signature）229
并行边界技术（parallel-boundary technique）203
并行区域技术（parallel-region technique）213
并行算法（parallel algorithm）203
补（COMPLEMENT）52
不变矩（invariant moment）244
不规则性（irregularity）256
不可感知水印（in-perceptible watermark）183
不平整度（roughness）256

C

采样（sampling）24，31
彩色电视（color television）272
彩色电视制式（color television）295
彩色空间（color spaces）271，288
彩色滤波（color filtering）283
彩色滤波器阵（color filter array，CFA）195
彩色模型（color models）271，293
彩色切割（color slicing）282
彩色图像（color images）5，270
彩色图像分割（color image segmentation）270，288
彩色图像平滑（color image smoothing）283
彩色图像增强（color image enhancement）270
参数边界（parametric boundary）227
测量误差（measurement error）247
差图像（difference image）297
差值编码（differential coding）159
超分辨率重建（super-resolution reconstruction）111
超分辨率复原（super-resolution restoration）110
城区距离（city-block distance）205
尺度变换（scaling transformation）39
尺度定理（scaling theorem）71
初始帧（initial frame, I-frame）305
串行边界技术（sequential-boundary technique）210
串行区域技术（sequential-region technique）220
串行算法（sequential algorithm）203
磁共振成像（magnetic resonance imaging）118
从 HSI 到 RGB 的彩色转换（converting colors from HSI to RGB）275
从 RGB 到 HSI 的彩色转换(converting colors from RGB to HSI）274
从灰度到彩色的变换（gray level to color transformations）279

从投影重建图像（image reconstruction from projection）114
从投影重建图像模型（model of image reconstruction from projection）119
粗糙度（coarseness）256
粗化（thicking）322

D

代价函数（cost function）210
代数重建技术（algebraic reconstruction technique，ART）130
带通滤波器（band-pass filter）82
带限（band-limiting）92
带阻滤波器（band-reject filter）81
单边缘响应准则（single edge response criterion）208
单高斯模型（single Gaussian model）310
单光子发射成像（single photon emission CT，SPECT）116
单极性噪声（unipolar noise）96
单映射规则（single mapping law，SML）57
单阈值技术（single threshold technique）213
德尔塔调制（Delta modulation，DM）160
等距离圆盘（equal-distance disk）37
低帽变换（bottom-hat transformation）334
低通滤波（low-pass filtering）74
地标点/标志点（landmark points）227，232
点操作（point operation）46
电阻抗断层成像（electrical impedance tomography）117
迭代混合（iterative blending）199
定位精度准则（location accuracy criterion）208
迭代变换法（iterative transform method）133
动态范围压缩（compression of dynamic range）48
动态规划（dynamic programming）212
动态阈值（dynamic threshold）214，218
抖动（dithering）15
对比度（contrast）256
对比度门限（contrast sensitivity threshold）187
对角邻域（diagonal-neighborhood）35
多边形（polygon）231
多边形逼近（polygonal approximation）227
多波段图像（multi band image）6
多层 CT（multi-slice CT）115
多光谱图像（multispectral image）5，6
多视图像（multi-view image）5
多阈值技术（multi-threshold technique）213

E

二分图（bipartite）234
二阶导数算子（second order derivative operator）206
二值图联合组（joint bi-level imaging group）174
二值图像（bi-level image）173
二值形态学（binary morphology）314

F

发射断层成像（emission computed tomography，ECT）116
发射噪声（shot noise）95
反取证（anti-forensics）194
反射断层成像（reflection CT，RCT）116
反射分量（reflection components）50，85
房顶雨（rain on the roof）95
仿射变换（affine transformation）40
放射对称（radially symmetric）81
放缩变换（scaling transformation）39
非线性均值滤波器（nonlinear mean filter）99
非线性平滑滤波器（non-linear smoothing filter）63
非线性锐化滤波器（non-linear sharpening filter）66

分量视频（component video）293
分裂（split）232
分裂合并（split-merge）221
分区编码（zonal coding）167
粉色噪声（pink noise）95
峰值信噪比（peak signal-to-noise ratio，PSNR）141
辐度分辨率（magnitude resolution）31
辐射度学（radiometry）24，30
腐蚀（erosion）315
复合视频（composite video）293
复杂性/复杂度（complexity）256
傅里叶变换对（Fourier transform pair）88，89
傅里叶变换投影定理（projection theorem for Fourier transform）123
傅里叶反变换重建法（reconstruction by Fourier inversion）122，129
傅里叶频谱（Fourier spectrum）69，254

G

概率密度函数（probability density function，PDF）95
感兴趣区域（region of interest）212
感知性（perceptibility）183
高帽变换（top-hat transformation）333
高频提升滤波（high-boost filtering）80
高频提升滤波器（high-boost filter）80
高频增强滤波（high frequency emphasis filtering）79
高频增强滤波器（high frequency emphasis filter）80
高斯低通滤波器（Gaussian low-pass filter）77
高斯高通滤波器（Gaussian high-pass filter）79
高斯混合模型（Gaussian mixture model）310
高斯加权平滑函数（Gaussian weighted smooth function）207
高斯-拉普拉斯滤波器（Laplacian-of-Gaussian filter）207
高斯陷波带阻滤波器（Gaussian notch reject filter）84
高斯噪声（Gaussian noise）95
高通滤波（high-pass filtering）78
高效视频编码（high efficiency video coding, HEVC）309
哥伦布码（Colomb code）144
格雷码（Gray code）152
隔行扫描（interlaced scan）284，307
根信号（root signal）64
共生矩阵（co-occurrence matrix）247
骨架（skeletons）233
骨架化（skeletonization）236
固定阈值（static threshold）214
惯量椭圆（ellipse of inertia）258
光度学（photometry）24
光密度（optical density）242
光栅图像（raster image）13
光通量（luminous flux）30
归一化彩色模型（normalized color model）13
规则性（regularity）256
过零点（zero-crossing point）204

H

哈夫曼编码（Huffman coding）146
合成孔径雷达（synthetic aperture radar，SAR）117
合成图像（generated image）9
核磁共振（nuclear magnetic resonance）118
褐色噪声（brown noise）95
红（red，R）271
红外线图像（infrared image）4
后向映射（backward mapping）43
互换性（commutivity）328
幻影（phantom）125
黄（yellow，Y）272
灰度闭合（gray-level closing）331
灰度不连续性（gray level discontinuity）203

灰度插值（grey-level interpolation）42

灰度分辨率（grey-level resolution）31

灰度腐蚀（gray-level erosion）329

灰度开启（gray-level opening）331

灰度开启和闭合的对偶性（duality of gray-level opening and closing）331

灰度量化（grey-level quantization）31

灰度膨胀（gray-level dilation）328

灰度膨胀和腐蚀的对偶性（duality of gray-level dilation and erosion）330

灰度-梯度散射图（gray level-gradient scatter）218

灰度图像（gray-level image）13

灰度相似性（gray level similarity）180

灰度形态学（gray-level morphology）326

灰度映射（gray-level mapping）47

灰度阈值（gray level threshold）213

灰度直方图（gray level histogram）54

灰度值（gray level）31

灰度值范围（gray level range）31

绘图（drawing）11

混合滤波器（mixed filter）100

或（OR）52

J

奇数链码（odd chain codes）266

击中-击不中变换（hit-or-miss transform）319

击中–击不中算子（hit-or-miss operator）319

积分光密度（integrated optical density）242

基本图像退化模型（basic ting degradation model）93

基于边界的表达（boundary-based representation）227

基于区域的表达（region-based representation）233

基于运动检测的滤波（motion-detection based filtering）300

级联（cascading）39

级数展开（series-expansion）130

级数展开重建（reconstruction by series-expansion）130

极小值点阈值（minimum-point threshold）214

几何畸变（geometric distortion）41

几何均值滤波器（geometric mean filter）97

几何失真（geometric distortion）41

几何失真校正（geometric distortion correction）41

计算机视觉（computer vision）11

计算机图像坐标系统（image coordinate system in computer）25

计算机图形学（computer graphics）11

寄生组元（parasitic components）323

加权平均（weighted average）62

加权直方图（weighted histogram）217

假彩色（false color）278

假彩色增强（false color enhancement）284

剪切（pruning）323

简化/合计排序（reduced ordering）285

交叉数（crossing number）262

交流电波图像（alternating current image）5

椒盐噪声（pepper and salt noise）96，324

椒盐噪声检测器（pepper-salt noise detector）102

角点（corner）266

阶（order）64，143，159

阶梯量化（step quantization）48

阶梯状边缘（step edge）203

结构元素（structure element）314

截断哈夫曼码（truncated Huffman code）148

截断频率（cutoff frequency）74

解码（decoding）137

解码即时性（instantaneous decodability）147

解码唯一性（uniquely decodability）147

金字塔（pyramid）233，234

紧凑性（compactness）256

精确性/精确度（precision）296
静止图像（still image）292
局部二值模式（local binary pattern）252
局部阈值（local threshold）214
局部运动（local motion）296
矩形度（rectangularity）261
矩阵表示形式（matrix-form representation）14
距离（distance）36
距离量度函数（distance measurement function）36
距离为弧长的函数（function of distance-versus-arc-length）231
距离为角度的函数（function of distance-versus-angle）229
聚合（merge）231
卷积定理（convolution theorem）73
卷积逆投影（convolution-back-projection）126
卷积逆投影重建法（reconstruction by convolution-back-projection）126
均方信噪比（mean-square SNR）94，141
均匀彩色空间模型（uniform color space model）277
均匀模式（uniform pattern）253
均匀噪声（uniform noise）96
均值滤波器（averaging filter）97

K

开启（opening）317
开启和闭合的对偶性（duality of opening and closing）318
颗粒噪声（granular noise）161
可感知水印（perceptible watermark）183
可见光图像（visible-light image）4
可逆认证（reversible authentication）192
可视粒度（graininess，patchiness）56
客观保真度准则（objective fidelity criteria）140
空间变换（spatial transformation）41
空间采样（space sampling）31
空间分辨率（spatial resolution）31
空间覆盖度（spatial coverage）260
空间占有数组（spatial occupancy array）233
空域（spatial domain）46
空域滤波（spatial domain filtering）60，87
空域噪声滤波器（spatial noise filter）46
空域增强（spatial domain enhancement）97

L

拉东变换（Radon transform）119
拉普拉斯模板（Laplacian mask）63，88
拉普拉斯算子（Laplacian operator）63，206
蓝（blue，*B*）271
蓝绿（cyan，*C*）272
累积差图像（accumulative difference image，ADI）298
累积直方图（cumulative histogram）54
离散小波变换（discrete wavelet transform，DWT）168
离散余弦变换（discrete cosine transform，DCT）164
理想低通滤波器（ideal low-pass filter）74
理想高通滤波器（ideal high-pass filter）78
理想陷波带通滤波器（ideal notch pass filter）83
理想陷波带阻滤波器（ideal notch reject filter）83
立体图像（stereo image）5，6
连接（connection）35
连接数（connectivity number）262
连通（connected）36
连通组元（connected component）36
连通组元提取（extraction of connected components）326
连续图像（continuous image）2
联合视频组（joint video team, JVT）308，309
联合图像专家组（joint picture expert group）174，176
链码（chain codes）227

链码表达（chain code representation）227

链码起点归一化（normalizing the starting point of a chain code）228

链码旋转归一化（normalization for the rotation of a chain code）228

亮度（brightness/luminance）30，288

亮度切割（intensity slicing）278

亮度增强（brightness enhancement）281

量化（quantization）24，31，139

量化器（quantizer）160

邻接（adjacency）35

邻域（neighborhood）35

邻域操作（neighborhood operation）46，60

邻域平均（neighborhood averaging）62

零阶插值（zero-order interpolation）43

零相移滤波器（zero-phase-shift filters）74

鲁棒性认证（robust authentication）191

螺旋 CT（Spiral CT）115

滤波器选择（filter selection）101

绿（green，G）271

轮廓温度（temperature）261

罗伯特交叉算子（Roberts cross operator）205

逻辑运算（logic operation）52

M

马尔算子（Marr-Hildreth operator）207

码本（code book）311

脉冲噪声（impulse noise）96

脉冲状边缘（pulse edge）203

密码学（cryptography）196

面积周长比（area to perimeter ration）261

面向视觉感知的颜色模型（color model oriented twoward visual perception）273

面向硬设备的彩色模型（color model oriented toward hardware）272

模板（mask, template）60，205

模板操作（mask operation）46

模板卷积（mask convolution）60，205

模板运算（mask operation）60

模糊（blurring）92

模式识别（pattern recognition）11

模式噪声（pattern noise, PN）195

目标（object）180

目标标记（object labeling）225

目标表达（object representation）114

目标检测（object detection）325

目标描述（object description）225

N

内部特征（internal feature）233

逆滤波（inverse filtering）103

逆投影（back projection）121

逆投影变换矩阵（inverse projection transform matrix）27

逆谐波均值滤波器（contra-harmonic mean filter）97

O

欧拉数（Euler number）243

欧式变换（Euclidean transformation）40

欧氏距离（Euclidean distance）36

偶数链码（even chain codes）266

P

排列规则（arrangement rules）251

排序统计滤波器（order-statistics filter）65，99

膨胀（dilation）315

膨胀和腐蚀的对偶性（duality of dilation and erosion）316
偏心率（eccentricity）257
频域滤波（frequency filtering）279
频域增强（frequency domain enhancement）69
品红（magenta，*M*）272
平滑滤波（smooth filtering）62，87
平滑滤波器（smoothing filter）61
平移变换（translation transformation）38
平移定理（shift theorem）71
平移哈夫曼码（shift Huffman code）148
平移矩阵（translation matrix）28
蒲瑞维特算子（Prewitt operator）205

Q

齐次矢量（homogeneous vector）25
齐次坐标（homogeneous coordinates）25
棋盘距离（chessboard distance）37，205
前景（foreground）180
前景运动（foreground motion）296
前向映射（forward mapping）42
前值编码（previous value coding）159
前值预测器（previous pixel coding）159
球状性（sphericity）259
区域分解（region decomposition）233
区域灰度特征（gray level features of region）242
区域密度特征（density features of a region）242
区域面积（region area）241
区域生长（region growing）220
区域填充（region filling）325
区域质心（centroid of a region）241
曲率（curvature）239
曲线逼近（curve approximation）227
取阈值分割方法分类（classification of thresholding methods）241
取阈值分割模型（thresholding segmentation model）213
取阈值技术（thresholding technique）213
全彩色（full-color）278
全局阈值（global threshold）214
全局运动（global motion）296

R

热噪声（heat noise）95
人类视觉系统（human visual system,，HVS）187
冗余数据（redundancy data）137
锐化滤波（sharpen filtering）63，87
锐化滤波器（sharpening filter）61

S

三次线性插值（tri-linear interpolation）43
三基色（three primary colors）271
三基色模型（three primary color model）271
三原色（three primary colors）271
色调（hue）273
色调增强（hue enhancement）281
闪烁噪声（flicker noise）95
扇束投影（fan-beam projection）115，128
熵编码（entropy coding）144
设备独立位图（device independent bitmap，DIP）17
摄像机运动（camera motion）296
摄像机坐标系统（camera coordinate system）25
伸长性/伸长度（elongation）256
深度图像/深度图（depth map）5，6
生长准则（growing criterion）220
渗色（bleeding）286
矢量表示形式（vector-form representation）14
矢量排序（vector ordering）285
矢量中值滤波器（vector median filter）286
时空频谱（spatio-temporal Fourier spectrum）302

世界坐标系统（world coordinate system）25
视觉（vision）2
视觉系统（vision system）2
视觉阈值（just noticeable difference，JND）187
视频（video）292
视频表达单元（video presentation units，VPUs）306
视频初始化（video initialization）310
视频格式（video format）294
视频码率（video data rate）294
视频图像（video image）292
数学形态学（mathematic morphology）10-17，314
数字图像（digital image）2，13
数字指纹（digital fingerprints）184
双极性噪声（bipolar noise）96
双线性插值（bi-linear interpolation）43
双向预测（bidirectional interpolated）306
四叉树（quad-tree）233
水印检测（watermark detection）181，185，189
水印嵌入（watermark embedding）181，184，189
松弛代数重建技术（ART with relaxation）131
搜索图（search graph）211
算术编码（arithmetic coding）149
算术解码（arithmetic decoding）151
算术均值滤波器（arithmetic mean filter）97
算术运算（arithmetic operation）49
缩放函数（scaling function）169
缩减窗（reduction window）235
缩减率（reduction factor）235
索贝尔算子（Sobel operator）205

T

特征测量（feature measurement）247
特征提取（feature extraction）247
梯度（gradient）66
梯度算子（gradient operator）204
梯形低通滤波器（trapezoid low-pass filter）77
梯形高通滤波器（trapezoid high-pass filter）79
提升（lifting）172
填充能力（space-filling capability）260
条件排序（conditional ordering）285
同态滤波（homomorphic filtering）85
同态滤波函数（homomorphic filter function）86
通路（path）36
通路长度（length of the path）36
统计误差（statistical error）265
投影变换（projective transformation）25
投影变换矩阵（projection transform matrix）26
投影层定理（projection-slice theorem）121
投影重建图像（projection reconstruction image）5，8
透射断层成像（transmission computed tomography，TCT）114
透射率（transmission）242
凸包（convex hull）229，233，235
凸残差（convex deficiency）229
图（graph）9-7，234
图表（chart）11
图表达（graph representation）263
图像（image）1
图像编码（image coding）136，158
图像编码器（image coder）139
图像补全（image completion）107
图像采集（image acquisition）24
图像超分辨率（image super-resolution）109
图像成像（image forming）2
图像处理（image processing）11，18
图像处理技术（image processing technique）2
图像篡改（image tampering）190
图像存储（image storage）16

图像的多幅迭代混合（multiple-image iterative blending）200
图像分割（image segmentation）202
图像分析（image analysis）11，19
图像分析技术（image analysis technique）2
图像复原（image restoration）91
图像工程（image engineering）10，18
图像观测模型（image observation model）109
图像灰度排序（ordering of image gray-level）327
图像恢复（image restoration）91
图像技术（image technique）2
图像加法（image addition）50
图像减法（image subtraction）51
图像解码（image decoding）136
图像解码器（image decoder）139
图像解压缩（image decompression）136
图像理解（image understanding）11，19
图像求反（image negative）48
图像取证（image forensics）191
图像缺损（image defect）107
图像认证（image authentication）191
图像四叉树（image quad-tree）221
图像投影重建（image reconstruction from projection）114
图像退化（image degradation）92
图像文件（image files）16
图像文件格式（image file format）16
图像显示（image display）14
图像信息安全（image information security）180
图像修复（image inpainting）190
图像序列（image sequence）5，7
图像压缩（image compression）136
图像域（image domain）46
图像运算（image operation）49
图像增强（image enhancement）46
图像质量（image quality）33
图形（graph）11

W

外观比（aspect ratio）256
外接盒（Feret box）233，235
完整性认证（complete authentication）191
围盒（bounding box）235，11-14，261
围绕区域/环绕区域（bounding region）233，235
维纳滤波器（Wiener filter）105
伪彩色（pseudo color）278
伪彩色变换函数（pseudo-color transformation function）278
伪彩色增强（pseudo-color enhancement）278
位面/位平面（bit-plane）151
位面分解（bit-plane decomposition）151
位平面编码（bit-plane coding）151
位置算子（position operator）248
纹理基元（texture element）251
纹理描述符（texture descriptor）249
纹理图像（texture image）5，6
稳健性（robustness）182
屋顶状边缘（roof edge）203
无偏性（unbiasedness）263
无失真编码定理（noiseless coding theorem）142
无松弛代数重建技术（ART without relaxation）131
无损预测编码（lossless predictive coding）158
无损预测编码系统（lossless predictive coding system）158
无线电波图像（radio band image）4
无意义水印（meaningless watermark）183，184
无约束恢复（unconstrained restoration）103

X

系统误差（systematic error）265
细度比例（thinness ratio）261
细化（thinning）321
显著性（notability）182
线性平滑滤波器（linear smoothing filter）61
线性锐化滤波器（linear sharpening filter）63
线性预测器（linear predictor）159
线性中值混合滤波（linear-median hybrid filtering）100
陷波滤波器（notch filter）83
相对地址编码（relative address coding，RAC）154
相似变换（similarity transformation）41
相关定理（correlation theorem）73
相似定理（similarity theorem）71
相似准则（similarity criterion）220
香农-法诺编码（Shannon-Fano coding）145
向量运算（vector operation）316
像平面坐标系统（image plane coordinate system）25
像素（picture element）13
像素标记（pixel labeling）225
像素相关冗余（inter pixel redundancy）138
小波变换（wavelet transform）168，10-8
小波变换编解码系统（coding-decoding system based on wavelet transform）171
小波分解（wavelet decomposition）170
小波函数（wavelet function）169
效能（efficiency）263
楔状滤波器（wedge filter）81
斜率（slope）239
斜率过载（slope overload）161
斜率密度函数（slope density function）230
谐波均值滤波器（harmonic mean filter）97
心理视觉冗余（psychovisual redundancy）139
信息保持型编码（information preserving coding）136，140
信息损失型编码（information lossy coding）136，140
信息伪装（steganography）197
信息隐藏（information hiding）196
信源（information source）142
信源熵（source entropy）142
信噪比（signal-to-noise ratio，SNR）94
信噪比准则（signal to noise criterion）208
形式语法（formal language）252
形态平滑（morphological smoothing）333
形态梯度（morphological gradient）332
形状数（shape number）239
形状因子（form factor）256
虚假轮廓（false contour）16，34
序列图像（sequential image）7
旋转变换（rotation transformation）39
旋转定理（rotation theorem）71
旋转矩阵（rotation matrix）29
选择滤波（selective filtering）101
选择性滤波器（selective filter）101

Y

亚/次排序（sub-ordering）285
沿运动轨迹的滤波（filtering along the motion trajectory）302
一次写多次读（write-once-read-many，WORM）17
一阶导数算子（first order derivative operator）204
音频表达单元（audio presentation units，APUs）306
隐蔽信道（covert channels）196
隐藏图像（hiding image）197
隐秘术（anonymity）196
映射（mapping）138，315，327

映射规则（mapping law）47
映射函数（mapping function）47
映像（reflected image, mapped image）315
游程连通性分析(run-length connectivity analysis)226
有色噪声（colored noise）95
有损预测编码（lossy predictive coding）158
有损预测编码系统（lossy predictive coding system）160
有限脉冲响应（finite impulse response）300
有意义水印（meaningful watermark）183，186
有约束恢复（constrained restoration）105
与（AND）52
与边界的平均距离（mean distance to the boundary）261
预测编码（predictive coding）158
预测器（predictor）160
预测帧（predict frame, P-frame）305
阈值编码（threshold coding）167
阈值切分（threshold slicing）48
阈值曲面（threshold surface）9-16
圆形性（circularity）259
源区域（source region）107
源输入格式（source input format，SIF）31
匀速直线运动模糊（uniform linear motion blurring）303
运动 JPEG（Motion JPEG）304
运动补偿（motion compensation）301
运动轨迹（motion trajectory）301
运动图像（moving image）7
运动图像专家组（moving picture expert group）306

Z

载体图像（carrier image）197
噪声（noise）92，94
噪声概率密度函数（noise probability density function） 95
噪声滤除（noise removing）324
增强函数（enhancement function）55
照度（illumination / illuminance）30
照度分量（illumination components）30，85
真彩色（full-color）278
真彩色增强（full-color enhancement）279
振铃（ring）75
正电子发射成像（positron emission tomography，PET） 116
帧间编码（interframe coding）305
帧间冗余度（interframe redundancy）305
帧内编码（intraframe coding）305
帧内冗余度（intraframe redundancy）305
帧平均（frame average）300
帧图像（frame）7
直方图（histogram）53
直方图变换（histogram transformation）216
直方图规定化（histogram specification）57
直方图均衡化（histogram equalization）53
直方图修正（histogram modification）53
直接滤波（direct filtering）300
直线长度测量（measurement of line length）266
指数低通滤波器（exponential low-pass filter）77
指数高通滤波器（exponential high-pass filter）79
中点滤波器（midpoint filter）66，99
中心层定理（central-slice theorem）120
中心矩（central moment）243
中值滤波（median filtering）64
中值滤波器（median filter）63，99
中轴变换（medial axis transform，MAT）236
种子像素（seed pixel）220
周期噪声（periodic noise）84
逐行扫描（progressive scan）294
主观保真度准则（subjective fidelity criteria）141
准确性/准确度（accuracy）263

紫外线图像（ultraviolet image）3
组映射规则（group mapping law，GML）57
转移函数（transfer function）69
最不显著位（Least significant bit，LSB）192
最大操作（maximum operation）327
最大方差准则（maximum variance criterion）167
最大幅度准则（maximum magnitude criterion）167
最大凸残差阈值（maximum convex deficiency threshold）216
最大值滤波器（max filter）66，99
最大-最小锐化变换（max-min sharpening transform）66
最近邻插值（nearest-neighbor interpolation）43
最小包围长方形/围盒（minimum enclosing rectangle，MER）233，235
最小操作（minimum operation）327
最小值滤波器（min filter）66，99
最优量化（optimal quantization）163
最优量化器（optimal quantizer）163
最优预测器（optimal predictor）162
最优阈值（optimal threshold）214
坐标变换（coordinate transformations）38
坐标系统（coordinate systems）25